华章 IT

HZBOOKS | Information Technology

数据科学与工程技术丛书

STATISTICAL RETHINKING
A BAYESIAN COURSE WITH EXAMPLES IN R AND STAN

统计反思

用R和Stan例解贝叶斯方法

[美] 理查德·麦克尔里思(Richard McElreath) 著

林荟 译

机械工业出版社
China Machine Press

图书在版编目（CIP）数据

统计反思：用R和Stan例解贝叶斯方法／（美）理查德·麦克尔里思（Richard McElreath）著；林荟译 . —北京：机械工业出版社，2019.4

（数据科学与工程技术丛书）

书名原文：Statistical Rethinking: A Bayesian Course with Examples in R and Stan

ISBN 978-7-111-62491-2

I. 统⋯　II. ①理⋯　②林⋯　III. 贝叶斯方法－应用－数理统计　IV. O212.8

中国版本图书馆 CIP 数据核字（2019）第 066643 号

本书版权登记号：图字　01-2016-8665

本书以 Stan 统计软件为基础，以 R 代码为例，提供了一个实际的统计推断的基础。从贝叶斯统计方法的角度出发，介绍了统计反思的相关知识，以及一些常用的进行类似权衡的工具，展示了两个完整的最常用的计数变量回归，介绍了应对常见的单一模型无法很好地拟合观测数据的排序分类模型与零膨胀和零增广模型，提出了基于贝叶斯概率和最大熵的广义线性分层模型以及处理空间和网络自相关的高斯过程模型。

本书适合统计、数学等相关专业的高年级本科生、研究生，以及数据挖掘的从业人士阅读。

出版发行：机械工业出版社（北京市西城区百万庄大街 22 号　邮政编码：100037）

责任编辑：赵　静		责任校对：李秋荣	
印　　刷：北京市兆成印刷有限责任公司		版　　次：2019 年 4 月第 1 版第 1 次印刷	
开　　本：185mm×260mm　1/16		印　　张：26.25	
书　　号：ISBN 978-7-111-62491-2		定　　价：139.00 元	

凡购本书，如有缺页、倒页、脱页，由本社发行部调换

客服热线：（010）88378991　88379833　　　　投稿热线：（010）88379604

购书热线：（010）68326294　　　　　　　　　　读者信箱：hzjsj@hzbook.com

版权所有·侵权必究

封底无防伪标均为盗版

本书法律顾问：北京大成律师事务所　韩光/邹晓东

译 者 序

这是我希望在学习贝叶斯统计的时候首先阅读的一本书。与其说贝叶斯是一种不同的统计方法，不如说它是一种不一样的统计哲学，也是一种看待生活中很多问题的不同的视角。不是所有的应用数据科学领域都需要用到贝叶斯，但即使你所处的行业用得很少，了解贝叶斯的基本概念也是很有必要的。因为这种根据证据改变自己想法的思维方式能帮助我们约束直觉，这是一种高级的思维方式。

贝叶斯推断不外乎计算在某假设下事情可能发生的方式的数目。事情发生方式多的假设成立的可能性更高。一旦我们定义了假设，贝叶斯推断会强制施行一种通过已经观测到的信息进行纯逻辑的推理过程。频率法要求所有概率的定义都需要和可计数的事件以及它们在大样本中出现的频率联系起来。这使得频率学的不确定性依赖于想象的数据抽样的前提——如果多次重复测量，我们将会收集到一系列呈现某种模式的取值。这也意味着参数和模型不可能有概率分布，只有测量才有概率分布。这些测量的分布称为抽样分布。这些所谓的抽样只是假设，在很多情况下，这个假设很不合理。而贝叶斯方法将"随机性"视为信息的特质，这更符合我们感知的世界运转模式。所以，在很多应用场景中，贝叶斯也更加合适。

总体说来，本书有如下亮点：

1. 可重复。这点实在是太重要了。书中的数据很容易获取，书中的代码、建模过程都可以重复。读者可以在阅读的过程中实践代码，并且生成书中展示的结果。也可以自己修改代码，看看结果的变化，这对理解内容有极大的帮助。

2. 前 3 章中有我见过的对贝叶斯及哲学最清晰的讲解。对于那些只想知道贝叶斯模型是什么但不想花太多时间深入学习更加复杂的贝叶斯模型的读者，推荐仔细阅读前 3 章。第 1 章反思了流行的统计和科学哲学，指出我们不该仅使用各种自动化的工具，而应该学着在实际应用中建立、评估不同的模型。接下来的第 2 章和第 3 章介绍了贝叶斯推断和进行贝叶斯计算的基本工具。其中作者的讲解方式很绕、很慢，特别强调了概率理论的纯逻辑解释。但我希望读者能够耐心地认真阅读这 3 章，这对以深入理解贝叶斯为目标的人来说，一点儿也不啰嗦。

3. 本书提供了 R 包 rethinking 来实现模型，使用更加简单直接。更好的方法当然是直接学习使用 Stan。rethinking 中的一些函数（map 和 map2stan）对 stan 进行包装，隐藏了背后的 stan 代码，这使得一些错误信息让人难以理解。如果要在工作中应用书中介绍的模型，最好还是在之后花时间学习 Stan。好在读过本书之后，学习 Stan 应该不难。

4. rethinking 包中自带的数据以及一些绘图函数可极大地帮助读者对真实数据进行建模，并且通过可视化解释结果。在这些绘图的函数中，有些能直接对后验预测进行可视化，并通过这种方式比较模型和参数。对于简单的模型，可以通过参数估计总结表来理解模型。但只要模型稍微复杂一点，尤其是含有交互效应（见第 7 章），解释后验分布就会变得很难。如果要在模型解释中考虑参数间的相关性，那可视化就不可或缺。

5. 书中的一些关于社会科学的例子不仅展示了如何建立模型，更重要的是展示了如何定义问题本身。社会学的问题往往是开放的，很复杂。所以通过数据建模解决这类问题的难点不仅仅是模型本身，还有将开放式问题转化成一个封闭式问题的过程。本书中有很多这样的例子，而且作者对数据所处的实际语境也进行了详细的解释。

为了使行文更加通顺，在翻译的过程中采用了较多的意译，有的地方加上了译者注以帮助读者理解。华章公司的编辑对本书的翻译工作给予了大力的支持和帮助。在此对所有为本书中文版问世做出努力的人表示感谢！由于译者水平有限，书中难免有错误和不妥之处，恳请读者批评指正。

林 荟

2018 年 12 月

石匠，开始动工之前（Masons, when they start upon a building），
总会小心测试鹰架（Are careful to test out the scaffolding）。

确保模板不会滑落在繁忙的街口（Make sure that planks won't slip at busy points），
牢牢钉好每把梯子，拴紧所有螺丝（Secure all ladders, tighten bolted joints）。

这一切付出在完工后都得被拆除（And yet all this comes down when the job's done），
展露结实的石墙（Showing off walls of sure and solid stone）。

所以，亲爱的，就算我们之间的桥梁（So if, my dear, there sometimes seem to be），
偶尔因为老旧看似即将倒塌（Old bridges breaking between you and me）。

别害怕。让那鹰架倒下吧（Never fear. We may let the scaffolds fall），
相信我们建造的墙坚不可摧（Confident that we have build out wall）。

（《鹰架》（Scaffolding），作者 Seamus Heaney, 1939—2013）

　　本书意在帮助你增进统计模型的知识以及使用模型的信心。就像造墙时的鹰架，能够帮助你建造需要的石墙，虽然最终你要将鹰架拆除。因此，本书讲解的方式有些拐弯抹角，但那是为了促使你们亲自实践模型背后的每一个计算步骤，虽然真实建模的过程常常是自动的。这样小题大做是为了让你能够对方法背后的细节有足够的了解，以能够合理地选择和解释模型。虽然你最终会用一些工具自动建模，但刚开始放慢步伐、夯实基础是很重要的。耐心建立坚实的墙然后再拆去鹰架。

目标读者

　　本书主要面向自然和社会科学的研究人员，可以是新入学的博士生，也可以是有经验的专业人士。你需要有回归的基本知识，但不一定需要对统计模型驾轻就熟。如果你接受这样的事实：一些在 21 世纪早期广泛使用的典型统计学方法并非完全正确，其中大部分和 p 值以及令人迷惑的各种统计检验有关。如果你在一些杂志和书上读到过一些替代的方法，但不知道从何学习这些方法，那么本书就是为你而写的。

　　事实上，本书并不是要直接抨击 p 值和相关的方法。在我看来，问题并不在于人们习

惯用 p 值来解决科学界的各种问题，而在于人们忽略了许多其他有用的工具。因此，我假定本书的读者已经准备好不使用 p 值做统计推断。仅有这种心理准备还不够，最好能有一些文献资料帮助你探查与 p 值和传统统计检验有关的错误及误解。即使我们不用它们，也要对其有所了解。我因此查阅了一些相关的资料，但由于本书篇幅所限不能详细讨论，否则本书会太厚，也会打乱原本的教学节奏。

这里要提醒一点，反对 p 值不仅仅是贝叶斯学派的观点。事实上，显著性检验能够（其实也已经）构建为贝叶斯过程。其实真正促使人们避免使用显著性检验的是出于认识论的考虑，关于这一点我会在第 1 章简单讨论。

教学方法

本书使用更多的是程序代码而非数学公式。直到真正对算法付诸实践，即使最出色的数学家可能也无法理解该过程。因为用代码实践的过程去除了算法中所有模棱两可的地方。因此，如果一本书同时教你如何实践算法的话，学习起来会更轻松。

展示代码除了有利于教学也是必需的，因为许多统计模型现在都需要计算，纯数学的方法无论如何也不能解决问题。你在本书后面部分可以看到，同样的数理统计模型的实现方法可以有多种，而且我们有必要区分这些方法。当你在本书之外探索更高级或更有针对性的统计模型时，这里强调的编程计算知识将帮助你识别和应对各种实际困难。

本书的每一部分都只揭示了冰山一角。我丝毫没有涵盖所有相关内容的打算，而是试图将其中一些东西解释清楚。在此尝试中，我在数据分析的实例中穿插了许多模型概念和内容。例如，书中没有一个单元专门讲预测变量的中心化，但我在数据分析中使用并解释了这项技术。当然，不是所有读者都喜欢这样的讲解方式。但是我的很多学生喜欢这种讲解方式。我很怀疑这样的讲解能否对大部分要学习这些内容的读者起作用。从心底来说，这反映了我们在现实中是如何在自己的研究中学会这些方法的。

如何使用本书

这不是参考书，而是教科书。本书不是让你在遇到问题时用来查阅相关部分的，而是一个完整连贯的教学过程。这在教学上很有优势，但可能不符合很多科学家现实中的阅读习惯。

本书正文中有很多代码。这样做是因为在 21 世纪从事统计分析工作必须要会编程，或多或少会一些。编程不是候选技能，而是必备技能。在书中的很多地方，我宁可过多地展示代码，也不愿过少展示代码。根据我对编程新手的教学经验，当学生手上有可以运行的代码时，让他们在此基础上修改比让他们从 0 开始写程序效果更好。我们这代人可能是最后一代需要用命令的方式操作计算机的了，因此编程也越来越难教。我的学生非常熟悉计算机，但他们不知道计算机代码长什么样。

本书要求读者具备什么基础？ 本书的目的不是教读者关于编程的基本知识。我们假设读者已经知道 R 的基本安装和数据处理知识。在大多数情况下，入门级的 R 编程介绍便足够。据我所知，许多人觉得 Emmanuel Paradis 所著的《R for Beginners》很有帮助。你可以通过链接 http://cran.r-project.org/other-docs.html 找到该指南以及许多入门级教程。要顺利阅读本书，你得知道 $y <-7$ 指的是将 7 这个值赋给变量 y。你要知道后面紧跟括号的符号是函数。你要能够辨认出循环并且知道命令可以相互嵌套（递归）。除了使用循环，知道 R 可

以将很多代码矢量化也很重要。但是阅读本书不要求你精通 R 语言。

在书中你会不可避免地看到一些之前没有见过的代码。在书中我会尽量对一些特别重要或者不常见的编程技巧进行说明。事实上，本书花了大量篇幅解释代码。这么做的原因是学生确实需要这样的解释。除非能将每行命令同与之对应的方法目标联系起来，不然当代码无法运行时，学生无法判定错误原因。我在讲授数理进化论理论的时候也遇到过这样的问题——学生的代数知识比较薄弱，当他们答不上题时，通常不知道是因为数学上的小疏忽还是策略问题。书中对代码进行延伸介绍的目的在于帮助读者理解代码，之后在实践中能够自己发现并且修正错误。

代码使用。 书中的代码都带有蓝底，相应的代码输出在其下以等宽字体展示。例如：

```
print( "All models are wrong, but some are useful." )
```
R code
0.1

```
[1] "All models are wrong, but some are useful."
```

在代码旁边有一个数字标识，你可以在本书的网站上寻找相应的代码文本文件。希望读者能够跟上教学进度，运行书中的代码，然后将输出结果和书中展示的结果进行比较。我非常希望你能够自己运行代码，因为和你不能光靠看李小龙的电影就学会功夫一样，你不能仅靠阅读一本书而不实践就学会编写统计模型程序。你得真正到格斗场上出拳，当然也可能挨拳。

如果你觉得困惑，记得你可以独立运行每行代码，检查过程中的每一步计算。这是你学习和解决问题的方式。例如，下面的代码用一种让人抓狂的方法计算 10 乘以 20：

```
x <- 1:2
x <- x*10
x <- log(x)
x <- sum(x)
x <- exp(x)
x
```
R code
0.2

```
200
```

如果你不理解某个特定的步骤，你可以随时查看那一步之后变量 x 的内容。你要用这种方式学习书中的代码。对于你自己写的代码，可以用这种方法找到代码中的错误并修复它们。

选读部分。 本书中的选读部分真正阅读起来是这样的。书中有两类选读部分：1) 再思考 (Rethinking)；2) 深入思考 (Overthinking)。再思考部分看起来是这样的：

> **再思考：再想想。** 再思考部分意在提供更广泛的资料，略微提及当前介绍的方法和与其他方法的联系，提供一些背景材料，或者指出一些常见误解。这些文本框是选读部分，但它使本书更完整并能激发读者进一步思考。

深入思考部分看起来是这样的：

深入思考：亲自实践。 深入思考部分提供了更详细的代码解释或数学背景。这部分材料对理解主要文本并不那么关键，但它也很有价值，尤其是在第二遍阅读的时候。例

如，有时你的计算方式对结果是有影响的。从数学的角度看下面这两个表达式是等价的：

$$p_1 = \log(0.01^{200})$$
$$p_2 = 200 \times \log(0.01)$$

但是当你用 R 进行计算时，这两种方法得到的结果不同：

R code
0.3

```
( log( 0.01^200 ) )
( 200 * log(0.01) )
```

```
[1] -Inf
[1] -921.034
```

第二种方法得到的结果是正确的。之所以会有这样的问题，是因为 R 对小数的近似，计算机将很小的值近似为 0。精度的缺失可能导致推断结果大幅度偏差。这就是为什么我们在统计计算时，总使用概率的对数值，而非概率本身。

初次阅读本书时，你可以跳过所有的深入思考部分。

命令行是最好的工具。 在 21 世纪，要达到能够实践统计推断的编程水平并不是那么复杂，但一开始你对此不太熟悉。为什么不教读者使用现成的用户交互软件呢？学习如何用命令行进行统计分析的好处远高于点击菜单。

谁都知道命令行功能很强大，但同时它的速度也很快，并且符合道德义务。因为用代码分析无形中对分析过程进行了存档。几年以后你可以通过这些代码重复之前的分析。你也可以重复使用之前写的代码，将它们分享给同事。鼠标点击的方式使得过程无法追踪。一个嵌入 R 代码的文件可以保存分析过程。一旦你习惯用这种方式计划、运行并且保存分析过程，在之后的职业生涯中会获益不断。如果你始终用鼠标点击的方法，那在之后要不停重复。不像使用代码，相同的分析只需要编写一次代码，之后可以用它进行同样的分析。分析过程的保存和可重复也是起码的科学道德，日后的检查以及项目的迭代也建立在此基础上。用代码进行统计分析可自然而然地达到这个结果，而鼠标点击却不行。

因此，我们不是因为要证明自己的技术实力或者自己是人才才使用命令行的。我们使用命令行是因为它确实更好。使用命令行一开始可能比鼠标点击难，因为你需要学习一些基本的语句才能开始使用。但是为了提高工作效率，我们应该使用命令行。

你该如何工作。 如果我只是告诉你们使用命令行而不告诉你们怎么使用，那也太不厚道了。对于那些之前使用其他语言的人，你们可能要再学一些新语言的规则，但变化并不大。对于那些之前只用鼠标点击菜单的统计软件的读者，开始可能会觉得很不习惯，但过几天就会适应了。对于那些之前使用过其他通过命令行进行分析的软件（如 Stata 和 SAS）的读者，还需要调整适应。我会先解释总的方法，然后解释为什么 Stata 和 SAS 的使用者也需要适应。

首先，使用脚本统计分析是在一个**纯文本编辑器**和 R 语言之间来回切换。纯文本编辑器是用来创建和修改简单无格式文本文件的程序。常见的有 Notepad（Windows 操作系统）、TextEdit（Mac OS X 操作系统）、Emacs（大部分 * NIX 系统，包括 Mac OS X）。还有很多专门针对程序员的高大上的文本编辑器。我们推荐读者使用 RStudio 或者

Atom 文本编辑器，它们都是免费的。注意 MSWord 不是简易文本，不要用它来写代码。

你要通过简易文本编辑器记录在 R 中执行过的代码。你一定不想直接在 R 控制器中键入代码。你该在简易文本编辑器中写代码，然后复制粘贴到 R 控制器中运行。或者一次性将代码文本读入 R。如果你只是用 R 进行数据探索、查错，或者仅仅只是尝试一些代码，那可以直接将代码键入控制器。但任何严谨的工作都应该用文本编辑器记录代码，原因之前已经讲过了。

你可以在 R 代码中添加评论来帮助你编写代码，也方便之后回顾代码。在评论前键入 # 符号。为了确保大家理解，下面是一小段完整的进行线性回归的程序，使用 R 中的一个内置数据集。即使你现在不知道该代码是干什么的，但是希望你能将其看作一个基本的拥有注释的格式清晰的例子。

```
# 载入数据：
# 车的刹车距离（英尺）⊖和速度（千米 / 小时）之间的关系
# 更多详情键入?cars
data(cars)

# 拟合距离和速度的线性回归模型
m <- lm( dist ~ speed , data=cars )

# 模型估计参数
coef(m)

# 绘制模型残差对速度图
plot( resid(m) ~ speed , data=cars )
```

R code
0.4

最后，即使是那些熟悉 Stata 和 SAS 脚本语言的人，也需要重新学习 R。像 Stata 和 SAS 这类程序语言对应的处理信息范式和 R 是不同的。在使用中，过程命令如 PROC GLM 是在模仿菜单命令。这些过程会产生大量使用者不需要的默认输出。R 不是这样的，它强制使用者自己决定需要输出什么信息。你可以先用 R 拟合统计模型，然后接着用命令获取相应拟合结果信息。通过书中的例子，读者会更加熟悉这样的调查范例。但要注意，你需要主动决定需要模型的哪方面信息。

安装 R 包 rethinking

书中的代码例子要求你安装 R 包 rethinking。该包中含有例子中用到的数据以及本书使用的许多建模工具。rethinking 包本身依赖于另外一个包 rstan 来拟合本书后半部分讲到的更加高级的模型。

你必须先安装 rstan 包。根据你的系统，依照 mc-stan.org 网站上的相应安装指示。你需要安装 C++ 编译器（也叫作"工具链"）和 rstan 包。网站上有关于如何安装这两者的说明。

接下来你就能够在 R 中安装 rethinking 和其依赖的包，安装代码如下：

⊖ 1 英尺≈30.48 厘米——编辑注

R code
0.5
```
install.packages(c("coda","mvtnorm","devtools"))
library(devtools)
devtools::install_github("rmcelreath/rethinking")
```

注意 rethinking 不在 CRAN 的包列表中，至少现在还没有。把包上传到 CRAN 并没有实质的好处。你总能通过搜索引擎找到关于安装最新版本 rethinking 包的说明。如果你在使用包时发现任何 bug，可以到 github.com/rmcelreath/rethinking 上查看是否有现成的解决方法。如果没有，你可以提交一个 bug 报告，这样在有解决方法时你会收到通知。此外，如果你想对包中的一些函数进行修改，包的所有源代码可以在那里找到。大家可以自行从 Github 上 fork 该包，任意修改。

致谢

在本书的写作过程中许多人提供了宝贵的意见及想法。他们大多数是选修我教授的统计学课程的研究生，还有一些征求我意见的同事。这些人教我如何教授这些知识，有时我学习新的知识就是因为他们需要。许多人付出时间对本书的一些章节或者其中的代码进行了评论。这些人有：Rasmus Bååth、Ryan Baldini、Bret Beheim、Maciek Chudek、John Durand、Andrew Gelman、Ben Goodrich、Mark Grote、Dave Harris、Chris Howerton、James Holland Jones、Jeremy Koster、Andrew Marshall、Sarah Mathew、Karthik Panchanathan、Pete Richerson、Alan Rogers、Cody Ross、Noam Ross、Aviva Rossi、Kari Schroeder、Paul Smaldino、Rob Trangucci、Shravan Vasishth、Annika Wallin 以及很多匿名的审稿人。Bret Beheim 和 Dave Harris 很给力，他们对本书早期版本给予了大量的建议。Caitlin DeRango 和 Kotrina Kajokaite 花时间改进了几章和章后的习题。Mary Brooke McEachern 对本书的内容和讲解方式提供了重要意见，并且对本书的写作给予了支持，对（书中的不足之处）表现出宽容。许多匿名审稿人对各章提供了详细的反馈。他们中没有一个人是完全赞同本书的，书中的所有错误和不足都由本人负责。但是正是因为我们各执己见，才使本书更加与众不同。

本书献给 Parry M. R. Clarke 博士 (1977—2012)，是他促使我写作本书。Parry 对统计、数学和计算机科学的探索帮助了他身边的每一个人。他让我们变得更好。

目　　录

第1章

布拉格的泥人

在16世纪,哈布斯堡皇室(House of Habsburg)控制了中欧、荷兰和西班牙的大部分地区,还有西班牙在美洲的殖民地。哈布斯堡皇室可能是第一个真正在世界范围内具有影响力的家族,仿佛上天总是在眷顾他们。它的首领同时也是神圣罗马帝国的皇帝,权力中心位于布拉格。16世纪末,神圣罗马帝国的皇帝鲁道夫二世(Rudolph Ⅱ)是一位知识热爱者。他大力推动艺术、科学(包括占星术和炼金术)和数学的发展,使得布拉格成为当时的世界学术中心。在这样浓厚的学习氛围中,最早的机器人——布拉格的泥人——的出现显得合情合理。

这里所说的泥人(golem)是犹太传说中由黏土加水,然后经火烧制而成的机器人。传说在这些机器人的手肘处镌刻 emet 这个词(希伯来语中的解释是"真理"),就能够让机器人复活。这些机器人由真理激活,但却没有自由意志,它们总是严格地按照指示行动。这很幸运,因为它们难以置信得强大,能够经受它们的制造者难以承受的考验,完成难以完成的任务。但它们的服从也会带来危险,因为不经思考的命令或者一些出乎意料的情况就能够使这些机器人反抗主人。它们的力量越大,智慧越少。

在一些关于机器人的传说的版本中,拉比 Judah Loew ben Bezalel 找到了一种保护布拉格犹太人的方法。16世纪在中欧的许多地方,布拉格的犹太人都遭到了迫害。通过使用喀巴拉(Kabbalah,犹太神秘主义中的一种)中的秘密技术,拉比 Judah 能够造出一种机器人,用"真理"将这些机器人激活,然后命令它们保护布拉格的犹太人。并非每个人都赞同 Judah 的行为,他们害怕使用这些力量强大的生命体会导致无法预期的后果。最终 Judah 被迫毁掉了这些机器人,因为这些缺乏智慧却有强大力量的生命最终伤及了无辜。通过将 emet 这个词中的第一个字母抹去剩下 met(意为"死"),拉比 Judah 毁掉了这些机器人。

1.1 统计机器人

科学家们也在制造机器人⊖。我们的机器人鲜有实体形式,但它们也是由实物制

⊖ 该比喻来自于 Collins 和 Pinch(1998),《The Golem:What You Should Know about Science. E. T. Jaynes》在2003年也类似将统计模型比喻成机器人,但是更加夸张。

造的，位于美国硅谷以计算机代码的面目示人。这些机器人就是科学模型。它们通过预测、挑战直觉或者激发灵感，真实地影响世界。对真理的关注使模型变得有生气，但和机器人一样，科学模型无所谓真假，既不是预言家，也不是江湖医生。它们是为了某种目的而设计出的构造，这些构造难以置信得强大，一丝不苟地执行编好的程序。

有时候它们缜密的逻辑可以揭示设计者之前没有觉察到的暗示，这些暗示可能是极有价值的发现。或者它们可以实施愚蠢并且危险的行为。科学模型不是理想中的理性天使，而是有蛮力而没有自由意志的泥制机器人，按照短视的指令踉跄前行。就像拉比 Judah 的机器人，科学机器人让人既敬畏又恐惧。我们当然要使用这些方法，但是这么做总是有风险的。

统计模型种类繁多。即使某人只是使用一个非常简单的统计方法，比如 t 检验，也算部署了一个小机器人，它会严格按照指示进行计算，且几乎⊖每次都进行相同的计算，从来不抱怨。科学的每一个分支都依赖于统计机器人是否能理智行动。在很多情况下，如果不建模的话，对感兴趣的现象进行测量几乎是不可能的事情。为了衡量自然选择的力量、中微子的速度，或者亚马逊丛林中物种的数目，我们必须使用模型。这里的机器人就好像假体，帮助我们测量、计算，寻找表面上并不明显的模式。

但是机器人没有智慧，不能辨别答案是否符合当前语境。它只知道按照程序实施过程，仅此而已。它只按指示行动。统计科学包含许多不同的模型，它们分别适用于不同的语境，这依旧是统计科学的胜利。从这个角度看，统计既不是数学也不是科学，而是一系列工程设计。和工程学类似，共同的设计原则和限制产生了各式各样有针对性的应用。

这些应用的多样性解释了为什么入门统计课程常常让初学者感到那么迷惑。学生在课上学的是很多现存的"假设检验"，而不是学习如何建立、优化和验证统计模型。每个假设检验都有各自的目的。如图 1-1 中所示的决策树就很常见。通过回答一系列问题，用户能够为当前研究的问题选出一个"正确的"方法。

不幸的是，虽然很有经验的统计学家能够掌握所有这些分析方法，但是学生和其他学科研究人员却很少能够这样。高阶统计课确实非常强调工程学原理，但是大部分科学家都没有学习这样高阶的课程。当前这样的统计学教育方式好比逆向讲授工程学，一开始先讲如何建设桥梁，结尾再讲基础物理。因此许多学生和研究人员使用图 1-1 这样的决策树，而不问原因，也不太理解决策树中牵扯到的模型，没有建立在实际研究中对各种方法进行利弊权衡的思维模式。这不是他们的错。

对一些人来说，一工具箱事先造好的机器人正是他们需要的。它们处在严格控制的环境中，仅仅需要根据任务相应使用合适的分析过程就可以很好地完成科学工作。这就好比水管工不需要了解流体动力学也能够熟练完成工作。但是一旦学者想要进行创新性的研究，扩展他们专业的边界，这时问题就产生了。好比我们想要将水管工升级成为水力工程师。

⊖ 没有任何算法和机器是从不损坏、弯曲或者失灵的。对于这点人们常常引用 Wittgenstain（维特根斯坦，1953）所著的《哲学研究》的 193 小节。我们之后考虑更复杂的模型和拟合数据的过程时，会对模型失灵的情况更感兴趣。

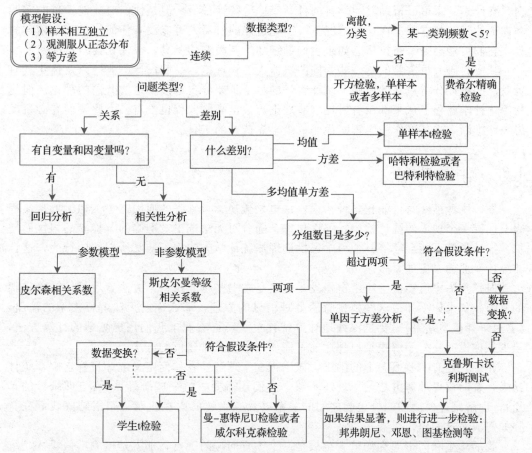

图 1-1　决策树或者流程图的例子，用来选取合适的统计过程。从顶部开始，用户通过回答一系列关于测量和研究目的的问题，最终到达一个统计过程名称节点。这里存在许多可能的决策树

　　这些统计检验为什么不足以支持创新性研究？初等统计学中的经典过程灵活度低而且脆弱。灵活度低指的是它们在特定研究问题中的应用受到很多限制。脆弱指在新的语境中使用这些方法时，无法预测它们什么时候就会失效。这很重要，因为在许多学科的边界处，我们很难找到一个明确的合适方法。对于新的科研问题，并没有人评估传统的统计方法是否适用，因此我们很难选择合适的方法，并且进一步理解该方法的表现。一个很好的例子就是 Fisher 精确检验(Fisher's exact test)，该方法严格说来只能用于非常有限的语境中，但实际情况是，只要单元格的计数很小，人们就常常使用该检验。我在科学期刊上看到成百上千使用 Fisher 精确检验的案例，但除了 Fisher 最初发明这个方法那会儿，我从来没见过谁合理地使用了该方法。即使像一般线性回归这样的模型有时也是脆弱的，虽然该模型在很多方面都相当灵活，但模型本身建立在很多假设条件之上。例如，如果预测变量存在很大的测量误差，那么线性模型可能彻底失效。更重要的是，通常情况下我们几乎总能够找到比一般线性回归更好的方法，很大程度上是因为过度拟合(第 6 章会介绍)。

　　这里不是在强调统计学方法的针对性，当然它们具有针对性。这里想要说的是经典工具的多样性对处理常见的科研问题来说还不够。每个正在研究中的科学领域都各自面临测量和解释上的困难，这些领域都有特别的"方言"，其他领域的科学家几乎无法明

白。统计学专家可以帮助其他学科的科学家进行统计分析，但是他们对其他学科的实践和理论的了解都有限。在这种情况下，事先造好的机器人可能没有任何好处。更糟糕的是，它们可能会毁了布拉格。如果我们继续加入新类型的工具，很快就会顾不过来了。

其实科研人员需要的是一些共同的机器人工程理论，一些设计、建造以及优化具有针对性的统计分析过程的原则。统计哲学的每个重要分支都涉及这些共同的理论。但是初等统计学课程上从来都没有讲授这些理论，甚至高阶课程也没有。因此我们有必要反思统计推断，将其看作一组策略而非一组事先造好的工具。

1.2 统计反思

进行统计推断时可能犯各种错误，这也是让初学者紧张的原因之一。如果要从流程表上选择一个现成的统计检验，那么焦虑会随着对无法选出"准确的"检验的担忧而增加。统计学家可能会嘲笑其他科学家挑选现成统计学方法而不知其所以然的行为，这让非统计专业的人更加紧张。

但是焦虑也可能催生小宇宙爆发。这也是本书坚持介绍每个方法背后具体计算步骤的原因。如果你不知道这些模型背后处理信息的原理，那么你就无法解释模型的输出。（要想解释模型结果）需要更深入地理解统计模型，这就要求我们用更烦琐的计算方法，至少在你没有充分了解模型原理之前不能使用直接点击建模的方法。

此外，还有一些概念上的困难，该困难在于理解学者如何定义统计目标，解释统计结果。有时仅仅理解方法的原理还不够，我们还需要了解一些统计认识论（即统计的本质），理解统计模型和假设检验之间的关系以及感兴趣的内在机制。归根结底我们究竟要如何应对这些建模机器呢？

我的学生和同事遇到的最大挑战是一个不言而喻的观点，那就是检测零假设才是统计推断的目标[⊖]。想来这确实是一个合理的目标，如 Karl Popper 所说，科学就是在推翻假设的过程中发展的。Karl Popper（1902—1994）或许是最有影响力的科学哲学家，至少在科学家中最有影响力。他确实有说服力地证明了通过建立本质上可以证伪的假设可以使科学发挥更大的作用。寻找对自己观点不利的证据是规范标准，大部分学者也同意这一点——无论他们是否称自己为科学家。因此，如果我们想成为优秀的统计科学家，使用统计方法的目的也应该是证伪假设。

但是上面提到的只是 Popper 主义的一种，在科学家中盛行的非正式科学哲学在科学哲学家中并不流行。如 Popper 所说，证伪并不能够成为描述科学的标准[⊖]。事实上，演绎证伪在几乎所有科学领域都是不可能的。本章我会介绍两个不可能证伪的理由。

1）假设检验并不是模型。假设检验和不同模型之间的关系是复杂的。许多模

⊖ 见 Mulkay 和 Gilbert（1981）。我有时会讲授含有科学哲学的博士核心课程，课堂上的在读博士生几乎都没有意识到自己的因果哲学和 Popper 及其他科学哲学家截然不同。Ian Hacking 所著的《Representing and Intervening（1983）》书的前半部分可能是最简短的科学哲学史介绍。虽然这本书年代有些久远，但依旧可读且能开阔视野。

⊖ （想了解相关信息）或许最好参考 Popper 的最后一本书《The Myth of the Framework（1996）》。我还推荐感兴趣的读者阅读 Popper 更早的书《Logic of Scientific Discovery》的现代译本。书中的第 6、8、9 和 10 章特别说明了作者认识到将科学描述成证伪的过程遇到的困难。Popper 之后的著作大部分都收录在《Objective knowledge：An evolutionary approach》中，其中 Popper 将广义的科学知识看作是一个涉及许多不同方法的进化过程。

型都和同一个假设相关，同时也存在多个假设对应同一个模型的情况。这使我们无法严格证伪。

2）测量方式也会产生影响。即使我们认为数据可以证明某模型是错的，其他观测者也可能会对我们的方法和观测产生质疑。他们不相信我们收集的数据。有时他们的质疑是对的。

在上面这两种情况下，演绎证伪都是行不通的。科学方法无法简化成为统计过程，因此统计方法也不应该假装自己能代表科学方法。统计证据是科学的一部分，和科学一样有论战、自负以及相互压制。如果你和我一样相信科学通常是能够起作用的，那么即便你知道科学并不仅仅是通过证伪起作用的，这也不能否定其意义。但认识到这一点能够帮助你更好地实践科学，因为它使你能从更多的视角看待许多有用的"统计机器人"。

> **再思考：零假设显著性检验（NHST）是证伪主义吗？** NHST 通常被等同于证伪主义者或者 Popper 学派——科学哲学。但 NHST 通常用来否定零假设，而非否定研究假设。因此证伪并不是用于解释模型。这看似和 Karl Popper 的哲学相悖[一]。

1.2.1 假设检验不是模型

当想要证伪一个假设检验时，我们必须使用某种模型。即使不是明显的统计学假设，也总有一个默认的测量模型，或用某些证据使该假设可操作。严格说来，所有模型都是错的[二]，那么证伪一个模型是什么意思呢？必须使用某种模型的一个直接后果就是，仅仅拒绝了从某个假设导出的模型无法推断该假设是错误的。

用一个种群生物学的例子来解释这一点（图 1-2）。自 20 世纪 60 年代开始，许多种群生物学家开始对下面这个议题感兴趣：大部分进化——基因频率分布的变化，不是由自然选择导致的，而是由突变和漂移导致的。没有人真正怀疑自然选择影响了生物功能设计。这是关于基因序列的争论。之后就开始了几十年绵延不绝的关于"中立"模型的学术争论[三]。该争论中的一个重要人物是 Motoo Kimura（1924—1994），他可能是中立模型最坚定的支持者。但有许多其他种群遗传学家也参与了该论战。随着时间流逝，相关学科如社区生态学[四]和人类学[五]也经历了（或者正在经历）它们各自的中立论战。

[一] Meehl(1967)发现这导致方法上的悖论，因为提升测量精度使得零假设更容易被拒绝。但由于研究的假设没有特别给出定量预测结果，更精确的测量不一定提供更强的支持证据。见 Andrew Gelman 在他 2014 年 9 月 5 号的博客中对此做出的评论：http://andrewgelman.com/2014/09/05/confirmationist-falsificationist-paradigms-science/。

[二] 这是 George E. P. Box 的名言。据我所知，他最早在 1979 年一篇论文中用这句话作为小节标题。像我这样的种群生物学家更熟悉 Richard Levins 所说的另外一句类似关于广义上建模的名言，出自《The Strategy of Model Building in Population Biology(Levins, 1966)》。

[三] Ohta and Gillespie(1996)。

[四] Hubbell(2001)。该理论在某方面卓有成效，它迫使建模和理解理论与数据之间的关系的过程更加清晰。但是该理论也面临自身的困难。见 Clark(2012)。对于更广义的对"中立"的批判性态度，见 Proulx 和 Adler(2010)。

[五] 关于 Kimura 的模型在文化多样性上的直接应用，见 Hahn 和 Bentley(2003)。所有认识论方面的相同问题又重新出现了，但是在理论精确度更小的语境下。Hahn 和 Bentley 随后对该问题采取了更新的观点。见他们对 Lansing 和 Cox(2011)的评论，以及 Feldman 的类似评论。

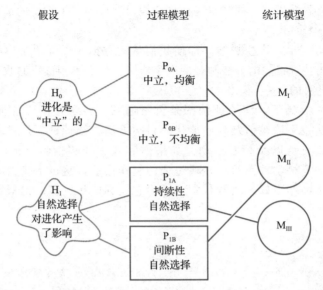

图 1-2   "中立"进化模型的例子，图中展示了假设(左)、过程模型(中)和统计模型(右)
之间的关系。假设(H)通常比较模糊，因此一条假设对应多个过程模型(P)。对
假设的统计评估很少直接涉及过程模型。取而代之的是它们依赖于统计模型
(M)，所有这些统计模型都只反映出过程模型的某些方面(而非全部)。因此，
在两个方向上都存在多种关系。某假设可对应多个模型，模型也可对应多条假
设。这极大地增加了统计推断的复杂性

让我们用图 1-2 所示结构探索在中立进化争论的语境下假设检验和不同模型间的联
系。图的左边是两种默认的、非正式的假设：进化是"中立"的(H_0)或者自然选择对
进化产生了影响(H_1)。这些假设检验的边界很模糊，因为它们是文字假设，而非精确
的模型数值假设。取决于你选择的话题(如：种群结构、基因位点数目、每个基因位点
上的等位基因数目、突变率和再连接)，有成千上万对过程的详细描述能够称为"中
立"。

一旦选择了特定的话题，就有了图 1-2 中间列出的进化过程的不同模型。P_{0A} 和 P_{0B}
的不同在于一个假设种群大小和结构保持稳定的时间足够长，使等位基因分布达到稳定
状态；另一个假设，种群大小随时间不断波动，即使等位基因间没有选择性差异时也是
如此。与之类似，备择假设(H_1)"自然选择对进化产生了影响"也对应许多不同的过
程模型。我已经展示了这两种情况的重要不同：其中一种自然选择偏好特定的等位基
因，另外一种自然选择随时间倾向于不同的等位基因[⊖]。

为了通过证据挑战这些模型，它们必须是统计模型。这通常意味着推导模型中某个
量——一个"统计量"——的期望频率分布。例如，在这种情况下，一个常见的统计量
是不同遗传变异体(等位基因)的频率分布(直方图)。

一些等位基因很罕见，显然极少个体含有这些基因。另外一些则非常常见，在群体
中大范围出现。在种群基因学中有一个远近闻名的结论，即像 P_{0A} 这样的模型能推导出
等位基因频率符合幂次法则分布。该事实因此产生出预测数据符合幂次法则的统计模型
M_{II}。相反，平稳选择过程模型 P_{1A} 的预测结果大不相同，是 M_{III}。

⊖   Gillespie(1977)。

不幸的是，其他选择模型(P_{1B})也对应和中立模型相同的统计模型 M_{II}，它们也产生幂次分布。因此，我们的现状有些复杂：

1) 任何给定的统计模型(M)可能对应多个过程模型(P)。

2) 任何给定的假设(H)可能对应多个过程模型(P)。

3) 任意给定的统计模型(M)可能对应多条假设(H)。

现在让我们将数据和统计模型相比较，看看都发生了什么。传统的方法是将"中立"模型视为零假设。如果数据不符合该假设下的期待，那么我们就拒绝该零假设。假设按照传统方法，将 P_{0A} 当作我们的零假设，这表明数据应该符合 M_{II}。但由于相同的统计模型也与选择模型 P_{1B} 相对应，无论我们拒绝还是接受零假设都无法得到清晰的结论。上述零假设模型对过程模型和假设都不唯一。如果拒绝零假设，我们无法得出自然选择对进化有影响的结论，因为存在中立模型预测不同的等位基因分布。如果我们没有拒绝零假设，也不能说明进化是中立的，因为一些自然选择模型也能够得出一样的频率分布。

这是很大的麻烦。从图 1-2 中我们可以很容易看出问题所在，但我们很少能够幸运地有这样一个图表。虽然种群基因学的研究人员已经意识到这个问题，但其他领域的学者们依旧通过将频率分布和幂次法则下的期望分布进行对比检验，甚至争论说只有一个中立模型[⊖]。即使只有一个中立模型，存在如此多的非中立模型能给出和中立模型相似的预测。这样一来，无论拒绝零假设与否都没有太多的推断意义。

你可能觉得更常见的统计模型，如线性回归(第 4 章)并不存在这样的风险。在这种情况下常用的"零假设"是各组的均值相同。但是，导致这些均值接近或者等于 0 的原因通常有多种，就和观测服从幂次法则的原因有多种一样。该认识存在于很多常见的统计推断行为之后，如考虑无法观测到的变量和抽样偏差。

那么我们对此能够做些什么呢？如果你已经有几个过程模型，那可以做很多事情。如果所有这些感兴趣的过程模型给出的预测非常相似，这就表明应该另寻不同的描述证据使其能够区分这些过程。例如，虽然 P_{0A} 和 P_{1B} 给出极其相似的服从幂次法则的等位基因分布预测，但是它们给出的等位基因频率随时间变化的分布预测是不同的。换句话说，有目的地比较多个模型的预测，你能够避免很多常见的错误。

再思考：熵和模型评估。统计模型通常和许多具体的模型过程有关的原因是它们建立在一些分布假设上，如正态分布、二项分布、泊松分布等。这些分布都属于**指数分布家族**。大自然喜欢这个分布家族的成员，因为大自然喜欢熵，而所有指数分布家族的成员都是**最大化熵分布**。在第 9 章之前，我们会一直使用这种拟人化自然的表述方式。实际上这表明了，如同你无法从身高服从正态分布这一事实上推导出人体发育过程一样，你也无法通过幂次法则推导出生物进化过程。这一事实应该使我们对典型的回归模型所能揭示的过程机理持谨慎态度(本书主要关注这类回归模型)。另一方面，这些分布的最大化熵特性表明，我们能够用它们来进行有效的统计工作，即使我们无法确定内在的过程。我们不仅无法确定内在过程，也无须这么做。

⊖ Lansing 和 Cox(2011)。见 Hahn、Bentley 和 Feldman 在对该文章的评论中提出的反对意见。

1.2.2 测量很关键

证伪的逻辑非常简单。我们有一个假设 H，在该假设下能够推断出我们应该得到观测 D。然后便开始寻找观测 D。如果无法找到这样的观测，那么我们就得出结论说 H 是错误的。逻辑学上称这种推论为否定后件的假言推理(modus tollens)，其来自"破坏性方法"的拉丁文缩写。相反，找到观测 D 并不能证明 H 是正确的，因为可能存在其他假设同样可以推出 D。

一个有意思的否定后件的假言推理的科学寓言是关于天鹅颜色的。在发现澳大利亚之前，欧洲人见到的所有天鹅都是白色的。这使人们相信天鹅就是白色的。让我们将其视为一个假设：

$$H_0: 所有天鹅都是白色的$$

当欧洲人到达澳大利亚后，他们遇见了黑色的天鹅。这个证据立刻证明了 H_0 是错误的。事实上，不是所有的天鹅都是白色的。根据所有观察者的观察，无疑有黑天鹅。这里的关键在于，在人们航行至澳大利亚之前，不管观测到多少白天鹅也无法证明 H_0 是正确的。然而只要有一只黑天鹅的存在就可以证明其错误。

这是一个很有意思的故事。如果相信重要的科学假设能够用这种方式陈述，那我们就有一种强有力的方法可以提高理论的准确度，即寻找能够证伪假设的证据。只要我们找到黑天鹅，H_0 就一定是错误的。赞！

寻找证伪的证据非常重要，但不如天鹅的故事中看上去的那么重要。除了在之前小节中讲到的假设和模型之间存在复杂的对应关系以外，科学家遇到的大部分问题在逻辑上都不是独立的。取而代之的，在现实中我们通常会同时遇到两个问题，这使得天鹅的寓言不具有代表性。首先，观测者很可能观测错了，尤其是从科学知识的角度看。其次，大部分假设都是量化的，考虑的是出现的可能性，而非离散的(有或者没有)。下面我们对上面两个问题稍微展开。

观测误差

在大多数情况下，观察者都会同意天鹅不是白色的就是黑色的。几乎没有中间情形，且大部分观察者观察到的都类似，也就是说对于同样的天鹅，大家对观察到的颜色是白色还是黑色不会有太多异议。但这在科学领域很少发生，至少在一些成熟的领域。取而代之的，我们通常遇到的情况并不能确定是否观测到了一个和假设不符合的结果。在科学知识的边缘地带，测量假设现象的能力通常和现象本身一样是充满疑问的。

举两个例子。

在 2005 年，一组来自康内尔大学的鸟类学家团队声称找到了某种象牙喙啄木鸟(Campephilus principalis)存在的证据，该物种之前被认为已经灭绝了。这里暗藏的零假设是：

$$H_0: 象牙喙啄木鸟已经灭绝$$

证伪该假设只需要一个观测。然而，许多人怀疑该发现的准确性。虽然花了大量的劳力搜寻，并且对任何一个能够指向活样本的信息悬赏$50 000 现金，依旧没有任何让所有人都满意的证据(直至 2015 年)。即使有力的证据最终出现，这段插曲也能够作为天鹅故事的反面实例。观测的困难使寻找和假设不一致的案例变得复杂。黑天鹅不总是黑天鹅，有的时候白天鹅事实上是黑天鹅。这些是错误的证实(假阳性)和错误的证伪(假阴性）。在测量困难的前提下，那些原本相信这种啄木鸟已经灭绝的科学家总是对证伪零假设存疑。那些相信这种啄木鸟还存在的科学家会将最模糊的证伪证据当真。

接下来是来自物理学领域、关于寻找超光速（FTL）的中微子的例子[一]。2011 年 9 月，一大组颇有名望的物理学家宣布他们探测到了从瑞士到意大利略高于光速运动的中微子——微小中性的亚原子粒子，能够轻松穿过大部分物质而不造成任何损害。根据爱因斯坦的理论，中微子不可能比光速快。因此，这项证据似乎证伪了狭义相对论。如果这样的话，这将会使物理学调转方向。

物理界的主流反应不是"爱因斯坦错了！"而是"这组人的测量哪里出错了？"进行测量的人自己的反应也是这样，并且让其他人检查他们的计算过程，试着重复该结果。

测量哪里出错了？你可能会觉得测量速度不就是简单的距离除以时间吗。在你感知的世界和能量场的角度是这样的。但是在基础粒子的角度，如中微子，如果你在粒子开始运动的时候测量，则阻止了其运动。粒子被测量活动消耗了，因此需要更加精细的方法。而且，检测到的速度和光速之间的差距相当小，即使粒子从检测器到控制室运行所需的时间也比测量到的和光速的差距大好多数量级。这种情况下的所谓"测量"，实际上是基于统计模型的估计。因此当前模型所有的假设都值得商榷。至 2013 年，物理界一致认为超光速中微子的结果是测量错误。他们在其中发现了一个技术上的错误，一个电缆没有被很好地连接。[二]此外，由于超新星爆炸产生的中微子运动情况符合爱因斯坦的理论，这种情况下距离大得多，因此能够更好地揭示和光速的差距。在啄木鸟和中微子的事件中，关键的悖论在于证伪是否可信。在这两种情况下，测量都很复杂，但复杂的原因不同。在这两个例子中，观测到的证据为真和为假都是可能的。Popper 自己也知道测量自身存在的局限，这或许是其认为科学不仅仅是证伪的原因之一。但是当参与的科学家在讨论证伪的哲学和实践时，证据的概率本质很少出现。[三]就我对科学史的了解而言，这类测量问题是常态，而非例外事件。[四]

连续性假设

天鹅故事中的另外一个问题是大部分有意思的科学假设并不是像"所有天鹅都是白色的"这样的，而是像这样的：

$$H_0 : 80$$

或者

$$H_0 : 黑色的天鹅很罕见$$

这样一来，当我们发现一只黑天鹅的时候能够得出什么结论呢？零假设并没有说黑天鹅不存在，而是描述了出现的频率。现在我们的任务不是证明或者证伪一个非黑即白的假设，而是尽可能准确地估计并解释天鹅颜色的分布频率。即使不存在任何测量误差，该

[一] Cho(2011)中有 2011 年 12 月的关于测量的争论的总结。

[二] 关于实验的更多具体细节，见 https://profmattstrassler.com/articles-and-posts/particle-physics-basics/neutrinos/neutrinos-faster-than-light/opera-what-went-wrong/。

[三] 更多来自实践科学家的关于 Popper 主义的例子见 Mulkay 和 Gilbert(1981)，其中含有著名的案例。

[四] 在可追溯的物理和生物学发展过程遇到的测量问题的历史中，其中包括最早的相对论和无生源说的实验，我推荐 Collins 和 Pinch(1998)。一些科学家认为这本书是对科学的攻击，但是如同作者在第 2 版书中做的澄清，这不是他们的本意。科学会制造疑团，如同所有的文化那样。这并不意味着科学不起作用。见 Daston 和 Galison(2007)，其中介绍了客观的测量，有几个世纪的时间跨度。

问题也不能通过之前提到的否定后件的假言推理（modus tollens）来解决。[⊖]

你可能会有反对意见，上面提到的假设不是一个很好的科学假设，因为其很难证伪。但如果是这样的话，关于我们这个世界的大部分问题都不是好的科学假设。这样一来，我们应该得出这样的结论："好的假设"的定义并不能给我们带来什么好处。现在几乎所有人都认可通过严格的实验设计和观测来比较不同的假设是有效的手段。但在很多时候，比较必须是概率性的，多大程度上符合，而不是非黑即白的结果。[⊜]

1.2.3　证伪是一种共识

科学界确实认同某些假设是错误的。热量理论（caloric theory）和宇宙中心说都不再出现在学校课堂上了，除非是想告诉学生这些理论是如何证伪的。这样的证伪通常（但并不总是）会牵扯一些相关证据。

但不管怎么说，证伪都是一种共识的结论，而非逻辑结论。在测量误差问题和自然问题的连续性启发下，科学界通过对证据的意义不断争论达成共识。争论的过程可能很混乱。有的教科书并没有真实地展现科学争论的历史，使其看起来像是一个有逻辑的证伪过程而非只是一群人的共识。[⊜]这样可能伤害每个人的感情。科学家可能因此无法让自身的工作按照之前的轨迹进行。通过提出容易被攻击的科学认识论模型，使科学成为靶子。夸大科学知识的确定性还可能伤害公众[⊗]。

1.3　机器人工程的 3 种工具

总体来说，如果试图模仿证伪的过程不是使用统计学方法的有效手段，那么我们该怎么做呢？我们需要建立模型。模型可以对假设进行检验——所有的统计检验都是模型^⑤——也可以进行测量、预测和争论。能够建立和使用统计模型对研究很有帮助，因为科学问题通常都不仅仅是"检验"，也因为你使用的事先造好的统计机器人完全不适用于许多具体研究问题的语境。如果想降低摧毁布拉格的风险，那么你需要一些机器人构造工程学的知识。这里要澄清一点，你最终还是会摧毁布拉格的。但是如果你是一名优秀的机器人工程师，至少你会注意到这样的破坏。因为你知道自己的机器人是如何工作的，你很可能知道哪出错了，于是你的下一个机器人不会那么糟。没有工程学的训练，你的命运永远掌握在某个别人的手中。

⊖　Sober（2008）的第 1 章包含一个类似的关于否定后件的假言推理的讨论。注意 Sober 的书中的统计逻辑和你在看的书很不同。特别的，Sober 稍微有些反贝叶斯倾向。这很重要，因为它强调了拒绝将否定后件的假言推理当作一种统计推断模型，和贝叶斯与非贝叶斯时间的争论并没有关系。

⊜　Popper 自己也要面对这样的理论，因为量子力学的兴起对测量的准确性提出了严重挑战。见他的书《Logic of Scientific Discovery》的第 9 章。

⊜　Collin 和 Pinch（1998）的书的后记中有教科书犯这样错误的例子。

⊗　有许多关于社会科学、科学和公众兴趣的文献。对此了解不多但感兴趣的朋友，可以参考 Kitcher（2011）的《Science in a Democratic Society》，书中涉及很多相关话题，可以当作很多类似困境的入门介绍。

⑤　是的，即使那些号称没有假设的证伪过程也是存在假设的，而且也是某种模型。所有正式表达系统，包括数字系统，都没有直接反映现实世界。例如，在数学中构建"实数"的方式有多种，在一些情况下，不同的构建方式对结果有很大的影响。在应用中，所有正式系统都类似于模型。这个斯坦福的网页对数学哲学进行了简要综述，其中列举了从不同立场出发得到的不同的数学推断方法：http://plato. stanford. edu/entries/philosophy-mathematics。

接受良好的统计模型和统计批判思维训练是困难的事情。然而，21 世纪早期广泛使用的统计模型主要来自几个流行的工具，这些工具都不在初级甚至是高级的统计学课程里。这些工具并不新，但是它们的流行只是近几年的事。最近，统计推断领域研究的许多进步依赖于计算机领域的革新，这更像计算机科学而非传统统计学的进步。因此，如果需要有人负责讲授这些新进展的话，谁该为此负责还不清楚。

有很多工具值得学习。在本书中，我将着重介绍 3 种模型，它们在社会科学和生物科学领域都有广泛的应用。它们是：

1）贝叶斯数据分析

2）分层模型

3）通过信息准则进行模型比较

这些工具彼此有很强的关联性，因此将它们放在一起是合理的。只有通过实践才能理解这些工具——除非自己动手，否则你无法理解机器人工程学知识。因此，本书极其强调代码，以及如何实施这些模型。在本节剩下的部分，我会简单介绍这些工具。

1.3.1　贝叶斯数据分析

在希腊和罗马典籍中，智慧和运气是敌对关系。雅典娜（Athena）由猫头鹰代表，是智慧的化身。堤喀（Tyche）由命运之轮代表，是运气的化身，包括好运气和坏运气。雅典娜心思缜密、精于计算，而堤喀善变、靠不住。只有傻瓜才会依赖堤喀，所有的聪明人都喜欢雅典娜。[⊖]

概率理论的出现改变了这一点。统计推断促使我们依赖堤喀，将其视为雅典娜的仆人，通过随机性和不确定性来发现可靠的知识。各种统计推断都含有这一思想，但是贝叶斯数据分析最大程度地拥抱不确定性，用随机性的语言描述不同假设成立的可能性。

使用"贝叶斯"这个词的方式有很多。但其主要代表一种解释概率的特别方式。用流行的术语表达，贝叶斯推断不外乎计算事情在某假设下可能发生的方式的数目。事情发生方式多的假设成立的可能性更高。由于概率论只是计数的积分，意思是我们能够将概率论当作一般的表达可能性的方法，不管是要对真实世界中可以计数的事件进行推断，还是进行参数的理论构建。一旦你接受了这样的开始条件，之后的逻辑结果就随之而来。一旦我们定义了假设，贝叶斯推断强制施行一种使用信息进行纯逻辑的推理过程。

第 2 章会对此进一步深入解释。现在，我们将贝叶斯和另外一种概率概念相比较。贝叶斯概率是得到概率的一般方法，频率学方法是它的一个重要特例。频率法要求所有概率的定义都需要和可计数的事件以及它们在大样本中出现的频率联系起来。[⊖]这使得频率学的不确定性依赖于想象的数据抽样的前提——如果多次重复测量，我们将会收集到一系列呈现某种模式的取值。这也意味着参数和模型不可能有概率分布，只有测量才

有概率分布。这些测量的分布称为**抽样分布**。这些所谓的抽样只是假设，一般情况下甚至不太合理——对安第斯山脉的鸣鸟的多样性进行重复抽样的主意是荒唐的。如 20 世纪最出名的频率统计学家 Ronald Fisher 所说：

> …统计显著性检验中的群体并非客观存在，而仅仅是统计学家想象的产物…⊖

但是在很多语境下，如温室中的实验设计，这是描述不确定性的有效工具。无论什么语境，这只是模型的一部分，是对重复抽样下可能得到的数据的假设。这和贝叶斯一开始用概率来描述所有类型的不确定性一样是一种假象，无论是从经验上还是认识论上来看都是如此。⊖

但是这些对概率的不同态度确实会导致不同的结果。为了帮助大家理解，下面举一个贝叶斯和频率概率导致不同结果的例子。在 1610 年，伽利略成为第一个观测到土星光环的人。事实上，他观测到的很可能是难以名状的一团光晕，周边连着一些小的光斑（图 1-3）。因为那个时候的望远镜还很原始，无法很好地聚焦。观测到的土星总是非常模糊。这是某种统计学问题。土星的形状有着不确定性，但注意这里的不确定性和重复测量没有关系。你可以用望远镜观测 1000 次，结果依然是模糊的图片（不管从地球的任何地方、任何角度观测土星都是模糊的）。因此测量的抽样分布是常数，因为测量是确定的——没有"随机性"。频率统计学推断这种情况难以继续。相反，贝叶斯推断能够照常进行，因为确定的"噪音"依旧能够通过概率建模，只要我们不将概率和观测出现的频率等同起来。因此，图像修复和处理主要使用的是贝叶斯算法。⊜

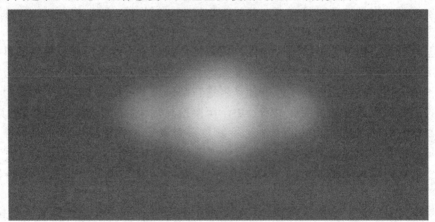

图 1-3　伽利略观测到的土星可能差不多就是这样。真实的形状并不确定，但这并不是因为样本方差。概率理论依旧有助于解决这类问题

⊖　Fisher(1956)，也可以参考 Fisher(1955)，其中第一小节讨论了相同的观点。有的人可能会对 Fisher 是频率学派这一说法提出质疑，因为 Fisher 更加拥护自己的似然方法而不是 Neyman 和 Pearson 提出的方法。但是 Fisher 无疑拒绝接受广义贝叶斯概率理论。

⊖　最后一句改写自 Lindley(1971)的原话："如果先验分布是一种幻想的话，关于数据来源的群体分布的假设也是同样的幻想。"在只有很少支持者的时候，Dennis V. Lindley(1923-2013)就是贝叶斯数据分析的著名捍卫者。

⊜　很难找到合适的关于图像分析的入门介绍，因为这个分支很大一部分和计算机相关。Martin 和 Robert (2007)中第 8 章对此给出了中等级别的介绍。你大概看一下其中的数学部分，即使不深入了解至少也可以熟悉这类分析的目的和过程。Jaynes(1984)对贝叶斯图像处理有着生动的注解，他并不看好非贝叶斯方法。这次之后出现了更好的非贝叶斯方法。

在一些常规的统计学过程（如线性回归）中，这两个不同的概率概念的影响更小。但一定要明白即使贝叶斯和频率方法得到的结果一样，贝叶斯方法将"随机性"视为信息的特质，而非整个世界。真实世界中没有什么是严格随机的——除了量子物理中的争议之外。假设有更多的信息，我们可能严格地预测所有事情。我们仅用随机性来描述由于信息缺失导致的不确定性。比如投掷硬币是"随机的"，但硬币不是随机的，有随机性的是投掷的过程。

注意前述贝叶斯分析并未涉及任何人的"信念"或者主观意见。贝叶斯数据分析只是一种处理信息的逻辑过程。将其看作描述理性信念标准方法的惯例称为贝叶斯主义。⊖但本书不会详细介绍也不会倡导贝叶斯主义。

> **再思考：概率不是单一的。** 指出定义"概率"的方式不止一种可能会让有些读者不安。数学的概念不该只有一个标准答案吗？不是的。如果你设定了一些假设条件或定理，随之的一切确实符合数学逻辑。但定理也会是存在争论的。不仅仅存在"贝叶斯"和"频率"概率，取决于你方法的支持性证据选择，甚至有不同版本的贝叶斯概率。在更加高阶的贝叶斯教材中，你可能会遇到一些人名，如 Bruno de Finetti、Richard T. Cox 和 Leonard "Jimmie" Savage。他们在某种程度上都对应不同的贝叶斯概念。还有其他的名字。本书主要使用"符合逻辑的"Cox（或者 Laplace-Jeffreys-Cox-Jaynes）诠释。我们会在下一章的开始介绍该诠释方法，在第 9 章对此充分展开。
>
> 多种概率诠释方法如何能同时流行呢？就这些方法本身而言，数学定义不一定告诉我们其在现实世界的意义。对一个负数取平方根有什么现实意义？研究自变量趋近无穷大时的函数极限值有什么意义？这都是非常关键且常用的数学方法，但其在实际中的意义取决于具体的语境和分析人员，也取决于具体实践者认为数学抽象在多大程度上反映了现实。数学并不能和现实画等号。因此在所有应用数学领域，数学模型能多大程度反映现实一直都会是个有意思的问题。因此，即便每个人都同意相同的（数学上的）概率定理，大家在不同语境中对概率的现实解释也不尽相同。

在介绍下面的两个工具之前，我们需要强调一下贝叶斯数据分析的优点，至少这对正在学习统计模型的学者有帮助。本书的所有内容都能从贝叶斯的角度重新写一遍。有的地方非贝叶斯的解释更容易。有的地方要是不用贝叶斯解释，会困难得多。根据我讲授两种应用统计方法的经验，贝叶斯框架在教学上有显著优势，很多人觉得贝叶斯框架更直观。或许对此最好的证据就是许多科学家用贝叶斯的术语来解释非贝叶斯结果，例如将普通 p 值解释为贝叶斯后验概率；将非贝叶斯置信区间解释成贝叶斯置信区间（第 2 章和第 3 章将会讲到后验概率和贝叶斯置信区间）。甚至很多统计讲师也会犯这样的错误⊖。从这个角度来说，贝叶斯模型的解释更加直观，所以科学家们喜欢用贝叶斯来解释统计结果。与此相反的错误——将后验概率解释成 p 值——貌似很少发生。

上面提到的所有这些都不能保证贝叶斯模型比非贝叶斯模型更加准确。这仅仅意味着该框架的逻辑和科学家的直觉之间的冲突更少。这在某些方面简化了统计建模教学。

⊖ Binmore（2009）从经济学和其他相关领域的角度描述了相关历史。他提出一些我也深以为然的批评意见。

⊖ 见 Gigerenzer 等（2004）。

再思考：一些历史。贝叶斯统计推断与统计入门课程中介绍的典型统计工具相比历史要悠久得多，它们中的大部分是在 20 世纪初发明的。各种贝叶斯方法在 18 世纪末开始应用于科学研究中，并且持续到 19 世纪。但在第一次世界大战之后，如 Ronald Fisher 这些反贝叶斯统计学家成功地将该方法边缘化。Fisher 在他极具影响力的手册中对贝叶斯分析（他称其为**反概率**）做了如下评价：

"…反概率理论建立在一个错误的基础上，必须完全否定。⊖" 贝叶斯数据分析逐渐在统计学领域被接受是在 20 世纪后半期，因为它被证实并非建立在错误的基础上。撇开所有哲学不谈，这方法真的管用。从 20 世纪 90 年代开始，新的计算方法促进了应用贝叶斯的快速崛起⊖。然而，贝叶斯方法依然面临着计算上的困难。加上数据的规模急剧增长——在基因分析中，几百万观测是常见的，例如寻找一些替代或者贝叶斯推断的近似依然很重要，并且可能会是个持续的问题。

1.3.2 分层模型

印度教神话的宇宙学认为地球在一只巨大的大象的背上，这只大象又是站在一只巨大的乌龟的背上。当问起乌龟站在什么上面时，一个宗师说："下面层叠的全是乌龟。"

统计模型没有乌龟，但是包含参数。这些参数支持推断。那这些参数又是建立在什么之上的呢？有时，在某些最有效的模型中只有参数。这意味着任何特定的参数都可以认为代表某个缺失的模型。知道模型参数的原理就很容易将新的模型嵌入到旧模型中。这能给出一个含有多层不确定性的模型，每层都为下一层提供信息——即分层模型。

分层模型，也称为随机效应、变化效应或混合效应模型，正在逐渐成为生物学和社会科学的新常态。从教育学检验到细菌种系遗传学现在都依赖一些惯用的分层模型来分析数据。与贝叶斯数据分析类似，分层模型并不是全新的方法，但真正通过电脑将该方法应用于实际问题中不过短短几十年。由于这些模型的贝叶斯本质，它们和贝叶斯分析密不可分。

使用分层模型主要有如下 4 个典型且互补的理由：

1）对建立在重复抽样观测上的估计进行调整。如果在同一个个体、地点或时间点上得到多个观测，这时单层模型可能会误导我们。

2）对抽样失衡的估计进行调整。当某些个体、地点或时间点对应的样本特别多时，单层模型也可能会有误导性。

3）研究方差。如果我们的科研问题包含数据中的不同组观测或者不同个体对应的观测的方差，那么分层模型很有帮助，因为它们直接对方差进行建模。

4）避免平均。研究者常常在回归分析前对一些数据求平均得到新的变量。这可能很危险，因为平均的过程会减小方差，从而导致对结果过度自信。分层模型让我们保持没有进行过平均的原始数据，同时可以用平均后的值进行预测。

在研究人员认识到不同类别的观测之间存在差异的情况下，上面的这 4 点都适用。这些不同的类别可能来自不同学生的观测，或者不同地方如城市，或者不同时间如年份。由于来自不同类数据源的样本观测均值可能非常不同，或者对效应的反应不同，一

⊖ Fisher(1925)第 9 页。Gelman 和 Robert(2013)关于 20 世纪中叶强烈反对贝叶斯风潮的反思。

⊖ McGrayne(2011)对贝叶斯数据分析历史进行了非技术性描述。还可以参考 Fienberg(2006)，其中介绍了从 20 世纪 60 年代初期开始分层贝叶斯模型在选举结果预测上的应用。

些考虑了这些随机效应的现成模型通常适用于分析这样的聚类数据。

但是分层模型可不止这些。许多类型的模型其实都是分层模型：缺失值填补模型、测量误差、方差分析、一些时间序列模型、一些空间和网络回归模型以及种系遗传回归，所有这些都是分层思想的应用。这也就是为什么掌握分层模型的概念可能会帮你用新的视角看待现存的模型。突然，单层模型看起来好像仅是分层模型的一部分。分层策略使我们能够将不同的部分按照意愿用于同一个数据分析中。

我想要说服读者相信一些看似不合理的事情：分层回归应该是回归的默认模式。那些没有使用分层模型的论文应该说明自己不使用分层模型的原因。当然，一些数据和具体的情况不需要分层模型。但现代大部分社会学和自然科学研究，不管是不是实验研究，都将从分层模型中获益。或许最重要的原因是，即使是严格控制的效应也可能和研究的个体、组类或群体的某些方面发生交互，这导致处理效应具有随机性。相同情况下不同个体或群体的反应不同[一]。分层模型试图定量分析其中的随机效应，并识别出哪一部分数据用何种方式对处理进行反应。

然而，这些好处不是白来的。拟合和解释分层模型可能比拟合和解释传统的回归模型难得多。在实践中，许多研究人员单纯相信他们使用的黑箱软件，并且用解释单层回归的方法解释多层回归。这种情况终究会发生改变。在应用统计史上，曾经有段时间连普通多元回归都被认为是前沿，是只有专家才可以尝试的方法。取而代之的，那时科学家使用很多基础的检验，如 t 检验。现在几乎每个人都使用多元回归。相同的情况也终究会发生在分层模型上。但是学术氛围和课程设计在这方面还有待提高。

> **再思考：分层选择预测。** 分层模型的一个历史更加悠久的应用是预测国内选举结果。早在 20 世纪 60 年代初期，John Tukey(1915—2000)就开始为美国国家广播公司(NBC)工作，研发实时大选预测模型。该模型能够探索不同类型的数据：民调、往年选举情况、部分结果以及相关选区的完整结果。这些模型使用的是与第 12 和 13 章中类似的分层模型构架。Tukey 在 NBC 研发并使用这些模型直至 1978 年[二]。分层模型依旧活跃在当前的选举预测和民调中[三]。

1.3.3　模型比较和信息法则

从 20 世纪 60 年代和 70 年代起，统计学家开始开发一个特别的测量族来比较不同的模型结构：信息法则。所有这些法则的目标都是让我们通过对未来预测的准确度来比较模型。但是他们使用方法的一般化程度或高或低，且对不同类型的模型使用不同的信息测量方法。因此，统计文献中的信息法则数目急剧上升。这些信息法则都是用来比较模型的。

最有名的信息法则是 AIC(Akaike Information Criterion)。AIC 及其相关的测量——我们将会讲到 DIC 和 WAIC，明确建立一个预测模型，并且用该模型来评估你要比较的模型。对预测进行建模意味着其取决于假设条件。因此，即使信息法则名义上似乎能遇见未来，但它们依旧是机器人。

AIC 和它的同类都被称为"信息"法则，因为它们通过信息理论建立测量模型。信

○　这时观测到的处理效应掺杂了随机效应。——译者注
○　见 Fienberg(2006)第 24 页。
○　更精彩的例子见 Wang 等(2015)。

息理论不仅仅可用于统计模型比较。但为了真正理解信息法则，对信息理论有一个总体了解是很有必要的。因此在本书的第 6 章将介绍信息理论。

AIC 和它的同类真正干的事情其实是帮助研究人员解决模型比较中通常遇到的两个难题：

1) 你最经常听到的统计模型的问题可能是**过度拟合**⊖。过度拟合是第 6 章的话题。在这里，你可以将过度拟合简单理解为：拟合容易预测难。未来的数据并不严格类似于过去的数据，且许多没有考虑这个事实的模型倾向于得到比原本能够给出的预测更糟糕的结果。因此，如果我们想要好的预测表现，就不能仅通过模型对历史数据的拟合情况来评判模型优劣。信息法则提供了估计预测精度的方法，而不仅仅是拟合情况。因此他们在真正重要的方面比较模型。

2) 使用 AIC 和它的同类的主要好处是能针对同一个数据集同时比较多个模型，且不需要所谓的零假设模型。通常情况下我们知道有哪些候选模型。中立进化的争论就是一个例子。在一些实际情况中，如社会网络和种系进化，并没有某个合理的模型或者单个零假设模型。中立进化争论也是如此。在这些例子中，没有某个特定的明确比较模型的好方法。这些方法都是人为主观选择的。信息法则并不是进行这样比较的唯一方法，但它们是被广泛接受和使用的方法。

分层模型的使用已有几十年，贝叶斯分析则有上百年。相比较而言，信息法则还比较年轻。许多统计学家从来没有将其用于解决实际问题，且关于哪个法则在什么时候用最好也没有共识。但是信息法则已经在科学研究中频繁使用——在权威出版物和一些有名的争论当中⊜——且通过分析和经验累积，我们对这些法则已经有了相当的了解。

> **再思考：内心的尼安德特人。**即便是简单的模型也需要几个候选项。2010 年一份尼安德特人的基因草图展示了其基因和非非洲现代人的相似度高于非洲人。该发现与尼安德特人和现代人杂交繁衍的理论相一致，因为后者是从非洲迁移出来的。但仅凭 DNA 更相近这一点不足以支持现代欧洲人是尼安德特人和现代人杂交的后裔。除 DNA 发现之外，该发现也和原始非洲大陆结构学说一致⊜简而言之，如果原始的非洲东北部人有特别的 DNA 序列，那么尼安德特人和现代人都应该从相同的祖先那里继承到这一序列而不是通过种族间繁衍得到。因此，即使在这样一个看似简单的关于尼安德特人和现代人是否共有特定的 DNA 序列这一问题上，都可能有不同的解释模型。模型比较是必不可少的。

1.4 总结

在第 1 章我们反思了流行的统计和科学哲学。我们不该仅选择各种黑盒工具来检测零假设，而应该学着对实际问题建立不同的非零假设模型。为了阐明这一观点，本章提及了贝叶斯推断、分层模型和信息理论模型比较。

本书剩下的部分分为 4 个相关的部分。

⊖ 这个观点来自 Silver(2012)。Silver 的书对不同领域中的建模和预测进行了很好的非技术性介绍。

⊜ Theobald(2010)中有一个精彩的例子，其中比较了几个生物系统发生模型。

⊜ 更详细的解释以及最近支持种族间繁衍的证据，见 Sankararaman 等人(2012)。

1）第 2 章和第 3 章是打基础。其中介绍了贝叶斯推断和进行贝叶斯计算的基本工具。我们将讲解步调放得很缓，特别强调了概率理论的纯逻辑解释。

2）接下来的第 4 章～第 7 章介绍了贝叶斯多元回归模型。这些章节的讲解进度同样非常缓慢，主要因为其中还强调了结果的可视化，包括交互效应的结果展示。我们还花了较大篇幅来讨论模型复杂度带来的问题（过度拟合）。因此第 6 章会再次介绍信息理论。

3）本书的第三部分——第 8 章～第 11 章，展示了不同种类的广义线性模型。第 8 章是本书的一个分水岭，因为该章介绍马尔可夫蒙特卡罗法，在第 10 章和第 14 章中会用该方法拟合非线性模型。第 9 章介绍用最大熵帮助我们设计模型。第 10 章和第 11 章接着对这些模型进行详细展开。

4）本书的最后一部分——第 12 章～第 14 章——讲解了线性和广义线性分层模型，以及一些特殊的分层模型用于应对测量误差、缺失数据，以及通过高斯过程对空间相关性建模。这部分介绍的是非常高阶的内容，但阐述的方式和之前没有本质不同。

最后一章即第 15 章回到本书最开始提出的一些问题。

在每章的末尾都有一些习题，题目按从易到难排列。这些习题能够帮助你检测你对内容的理解。难度较大的习题在原书内容上做了一些延伸，引入了新的例子和难题。习题答案可以在本书的网站（https://www.crcpress.com/Statistical-Rethinking-A-Bayesian-Course-with-Examples-in-R-and-Stan/McElreath/p/book/9781482253443）上找到，需要教师在线注册申请。本书其他补充材料（包括示例代码、勘误等）可以通过如下网址获得：https://xcelab.net/rm/statistical-rethinking/。

第 2 章

小世界和大世界

当克里斯多夫·哥伦布(Christopher Columbus)于 1492 年开始向西远航时，他坚信地球是一个球体。在这一点上，他和其身处年代受教育程度最高的那批人一致。但是他和这些人中的大多数不同，他同样认为这个星球比其真实的面貌小得多——半径仅有 3 万千米，而事实上是 4 万千米(图 2-1 [一])。这是欧洲历史上最重要的错误。如果哥伦布认为地球的半径是 4 万千米的话，他会明智地认为自己无法携带足够的食物和水完成向西航行直抵亚洲的路线。但如果半径是 3 万千米，亚洲将会在加利福尼亚海岸再往西一些。带足够的物质进行那样的航行还是可能的。受到自己与众不同的估计方式的鼓舞，哥伦布扬帆起航，最终在巴哈马群岛(Bahamas)登陆。

哥伦布基于自己脑中的小世界进行了预测。但由于实际上他所在的是一个大世界，他的预测是错误的。在他身上发生的是个幸运的错误。他的小世界模型错的出其不意：路途中并不全是茫茫海洋，还有许多陆地。如果不是这样的话，欧洲和亚洲之间只是大洋，他和他的整个探险队远在到达东印度之前就粮尽援绝了。

哥伦布的小世界和大世界体现了模型和现实的对比。所有的统计模型都有相同的两个框架：模型自己的小世界和我们想要应用模型的大世界 [二]。在这两个世界穿行始终是统计模型面临的关键挑战。这个挑战因人们忘记两个框架之间的差别而加剧。

图 2-1　出自 Martin Behaim 的 1492 年的地球，展示了哥伦布脑海中的小世界。欧洲位于图的右侧。亚洲位于左侧。标记为 Cipangu 的岛屿是日本

[一]　Morison(1942)。地球的插图从维基百科条目 Martin Behaim 的页面图片修改而成。除了对地球半径的错误认识以外，哥伦布还过度估计了亚洲的面积，以及中国和日本之间的距离。

[二]　这种区分和表达方式衍生自 Savage(1962)。

小世界是逻辑自洽的模型世界。小世界列举了所有的可能性。不存在纯粹的意外，如在欧洲和亚洲之间存在一个巨大的大陆。在模型的小世界中，能够核实模型的逻辑是很重要的，确保模型在合适的假设条件下会有预期的表现。贝叶斯模型在这方面有一定优势，其对最优进行了恰当的声明：如果小世界是对真实世界的准确描述，那没有其他模型能够比当前的模型更好地利用收集到的数据信息，更好地支持决策。[一]

大世界是更广阔的模型应用环境。在大世界中可能存在小世界无法想象的事件。此外，模型总是大世界的不完美表达，因此难免犯错，即使所有的事件都被恰当地提到了。小世界模型的自洽的逻辑并不能保证其对大世界来说也是最优的。但这无疑是一种慰藉。

本章将开始建立贝叶斯模型。可以证明贝叶斯模型从数据中学习的方式在小世界里是最优的。但是其在大世界的表现需要用经验核实而不是逻辑推导。在大世界和小世界间往返穿梭同时需要正式（如贝叶斯推断）和非正式（如业内人士交流）的方法。

本章将着眼于小世界，解释概率理论的本质，即计算事情可能发生的方式。从该本质上自然衍生出贝叶斯推断。本章接着展示贝叶斯统计模型的模式化组成成分，之后介绍如何使用模型得到参数估计。

本章的所有内容为下一章奠定了基础。下一章将介绍如何对贝叶斯估计进行总结，以及如何将模型从小世界推广到大世界。

　　再思考：真实世界的捷径。 自然界是复杂的，在进行科学研究的过程中我们不断意识到这点。一切生物，从不起眼的扁虱到勤劳的松鼠再到悠闲的树懒，都在频繁的进行自适应决策。但很显然大部分动物都不是贝叶斯主义，因为作为贝叶斯主义者代价太高，结果的好坏依赖于一个先验模型的好坏。动物会使用能够适应过去或当前环境的各种线索。一旦考虑到收集和处理信息（有时还可能过度拟合，详见第6章）的成本[二]，这些线索帮助动物在适应环境上走一些捷径，效果比严格的贝叶斯分析好多了。从动物界真实的状况可知，贝叶斯模型既不必要也不高效。但对于人类这种动物而言，贝叶斯分析可以作为发现相关信息和有逻辑地处理这些信息的一般性方法。只是需要注意，这并不是唯一的方法。[三]

2.1　路径花园

　　本节的目的是从最基础开始建立贝叶斯模型，这样可以打破贝叶斯神秘的面纱。贝叶斯推断其实不过是计数然后比较不同的概率。用 Jorge Luis Borges 的短篇小说《路径花园》作类比。其讲的是一个男人发现一本充满矛盾的书的故事。大部分小说都含有主角需要在不同选项中抉择的情节。女主角来到一个男人家中，她可能杀了这个男人，也可能只是喝一杯茶。只能在这两种可能中选择——谋杀或喝茶。但 Borges 的故事对所有的岔路（可能性）进行展开，这些岔路组成一个花园。

　　这和贝叶斯推断的道理类似。为了对实际发生的事情做出正确的推断，它帮助我们

　　[一]　关于贝叶斯推断在决策上的理论最优性的讨论，见 Robert(2007)。

　　[二]　见 Simon(1969)和 Gigerenzer 等人(2000)。

　　[三]　我最早是在 Gelman 和 Nolan(2002)中看到这个 globe tossing 策略的。因为我一直在课上使用这个策略，有人听课后和我说他们在其他地方也看到过，但我始终无法找到原始的引用（如果存在原始引用的话）。

考虑所有可能发生的事情。贝叶斯分析是一个由"数据岔路"组成的花园，在那里事件可以向不同的可能性延伸，如同分岔的道路一样。随着对事情真实发生情况的了解，我们开始修剪岔路。剩下的结果和我们所学知识在逻辑上一致。

这个过程为不同的假设提供了量化排序，一个最保守的排序。该排序建立在所有可能性的假设和收集到的真实数据的基础上。该过程不能保证得到对于大世界来说正确的答案。但是它能保证这是小世界中，根据现有数据能得到的最优答案。

让我们看一个简单的例子。

2.1.1　计算可能性

假设有一个装了 4 块大理石的袋子。这些大理石有两种颜色：蓝色和白色。我们知道袋子中有 4 块大理石，但是我们不知道每种颜色的大理石各有多少个。我们知道有下面 5 种可能性：(1)[白白白白]；(2)[蓝白白白]；(3)[蓝蓝白白]；(4)[蓝蓝蓝白]；(5)[蓝蓝蓝蓝]。这是袋子中石头颜色的所有可能的组合情况。我们将这 5 种情况叫作猜测。

我们的目标是根据提供的一些关于袋中大理石情况的线索，找出这些猜测中哪种是最可能的情况。我们确实有一些证据：从袋中有放回地连续随机抽取 3 块大理石。这 3 次得到的颜色依次是：蓝白蓝。这便是观测数据。

现在我们来规划花园，然后看看如何用观测到的数据推断袋子中大理石的颜色。我们从一个猜测开始，假设袋中有 1 块蓝大理石，3 块白大理石。第一次从袋中抽取大理石时可能得到这 4 块中的任何一块。我们可以用如下图形表达第一次抽取的可能情况：

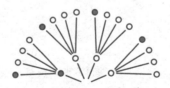

注意，因为这里我们只记录大理石的颜色，所以 3 块白色的大理石实质上结果相同，但它们是不同的大理石。理解这点很重要，因为这意味着看到白色大理石的方式比蓝色大理石多。

现在我们将之前抽取的大理石放回再次抽取一个，花园会是什么样的？这是花园向外延展了一个层级：

现在花园有 16 条可能的路径，每条路径对应两次抽样的结果。第二次抽样在第一次抽样的每种情况下延展出 4 条路径。为什么？因为这里我们假设有放回的随机抽样，所以每块大理石每次被抽到的概率是相等的，不管前一步抽到的是哪块大理石。类似地可以建立第三个层级，3 次抽样对应的完整花园见图 2-2。其中有 $4^3=64$ 种可能的情况。

基于我们观测到的 3 次抽样的大理石颜色，图中的一些道路在逻辑上被排除了。因为第一次观测到的是蓝色，所以在右边 3 个第一层级为白色的分支都可以去除了。所有可能的道路都必须发至蓝色起点。第二次抽到的是白色，因此可能的路径必须经过蓝色起点之后第二个层级中的 3 个白色节点，但我们并不知道具体经过哪一个节点，因为我们只记录颜色。最后一次抽出的是蓝色。刚才的 3 个白色节点对应的岔路中各自只有一个通向蓝色节点。如果我们假设袋内大理石的颜色为[蓝白白白]，最后只有 3 条路径对应

[蓝白蓝]序列。图 2-3 再次展示了花园，其中不符合逻辑的路径用浅蓝色表示。我们无法确定数据遵从的是剩下的这 3 条路径中的哪一条。只要我们考虑的是袋中一共有 1 块蓝色大理石，3 块白色大理石的情况，那必定是这 3 条路径中的一条。这是唯一同时符合我们对袋内大理石的假设以及观测到的数据[蓝白蓝]的情况。

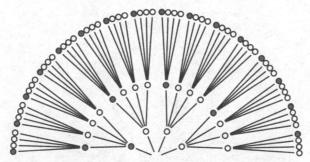

图 2-2 假设袋中有 1 块蓝大理石，3 块白大理石，对应 64 种可能的抽样情况

以上阐述表明在袋中大理石是[蓝白白白]的假设下，3 种可能的路径得到[蓝白蓝]的观测序列。我们无法知道是这 3 条路径中的哪一条。我们可以类似地对其他假设重复相同的过程，计算可能路径的数目，并且比较这些计数。例如，对于[白白白白]的假设，没有任何路径能够得到现有的观测结果，因为一开始抽到蓝色大理石在这种情况下是不可能的。类似的[蓝蓝蓝蓝]的假设也和观测不符。因此我们可以排除这两种假设。图 2-4 展示了三种可能假设对应的花园（[蓝白白白]、[蓝蓝白白]和[蓝蓝蓝白]）。其中左上角对应的是图 2-3 的情况。右上角展示了在[蓝蓝蓝白]假设下生成的路径图。底部的三角展示了在[蓝蓝白白]假设下的路径图。现在我们数一下在每个假设下符合观测的路径数目。假设[蓝白白白]对应 3 条路径，这个我们之前已经数过了。假设[蓝蓝白白]对应 8 条逻辑上可能的路径。假设[蓝蓝蓝白]对应 9 条可能的路径。

图 2-3 去除与观测数据不符的路径后，64 条路径剩下 3 条

总的来说，我们考虑了 5 种关于袋内大理石颜色的假设，从 0 块蓝色大理石到 4 块蓝色大理石。对于每种假设，我们计算了和观测[蓝白蓝]相符的路径：

假设	可能产生[蓝白蓝]观测的路径数
白白白白	$0 \times 4 \times 0 = 0$
蓝白白白	$1 \times 3 \times 1 = 3$
蓝蓝白白	$2 \times 2 \times 2 = 8$
蓝蓝蓝白	$3 \times 1 \times 3 = 9$
蓝蓝蓝蓝	$4 \times 0 \times 4 = 0$

　　注意在每种假设下计算符合观测数据的路径数，可以先数每层可能的节点数，然后将这 3 个可能的节点计数相乘。这只是一种计算方式。该计算所得结果和图 2-4 是一样的，但不需要画出完整的花园图。即使是通过每层可能的节点数相乘的方法，但在逻辑上依然是数所有可能的路径数目。在学习正式的贝叶斯推断时还会遇到这个问题。

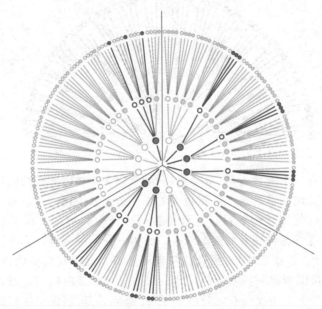

图 2-4　数据的路径花园。图中展示了每个关于袋中大理石颜色的假设对应符合观测数据的路径

　　那么我们数这些路径数目干嘛呢？通过比较不同假设对应的可能路径数来衡量它们的可能性。但这只是解决方案的一部分。在比较这些计数之前，我们需要决定这些假设本身成立的可能性。当没有任何关于假设本身可能性的信息时，认为它们等可能是合理的，这时可以直接比较计数。但通常我们会有一些关于各种假设的先验信息。

　　再思考：证实。 关于通过使用这些路径的计数来比较不同假设成立的可能性的方法，我们可以用几种方法进行核实。核实方法很符合逻辑，我们需要证明：如果要得到合理的各种假设的可能性，并且符合基本逻辑——遵循关于真、假的逻辑声明——那就应该遵从这个过程⊖。存在几种不同的证实方法指向同样的数学过程。不论你选择如何从哲学上证实该过程，你需要明白的是这个过程确实有效。能够从理论上证实该过程固然好，但最后我们关心的是能否给出有用的结果。或许你要的核实只是所有在现实生活中贝叶斯推断起作用的案例。20 世纪的贝叶斯分析的反对者声称贝叶斯方法证实起来容易，但应用起来难⊖。幸运的是，事实不再是这样。但是要小心，不要以为我们可以证实贝叶斯推断的合理性就意味着所有其他方法都是无从证实的。有各种各样的统计机器人存在，并且其中有些类型是有用的。

⊖　见 Cox(1946)、Jaynes(2003)和 Van Horn(2003)对 Cox 的理论和其在推断中扮演的角色进行阐述。
⊖　相关的例子见 Gelman 和 Robert(2013)。

2.1.2   使用先验信息

我们可能有一些关于各个假设成立可能性的先验信息。这些信息可能来自对袋内大理石获取渠道的了解，也可能来自之前的数据。有时我们可能想进行比较保守的分析，希望结果不要偏离我们的预期太远，于是我们假设自己有先验信息。无论何种情况，我们都希望这些信息能派上用场。幸运的是存在一种很直观的解决方式：直接将先验计数和观测计数相乘。

至于具体的实施，如果我们可以声称一开始上面每种假设成立的可能性相同。这样一来，我们只需比较每种假设下和观测数据一致的路径数目。比较得出假设[蓝蓝蓝白]对应的路径数目（9 条）略高于[蓝蓝白白]的路径数目（8 条），它们的路径数目大约是[蓝白白白]（3 条）的 3 倍。

现在假设我们从袋中抽取另外一块大理石得到的观测为蓝。这时你有两种选择，你可以将上面的流程重新走一遍，建立一个有 4 个层级的花园，然后数出可能给出[蓝白蓝蓝]观测数据的路径数目。或者你可以使用之前每个假设的计数（0、3、8、9、0），然后在此基础上根据新的观测进行更新。只要新样本和之前的样本是独立的，这两种选择在数学上是等价的。

下面我们具体讲如何实施。首先我们数一下每种假设对应能够得到样本"蓝"的可能路径数目。然后将这个路径数目和之前的计数相乘。如下表所示：

假设	得到蓝色样本的路径数	之前的计数	新计数
白白白白	0	0	$0 \times 0 = 0$
蓝白白白	1	3	$3 \times 1 = 3$
蓝蓝白白	2	8	$8 \times 2 = 16$
蓝蓝蓝白	3	9	$9 \times 3 = 27$
蓝蓝蓝蓝	4	0	$0 \times 4 = 0$

上表中最右边一栏给出了每种假设对应的可能路径总数。当收集到独立于之前观测的新数据时，更新的路径总数可以通过将之前的计数和新的观测计数相乘得到。

该更新路径数目的过程主要分为 3 步：（1）如果之前的信息告诉我们某假设对应有 W_{prior} 条可能路径得到之前的观测，记为 D_{prior}；（2）在有新观测 D_{new} 时，某假设得到新观测的可能路径数目是 W_{new}；（3）那么该假设下观测到 D_{prior} 和 D_{new} 的可能路径数是 $W_{prior} \times W_{new}$。例如，上面表格中[蓝蓝白白]对应 $W_{prior} = 8$ 条可能产生观测 $D_{prior} = $[蓝白蓝]的路径。同时该假设对应 $W_{new} = 2$ 条可能产生新观测 $D_{new} = $蓝的路径。因此，该假设对应产生 D_{prior} 和 D_{new} 的可能路径数目是 $8 \times 2 = 16$。为什么是相乘呢？相乘只不过是计算整个更新后的路径花园中和观测相符合路径数目的一种简便方式。

在这个例子中，先验数据和新数据类型相同，即都是从袋中抽取大理石，观测其颜色。但一般来说，先验数据和新数据的类型可以不同。假设大理石工厂的工作人员告诉你蓝色的大理石很罕见。因此，他们每生产一袋[蓝蓝蓝白]的颜色组合产品时，同时生产 2 袋[蓝蓝白白]和 3 袋[蓝白白白]的产品。他们还保证每个袋中至少有 1 块蓝大理石，1 块白大理石。这样一来我们可以对计数进行如下更新：

假设	先验计数	工厂计数	新计数
白白白白	0	0	$0 \times 0 = 0$
蓝白白白	3	3	$3 \times 3 = 9$
蓝蓝白白	16	2	$16 \times 2 = 32$
蓝蓝蓝白	27	1	$27 \times 1 = 27$
蓝蓝蓝蓝	0	0	$0 \times 0 = 0$

　　这时[蓝蓝白白]变为最可能的组合, 但只是略微超过[蓝蓝蓝白]。那么是否存在一个值, 如果假设对应的路径数目之间的差距大于该值, 说明某假设成立? 我们会在下一个章节中回答该问题。

　　再思考: 原始无知。当缺乏先验信息的时候我们该支持哪种假设呢? 最常见的做法是在得到数据观测前假定每种假设成立的可能性相同。这称为**无差异原则**(principle of indifference), 即当没有任何证据支持任何一种假设时, 所有假设都是等可能的。但选择一个"无知"的数学表达方式相当复杂。这个问题会在之后的章节中遇到。对于本书探索的问题, 无差异原则下得到的推断结果和主流非贝叶斯方法的结果相似。因为它们(非贝叶斯方法)中的大部分隐含等概率的假设。例如典型的非贝叶斯置信区间对某参数可能取的值给予的初始权重是平均的, 无论其中某些取值是多么的不可能。有一些非贝叶斯的方法通过在极大似然函数后添加罚函数或者其他手段避免这样的缺陷。我们会在第 6 章进一步讨论。

2.1.3　从计数到概率

　　将该策略视为遵守对无知实事求是的原则有助于理解: 当我们不知道数据的发生机制时, 产生数据途径多的潜在发生机制对应更高的可能性。这使得我们去数路径花园中符合条件的路径数目。

　　但是, 使用这些原始计数有些麻烦, 因为我们总是将这些计数标准化, 然后将其转化为概率。为什么无法直接使用原始计数呢? 首先, 我们只关心相对值, 计数的具体大小如 3、6、9 并没有太多有用的信息。如果它们变成 30、80、90 也没有影响, 实际意义可能相同。我们只关心相对大小。其次, 随着数据量的增大, 计数会变得很大且难以操作。当我们有 10 个观测时, 潜在的路径数目就超过 1 百万了。而我们该如何分析含有成千上万观测的数据集呢? 单纯使用计数是不现实的。

　　幸运的是, 我们可以通过数学方法对此进行压缩。具体来说, 我们按如下定义, 观测到数据后对每种假设成立的可能性进行更新:

$$观测到[蓝白蓝]的情况下[蓝白白白]成立的可能性$$

$$\propto$$

$$在[蓝白白白]的假设下得到[蓝白蓝]的方式数目$$

$$\times$$

$$[蓝白白白]的先验可能性$$

其中 $\propto$ 符号表示"正比于"。我们希望比较每种关于袋中大理石颜色的假设的可能性。我们可以将袋中蓝色大理石的比例定义为 p, 对于[蓝白白白]的情况, $p = \dfrac{1}{4} = 0.25$。将观测定义为 $D_{\text{new}} = $[蓝白蓝]。这样一来就有如下数学表达:

观测到 D_{new} 的情况下 p 成立的可能性 $\propto$ 在 p 的假设下得到 D_{new} 的方式数目 $\times$ p 的先验可能性

上面的表达意味着对于任何 p 的值，我们认为其成立的可能性正比于在该 p 取值的情况下路径花园对应的路径的数目。该表达其实就是总结了前一节中的那个表格。

最后，我们将计算出的这些可能性标准化到 $[0, 1]$ 区间上得到相应的概率值。标准化后，所有假设的可能性取值相加为 1。你仅需要将每个 p 取值对应的那个乘积值除以所有 p 对应的乘积之和：

$$\text{观测到 } D_{new} \text{ 情况下 } p \text{ 成立的可能性} = \frac{\text{在 } p \text{ 的假设下得到 } D_{new} \text{ 的方式数目} \times p \text{ 的先验概率}}{\text{所有 } p \text{ 对应的乘积之和}}$$

为了更加直观地理解，回到之前的具体例子。再考虑上述路径数目的频数表格，现在我们用定义的 p 和"可能性"更新该表格：

可能的组合	p	产生观测的路径数	p 成立的可能性
白白白白	0	0	0
蓝白白白	0.25	3	0.15
蓝蓝白白	0.5	8	0.40
蓝蓝蓝白	0.75	9	0.45
蓝蓝蓝蓝	1	0	0

你能通过下面的 R 代码快速计算上面的可能性分值：

```
ways <- c( 0 , 3 , 8 , 9 , 0 )
ways/sum(ways)
```
R code 2.1

```
[1] 0.00 0.15 0.40 0.45 0.00
```

ways 的值是之前的乘积结果。分母 sum(ways) 是对 ways 中的各项求和。

这些可能性也就是概率——这些取值是非负实数且和为 1。你能将它们当作概率值来使用。更具体地说，这里的每一步计算都存在对应的应用概率理论的定义。这些定义有特定的名字，大家有必要熟悉这些名词，因为之后会经常用到：

- 假定蓝色大理石的比例 p 通常称为**参数值**。通过参数来表达可能的数据生成机制。
- 每个 p 的取值对应的产生数据的方式数目通常称为**似然值**。该值通过对所有可能的情况进行计数，去除那些不可能的情况而得到。
- 关于 p 的先验可能性通常称为**先验概率**。
- 在特定 p 取值情况下，根据样本观测更新后的可能性值称为**后验概率**。

在下一节中，你将会学习对这些对象更加正式的定义以及它们如何组成统计模型。

> **再思考：随机抽样。**当你洗牌或者通过投掷硬币决定实验对象的指定疗法时，通常这样的过程称为随机化。将某物随机化意味着什么？这意味着通过这样一个过程使得我们对样本排列规律几乎一无所知。洗牌的过程改变了我们的先验信息状态，使我们完全不知道牌是如何排列的。随机化过程带来的好处是，如果洗牌很充分，能够完全抹去先验的排列信息，那么经过随机化后得到的排列很可能有非常高的**信息熵**。随着讲解的深入，信息熵的概念会越来越重要，我们会在第 6 章和第 9 章详细展开。

2.2　建立模型

使用概率而非原始的计数极大简化了贝叶斯推断，但表面上看好像复杂多了。因此，在本节中，我们沿用之前的路径花园的方式来展示传统的贝叶斯统计模型。这里使用的例子虽然简单，但拥有典型统计分析模型的结构，我们会逐渐熟悉这样的结构。其中的每一部分都能用对应路径花园的数据进行解释。无论数据是什么，背后的逻辑是一致的。

假设有一个球代表你现在身处的星球——地球。这个球足够小，能够置于你的手掌之上。你想知道多大比例的球面被水覆盖？于是你采取了下面的策略：你将该球投掷到空中，随后接住它，记录你的右手食指触碰的部分是水还是陆地。然后再次将球抛到空中接住，如此反复[⊖]。该方法能够得到一系列关于球表面的数据。前 9 个样本可能是：

W L W W W L W L W

其中 W 代表水域，L 代表陆地。这样一来，在这个例子中观测到 6 个 W，3 个 L，将其称为观测数据。为了更进一步，我们需要一些假设，这些假设组成了模型。设计贝叶斯模型可以依照下面 3 个步骤：

1）数据背景：通过数据可能的发生机制设计模型。

2）贝叶斯更新：通过观测数据更新模型。

3）评估：所有的统计模型都需要评估，这样才有可能对模型进行改进。

下面几个小节会通过这个抛掷球的例子讲解这些步骤。

2.2.1　数据背景

贝叶斯数据分析通常意味着需要一些关于数据来源的先验信息。这些信息可能是描述性的，根据观测指出那些能够用来预测结果的关联。或者这些信息也可能是因果性的，关于不同事件之间触发机制的某种理论。通常情况下，任何因果性的信息也是描述性的。但是许多描述信息却无法解释因果。只要这些数据背景信息足够充分使之能用来指定生成新数据的算法，那这些信息就是完整的。下一章节中你将会看到这样的例子，其中模拟新数据被当成有效的模型评估方法。

你能够通过试图解释数据的产生来探索数据背景信息。这通常意味着描述潜在的机制和抽样过程。这种情况下，数据背景信息只是抽样过程的重新表达：

1）地球表面水的覆盖率是 p。

2）每次投掷都有 p 的可能性得到 W 观测。$1-p$ 的可能性得到 L 观测。

3）每次投掷都是独立的。

这样一来，数据背景信息就被转化成了正式的概率模型。该概率模型很容易建立，因为我们能够将建立的过程划分成一系列的决策成分。在介绍这些成分之前，先看一下贝叶斯模型运作原理的图形展示，可能对理解有帮助。当你熟悉了模型大致如何从数据中获取信息后，我们会打开机器的后盖展示具体的工程构造。

⊖　我最早是在 Gelman 和 Nolan(2002)中看到这个抛球的例子。之后一直在课堂上用这个例子，有人告诉我他们在其他地方看到过这个例子，但我并没有找到原始的出处。

> **再思考：探索数据背景的价值。** 数据背景是很有价值的，即使你很快就决定在建模过程中舍弃这些信息，或者模拟新的观测，了解数据背景也还是有价值的。事实上，最终舍弃这些先验背景信息是很重要的，因为很多背景对应的其实是相同的模型。因此，模型最终表现很好并不意味着我们关于数据先验背景的知识是正确的。但探索数据背景依旧是有价值的，因为在此过程中你可能意识到一些额外的需要回答的问题。大部分数据背景比一开始激发数据收集的假设要具体得多。假设可以非常模糊，如"气温高的日子更可能下雨"。当你真正考虑进行抽样，测量且准确描述温度如何预测是否下雨的时候，许多数据背景和得到的模型都将与这个模糊的假设有关。要解决这个模糊性通常需要更加深入地考虑现实背景以及对（一些现成的）模型进行可能的修改，然后才拟合数据（而非直接套用现成的模型拟合数据）。

2.2.2 贝叶斯更新

我们现在的问题是要根据现有证据（投球得到的结果）决定几个球表面被水覆盖的比例值中哪个最接近真实值。这些候选的比例和本节之前关于袋内大理石颜色的假设类似。在给定的证据下，每个比例假设都或多或少有可能成立。贝叶斯模型开始于对这各种假设指定的概率，称为先验概率。之后根据观测的数据对其进行更新，也称为贝叶斯更新。关于更新过程的细节（具体技术环节）在之后的章节介绍。现在让我们看看这样一个机器表现如何。

为了便于举例，假定几个候选的覆盖比例 p 取值的先验概率相同。图 2-5 左上角的水平虚线代表每个覆盖比例 p 取值的先验概率。在得到第一个观测之后（观测为 W），模型将相应概率更新为实线。现在 $p=0$ 的概率降为 0 了，也就是 p 不可能为 0。为什么？因为至少有一个观测是水域（W），因此我们知道地球上至少有水。模型遵循的就是这样一种逻辑。你不用特地告诉模型这种情况下地球表面水的覆盖面积不可能是 0，通过概率理论自然会得出这样符合观测的结论。因为其实质就是在得到观测的情况下数可能的路径数目。

类似地，$p>0.5$ 的概率也相应有所提升。这是因为目前为止还没有任何观测表明球表面有陆地，因此模型将概率朝着符合目前观测的方向修改。注意，这里重要的是相对可能性，且目前为止我们得到的观测并不多。因此可能性的差别并不大。通过这种方式，当前收集到的证据被纳入到更新的 p 取值的可能性中。

图 2-5 中剩余的部分依次表示了随着样本观测的增加对可能性值的更新。每个子图中的虚线是前一个子图中的实线。图按观测次序从左到右，从上到下排列。每次观测到 W 都使相应曲线的峰点向右移动，即向更大的 p 值方向移动。每次观测到 L，曲线峰点都会向相反的方向移动。曲线的最高点位置随着观测逐渐升高，意味着随着证据的增加，可能性集中在越来越少的几个 p 值上。每次新增一个观测更新之后的模型，和之前的全部观测也保持一致。

注意每个更新后的可能性集合将成为下一轮更新的先验。每个结论都是下一轮推断的开始。但这个更新的过程可以向前也可以向后。假设给定图 2-5 右下角子图中的可能性集合，并且知道最后的观测是 W，就可以从数学上避免最后观测带来的改变将曲线还原到前一步的状态。因此，观测出现的顺序并不影响最后的结果，甚至可以一次性使用所有的观测。在大部分情况下，为了方便都是一次性使用所有的观测。明白这背后实际是一连串迭代的过程是很重要的。

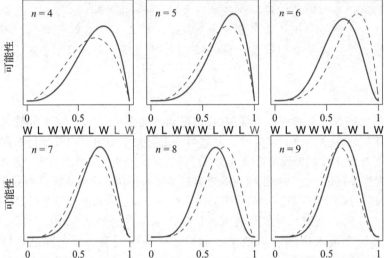

图 2-5 　贝叶斯模型是如何从观测中学习的。每次投掷都能够产生一个关于水域(W)还是陆地(L)的观测。模型给出的估计是对不同球表面水域比例取值成立的可能性。图中的直线和曲线是这些可能性的集合。每个子图中,之前的可能性(虚线表示)在考虑新观测之后被更新为新的可能性(实线)

　　　　再思考:样本量和可靠性推断。你可能经常听人说某个统计估计对最小样本量有要求。例如,有一个广为流传的迷信,就是样本量大于 30 才能使用高斯分布。为什么?在非贝叶斯统计推断中,通过方法在大样本上的表现来评估过程的合理性,也称为渐进行为。因此,在小样本上的表现是值得怀疑的。

　　　　相反,不管样本量多大都能进行贝叶斯估计。这并不意味着更多的数据不会带来好处——更多数据当然更好。而是说不管样本量多大,估计结果都能有清晰可靠的解释。但为此需要付出的代价是结果需要依赖于先验。如果先验的选择很糟糕,那将得到具有误导性的推断。在探索世界这件事情上,没有免费的午餐⊖。贝叶斯方法要求指定一个先验概率,而非贝叶斯方法需要选择一个估计方法。两者都需要为各自的模型假设付出代价。

2.2.3 　评估

　　　　在模型能够准确描述真实大世界的情况下(也就是说小世界能准确描述真实世界),

⊖　事实上有许多不同的理论,也就是不同版本的没有免费的午餐理论。这些理论——以及一些其他类似但名字推导时间不同的理论——清楚地表明了(对贝叶斯学家而言)没有最优的先验,或者(对非贝叶斯学家而言)没有一直最优的估计或过程。相关例子见 Wolpert 和 Macready(1997)。

可以证明贝叶斯模型提供了最优的(从现有观测中)学习方式。也就是说,贝叶斯模型能够确保在小世界中得出完美的推断。在同等初始信息状态下,没有任何别的方法能够更有效地从新观测到的数据中学习。

但也别高兴太早。计算可能出错,所以总需要对模型结果进行检查。此外,如果模型和真实世界之间存在重大差别,那么贝叶斯方法得到的结果根本无法保证在真实的大世界中有效。即便小世界和大世界相符合,也可能存在某些极具误导性的观测样本。因此,大家至少需要注意下面两个原则。

第一,模型的确定性无法保证模型是好的。随着样本量的增加,掷球模型对水域覆盖比例估计结果的确定性会越来越高。这意味着图 2-5 中的曲线将变得越发集中,可能的取值将限定在一个很小的范围内。所有的模型(不管是不是贝叶斯模型),即使在严重错误的情况下也可能给出确定性很高的估计。这是因为估计是基于特定模型的。结果只说明在承认特定模型正确的前提下,我们能够肯定取值应该在这个小范围内。如果模型变了,情况也会随之改变。

第二,对模型进行检查评估是很重要的。回想前一小节,无论观测的顺序如何,模型更新的方式不变。我们可以打乱观测顺序,只要结果是 6 个 W 和 3 个 L,最后都会得到相同的曲线。这只在模型假设观测顺序和推论无关的情况下成立。如果某个因素和模型无关,那么它就不会直接影响推断。但它可能间接影响推断,因为之后的观测可能和之前的观测有关(也就是这些观测可能不是独立的)。因此,通过进一步了解数据本身情况来检查模型推断是有必要的。对模型进行检查需要分析师和科研人员开动脑筋。机器人并不擅长这些。

第 3 章将展示一些模型检查的例子。目前,注意建模的目标不是检查模型假设的真实性。我们知道模型假设从来不会完全符合真实的数据发生过程。因此,检查模型是否真实没有意义。无法证明模型存在错误那是我们的思维出了问题,而不能说明模型是正确的。重要的是,模型并不需要完全符合真实情况才能得到准确率高的结果和有用的推断。小世界中关于误差分布等的各种假设在大世界中不一定都成立,即便如此模型依旧能够给出有效的估计。这是因为模型在本质上是信息处理机器,通过假设构建问题后总会遗漏信息的某些方面。[○]

我们需要检查的是模型的其他方面。这通常意味着在最初构建模型的基础上,还需要提出并回答额外的问题。额外的问题和答案取决于当前研究问题的语境。因此我们很难给出一个一般性的建议。在本书中会有许多例子,当然关于不同模型效用评估的文献也不胜枚举,这些模型可能用于预测、解释、测量、说服。

再思考:通货紧缩统计。 贝叶斯推断可能是目前所知最好的一般性的推断方法。然而,贝叶斯推断远没有我们希望的那么强大。没有任何推断方法能保证正确。没有任何一个应用数学的分支能够不受限制地接近真实世界,因为数学不是像质子那样被发现的,而是像铁锹那样被设计出来的[○]。

○　这点很微妙,我们会在后面对其进一步展开。关于假设的准确性和信息处理过程相关的讨论见 Jaynes (1985)的附录 A:得到最有效的推断无须严格满足高斯(或正态)误差分布的假设。

○　Kronecker(1823—1891),著名的数论学家,他的被广泛引用的名言是:"整数是上帝创造的,其余一切都是人类所为。"对于数学这门学科中哪些部分是发现,哪些部分是创造,数学家也没有共识。但所有人都同意应用数学模型是"人类所为"。

2.3 模型组成

目前为止，我们已经介绍了贝叶斯模型的表现。下面我们打开机器的外壳，看看其内在工作原理。我们在之前的小节中进行了如下 3 类计数：

1）每种假设下能够产生特定样本观测的路径数目。

2）每种假设下迭代产生所有样本观测的总路径数目。

3）每种假设成立的初始概率。

以上每一点都有在传统概率理论中的类比。建立统计模型的过程通常也涉及选择分布和考虑的因子，它们决定了观测出现的路径数目。

这些分布和因子是：1）似然函数；2）一个或多个参数；3）先验。通常依照该顺序选择不同的部分。本节会对这些部分进行更详细的展开，看看它们和之前的计数如何对应。

2.3.1 似然函数

贝叶斯模型的第一个且最重要的部分是似然函数。似然函数是一个定义观测可能性的数学公式。给定先验，似然函数将每个假设（如地球表面水的覆盖比例）映射为其对应的观测路径数目。

你可以根据自己对数据来源情况的假设得到相应的似然函数公式。这便是我们在之前投掷球的例子中所做的。或者你也可以使用一些现有的常见似然函数。在本书的后半部分会介绍如何用信息理论证明这些常见似然函数的合理性。但无论你如何选择似然函数，对应的似然值要能反映在任何关于小世界的假设下（如球面水覆盖的比例），出现任何观测的可能性。

在投掷球模型的例子中，我们可以通过一系列观测推导出似然值。首先从指定所有可能的观测开始。有两种可能的事件：水（W）和陆地（L），此外没有别的可能情况。每次投掷，球一定会落回手中，不会卡在天花板的某处掉不下来。当我们得到 N（在上面例子中 N＝9）个由 W 和 L 组成的观测序列时，想要知道在所有可能的有相同长度的观测序列中出现当前观测的可能性。这听起来好像很难，但只要你开始着手回答该问题，很快就能够上手。

在这种情况下，我们加上自己的假设：

1）各个投掷是独立的。

2）每次投掷得到 W 的概率都相同。

概率论有个描述此过程的专有名词：二项分布。这就是经典的投硬币分布。假设每次投掷得到 W 的概率是 p，那么在 n 次投掷中观测到 w 次 W 的概率是：

$$Pr(w|n,p) = \frac{n!}{n!(n-w)!} p^w (1-p)^{n-w}$$

上面的式子用语言描述如下：

观测到"水面"的次数 w 符合概率为 p 的二项分布。P 为单次投掷得到"水面"的概率，一共投掷了 n 次。

R 中已经有现成的关于二项分布的函数，因此对任意 p 的取值，都可以很容易计算出该观测的概率（在 9 次投掷中观测到 6 次水面）：

```
dbinom( 6 , size=9 , prob=0.5 )
```

```
[1] 0.1640625
```

上面的输出就是在每次概率为 0.5 的情况下，投掷 9 次，观测到 6 次水面的路径数目相对于总路径数的比值。因此，用上面的代码可以计算出在某假设下，观测对应的花园路径的相对数目。读者可以将 0.5 改为其他值，看看结果的变化。

有时，似然函数值写成 $L(p|w, n)$：在 w 和 n 的条件 p 成立的概率。注意这里的数学表达改变了"|"前后的变量顺序。只需记住一点就是似然值反映的是在特定 p 和 n 情况下，观测到 W 的相对路径数目。

深入思考：函数名和概率分布。 dbinom 中的 d 表示密度（density）。R 中的概率分布函数遵循一定的模式。以 r 开头的函数代表从相应概率分布中随机抽样。以 p 开头的函数表示计算相应的累积概率。详细帮助文档，键入 ? dbinom。

再思考：似然值扮演的核心角色。 有很多关于贝叶斯和非贝叶斯方法不同的讨论。关注两者的不同是有好处的，但过度关注不同有时让我们忽略了两者重要的相似之处。值得注意的是，在贝叶斯和许多非贝叶斯模型中最重要的假设都是关于似然函数和其与参数之间关系的。这些关于似然函数的假设会影响任何推断，并且随着样本量增加，似然函数越来越重要。这也有助于解释为什么贝叶斯和非贝叶斯的方法有时那么相似。

2.3.2 参数

对大多数似然函数而言，有一些变量的取值可以变化。在二项似然函数中，p（观测到 W 的概率）、n（样本量）和 w（观测到 W 的次数）就是变量。它们中的一个或者全部可能就是我们想要估计的量，称为**参数**。它们代表了对数据发生机制的不同假设。在我们的投掷球例子中，n 和 w 都是数据——我们相信观测值没有误差。这样未知的变量就是 p，贝叶斯机器的任务就是描述数据反映出的变量 p 是什么样子。

但是在其他分析中，我们可能对似然函数中不同的变量感兴趣。比如，在野生生物学中，通常需要顾及 p 和 n。这样的分析通常称为再捕获法。这类问题的目标通常是估计群体数目，也就是二项分布中的 n。在其他情况下，已知的可能是 p 和 n，但 w 未知。只要指定似然函数和已知量，贝叶斯模型就可以告诉你数据反映出的任何参数的情况。有时，机器只会告诉你它没有从数据中得到什么有用的信息——贝叶斯分析毕竟不是魔法。但知道我们的数据无法提供有用的信息也是学习。

之后章节的模型中除了似然函数中的参数外，还会有更多其他参数。在统计建模中，我们最常问的关于数据的问题都能直接通过相应参数回答：

- 各个处理组之间平均差异是多少？
- 处理和结果之间的联系有多强？
- 处理对结果的影响是否取决于某个协变量？

● 各个组之间的变异有多大？

之后你会看到这些问题如何转化成似然函数中额外的参数。

> **再思考：数据还是参数？** 通常数据和参数被视为模型中完全不同的部分。数据是能够被测量且已知的。而参数是未知的且需要通过数据进行估计的。在贝叶斯的框架下，数据和参数之间的差异不那么泾渭分明。我们可能用数据定义某个参数概率密度的可能范围，也可能将参数视为具有不确定性的数据。在第 14 章，你会看到如何探索确定性（数据）和不确定性（参数）之间的连续性，其中包括测量误差和缺失数据。

2.3.3 先验

对于每个贝叶斯模型需要估计的参数，你都需要提供一个**先验**。贝叶斯机器需要从待估参数的初始概率分布开始，先验就是这个初始分布。前面一步得到的估计可以作为下一步的先验，如图 2-5 展示的步骤。在图 2-5 中，贝叶斯机器按顺序逐个从数据中学习。每次估计的结果都成为下一步的先验。但这并没有解决提供先验的问题。因为最开始，当 $n=0$ 时，模型就需要参数 p 的初始状态信息：一条直线表明 p 的所有可能取值是可能的。

深入思考：将概率分布作为先验。 你可以将本例中的先验写成如下形式：

$$Pr(p) = \frac{1}{1-0} = 1$$

这里的参数先验是一个概率分布。一般来说，定义域从 a 到 b 的均匀分布对应的概率密度为 $\frac{1}{b-a}$。这里每个 p 取值的概率密度函数值都是 1 是不是有点无趣？但是记住，概率密度函数在定义域上的积分应该为 1。$\frac{1}{b-a}$ 保证了从 a 到 b 的概率密度线下的面积为 1。第 4 章会对此进一步讨论。

那么先验究竟从何而来？这是建模者认为的选择，为了帮助机器从数据中学习。图 2-5 中所示的水平先验非常常见，但这通常不是最优的先验。在本书的后面部分你会看到分布有些起伏的先验通常能够提高推断。这类先验有时称为**标准化**或者**弱信息先验**。这些先验非常有效以至于非贝叶斯也会使用和其在数学上等价的方法：**罚分似然法**。从某种角度说这些先验非常保守，它们倾向于避免对强相关的变量进行推断。

一般来说，先验能够将参数有效地限制在一定合适的区间内，也能够采纳我们在获取观测之前已知的关于参数的信息。例如，在投掷球的例子中，你在还没投球的时候就知道 $p=0$ 和 $p=1$ 都是不可能的。你或许还知道 p 的取值可能更接近 0.5，而非接近于 0 或者 1。在缺乏证据的情况下，即使像这样模糊的信息也很有帮助。

有一个贝叶斯推断的流派强调基于分析师的个人经验选取先验[⊖]。虽然这样主观的贝叶斯方法在一些统计、哲学和经济学项目上有盛行之势，但很少用在科学领域。自然和社会

⊖ 来自 Bruno de Finetti 和 L. J. Savage。更多详情见 Kadane(2011)。

科学领域中的贝叶斯分析将先验视为模型的一部分。因此，先验的选取、评估和修改与模型的其他部分无异。在实际应用中，唯心主义者和唯物主义者分析数据的方式几乎是一样的。

这并不意味着任何统计分析的内在不是主观的，因为其显然是主观的——在科学的每一部分都牵扯到某些主观决定。只是先验和贝叶斯数据分析并不比统计检验需要的重复测量和似然函数的假设更加主观。[一]每个寻求过统计咨询帮助的人可能都经历过这样的主观性——即使是最简单的问题，统计师们对如何进行分析也常持不同意见。统计推断使用数学这一事实并不意味着只有一种分析方法是合理或有效的。工程学也使用数学，但建造一座桥也可以有很多方法。

除上述提到的以外，没有任何一个法则规定我们只能使用某种特定的先验。如果你没有强有力的理由选择某个先验，那么就尝试不同的先验。因为，先验就是一个假设，和其他假设一样需要经过检验，即通过修改假设来检查推断对其的敏感度。你不需要发誓说某个模型的假设一定正确，我们也没有必要坚守于某些假设。

> **再思考：先验，惹事的先验。** 历史上，贝叶斯推断的反对者们无法接受主观选择先验。先验确实非常灵活，能够涵盖各种信息。如果先验可以千变万化，那是不是可以通过改变先验得到你想要的任何答案？事实上，确实是这样的。但如论如何，贝叶斯方法问世以来的几百年来还没有出现有人用先验撒谎的事件。如果你的目的是通过统计学撒谎，那么用贝叶斯先验来达到这一目的就太愚蠢了，因为这一眼就能被拆穿。最好还是用些更难以琢磨的似然函数方法吧。或者更好的方法是篡改数据，删除一些所谓的"离群点"，或者可以对数据进行想要的变换。（不要照着做！）
>
> 相较于选择先验，对似然函数的选择更加约定俗成。但约定俗成的方法通常不是好方法，我们对这些方法习以为常反而难以觉察它们的不良影响。出于此种考虑，贝叶斯和非贝叶斯模型同样令人闹心，因为它们都极大地取决于似然函数和惯例的模型形式。非贝叶斯模型不需要主观地选取一个先验并没有带来多少宽慰。因为非贝叶斯模型同时也要做一些贝叶斯模型不需要做的选择，比如选择估计量，或者似然罚函数。通常这样的选择被证明等同于选择贝叶斯先验或者选择损失函数（第3章将会讲到损失函数）。

2.3.4　后验

一旦你选择了似然函数，需要估计参数以及每个参数的先验，贝叶斯模型仅仅是在这些假设基础上的纯逻辑推演。每个数据、似然函数、参数和先验的组合，对应唯一的估计。估计结果（在观测数据的基础上不同参数取值的可能性）被称为**后验分布**。后验分布表达成在观测样本基础上的条件分布：$Pr(p|n, w)$。

定义后验分布逻辑的数学原理是**贝叶斯定理**。这是贝叶斯数据分析名字的起源。但是定理本身只是简单的概率理论表达。下面用投掷球的例子简单推导一下该定理。事实上这只是用另一种方法表达之前建造路径花园的过程。让其看起来不同的是其使用概率理论的法则得到更新参数估计的法则。但是其本质还是计数。

简单起见，在表达中省略 n。数据观测 w 和参数 p 的联合密度是：

㊀　关于这些观点的进一步解释见 Berger 和 Berry(1988)。

$$Pr(w, p) = Pr(w \mid p)Pr(p)$$

以上式子告诉我们 w 和 p 的联合密度是条件密度 $Pr(w \mid p)$ 和边缘密度 $Pr(p)$ 的乘积。这就好比某天下雨同时很冷的概率等于在很冷的时候下雨的概率乘以天气冷的概率。这几乎就是单纯的定义。另外一个方向也成立：

$$Pr(w, p) = Pr(p \mid w)Pr(w)$$

这里我们仅仅是调换了右边当作条件的变量。定义的东西依旧相同。就好比说某天下雨同时很冷的概率等于在下雨的时候天气冷的概率乘以下雨天的概率。读者可以将其与之前的声明比较。

既然以上两个式子表达的是相同的东西，我们可以将它们用等号连接起来，然后得到后验概率 $Pr(p \mid w)$：

$$Pr(p \mid w) = \frac{Pr(w \mid p)Pr(p)}{Pr(w)}$$

这就是贝叶斯定理。也就是说，在观测下，参数 p 取值的条件概率等于似然函数和参数先验概率的乘积除以边缘分布 $Pr(w)$，这里我称其为平均似然（average likelihood）。用文字表达如下：

$$后验 = \frac{似然函数 \times 先验}{平均似然}$$

将 $Pr(w)$ 称为平均似然可能让人不解。通常也称其为"证据"或"观测概率"，但这两个名字都没有清晰的表达。概率 $Pr(w)$ 只是数据的平均似然值。什么平均？在先验上的平均。其作用是对后验分布进行标准化，保证后验分布在定义域上的积分值为 1。相应数学表达如下：

$$Pr(w) = \mathrm{E}(Pr(w \mid p)) = \int Pr(w \mid p)Pr(p)\mathrm{d}p$$

$\mathrm{E}()$ 表示求期望。这样的平均在数理统计中通常称为边缘化，所以你可能见到有人称其为边缘化似然函数。上面的积分只是定义了通过在一系列连续的参数 p 取值上取平均得到边缘化似然的过程。

关键点在于后验分布和分子中先验与似然函数的乘积成正比。为什么？因为花园中有效路径的数目是先验路径数和新路径数的乘积。似然函数值代表新的路径数，而先验代表了之前的路径数。相乘只是数路径数目的更简洁的方式。分母的平均似然值对频数进行标准化，使得整体的积分为 1。虽然贝叶斯定理看似复杂，因为定理和之前数路径的例子之间的关系不那么明显，但是它表达的逻辑和路径花园的计数是一样的。

图 2-6 展示了先验和似然函数相乘交互的过程。图中每一行的最左边是先验，中间是似然函数，两者相乘得到右边的后验。每行的似然函数相同，都是投球数据的似然函数。但改变了先验。最后，得到的后验分布随之改变。

> **再思考：贝叶斯数据分析不仅仅是贝叶斯定理。** 关于贝叶斯数据分析和更广义的贝叶斯推断的一个共识是，它们和别的方法不同在于使用了贝叶斯定理。这是个误解。基于概率理论下的推断终究都会用到贝叶斯定理。贝叶斯分析入门课程最常使用的是 HIV 和 DNA 测试的例子，并不是单纯的贝叶斯。因为每个元素的计算都是观测的频率，非贝叶斯方法也会做相同的事。与之不同的是，贝叶斯方法在更广的意义上使用贝叶斯定理来定量分析无法观测到的参数的不确定性。贝叶斯和非贝叶斯概率理论都能得到有效的推断，但不同的方法付出的代价和评估的方式不同。

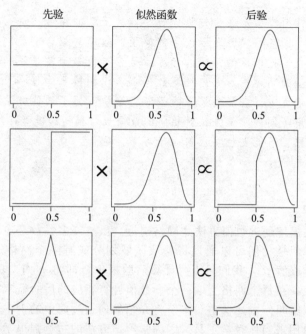

图 2-6 后验分布、先验分布和似然函数的乘积。第一行：水平先验分布给出的后验分布和似然函数成正比。中间行：阶梯状先验分布将小于 0.5 的参数取值概率设置为 0，得到一个截断后验分布尾行：塔尖状先验分布得到的后验分布和先验分布相比有些偏移和扭转

2.4 开始建模

之前说过，贝叶斯模型好比一台机器，一个机器人。其内部定义了似然函数、参数和先验。其核心有个马达可以处理数据，产生后验分布。我们可以将马达理解为在先验和观测数据的条件下工作。如我们在之前解释过的，条件分布是基于概率理论的。给定先验、似然函数和观测数据，概率理论定义了相应的后验分布。

然而，数学规则通常起不了太大作用，因为在现代科学研究中许多有趣的模型很难有条件分布，这与你的数学水平没有关系。虽然许多广泛使用的模型，如线性回归，能够正规定义条件分布，但这也仅限于使用一些特定形式的先验，它们对应的数学更加简单。我们希望避免这种为了数学上简便而进行的人为选择，取而代之的，我们倾向于针对能做出最有效推断的先验寻找得到相应条件分布的方法。

这意味着我们需要用不同的数值方法来逼近贝叶斯定理给出的数学表达。本书中，你将看到 3 种不同的条件概率数值逼近方法，通过这些方法得到后验分布：

1）网格逼近

2）二项逼近

3）马尔可夫链蒙特卡罗（MCMC）方法

还有许多其他逼近方法，而且也会不断有新的方法问世。但上面这 3 种方法非常普遍且广泛有效。此外，学习这 3 种方法有助于你理解逼近的基本原理，从而帮助你学习其他方法。

再思考：拟合模型如何成为建模的一部分。在本章的前面部分，虽然没有明说，

但我潜在的将贝叶斯模型定义为先验分布和似然函数的组合。这是典型的定义。但在实际应用中，我们在建模时还应该考量模型对数据的拟合情况。在一些非常简单的问题中，比如之前投掷球的例子，计算后验分布简单到几乎不需要思考。但即使在稍微更复杂一些的问题中，考虑观测数据拟合模型需要的每一个具体步骤，我们就会意识到数值逼近方法会影响最后的推断。这是因为不同的方法做出的妥协和导致的错误不同。用不同的数值方法对相同的数据拟合相同的模型，结果可能会不同。当结果出错时，错误可能发生在任何一个环节。因此，贝叶斯模型机器人很大程度上受制于设定的先验分布和似然函数。

2.4.1　网格逼近

最简单的条件概率逼近数值方法是网格逼近。虽然许多参数是连续的，可能的参数取值有无穷多个，但是我们可以通过将参数区域划分成有限个网格逼近连续的后验分布。对于每个参数取值 p'，我们只需要计算后验概率，即将 p' 对应的先验概率乘以 p' 对应的似然函数值。在每个网格上取一个参数值计算相应的后验概率就能够大致逼近后验分布。这个过程就叫作**网格逼近**。本节将介绍如何通过简单的 R 代码进行网格逼近。

网格逼近主要用来当作教学工具，因为学习该方法的过程强迫学生理解贝叶斯更新的原理。但当你自己建模的时候，网格逼近并不现实。原因在于随着参数个数的增加，对参数区域划分网格的数量将急剧增长。因此，在之后的章节中，我们会逐步停止使用网格逼近而采用其他更加有效的技术。但是随着学习的深入，你会发现不同的方法背后的逼近思想是有共同之处的。

在投掷球的例子中，网格估计非常有效。现在就对建立的模型使用网格逼近。步骤如下：

1）定义网格。这意味着你需要决定用多少个点来近似后验分布，然后将参数区域分成相应数目的网格选取参数值。

2）对每个参数值计算先验概率。

3）对每个参数值计算似然函数值。

4）将每个参数对应的先验概率乘以似然函数值得到没有标准化的后验概率。

5）最后通过除以所有后验概率取值的和对后验概率分布进行标准化。

在投掷球的例子中，可以用下面的代码来完成上面的 5 个步骤：

R code
2.3

```
# 定义网格
p_grid <- seq( from=0 , to=1 , length.out=20 )

# 定义先验分布
prior <- rep( 1 , 20 )

# 计算网格上每个参数取值对应的似然函数
likelihood <- dbinom( 6 , size=9 , prob=p_grid )

# 计算似然函数和先验概率的乘积
unstd.posterior <- likelihood * prior

# 对后验概率进行标准化，标准化后概率之和为1
posterior <- unstd.posterior / sum(unstd.posterior)
```

上面的代码只取了 20 个参数值。下面的代码能够绘制出得到的后验分布：

```
plot( p_grid , posterior , type="b" ,
    xlab ="水域覆盖面积", ylab ="后验分布概率")
mtext("20个取值")
```

R code 2.4

运行上述代码将得到图 2-7。你可以尝试更稀疏的参数取值(5 个参数取值)，更稠密的参数取值(100 或 1000 个参数取值)。参数点的个数选择取决于你想要的准确度。点越多，逼近越准确。在这个例子中，即使你用 100 000 个取值，与只用 100 个取值得到的逼近结果差别也不会太大。

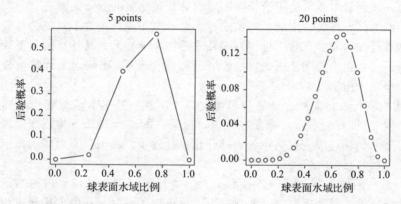

图 2-7　通过网格逼近计算后验分布。每幅图都展示了通过有限个数据点逼近投掷球数据的后验分布和模型的情况。左图使用 5 个参数取值进行逼近，逼近的效果很糟。但右图中使用 20 个参数取值得到的逼近就相当好，已经非常接近分析求解得到的真实后验分布(见图 2-5)

现在我们对图 2-5 中展示的不同先验分布重复该过程，尝试运行下面的先验分布：

```
prior <- ifelse( p_grid < 0.5 , 0 , 1 )
prior <- exp( -5*abs( p_grid - 0.5 ) )
```

R code 2.5

除了改变先验分布的定义外，剩下的代码和之前一样。

深入思考：向量化。 R 的有用的功能之一是其对向量的操作和对单个取值的操作一样简单。因此，即使上面两行定义先验分布的代码中都没有指明参数取值有多稠密，但是向量 p_grid 的长度决定了 prior 对象的长度。用 R 的术语说，上面是向量化的计算过程，因为这些计算作用于一列取值，也就是向量。在向量操作中，R 会对向量(这里就是 p_grid)中的每个元素进行相应计算，返回一系列的输出值，并且将这些输出值存放在一个和输入向量长度相等的向量内。在其他编程环境中，这样的问题需要使用循环来解决。在 R 中也能使用循环，然而，是直接使用向量计算速度更快。然而，这样给 R 的初学者阅读代码带来困难。大家要有耐心，慢慢你就会习惯这样向量化的操作方式。

2.4.2　二项逼近

我们会在本节和下一节使用网格逼近来得到投掷球例子中的后验分布。但之后很快就要转而使用其他建立在更强假设基础上的方法。因为随着参数个数的增加，需要考虑的网格数会迅速增长。对于单参数的掷球模型，计算 100 个或者 1000 个不同的参数取值是小菜一碟。但如果有 2 个参数，每个参数取 100 个不同的值，对应网格的数目就是 $100^2 = 10\ 000$。对于 10 个参数，需要计算的网格数目就会增长到数十亿。在当今的应用场景中，模型通常有成百上千个参数。网格逼近法无法适应模型复杂度的增长，因此存在很大的局限。

一个有效的方法是二项逼近。在一般情况下，后验分布峰顶周围的区域接近高斯分布，也称为正态分布。这意味着可以通过高斯分布来近似后验分布。高斯分布方便使用，因为它能够用 2 个参数描述：分布中心的位置（均值）和分布广度（方差）。

高斯逼近也称为"二项逼近"。因为高斯分布的对数是抛物线。抛物线是一个二项函数。因此，该近似本质上适用于任何取对数后是抛物线的分布。

本书的前半部分主要使用的是二项逼近。对于应用统计中许多常见的过程，如线性回归，这种逼近方法非常有效。近似有时几乎是完全准确的。从计算的角度说，二项逼近的计算量不大，至少与网格逼近和 MCMC（随后会介绍）比较起来计算量较小。该过程包含两个步骤，用 R 很容易实现：

1）寻找后验众数。常常通过某些最优化算法实现，这类算法像爬山一样接近后验分布的"顶端"。机器并不知道峰顶在哪里，但是它能够计算脚下的坡度。人们已经开发出很多有效的优化过程，它们中的大部分比单纯逐步"爬山"要更聪明。但所有这些算法都试图寻找峰顶。

2）一旦找到后验分布的峰顶，接下来必须估计出峰顶的曲率。该曲率足以用来计算整个后验分布的二项逼近。在一些情况下，你可以用数学分析的方法计算相应的二项函数，但通常情况下计算机使用的是数值方法。

我们用 rethinking 包中的 map 函数来对投掷球数据进行二项逼近。这里 MAP 代表 Maximum A Posteriori，其实就是后验分布众数高大上的拉丁文名字。在本书中会经常使用 map 这个函数。该函数是一个灵活的模型拟合工具，可以通过该函数定义许多不同的"回归"模型。我们马上就开始尝试这个函数吧！随着本书的讲解，你对这个函数的理解也会逐渐加深。

下面的代码是对投掷球数据进行二项逼近：

R code
2.6

```
library(rethinking)
globe.qa <- map(
    alist(
        w ~ dbinom(9,p) ,   # 二项似然函数
        p ~ dunif(0,1)      # 均匀分布先验
    ) ,
    data=list(w=6) )

# 展示二项逼近的结果总结
precis( globe.qa )
```

要使用 map 函数，你先要提供一个公式，一个含有观测数据的列表和含有参数初始值的列表。公式定义了似然函数和先验。在第 4 章会对此做更详尽的介绍。这里的数据列表就是观测到水面的次数（6）。让我们看看输出结果：

```
   Mean StdDev 5.5% 94.5%
p  0.67   0.16 0.42  0.92
```

这里的函数 precis 能够返回二项逼近结果的汇总。当前结果显示，MAP 返回 $p=$ 0.67，即均值（mean）。曲率的标签为 StdDev，代表标准差。这是后验分布的标准差，均值是峰值。最后两个值分别为 89% 置信区间的两个端点，下一章节会进一步解释。你能将这样的逼近视为：假设后验分布是高斯分布，峰值为 0.67，标准差为 0.16。

因为我们已经知道后验分布的具体形式，可以通过比较来衡量逼近的情况。这里通过数学分析的方法得到理论上的真实结果，使用 R 中的函数 dbeta。在这里不会解释具体的计算过程，但是该过程给出的是准确的理论结果，而非近似。关于数理推导，读者可以参考任何一本贝叶斯推断的书籍。

R code 2.7

```
# 数学分析计算
w <- 6
n <- 9
curve( dbeta( x , w+1 , n-w+1 ) , from=0 , to=1 )
# 二项逼近
curve( dnorm( x , 0.67 , 0.16 ) , lty=2 , add=TRUE )
```

从图 2-8 左图可见（绘图过程中还有一些额外的格式设置），蓝色曲线是数学分析得到的后验分布，黑色曲线是二项逼近结果。二项分布对左边部分逼近的效果很好，但在右边和真实分布不一致。它甚至赋予 $p=1$ 的正概率值，我们知道 p 是不可能为 1 的。因为我们至少观测到一个陆地样本。

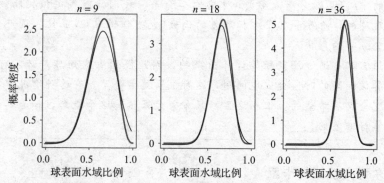

图 2-8　二项逼近的准确度。每幅图中，蓝线代表真实的后验分布，黑线是二项逼近得到的分布曲线。左图：投掷 $n=9$ 次，观测到水域的次数 $w=6$。中图：投掷的次数翻倍，观测到水域的次数也相应增加，$n=18$ 且 $w=12$。右图：投掷和观测到的次数都是左图的 4 倍，$n=36$ 且 $w=24$

但随着投掷球数目的增加，二项分布逼近的情况逐渐改进。在图 2-8 的中图中，投掷次数 $n=18$，但是观测到水域的次数也成比例增加。因此后验分布的峰值在同样的位置。这时二项逼近的表现有所改进，但还不是很好。当次数变为最开始的 4 倍时，右图显示两条曲线几乎重合。

二项逼近的效果通常都会随观测样本的增加而提升。这也是许多传统统计学过程在样本量小的时候不太站得住脚的原因：这些过程使用二项（或者其他）逼近方法，这些方法理论只有在样本无穷的时候使用才安全。但通常情况下，显然不需要无穷的样本量才使用这些方法。但随着样本量的增加，逼近效果提升的情况取决于具体案例。对于某类模型，即使有上千的样本，二项逼近的表现一样很糟糕。

在贝叶斯语境下使用二项逼近也有同样的问题。如果你对此方法有疑问，可以使用其他方法。事实上，当样本量小的时候网格逼近很有效。因为在样本量小的时候相应的模型也更加简单，计算也更快。你也可以使用 MCMC，接下来我们会介绍。

> **再思考：极大似然估计。** 二项逼近，无论是使用均匀先验分布还是拥有大量样本，通常情况下等价于相应的**极大似然估计(MLE)**及其**标准差**。在非贝叶斯参数估计中常使用 MLE。贝叶斯估计和这种常用的非贝叶斯估计之间的等价性是好事也是坏事。好事是因为它使我们能够用贝叶斯的术语重新解释许多已经发表的非贝叶斯方法。坏事是因为极大似然估计存在令人质疑的缺陷，关于这点之后章节会进一步展开。

深入思考：海塞来了。 有时进一步理解二项逼近的计算原理是有好处的。尤其是在二项逼近失效的时候。当这种情况发生时，你很可能会收到一条关于"海塞矩阵"的错误信息。世界历史专业的学生可能知道，海塞是 18 世纪由大不列颠人请来做各种事情的雇佣兵，包括镇压乔治·华盛顿领导的美国革命。这些雇佣兵以今天德国中部的城市海塞(Hesse)命名。

这里我们所说的海塞和雇佣兵不搭边。这里的**海塞**来源于数学家 Ludwig Otto Hesse(1811—1874)的名字，指二阶导矩阵。该矩阵在数学中广泛使用，二项逼近就是后验分布的对数对参数的二阶导数。可以证明仅用该二阶导矩阵就足以描述一个高斯分布了，因为高斯分布的对数就是一个抛物线方程。抛物线最高只有二阶导。因此，只要知道了抛物线的中心(后验分布众数)和对应的二阶导，我们就能确定该抛物线。事实上，高斯分布对观测的二阶导和其平方标准差的倒数(也叫作**精度**)成正比。因此，知道标准差就能够定义分布的形状。

标准差通常都是通过海塞矩阵计算出来的，因此得到海塞矩阵是必不可少的步骤。但有时在计算该矩阵的时候会出现问题，这时机器就卡壳了。在这种情况下有几种应对方法，不是完全没有希望的。但在这里，只希望大家熟悉这个概念，知道其在二项逼近中是用来计算标准差的。

2.4.3 马尔可夫链蒙特卡罗

有很多重要的模型，不管是网格逼近还是二项逼近都可能无效，比如分层模型(混合效应模型)。这些模型很容易就牵扯到成百上千个变量。网格逼近显然无力应对这样的情况，如果你使用这种方法，到你退休电脑可能还没有算出结果。一些特定形式的二项逼近可能行得通，如果所有相应假设都刚好成立的话。但通常不会出现这样的理想情况。此外，分层模型通常没有单一的定义清晰的后验分布。这意味着你不知道需要优化的函数是什么，只能一块一块地计算。

因此，出现了很多反常识的拟合技术。最出名的就是**马尔可夫链蒙特卡罗**(MCMC)法，其代表着一组以之前步骤为前提，通过马氏链从随机分布中取样的算法，用来处理复杂的模型。可以说，MCMC 的出现促使了贝叶斯数据分析在 20 世纪 90 年代的繁荣。虽然 MCMC 最早出现于 20 世纪 90 年代之前，但那时计算机技术发展还不够，因此我们还需要感谢那些计算机工程师。第 8 章会使用 MCMC 拟合模型帮助你理解这个方法。

理解 MCMC 概念的困难在于该方法非常不直观。MCMC 没有直接计算或者逼近后验分布，仅仅是从后验分布中抽取样本。通过该过程你最终得到的是一系列参数取值，这些参数取值的频率分布与后验分布概率相对应。你可以通过相应参数取值的直方图来描画后验分布。

我们直接使用这些样本，而非从这些样本中得到什么数学估计。用这些样本比得到数学上的后验分布方便多了，因为这些样本更容易理解（用数学表达的后验分布抽象得多）。下个章节我们就会转而着眼于样本。

2.5 总结

本章介绍了贝叶斯数据分析的理论机制。贝叶斯推断的目标是后验概率分布。后验概率反映了每个假设下导致的可能相对路径计数。这些相对计数表明不同假设的可能性。这些可能性随观测而更新的过程就叫作贝叶斯更新。

更理论地说，贝叶斯模型是由似然函数、参数和先验分布组成的。似然函数提供了在特定参数取值下每个观测结果发生的可能性。先验分布定义了在得到观测前每个参数取值的可能性。根据概率法则，在得到观测的情况下计算参数取值分布的逻辑方法是使用贝叶斯定理。这就推导出了后验分布。

在实际应用中，一般使用数值方法（而非数学分析方法）拟合贝叶斯模型，如网格逼近、二项逼近和马尔可夫链蒙特卡罗法。每种方法都各有利弊。

2.6 练习

简单

2E1 下面哪个表达式对应声明：星期一下雨的概率？

(1) $Pr(下雨)$

(2) $Pr(下雨 \mid 星期一)$

(3) $Pr(星期一 \mid 下雨)$

(4) $Pr(下雨, 星期一)/Pr(星期一)$

2E2 下面哪个声明对应表达式：$Pr(星期一 \mid 下雨)$？

(1) 星期一下雨的概率

(2) 在给定某天是星期一的情况下，那天下雨的概率

(3) 在给定某天下雨的情况下，那天是星期一的概率

(4) 某天是星期一同时又是雨天的概率

2E3 下面哪个表达式对应声明：在给定某天下雨的情况下，那天是星期一的概率？

(1) $Pr(星期一 \mid 下雨)$

(2) $Pr(下雨 \mid 星期一)$

(3) $Pr(下雨 \mid 星期一)Pr(星期一)$

(4) $Pr(下雨 \mid 星期一)Pr(星期一)/Pr(下雨)$

(5) $Pr(星期一 \mid 下雨)Pr(下雨)/Pr(星期一)$

2E4 贝叶斯统计学家 Bruno de Finetti(1906－1985)在他关于概率论的书中开篇声明："概率根本不存在。"原书中这句话全部都是用英文大写字母显示的。我想 de Finetti 想高度强调这点。他的意思是说概率是用来描述不确定性的工具而非一个客观存在的东西，因为观测者知识有限，所以带来的这样的不确定性。在声明的启发下，对本章的投掷球例子再次进行讨论。"水域覆盖比率为 0.7"这句话表明了什么？

中等难度

2M1 回想本章的投掷球模型。对下面每个观测集合，计算并且绘制通过网格逼近得到的后验分布。假设 p 的先验分布是均匀分布。

(1) W, W, W

(2) W, W, W, L

(3) L, W, W, L, W, W, W

2M2 假设 p 的先验分布为 $p<0.5$ 的概率为 0，在 $p\leqslant0.5$ 时呈均匀分布。对上题中的各个观测，再次计算并且绘制通过网格逼近得到的后验分布。

2M3 假设有两个球，一个代表地球，一个代表火星。地球表面水的覆盖率是 70%。而火星表面 100% 都是陆地，没有水。进一步假设投掷两个球中的一个后得到 L(陆地)的观测，而你不知道是哪个球。假设选取到其中任何一个球的可能性相等，各 50%。证明在第一个观测是 L 的条件下 $(Pr(\text{Earth}\,|\,\text{land}))$，投掷的是地球的概率为 0.23。

2M4 假设你有 3 张牌，每张牌都有两面，且每面不是黑色就是白色。其中一张牌两面都是黑色，一张牌一面黑色一面白色，一张牌两面都是白色。现在将这 3 张牌打乱放在一个袋子里。某人随机抽取一张牌，然后将其平放在桌子上。朝上的面是黑色的，但是你不知道另外一面是什么颜色。证明另外一面也是黑色的概率是 $2/3$。使用 2.2 节中介绍的计数方法计算该概率。也就是对每张牌能够得到当前观测(抽取的牌朝上面是黑色)的可能路径进行计数。

2M5 假设我们有 4 张牌：B/B、B/W、W/W 和 B/B(这里 B 代表黑色面，W 代表白色面)。和上面一样，从袋子中随机抽取一张牌放在桌子上，朝上的面是黑色的。计算另外一面是黑色的概率。

2M6 假设黑色颜料更重，因此黑色面多的牌更重。这样一来，黑色面越多的牌被抽出的概率相较于其他牌就更小。还是假设有 3 张牌：B/B、B/W 和 W/W。经过一系列的实验，你得到，每观测到 1 次 B/B，相应观测到 2 次 B/W，3 次 w/w。依旧是抽取一张牌将其放在桌面上，观测到黑色面朝上。证明另外一面也是黑色的概率是 0.5。和之前一样使用计数的方法。

2M7 假设还是牌的问题，观测到的是黑色面朝上。在看另外一面之前，我们从袋子里抽取出另外一张牌，将其放在桌面上。这次观测到的是白色。证明第一张牌的另外一面也是黑色的概率为 0.75。如果可以的话还是使用计数的方法。提示：将这个问题看作连续投掷球的问题，对每张牌，计算可能得到当前观测的路径数目。

困难

2H1 假设存在 2 种熊猫物种。它们生存在同样的区域并且在野外被发现的可能性相同。它们看上去一模一样，并且吃相同的食物，没有基因检测能够将它们区分开来。但它们的家庭成员数目不一样。物种 A 生下双胞胎的概率是 10%，剩下 90% 的概率只生一个。物种 B 生下双胞胎的概率是 20%，剩下 80% 的概率只生一个。假设上面这些概率是通过很多年野外研究确切得知的。

假设你现在主导一个圈养熊猫的项目。有一只雌性熊猫，你不知其所属物种，这只熊猫生了双胞胎。那么这只熊猫下一胎还是双胞胎的概率是多大？

2H2 回忆上题中的条件。现在计算这只熊猫是物种 A 的概率(只观测到该熊猫第一胎是双胞胎)。

2H3 接着上面的问题。假设同样的一只雌性熊猫再次生产，这次产下的不是双胞胎，而是一个熊猫宝宝。计算该熊猫属于物种 A 的概率。

2H4 贝叶斯统计学家常常炫耀的一点是，贝叶斯推断能够很容易使用所有的观测，即使这些观测的类型不同。

因此，假设现在有一个兽医带来了一种基因检测方法，她声称这种检测方法能够得出雌性熊猫所属的物种。但是，和所有其他检测一样，该检测也不是完美的。以下是关于该检测的信息：

- 该检测将物种 A 准确判定为物种 A 的概率为 0.8。
- 该检测将物种 B 准确判定为物种 B 的概率为 0.65。

兽医对该熊猫进行了检测，告诉你结果是物种 A。这里不考虑之前提到的关于是否生双胞胎的观测。计算熊猫属于物种 A 的后验概率。然后假设你同时观测到熊猫生了双胞胎，再次计算后验分布。

第 3 章
模拟后验样本

很多贝叶斯统计相关书籍将医学检测作为例子介绍后验分布推断。为了重复常见的例子，假设某吸血鬼的血检准确率为 95%[⊖]，这意味着 $Pr(阳性|吸血鬼)=0.95$。该检测的准确率相当高了，但这些检测确实也会出现假阳性的情况。该检测将正常人判定为吸血鬼的概率是 1%，也就是说 $Pr(阳性|正常人类)=0.01$。最后，我们还知道吸血鬼存在的概率很低，只有 0.1%，也就是 $Pr(吸血鬼)=0.001$。现在，假设某人的检测结果为阳性，那么此人是吸血异类的概率是多少？

正确的方法是通过贝叶斯定理进行条件概率的变换，得到 $Pr(吸血鬼|阳性)$。计算表示如下：

$$Pr(吸血鬼|阳性)=\frac{Pr(阳性|吸血鬼)Pr(吸血鬼)}{Pr(阳性)}$$

其中 $Pr(阳性)$ 是得到阳性检测结果的一般概率，也就是：

$$Pr(阳性)=Pr(阳性|吸血鬼)Pr(吸血鬼)+Pr(阳性|正常人类)(1-Pr(吸血鬼))$$

在 R 中实现上述计算过程：

```
PrPV <- 0.95
PrPM <- 0.01
PrV <- 0.001
PrP <- PrPV*PrV + PrPM*(1-PrV)
( PrVP <- PrPV*PrV / PrP )
```

R code 3.1

```
[1] 0.08683729
```

结果表明该对象是吸血鬼的概率为 8.7%。

很多人可能觉得这个结果不符合常理。这个问题很重要，因为现实生活中很多检测情况与此类似，如 HIV 检测和 DNA 检测，罪犯画像，甚至统计显著检测（见本章末尾的再思考）。只要感兴趣的事件在群体中发生的一般概率很低，那么即使检测结果为阳

⊖ 真是不明白作者为什么总要用这样奇怪的例子，什么布拉格的泥人，吸血鬼之类的，感觉这些例子并不能很好地帮助中国读者理解。——译者注

性，其所含有的样本真实情况信息也很有限，不能保证样本就是阳性的。因为即使你能将所有真实阳性的样本检测出来，依然存在大部分假阳性检测结果。

但我并不喜欢这类例子，原因有两个。首先，这些例子中其实没有真正所谓的"贝叶斯"。记得，贝叶斯推断和其他方法的区别在于其对概率的广义看法，而非使用贝叶斯定理。由于上面的所有概率其实都与事件发生的频率有关，而非参数。因此，即使是主流统计学派也会同意这里应该使用贝叶斯定理。其次，更重要的是，这些例子让贝叶斯推断看起来比其实际更加复杂。很少人能够记住哪个概率（条件概率）该放置在哪里。这或许是因为通常人们并不理解背后的逻辑过程。对他们来说，这就是凭空掉下来的一个公式。

但有另外一种能够更加直观的表述同样问题的方法。假设我告诉你的不是上面抽象的概率而是如下信息：

1）在 100 000 人当中，100 个人是吸血鬼。

2）在这 100 个吸血鬼中，95 个人的检测结果呈阳性。

3）在其余 99 900 个正常人中，999 个检测结果为阳性。

现在你告诉我，如果我对所有 100 000 个人进行检测，在检测结果为阳性的人当中有多少人真的是吸血鬼？大部分人，当然不是全部，会觉得这样的表述好理解多了[⊖]。现在我们只需要算出所有检测结果为阳性的样本数目，即 95＋999＝1094。在这 1094 个阳性样本中，95 个人是真的吸血鬼，因此：

$$Pr(\text{吸血鬼}\mid\text{阳性}) = \frac{95}{1094} \approx 0.087$$

这和之前的答案完全一样，但没有用到什么法则。

第二种问题表述使用计数而非概率的表达，通常称为频率形式或自然频率。人们对频率形式能够帮助人们直观理解的原因一直存在争议。一些人认为人类心理天生就更易于理解那些与人们在自然中获取的信息形式相同的信息。在现实世界中，我们只能观测到频数。同理，人们看不到概率，但是每个人都能够在生活中观测到频数（所以概率更不好理解）。

> **再思考：自然频率现象并不特别。** 改变问题的表述方式通常让其更加易于阐明或启发人们产生新的主意，而旧的表达方式可能做不到这点[⊖]。在物理学中，在牛顿法（Newtonian mechanics）和拉格朗日法（Lagarangian mechanics）之间转换能够极大地简化问题[⊜]。在生物进化学中，在包容适应性（inclusive fitness）和多层级选择（multilevel selection）之间转换对旧模型进行了新的阐释[⊗]。

⊖ Gigerenzer 和 Hoffrage(1995)。很多相关文献，你可以在 Gigerenzer 和 Hoffrage 的论文基础上进一步搜索。

⊖ Feynman(1967)为这种方式提供了辩护。

⊜ 在物理系统中，假若一个粒子从起始点移动到终结点，由于受到作用力，且该作用力所做的功不因路径的不同而改变，则称此力为保守力（Conservative Force）。假若一个物理系统中，所有的作用力都是保守力，则称此系统为保守系统。在保守系统中，拉格朗日形式允许你以一种独立于坐标系的方式来表达牛顿定律。在笛卡儿坐标系中很容易应用牛顿定律，但在其他坐标系中可能变得非常复杂。如果在极坐标或其他坐标中表达某问题是最容易的，则用拉格朗日求解更容易，此外还有一些独立于坐标系的一般属性。可以参考这个简单的解释：http://www.physicsinsights.org/lagrange_1.html。——译者注

⊗ 在进化生物学和进化心理学中，有机体的包容适应性通过其具有的后代的数量，后代如何支持自己以及它们的后代如何支持其他个体来判断。——译者注

不管该现象的解释是什么，都不妨碍我们对其进行探索。在本章中，我们通过从之前章节得到的概率分布中抽取样本，得到相应计数的方法来进行探索。后验分布是一个概率分布。和所有其他概率分布一样，我们能够从中随机抽取样本。在这里，抽样的事件是参数值。大部分参数没有实际的观测。贝叶斯对问题的构建方式将参数分布视为相对可能性，而非任何实际上的物理随机过程。在任何事件中，随机性向来是信息的特性，而非真实世界的特性。但是对计算机来说，参数和投掷硬币或者骰子，或者农业试验一样，是可以经验性的。当我们将参数分离出来考虑时，后验分布定义了不同参数值对应的期望频率。

本章将教你们处理后验分布样本的基本技巧。这会讲如何处理样本貌似有点白痴，因为投掷球例子的后验分布太简单了。该例子简单到即使用简单粗暴的网格逼近也没有问题，甚至推导理论数学结果也没有问题⊖。但是在真正需要后验分布样本之前，在这里介绍相关的技术有两个原因。

首先，许多科学家虽然具有很强的数据总结能力，但并不擅长积分。直接作用于样本使一个微积分的问题转化成了数据总结的问题，或者计算频率的问题。在贝叶斯的语境下，通常用积分在一个区间上进行概率累积。该积分可能非常具有挑战性。一旦你有了来自相应概率分布的样本时，剩下的工作就是数区间中的观测数目。当模型有很多参数时，即使一些看上去很简单的计算，比如置信区间，计算起来也很复杂。在这类情况下，你必须边缘化所有其他参数的不确定性，而着眼于某个感兴趣的参数。这个过程涉及复杂的微积分，但如果用基于样本的方式则简化为一个数据总结。这种经验手法使科学家即使不依赖于理论数学家，也能够回答更多关于模型的问题。出于此原因，直接使用从后验分布中随机抽取的样本的方式，与使用概率积分的方式相比更加简单直观。

其次，一些计算后验分布最强大的方法给出的其实就是样本。它们中的许多都是马尔可夫链蒙特卡罗（MCMC）技术的衍生。因此，如果你更早地学会如何得到并处理来自后验分布的样本，当你不可避免地遇到需要使用 MCMC 来拟合模型的时候（你一定会遇到这种情况的），你能够通过 MCMC 方法应对更多不同类型和不同复杂度的模型。MC-MC 不再是一个只有小部分专家才能使用的工具，而是所有定量科学领域使用的标准工具。因此，值得未雨绸缪。

在本章中，我们将开始使用样本来总结描述模型结果。你在这里学到的技术可以应用到本书之外的每个问题中。不管什么模型，这些模型如何拟合数据，得到观测的方式如何不同，你都可以使用这里学到的技术。

再思考：为什么统计不能拯救糟糕的科学。 本章开头的吸血鬼检测的例子背后的逻辑结构和很多不同的**信号检测**问题相同：（1）有某种隐藏的二项状态（如：是吸血鬼和不是吸血鬼）；（2）我们观测到关于隐藏状态的证据不完全（如：检测的结果不一定准确）；（3）我们（应该）使用贝叶斯定理从逻辑上对观测到的证据进行演绎。

⊖ 对结果变量为二项分布的问题来说，后验分布密度可以通过代码 `dbeta(p,w+1,n-w+1)` 得到。其中 p 是感兴趣的比率，w 是观测到水面的总次数，n 是投球的总次数。如果你想知道如何推导该结果，请搜索 "beta-binomial 共轭先验"。在本书中我避免进行数学分析推导的讨论，因为真正能够通过这样的分析手段得到理论结果的实际问题很少。

科学推断通常有着类似的结构:(1)一个或真或假的假设;(2)使用统计过程,得到关于假设不真实性的不完美证据;(3)我们(应该)使用贝叶斯定理从逻辑上对关于假设不真实性的证据进行演绎。上面的第 3 步很少有人能够做到。但是让我们用一个小例子实践一下,这样一来你能看到统计过程(不管是不是贝叶斯)能够带来什么。

假设在假设成立的情况下,得到阳性结果的概率是 $Pr(阳性|假设为真)=0.95$,这是检测的效能。假设不成立的情况下检测结果阳性的概率是 $Pr(阳性|假设不成立)=0.05$,这是假阳性率,好比 5% 传统的统计检验。最后我们还需要声明**基础比率**,即假设成立的普遍概率。在这里,假定该普遍概率是 100 个当中有 1 个。那么 $Pr(假设为真的普遍概率)=0.01$。没有人确切知道这个值,但是相关科学研究历史表明这个值很小。更多讨论见第 15 章。现在使用贝叶斯计算后验分布:

$$Pr(假设为真|阳性)$$

$$=\frac{Pr(阳性|假设为真)Pr(假设为真)}{Pr(阳性)}$$

$$=\frac{Pr(阳性|假设为真)Pr(假设为真)}{Pr(阳性|假设为真)Pr(假设为真)+Pr(阳性|假设不真)Pr(假设不真)}$$

带入相应的取值,能够得到结果大约为 $Pr(假设为真|阳性)=0.16$。因此检测结果为阳性,表明有 16% 的概率假设为真。这是和医学(吸血鬼)检测一样的低基础比率问题。你能够将假阳性比率缩减为 1%,相应得到的后验概率升到 0.5,也不过是抛一枚硬币的事儿。最重要的是提高基础比率,而这不依赖检测,而是思考⊖。

3.1 后验分布的网格逼近抽样

在我们处理样本前,需要先得到样本。下面的代码帮助你回忆我们在投掷球模型中如何通过网格逼近计算后验分布。

R code
3.2

```
p_grid <- seq( from=0 , to=1 , length.out=1000 )
prior <- rep( 1 , 1000 )
likelihood <- dbinom( 6 , size=9 , prob=p_grid )
posterior <- likelihood * prior
posterior <- posterior / sum(posterior)
```

现在,我们想要从此后验分布中抽取 10 000 个样本。假设后验分布是一个装满各种参数取值的口袋,比如 0.1、0.7、0.5 等。在口袋里,每个取值存在的比率服从后验分布概率。对应后验概率曲线峰值附近的取值出现比率比那些对应尾部的取值出现比率高多了。我们现在需要从中抽取 10 000 个取值。假设该口袋里的取值充分混合,得到的样本中各个取值的比例分布和后验概率的比例分布一致。也就是说,样本 p 取值的分布与后验分布成正比。

⊖ 同样观点的另外一种表述见 Ioannidis(2005)。这里的问题可能比计算结果表明得更糟。从另一方面说,真实世界中的科学推断通常比证明假设为真还是假更复杂。但是很多科学家都有这样非真即假的思维,因此这里的计算结果是很让人心烦的。

下面是实现这一过程的 R 代码：

```
samples <- sample( p_grid , prob=posterior , size=1e4 , replace=TRUE )
```
R code
3.3

这里使用的是 sample 函数，该函数在一个向量中随机抽取一些列值。这里从中抽取的向量是 p_grid，所有网格上的参数取值。每个取值对应的抽样概率为后验概率 posterior，这是之前计算出来的。

得到的样本见图 3-1。左边的图显示按序抽取出的所有 10 000 个样本。

```
plot( samples )
```
R code
3.4

该图看上去仿佛是从后验分布上方向下看。在 0.6 附近的稠密区域有大量的样本，在 0.25 以下的区域样本稀疏。右边的图展示了从样本中得出的密度曲线。

```
library(rethinking)
dens( samples )
```
R code
3.5

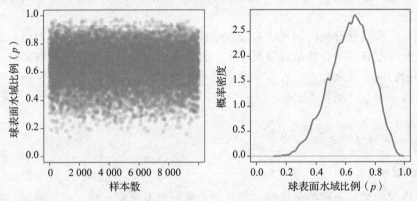

图 3-1　从后验分布中抽取参数取值。左图：基于投掷球数据和模型得到的后验分布中抽取的 10 000 个样本。右图：每个参数取值（水平线）对应的概率密度（垂直）

由图 3-1 可见，估计的密度曲线和通过网格逼近得到的理想后验分布非常相似。如果你增加样本数量，如增至 10^5 或者 10^6，密度估计将会与理想情况更加接近。

到目前为止所做的仅仅是粗略地重现已经计算出的后验概率分布。接下来我们需要通过这些样本对后验分布进行描述和进一步理解。

3.2　样本总结

一旦通过建模产生了一个后验分布，模型的任务就已经完成了。你的任务才刚刚开始。我们必须对后验分布进行总结和解释。具体如何总结后验分布取决于你的建模目的。但通常关心的问题是：

- 某些参数取值对应的后验概率是多少？
- 某个区间的参数取值对应的后验概率是多少？
- 哪个参数值对应后验分布的 5% 分位数？

- 哪个参数值区间覆盖了 90％的后验概率？
- 哪个参数值有最高的后验概率？

这些简单的问题能划分为以下 3 类：（1）某个取值区间对应的置信度；（2）某个置信度下的取值区间；（3）某个取值点的密度估计。我们会介绍如何通过后验样本得到这些问题的答案。

3.2.1 取值区间对应的置信度

假设现在我问你，水域覆盖率小于 0.5 对应的后验概率是多少？如果使用网格逼近，你可以简单地将那些参数取值小于 0.5 的点对应的后验概率相加。

R code
3.6
```
# 将 p < 0.5 的后验概率相加
sum( posterior[ p_grid < 0.5 ] )
```

```
[1] 0.1718746
```

可见，p 小于 0.5 的后验概率约为 17％。实在不能再简单了不是吗？但由于网格逼近通常并不容易实现，所以计算也不仅仅是找到相应样本概率相加这么简单。一旦后验分布中的参数个数超过 1（下一章节就会出现这样的情况），即使这样看似简单的求和也会变得复杂。

因此，让我们看看如何用从后验分布中抽取的样本来进行相同的计算。该方法能够推广到后验分布有更多参数的复杂模型中，也就是说，在任何情况下你都能够使用该方法。你要做的就是数数样本中有多少参数值小于 0.5，然后除以样本量。换句话说，得到参数取值小于 0.5 的发生频率：

R code
3.7
```
sum( samples < 0.5 ) / 1e4
```

```
[1] 0.1726
```

这里得到的结果和网格逼近的结果几乎一样，但不完全一样。因为抽样过程是随机的，所以每次运行得到的样本不同，导致结果不完全相同。对应的区域如图 3-2 左上角所示。你可以用同样的方式得到取值在 0.5 到 0.75 之间的后验概率。

R code
3.8
```
sum( samples > 0.5 & samples < 0.75 ) / 1e4
```

```
[1] 0.6059
```

所以取值在 0.5 到 0.75 之间的后验概率为 61％。该区域如图 3-2 左上角所示。

深入思考：用 sum 函数计数。上面的 R 代码使用函数 sum 计算某个逻辑向量中取值为真的个数。为什么可以这么做呢？因为，当对逻辑向量应用 sum 函数时，R 会自动将逻辑元素转化为数值。比如上面的向量中取值为 TRUE 的元素，表明相应样本小于 0.5，否则为 FALSE。每个元素的取值代表了该位置的样本是否符合你指定的逻辑条件。你可以在 R 控制台中键入 samples<0.5。当我们对逻辑向量 samples<0.5 应用 sum 函数时，R 将所有取值为 TRUE 的元素视为 1，否则为 0。将转化得到的 0/1 向量元素值相加就等

价于对取值为 TRUE 的元素进行计数，即数一数原来样本 samples 中满足逻辑条件的数目。

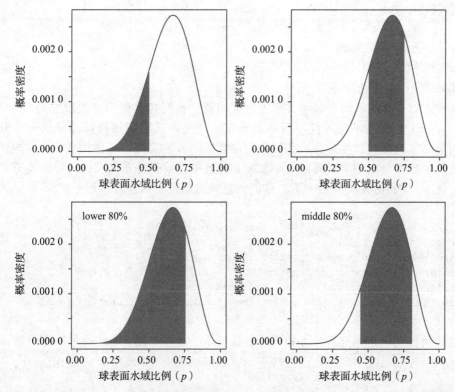

图 3-2　两类后验区间。第一行：固定参数取值区间对应的后验分布概率区间。左上角：蓝色区域代表参数值小于 0.5 的部分对应的概率区间。右上角：位于 0.5 和 0.75 之间的参数取值对应的概率区间。第二行：固定置信度下的置信区间。左下角：80％置信区间。右下角：中间 80％置信区间，左右端点分别是 10％和 90％分位数

3.2.2　某个置信度下的取值区间

在科学文献中更常见的是在固定置信度下得到相应的取值区域，通常称为**置信区间**（confidence interval）。后验分布的区间概率（如上一节计算的）称为**置信度**（credible interval）。虽然这两个词常被混用，当我们用日常用语定义技术时，常产生类似的歧义。但只要注意模型的定义，你就很容易辨别真正需要总结的是哪个统计量。

这些后验区间返回的是区间的两个端点，参数取值在这两个端点之间的后验分布概率为指定的置信度。对于这类区间的寻找，通过随机抽取的样本比用网格逼近简单。假设你想知道左边 80％置信度对应的置信区间，那该区间的左端点为 $p=0$。要找到区间的右端点，想想手上的后验分布样本，找到其中 80％分位数：

R code
3.9

```
quantile( samples , 0.8 )
```

```
     80%
0.7607608
```

该区域如图 3-2 左下角所示。类似的，中间 80％的置信区域在 10％和 90％分位数之间。能用类似的代码找到相应端点：

R code
3. 10
```
quantile( samples , c( 0.1 , 0.9 ) )
```

```
      10%       90%
0.4464464 0.8118118
```

该区域如图 3-2 右下角所示。

这种左右对称的区间在科学文献中常常出现。我们将其称为分位数区间（Percentile Intervals，PI）。只要不是过度不对称的分布，这些区间就能够很好地反映一个分布的形状。但考虑到参数和数据的一致性，分位数区间并不完美。考虑图 3-3 所示的各种区间。该图中后验分布连续观测到 3 个水域，并且使用均匀分布先验的情况。该分布高度倾斜，在 $p=1$ 的时候得到最大值。你能通过网格逼近得到该分布：

R code
3. 11
```
p_grid <- seq( from=0 , to=1 , length.out=1000 )
prior <- rep(1,1000)
likelihood <- dbinom( 3 , size=3 , prob=p_grid )
posterior <- likelihood * prior
posterior <- posterior / sum(posterior)
samples <- sample( p_grid , size=1e4 , replace=TRUE , prob=posterior )
```

上面的代码得到网格逼近后接着抽取了后验样本。现在，图 3-3 左边阴影部分是 50％的置信区间。你能通过下面的代码直接得到该区间的端点（PI 函数来自 rethinking 包）：

R code
3. 12
```
PI( samples , prob=0.5 )
```

```
      25%       75%
0.7037037 0.9329329
```

该区间涵盖了上 25％和下 25％分位数之间的区域。因此，区域对应的置信度为 50％。但在这个例子中，该区间涵盖的参数取值大多在 $p=1$ 附近。因此，如果用该置信区间来反映分布形状的话（通常置信区间就是用来干这个的），那将误导群众。

相反的，图 3-3 右边展示了 50％的最高后验密度区间（Hightest Posterior Density Interval，HPDI）[⊖]。HPDI 是相应置信度对应的最小区间。你可以这样想，某个置信度对应的置信区间应该有无穷多个。但是，如果你想要最能够反映数据分布情况的置信区间，那么你希望得到取值分布最密集的区间，即最高后验密度区间。可以直接通过 HP-DI 基于样本得到该区间（同样是 rethinking 包中的函数）：

R code
3. 13
```
HPDI( samples , prob=0.5 )
```

```
     |0.5      0.5|
0.8408408 1.0000000
```

⊖　见 Box 和 Tiao(1973)，第 84 页以及第 122 页的总体讨论。

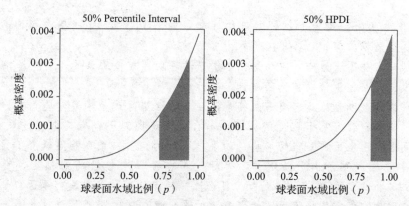

图 3-3　分位数和最高后验密度置信区间对比。这里的后验密度分布对应均匀先验分布以及 3
　　　　个水域观测。左图：50％分位数区间。该区间涵盖了 20％分位数到 75％分位数的区
　　　　域。右图：最高后验密度区间（HPDI）。该区间找到涵盖 50％后验置信区域的最小区
　　　　间。这样的置信区间总能涵盖最可能的参数取值

　　该置信区间捕捉到了具有最高后验分布概率的参数取值，同时很容易看到该区间明
显更窄：左边的分位数区间宽度是 0.16，右边的区间宽度是 0.23。

　　因此，最高后验概率区间比分位数区间更有优势。但在大部分情况下，这两种区间
非常类似⊖。在这个例子中，由于后验分布高度倾斜，所以这两个区间看上去非常不
同。如果在 9 次投掷中观测到 6 次水域，从该情况下的后验分布中抽取的样本中得到的
两种置信区间基本相同。你可以尝试使用不同的置信度，比如 prob= 0.8 和 prob= 0.95。
当后验分布是钟形曲线时，用两种方法得到的置信区间几乎没有差别。记得，我们不是
要发射火箭或者校正核粒子加速器。因此，保留小数点后 5 位并不能提高科学精度。

　　最高后验密度区间也有一些不足的地方。它比分位数区间的计算量大，并且有更大
的随机抽样方差，通俗地说就是它对从后验分布中抽取的样本数目更加敏感。此外，它
也更难理解，很多人无法体会到它的优良特征，但分位数区间非常直观。常用的非贝叶
斯区间几乎都是分位数区间（但都是样本分布而非后验分布的分位数区间）。

　　总体来说，如果区间的选择会对结果造成很大影响的话，那么你就不该使用区间对
后验分布进行总结。记得，整个后验分布都是贝叶斯估计。它总结了每个参数取值的相
对可能性。分布的置信区间只是对估计出的后验分布进行总结。如果用不同的方法得到
置信区间导致不同的推断，那么你最好还是直接画出整个后验分布图。

　　　再思考：为什么 95％？ 在自然科学和社会科学研究中，最常见的置信度是
95％。相应的置信区间留下了 5％的概率，意味着参数取值不在该区间的后验概率
是 5％。这个自定义的区间同时反映了对**统计显著性**的定义，统计显著阈值为 5％，
或者 $p < 0.05$。要证明 95％（5％）的选择是"正确的"并不容易（因为该阈值的选择
本身就是很主观的东西），选择 95％也只是大部分人的习惯。通常认为 Ronald Fish-
er 需要为这个惯用的阈值负责。但他最早提出使用该阈值的时候并没有非常严格的
理由：

⊖　Gelman 等（2013a），第 33 页，关于分位数区间和最高后验概率区间的讨论。

"p 值为 0.05，或者 1/20，对应的标准差是 1.96，接近 2。用该阈值能方便判断偏差是否显著。⊖"

大部分人并不认为"方便"是一个严谨的理由。在他后来的职业生涯中，Fisher 积极反对总是使用该阈值判断统计显著性⊜。

那么该怎么办呢？没有统一的答案，但多动脑想想这个问题总是好的。如果你的目的是找到不含有某个取值的区间，那么或许要找到不含有某个值的最大区间。置信区间通常用来反映分布的形状。如果是这样的话，一系列相互嵌套的区间可能比任何单一区间更加有效。例如，为什么不在提供中位数的基础上，附带给出 67%、89% 和 97% 的置信区间呢？为什么选择特定的置信度？没有原因。选择这些数字只是因为它们方便好记而已。但重要的是，这些区间需要足以反映后验分布的形状。这里没有选择 95%，因为太多人用这个值了。

再思考：置信区间表示什么？ 我们经常听人说 95% 的置信区间表明真实参数取值落入对应区间的概率是 95%。在严格的非贝叶斯推断中，这样的声明一定是错误的。因为严格的非贝叶斯推断禁止使用概率衡量参数的不确定性。取而代之的，你应该说如果我们重复试验和分析，那么真实参数值落入相应区间的频率是 95%。如果你觉得这两种说法貌似一样，那你不是唯一一个有这种感觉的。大部分科学家也认为定义置信区间是件很抓狂的事情，他们中的大多数不自觉地会使用贝叶斯版本的解释。

但无论你是否使用贝叶斯解释，95% 的置信区间并不意味着你的区间包含真实参数值的概率是 95%。科学史告诉我们置信区间表明了长时间的过度自信⊜。"真实"这个词应该是个警钟，诸如"包含真实值"这样的话很可能是错误的。95% 是个**小世界**的数字（见之前第 2 章的介绍），这只在模型假设下的逻辑世界中成立。因此，这对真实世界，或者大世界而言从来都不是真的。这是模型认为的，但是你不一定要接受。不管怎样，置信区间的宽度，区间覆盖多少取值，这些都能提供一些宝贵意见。

3.2.3 点估计

第 3 个也是最后一个常见的总结后验分布的方法是得到某种点估计。假设得到了后验分布，你得到的参数估计是什么？这貌似是个天真的问题，但其实并不容易回答。贝叶斯方法估计的是参数的整个后验分布，这并非是单个数值，而是一个将每个单点参数取值映射到一个可能性值的函数。因此，事实上，这里最需要注意的是你不一定非得选择某个点估计，也很少需要这样做。

但如果你必须基于后验分布得到点估计，你得回答更多的问题。考虑下面的例子。再次假设掷球的例子，其中我们投掷了 3 次，3 次观测都是水域，如图 3-3 所示。让我

⊖ Fisher(1925)，第Ⅲ章，关于正态分布的第 12 小节。书中还有其他地方提到因为方便而选择特定阈值。Fisher 的话貌似表明 95% 的置信区间在 1925 年的时候已经被广泛使用了，且没有严格的原因。

⊜ Fisher(1956)。

⊜ 关于估计物理学常数的例子（例如光速）参考 Henrion 和 Fischoff(1986)。

们考虑 3 个其他点估计。首先，科学家通常报告具有最高后验概率的参数取值，即最大后验估计（Maximum a posteriori，MAP）。在当前例子中，你可以很容易计算 MAP：

```
p_grid[ which.max(posterior) ]
```
R code
3.14

```
[1] 1
```

或者你可以使用来自后验分布的样本来逼近相同的统计量：

```
chainmode( samples , adj=0.01 )
```
R code
3.15

```
[1] 0.9985486
```

为什么对"众数"这个统计量感兴趣呢？为什么不报告后验的均值或者中位数呢？

```
mean( samples )
median( samples )
```
R code
3.16

```
[1] 0.8005558
[1] 0.8408408
```

它们也是点估计，也同样能够反映后验分布。但是在这个例子中，众数（MAP）、均值和中位数是不同的。我们该如何选择呢？图 3-4 展示了该后验分布和对应的 3 个统计量估计。

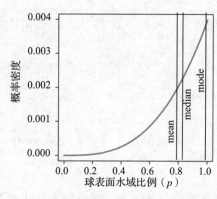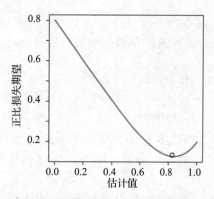

图 3-4 统计量点估计和损失函数。左边：投掷 3 次观测到 3 次水域对应的后验分布（蓝色）。垂直的 3 条线代表了众数、中位数和均值。每个点估计对应不同的损失函数值。右边：在假设"损失"和"真实值与估计值之间差别的绝对值（x 轴）"成正比的情况下对应的损失期望（y 轴）。图中标出的点（后验中位数）对应最小损失期望

如果不想使用整个后验分布估计，而是用另外一些统计量的话，标准途径是选择**损失函数**。损失函数是一个规则，该规则定义了使用特定点估计造成的损失。虽然统计学家和博弈论专家一直以来对损失函数以及如何从损失函数的角度进行贝叶斯推断这类话题很感兴趣，但科学家们很少明确地使用这些方法。关键在于使用不同的损失函数选出的用来代表后验分布的统计量也不同。

下面的例子能够帮助你理解整个过程。假设下面这个赌局，告诉我你觉得地球上水域覆盖率 p 最可能是多少，如果你的答案完全正确，我将给你 100 美金。但如果你

的答案和真实值有差距，我将根据你的答案和真实值之间的差距，按比例从 100 美金中扣钱。严格地说，你的损失和 $d-p$ 成正比。d 是你的估计，p 是真实的水域覆盖率。我们可以改变奖金的数额，并不影响这里要讨论的问题。这里重要的是损失和差距成正比。

一旦得到后验分布，你如何通过该分布最大化效益期望？结果表明，能够最大化效益期望（也就是最小化损失）的估计是后验分布的中位数。我们直接进行计算，看该结果是否成立。这里不介绍严格的数学证明，想要了解数学证明的读者可以参考尾注[⊖]。

对任何决策方案计算相应的损失期望，意味着对每个参数取值的不确定性按照后验分布进行平均。当然，大多数情况下我们不知道真实参数值。但是如果我们要使用模型关于参数的信息，即使用整个后验分布。因此，假设我们估计 $p=0.5$，那么相应的损失期望为：

R code
3.17
```
sum( posterior*abs( 0.5 - p_grid ) )
```

```
[1] 0.3128752
```

代码中的 posterior 和 p_grid 这两个变量就是我们一直在本章中使用的，分别包含后验分布概率和参数取值。上面代码所做的就是计算加权平均损失。其中，用相应的后验概率对损失进行加权。要对每个估计进行相同的计算有个小技巧，使用 sapply()函数：

R code
3.18
```
loss <- sapply( p_grid , function(d) sum( posterior*abs( d - p_grid ) ) )
```

以上代码中得到的 loss 中含有一系列的损失期望值，对应 p_grid 中不同的估计。这样很容易计算出最小化损失期望的估计值：

R code
3.19
```
p_grid[ which.min(loss) ]
```

```
[1] 0.8408408
```

事实上这就是后验中位数，参数取值将后验分布等面积划分开来。键入 median(samples)比较结果。由于抽样过程的随机性，这两个值可能不是完全相同，但应该非常相近。

说了这么多，我们到底想要学什么？为了能够将根据这个后验分布进行决策简化到用某个单点值进行决策，我们需要选择一个损失函数。不同的损失函数支持不同的估计。最常见的两个损失函数是绝对离差（如上所述）和离差平方损失 $(d-p)^2$。绝对离差对应的估计是后验中位数，离差平方损失对应后验均值（mean(samples)）。当后验分布对称且正态时，均值和中位数趋同，这样就没有在这两种损失函数中选择的压力（选哪个都一样）。例如，对一开始的投球数据（9 次投掷，6 次水域观测），均值和中位数几乎相同。

但是，在具体应用中可能需要一个特别的损失函数。考虑这样一个应用的场景，需要你根据对飓风强度的估计决定是否需要将人员疏散。随着飓风强度的增加，其造成的

⊖   Robert(2007)提供了优化不同损失函数的数学证明，其中包含这里提到的损失函数。其中也提及了关于该话题的历史，以及其他与用统计方法优化决策相关的问题。

人员和财产损失随之增加。如果本不需要疏散人员，那么下达疏散命令同样会造成损失，但和前一种损失相比要小得多。因此，这里隐含的损失函数是高度不对称的。当飓风强度高于我们的估计时，造成的损失远大于另外一种情况。在该场景中，最优点估计将高于后验分布的均值或中位数。更进一步，真正的问题是是否需要命令人员疏散。因此，最后需要提供的不是对风的强度的估计，决策才是终极目的。

通常情况下，科学家并不会考虑损失函数。因此，当他们使用任何如均值或 MAP（众数）之类的点估计时，并没有考虑到该估计是用来支持某个决策的，而仅仅是用一个统计量来概括后验分布。你可能会争辩说需要决定的是是否接受假设。但是面临的挑战却是权衡每种决定可能带来的收益或损失，这种收益或损失在模型中表达为信息的获取或丢失[一]。通常情况下，尽可能和相关人员充分交流后验分布、数据以及模型本身。这样一来，之后的信息使用者可以利用你的分析结果进行决策。草率的决定有时可能付出生命的代价[二]。

作为分析人员，最好记住这些需要注意的地方，它们提醒我们面对许多常见的统计推断问题，必须考虑其应用的场景。统计学家可以提供广义的分析方法以及一些标准化的答案，但是具体应用领域的科研人员需要能够利用分析结果做出更好的决策。

3.3　抽样预测

后验分布样本的另外一个常见功能是为我们提供一个了解当前模型可能产生什么样本的简单方法。模拟模型样本有如下用途：

1）模型评估：拟合模型之后我们可以通过从拟合后的模型中模拟数据来检查拟合是否成功，以及模型的表现如何。

2）软件评估：为了保证模型拟合软件分析的过程无误，可以通过从一个已知模型中抽取一些数据，然后将模型作用于这些数据，观察得到的参数估计。

3）研究设计：如果你能在某些假设条件下模拟相应的数据，那么就可以评估研究设计是否有效。狭义上说，这就是功效分析。但具体应用不仅仅是功效分析。

4）预测：可以视为对未来可能观测的模拟。这些模拟可以用来预测，也可以用来评估模型[三]。

本章的最后一节将介绍如何模拟样本以及如何进行一些简单的模型评估。

3.3.1　虚拟数据

让我们对这两个章节一直使用的投掷球模型进行总结。首先，水域覆盖率 p 是存在且固定的，该值是我们想要估计的。将球投出然后接住记录观测（"水面"还是"陆地"），得到"水面"的概率为 p，"陆地"的概率为 $1-p$。

现在注意，这些假设不仅让我们在获得观测的情况下推断每个 p 取值的可能性，这是我们在之前章节中做的。这些假设还让我们能够从后验分布中模拟模型可能产生的样本。之所以能做到这点是因为似然函数其实是双向的。给定观测，似然函数可以告诉你

[一]　Rice(2010)展示如何通过使用损失函数的方法构建经典的费希尔(Fisher)假设检验。

[二]　见 Hauer(2004)中 3 个有关公共交通安全的案例，其中检验导致不成熟的错误决定，这无疑让人们付出生命的代价。

[三]　比如收集到新样本之后，可以将抽取的样本和新样本比较。——译者注

得到该观测的可能性。如果给定参数，似然函数定义了观测值的分布，可以根据该分布模拟可能的观测值。从这个角度说，贝叶斯模型和生成样本密不可分，可以用来模拟预测。很多非贝叶斯模型也和生成样本有关，但也有很多与此无关。

我们将这些模拟的数据称为**虚拟数据**（Dummy Data），说明这不是真实的观测数据，而是一种近似或者模拟。在投掷球模型中，虚拟数据来自如下的二项似然函数：

$$Pr(w|n,p) = \frac{n!}{w!(n-w)!} p^w (1-p)^{n-w}$$

其中 w 是观测到水面的次数，n 是总投掷次数。假设 $n=2$，一共投了 2 次球。那么观测到水面的次数可能取值只有 3 个：0 次、1 次和 2 次。给定 p 的值，你能很容易计算出每个观测对应的似然函数。假设 $p=0.7$，该值大概是真实的地球表面海洋覆盖率：

R code
3.20

```
dbinom( 0:2 , size=2 , prob=0.7 )
```

```
[1] 0.09 0.42 0.49
```

这意味着 $w=0$ 的概率为 9%，$w=1$ 的概率为 42%，$w=2$ 的概率为 49%。如果你改变 p 的取值，将会得到不同的分布。

现在，我们要通过这些似然值来模拟观测。也就是模拟符合上述分布的数据。你可以使用 sample 函数实现，但是 R 中有更方便的模拟二项分布样本的函数。因此，我们可以用如下代码模拟 w 的取值：

R code
3.21

```
rbinom( 1 , size=2 , prob=0.7 )
```

```
[1] 1
```

这里函数 rbinom 中的字母 r 表示"随机"（random）。你也可以生成多个样本。比如生成 10 个样本：

R code
3.22

```
rbinom( 10 , size=2 , prob=0.7 )
```

```
[1] 2 2 2 1 2 1 1 1 0 2
```

让我们生成 100 000 个虚拟观测，检查下每个观测出现的频率是否与相应的似然值成比例：

R code
3.23

```
dummy_w <- rbinom( 1e5 , size=2 , prob=0.7 )
table(dummy_w)/1e5
```

```
dummy_w
      0       1       2
0.08904 0.41948 0.49148
```

这些取值和之前计算出的理论似然值非常接近。由于抽样的随机性，它们并不完全相同。重复执行上面的代码，看看每次随机模拟结果的变化情况。

只投 2 次貌似不够。现在假设一共投掷了 9 次，同样模拟 100 000 个观测：

```
dummy_w <- rbinom( 1e5 , size=9 , prob=0.7 )
simplehist( dummy_w , xlab="dummy water count" )
```

R code
3.24

结果见图 3-5。注意，通常你不会在观测中恰好发现 70% 是 "水面"。这就是数据观测的本质，即观测到的数据和背后的数据生成机制之间的关系是多样的。你应该对不同的参数设置重复模拟（投掷次数 size，指定覆盖率 p），观察得到样本分布的变化。

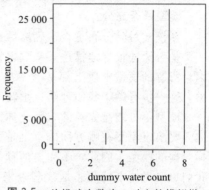

　　以上就是如何进行最基本的样本模拟。介绍这些有什么用？这些样本有许多用途。本节中，我们会通过这些样本来探索模型预测能力。为了做到这一点，我们需要将其与后验分布的样本结合起来。这是接下来要做的事情。

图 3-5　总投球次数为 9 对应的模拟样本分布。这里 $p=0.7$

　　再思考：样本分布。 许多读者已经知道模拟观测。**样本分布**（Sampling distributions）是非贝叶斯统计的基础。在非贝叶斯统计方法中，就是通过样本分布来对参数进行推断的。本书中，我们不会通过样本分布来进行参数推断。后验分布不是通过观测样本得到的，而是由逻辑推导出的。然后，如前所述，我们可以模拟符合后验分布的样本来帮助推断。在这两种情况下，"抽样" 都不是真实的存在，而只是数学的工具。与一些分析过程一样，得到的结果也都是**小世界**中的结果（见第 2 章）。○

3.3.2　模型检查

　　模型检查（model checking）就是：
　　1）检查模型拟合是否正确
　　2）评估模型的精确性
由于贝叶斯模型能够模拟生成观测，也能基于观测进行参数估计，一旦得到在当前观测条件下的后验分布，你就可以模拟分布样本，得到经验期望。

　　软件运行正常吗？

　　在最简单的情况下，检查软件是否正常运行，可以对比用于拟合模型的数据和后验分布暗指的预测（也就是模拟的服从后验分布的样本，这些样本可以代表在该后验分布下未来可能观测到的样本）。你也可以将这个过程称为隐含预测回溯法，因为这里是想要知道当前模型是否能很好地生成最初用来建立该模型的数据。当然这里并不期待也不要求两者严格相同。但是如果截然不同的话，很可能拟合过程有错。○

　　你不可能百分百确定软件运行无误。即使你回溯观测到的样本，也可能遗漏一些小错误。当使用多层模型时你就要对模拟的新样本和原先的观测不太一致做好心理准备。

尽管没有检测软件的完美方法，但我在这里介绍的简单检查方法可以用来排查一些明显的错误，这些错误我们经常会犯。

在掷球数据分析中，软件实践的问题非常简单，所以我们可以直接将结果和数学分析的理论结果进行比较。这里就不再赘述，接下来考虑模型的充分性。

模型是否充分？

在核实后验分布是否正确之后，由于当前软件运行一切无误，那么接下来就要检查模型是否无法很好地描述某些数据特征。这里的目的不是检查模型的假设是否"准确"，因为所有的模型本质上都是"不准确"的。这里是想评估模型在哪些方面无法描述数据。这一步有助于我们理解、重新审视和提高模型。

模型不可能是完美的，因此你需要有自己的判断和取舍，也可以征求同事的意见。你需要决定模型在哪方面的不足是可以接受的。很少有科学家想要建一个仅仅是重新概括数据的模型。因此，不完美的预测（或者回溯）并不是意见糟糕的事情。通常情况下，我们想要做的事情无非是预测未来观测或者了解当前的数据反映关于真实世界的情况（也就是预测模型和描述模型）。我们会在第 6 章接着讨论该话题。

现在，我们需要结合模拟观测（如前一节讲到的）并通过后验分布模拟参数取值。当使用整个后验分布时，我们期待能有更好的结果，而不仅限于使用几个单点估计。为什么？因为整个后验分布中含有更多关于参数不确定性的信息。当我们仅使用某个分布统计量的估计时，舍弃了关于参数取值的不确定信息，进而导致过度自信。

让我们通过模拟的投掷球观测进行基本的模型检测。例子中的这些观测是水面出现的次数。模型观测结果的不确定性来自两个方面，了解这两个不确定来源很重要。

首先，观测具有不确定性。对任何一个参数 p 的取值，都对应唯一的模型期待的观测模式。这些观测模式可以类比于之前章节中的路径花园。前一小节讲到从不同的模式中抽取数据。预测的样本中也有不确定性，因为即使你确切地知道 p 的取值，也不能确切知道下一次投球的结果（除非 $p=0$ 或者 $p=1$）。

其次，p 的取值也具有不确定性。p 的后验分布中体现了这种不确定性。由于 p 的取值具有不确定性，和 p 有关的一切也都具有不确定性。于是，从模型中得到的预测包括了这两种不确定性：观测的不确定性和参数取值的不确定性。

现在我们向前一步，将参数取值的不确定性代入预测。这里要做的只是将不同取值 p 对应的预测分布在 p 的后验分布上取平均。每个 p 对应一个观测的分布，计算出该样本分布后，你可以找到这个 p 取值对应的后验分布概率，然后用后验分布概率加权取平均，得到后验预测分布。

图 3-6 阐明了这一加权平均过程。图的上部是参数的后验分布，垂直线标注出 10 个不同的参数取值。每个参数取值对应的观测样本分布是中间那行条形图。对于任何一个确定的 p 取值，观测不是确定的。但随着 p 取值的变化，观测的概率分布也随之变化。最后，在图的最底部，我们将所有 p 的取值通过后验概率结合起来，计算得到每个可能观测的加权平均频率，可能观测到水域的次数是 0 到 9 次（因为一共投掷了 9 次）。

我们可以用得到的观测分布来进行预测，但是该分布包含了 p 后验分布中的不确定性。因此，这是一个"诚实"的结果。虽然模型貌似能有效预测未来观测——最可能的观测取值也确实是真实观测到次数最多的，但是预测的值仍然很分散。如果你只用某个 p 的估计值来得到样本分布，假设用后验分布峰值对应的点，你得到的观测分布的不确定性将被低估。比图 3-6 下部的后验预测分布更集中，更接近于图中间那行 $p=0.6$ 对应的分布。这种过度自信（低估不确定性）通常会让你觉得模型和数据的一致程度高过真实情况，得到的预测会更紧密地围绕在之前已观测的值周围。这个偏差的原因是忽略了参数的不确定。

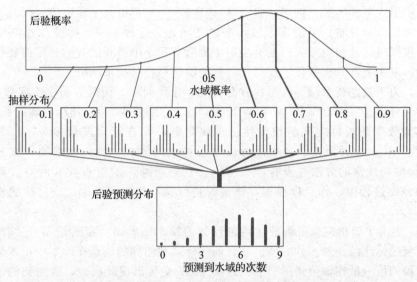

图 3-6   从整个后验分布中模拟预测。上：我们熟悉的投掷球实验后验分布。选取的 10 个参数取值由垂线表示。线的粗细表示后验概率的大小，线越粗后验概率越大。中：每个参数取值对应的样本分布。下：将这些样本分布通过后验概率加权平均（不仅仅是选取的 10 个参数值，而是整个参数后验分布），得到样本的后验预测分布。该分布中包含了参数的不确定性

那么你到底该如何用 R 具体实现上述过程呢？对于某个特定的 p，比如 $p=0.6$，模拟预测观测。你可以用 rbinom 函数来生成随机二项样本：

```
w <- rbinom( 1e4 , size=9 , prob=0.6 )
```

R code
3.25

上面的代码生成了 10 000 个样本，每个样本对应投掷球 9 次，水面覆盖率为 0.6 的情况。这里是对观测到水面的次数进行计数，所以可能的取值是 0 到 9。你可以通过 rethinking 包中的 simplehist(w) 函数查看模拟的结果。

要考虑参数取值的不确定性，将 p 的取值从 0.6 改为从后验分布中随机抽取的 p 值：

```
w <- rbinom( 1e4 , size=9 , prob=samples )
```

R code
3.26

上面的 samples 就是之前小节中使用的从后验分布中抽取的参数取值样本。对每个取值分别生成随机二项分布观测。由于样本取值分布和后验概率成正比，意味着得到的样本分布已经是通过后验分布加权取平均的结果了。你可以用和处理后验分布样本相同的方式处理这些模拟的观测样本——同样可以计算相应的区间和统计量的点估计。如果对这些样本进行可视化，你将会看到图 3-6 底部展示的后验预测分布。

当前例子中模拟的模型预测和观测到的数据高度一致——观测值 6 在模拟分布的最中间。模拟样本的分布散得很开，涵盖了从 0 到 9 的所有可能取值，但这大部分来源于

二项分布本身的方差，而非参数值 p 的不确定性。就此认为模型是完美的那也太天真了。目前为止，我们仅仅考虑了模型是如何看待观测的。这里假设不同投掷相互独立，但该假设值得怀疑。除非投球的人足够小心，否则很容易引入相关性。因此，在一系列有序投掷中引入某种模式。例如，假设球（地球）的一半都由太平洋覆盖。因此，水域和陆地并非随机分散分布，半边是水域，半边是陆地。这样一来，除非球在空中充分旋转，不然投掷时球的朝向很大程度上决定了最后落回手中得到的观测。投掷硬币也有类似的问题，事实上，只要掌握了投掷技巧就能够轻易控制投掷结果。⊖

因此，为了找到模型预测在哪些方面失效，让我们从下面两方面来观察数据。9 次投掷的结果分别是：W L W W W L W L W。首先，看看 W 和 L 连续出现的最大频率。这将能够大致反映投掷之间的相关性。在观测中，W 连续出现最多 3 次。其次，看看有几次 W 和 L 交替出现。这也能够反映投掷之间的相关性。在观测中交替次数为 6。这两种刻画观测的方法并没有什么特别，只是两种新的检查数据的方式而已。在你自己的建模过程中，你可以根据具体情况自行设计能够帮助你达成目标的检查数据的方法。

图 3-7 展示了随机模拟得到的这两种计数的频率条形图。左图是 W 连续出现的最大次数，粗线标注的是观测到的值。和之前一样，观测到的值是在样本中出现频率最高的，但模拟的值分散在该值周围。右图是 L 和 W 交替出现的次数，观测到的值 6 用蓝色标出。这里模拟的预测样本和观测并不那么一致，因为大部分模拟样本中的交替次数都小于 6。这符合缺乏独立性的假设，也就是说当前投掷和前一次投掷之间负相关。

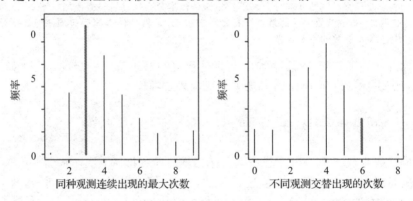

图 3-7 后验预测分布（见图 3-6）的另外一种表达方式。模型关注的是出现水面的总次数。除此之外，我们再看看同种观测连续出现的最大次数（左边）和不同观测交替出现的次数（右边）。最初的观测由蓝色的条标出。模拟的预测和观测在同种观测连续出现的最大次数上一致（连续出现 3 次 W）。但在不同观测交替出现次数上不一致（在 9 次投掷中出现 6 次交替）

这是不是意味着模型不好呢？不一定。从某种意义上说，模型总是错的。因为模型总是建立在某种假设下，但应用的情境通常不会严格符合这些假设。但我们是否需要寻找其他模型取决于想要解决的问题。在当前例子中，如果投掷之间真的是负相关的，那么每次投掷能提供的关于水域覆盖比例的信息比独立假设成立的情况下更少。随着投掷次数的增加，即使使用当前建立在独立假设之上的模型估计的结果也会趋近于真实的水域覆盖率。但趋近的速度可能比当前模型指示得要慢。

⊖ 人们通常难以意识到，对于投掷硬币实验，如果在空中抓住硬币得到的结果观测偏差更小。一旦硬币落地滚动、弹跳，那么很可能给结果带来偏差。

再思考：更极端是什么意思？　一个衡量模型和观测之间偏差的常见方法是计算观测对应的分布尾部面积。越偏向尾部两边的取值越"极端"。常见的 p 值就是一个尾部概率的例子。当我们比较观测和模拟的预测时（如图 3-6 和图 3-7 所示）或许会想知道观测值以外的尾部面积到底有多大，在该分布下得到这样的观测是否足够极端以至于能够判定模型失效。由于情况千变万化，不可能得到一个普通适用的答案。

　　但更重要的是，查看数据的角度和定义"极端"的方式通常都有许多种。常见的 p 值从模型的角度看待数据，因此基于此的模型检测和评估非常脆弱。例如，图 3-6 中展示的方法中，模型本身就是建立在观测到水面次数的二项分布基础上的，所以再次使用观测到的水面次数来评估模型实际上是循环论证，也就是从最有利于模型的角度来评估模型。用其他方式定义"极端"可能对模型提出更多的挑战。图 3-7 中展示的两种方法更能够检测模型。

　　模型拟合依旧是一个客观的过程——模型迭代并不取决于主观意愿。但是模型评估实质上是主观的，事实上这让评估更有效，因为可以在评估过程中加入应用领域的专家经验[○]。这些专家经验使得模型评估具有灵活性。由于机器缺乏想象力，我们需要给人留一些余地。从这个角度说，模型拟合和模型评估是客观和主观的结合[○]。

3.4　总结

　　本章介绍了处理后验分布的基本方法。最主要的方法是使用从后验分布中抽取的参数取值样本。使用随机样本将问题从微积分转换成数据总结。我们可以通过这些样本得到置信区间、点估计、后验预测评估，以及其他在此基础上的进一步随机模拟。

　　后验预测评估将参数的不确定性（参数后验分布）和预测样本的不确定性（带入参数取值得到的似然函数）都包括在内。这样的评估有利于核实软件是否正常工作，也能用来检查模型在哪方面存在不足。

　　一旦模型变得更加复杂，就更加需要模拟后验预测样本。即使是想要理解一个模型，通常也需要模拟相应样本。接下来我们会继续使用后验分布样本，该方法更加简单灵活。

3.5　练习

容易　下面的问题使用的是投掷球例子中的后验分布样本。下面的代码能够给你特定的样本集，这样能够保证结果的一致性。

　○　建模的最终目的是解决某个领域的具体问题。——译者注
　○　E. T. Jaynes(1922—1998)对此有更加简洁的说明：Jaynes(1985)，第 351 页，"如果有某种设备能够提供识别异常的'最优'方法，并且设计出更可能包含真实值的新假设，那再好不过了！但这些机器还无法做到，只有人类富有创造力的大脑才可以。"类似的观点还可参考 Box(1980)。

R code
3.27
```
p_grid <- seq( from=0 , to=1 , length.out=1000 )
prior <- rep( 1 , 1000 )
likelihood <- dbinom( 6 , size=9 , prob=p_grid )
posterior <- likelihood * prior
posterior <- posterior / sum(posterior)
set.seed(100)
samples <- sample( p_grid , prob=posterior , size=1e4 , replace=TRUE )
```

用上面代码中得到的 samples 回答下面问题。

3E1 p 取值小于 0.2 的后验概率是多少?

3E2 p 取值大于 0.8 的后验概率是多少?

3E3 p 取值在 0.2 和 0.8 之间的后验概率是多少?

3E4   20%尾分位数(也就是 p 小于该值的概率是 20%)是多少?

3E5   20%头分位数(也就是 p 大于该值的概率是 20%)是多少?

3E6   66%后验概率对应的最短参数取值区间是什么?

3E7   66%后验分布对应的参数分位数取值区间是什么?

中等难度

3M1   假设投了 15 次球,观测到 8 次水面。用网格逼近得到后验分布。和以前一样使用均匀先验分布。

3M2   在网格逼近结果上抽取 10 000 个样本。利用这些样本计算参数 p 对应的 90%最高后验密度区间。

3M3   对模型和观测进行后验预测评估。这意味着你需要按照参数的后验密度分布对不同分布的样本加权平均。

3M4   在当前数据(8/15)对应的后验分布的基础上,计算在 9 次投掷中观测到 6 次水域的概率。

3M5   重新从 3M1 开始,但是这次分别使用先验分布: p 在 0.5 到 1 的区间上均匀分布,此外概率为 0。该先验分布意味着大部分地球表面由水覆盖。重复回答之前 4 个问题,比较两种情况下结果的不同。你可以将两个先验分布的结果和真实的覆盖率 0.7 相比较,看看哪个先验分布更好。

困难

介绍:下面的问题统一使用如下数据。数据代表 100 个有两个孩子的家庭中第一个和第二个孩子的性别(男性=1,女性=0)。

R code
3.28
```
birth1 <- c(1,0,0,0,1,1,0,1,0,1,0,0,1,1,0,1,1,0,0,0,1,0,0,0,1,0,
0,0,0,1,1,1,0,1,0,1,1,1,0,1,0,1,1,0,1,0,0,1,1,0,1,0,0,0,0,0,0,0,
1,1,0,1,0,0,1,0,0,0,1,0,0,1,1,1,1,0,1,0,1,1,1,1,1,0,0,1,0,1,1,0,
1,0,1,1,1,0,1,1,1,1)
birth2 <- c(0,1,0,1,0,1,1,1,0,0,1,1,1,1,1,0,0,1,1,1,0,0,1,1,1,0,
1,1,1,0,1,0,0,1,1,1,1,0,0,1,0,1,1,1,1,1,1,1,1,1,1,1,1,1,1,1,1,1,
1,1,1,0,1,1,0,1,1,0,1,1,0,1,1,1,0,0,0,0,0,0,1,0,0,0,1,1,0,0,1,0,
0,0,0,1,1,1,0,0,0,0)
```

例如,第一个家庭先有了一个男孩(1),然后有了一个女孩(0)。第二个家庭先有了一个女孩(0),然后有了一个男孩(1)。第三个家庭两个都是女孩。你能通过下面的代码导入该数据:

R code
3.29
```
library(rethinking)
data(homeworkch3)
```

下面的练习将使用这两个向量。例如，计算这 100 个家庭中男孩的总数：

```
sum(birth1) + sum(birth2)
```

R code
3. 30

[1] 111

3H1 用网格逼近计算生男孩的后验概率分布。假设先验分布为均匀分布。哪个参数取值对应最大后验概率？

3H2 使用 sample 函数从上面计算的后验分布中抽取 10 000 个随机参数值样本。用这些样本计算 50％、89％和 97％最高后验分布密度区间。

3H3 使用 rbinom 函数模拟 10 000 组这样的 200 个观测。对每组观测，你都可以计算出男孩的总数，这样一来就有 10 000 个计数值。将通过随机抽样得到的男孩个数样本分布和最初观测到的男孩个数(111)相比较。对这些模拟值的可视化方法有很多，但是最简单的是用 dens 命令(rethinking 包中的函数)。模型是否很好地拟合了数据？也就是说，观测到的值是否位于模拟分布中对应概率高的位置？

3H4 现在计算每组前 100 个观测(每个家庭中第一胎的性别)中男孩的个数，将这 10 000 个计数和 birth1 中男孩个数相比较。这时模型表现如何？

3H5 模型假设第一胎和第二胎的性别是独立的。为了验证该假设是否合理，现在我们看看那些第一胎是女孩的家庭。将模拟的男孩个数和那些第一胎是女孩的家庭中第二胎生男孩的个数比较。要正确地实施该比较，你需要：

1) 先计算 birth1 中女孩的家庭个数 n_0。

2) 模拟 n_0 个新样本，计算其中取值为 1 的元素个数

3) 重复前面的步骤 10 000 次，得到 10 000 个计数

将模拟的第一胎是女孩，第二胎是男孩的家庭数目和观测到的计数比较。这种情况下模型表现如何？从中能够得到关于数据的什么信息？

第 4 章

线 性 模 型

历史对托勒密同志貌似有些刻薄。克罗狄斯·托勒密（90—168）是埃及的数学家和天文学家，因地心说而闻名。现在，如果我们要取笑某人，可以说此人是地心说的支持者。实际上，托勒密是个大才。他关于行星运动的数学模型（图 4-1）极其准确。为了能够精确地建模，他引入了本轮（epicycle）这一概念，也就是圈圈套圈圈。更近一步甚至有圈圈套圈圈套圈圈。⊖ 只要在正确的地方引入足够的本轮，托勒密的模型就能够做出比他之前的任何人都精确的行星轨道预测。这也是为什么在之后的一千多年，人们都在使用该模型。托勒密这类天文学家们在没有任何电子计算机的情况下计算出了所有这一切。如果有人将你和托勒密相比的话，那绝对是一种荣幸。

当然，托勒密理论最大的问题是地心说是错误的。如果你用该理论设计火星探测器的轨道，那你的探测器可能离这颗红色星球老远呢。但如果想在夜空中观测到火星，这个模型还是相当不错的。取决于你想要定位的天体，该模型每年都需要重新校准一次。但是地心模型仍然能够在一些特定领域给出有用的预测。⊜

一旦知道了太阳系的真实结构，使用本轮的方法看上去可能有些离谱。但结果表明，古人在此基础上

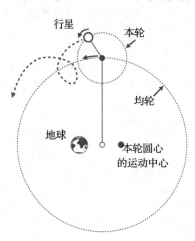

图 4-1　托勒密理论下的宇宙。其中夜空中行星的复杂运动是用轨道套轨道（epicycles）的模型解释的。虽然模型和真实情况比错得离谱，但仍然给出了相当好的预测

⊖　托勒密设想，各行星都绕着一个较小的圆周运动，而每个圆的圆心则在以地球为中心的圆周上运动。他把绕地球的那个圆叫"均轮"，每个小圆叫"本轮"。——译者注

⊜　托勒密的理论可以准确地告诉你在某个特定时刻火星的方向，但是无法用来估计距离。对具体距离的估计也是在最近几百年才发展得比较准确。托勒密所处的时代距离现在 1900 多年，能找到方法推算行星方向已经相当不错了。——译者注

偶然发现了一个广义的逼近系统。如果在足够的地方设计足够的圈圈，托勒密的方法等价于**傅里叶级数**(Fourier Series)，这是一种将周期函数(像轨道函数)分解成一系列正弦和余弦函数的方法。不管行星和卫星的真实排列情况如何，我们都可以用地心说模型去逼近描述它们在夜空下的轨迹。

　　线性回归好比统计学中的地心说模型。这里的"线性回归"指一族简单的统计模型，通过将一些变量线性相加的方式，得到感兴趣变量的均值和方差。和地心说一样，线性模型能够有效地描述许多自然现象。线性回归也是许多不同模型过程的基础。但如果我们按照字面意思去解释模型，很可能会犯错。如果小心使用，这些线性模型还是有用的。[⊖]

　　本章将介绍贝叶斯框架下的线性模型。从概率的角度解释线性回归(这对于贝叶斯很重要)，其使用高斯(正态)分布描述因变量中的不确定性。这类模型简单、灵活并且司空见惯。没有任何一个统计模型是普遍适用的。但是线性回归是最基础的模型，从这个意义上说，一旦你学会建立并且解释线性回归模型，便能很快地学习其他非正态模型。

4.1　为什么人们认为正态分布是常态

　　假设你和关系最密切的 1000 个朋友在足球场的中场排成一列长队，每个人手里都有一枚硬币，在哨子吹响的时候开始投掷硬币。得到正面朝上的人向左边球门挪一步，背面朝上的人向右边球门挪一步。每个人投 16 次，也就是挪 16 次。现在我们来测量一下每个人离中场线的距离。你能预测有多少人最后回到中场线上吗？多少人最后向左边球门挪了 5 码(这里默认一步长度为 1 码，也就是 0.9 米)？

　　要准确地得到每个人最后的位置很难，但你能知道距离的总体分布。距离将近似正态分布，或高斯分布。即使在这个例子中潜在的是二项分布。其原因在于最后导致距离为 0 的可能移动方式有非常多种。但最后左移或右移一步的结果实现方式就少一些。依此类推，随着距离的增加，可能的实现方式越来越少。于是形成了一个以 0 为中心的钟形曲线分布。

4.1.1　相加得到正态分布

　　让我们用 R 进行随机模拟检查实验结果。为了避免大家认为该实验设计有什么特别的机制导致了正态分布的结果，这里假定每次投掷后挪步的步长不总是 1 码，而是从 0 到 1 码之间的一个随机长度。要模拟这样的分布，对于每个人，我们先生成一列长度为 16 的随机向量，每个元素取值在 [-1, 1] 之间，它们代表每次挪步。将这 16 个数相加得到最终的位置。然后我们需要重复该模拟 1000 次(因为有 1000 个人)。这样的任务用代码很简单，但要是用鼠标点击的交互界面就悲剧了。只需要这样一行代码就可以完

⊖　到此为止作者所说的就是，线性模型很简单粗暴，即用一堆自变量的线性组合来模拟因变量。解释模型的时候一定要小心，不过度解读的话，模型还是有用的，过度解读就犯错了。此外，很多现在我们见到的更加复杂、效果更好的模型其实是从线性组合的基础上延伸而来的，比如逻辑回归、泊松回归这类后来的广义线性模型其实就是线性模型的衍生。甚至随机助推这些看上去和线性模型无关的算法，其实也由线性可加的元素组成。——译者注

成上面说的所有事情:

R code
4.1

```
pos <- replicate( 1000 , sum( runif(16,-1,1) ) )
```

你能用不同的方法对最终的距离分布进行可视化,比如 hist(pos)和 plot(densi-ty(pos))。图 4-2 展示了这个随机游走实验的结果,以及这些分布如何随着步数的增加逐渐逼近正态。第一行展示的是前 100 个独立随机游走的过程。其中一个完整的过程用黑色的线标出。垂直的虚线分别表示 4 步、8 步和 16 步分别对应的分布。在刚开始的时候看不出距离服从什么分布,但是 16 步后随机结果就呈现出我们熟悉的高斯分布钟形曲线。你可以自己尝试着增加步数,看看分布是否会进一步逼近高斯分布。你也可以对距离进行平方,得到的结果还是近似高斯分布。这是为什么?

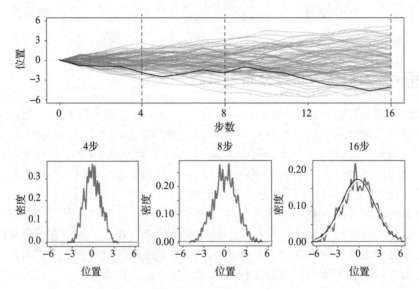

图 4-2 足球场随机游走实验结果是一个正态分布。试验中步数越多,经验分布和理想正态分布越接近。下面第 3 幅图中的平滑黑线表示的就是理想正态分布

任何从同一个分布得到的随机值的和都逼近正态分布。但要理解背后的原因并不简单⊖。下面是一个从概念上理解该过程的方法。不管源头分布的均值是什么⊜,我们可以将观测到的每个样本看成是在这个均值上加一个随机扰动得到的结果。在我们将这些观测叠加的过程中也使这些随机扰动相互抵消。所以相加的次数越多,一个大扰动被相反扰动抵消的概率就越大,或者被一系列相反的小扰动抵消。因此,最可能出现的叠加结果就是所有扰动相互抵消,也就是 0(相对于均值而言)⊜。

⊖ Leo Breiman 在他概率论经典教科书的第 9 章开始(Breman,1968)说:对于"为什么用正态分布?"这样的问题没有完美的答案。很多数学结论即使证明出来了,依旧是个谜。如果你对为什么极限分布是正态分布感到疑惑的话,你并不孤单。

⊜ 这个例子中源头分布是[−1, 1]上的均匀分布。——译者注

⊜ 对数学背景细节有强烈好奇心的读者可以参考 Frank(2009)中通过傅里叶变换做出的详细解释。

　　潜在的分布是什么并不重要。可能是均匀分布（如之前的例子），或者其他分布[⊖]。取决于潜在分布，逼近正态的速度可快可慢，但总是在逼近。通常情况下，如在这里的例子中，逼近的速度很快。

4.1.2　通过相乘得到正态分布

　　现在我们展示另外一个得到正态分布的方法。假设某个有机体的生长速度受到 12 个基因位点的影响，每个位点上都有若干个控制生长的等位基因。假设所有这些位点能够互相作用，每个位点都能使有机体生长一个百分点，这些位点的叠加效应就是这些增长百分比的乘积。例如，我们可以用下面的代码随机模拟一个增长率：

```
prod( 1 + runif(12,0,0.1) )
```
R code 4.2

　　上面的代码仅仅抽取了 12 个 1 到 1.1 之间的随机生长率。1 代表没有生长，1.1 代表生长了 10%。将这 12 个随机数相乘得到总体的生长率。现在想想，这些随机数的乘积将会服从什么分布？为了回答这一问题，让我们生成 10 000 个这样的乘积：

```
growth <- replicate( 10000 , prod( 1 + runif(12,0,0.1) ) )
dens( growth , norm.comp=TRUE )
```
R code 4.3

　　建议读者在 R 中执行上面的代码，这样你会发现得到的分布还是近似正态分布。我之前说过，正态分布来自于随机扰动的叠加。但这里各个位点的影响是相乘而非相加，为什么还是正态分布呢？

　　我们得到的依旧是正态分布，因为每个位点造成的影响非常小。这种情况下，相乘和相加很类似。例如，两个增长效应为 10% 的位点相乘得到的结果是：
$$1.1 \times 1.1 = 1.21$$
如果用相加的方式来近似乘积，两个结果之间只相差 0.01：
$$1.1 \times 1.1 = (1+0.1)(1+0.1) = 1 + 0.2 + 0.01 \approx 1.2$$
影响越小，相加和相乘的结果越接近。这样一来，许多小的影响相乘的结果能够近似于相加的结果，因此它们看上去同样也趋近高斯分布。运行下面的代码核实这点：

```
big <- replicate( 10000 , prod( 1 + runif(12,0,0.5) ) )
small <- replicate( 10000 , prod( 1 + runif(12,0,0.01) ) )
```
R code 4.4

相互作用下的增长效应，在效应足够小的情况下趋近高斯分布。这样一来，趋近高斯的结果可以在某种程度上扩展至相乘的情况。

4.1.3　通过相乘取对数得到正态分布

　　得到正态分布的方式还不止这些。这些观测相乘事实上不是高斯分布，只是在量很

　　⊖　从技术的角度说，只有当原变量分布方差有限的时候其求和才逼近正态分布。在实际应用中，这意味着新的样本的量级不能远高于之前的样本。在现实生活中存在无限方差的情况，但本书不涉及这些情况。或者即使书中有这样的事例，我也不会刻意指出。

小的情况下近似高斯分布。但是对乘积取对数后的结果也近似高斯分布。例如：

R code
4.5

```
log.big <- replicate( 10000 , log(prod(1 + runif(12,0,0.5))) )
```

上面的代码会生成一组新的高斯分布取值。取对数后又得到高斯分布是因为对乘积取对数等于对每个因子取对数然后相加（也就是 $\log(xy) = \log(x) + \log(y)$）。因此，即使增加的百分比很大，取对数后结果也通常近似高斯分布。由于测量的标度可以是任意的，因此通过变换改变标度也正常、用对数尺度衡量声音、地震，甚至是信息（第 6 章）都挺常见。

4.1.4 使用高斯分布

我们将在本章剩下的部分将高斯分布作为基本假设。用不同高斯分布的叠加对测量建模。可以从两个角度证明使用高斯分布的合理性：（1）存在论；（2）认识论。

存在论的证明

高斯分布在现实世界中几乎随处可见。作为一种数学上的理想假设，我们不可能找到完美的高斯分布。但近似这样的钟形曲线分布模式在各种场合重复出现。测量误差、增长变化以及分子速率，所有这些都近似高斯分布。这些过程呈现如此分布因为其背后的本质都是将各种扰动叠加。重复叠加有限的扰动得到求和结果的分布隐去了背后的过程细节，只剩下均值和方差。

这将导致的结果之一是，建立在高斯分布上的统计模型无法可靠地识别细节过程。这让人想起第一章介绍的模型过程。但这也意味着这些模型可能很有用，即使它们无法识别出具体每条过程。如果我们要知道生长的整个过程才能对人的身高建模的话，那人类生物学很可能就不存在了。

这里澄清一点，在自然界中还存在许多其他分布模式，我们并没有说高斯分布是唯一的。在后面的章节中我们将会看到其他有用且常见的分布类型，如指数分布、伽马分布和泊松分布。高斯分布是一个基本自然分布家族——**指数分布族**（Exponential Family）中的一个成员。该家族中所有成员对科学研究来说都很重要，因为它们在现实生活中都很常见。[⊖]

认识论的证明

但是，高斯分布在现实中很常见这一事实只是我们使用它的理由之一。另外一个理由是使用该分布在某种程度上表明了我们的无知。这也能在之后告诉我们为什么使用高斯分布有时并不是一个好的选择。当我们知道以及想要说的关于某观测分布（这里假设是在实数轴上的连续观测）的所有仅仅是其均值和方差时，高斯分布将最符合我们的假设。

换句话说，高斯分布是体现我们无知的最自然的表达方式。因为如果我们的假设是有限的观测方差，最常出现的现实分布就是高斯分布，而且不需要引入更多其他的假设。这是最平淡无奇也是最不含信息的假设。这样一来，高斯分布是最符合我们这种情况的假设。或者可以说，它是最符合我们使用的模型的假设。如果你不认为模型的分布

⊖ 简单概括为两句话：1）这样的钟形曲线分布在现实生活中很常见，所以我们用这个分布来解释现实生活中的问题是有道理的；2）当然了，除了高斯分布以外还有其他一些分布也常常在生活中见到，所以我们也会用这些分布来解决一些问题。——译者注

应该是高斯分布，那意味着你知道另外一种更加可能的分布，那就该将你觉得更合适的分布指定给模型，这可能改善推断结果。⊖

认识论的证明是建立在信息理论和**最大熵**之上的。第 6 章将会讲到信息理论，第 9 章将会讲到最大熵。在后面的章节中会用其他更加常见有效的分布建立**广义线性模型**（generalized linear model，GLM）。当讲到其他分布时，我们会介绍每个分布各自的特点，以及为什么在特定假设下使用某个分布最合适。

现在，让我们将存在论和认识论的证明当作使用高斯分布开始建模的理由。在整个建模过程中，请大家牢记一点，使用某个模型并不等于已经敲定了模型。模型是为你服务的，而不是你为模型服务。因此，模型的观点并不代表你的观点。没有任何规定限制你必须相信使用的模型。模型需要有用才有价值。

深入思考：高斯分布　使用高斯分布并不要求你记住高斯分布的数学表达式。电脑可以记住这个表达式。但对数学表达式有一定了解可以让你觉得高斯分布不那么神秘。给定均值 μ 和标准差 σ 的情况下，高斯分布变量 y 的**密度**函数为：

$$p(y|\mu,\sigma) = \frac{1}{\sqrt{2\pi\sigma^2}}\exp\left(-\frac{(y-\mu)^2}{2\sigma^2}\right)$$

上面的公式看起来挺吓人的。但其实最重要的只是 $(y-\mu)^2$ 这一部分。这是让正态分布呈现其最具代表性模式的部分，也就是二次曲线。一旦你在二次曲线上加上指数运算，就能够得到经典的钟形曲线。分布剩余的部分只是将该曲线缩放，使得线下面积为 1，这是概率分布成立的条件。但简单的表达式 $\exp(y^2)$ 其实就是高斯分布的原型。

和本章前面部分提到的二项分布不同，高斯分布是连续分布。这意味着高斯分布中的 y 可以取实数轴上的任意值。二项分布要求取值必须是整数。离散观测的概率分布，如二项分布，通常称为**概率质量**（probability mass）函数，相应连续概率分布通常称为**概率密度**（probability density）函数。取决于不同的人，通常用字母 p 或者 f 表示概率函数。出于数学上的原因，概率密度的取值可以大于1（但是积分为1），而概率质量不能。例如，尝试键入 dnorm(0, 0, 0.1)，该 R 代码能够计算 $p(0|0, 0.1)$ 的值。结果大约是 4。概率密度是累积概率的变化速率。因此，在累积概率迅速增长的地方，密度大于 1 很正常。但任何一部分概率密度的积分一定不会超过 1。这样的积分区域也称为概率质量。

通常情况下，在计算时你可以忽略这些密度/质量之间定义的差别。在本书不会在概念上区分这两者。但是大家知道这两者的不同是必要的，有的时候这个不同会对问题的解决有影响。

另外一种高斯分布的表达是用 τ 取代 σ。其中 $\tau=1/\sigma^2$，称为精度。进行这样的参数变换之后的表达式为：

$$p(y|\mu,\tau) = \sqrt{\frac{\tau}{2\pi}}\exp\left(-\frac{1}{2}\tau(y-\mu)^2\right)$$

在贝叶斯数据分析以及贝叶斯模型拟合软件（如 BUGS，JAGA）中常采用精度 τ 的表达形式。

⊖　用高斯分布其实就是因为我们没有更好的理由选择其他分布，所以选一个最可能的，不然如果我们知道有更合适的分布就不用高斯分布了。——译者注

4.2 用来描述模型的语言

本书采用了标准语言编码和描述统计模型。你会在很多统计学书籍和期刊上看到类似的描述方式，这对贝叶斯和非贝叶斯模型都适用。科学家也渐渐更多地使用相同的语言来描述统计方法。所以，投入时间学习这门语言是值得的。

下面是对该语言的要点概括。之后会有很多例子。下面的每一条都对应描述了模型中一个选项：

1) 首先，我们需要明确哪些是感兴趣的结果变量（或者变量）。

2) 对于每个结果变量，我们定义一个似然分布，该分布定义了每个观测出现的可能性。在线性回归的问题中，总是将高斯分布当作似然分布。

3) 接下来，我们需要知道，如果要预测或理解结果变量，我们还需要衡量哪些量。我们将这些变量称为预测变量。

4) 我们将这些变量和似然函数的形状联系起来——如位置、方差或者其他关于分布形状的特征。为了能将预测变量和结果变量联系起来，我们必须定义出现的所有参数。

5) 最后，对所有参数选择一个先验。这些先验定义了在得到观测之前，模型初始状态下的信息水平。

做完上面列出的所有决策之后（你很快就会习惯这个过程），我们将模型用类似如下的数学方式表达出来：

$$\text{outcome}_i \sim \text{Normal}(\mu_i, \sigma)$$
$$\mu_i = \beta \times \text{predictor}_i$$
$$\beta \sim \text{Normal}(0, 10)$$
$$\sigma \sim \text{HalfCauchy}(0, 1)$$

如果上面这一串的表达式让你摸不着头脑的话，那就对了。这证明你看对书了，因为本书就是教你如何熟悉贝叶斯模型的数学表达的。我们并不会展开数学推导，这些式子只是用来明确定义和表达模型的。一旦你熟悉了这种表达的语法，之后在其他书或者科学论文中看到这样的数学表达式就不会觉得晕了。

上面的方法必定不是唯一描述统计模型的方法，但是用得最广最有效的一种。科学家们一旦学会了这种语言，描述模型假设就会变得很容易。我们不用死记那些貌似主观的千奇百怪的假设，比如同方差（homoscedasticity）。因为从那些数学描述中我们可以读出这些定义。我们能发现改变模型假设的自然方法，而不会因为要遵守千篇一律的模型规则而抓狂，比如回归、多元回归、ANOVA、ANCOVA 等。这些看名字感觉各种花里胡哨，要是你将它们通过含有变量的数学式表达出来，很容易就可以看出其实都是一回事。本质上说，这些模型定义了在某些变量已知的条件下，另外一些变量如何影响模型（第 2 章）。

重新描述掷球模型

用例子来讲解最好不过了。还记得之前章节中的估计水域比例的问题吗？该例子中的模型为：

$$w \sim \text{Binomial}(n, p)$$
$$p \sim \text{Uniform}(0, 1)$$

其中 w 为观测到水域的次数，n 为总体样本量，p 是球面水域覆盖的面积。上面的语句

可以转化为:

　　计数 w 服从样本量为 n, 概率为 p 的二项分布

　　概率 p 的先验分布为 0 到 1 的均匀分布

一旦我们能够用这种方式描述模型, 很自然地就知道背后的假设。我们知道二项分布假定样本相互独立, 因此也就知道我们假定投球是独立的。

　　现在让我们关注上面简单的模型。在这些模型中, 第一行表示贝叶斯定理中使用的似然函数。第二行定义了先验分布。这两行都指定了一个随机分布, 某变量 "服从" 特定的分布用符号 "~" 表示。我们通过这种方式将特定的参数或者变量和分布对应起来。我们称其为随机分布, 因为 "~" 左边的变量没有一个确定的取值, 而是一个可能取值的概率分布。一些取值比另外一些更可能发生, 但可能的值有许多。之后我们将会看到一些为参数赋予确定性值的模型例子。

深入思考: 从模型定义到贝叶斯定理。为了将上面的数学形式和贝叶斯定理联系起来, 你能用该定义得到后验分布的表达:

$$Pr(p|w,n) = \frac{\text{Binomial}(w|n,p)\text{Uniform}(p|0,1)}{\int \text{Binomial}(w|n,p)\text{Uniform}(p|0,1)\text{d}p}$$

　　分母看上去挺恐怖的, 其实只是对参数 p 进行边缘化积分。这样能够将后验分布重新调整到 0 和 1 之间。关键的步骤在分子上, 从中不难看出, 后验分布和似然函数与先验分布的乘积成正比。用 R 代码表示其实就是我们一直用的网格逼近的过程。下面是实现上面公式的 R 代码:

```
w <- 6; n <- 9;
p_grid <- seq(from=0,to=1,length.out=100)
posterior <- dbinom(w,n,p_grid)*dunif(p_grid,0,1)
posterior <- posterior/sum(posterior)
```
R code
4.6

大家可以将上面的代码和本章之前的进行比较。

4.3　身高的高斯模型

　　现在让我们建立一个回归模型。之所以称之为 "回归" 模型是因为其中有预测变量。现在我们手上已经有相应工具了, 下面就要寻找预测变量了。

　　我们将用一个真实的数据集展示这一过程。在这个例子中, 我们用一个变量建立高斯分布模型。该分布自身有两个定义形状的参数: 均值 μ 和标准差 σ。贝叶斯更新让我们能得到在观测到数据的条件下, 每个可能的 μ 和 σ 取值的组合。这些取值组合的可能性服从的就是后验分布。

　　描述上述过程的另外一个方法是这样的。可能的高斯分布有无限多种, 其中一些均值小, 另外一些均值大。一些分布分散, 也就是 σ 很大。另一些分布集中。我们希望贝叶斯模型考虑每种分布的可能性。每对 μ 和 σ 的取值都定义了一个高斯分布。我们对可能的高斯分布通过后验概率进行排序。后验概率可以用来测量每个分布和数据、模型的兼容性。

在实践中，我们将用近似法。也就是说，我们不会真的考虑所有可能的 μ 和 σ 的取值。但不需要为此担心，因为在大部分情况下，这几乎不会给我带来什么损失。真正要担心的是这里"估计"的是整个后验分布，而不是其中某个点。得到的后验结果是一个高斯分布的分布。是的，你没有看错，我说的是分布的分布。如果你觉得这一切超级无厘头，这说明你对自己的感觉很诚实。别着急，接着学下去，很快就会柳暗花明。

4.3.1 数据

这里使用的数据在数据集 data Howell1 中。这是部分关于纳米比亚桑人部落的人口普查数据，该数据是 Nancy Howell 在 20 世纪 60 年代收集的⊖。非人类学家对该部落可能比较陌生，它是 20 世纪最出名的狩猎族群，其出名的很大原因出于像 Howell 这类人的详细研究。

载入数据：

R code
4.7
```
library(rethinking)
data(Howell1)
d <- Howell1
```

你现在有一个名为 d 的数据框。在本书中我会重复将 d 作为当前使用的数据框名。希望简单的名字能够省去大家敲代码的麻烦。数据框是 R 的一种对象。这是一个有列名的表格，每一列代表一个变量。行代表观测。在该例子中，每观测对应一个人。可以用如下代码查看数据框的结构：

R code
4.8
```
str( d )
```

```
'data.frame': 544 obs. of  4 variables:
 $ height: num  152 140 137 157 145 ...
 $ weight: num  47.8 36.5 31.9 53 41.3 ...
 $ age   : num  63 63 65 41 51 35 32 27 19 54 ...
 $ male  : int  1 0 0 1 0 1 0 1 0 1 ...
```

数据框有 4 列，每列有 544 个元素。因此数据中有 544 个人的记录。每个人对应有身高（厘米）、体重（公斤）、年龄（年），以及性别（0 代表女性，1 代表男性）。

现在我们仅使用身高这一列。单独的一列其实就是 R 中的普通向量。在之前的代码中我们已经见过许多向量操作。你可以通过下面的代码得到数据框的某一列：

R code
4.9
```
d$height
```

以上代码中的 $ 可以看作获取，也就是从数据框 d 中获取名为 height 的列。得到的就是相应的列向量。

深入思考：数据框　现在这样使用数据框看起来是不是觉得好烦人呢？如果你只需

Howell(2010) 和 Howell(2000)。也可以参考 Lee 和 DeVore(1976)。可以从以下网址下载更多的原始数据：https://tspace.library.utoronto.ca/handle/1807/10395。

要一列，为何要使用一个数据框。确实可以不用数据框，这里你可以在操作中直接使用这个向量。但是将相关联的变量并列放在一起是很方便的。一旦你想要分析多列，或者想要研究变量和其他变量的关系时，最好还是使用数据框。我们马上就会遇到这样的情况了。

用更技术的方式说，数据框是 R 中一种特殊的列表。对于 R 中的列表，你通过双重方括号"[[]]"来引用元素，如 d[[1]] 表示列表的第 1 个元素，或者[['x']]表示名为 x 的元素。但和普通的列表不同，数据框中所有列的长度必须相同。这并不是一个好特征。这也是为什么一些统计包会接受列表作为输入，而非数据框，如 Stan 中的 Markov chain sampler(mc-stan. org)。

现在我们需要的只是样本中成年人的身高。过滤掉未成年人样本是因为在此前身高和年龄有着很强的正相关性。本章的后面部分，我会让你们去解决年龄的问题。但现在先缓一缓。你可以用下面的代码得到成年人的观测：

```
d2 <- d[ d$age >= 18 , ]
```

R code
4. 10

我们现在使用数据框 d2。其中应有 352 行。

深入思考：索引的魔法。以上代码中的方括号是用来索引的，这是非常强大的操作，但其中套路也更深，容易混淆。数据框 d 是一个长方形矩阵。你可以通过 d[row, col]的形式获取矩阵中的某个元素，其中 row 指行数，col 指列数。如果 row 和 col 都是数列，那么你将截取出相应的子矩阵。如果你在 row 或 col 的位置没有设定任何值的话，你将得到全部取值。比如 d[3,]将返回矩阵中的第 3 行。d[,]会返回整个矩阵，因为两个位置上都是空的，所以返回的是所有行和列。

那么 d[d$age>=18,]返回的就是所有 d$age(年龄)大于或等于 18 的行。由于列对应的位置是空的，所以返回对应行的所有列。得到的结果存在 d2 内。新数据框中只有成年人。只需要些许练习，你就能用方括号进行自定义数据检索，就如数据库查询一样。

4.3.2　模型

我们的目标是用高斯分布对这些值建模。首先，用 dens(d2$height)绘制身高分布图。数据看上去很好地服从高斯分布，这是典型的身高数据分布。这可能是因为身高是很多因素综合的体现。如同你在本章开头看到的，很多观测的求和趋近高斯分布。无论原因是什么，成人的身高几乎总是趋近高斯分布。

因此，当前假设模型的似然函数是高斯分布函数是合理的。但是注意，不是只有在经验分布明显是高斯分布的情况下才能用高斯假设。只靠傻傻地盯着数据来决定如何建模并不是个好主意。数据可能是不同高斯分布的混合，这时仅用眼睛无法看出数据背后的分布。况且，如本章之前提到的，用高斯分布作为先验分布不一定要求经验分布严格服从高斯分布。

那么该选择哪个高斯分布呢？不同的均值和标准差对应不同的高斯分布，这样一来就有无穷多个高斯分布。我们可以写出基本模型并且计算每个 μ 和 σ 取值组合的可能性。我们用下面的方式定义身高的正态分布：

$$h_i \sim \text{Normal}(\mu,\sigma)$$

你会在很多书中看到另外一种等价的表达方式 $h_i \sim \mathcal{N}(\mu, \sigma)$。这里 h 代表身高，i 代表某个具体的观测的指针。因为 i 是英文 index 的首字母，所以，用 i 很方便。这里的 i 就是行编号，所以 i 的取值是 1 到 352（数据框 d2 中 height 列的观测数）。这样一来，上面的模型说明每个观测都来自同一个均值为 μ、标准差为 σ 的正态分布。不需要多久，这些 i 就会在模型定义公式的右边出现，那时你就会理解我们为什么要用这个指针。所以这里的 i 不可以省略，虽然现在看上去好像不必要的装饰。

> **再思考：独立同分布。** 我们有时称上面模型中的 h_i 独立同分布，简写为 i.i.d、iid 或 IID。所以你也可能看到如下的模型表达方式：
>
> $$h_i \stackrel{\text{iid}}{\sim} \text{Normal}(\mu,\sigma)$$
>
> iid 表明 h_i 独立同分布，对应相同的参数。稍微想想就会发现，这在现实生活中几乎不可能成立。不管是重复测量相同的一段距离，还是研究一个群体的身高，都很难证明观测相互独立。例如，一个家庭中的不同成员身高是相关的，因为他们共享一些特定的等位基因。
>
> 独立同分布未必是糟糕的假设，但是你要记得这里的概率是模型使用的假设，而非真实世界的情况。机器用独立同分布来理解不确定性。这是**认识论假设**，而非关于世界的实际物理假设（本体论假设）。E. T. Jaynes（1922—1998）称其为**错误思想投射**（mind projection fallacy），也就是错误混淆了认识论和本体论。[一]
>
> 这里并不是说流行假设战胜事实，而是说最保守的分布使用的是独立同分布假设，忽略了相关性[二]。这个问题会在第 9 章再次出现。此外，数学上有个 de Finetti 定理，该定理告诉我们**可置换的**值可以混合独立同分布近似。即这些取值能够被重新排序。这里我们不能死板地将独立同分布的假设解释为不同模型过程服从同一个统计分布（如第 1 章讨论的）。更进一步说，许多类型的相关性和分布的总体形状没有或者几乎没有关系，只影响观测出现的顺序。例如，亲姐妹之间身高高度相关。但是整个女性群体的分布几乎是完美的正态分布。在这种情况下，独立同分布的假设依旧很有效，即使忽略局部的相关性。又如，马尔可夫蒙特卡罗法可以通过高度相关的样本来估计大部分独立同分布的情况。

为了完成建模过程，我们需要定义先验分布。这里待估参数是 μ 和 σ，因此我们需要先验分布 $Pr(\mu, \sigma)$，两个参数的联合分布。在大部分情况下，都是分别定义每个参数，相当于假设 $Pr(\mu, \sigma) = Pr(\mu)Pr(\sigma)$。我们可以将先验写成：

$$\text{似然函数}: h_i \sim \text{Normal}(\mu,\sigma)$$
$$\mu \text{ 的先验}: \mu \sim \text{Normal}(178,20)$$
$$\sigma \text{ 的先验}: \sigma \sim \text{Uniform}(0,50)$$

在上面的公式前面标出了相应的用途。μ 的先验是一个很分散的高斯分布，中心为 178cm，95% 置信区间为 178 ± 40。

一　Jaynes（2003），P21～22。关于提到这点的其他统计文献可以参考此书的索引。

二　Jaynes（1986）中有一个非常有趣的例子，是关于左撇子的袋鼠对啤酒的偏好。关于这篇论文在 1996 年有个更新版本，可以在线得到。

为什么是 178cm？因为本书作者的身高 178cm。相应的区间 138cm 到 218cm 涵盖了几乎所有可能的身高。因此这里用到了一些领域背景知识。每个人或多或少都知道一些关于身高区间的信息，也能类似地设定一个先验。但是在很多回归问题中，你之后会看到，先验并没有牵扯到什么背景信息，因为不是所有的参数都有如此明确的物理意义。

不管先验是什么，将先验绘制出来都是个好主意。这样一来，你会对模型的假设有更好的理解。在这个例子中：

```
curve( dnorm( x , 178 , 20 ) , from=100 , to=250 )
```
R code
4.11

运行上面的代码，你会得到先验分布曲线。该曲线表明你的模型认为平均身高（而非个体身高）几乎肯定在 140cm 到 220cm 之间。因此该先验包含一些信息，但不是很多。而 σ 的先验是平的，也就是均匀分布，该先验的作用就是将 σ 的值限定在 0 到 50cm 的范围内。用下面代码看分布曲线：

```
curve( dunif( x , 0 , 50 ) , from=-10 , to=60 )
```
R code
4.12

像 σ 这样的标准差必须是正数，因此下限设置为 0 是有道理的。那么上限应该是什么呢？在当前情况下，50cm 的标准差意味着 95% 的身高在平均身高左右 100cm 的范围内。这个范围大得一塌糊涂。

上面这些叙述是有用的，但真正看到这些先验分布如何营销个体身高的后验分布才真正对你有帮助。你没有直接指定关于身高的先验分布，但是一旦选定 μ 和 σ 的先验分布，也就间接指定了身高的先验分布。你能用先验分布模拟身高观测样本，和你之前在第 3 章中后验分布中抽取样本一样。记得，每个后验分布潜在的也是接下来分析的先验，因此你可以用处理后验分布的方式处理先验分布。

```
sample_mu <- rnorm( 1e4 , 178 , 20 )
sample_sigma <- runif( 1e4 , 0 , 50 )
prior_h <- rnorm( 1e4 , sample_mu , sample_sigma )
dens( prior_h )
```
R code
4.13

以上代码输出的密度曲线是一个大致钟形的厚尾分布密度曲线。这是身高在先验分布上平均得到的期望分布。注意，身高模型中参数的先验分布不是高斯分布。但这没有关系。这里得到的不是经验分布，而是在得到数据之前不同身高取值的可能性分布（这里还没有用到观测数据）。

你可以改变 μ 和 σ 的先验分布，看看先验产生的影响。

> **再思考：再见了，ε！** 一些读者可能已经见过高斯模型的另外一种数学表达方式：
> $$h_i = \mu + \varepsilon_i$$
> $$\varepsilon_i \sim \text{Normal}(0, \sigma)$$
> 上面的表达方式等同于 $h_i \sim \text{Normal}(\mu, \sigma)$，只不过上面服从高斯分布的部分用 ε 代表。但这种表达方式并不好。因为这种方式的可扩展性差。也就是说，你无法对非高斯模型使用类似的 ε 表达法。最好还是使用一种更广泛的表达方式。

深入思考：贝叶斯定理的模型定义。 我们看看之前定义的模型对应的后验分布是怎样得到的。在上面的身高模型中，μ 和 σ 的先验分布都定义好了，对应的后验分布是：

$$Pr(\mu,\sigma|h) = \frac{\Pi_i \text{Normal}(h_i|\mu,\sigma)\text{Normal}(\mu|178,20)\text{Uniform}(\sigma|0,50)}{\iint \Pi_i \text{Normal}(h_i|\mu,\sigma)\text{Normal}(\mu|178,20)\text{Uniform}(\sigma|0,50)\text{d}\mu\text{d}\sigma}$$

上面的表达是不是看上去又蛮吓人的？但这和之前的后验分布是一样的。有两个新的部分让当前的式子看起来这么可怕。首先是 h 对应的项变多了。为了得到联合似然函数，我们要将所有样本对应的 h_i 相乘。右边 Π 代表的乘积是为了得到联合分布。其次是多了 μ 和 σ 的先验分布。但是这些先验分布就是接着和之前的联合似然函数相乘。在之后的网格逼近代码中，你会看到如何在 R 代码中体现这点。将对整个后验分布取对数，因此相乘会变成相加。除此之外，无非就是贝叶斯定理的另外一种表达方式。

4.3.3 网格逼近后验分布

由于这是书中的第一个高斯模型，事实上也是第一个参数个数超过 1 的模型。我们可以用最野蛮的方法很快地看看后验分布的样子。我并不推荐大家在其他场合使用这种方法，因为该方法的计算量太大了。事实上，在实际应用中大部分时候这种方法的计算量都大到不可能将其付诸实践。但和往常一样，在你用任何近似方法前，知道感兴趣对象是什么样子对进一步选择近似方法有好处。我们马上会介绍如何通过二次逼近来估计后验分布，在接下来的几个章节都会使用该方法。一旦有了样本（接下来会模拟样本），你可以将之后二项逼近得到的样本和用网格逼近得到的样本比较。

理解下面的计算过程对技术知识有一定要求。因此这里我们暂且只展示代码而不做过多解释。你可以直接运行下面代码，继续阅读。之后再根据注释中的解释深入理解代码$^{\ominus}$。下面是计算代码：

$\ominus$　这里使用的是和之前一样的网格逼近法。但现在参数空间是 2 维的，所以从几何学上说现在的逼近问题更加复杂。如果算法不是那么直观的话，至少算法很短。代码只由 6 个不同的命令组成，是不是很简单？头两行代码定义 μ 和 σ 的取值范围，以及将该范围划成多少等份。第 3 行代码将划分好的 μ 和 σ 的取值区间扩展成 μ 和 σ 取值的矩阵。该矩阵存在于一个名为 post 的数据框内。第 4 行代码最复杂，看上去貌似挺吓人的。其实是为了增强代码的可读性，我在这里将每一步代码都展开了。这里对每个 μ 和 σ 的取值组合计算了对数似然值。格外小心这里的计算全部需要在对数尺度下进行，因此这行代码看起来尤其吓人。否则一不小心四舍五入误差就可能让所有后验概率都为 0。这里 sapply 函数将 post 中的每行代表的一对 μ 和 σ 的取值组合传递给一个函数，该函数会据此计算出每个身高值对应的对数似然值，然后将这些对数似然值相加（sum）。在第 5 行代码中，我们将先验分布和似然函数相乘，得到的乘积和后验分布密度成正比。这里的先验分布密度也是对数尺度下的，因此原尺度下两个值相乘，在对数变换下变成对数尺度下的值分别相加。最后的问题是一旦转化成原尺度下的概率就面临着四舍五入后概率全部为 0 的风险，因为单个点对应的值实在是太小了，超过了 R 能处理的最高精度。如果你直接用 exp(post\$prod) 得到的会是一列由 0 组成的向量，没有任何意义。对于很大的样本集来说，任何一个单独样本出现的概率都接近 0。这就是需要进行对数变换的原因。代码框中的命令通过将对数尺度下的取值最大对数值重新标度化，从而避免了这样的问题。得到的 post\$prob 中的值不全是 0，但也不是严格的概率，而是相对后验概率。但这已经达到我们的目的了。

```
mu.list <- seq( from=140, to=160 , length.out=200 )
sigma.list <- seq( from=4 , to=9 , length.out=200 )
post <- expand.grid( mu=mu.list , sigma=sigma.list )
post$LL <- sapply( 1:nrow(post) , function(i) sum( dnorm(
                d2$height ,
                mean=post$mu[i] ,
                sd=post$sigma[i] ,
                log=TRUE ) ) )
post$prod <- post$LL + dnorm( post$mu , 178 , 20 , TRUE ) +
    dunif( post$sigma , 0 , 50 , TRUE )
post$prob <- exp( post$prod - max(post$prod) )
```

R code
4.14

你可以调用绘图函数查看得到的后验分布，也就是 post$prob。下面的代码能够给出简单的等高图：

```
contour_xyz( post$mu , post$sigma , post$prob )
```

R code
4.15

也可以绘制简单的热图：

```
image_xyz( post$mu , post$sigma , post$prob )
```

R code
4.16

函数 contour_xyz 和 image_xyz 都来自 rethinking 包。

4.3.4　从后验分布中抽取样本

要进一步研究后验分布，我还是推荐使用后验分布样本，这种方法非常灵活。在第 3 章中我们模拟了满足后验分布的 p 样本。这里我们要做的事情类似，不同在于现在有两个参数。我们希望成对抽取后验分布。先从 post 中按照概率 post$prob 随机抽取一些行。然后抽取出这些行对应的参数取值。下面的代码可以实现这一过程：

```
sample.rows <- sample( 1:nrow(post) , size=1e4 , replace=TRUE ,
    prob=post$prob )
sample.mu <- post$mu[ sample.rows ]
sample.sigma <- post$sigma[ sample.rows ]
```

R code
4.17

通过有放回抽样从身高的后验分布中得到 1 万个样本。查看样本分布：

```
plot( sample.mu , sample.sigma , cex=0.5 , pch=16 , col=col.alpha(rangi2,0.1))
```

R code
4.18

图 4-3 展示了上面的图形结果。注意，上面代码中的 col.alpha 函数来自 rethinking 包。该函数的功能是使得颜色透明，有助于在图 4-3 中展示点分布密度，因为其中样本重叠得厉害。你可以自己设置参数 cex（字符放大缩小，可以控制点的大小）和 pch（点的形状），以及透明度参数，这里设置为 0.1。

现在已经有样本了，你可以通过总结这些样本来描述 μ 和 σ 的取值分布。将这些样本看作观测到的数据，然后用类似第 3 章中的方法对其进行描述。例如，要了解 μ 和 σ 的边缘后验密度分布可以做如下操作：

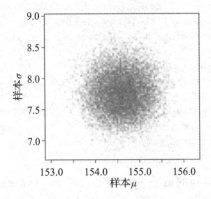

图 4-3　身高数据后验分布样本散点图。图形中央密度高，表示最可能的 μ 和 σ 取值集中在这块区域。在模型条件下，这些参数值产生观测的方式有许多种

R code
4.19

```
dens( sample.mu )
dens( sample.sigma )
```

这里的"边缘"指"对其他参数取平均"。执行上面的代码看看结果。这些密度分布接近正态分布。这很典型。随着样本量增大，后验密度会逐步逼近正态。如果你观测得足够仔细，其实会发现 σ 对应的分布右边尾巴更长。我在之后会放大这种趋势，用以说明这是非常常见的标准差参数分布。

可以用第 3 章中讲到的最高密度区间来描绘密度分布的宽度：

R code
4.20

```
HPDI( sample.mu )
HPDI( sample.sigma )
```

由于样本只是由数字组成的向量，你能对平常的数字进行的运算同样适用于这些样本。如果你想得到均值和方差，可以直接使用相应函数 mean 和 median。

深入思考：样本量和 σ 后验分布的正态性。在介绍二项逼近之前，我们再次重复一下之前对身高数据的分析，不过这次只使用部分样本。这么做的目的是想证明理论上所说的后验分布在形状上并不总像高斯分布。对于均值 μ，这不是问题。因为 μ 对应的似然函数和先验分布都是高斯分布，因此后验分布自然还是高斯分布，不管样本量的大小。有问题的是标准差 σ。因此，若你的研究兴趣是标准差的话（通常都不是），你使用二项逼近的时候就需要格外小心。

σ 后验分布右边尾巴长的原因有许多。但思考该问题的一个突破点是方差必须是正数。因此方差（或者标准差）多大的不确定性比方差多小的不确定性要大。例如，如果估计的方差接近 0，那么你就知道方差不太可能更小，但可能更大。

让我们快速地对身高数据中的 20 个观测进行分析，以展示上面所讲的。用下面的代码抽取 20 个随机样本：

```
d3 <- sample( d2$height , size=20 )
```
R code
4.21

现在我会重复之前小节中的过程，要分析现在 d3 中的 20 个样本，只需修改之前的代码。下面是所有的代码，但其实就是之前每一步的集合：

```
mu.list <- seq( from=150, to=170 , length.out=200 )
sigma.list <- seq( from=4 , to=20 , length.out=200 )
post2 <- expand.grid( mu=mu.list , sigma=sigma.list )
post2$LL <- sapply( 1:nrow(post2) , function(i)
    sum( dnorm( d3 , mean=post2$mu[i] , sd=post2$sigma[i] ,
    log=TRUE ) ) )
post2$prod <- post2$LL + dnorm( post2$mu , 178 , 20 , TRUE ) +
    dunif( post2$sigma , 0 , 50 , TRUE )
post2$prob <- exp( post2$prod - max(post2$prod) )
sample2.rows <- sample( 1:nrow(post2) , size=1e4 , replace=TRUE ,
    prob=post2$prob )
sample2.mu <- post2$mu[ sample2.rows ]
sample2.sigma <- post2$sigma[ sample2.rows ]
plot( sample2.mu , sample2.sigma , cex=0.5 ,
    col=col.alpha(rangi2,0.1) ,
    xlab="mu" , ylab="sigma" , pch=16 )
```
R code
4.22

执行上面的代码，你将得到另外一个后验分布样本散点图。但这次你会看到点云的上面部分有显著的长尾。你可以用下面的代码得到 σ 的边缘后验分布：

```
dens( sample2.sigma , norm.comp=TRUE )
```
R code
4.23

上面的代码也能展示同样均值方差下的正态逼近(对于样本观测而言)。但是你能明显看到 σ 的后验分布不是高斯的，而是有着很长的右侧尾巴，说明对大的取值不确定性高。

4.3.5　用 map 拟合模型

现在我们不去考虑网格逼近，而是使用最有效的应用统计工具之一——二项逼近。回忆之前讲过的，二项逼近是一种推断后验分布形状的易于操作的方法。后验分布的峰值在最大后验(MAP)估计值附近，我们可以通过二项逼近有效得到后验分布的形状。

通过 map(rethinking 包中的一个函数)找到能够优化后验概率分布的 μ 和 σ 取值。使用该方法我们需要回到本章开头关于模型的定义。模型定义的每一行都能够转化成 R 代码。map 函数使用这些公式定义每对参数取值对应的后验分布，进而按图索骥找到概率分布峰值点对应的参数取值，也就是 MAP。

我们从载入数据并选出对应成年人的观测开始：

```
library(rethinking)
data(Howell1)
d <- Howell1
d2 <- d[ d$age >= 18 , ]
```
R code
4.24

现在我们能够通过 R 的公式语法定义模型。当前的模型定义和之前的相同，在下面每一行中，左边是响应的公式，右边是对应的 R 代码表达：

$$h_i \sim \text{Normal}(\mu, \sigma) \qquad \text{height} \sim \text{dnorm(mu,sigma)}$$
$$\mu \sim \text{Normal}(178, 20) \qquad \text{mu} \sim \text{dnorm(156,10)}$$
$$\sigma \sim \text{Uniform}(0, 50) \qquad \text{sigma} \sim \text{dunif(0,50)}$$

现在将上面对应的每条 R 代码表达放在一个 alist 对象中。下面是对应的代码：

R code
4.25

```
flist <- alist(
    height ~ dnorm( mu , sigma ) ,
    mu ~ dnorm( 178 , 20 ) ,
    sigma ~ dunif( 0 , 50 )
)
```

注意上面代码中每行的最后都有一个逗号，最后一行没有。每个表达通过逗号分开。

对数据框 d2 中的拟合模型：

R code
4.26

```
m4.1 <- map( flist , data=d2 )
```

执行了上述代码之后，拟合的模型将存在名为 m4.1 的对象中。现在我们看看最大后验概率结果：

R code
4.27

```
precis( m4.1 )
```

```
          Mean StdDev    5.5%  94.5%
mu      154.61   0.41  153.95 155.27
sigma     7.73   0.29    7.27   8.20
```

上面的输出结果展示了每个参数的高斯分布逼近。结果显示，平均所有可能的 σ 值之后，μ 取值对应的概率分布可以用均值为 154.6、标准差为 0.4 的高斯分布逼近。

输出中 5.5% 和 94.5% 列对应的是相应分位数，两个值之间的区间对应的是 89% 的置信区间。为什么是 89%？这只是默认设置而已。这个区间已经相当宽了，其涵盖了参数取值的很大概率区域。如果你想要得到其他置信区间，比如常用的 95% 的置信区间，你可以用 precis(m4.1, prob= 0.95)。但我并不推荐使用 95% 的置信区间，因为读者总会将其和显著性检验混淆。89 也是一个惯用的数字，如果有人问你为什么选这个数字的话，你可以看着他们说："因为这个常用。"这和人们使用 95% 的置信区间的理由差不多。

我鼓励大家将这里的 89% 的置信区间和之前通过网格逼近得到的 HPDI 区间进行比较。你会发现这两者几乎相同。当后验分布大致是高斯分布时，通常结果都是这样的。

深入思考：map 的初始值。map 通过攀登后验分布曲线来找到最大后验概率估计，好比攀登一座山。当然，你得从某个点开始，也就是某个参数对取值。除非你自己指定一个初始值，map 函数会根据先验分布随机抽取参数取值作为初始值。但你可以自己指定初始值。在当前例子中，你可以指定 μ 和 σ 的值。下面是一个不错的初始值：

```
start <- list(
    mu=mean(d2$height),
    sigma=sd(d2$height)
)
```

R code
4.28

这些初始值是对 MAP 的很好猜测。

　　注意，上面的初始值存在一个普通的 list 对象内的，而非 alist 对象，之前公式组成的列表是存在 alist 对象内的。这两个函数 list 和 alist 做的事情基本相同：得到一个 R 对象的集合。二者最大的不同在于：list 会检查其中代码的有效性，但是 alist 不会，也就是说 alist 中的代码并没有被执行。但是如果你要定义参数的初始值，你需要执行其中的代码得到相应的值，因此这里必须用 list，这样 mean(d2$height) 返回的结果才能存在数值变量中。

　　我们之前使用的先验分布非常弱，因为它们几乎是平的(也就是几乎没有信息)。此外我们有这么多的观测，相较而言先验分布中的信息就更加弱了。因此，接下来我用一个更强的 μ 的先验分布，这样你可以看到其产生的影响。这里只需要将对应先验分布的标准差改为 0.1 就好了，这样一来，先验分布就变得非常窄。我直接将新的公式传递给 map 函数，得到相应的估计。下面是整个过程的代码：

```
m4.2 <- map(
    alist(
        height ~ dnorm( mu , sigma ) ,
        mu ~ dnorm( 178 , 0.1 ) ,
        sigma ~ dunif( 0 , 50 )
    ) ,
    data=d2 )
precis( m4.2 )
```

R code
4.29

```
        Mean StdDev    5.5%  94.5%
mu    177.86   0.10  177.70 178.02
sigma  24.52   0.93   23.03  26.00
```

注意这时 μ 的后验估计几乎和先验分布差不多。先验分布高度集中在 178 附近，所以结果并不令人意外。同时注意 σ 的后验分布有了很大的变化，即使我们根本没有改变其后验分布。一旦模型很肯定地认为均值在 178 附近——因为先验分布是这样设置的——那么对 σ 的估计就建立在此基础上。即使只改变其他先验，σ 的估计一样会受到影响。

　　在这里，你要想研究不同先验分布对后验结果的影响并不那么容易。因为这里观测数目比较大，要想观察到其产生的影响，先验分布需要非常极端才可以。此外，记得绝大多数非贝叶斯估计相当于默认先验分布是平的。不要多久你就会看到，平的先验分布通常不是个好的选择。但以当前例子中数据的观测量，加上这么简单的模型，先验造成的影响很小。

　　深入思考：先验分布有多强？ 当前的先验分布可以理解成是之前数据观测情况下的后验分布。按照这个思路，要判断一个先验分布的强度，可以通过考察在水平先验分布条件下，当前先验分布是观测到多少样本得到的后验分布。这样解释很抽象，以我们之前展示的非常集中的先验分布为例，这里我们假设先验分布 $\mu \sim \text{Normal}(178,0.1)$，可以很容易计算这个分布暗指的样本，因为 μ 的高斯后验分布中的标准差的公式非常简单：

$$\sigma_{\text{post}} = \frac{1}{\sqrt{n}}$$

（这和非贝叶斯统计中的样本均值的方差表达相同，但并非巧合。）上面公式表明对应样本量为（均值为 178 的情况下）$n = \frac{1}{\sigma_{\text{post}}^2}$。因此，在当前情况下，标准差为 0.1 的先验分布对应的样本量为 $n = 1/0.01 = 100$。因此，$\mu \sim \text{Normal}(178,0.1)$ 等价于之前已经观测到的 100 个身高样本，这些样本的均值为 178。这是一个非常强的先验。反之，之前的分布 $\text{Normal}(178,20)$ 暗指的样本量为 $n = 1/20^2 = 0.0025$。该先验很弱。当然，更确切的强度还取决于之后用来更新先验的样本量。

4.3.6   从 map 拟合结果中抽样

之前我们讲了如何得到后验分布的 MAP 二项逼近。但你如何从二项逼近的后验分布中抽取样本呢？答案非常简单，但值得注意。回答这个问题需要我们意识到多个参数的后验分布函数的二项逼近——这里是 μ 和 σ——实际上就是多维高斯分布。

这样一来，在 R 进行二项逼近的过程中，其不仅要计算所有变量对应的标准差，还要计算不同变量之间的协方差。好比均值和方差足以描述一维高斯分布，一列均值和一个方差和协方差组成的矩阵足以用来描述多维高斯分布。可以键入下面代码查看模型 m4.1 的方差和协方差矩阵：

R code
4.30

```
vcov( m4.1 )
```

```
              mu          sigma
mu    0.1697395865 0.0002180593
sigma 0.0002180593 0.0849057933
```

上面输出的就是方差-协方差矩阵。该矩阵告诉我们在后验分布下参数间的相关性如何。方差-协方差矩阵可以分解成两部分：

1) 参数对应的方差

2) 协方差部分能够告诉我们如果一个参数变化，它会如何影响其他参数的变化

矩阵分解的方式通常有助于我们理解：

R code
4.31

```
diag( vcov( m4.1 ) )
cov2cor( vcov( m4.1 ) )
```

```
        mu       sigma
0.16973959  0.08490579


              mu        sigma
mu    1.000000000 0.001816412
sigma 0.001816412 1.000000000
```

由两个元素组成的向量是一列方差。如果对这个向量取平方根，你会得到 precis 输出中的标准差。输出中的 2×2 矩阵是相关阵。其中每个元素代表一对参数的相关性，取值在 -1 和 1 之间。其中对角线上的 1 代表参数和自身的相关性。变量自己和自己的相关性必须是 1，否则就麻烦了。其余的元素值通常接近 0，当前例子中就是这样。这表明关于 μ 的信息并不能带来多少关于 σ 的信息。类似的，关于 σ 的信息也不会告诉我们过多关于 μ 的信息。这种简单的高斯模型通常都是这样。但总体来说这种现象并不常见，你在之后的章节中会看到。

如何从多维后验分布中得到样本？现在不是从简单的高斯分布中抽取单个值，我们要从多维高斯分布中抽取取值向量。rethinking 包提供了方便这项操作的函数：

```
library(rethinking)
post <- extract.samples( m4.1 , n=1e4 )
head(post)
```
R code
4.32

```
        mu    sigma
1 155.0031 7.443893
2 154.0347 7.771255
3 154.9157 7.822178
4 154.4252 7.530331
5 154.5307 7.655490
6 155.1772 7.974603
```

你将得到一个含有 10 000 行、2 列的数据框 post。一列代表 μ 的取值，另一列代表 σ 的取值。每个取值都是从后验分布得到的样本，因此均值和标准差的取值分布应该和之前最大后验概率（MAP）得到的结果非常接近。你可以通过对样本进行总结验证这一点：

```
precis(post)
```
R code
4.33

```
        Mean StdDev  |0.89  0.89|
mu    154.61  0.42 153.95 155.27
sigma   7.73  0.29   7.26   8.19
```

由于这里使用的是样本，所以结果展示了 89% 的 HPDI。|0.89 对应区间下限，0.89| 对应区间上限。将这里的结果和之前 precis(m4.1) 的输出进行比较。你可以通过 plot(post) 查看当前的样本和图 4-3 中展示的通过网格逼近得到的样本有多接近。

这些样本还保留了 μ 和 σ 的协方差信息。现在你看不出这有什么用，因为在这个模型中，μ 和 σ 的相关性几乎为 0。但只要你在模型中再加入一个预测变量，协相关就非常重要了。

深入思考：解密多维抽样。使用函数 extract.samples 只是为了方便。该函数只是进行了在第 3 章末尾进行的那种简单模拟。现在我们就看看该引擎具体的运作原理。这里其实使用了高维版本的 rnorm 函数：mvrnorm。函数 rnorm 能够模拟随机高斯分布样本值，mvrnorm 模拟随机高斯分布向量。下面的代码展示了如何用 mvrnorm 函数进行等价于 extract.samples 函数的操作：

R code
4.34

```
library(MASS)
post <- mvrnorm( n=1e4 , mu=coef(m4.1) , Sigma=vcov(m4.1) )
```

通常你不需要用 mvrnorm 函数，但是有时你要抽取多维高斯分布样本。这时，你就需要调用该函数。当然，了解函数的内在工作原理总是有好处的。

深入思考：正确估计 σ。用二项式逼近 σ 的分布可能会出问题，我们在之前提到过这点。一个常用的解决该问题的方式是估计 $\log(\sigma)$。为什么这能奏效？虽然 σ 的后验分布通常不是高斯分布，但是其取对数之后的值更加接近高斯分布。因此如果我们用二项式逼近标准差的对数值，比直接逼近标准差要好得多。下面的代码展示了如何使用 map 函数实践：

R code
4.35

```
m4.1_logsigma <- map(
        alist(
            height ~ dnorm( mu , exp(log_sigma) ) ,
            mu ~ dnorm( 178 , 20 ) ,
            log_sigma ~ dnorm( 2 , 10 )
        ) , data=d2 )
```

注意似然函数中的 exp。该函数将连续的参数 log_sigma 取值转化成严格正数，因为 $\exp(x) > 0$ 对任何 x 都成立。同时注意 log_sigma 的先验分布。由于 log_sigma 现在是在实数轴上的连续变量，所以选择用高斯先验。

事实上，符合高斯分布的是 log_sigma，你抽取样本的时候得到的也是 log_sigma。为了得到 sigma 的分布，你只需要对其进行指数变换，返回原来的尺度：

R code
4.36

```
post <- extract.samples( m4.1_logsigma )
sigma <- exp( post$log_sigma )
```

当数据量大时，变换尺度的影响很小。但是通过 exp 能够有效地将参数限定为正数。这与所谓的**连接函数**有关，这个概念在广义线性模型中非常重要（第 9 章）。

4.4 添加预测变量

之前我们用成年人的身高数据建立高斯模型。但你可能没有一点使用回归模型的感觉。通常情况下，我们的目的是对某个结果变量和预测变量之间的关系建模。线性回归就是用一种特殊的方式将预测变量纳入模型。

现在让我们看看卡拉哈里的狩猎者们的升高和体重的关系。我知道，这不是一个有趣的科学问题。但这个关系简单适合入门。你觉得这个问题无聊是因为你不了解成长和生命的历史。如果你对此有研究，就会觉得这个问题有趣了。接下来我们通过身高和体重的散点图看看这两个变量的关系：

```
plot( d2$height ~ d2$weight )
```

结果图这里并没有展示。你应该自己运行一下该代码。一旦看到图，你就会明白这两个变量之间有明显的相关性：知道一个人的体重能够帮助你预测他的身高。

为了进一步通过定量建模更加精确地刻画这个相对模糊的观测结果，我们需要一些技术对身高和体重建模。如何将之前小节中的高斯模型用于当前有预测变量的情形中呢？

> **再思考：什么是回归？** 很多模型都叫作"回归"。这个词广义上表示用一个或多个自变量来解释一个或多个因变量。回归这个术语最早源于人类学家 Francis Galton (1822—1911)，他发现不管父亲个子高矮，他们的孩子的身高趋近于总体的平均身高，这个现象被称为**回归均值**[⊖]。
>
> 当个体观测都来源于同一个分布时，随着新观测的出现会产生一种**收缩效应**。在 Galton 收集的身高数据的例子中，仅用某人父亲的身高预测这个人的身高是不行的。最好用整个父亲群体的身高来预测。这种方法给出的某人的身高预测和其父亲的身高有关，但是向平均值收缩。这样的预测通常更加准确。同样的回归/收缩现象也适用于更高阶的层级，因而是多层级模型的基础（第 12 章）。

4.4.1　线性模型策略

该策略是将高斯分布的均值 μ 表达成预测变量和另外一些参数的线性组合。这类模型通常称为**线性模型**。线性模型策略暗藏的假设是每个预测变量都对应一个常数，且预测变量和结果变量均值是相加的关系。这样一来，模型会计算出这种和常数相乘然后相加的假设下的后验分布。

记得这意味着模型要考虑所有参数取值的组合。在线性模型中，一些参数表示结果变量均值和预测变量之间的关联强度。对于每个参数取值的组合，模型会计算出后验概率。在模型和数据的条件下，这是相对可能性的测量。这样一来，在给定假设的条件下，后验分布能够反映不同关联强度取值的相对可能性。

下面是最简单的情况，即只有一个预测变量时模型的运作原理。在下一个章节中才会涉及更多的变量。回忆基本高斯模型：

$$h_i \sim \text{Normal}(\mu,\sigma) \qquad [似然函数]$$
$$\mu \sim \text{Normal}(178,20) \qquad [\mu\ 的先验分布]$$
$$\sigma \sim \text{Uniform}(0,50) \qquad [\sigma\ 的先验分布]$$

现在怎样才能将体重加入身高的高斯模型中呢？假设 x 为体重观察变量，也就是 d2\$weight。现在我们有了一个预测变量 x，该变量和身高变量的长度相同。现在回答的问题是，如果知道 x 的值，会对描述或者预测身高 h 的值有什么帮助？这里将均值 μ 定义为 x 的函数，通过这种方式将 weight 加入模型来回答该问题。下面是更新的模型，接下来会进一步对模型做出解释：

⊖　Galton 关于这个话题的讨论可以参考的最好文献是 Galton(1989)。

$$h_i \sim \text{Normal}(\mu_i, \sigma) \qquad \qquad \text{［似然函数］}$$
$$\mu_i \sim \alpha + \beta x_i \qquad \qquad \text{［线性模型］}$$
$$\alpha \sim \text{Normal}(178, 100) \qquad \text{［}\alpha\text{ 的先验分布］}$$
$$\beta \sim \text{Normal}(0, 10) \qquad \text{［}\beta\text{ 的先验分布］}$$
$$\sigma \sim \text{Uniform}(0, 50) \qquad \text{［}\sigma\text{ 的先验分布］}$$

每行公式的右端都有相应的标注。现在我们对此进行逐行解释。

似然函数

我们从第一行似然函数开始解释新模型。这和原来的模型几乎是一样的，现在，均值 μ 和 h 的右下角都有角标 i。由于现在 μ 取决于每个预测变量的观测 i，因此这里需要加上角标。这里 μ_i 中的角标表明均值取决于所在行。

线性模型

均值 μ 不再是一个需要估计的参数，而是由参数 α、β 和预测变量 x 组成的线性函数的结果。如第二行所示，这一行没有随机分布，其中没有 ~ 符号，而是 ＝ 号。因为 μ_i 的定义在这里是确定的，而不是一个概率分布。这里的意思是，在我们知道 α、β 和 x_i 的情况下，μ_i 的值是确定的。

x_i 的取值就是第 i 行对应样本的体重，其对应相同样本的身高 h_i。参数 α 和 β 就更加神秘一些。这两兄弟是哪来的？是我们创造的。这里的 μ 和 σ 是高斯分布必需的。但是 α 和 β 是我们为了对 μ 建模而创造出来的参数，使得均值可以随着样本的变化而变化。

随着你技能的提升，之后你会编造更多的参数。一种理解这种人造参数的方法是将它们当作研究对象。每个参数都是后验分布需要描绘的对象。因此，你通过创造一些参数从数据中获得相应的信息。随着你学习的深入，你会慢慢地理解这个过程。在当前例子中这两个参数就是 α 和 β。第二行的模型定义是：

$$\mu_i = \alpha + \beta x_i$$

这里传达了关于结果变量均值的两个信息：

(1) 当体重 $x_i = 0$ 时的期望身高是多少？答案是参数 α 的值。因此，我们也将 α 称为截距。

(2) 如果 x_i 变化单位取值 1，期望身高的变化是什么？答案是参数 β。

这两个参数加上 x 实际上定义了一条表示 x 和 h 之间关系的直线。当 $x_i = 0$ 时，斜率为 β 的直线经过 α。拟合直线是机器擅长的事情。但这是不是一个线性回归的问题则取决于你的判断。

> **再思考：线性模型没有什么特别。** 线性模型其实没有什么特别之处。你能选择一个不同的 α、β 和 μ 的关系。例如下面是一个合理的 μ 的定义：
>
> $$\mu_i = \alpha \exp(-\beta x_i)$$
>
> 这个新的定义得到的不是线性回归模型，但是也是一个回归模型。我们使用的线性关系是一个常用的方法，但并不意味着你只能用这一种方法。在一些领域中，如生态学和人口统计学中，常常用基于各自学科理论得出的 μ 的表达函数，而非大家常用的简单线性模型(比如人口统计学中的指数模型)。在相关学科认识基础上建立模型比简单的线性模型效果要好得多。⊖

⊖ Reilly 和 Zeringue(2004)中有一个关于捕食者和被捕食者之间动态平衡的例子。

深入思考：单位和回归模型。 接受过物理学训练的读者肯定知道如何在模型中考虑到测量单位。为了这部分读者，下面是新的模型表达（为了简洁，省略了先验分布），其中加入了测量单位。

$$h_i \text{cm} \sim \text{Normal}(\mu_i \text{cm}, \sigma \text{cm})$$

$$\mu_i \text{cm} = \alpha \text{cm} + \beta \frac{\text{cm}}{\text{kg}} x_i \text{kg}$$

这样一来你就能够看出，要使得最终 μ_i 的单位是 cm，β 的单位是 cm/kg。对单位进行标注揭示出 β 这样的参数实际上是个比率。还有一种常见的方法叫**无量纲量**（dimensional analysis），指没有量纲的量。单纯的数字，量纲为 1。在当前例子中，如果将身高的观测除以一个身高常数就将原来的观测转化成了无量纲量。观测的量纲是人为定义的，所以有时用无量纲量更合适。

先验分布

模型中剩下的几行定义了需要估计的参数 α、β 和 σ 的先验分布。它们都是很弱的先验分布，在此基础上的结果和非贝叶斯方法拟合的模型接近。但和之前一样，你应该自己探索先验分布——作图，改变先验分布，重新拟合模型——看看先验对模型结果的影响。

之前已经见过 α 和 σ 的先验，但之前 α 用 μ 表示。这里 α 的先验分布更宽（这里的先验分布的标准差是 100）。在线性模型中，截距通常在结果变量均值附近非常宽泛的区域内变动。这里的先验分布有着很大的标准差，这样的先验分布对均值范围几乎没有限定。现在你可能觉得很难理解，但等下看到后验分布的时候就会明白。

参数 β 的先验需要认真解释一下。为什么用均值为 0 的高斯分布呢？这样的分布中取值大于 0 的概率和小于 0 的概率一样。当 $\beta=0$ 时，身高和体重没有关系。许多人认为这只是一个保守的策略。这样的先验分布倾向于将斜率参数朝 0 估计。这样得出的结果比无信息先验（也就是水平或几乎水平的先验分布）得到的估计更加保守。但注意，这里的高斯先验分布的标准差是 10，这个先验分布依旧非常弱，因此几乎不会导致保守的估计。如果你减小先验分布中的标准差，相应参数估计会向 0 收缩，模型对身高和体重之间关联性的估计也就更加保守。在第 6 章中会讲到为什么这样保守的先验有时能够改进推断。

但在拟合模型之前，首先需要考虑这样以 0 为中心的先验是否合理。身高和体重正相关和负相关的概率是否相同？很显然不是。在当前情况下，这样一个没有多少信息的先验起不了多大作用，因为观测数目很大。但在其他情境中，你可能需要小心选择先验分布。

再思考：什么样的先验才是正确的？ 一个常见的问题是应该设置怎样的先验？这个问题通常意味着对于任何给定的数据集，只有一个正确的先验，不然分析就是错误的。这种想法是不对的。唯一正确的先验分布和唯一正确的似然函数一样，都是不存在的。统计模型是用来进行推断的机器。很多机器都能够起作用，但是其中一些比另外一些更加有效。先验分布可能是错的，但这就好比某一种锤子不适合造一张桌子一样。

　　在选择先验分布的时候有一些简单的规则能够给你初始的方向。先验分布中包含着在得到任何观测之前拥有的信息。因此，通过设置先验可以探索不同的初始信息状态的影响。当我们有充分的理由对一些参数取值的可能性进行限制时，可以将这些信息直接编码到先验分布中，比如我们知道身高和体重是负相关的，那么我们可以将斜率参数 β 限定为负数。当我们没有这类先验信息时，通常知道参数的可能取值范围。你可以改变先验分布，然后重复分析研究不同的初始信息状态对推断的影响。通常情况下，有许多合理的先验选择。它们通常对应相同的推断结果。较之于非贝叶斯方法，常用的贝叶斯先验分布都比较保守。

　　新手可能会担心要自己选择分布。人们常常误以为默认的方法就比建模者自己选择的方法更加客观，比如自己选择先验不如使用默认先验。如果是这样的话，那么"客观"意味着每个人都做同一件事情。这并不能保证方法和实际符合或者更加准确。

4.4.2　拟合模型

　　用二项逼近拟合模型的代码可以通过在之前使用过的代码的基础上简单修改而得到。我们要做的只是在 map 内指定模型的地方整合进新的均值线性模型，然后确保将新的变量加入 start 列表中。现在我们重复之前模型定义的过程，每行右边是对应的 R 代码：

$$h_i \sim \text{Normal}(\mu_i, \sigma) \qquad \text{height} \sim \text{dnorm(mu,sigma)}$$
$$\mu_i = \alpha + \beta x_i \qquad \text{mu} <- \text{a+b* weight}$$
$$\alpha \sim \text{Normal}(178, 100) \qquad \text{a} \sim \text{dnorm(156,100)}$$
$$\beta \sim \text{Normal}(0, 10) \qquad \text{b} \sim \text{dnorm(0,10)}$$
$$\sigma \sim \text{Uniform}(0, 50) \qquad \text{sigma} \sim \text{dunif(0,50)}$$

注意这里的线性模型，右边的 R 代码中用到了 R 的复制操作符＜－，数学的表达形式是使用＝。这是贝叶斯模型函数规定的一些表达惯例，因此希望大家能够习惯这样的转变。记得在定义线性模型的时候用＜－代替＝，仅此而已。

　　我们已经做足功课现在可以进行 MAP 模型拟合了：

R code
4.38

```
# 再次载入数据
library(rethinking)
data(Howell1)
d <- Howell1
d2 <- d[ d$age >= 18 , ]

# 拟合模型
m4.3 <- map(
    alist(
        height ~ dnorm( mu , sigma ) ,
        mu <- a + b*weight ,
        a ~ dnorm( 156 , 100 ) ,
        b ~ dnorm( 0 , 10 ) ,
        sigma ~ dunif( 0 , 50 )
    ) ,
    data=d2 )
```

这里的参数 μ 已经不再是一个真正意义上的参数了，因为其已经被一个线性模型 a+b*weigh 取代，其中 a 代表 α，b 代表 β，weight 在这里就是我们的 x。因此，现在有参数 a 的先验分布，但没有 mu 的先验分布。因为 mu 已经定义成一个线性表达。

start 列表中，a 的初始值是所有样本的均值，就和之前的 mu 一样。当然还要将新的参数 b 加入列表，通常从一个比较保守的初始值开始，即将 b 的初始值设为 0，等同于预测变量和结果变量一开始没有关系。

注意，这里 b 的初始值为 0 和设置 β 的先验分布均值为 0 不是一回事。start 列表中的值并不会对后验概率造成影响，但是先验分布的定义会对后验分布产生影响。但是你确实要稍微想想 start 列表中取值的选择。因为如果搜索的初始值中后验分布概率最高的区域比较远的话，R 可能在进行 MAP 搜索过程中还没有找到最高点就停止了。

> **再思考：任何含有参数的量都有后验分布。** 在之前介绍的模型中，参数 μ 不是一个实质意义上的参数，因为其是两个参数 α 和 β 的线性函数。但由于参数 α 和 β 对应联合后验分布，因此 μ 也对应后验分布。在本章稍后部分会直接对 μ 的后验分布进行操作，即使其已经不再是一个参数。由于参数具有不确定性，任何由它们定义的值也同样具有不确定性。其中就包括 μ，基于模型的预测、模型拟合度评估，以及所有其他用到参数的统计量。通过使用后验分布样本，计算任何统计量的后验不确定性就归结为对每个样本计算该统计量。得到的新统计量样本的分布就近似该统计量的后验分布。

深入思考：嵌入线性模型。 通过考察拟合相同模型的另外一种方法，可以帮助了解线性模型实际在做什么。这种方法不需要单独定义线性模型，而是将其并入似然函数的定义中，如：

```
m4.3 <- map(
    alist(
        height ~ dnorm( a + b*weight , sigma ) ,
        a ~ dnorm( 178 , 100 ) ,
        b ~ dnorm( 0 , 10 ) ,
        sigma ~ dunif( 0 , 50 )
    ) ,
    data=d2 )
```

R code
4.39

这和之前的模型是一样的。只是这里对 μ 的线性定义嵌入到了第一行代码中。之前用单独一行 mu<-a+b*weight 表示线性模型的方法更容易阅读。但这里的第二种表达方式更能反映实际的计算过程。之后用到的一些函数依赖于单独的线性表达方式而非嵌入式，因此我还是建议大家使用这种表达方式。这样简单一些。

4.4.3　解释模型拟合结果

统计模型的一个不足之处在于难以理解。拟合模型之后得到的只是一个后验概率。

这些只是在当前模型和数据组合的前提下回答相关问题。你需要对该答案做进一步解释。

大体上有两种解释方法：（1）表格；（2）图形。对于一些简单的问题、简单的 MAP 估计、标准差，置信区间的表格就能够传达很多信息。但对于理解大部分模型，仅仅使用估计结果表格是不够的。只用表格的问题主要在于，相较于模型的复杂度而言，表格太过简单了。一旦模型中的参数个数增加，仅从表格的数据中判断这些参数对预测的影响将变得非常困难。一旦你开始往模型中添加交互项（第 7 章）或者高阶项（本章后面部分），即使仅猜测预测变量对结果变量影响的方向都变得几乎不可能。

因此，在整本书中我都在强调对参数后验分布和后验观测进行可视化，而不是试图通过一张表格来理解。一旦你熟悉了特定的模型和数据以后，也就更知道该如何阅读相应估计结果的表格。这是因为你掌握了宝贵的问题背景知识，这些知识能够转移应用与其他问题，但并非完全转移。

为了学习这些知识，我们需要进行一系列的可视化。对估计结果进行可视化能够让你得到一些从表格中难以获得的信息：

（1）模型拟合的过程是否正确。

（2）预测变量和结果变量之间的关系的绝对强度，而非**相对**强度。

（3）参数估计的不确定性。

（4）模型得到的预测具有的不确定性。这和参数不确定性不一样。

此外，一旦知道如何对估计进行可视化后，你就可以回答任何模型的任何问题。如果你向别人展示模型结果，比起表格观众绝对更喜欢图形。

因此在本小节的剩余部分，我会先花一些时间在估计值表格上。趁此机会简单介绍一种数据变换的方法，叫作中心化。该方法能够帮助解释估计值。

随后我会进一步展示如何对估计进行可视化，其中涵盖整个后验分布的信息，包括参数之间的相关性。

再思考：参数代表什么？ 解释模型估计的一个根本问题是了解参数的含义。关于参数的含义并没有统一的答案。由于每个人看待不同模型、概率和预测的方式各不相同，这里需要指出本书统一从贝叶斯的视角看待问题：**取决于使用的模型，参数值的后验概率描述了不同的初始状态和观测数据的兼容情况。**这些都是在一定假设条件下的值（也就是第 2 章中的小世界）。因此，理性的人可能不同意这样的结果能够扩展到普遍的情况中，关于这样反对意见的细节强烈取决于具体的语境。这样的反对意见是很有效的，因为这样才能对模型进行批判和重新审视，这是机器人无法做到的。

估计值表格

在我们检查新的估计值表格之前，需要指出的重要的一点是通常我们无法通过这样的表格来理解模型。在当前这个非常简单的例子中，从这个总结性的表格中就能够得到许多信息。但这只是一个特例而非模型的普遍情况，不管是贝叶斯模型还是非贝叶斯模型通常都不是这样的，因为参数之间通常存在相关性。

用下面的代码检查我们对喀拉哈里数据拟合线性模型的结果：

```
precis( m4.3 )
```

R code
4.40

```
        Mean StdDev   5.5%  94.5%
a     113.90   1.91 110.85 116.94
b       0.90   0.04   0.84   0.97
sigma   5.07   0.19   4.77   5.38
```

输出的第一行代表 α 的估计，第二行是 β 的估计，第三行是 σ 的估计。接下来对该简单例子中参数估计的结果进行解释。

从 b(β) 开始比较好，因为这个参数是新增的。由于 β 是斜率，取值 0.9 可以解释为体重增加 1 公斤，相应预期身高增加 0.90 厘米。0.84 到 0.97 间涵盖了 89% 的后验概率。这意味着在当前模型和数据的前提下，β 的取值接近 0 或者高于 1 的可能性都不大。如果你认为身高和体重没有关系的话，那么这里的结果显示这两者实际上有很强的正相关性。或者你的目的就是想要更加精确地衡量这两者的相关强度，该估计就给出了在当前模型下两者的相关强度。如果改变模型，得到的相关强度估计也会随着改变。

precis 表格中 α 的估计表明，体重为 0 时对应的预期身高为 114 厘米。这违反常理，因为真正的人体重总是大于 0 的，但这并不意味着模型错了。α 这类"截距"参数估计的是当所有其他预测变量都为 0 的时候 μ 的值。这就导致最后截距的估计无法单独解释，而必须要结合 β 的取值解释。因此，在大多数情况下截距的先验很弱。

最后，σ 的估计 sigma 表明身高在均值附近波动的情况。一个简单的解释方法是将其类比于之前高斯分布在两个标准差之间的 95% 的置信区间。在当前情况下，估计结果表明身高可能的 95% 的置信区间在身高均值 10 厘米（2σ）的范围内。但这个不确定性估计本身也具有不确定性。可以看到结果显示该估计值对应 89% 的置信区间。

如我在本小节开始部分提到的，precis 函数的默认输出结果并不足以描述整个二项后验分布。要描述后验分布，还需要方差—协方差矩阵。我们感兴趣的是参数之间的相关性——上面的输出结果已经有各个参数估计的方差了——那么就看看相应的方差—协方差矩阵吧：

```
precis( m4.3 , corr=TRUE )
```

R code
4.41

```
        Mean StdDev   5.5%  94.5%     a     b sigma
a     113.90   1.91 110.85 116.94  1.00 -0.99     0
b       0.90   0.04   0.84   0.97 -0.99  1.00     0
sigma   5.07   0.19   4.77   5.38  0.00  0.00     1
```

最右边的 3 列展示了参数之间的协相关性。这和我们通过 cov2cor(vcov(m4.3)) 得到的结果一样。注意 α 和 β 几乎完全负相关。就当前而言这没有太大关系。这表明这两个参数含有重复的信息——改变截距的同时斜率参数估计也会随之改变。但在更复杂的模型中，像这样的强相关会给模型拟合带来极大的困难。因此可能的话，我们需要采取一些措施避免这样强相关的情况出现。

其中一种方式是中心化。也就是将原变量观测减去观测均值，得到一个均值为 0 的新观测向量。我们可以用如下方式对体重观测进行中心化：

```
d2$weight.c <- d2$weight - mean(d2$weight)
```

你可以用代码 mean(d2$weight.c)核实，weight.c 的均值是 0。现在让我们重新拟合模型看看中心化可以带来什么好处：

```
m4.4 <- map(
    alist(
        height ~ dnorm( mu , sigma ) ,
        mu <- a + b*weight.c ,
        a ~ dnorm( 178 , 100 ) ,
        b ~ dnorm( 0 , 10 ) ,
        sigma ~ dunif( 0 , 50 )
    ) ,
    data=d2 )
```

上面的代码仅将之前的 weight 变量换成了新变量 weight.c。看看新的估计结果：

```
precis( m4.4 , corr=TRUE )
```

	Mean	StdDev	5.5%	94.5%	a	b	sigma
a	154.60	0.27	154.17	155.03	1	0	0
b	0.91	0.04	0.84	0.97	0	1	0
sigma	5.07	0.19	4.77	5.38	0	0	1

对 β 和 σ 的估计几乎没有变化，但是 α 的估计等于原始身高观测均值。自己确认下：mean(d2$height)。现在各个变量之间的相关性是 0。这是怎么回事？

这里截距 α 的估计代表的含义和之前一样：当预测变量取值为 0 时，结果变量的预期值。但现在预测变量观测均值也是 0。因此，截距也表明：当预测变量取值为其平均水平时，结果变量对应的预期值。这样解释参数估计就合理多了。

后验推断可视化

在实际中，仅凭这样的估计值表格通常无法提供足够的后验分布信息。对后验分布进行可视化几乎总是更好的方法。图形不仅能帮助更好地解释后验分布，还间接检查了模型的假设是否合理。如果模型预测值和我们观测到的值的分布模式极不相同的话，那就有理由怀疑模型没有正确地拟合或者模型设置不合理。

即使你只用图形来帮助解释后验分布，也是非常有用的手段。对于当前这样简单的模型，阅读表格中的估计结果来理解模型比较容易。但只要对稍微复杂一点的模型，尤其是那些含有交互效应的模型(第 7 章)，解释后验分布就会变得很难。如果要在模型解释中考虑参数间相关性，那可视化就更加必要。

让我们从简单的任务开始，将 MAP 结果添加在身高和体重观测散点图上。接着会在图上逐步添加更多信息直至用到所有后验分布的信息。

将 MAP 结果添加到观测散点图上：

```
plot( height ~ weight , data=d2 )
abline( a=coef(m4.3)["a"] , b=coef(m4.3)["b"] )
```

得到的结果如图 4-4。图上的每个点代表一个个体。黑色直线表示 MAP 结果，斜率为 β，截距为 α。注意在上面的代码中，参数估计直接从拟合结果对象中提取。coef 函数会返回 MAP 参数估计的向量，然后用相应的变量名称提取斜率和截距估计。

在均值上添加不确定性

MAP 结果对应的直线代表的后验均值，也就是后验分布给出的所有可能的无限多条直线中最可能的情况。图 4-4 中 MAP 这样的图形有助于你了解变量的影响力大小，比如变量 weight 对结果 height 的影响。

但这并不能很好地反映不确定性。记得，后验分布考虑了每条可能的身高体重的回归线，并且赋予相应的可能性。这意味着每个 α 和 β 的组合都对应一个后验概率。可能有许多回归线对应的后验概率和 MAP 估计回归线相同。也可能后验分布在 MAP 回归线附近很小的区域变动。

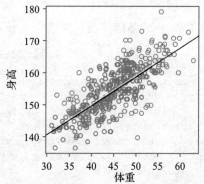

图 4-4　身高(cm)和体重(kg)图，黑色直线代表 MAP 估计结果对应的回归线

我们如何在图上反映这样的不确定性呢？α 和 β 共同确定一条回归线。这样一来，我们可以从后验分布中抽取许多这样的回归线。接着将这些线画在图中，看看它们的波动情况。

为了更好地理解后验分布是如何对应不同直线的，我们先从模型中抽取一些样本：

```
post <- extract.samples( m4.3 )
```
R code
4.46

查看前 5 个样本：

```
post[1:5,]
```
R code
4.47

```
          a         b    sigma
1 114.7880 0.8822921 5.121102
2 112.7115 0.9230855 4.907987
3 114.4557 0.9018482 5.276036
4 114.7696 0.8831561 5.021958
5 112.6333 0.9383632 4.898554
```

上面输出中的每一行代表从后验分布得到的一组含 3 个参数的样本，3 个参数之间的协相关矩阵为 vcov(m4.3)。每对 a 和 b 的取值对应一条回归线。许多这样的线取平均就是 MAP 回归线。在 MAP 回归线附近的波动是值得注意的，因为波动信息能够反映预测变量和结果变量直接的 MAP 结果指示的关系的不确定性。

现在展示一系列这样的回归线，这样一来，你能看到波动情况。从部分观测样本开始更有利于理解。这样一来，你能看到增加样本观测如何影响回归直线分布区域。我们从数据框 d2 中的前 10 个观测开始。下面的代码截取了 10 个观测然后重新估计模型：

```
N <- 10
dN <- d2[ 1:N , ]
mN <- map(
```
R code
4.48

```
alist(
    height ~ dnorm( mu , sigma ) ,
    mu <- a + b*weight ,
    a ~ dnorm( 178 , 100 ) ,
    b ~ dnorm( 0 , 10 ) ,
    sigma ~ dunif( 0 , 50 )
) , data=dN )
```

现在绘制 20 条回归线, 看看分布情况:

R code
4.49

```
# 从后验分布中抽取20个样本
post <- extract.samples( mN , n=20 )

# display raw data and sample size
plot( dN$weight , dN$height ,
    xlim=range(d2$weight) , ylim=range(d2$height) ,
    col=rangi2 , xlab="weight" , ylab="height" )
mtext(concat("N = ",N))

# plot the lines, with transparency
for ( i in 1:20 )
    abline( a=post$a[i] , b=post$b[i] , col=col.alpha("black",0.3) )
```

以上代码的末尾遍历了所有的 20 个参数样本, 用 abline 函数一一绘制这些样本对应的直线。

可视化结果见图 4-5 的左上角。通过从优验分布中抽取参数样本绘制相应的回归线, 我们可以看出关于自变量和因变量关系之间确定的部分和不确定的部分。回归线组在体重的极端取值附近波动更大。这样的情况很常见。

图 4-5 中的其他图形展示的是相同的关系, 只是对应不同的样本量。你只要重复使用上面的代码, 改变样本量设置 N<- 10 就好了。由图可见, 直线组的分布随样本量增大变得更加紧密。这是模型对均值的位置越来越确信的结果。

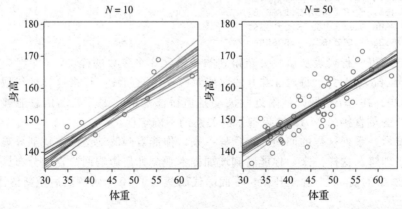

图 4-5　身高/体重模型 m4.3 中二项逼近得到的后验分布参数样本对应的回归线图。其中观测样本逐渐增大。每个图中都有 20 条后验回归直线, 展示了回归线的不确定性

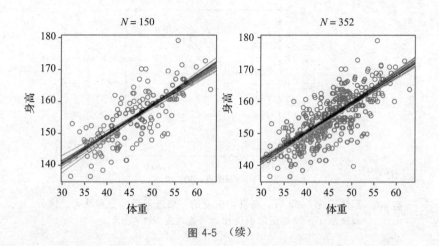

图 4-5 （续）

绘制回归区间和等高线

用图 4-5 的方式展示回归线组很有效，因为它用一种对大多数人而言很直观的方式展示了不同回归线的分布。但更常见的方法是回归区间或者 MAP 回归线附近的等高线。本小节会介绍如何通过来自后验分布的参数对应的回归线组计算区间。在此基础上用 MAP 估计回归线附近的阴影展示相应的区间。

下面展示如何在回归线附近添加区间。该区间包括斜率 β 和截距 α 的不确定性。为了更好地理解该过程背后的原理，现在我们先看看某个体重（wright）值，比如 50 公斤。对一个体重为 50 公斤的人，你能很快通过后验分布样本得到一个长度为 10 000 的 μ 的取值向量：

```
mu_at_50 <- post$a + post$b * 50
```
R code
4.50

以上代码中<- 右边部分来自 μ_i 的公式：

$$\mu_i = \alpha + \beta x_i$$

在这里 x_i 的取值为 50。看看结果 mu_at_50 是什么。这是一个预测均值向量，每个值对应一个后验分布样本。由于计算的时候用到了 a 和 b 取值对，这些均值的变化包含了两个参数中的不确定性，也考虑了参数之间的相关性。均值向量的密度曲线或许能够帮助我们理解：

```
dens( mu_at_50 , col=rangi2 , lwd=2 , xlab="mu|weight=50" )
```
R code
4.51

结果见图 4-6。由于 μ 的组成部分有特定的分布，因此 μ 也服从一定分布。因为 α 和 β 都是高斯分布，那么 μ 也服从高斯分布（两个高斯分布变量相加得到的新变量还是高斯分布）。

由于这是 μ 的分布，那么就可以得到相应的置信区间，这和所有其他后验分布一样。可以和之前一样使用 HPDI 找到在体重为 50kg 时对应的 μ 的 89％的最高后验密度区间：

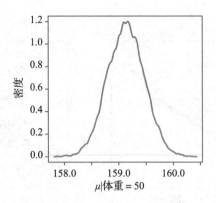

图 4-6   当体重为 50kg 时，身高均值 μ 的二项逼近后验分布结果。该分
布展示了不同均值取值的相对可能性

R code
4.52

```
HPDI( mu_at_50 , prob=0.89 )
```

```
    |0.89    0.89|
 158.5642 159.6616
```

该结果表明，当体重是 50kg 时，89％的情况下模型得到的结果在 159cm 到 160cm
之间。

这样还不够，我们需要对每个体重取值重复上面的计算，而不仅仅是 50kg 这一个
值。然后在 MAP 回归线上添加 89％的最大后验密度区间。

这可以很容易通过 rethinking 包中的 link 函数实现。link 函数能够使用 map 模型
拟合结果，从后验分布中抽取样本，计算 μ，然后接着从后验分布中抽取样本。下面是
相应的代码：

R code
4.53

```
mu <- link( m4.3 )
str(mu)
```

```
  num [1:1000, 1:352] 157 157 157 157 157 ...
```

结果是一个 μ 取值的大矩阵。每一行对应一个后验分布样本。默认为 1000 个样本，但
你可以定义样本的数目。每一列代表某个体重取值对应的结果。数据框 d2 中一共有 352
个取值，分别对应 352 个人。因此矩阵 mu 中有 352 列。

我们用这个大矩阵可以做什么？可以做很多事情。函数 link 能够得到每个体重值
对应的 μ 的后验分布。这样一来，通过上面的过程我们能够得到原始数据中每个观测对
应的 μ 的后验分布。我们真正需要的实际上和这个还有点不同。我们需要 x 轴上体重取
值对应的所有后验分布。可以将 link 函数作用于新的数据框，只是稍微复杂一些：

R code
4.54

```
# define sequence of weights to compute predictions for
# these values will be on the horizontal axis
weight.seq <- seq( from=25 , to=70 , by=1 )

# use link to compute mu
# for each sample from posterior
```

```
# and for each weight in weight.seq
mu <- link( m4.3 , data=data.frame(weight=weight.seq) )
str(mu)
```

```
num [1:1000, 1:46] 137 136 137 137 136 ...
```

现在矩阵 mu 中只有 46 列，因为我们只尝试了 46 个不同的体重取值。下面可视化之前
得到的结果：

```
# use type="n" to hide raw data
plot( height ~ weight , d2 , type="n" )

# loop over samples and plot each mu value
for ( i in 1:100 )
    points( weight.seq , mu[i,] , pch=16 , col=col.alpha(rangi2,0.1) )
```

R code
4.55

结果如图 4-7 左边所示。体重取值向量 weight.seq 的每个元素都对应一系列 μ 的值。每
个 μ 的取值系列都对应一个高斯分布，如图 4-6 所示。可以看到，μ 中的不确定性和体
重取值有关。这和图 4-5 右边展示的情况一致。

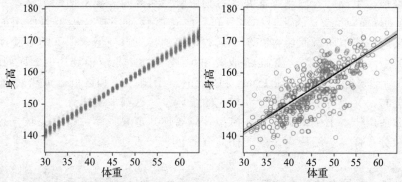

图 4-7　左：前 100 个后验样本分布图。右：在原来的身高体重散点图中的回归线周围加上 89%
的 HPDI 置信区间。将这个区间和左边蓝点的分布区间相比较

　　最后一步是总结每个体重值对应的身高后验分布。这里用 apply 函数，该函数能将
某个函数重复作用于矩阵的每一行（或者列）。

```
# summarize the distribution of mu
mu.mean <- apply( mu , 2 , mean )
mu.HPDI <- apply( mu , 2 , HPDI , prob=0.89 )
```

R code
4.56

apply(mu,2,mean) 可以读作：对 mu 的每一列求均值（这里设置 2 表示按列）。现在
mu.mean 包含每个体重对应的后验样本均值，mu.HPDI 包含 89% 的置信区间的上下端点。
它们是两个不同的总结 mu 分布的方法。
　　可以使用下面的代码在原有的图形上添加置信区间：

```
# plot raw data
# fading out points to make line and interval more visible
plot( height ~ weight , data=d2 , col=col.alpha(rangi2,0.5) )
```

R code
4.57

```
# plot the MAP line, aka the mean mu for each weight
lines( weight.seq , mu.mean )

# plot a shaded region for 89% HPDI
shade( mu.HPDI , weight.seq )
```

结果如图 4-7 右边所示。

你可以用这种方法对任何数据下的复杂模型绘制后验均值的置信区间。你确实也可以用数学分析的方法得到这样的区间。我曾经试图教学生用分析的方法得到区间，但结果一直不尽人意。部分是因为我不是一个好老师，还有部分是因为大部分社会和自然科学领域的人没有接受过概率论的训练，看到积分符号就紧张。我相信他们中的任何一个人只要花功夫，就能掌握背后的数学知识。但是他们所有人都能很快学会如何模拟后验分布样本，并进一步通过这些样本得到相应的置信区间。因此，虽然数学方法貌似更加高大上，但用经验模拟的方法灵活有效，而且可以让更多不同领域的人在统计建模中使用。再次强调，当你用 MCMC 方法估计模型时（第 8 章），这种数值模拟的方法是唯一的途径。所以现在就应该学习。

总的说来，生成后验预测样本并且得到后验预测区间需要下面的步骤：

（1）通过 link 生成 μ 的后验样本分布。link 默认使用拟合模型时使用的数据，你可以自定义观测取值向量而后将其赋予函数，得到相应自变量取值下的后验预测。

（2）通过一些总结函数，如 mean 或者 HPDI 或者 PI，相应得到均值、区间的上下限。

（3）最后通过绘图函数，如 lines 和 shade，绘制直线和区间。或者你也可以绘制预测值的分布，又或者更进一步计算相应的统计量。这都取决于你。

上面的步骤适用于本书中讲到的所有模型。只要你知道参数和数据的关联方式，那便可以使用后验分布样本描绘模型表现的任何方面。

再思考：过度自信的置信区间。图 4-7 所示的回归线置信区间很窄。意味着将平均身高看作平均体重的函数得到的结果具有的不确定性很小。但需要注意这里的推断总是在特定模型的条件下。即使一个很糟糕的模型对应的置信区间也可能很窄。为了便于理解，可以这样解释图 4-7 中的回归线：**在身高和体重之间的关系是线性的假设下，MAP 回归线是最可能的情况，图中展示的是最可能的区间范围。**

深入思考：link 如何工作。函数 link 并不复杂。它只是拟合模型时使用的公式，对每个后验分布参数样本和自变量值计算模型结果。你能够对任何模型、任何数据进行相同的计算。下面是对 m4.3 具体的计算过程：

R code
4.58

```
post <- extract.samples(m4.3)
mu.link <- function(weight) post$a + post$b*weight
weight.seq <- seq( from=25 , to=70 , by=1 )
mu <- sapply( weight.seq , mu.link )
mu.mean <- apply( mu , 2 , mean )
mu.HPDI <- apply( mu , 2 , HPDI , prob=0.89 )
```

这里得到的结果 mu.mean 和 mu.HPDI 应该和之前通过 link 函数得到的结果非常接近(因为模拟过程具有不确定性,所以两者不会严格相同)。

知道具体的计算步骤有两个好处助你理解。不管你使用的是什么模型,都可以用这种方法的任何一个部分的后验预测值。link 这样自动化的函数能够节省时间,但没有自己写代码那么灵活。

预测区间

现在让我们生成真实身高预测值的 89% 区间,而不是均值 μ 的区间。这意味着我们需要用到标准差 σ 和相应的不确定性。再次提醒当前的统计模型如下(为了简洁,忽略先验分布信息):

$$h_i \sim \text{Normal}(\mu_i, \sigma)$$
$$\mu_i = \alpha + \beta x_i$$

之前所做的是通过后验样本来对均值的线性模型结果 μ_i 的不确定性进行可视化。但实际的身高预测还取决于第一行定义的随机分布。第一行中的高斯分布表明模型预计实际观测到的身高分布在均值 μ 周围,而不是严格的相等。在 μ 周围分布的不确定性大小由 σ 决定。所有这些表明我们需要在实际身高的预测中使用 σ。

下面讲讲如何实现。每个体重值对应一个身高均值 μ 的预测,类似可以从后验分布中抽取一个 σ 的值,然后从均值为 μ、标准差为 σ 的高斯分布中生成一个身高预测。如果对后验分布中的每一个体重取值重复这个过程,你将得到一系列模拟的身高预测,这些身高预测值中包含参数后验分布以及高斯似然分布的不确定性。

```
sim.height <- sim( m4.3 , data=list(weight=weight.seq) )
str(sim.height)
```
R code
4.59

```
 num [1:1000, 1:46] 139 144 141 140 130 ...
```

上面的结果和之前 mu 的结果非常接近,但这里得到的是模拟的身高,不是平均身高 μ 的分布。

我们可以通过 apply 函数用和总结 μ 后验分布相同的方法总结得到的身高预测:

```
height.PI <- apply( sim.height , 2 , PI , prob=0.89 )
```
R code
4.60

现在得到的 height.PI 中含有 89% 的身高预测后验分布置信区间,该结果基于 weight.seq 中的体重取值。

下面我们对得到的结果进行可视化:(1)MAP 回归线;(2)μ 取值的 89% 的置信区域;(3)模型预期的身高模拟样本的边界。

```
# 原始数据散点图
plot( height ~ weight , d2 , col=col.alpha(rangi2,0.5) )

# MAP回归线
lines( weight.seq , mu.mean )
```
R code
4.61

```
# 回归线的HPDI区间
shade( mu.HPDI , weight.seq )

# 模拟身高的PI区间
shade( height.PI , weight.seq )
```

上面的代码用到了之前的计算结果，如果你没有运行过之前的代码的话请将它们运行一遍。

结果见图 4-8。图中的阴影区域表明样本的真实身高有 89% 的概率落入这个区域中。你也可以尝试其他置信度，比如 67% 和 97%，然后将其绘制在图上。通过尝试不同的置信度可以帮助你理解预测身高的分布范围。我将这个留给读者自己实践。你只要将之前代码中的概率设置改为 prob= 0.67，然后重新运行代码即可。

注意，这里阴影的外围有点曲折不平。这是因为从高斯分布中抽样的过程中的不确定性导致样本尾部分位数的波动。只要增加样本量，边缘就会变得更加平滑。其中，选项 n 能够定义 sim.height 中样本的数目。尝试以下代码：

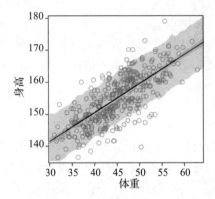

图 4-8　89%的身高预测置信区间，这里模型假设身高是体重的函数。图中的实线是身高均值的 MAP 估计对应的回归线。其周围的两层阴影区域分别代表两种 89%的置信区间。更窄的阴影区域表示身高均值 μ 的分布。更宽的区域代表当前模型条件下群体身高预测的 89%的分布区域

R code
4.62
```
sim.height <- sim( m4.3 , data=list(weight=weight.seq) , n=1e4 )
height.PI <- apply( sim.height , 2 , PI , prob=0.89 )
```

再次运行上面的绘图代码，这次得到的阴影区域边缘就会平滑一些。要让尾部分位数定义的阴影部分边缘完全平滑是很困难的。幸运的是，边缘是否平滑并不重要，如果你没有审美强迫症的话。将期望精确到小数点后 10 位不一定意味着推断也精确到小数点后 10 位。

再思考：两种不确定性。 在上面展示的过程中牵扯到两种不确定性：参数的不确定性和抽样的不确定性。这是两个不同的概念，虽然在整个实现过程中看似没有什么不同，而且最后这些不确定性都融入后验分布预测样本中。后验分布反映了每个可能参数取值组合的相对不确定性。拟合的后验分布（如身高）中包含了从高斯分布中抽取样本过程的不确定性。这个不确定性也是模型假设的一部分。去除抽样过程的不确定并不意味着后验分布就更正确。这两种不确定性都会对结果产生影响。但我们需要清楚结果中含有这样两种不确定性，因为它们都是模型假设的一部分。此外，我们可以将高斯似然分布视为纯粹认识论的假设（用来估计均值和方差的方差），而非关于将来数据的存在论假设。如果这样的话，对结果变量（也就是这里的身高）本身进行模拟就毫无意义。

深入思考：自己写代码模拟数据。和 link 函数类似，知道 sim 函数的具体工作原理对理解模型有帮助。对于每个分布，如 dnorm，都有对应的随机抽样函数。抽取高斯分布随机样本可以使用 rnorm。这里我们要在每个后验参数样本、每个体重取值的基础上模拟身高观测。实践代码如下：

```
post <- extract.samples(m4.3)
weight.seq <- 25:70
sim.height <- sapply( weight.seq , function(weight)
    rnorm(
        n=nrow(post) ,
        mean=post$a + post$b*weight ,
        sd=post$sigma ) )
height.PI <- apply( sim.height , 2 , PI , prob=0.89 )
```
R code 4.63

最后得到的 height.PI 和之前计算并展示在图 4-8 中的结果实质上是相同的。

4.5　多项式回归

下一章会介绍多元线性回归。但在这之前，先看看如何对结果进行曲线拟合。目前为止，模型假设变量之间的关系是直线。但是选择用直线除了简单以外，并没有什么特别的理由。

看下面的例子：

```
library(rethinking)
data(Howell1)
d <- Howell1
str(d)
```
R code 4.64

```
'data.frame': 544 obs. of  4 variables:
 $ height: num  152 140 137 157 145 ...
 $ weight: num  47.8 36.5 31.9 53 41.3 ...
 $ age   : num  63 63 65 41 51 35 32 27 19 54 ...
 $ male  : int  1 0 0 1 0 1 0 1 0 1 ...
```

读者可以自己绘制身高和体重散点图。这里的数据中包含了未成年人的观测，身高和体重的关系明显是曲线。

对两个变量的关系进行非线性建模的方法有很多。这里介绍最常见的一种——多项式回归。这里的"多项式"指 μ_i 的函数中额外加入了高次方项，如预测变量的平方、立方，甚至更高次方。当前仍旧只有一个预测变量，因此还是二元回归。但是这里 μ_i 的定义式中含有更多的参数。

虽然本小节介绍的是多项式回归，但一般来说这不是一种好方法。为什么？因为多项式回归难以解释。如果在建模时可以考虑数据生成机制更好，也就是说在你对变量之间的关系形式有一定了解的基础上建立非线性模型。本章会讨论如何对身高数据建立多项式回归模型。

在进入正题之前，还是先展示一个多项式的例子。因为这种形式的函数很普遍，而且我们在第 6 章中还会遇到相关的问题。下面是最常见的多项式模型，也就是用二项式对均值建模：

$$\mu_i = \alpha + \beta_1 x_i + \beta_2 x_i^2$$

上面的式子就是二项式。其中 $\alpha + \beta_1 x_i$ 部分和之前的线性回归相同，只是在参数下加了一个角标 1 用来区分不同模型的参数。新加的部分是 x_i 的平方，这就是抛物线的来源，也是区别于直线的地方。新添的参数 β_2 反映了关系曲线中的曲率。

> **再思考：线性、可加、时髦。** 上面 μ_i 的二项式模型实际上仍然是"线性"模型，虽然方程不是一条直线。让人容易混淆的是这里所谓的"线性"，它在不同的语境中代表不同的东西，不同的人在同一语境中使用该术语的方法也可能不同。在当前情况下所谓的"线性"通常指 μ_i 是各个参数的线性函数。这样的模型有个好处，就是容易拟合。由于这类模型假设参数之间相互独立，这类模型也更容易解释。劣势在于这类模型太过普遍，人们常常不假思索地使用。如果你对当前数据的背景有一些了解，根据现有的知识建立一些其他模型通常更有效。这些模型就好像地心说一样，只是衡量变量间偏相关的工具。使用这样的方法时我们应该自觉理亏才是，不要太过满意于这类模型提供的表面上看似简单的解释。

对这类模型拟合数据是很容易的。解释起来可能会困难一些。让我们从简单的部分开始，先拟合一个身高和体重的二项模型。这里首先要做的是对预测变量进行标准化。也就是减去均值除以标准差。为什么要标准化？我们之前已经用过中心化，这里只需要在此基础上更进一步除以标准差，得到的是均值为 0、方差为 1 的取值向量。这么做有两个好处：

1) 有利于模型解释。对于标准化的变量，改变一个单位等同于改变一个标准差。在很多实际情况中，这比在原量纲下改变一个单位更有意义。如果有多个变量，标准化让我们能够通过估计比较这些变量对结果的影响。从另一个角度说，如果你想在原量纲下解释变量改变一个单位对结果的影响，那么标准化会让模型解释更加困难，而非简单。只要稍加实践你就能够熟练决定是否进行标准化了。

2) 但更重要的是用数据拟合模型。当预测变量的取值很大时，数值拟合可能会出现一些小故障。即使是知名的统计学软件也可能会出现这样的问题，从而导致错误的估计。由于平方或立方变换能够将原本的取值进一步放大，这类故障在多项式回归中经常发生。而标准化避免了这种故障。

对 weight 变量进行标准化，只需要减去其均值除以标准差。代码如下：

```
d$weight.s <- ( d$weight - mean(d$weight) )/sd(d$weight)
```

生成的新变量 weight.s 均值为 0 且标准差为 1。在这个变换过程中并没有任何信息损失。读者可以自己绘制 height 和 weight.s 的图形查证这点。你会看到和变换前相同的曲线关系，只是体重的分布区间不同。

要拟合二项模型只需要改变 μ_i 的定义即可。下面是新的模型（先验分布非常弱）：

$$h_i \sim \text{Normal}(\mu_i, \sigma)$$

```
height ~ dnorm(mu,sigma)
```

$$\mu_i = \alpha + \beta_1 x_i + \beta_2 x_i^2$$

```
mu <- a + b1* weight. s + b2* weight. s²
```

$$\alpha \sim \text{Normal}(178, 100)$$
```
a ~ dnorm(140,100)
```

$$\beta_1 \sim \text{Normal}(0, 10)$$
```
b1 ~ dnorm(0,10)
```

$$\beta_2 \sim \text{Normal}(0, 10)$$
```
b2 ~ dnorm(0,10)
```

$$\sigma \sim \text{Uniform}(0, 50)$$
```
sigma ~ dunif(0,50)
```

模型拟合依旧非常简单。只要改变 mu 的定义，加入二项部分。但是这里的平方项也需要是基于标准化后的变量才行。因此，这里先将 weight. s 变量平方得到新的变量：

```
d$weight.s2 <- d$weight.s^2
m4.5 <- map(
    alist(
        height ~ dnorm( mu , sigma ) ,
        mu <- a + b1*weight.s + b2*weight.s2 ,
        a ~ dnorm( 178 , 100 ) ,
        b1 ~ dnorm( 0 , 10 ) ,
        b2 ~ dnorm( 0 , 10 ) ,
        sigma ~ dunif( 0 , 50 )
    ) ,
    data=d )
```

R code 4.66

虽然通过后验拟合结果的表格解释模型比较困难，但不妨看看表格的结果：

```
precis( m4.5 )
```

R code 4.67

	Mean	StdDev	5.5%	94.5%
a	146.66	0.37	146.07	147.26
b1	21.40	0.29	20.94	21.86
b2	-8.42	0.28	-8.87	-7.97
sigma	5.75	0.17	5.47	6.03

这里参数 α(a)依旧是截距，因此它的估计代表 weight. s 取值为 0 时模型对 height（身高）的期望。但这里的期望就不再是身高的样本均值了，因为有高阶项的时候就无法保证截距的估计还是均值[⊖]。参数 β_1 和 β_2 分别对应模型的线性和平方项。但解释起来并不是那么一目了然。

要理解模型结果得用可视化的方式。下面我们绘制结果图。需要计算均值回归曲线和相应的置信区间，与之前所做的类似。下面是实现这一步的代码：

```
weight.seq <- seq( from=-2.2 , to=2 , length.out=30 )
pred_dat <- list( weight.s=weight.seq , weight.s2=weight.seq^2 )
mu <- link( m4.5 , data=pred_dat )
mu.mean <- apply( mu , 2 , mean )
mu.PI <- apply( mu , 2 , PI , prob=0.89 )
sim.height <- sim( m4.5 , data=pred_dat )
height.PI <- apply( sim.height , 2 , PI , prob=0.89 )
```

R code 4.68

⊖ 二项式模型中暗含的 α 的定义是 $\alpha = \text{E}y_i - \beta_1 \text{E}x_i - \beta_2 \text{E}x_i^2$。这时，即使 x_i 的均值是 0，$\text{E}x_i = 0$，但是其平方的均值不太可能也是 0。因此 α 很难直接解释。

将结果绘制出来：

R code
4.69

```
plot( height ~ weight.s , d , col=col.alpha(rangi2,0.5) )
lines( weight.seq , mu.mean )
shade( mu.PI , weight.seq )
shade( height.PI , weight.seq )
```

结果见图 4-9。图 a 展示的是之前的线性回归的结果，但这里使用的是标准化后的预测变量，而且使用的是全部成人和小孩的数据。有的线性模型估计在体重开头和中间部分非常糟糕。相比之下，图 b 展示的二项回归模型拟合情况就好得多。

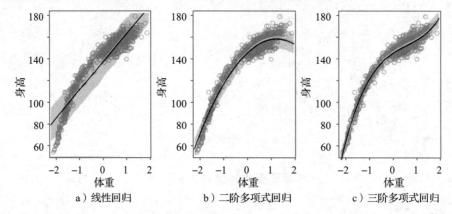

a) 线性回归   b) 二阶多项式回归   c) 三阶多项式回归

图 4-9   纳米比亚桑人部落人口普查身高对体重（标准化）的多项式回归。在每幅图中，蓝色的圈代表原始数据。实线代表每个模型得到的 μ 回归线。阴影区域分别展示了均值的 89% 的置信区间（在实线周围）以及 89% 的身高预测区间（更宽）

图 4-9c 展示了更高阶的多项回归，体重的三阶回归。模型如下（这里先验分布不变，故而省略）：

$$h_i \sim \text{Normal}(\mu_i, \sigma)$$
$$\mu_i = \alpha + \beta_1 x_i + \beta_2 x_i^2 + \beta_3 x_i^3$$

只要对二阶模型的代码稍作修改就可以拟合三阶模型：

R code
4.70

```
d$weight.s3 <- d$weight.s^3
m4.6 <- map(
    alist(
        height ~ dnorm( mu , sigma ) ,
        mu <- a + b1*weight.s + b2*weight.s2 + b3*weight.s3 ,
        a ~ dnorm( 178 , 100 ) ,
        b1 ~ dnorm( 0 , 10 ) ,
        b2 ~ dnorm( 0 , 10 ) ,
        b3 ~ dnorm( 0 , 10 ) ,
        sigma ~ dunif( 0 , 50 )
    ) ,
    data=d )
```

类似的，只需对之前的代码稍作修改就可以相应绘制新模型的拟合曲线和置信区间。三阶模型比二阶模型更加灵活，能够更好地拟合数据。

　　但是，目前我们还不清楚这些模型是否合理。它们看似能够不错地拟合数据。但是在本书的后面部分（第 6 章）会讲到，拟合得好不代表模型好。目前暂且将拟合看作判断标准。随着模型变量数目的增长会出现过度拟合的问题。但这是之后的话题了。

　　深入思考：转换回原始尺度。 图 4-9 中展示的结果基于标准化后的预测变量。这些标准化后的值通常也称为 z 分值。假设你用标准变量拟合模型，但又希望将结果绘制在原始标量上。你只需要在绘图时先将横轴的标度去掉：

```
plot( height ~ weight.s , d , col=col.alpha(rangi2,0.5) , xaxt="n" )
```

R code
4.71

代码末尾的 xaxt 移除了 x 轴的标度。然后用 axis 函数创建在原尺度下的标度：

```
at <- c(-2,-1,0,1,2)
labels <- at*sd(d$weight) + mean(d$weight)
axis( side=1 , at=at , labels=round(labels,1) )
```

R code
4.72

以上代码的第一行定义了在标准化情况下标度的位置。第二行将这些位置转化成原来的尺度。第三行将新的尺度标注在 x 轴上。更多细节可以键入 ? axis 查看相应的帮助文档。

4.6　总结

　　本章介绍了简单线性回归模型，该模型用来估计预测变量和结果变量之间的关系。这类模型使用高斯分布为似然函数，它给出了观测在特定均值和方差的情况下的分布。关于模型拟合，本章介绍了最高后验概率（Maximum a Posterior，MAP）估计。本章还介绍了新的可视化后验分布和后验预测的方法。下一章将在本章基础上进一步扩展，介绍多元回归模型。

4.7　练习

简单

4E1　在下面的模型定义公式中，哪行表示似然函数？
$$y_i \sim \text{Normal}(\mu, \sigma)$$
$$\mu \sim \text{Normal}(0, 10)$$
$$\sigma \sim \text{Uniform}(0, 10)$$

4E2　在上面定义的模型中，后验分布中有几个参数？

4E3　基于以上模型定义，写出该似然函数和先验分布对应的贝叶斯定理。

4E4　如下模型定义中，哪行表明该模型是线性的？
$$y_i \sim \text{Normal}(\mu, \sigma)$$
$$\mu_i = \alpha + \beta x_i$$
$$\alpha \sim \text{Normal}(0, 10)$$
$$\beta \sim \text{Normal}(0, 1)$$
$$\sigma \sim \text{Uniform}(0, 10)$$

4E5 在 4E4 定义的模型中，后验分布中的参数个数是多少？

中等难度

4M1 从下面定义的模型中，模拟身高的先验分布样本（非后验分布）。

$$y_i \sim \text{Normal}(\mu, \sigma)$$
$$\mu \sim \text{Normal}(0, 10)$$
$$\sigma \sim \text{Uniform}(0, 10)$$

4M2 将上面的模型转换成 map 函数能够使用的公式。

4M3 将下面 map 函数的公式转换成相应的数学公式：

```
flist <- alist(
    y ~ dnorm( mu , sigma ),
    mu <- a + b*x,
    a ~ dnorm( 0 , 50 ),
    b ~ dunif( 0 , 10 ),
    sigma ~ dunif( 0 , 50 )
)
```

4M4 假设随机抽取一些学生，连续 3 年测量他们的身高。3 年后，用得到的观测数据拟合一个线性回归模型，将年份当作自变量，预测身高。写出该模型的数学公式定义，你可以任意选择变量名和先验分布。注意，你需要说明为什么选择这些先验分布。

4M5 假如第一年学生的平均身高是 120cm，且每个学生都在逐年长高。你能够根据这些信息对先验分布进行一些调整吗？如何调整？

4M6 假如年龄相同的学生身高的标准差不会超过 64cm。你现在应如何调整先验分布？

难题

4H1 以下列出的体重是本章使用的部落人口普查数据中的一部分，但缺失了相应的身高预测。计算预测身高和相应的 89％的置信区间（HPDI 或者 PI 区间都可以）。将相应结果填入表格：

样本	体重	预期身高	89％的置信区间
1	46.95		
2	43.72		
3	64.78		
4	32.59		
5	54.63		

4H2 从 Howell1 数据中选出所有年龄小于 18 的样本。你应该得到一个含有 192 个观测的新数据集。

(a) 对得到的数据集拟合线性回归模型。展示并解释估计结果。体重每增加 10 个单位，相应未成年人的身高预期增加多少？

(b) 绘制身高（y 轴）和体重（x 轴）原始数据散点图。将 MAP 回归线和均值对应的 89％的 HPDI 区间加在散点图上。同时，将身高预测的 89％的 HPDI 区间也加到图上。

(c) 模拟拟合有什么让你觉得不妥的地方？是否能够通过改变一些模型假设提高表现？如果是的话，哪些模型假设？你不需要给出代码，只需要解释模型的哪个部分可能不恰当，怎样改进模型。

4H3 假设一个研究个体异速生长的同事看到了上面的问题。该同事评论说："这个模型有些离谱。谁都知道应该对身高和对数变换后的体重值进行建模。"采用该同事的建议，看看结果如何。

(a) 对身高和对数变换后的体重（log－kg）建模。用 Howell1 中的所有数据，一共 544 行，包括成人和未成年人。用二项逼近来拟合模型：

$$h_i \sim \text{Normal}(\mu_i, \sigma)$$

$$\mu_i = \alpha + \beta \log(w_i)$$
$$\alpha \sim \text{Normal}(178,100)$$
$$\beta \sim \text{Normal}(0,100)$$
$$\sigma \sim \text{Uniform}(0,50)$$

其中 h_i 是样本 i 的身高观测。w_i 是样本 i 的体重(kg)。R 中对数变换操作用函数 `log`。你能解释模型拟合结果吗?

(b) 从图开始:

```
plot( height ~ weight , data=Howell1 ,
    col=col.alpha(rangi2,0.4) )
```

R code
4.73

使用(a)中二项逼近得到的后验分布随机样本在上面的图上添加(1)估计的平均身高和体重的回归线;(2)均值的 97% 的 HPDI 区间;(3)身高预测的 97% 的 HPDI 区间。

第 5 章
多元线性回归

北美(如果不是全世界的话)最可靠的华夫饼供应商之一应该是华夫饼屋。华夫饼屋几乎全年无休,即使飓风刚过,也会很快开张。很多餐馆都会投资灾难应急设备,包括自用发电机。因此,美国联邦应急管理局(FEMA)非正式地将华夫饼屋当作灾难严重程度的指针[一]。如果华夫饼屋关闭了,那一定是发生了严重的灾难。

讽刺的是,坚韧不催的华夫饼屋居然和国家离婚率相关(图 5-1)。人均华夫饼屋最密集的州,比如佐治亚和阿拉巴马,同时也是离婚率最高的州。离婚率最低的几个州没有华夫饼屋。难不成华夫饼和金黄美味的薯饼威胁到婚姻了?

或许不是这样的。这是一个典型的具有误导性的相关性的例子。没有人会天真地认为华夫饼屋的存在提高了离婚率。当我们看到这样的相关关系时马上就会提出这样的疑问,在"华夫饼"和"离婚率"之间真正起作用的是什么变量?在这个例子中,华夫饼屋在 1955 年源自佐治亚州。随着时间的流逝,该餐馆在美国南部流行起来,但几乎限于美国南方。所以真正和华夫饼屋有关系的是美国南部。离婚当然不是美国南部独有的,但是在结婚早的人群中离婚率高。与此同时,美国南部许多社区的文化还不太能够容忍年轻未婚同居。因此,华夫饼的出现和离婚率高同时发生可能就是一个巧合。

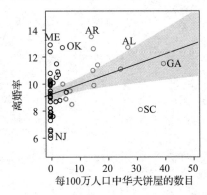

事实上相关性俯拾皆是。在大数据集中,每对变量之间都可能存在统计学上显著的相关关系[二]。因此,发现相关性的时候绝对不要吃惊。但大部分

图 5-1　美国各州每 100 万人口中华夫饼屋的数目和离婚率的关系(2009 年数据)。每一个点代表一个州。南方州(南北战争时期的同盟国)用蓝色点代表。阴影区域是均值的 89% 的置信区间。这些数据来自 rethinking 包中的 WaffleDivorce 数据集

　⊖　参考文献 "How to Measure a Storm's Fury One Breakfast at a Time." The Wall Street Journal:September 1, 2011.

　⊜　见 Meehl(1990),尤其是第 204 页描述的"讨厌的因子"(crud factor)。

的相关性并不代表因果关系，我们需要通过一些工具来区分哪些仅仅只是相关，哪些是因果。这就是为什么很多统计模型都着眼于多元回归，用多个自变量来对结果建模。使用多元回归的理由如下：

1）可以在统计学上"控制"协变量。协变量（confound）是可能和某个感兴趣的变量相关的变量。华夫饼和离婚率的相关就是一个协变量存在的例子。"美国南部"这个协变量使得两个本来没有关系的变量华夫饼屋的密度和离婚率变得相关。协变量不仅能造成虚假相关，还能隐藏重要的相关关系。一类非常重要的协变量出现的情况叫作**辛普森悖论**，其中预测变量和结果变量之间貌似明显的相关性，当考虑协变量的时候可能会彻底反过来[⊖]。

2）多重原因。即使通过严格的实验控制排除了协变量，一个结果发生也可能有多个原因。量化每个可能的原因是有必要的，当我们用相同的数据估计多个影响因子时应该这样做。此外，当有多个原因时，一个原因可能将另一个原因遮盖。多元回归有助于应对这样的情况。

3）交互效应。即使变量之间是完全不相关的，每个变量的重要性也可能取决于其他变量。例如，阳光和水对植物的生长都有影响，其中一个缺失了，即使有另外一个，植物也无法存活。这样的**交互效应**在很多现实世界的系统中广泛存在。因此，有效衡量一个变量的影响需要同时考虑其他变量。

本章中，我们从上面的第一点开始，通过多元回归应对简单的协变量，多次测量变量影响。你将学会如何将任何想要的主效应加入线性模型中。这些主效应通过变量相加的形式纳入模型，这是最简单的多元模型形式。

我们将着眼于多元模型最重要的两个好处：（1）揭示虚假相关性，比如华夫饼屋的密度和离婚率之间的相关性；（2）揭示被其他变量隐藏起来的重要相关性。但增加变量数目的坏处和好处一样多。本章会指出一些多元模型的风险，最重要的就是共线性。在之后的过程中，我们会遇到**分类变量**，通常的做法是将其重新编码为多个虚拟变量（或者哑变量）。

　　再思考：因果推断。尽管因果推断非常重要，但是在科学研究和统计学研究中都没有因果推断的一致方案。甚至有人辩论说真正的原因并不存在，所谓因果不过是一种心理幻觉[⊖]。在复杂动态系统中，每两件事可能都是互为因果的。在这种情况下，寻找"原因"仿佛是水中捞月。但是大家对一件事达成了共识：因果推断总是取决于**无法证实**的假设。换句话说，总能找到你的因果推断不成立的情况，不管你的分析设计多么谨慎。即使困难重重，我们能做的事情依旧不少。[⊜]

[⊖]　Simpson（1951）。辛普森的悖论在统计学领域很有名，可能因为理解该悖论能够提高使用统计模型的效率。但在统计领域之外并没有太多人知道。

[⊖]　关于因果推断的争论可以追溯到很久以前。David Hume 是其中的一个核心人物。现代统计的一个难题是，经典的因果推理要求，如果 A 导致了 B，那么当 A 发生的时候，B 一定也会发生。但对于概率关系，很多现代科学模型中描述的那种，很自然需要考虑概率性因素，A 发生的情况下，B 以一定的概率发生，见 https://plato. stanford. edu/entries/causation-probabilistic/。

[⊜]　介绍以及讨论见 Pearl（2014）。相关方法见 Rubin（2005）。

5.1 虚假相关

现在先把华夫饼的事情放一边。一个更加容易理解的例子是离婚率和结婚率的相关性(图 5-2)。成年人的结婚率能够很好地预测离婚率,如图 5-2(左)所示。但能说结婚导致离婚吗?当然不能,傻瓜都知道只有先结婚才能离婚。但这也不能说明高结婚率就一定意味着高离婚率。不难想象高结婚率可能暗示社会文化对结婚的认同,也正是这种重视婚姻的文化导致了更低的离婚率。所以这里存在虚假相关。

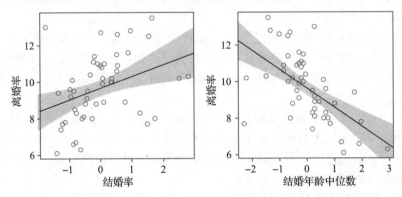

图 5-2   离婚率与结婚率(左)和结婚年龄中位数(右)都有关。图中的坐标都经过了标准化。美国各大州成年人的平均结婚率是 2%,平均年龄中位数是 26

另外一个例子是离婚率和结婚年龄中位数之间的关系,如图 5-2(右)所示。结婚时的年龄也能很好地预测离婚率——越晚结婚离婚率越低。你可以通过拟合下面的线性模型再现图 5-2 的右图:

$$D_i \sim \text{Normal}(\mu_i, \sigma)$$
$$\mu_i = \alpha + \beta_A A_i$$
$$\alpha \sim \text{Normal}(10, 10)$$
$$\beta_A \sim \text{Normal}(0, 1)$$
$$\sigma \sim \text{Uniform}(0, 10)$$

D_i 是第 i 个州的离婚率,A_i 是第 i 个州的结婚年龄中位数。这里并没有什么新代码或者模型的知识,所以我只在代码相应的地方加一些注释,不额外解释了。我们会将预测变量标准化,这是很好的习惯。

R code
5.1
```
# 载入数据
library(rethinking)
data(WaffleDivorce)
d <- WaffleDivorce

# 标准化预测变量
d$MedianAgeMarriage.s <- (d$MedianAgeMarriage-mean(d$MedianAgeMarriage))/
    sd(d$MedianAgeMarriage)

# 拟合模型
m5.1 <- map(
```

```
    alist(
        Divorce ~ dnorm( mu , sigma ) ,
        mu <- a + bA * MedianAgeMarriage.s ,
        a ~ dnorm( 10 , 10 ) ,
        bA ~ dnorm( 0 , 1 ) ,
        sigma ~ dunif( 0 , 10 )
    ) , data = d )
```

下面的代码能够计算阴影部分的置信区间。这里的过程和前一章中的例子如出一辙。接着绘制原始数据散点图、后验均值回归线，以及阴影置信区间。

R code 5.2

```
# 计算均值的分位数区间
MAM.seq <- seq( from=-3 , to=3.5 , length.out=30 )
mu <- link( m5.1 , data=data.frame(MedianAgeMarriage.s=MAM.seq) )
mu.PI <- apply( mu , 2 , PI )

# 将结果绘制出来
plot( Divorce ~ MedianAgeMarriage.s , data=d , col=rangi2 )
abline( m5.1 )
shade( mu.PI , MAM.seq )
```

如果你通过 precis 函数检查模型结果表格的话，你会发现结婚的年龄中位数每推迟一个标准差（1.24 年），相应就会导致离婚率下降千分之一，对应的 89% 的置信区间为 −1.4 到 −0.7（每 1000 人）。因此该参数的估计为负数是非常确定的，虽然下降的幅度变化较大，上限是下限的一半。当然，区间边界没有什么特别之处，但是其数值表明了虽然在当前模型和数据的条件下，上升趋势不太可能，但下降的趋势可能弱也可能强。

你能用和左图类似的方法得到右图：

R code 5.3

```
d$Marriage.s <- (d$Marriage - mean(d$Marriage))/sd(d$Marriage)
m5.2 <- map(
    alist(
        Divorce ~ dnorm( mu , sigma ) ,
        mu <- a + bR * Marriage.s ,
        a ~ dnorm( 10 , 10 ) ,
        bR ~ dnorm( 0 , 1 ) ,
        sigma ~ dunif( 0 , 10 )
    ) , data = d )
```

结果表明，结婚率每上升一个标准差（3.8），相应的离婚率平均上升 0.6。你可能感觉到了，这里的关系没有之前的离婚率和结婚年龄的关系那么强。

但是仅仅比较不同的二元回归参数并不能决定哪个预测变量更好。这两个变量可能分别都提供了关于离婚率的有效信息，或者它们可能都是多余的，又或者两个当中只需要一个。因此我们将建立一个多元回归模型，目标是衡量每个变量的局部影响。我们想要通过模型回答的问题是：

当知道所有预测变量时，预测结果变量的取值是多少？

例如，如果你建立了模型，通过结婚率和结婚年龄预测离婚率，模型能够回答下面的问题：

（1）在知道结婚率的基础上，知道结婚年龄有什么附加价值？

（2）在知道结婚年龄的基础上，知道结婚率有什么附加价值？

每个预测变量对应的参数估计就是这些问题的答案（通常不是那么明显）。下面我们来拟合模型。

> **再思考："控制组"并不受控制。** 通常情况下，上面的问题也称为"统计控制"，意思是在估计一个变量参数的时候控制其他的变量。但这个说法非常不严谨，它暗指的信息太多。它暗示着一种因果解释（所谓"效应"），它暗示着从实验设计的角度看各个变量相互不影响（所谓"控制"）。你可以这样假设，但这些假设是模型的一部分，而非真实的情况。
>
> 我并不是要评判语言的好坏。而是想指出在模型假设下的理想世界和真实世界之间的差别。由于大部分使用统计方法的人都不是统计学家，类似不严谨的表达方式，如用"控制"这个词会导致不严谨的模型解释。这将进一步导致对统计学方法的效用过度乐观，从而很难不使用这些方法。当然，你只能注意自己使用的语言，但你很难阻止其他人用这样不严谨的描述方式。如果你试图在这方面改变他人，可能显得太吹毛求疵。

5.1.1 多元回归模型的数学表达

多元回归公式看起来很像前章末尾展示的多项式模型——添加了更多参数和变量对 μ_i 建模。这里的策略很简单：

（1）列出所有的预测变量。

（2）对每个预测变量，定义一个用来描述该变量和结果变量关系的参数。

（3）将参数和相应预测变量相乘，然后将乘积相加。

举例说明是必不可少的。以下预测离婚率的模型，包括结婚率和结婚年龄两个变量：

$$D_i \sim \text{Normal}(\mu_i, \sigma) \qquad \text{[似然函数]}$$
$$\mu_i = \alpha + \beta_R R_i + \beta_A A_i \qquad \text{[线性模型]}$$
$$\alpha \sim \text{Normal}(10,10) \qquad \text{[}\alpha\text{ 的先验分布]}$$
$$\beta_R \sim \text{Normal}(0,1) \qquad \text{[}\beta_R\text{ 的先验分布]}$$
$$\beta_A \sim \text{Noraml}(0,1) \qquad \text{[}\beta_A\text{ 的先验分布]}$$
$$\sigma \sim \text{Uniform}(0,10) \qquad \text{[}\sigma\text{ 的先验分布]}$$

你可以用自己喜欢的字母表示不同的参数和变量，这里我用 R 代表结婚率，A 代表结婚年龄中位数，用相应的角标代表各自对应的参数。你可以用自己熟悉的字母表达，这样也可以减轻头脑的负担。

假设 $\mu_i = \alpha + \beta_R R_i + \beta_A A_i$ 意味着什么？这意味着如果某个州的结婚率为 R_i，结婚年龄中位数为 A_i，那么结果的期望就是三个独立项相加。第一项是 α，所有州共用一个 α。第二项是结婚率 R_i 和相应系数 β_R 的乘积，该系数用来衡量结婚率和离婚率之间的相关性强度。第三项和第二项类似，反映该州结婚年龄中位数和离婚率的相关性。

如果你和大多数人一样觉得还是不很明白的话，可以试试将上式中的"＋"号读成

"或者"，即一个州的离婚率可能是结婚率或者结婚年龄中位数的函数。这里的"或者"意味着这两个变量对离婚率的影响是独立的，它们和离婚率之间的关系可能是统计学上的相关，也可能是因果。

深入思考：更加紧凑的数学表达和设计矩阵。 通常情况下，线性模型用下面的方式表达：

$$\mu_i = \alpha \sum_{j=1}^{n} \beta_j x_{ji}$$

其中角标 j 表示预测变量，n 表示预测变量的个数。[⊖] 下面是另外一种等价的写法：

$$\mu_i = \alpha + \beta_1 x_{1i} + \beta_2 x_{2i} + \cdots + \beta_n x_{ni}$$

这两种形式都可以用这样的语言表达：因变量是自变量的加权线性组合。更简洁的表达方法是直接使用矩阵：

$$m = Xb$$

这里的 m 是均值向量，每个元素对应一个样本。b 是参数向量（列向量），每个元素同样对应一个样本。X 是矩阵，这个矩阵叫作**设计矩阵**。矩阵的行数和样本个数相同，列数等于变量个数加上 1（因为还有一个截距）。多出来的一列对应截距，整列的值都是 1。真正将矩阵乘积展开其实就是每个 α 乘以 1 加到其他参数的加权线性组合上，之前讲过，所有州对应同一个截距 α。Xb 得到的就是均值估计，在 R 中对应的操作是：X%*% b。

本书中不会用到设计矩阵的表达方法。一般来说你也不需要用这种方法。但了解这些表达方法是有好处的，有的时候能够节省时间。例如，线性模型的极大似然估计（或最小二乘估计）有很简洁漂亮的矩阵表达方法。大部分统计软件都是使用矩阵的表达。[⊜]

5.1.2　拟合模型

对离婚数据拟合模型并不难，我们只要在之前二元模型的基础上稍微扩展一下即可。下面是模型定义，对应的代码在右边：

$$D_i \sim \text{Normal}(\mu_i, \sigma) \qquad\qquad \text{Divorce} \sim \text{dnorm(mu,sigma)}$$
$$\mu_i = \alpha + \beta_R R_i + \beta_A A_i \quad \text{mu} <- \text{a} + \text{bR* Marriage. s} + \text{bA* MedianAgeMarriage. s}$$
$$\alpha \sim \text{Normal}(10,10) \qquad\qquad\qquad\quad \text{a} \sim \text{dnorm}(10,10)$$
$$\beta_R \sim \text{Normal}(0,1) \qquad\qquad\qquad\qquad \text{bR} \sim \text{dnorm}(0,1)$$
$$\beta_A \sim \text{Normal}(0,1) \qquad\qquad\qquad\qquad \text{bA} \sim \text{dnorm}(0,1)$$
$$\sigma \sim \text{Uniform}(0,10) \qquad\qquad\qquad \text{sigma} \sim \text{dunif}(0,10)$$

下面的代码用 map 函数拟合上面定义的模型：

```
m5.3 <- map(
    alist(
```

R code
5. 4

⊖ 作者不是数理统计背景的，所以这里用的数学角标不符合数学统计专业的一贯用法。数理统计背景的读者熟悉的方式应该是用 p 表示变量个数，n 表示观测的数目或者样本量。——译者注

⊜ 这里我修改了原书的字母表达方法，原表达不符合统计学的惯例。——译者注

```
        Divorce ~ dnorm( mu , sigma ) ,
        mu <- a + bR*Marriage.s + bA*MedianAgeMarriage.s ,
        a ~ dnorm( 10 , 10 ) ,
        bR ~ dnorm( 0 , 1 ) ,
        bA ~ dnorm( 0 , 1 ) ,
        sigma ~ dunif( 0 , 10 )
    ) ,
    data = d )
precis( m5.3 )
```

	Mean	StdDev	5.5%	94.5%
a	9.69	0.20	9.36	10.01
bR	-0.13	0.28	-0.58	0.31
bA	-1.13	0.28	-1.58	-0.69
sigma	1.44	0.14	1.21	1.67

结婚率对应参数的后验均值 bR 在新的模型下接近于 0，置信区间也分布在 0 的两端。结婚年龄中位数对应的参数后验均值 ba 和之前的模型结果相比离 0 更远，但总体来说变化不大。看结果图可以帮助理解：

R code
5.5

```
plot( precis(m5.3) )
```

下面是相应的绘图结果，其中空心圆点代表 MAP 估计，线段代表相应的分位数区间：

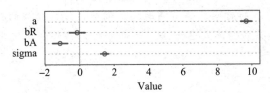

可以这样解释上面的估计结果：

> 一旦我们知道了一个州的结婚年龄中位数，知道该州的结婚率并不能带来额外的信息，或者带来的信息很少。

注意，这并不是说知道结婚率没有任何价值。如果你无法得到结婚年龄的数据，那么知道结婚率就是有价值的。但我们是如何从模型中得到这个结论的呢？为了回答这个问题，我们要研究几张图。

5.1.3 多元后验分布图

和之前的章节类似，简单二元回归中后验分布可视化也很简单。如果模型中只有一个预测变量，简单的散点图可以传达很多信息。这也是为什么在之前的章节中我们使用的是散点图。然后在散点图上添加回归线和置信区间。这样一来，即可以对预测变量和结果变量的关系进行可视化，又对模型的预测能力有一个大致了解。

对于多元回归，你需要更多的图。很多相关的文献资料讨论如何通过可视化帮助理解多元回归结果。但没有一种可视化策略是万能的，其中大部分不能用于除线性回归以外的模型。因此，这里使用可视化的目的是帮助你计算需要从模型中得到的量。这里提供 3 种图：

（1）预测变量残差图：这类图展示了结果变量对预测变量残差。

（2）虚拟图：这类图展示了不同假设情况下预测的变化。这里假设各个预测变量可以独立变化。

（3）后验预测图：这类图展示了模型估计和原始数据的散点图，或者估计误差和原始数据的散点图。⊖

每种图都有自己的长处和不足，取决于具体的场景以及感兴趣的问题。本节的剩余部分会以离婚率数据为例展示具体的操作。

预测变量残差图

预测变量 A 的残差指用除 A 以外的变量对 A 建立回归模型。这个概念不太好理解，我们来看一个具体的例子。计算这些残差的好处在于，一旦绘制出残差对结果变量的散点图，图中反映的关系中已经"控制"了其他预测变量，残差的波动是其他变量无法解释的部分。

在离婚率的多元模型中我们有两个预测变量：结婚率（Marriage.s）和结婚年龄中位数（MedianAgeMarriage.s）。为了计算这两个变量对应的残差，我们只需要用另外的变量建模。因此，对于结婚率，模型为：

$$R_i \sim \text{Normal}(\mu_i, \sigma)$$
$$\mu_i = \alpha + \beta A_i$$
$$\alpha \sim \text{Normal}(0, 10)$$
$$\beta \sim \text{Normal}(0, 1)$$
$$\sigma \sim \text{Uniform}(0, 10)$$

和之前一样，R 代表结婚率，A 代表结婚年龄中位数。注意，这里对变量进行了标准化，所以 α 的值应该在 0 附近。因此这里的 α 先验分布中的均值是 0，但是先验分布含有的信息依然是微乎其微。

以下是用来拟合模型的代码：

```
m5.4 <- map(
    alist(
        Marriage.s ~ dnorm( mu , sigma ) ,
        mu <- a + b*MedianAgeMarriage.s ,
        a ~ dnorm( 0 , 10 ) ,
        b ~ dnorm( 0 , 1 ) ,
        sigma ~ dunif( 0 , 10 )
    ) ,
    data = d )
```

R code
5.6

拟合了回归模型之后就可以计算残差了，只需要用真实的结婚率减去估计结婚率：

```
# 计算每个州的MAP估计值
mu <- coef(m5.4)['a'] + coef(m5.4)['b']*d$MedianAgeMarriage.s
# 计算每个州的残差
m.resid <- d$Marriage.s - mu
```

R code
5.7

⊖ 作者在书中混淆了估计和预测。估计是对用来建模的样本，而预测是对未来的样本。这里指的是模型估计而非预测。——译者注

残差为正数意味着在该州结婚年龄中位数的条件下，真实观测到的结婚率比估计值高。残差为负数意味着真实观测到的结婚率低于估计值。更简单的表述是，那些对应残差为正数的州，对该州结婚年龄中位数情况而言，人们结婚比预期快。那些对应残差为负数的州，对该州结婚年龄中位数情况而言，人们结婚比预期慢。绘制这两个变量的散点图，在图上标明残差有助于我们理解。下面是用于绘图的代码，其中用灰色的线段表示每个州对应的残差：

R code
5.8

```
plot( Marriage.s ~ MedianAgeMarriage.s , d , col=rangi2 )
abline( m5.4 )
# 对所有州进行循环
for ( i in 1:length(m.resid) ) {
    x <- d$MedianAgeMarriage.s[i] # 对应的x坐标取值
    y <- d$Marriage.s[i] # 线段对应的观测值
    # 绘制线段
    lines( c(x,x) , c(mu[i],y) , lwd=0.5 , col=col.alpha("black",0.7) )
}
```

结果见图 5-3。注意，这里残差代表结婚率波动中年龄无法解释的部分。

现在对具体的残差值绘图，将残差作为横坐标，结果变量取值作为纵坐标（也就是离婚率）。残差对离婚率的可视化结果见图 5-4（左），在散点图上还添加了相应的回归线和置信区间，用来展示离婚率和结婚率之间在"控制"了结婚年龄中位数条件下的线性关系。垂直虚线表示残差为 0 的位置。虚线右边的州对应残差为正数，也就是结婚率高于结婚年龄中位数条件下的预期。虚线左边的州对应结婚率低于预期。虚线两边的平均离婚率几乎相等，因此该回归线表明离婚率和结婚率之间的关系较小。这里的回归线斜率是 -0.13，与之前的多元回归模型结果一致（m5.3）。

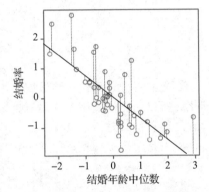

图 5-3　用每个州的结婚年龄中位数对相应结婚率建立线性回归，计算对应残差。图中的灰线段代表相应样本的结婚率残差，也就是以结婚年龄中位数为自变量的线性模型估计的结婚率和真实结婚率之间的差距。因此，回归直线上方的州结婚率高于估计值，这是考虑了相应结婚年龄中位数的情况。下方的州结婚率低于估计值

图 5-4 右边类似，只是针对结婚年龄中位数残差，结婚率为"控制"变量。因此，虚线右边的州对应的结婚年龄中位数高于结婚率条件下的预期。虚线左边的结婚年龄中位数低于预期。现在虚线右侧的离婚率均值低于左侧，回归线也展示了相同的结果。考虑了结婚率的情况下，那些结婚年龄高于预期的州离婚率更低。相应回归线的斜率是 -1.13，这也和之前的多元回归模型 m5.3 结果一致。

做上面这些有什么意义？对于某个变量，排除其他变量影响得到的残差对结果变量绘制散点图有直接的价值，如图 5-4 所示。得到的结果可以反映在考虑到其他预测变量的情况下，某预测变量和结果之间的关系。要得到这样的变量残差图，你需要事先进行一系列的建模计算。多元回归相当于将这些过程统一起来。

线性回归模型用特定的加性模型结构来对多个变量关系建模。但注意预测变量之间

的关联方式不一定是加性的。在这种情况下，统计控制的逻辑还是一样的，但是具体细节肯定不一样，相应的残差图通常也不同。即使适用的模型本身千变万化，但是探索模型有着一般的方法，这就是接下来我们要讲的。

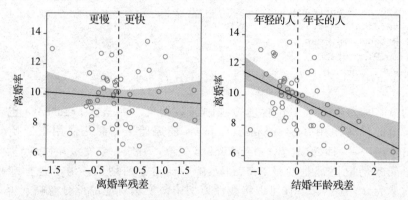

图 5-4　离婚率数据的预测变量残差图。左图：在考虑结婚年龄中位数的情况下，结婚率超过估计的州对应的离婚率对应的离婚率和结婚率低于估计的州对应的离婚率几乎没有差别。右图：在考虑结婚率的情况下，结婚年龄中位数超过预期的州对应的离婚率低于结婚年龄中位数低于估计的州对应的离婚率

虚拟图

另外一种能展示模型潜在预测情况的图称为虚拟图，因为我们可以对任何自变量的取值绘制相应的图，即使取值的组合在现实生活中几乎不可能观测到，比如很高的年龄中位数和很高的结婚率。没有哪个州的观测是这样的，但你可以假设这样的观测，然后给出模型对这样的观测样本做出的预测。

最简单地使用虚拟图的情况是当你改变其中一个变量时，预测如何随之改变。这意味着，在所有其他预测变量不变的情况下，改变其中一个预测变量。通过这种方法得到的虚拟预测可能和你观测到的情况相距甚远，因为毕竟是虚构的。但是它们能够帮助你理解模型。由于解释模型结果表格比较困难，通过图形来理解模型是必需的。

下面就对离婚率模型绘制两幅虚拟图。从 Marriage.s 的改变对模型预测的影响开始：

R code
5.9

```
# 得到虚拟数据
A.avg <- mean( d$MedianAgeMarriage.s )
R.seq <- seq( from=-3 , to=3 , length.out=30 )
pred.data <- data.frame(
    Marriage.s=R.seq,
    MedianAgeMarriage.s=A.avg
)

# 计算平均离婚率(mu)
mu <- link( m5.3 , data=pred.data )
mu.mean <- apply( mu , 2 , mean )
mu.PI <- apply( mu , 2 , PI )

# 模拟虚拟离婚率预测
R.sim <- sim( m5.3 , data=pred.data , n=1e4 )
```

```
R.PI <- apply( R.sim , 2 , PI )

# 展示预测情况，同时不显示原始数据点(设置type="n")
plot( Divorce ~ Marriage.s , data=d , type="n" )
mtext( "MedianAgeMarriage.s = 0" )
lines( R.seq , mu.mean )
shade( mu.PI , R.seq )
shade( R.PI , R.seq )
```

　　这里的策略是先建立一个包含虚拟观测的数据集。数据框 pred.data 包含虚拟数据。注意，上面没有使用 MedianAgeMarriage.s 的原始值，而是使用了原始变量的均值。MR.seq 中的一系列取值赋予了 Marriage.s 变量，另外一个变量 MAM.avg 是一个常数向量，每个元素的取值都是变量 MedianAgeMarriage.s 的均值，由于是标准化后的数据，均值自然为 0。这意味着你可以将线性模型中该变量对应的部分忽略。但如果你想要使用另外一个非 0 的常数值，或者变量是没有标准化的，那么就需要用到完整的模型拟合结果。

　　结果见图 5-5(左)。图 5-5 右侧使用的方法类似，只是将 Marriage.s 设置成均值常数，MedianAgeMarriage.s 可以变化：

R code
5.10

```
R.avg <- mean( d$Marriage.s )
A.seq <- seq( from=-3 , to=3.5 , length.out=30 )
pred.data2 <- data.frame(
    Marriage.s=R.avg,
    MedianAgeMarriage.s=A.seq
)

mu <- link( m5.3 , data=pred.data2 )
mu.mean <- apply( mu , 2 , mean )
mu.PI <- apply( mu , 2 , PI )

A.sim <- sim( m5.3 , data=pred.data2 , n=1e4 )
A.PI <- apply( A.sim , 2 , PI )

plot( Divorce ~ MedianAgeMarriage.s , data=d , type="n" )
mtext( "Marriage.s = 0" )
lines( A.seq , mu.mean )
shade( mu.PI , A.seq )
shade( A.PI , A.seq )
```

　　这两幅图中直线的斜率和之前的残差图中的直线斜率相同。只是这里并没有展示任何观测数据，没有原始数据也没有残差数据，因为所有的数据都是虚构的。图 5-5 的坐标轴是在原数据尺度下的，图 5-4 是在残差尺度下(所以感觉有点奇怪)的。因此，图 5-5 直接反映了相应自变量变化对结果预测的影响。

　　这类图的一个问题是它们是虚构的。在模型的世界，你可以假设一个变量取值为常数，另一个变量自由变化。这样的情况是可能的，但是现实生活中这样的情况可能发生吗？也许不可能。例如，假设你付钱让年轻夫妇将结婚年龄推迟到 35 岁之后。当然这也会降低结婚率(有的人可能活不到 35 岁，或者出于其他各种原因)。当然，一个极端丧心病狂的样本控制方法是强制结婚率在一个数值上，同时强迫所有人晚婚。

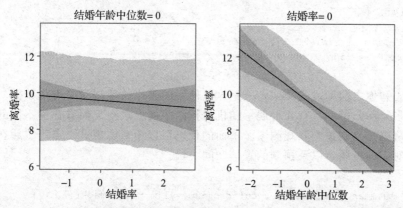

图 5-5 离婚率的多元回归模型 m5.3 对应的虚拟图。每个图都展示了当另外的变量取值为样本观测均值时（也就是一个常数），某变量取值的变化和模型预测的关系。由于这里使用的是标准化数据，所以变量均值为 0。阴影部分展示了 89% 的置信区间，分别对应均值（深色更窄）和预测（浅色更宽）

在该例子中，将结婚率和结婚年龄分开处理带来的困难并不会对推断造成很大影响，因为一旦考虑了结婚年龄中位数，结婚率对预测几乎没有影响。但是在很多问题中（在下一章就会有一个这样的例子），对结果产生显著影响的变量不止一个。在这种情况下，虽然这类虚拟图有助于理解模型，但是如果虚拟的取值观测在现实生活中不可能出现，这样的展示也具有误导性。对应用科学来说，不管你是生态学家、经济学家或者流行病学家，这都是非常严重的问题。

后验预测图

除了理解预测之外，比较真实观测和模型拟合的结果也是必不可少的。我们在第 3 章讨论过这个问题，在那里我们模拟了投球结果，将其对后验分布取平均，然后将得到的结果和真实观测进行比较。这类检查模型的方法是很有效的。这里我们着重介绍以下两点：

（1）模型拟合是否正确？机器也会犯错，好比工程师会犯错一样。通过比较模型预测和真实结果，我们可以检查出许多常见的软件错误或者使用不当导致的错误。这里需要小心，因为不是所有的模型都试图精确拟合样本。但即便如此，你也该清楚成功拟合的模型结果应该是什么样子。之后会有一些例子。

（2）模型如何失效？所有的模型都含有假设，因此总会在某些方面失效。有时模型对样本拟合得很好，但可能在其他方面无法满足我们的要求，这时就要舍弃该模型，另辟蹊径。更常见的情况是，模型在某些方面预测情况良好，但是在另外一些场合失效。通过检查各种模型预测失效的情况，我们能够对如何改进模型有一个大致的想法。

那么，让我们从模拟预测结果在后验分布上对结果取平均开始吧：

R code
5.11
```
# 调用 link 函数且没有设置数据集
# 因此函数默认使用原始数据集
mu <- link( m5.3 )

# 对不同的样本取平均
mu.mean <- apply( mu , 2 , mean )
mu.PI <- apply( mu , 2 , PI )
```

```
# 模拟观测
# 这里也没有设置数据集, 所以使用原数据
divorce.sim <- sim( m5.3 , n=1e4 )
divorce.PI <- apply( divorce.sim , 2 , PI )
```

上面的代码和你之前见过的类似, 只是这里使用的是原始数据而非虚拟数据。

对于多元回归模型, 有几种展示随机模拟结果的方法。下面看几种不同的方法。最简单的方法就是绘制预测和观测图。下面的代码可以用来实现这一点。然后在图上添加完美预测对应的直线, 以及预测的置信区间线段。

R code
5.12

```
plot( mu.mean ~ d$Divorce , col=rangi2 , ylim=range(mu.PI) ,
    xlab="Observed divorce" , ylab="Predicted divorce" )
abline( a=0 , b=1 , lty=2 )
for ( i in 1:nrow(d) )
    lines( rep(d$Divorce[i],2) , c(mu.PI[1,i],mu.PI[2,i]) ,
        col=rangi2 )
```

结果如图 5-6a 所示。很容易看出, 这种随机模拟方式得到的结果会过低估计离婚率高的州, 而过高估计离婚率低的州。有一些州离对角线很远, 说明模型根本无法很好地预测这些州。图中标注了两个偏差很大的点, Idaho(ID)和 Utah(UT), 这两个州真实的离婚率都比模型预期的情况低很多。可以用 identify 函数很容易地标注一些点:

R code
5.13

```
identify( x=d$Divorce , y=mu.mean , labels=d$Loc , cex=0.8 )
```

运行了上面这行代码之后, R 会等待你在绘图窗口中点击你想要额外标注的点。选定以后就会将这些点标出。当你选好点后, 点击鼠标右键或者按 ESC 键。

在大多数情况下, 从图 5-6a 中很难看出预测误差的大小。因此, 很多人也会用残差图展示平均预测误差, 这些残差按行排列。这里使用 order 函数对样本按照残差从小到大排列。计算残差并且展示的代码如下:

R code
5.14

```
# 计算残差
divorce.resid <- d$Divorce - mu.mean
# 按离婚率从低到高排列
o <- order(divorce.resid)
# 绘图
dotchart( divorce.resid[o] , labels=d$Loc[o] , xlim=c(-6,5) , cex=0.6 )
abline( v=0 , col=col.alpha("black",0.2) )
for ( i in 1:nrow(d) ) {
    j <- o[i] # which State in order
    lines( d$Divorce[j]-c(mu.PI[1,j],mu.PI[2,j]) , rep(i,2) )
    points( d$Divorce[j]-c(divorce.PI[1,j],divorce.PI[2,j]) , rep(i,2),
        pch=3 , cex=0.6 , col="gray" )
}
```

结果如图 5-6b 所示。现在很容易就可以看出模型在哪些州失效，比如 Idaho(ID)[一]和 Maine(ME)[二]。但如果你的样本量比较大，这样的图可能非常占空间。

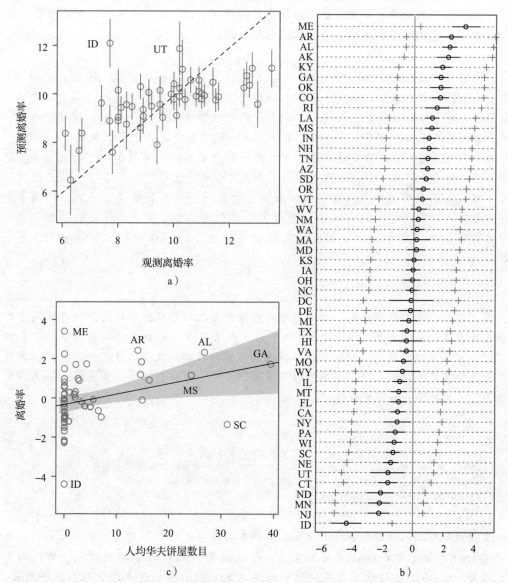

图 5-6   离婚率多元回归模型 m5.3 的后验预测图。a) 预测离婚率和观测图以及平均预测值的 89% 的置信区间。虚线代表完美预测的情况。b) 每个州的平均预测误差，以及 89% 的均值置信区间(黑线段)和 89% 的预测置信区间(灰色的＋号)。c) 平均预测误差和人均华夫饼屋数目图，以及相应的回归线

另外一个使用这些模拟值的方法是对新变量绘制残差图(如果你有一个新变量的话)。计算出相应残差后，就可以绘制新变量对应残差的散点图。我们可以通过这种方法快速检查结果变量中剩余的方差和新的这个变量有什么联系。让我们再次以华夫饼屋的密度为

例。图 5-6c 展示了离婚率残差（也称为"误差"）对华夫饼屋密度（d$WaffleHouses/d$Population）散点图。离婚率残差和华夫饼屋密度之间仍然有微小的正相关，即便已经"控制"了州结婚率和结婚年龄中位数。这并不意味着这个相关性是真实的。无论模型中有多少个变量，你依然可能在残差中发现虚假相关性。

再思考：统计有什么作用？ 通常人们希望统计模型去做它实际上无法办到的事情。比如，我们想知道某个效应是真实存在还是虚假的。不幸的是，建模过程严格按照模型对问题的理解量化不确定性，而不是对现实情况的完美表达。真实世界中关于因果关系以及什么是真实存在这类问题的一般答案，取决于模型中没有的信息。例如，任何观测到的结果变量和预测变量之间的关系都可以通过加减另外的预测变量予以消除或者保存。但如果你想不到另外的那个能产生影响的变量，可能永远都不知道可以改变模型检测到的关系。因此所有的统计模型都有不足之处，也需要批判性对待，即使它们的估计和预测都貌似很准确。若干回合的模型评估和纠正的过程需要实实在在的科学检验，而统计学意义上的"检验"只是其中的一小部分。

深入思考：模拟虚假相关。 预测变量和结果变量之间存在虚假相关的一种可能方式是当某个真实的原因变量，假设是 x_{real} 同时影响结果变量 y 和虚假相关变量 x_{spur}。这样描述可能不那么好理解，模拟一个这样的场景可能有帮助。从模拟过程中，你可以看到虚假相关变量是如何产生的，并且能够说服自己多元回归模型可以可靠地辨认出真实的变量 x_{real}。下面是一个简单的模拟：

R code
5.15

```
N <- 100                          # 样本个数
x_real <- rnorm( N )              # x_real服从标准正态分布
x_spur <- rnorm( N , x_real )     # x_spur 服从均值为x_real的正态分布
y <- rnorm( N , x_real )          # y 服从均值为x_real的正态分布
d <- data.frame(y,x_real,x_spur)  # 将所有的变量存储在一个数据框内
```

上面代码得到的数据框 d 有 100 个模拟样本。因为 x_real 同时影响 y 和 x_spur，你能将 x_spur 看成是由 x_real 产生的变量，但我们将 x_spur 误认为是结果 y 的预测变量。结果，x_{real} 和 x_{spur} 都与 y 相关。你可以通过 pairs(d) 生成散点图观察到这一现象。当你将这两个 x 变量都用于预测 y 时，反映 y 和 x_{spur} 之间关系的参数对应后验分布均值将接近于 0，而相应 x_{real} 对应的参数后验均值接近于 1。

5.2 隐藏的关系

离婚率的例子表明，多元回归有助于检测虚假相关。另外一个理由是，当二元回归无法清楚揭示自变量和因变量关系的时候，多元回归能够帮助量化不同因子对结果的影响。当两个自变量之间相关，同时这两个自变量一个和因变量正相关，另外一个和因变量负相关时，很可能会出现这样的问题。

　　考虑这类问题需要新的数据和信息，下面的案例数据中包含不同灵长类物种母乳的组成，以及这些物种的体重和脑容量[⊖]。研究母乳组成比研究受孕的成本高多了。这类信息的测量与每个哺乳动物身体和生长状况有关，容易受各种因素的干扰。先用 R 导入数据：

R code
5.16

```
library(rethinking)
data(milk)
d <- milk
str(d)
```

　　可以看到，数据框中有 29 个样本(行)，8 个变量(列)。

　　一个流行的假设是，脑容量大的灵长类动物母乳的活性更高，使得其幼体的大脑发展更加迅速。回答这类问题需要进化大量的生物学研究，因为在比较不同物种的时候会出现很多细微的统计问题。我们将以这些数据为例从简单的问题开始，到本书的后面部分会引入细微的问题。当前考虑的变量有：

- kcal.per.g：每克母乳提供多少千卡的热量
- mass：雌性平均体重(千克)
- neocortex.perc：新皮层占大脑的比重

这里要解决的问题是，母乳的热量(千卡)和新皮层在大脑中占的比例在多大程度上相关。新皮层是大脑外侧灰色的部分，哺乳动物尤其是灵长类这部分发展的最为精致。最终还需要用到雌性平均体重来展示一个变量如何将其他变量的关系隐藏起来。

　　这里需要考虑的第一个模型是母乳热量和新皮层比例的简单二元回归。你应该已经熟悉如何建立这样的回归模型了。用下面的代码拟合模型：

R code
5.17

```
m5.5 <- map(
    alist(
        kcal.per.g ~ dnorm( mu , sigma ) ,
        mu <- a + bn*neocortex.perc ,
        a ~ dnorm( 0 , 100 ) ,
        bn ~ dnorm( 0 , 1 ) ,
        sigma ~ dunif( 0 , 1 )
    ) ,
    data=d )
```

当你运行上面的代码后会得到下面的报错：

```
Error in map(alist(kcal.per.g ~ dnorm(mu, sigma), mu <- a + bn * neocortex.perc,
  initial value in 'vmmin' is not finite
The start values for the parameters were invalid. This could be caused by
missing values (NA) in the data or by start values outside the parameter
constraints. If there are no NA values in the data, try using explicit start
values.
```

哪出错了？这个报错意味着即使对于初始值，模型也无法返回合理的后验概率。导致这种情况的罪魁祸首是 neocortex.perc 中的缺失值。你可以自己检查以下这列：

⊖　数据来自 Hinde 和 Milligan(2011)的表格 2。

R code
5.18
```
d$neocortex.perc
```

该列中的每个 NA 值都代表缺失。如果你将这样的向量传递给一个似然函数，比如 dn-
orm，函数不知道该如何处理这些缺失值。这些缺失值对应的密度是什么呢？不管是什
么，反正不是一个数值，因此函数 dnorm 会返回 NaN。一开始就卡住了，map 函数（确切
地说，真正起作用的是其中的 optim 函数）于是停止然后抱怨某个叫作 vmmin 的值是无
限的。很不幸，R 中经常出现这样模棱两可的信息。

　　但上面这个问题很容易修复。你只需要删去所有含缺失值的样本。其他一些更加自
动化的函数，比如 lm 和 glm，会自动删除有缺失值的样本。如果你事先不知情的话，这
样默认的设置并不总是好事。在下一章中，你会知道为什么。现在暂且相信我吧。知道
如何应对这些情况是很有帮助的。要得到没有缺失值的样本，可以使用：

R code
5.19
```
dcc <- d[ complete.cases(d) , ]
```

删除缺失样本后的结果存储在一个新数据框 dcc 内，其中含有原数据框 d 的 17 行。现
在开始使用新的数据框，下面的代码一致使用 dcc：

R code
5.20
```
m5.5 <- map(
    alist(
        kcal.per.g ~ dnorm( mu , sigma ) ,
        mu <- a + bn*neocortex.perc ,
        a ~ dnorm( 0 , 100 ) ,
        bn ~ dnorm( 0 , 1 ) ,
        sigma ~ dunif( 0 , 1 )
    ) ,
    data=dcc )
```

随机生成的初始值可能很糟糕，但至少现在模型能够正确的拟合。查看得到的后验
估计：

R code
5.21
```
precis( m5.5 , digits=3 )
```

```
      Mean StdDev   5.5% 94.5%
a    0.353  0.471 -0.399 1.106
bn   0.005  0.007 -0.007 0.016
sigma 0.166 0.028  0.120 0.211
```

首先，这里增加了 digits=3 的设置。因为 bn 的后验均值很小，因此需要将结果保留到
小数点后更高的位数，否则四舍五入的结果是 0。该估计暗指，如果新皮层的比例从最
小值 55% 增加到最大值 76%，对应的结果变量的变化仅仅为：

R code
5.22
```
coef(m5.5)["bn"] * ( 76 - 55 )
```

```
0.09456654
```

结果还不到 0.1 千卡。数据中的每克母乳的热量分布从 0.5 到 0.9 千卡，因此 0.1 千卡

并不那么让人印象深刻。更重要的是，这不太准确。参数估计的 89％ 的置信区间跨越了 0 点[⊖]。你可以很容易地绘制 89％ 的置信区间图：

R code
5.23

```
np.seq <- 0:100
pred.data <- data.frame( neocortex.perc=np.seq )

mu <- link( m5.5 , data=pred.data , n=1e4 )
mu.mean <- apply( mu , 2 , mean )
mu.PI <- apply( mu , 2 , PI )

plot( kcal.per.g ~ neocortex.perc , data=dcc , col=rangi2 )
lines( np.seq , mu.mean )
lines( np.seq , mu.PI[1,] , lty=2 )
lines( np.seq , mu.PI[2,] , lty=2 )
```

结果如图 5-7 左上角所示。MAP 线呈现微微上升的模式，但非常不确定。对于该数据和该模型，置信区间显示很多略微上升或者略微下降的趋势都是可能的。

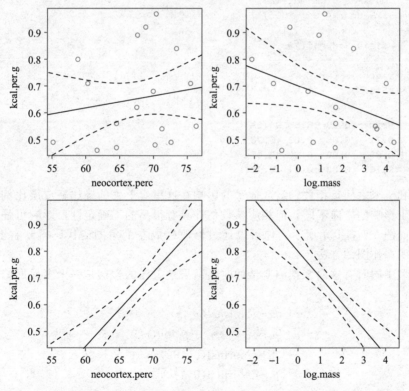

图 5-7　灵长类动物的母乳热量和新皮层比例。顶部的两幅图分别展示了每克母乳的热量对新皮层比例（左）和对数体重（右）的回归结果。结果显示的相关性较弱且不确定。但是在底部展示的是单一模型结果，模型中包含了两个自变量新皮层比例和对数体重，因变量是每克母乳的热量。结果显示两个自变量和因变量都有很强的相关性，但是二者的相关方向相反。这隐藏了单独考虑时的相关性。只有这两个变量同时用于模型时才能发现这种相关性

⊖　也就是说考虑波动的情况下，该参数估计不显著。——译者注

现在，让我们考虑另外一个预测变量，成年雌性体重，也就是数据中的 mass 变量。让我们加入体重的对数 log(mass)作为预测变量。为什么取对数而不是使用原单位（千克）呢？通常情况下，对体重这样的变量进行对数变换是为了更好地研究该变量和其他变量之间的关系。取对数将原来的单位转化成无量纲的度量。这里对体重取对数意味着我们不认为具体多少千克的体重变化和母乳热量有什么线性关系。

要将对数体重作为预测变量拟合新的二元回归，我建议大家先将变量 mass 变换后的结果存在一个新的列中：

R code
5.24

```
dcc$log.mass <- log(dcc$mass)
```

下面的代码可以用来拟合模型：

R code
5.25

```
m5.6 <- map(
    alist(
        kcal.per.g ~ dnorm( mu , sigma ) ,
        mu <- a + bm*log.mass ,
        a ~ dnorm( 0 , 100 ) ,
        bm ~ dnorm( 0 , 1 ) ,
        sigma ~ dunif( 0 , 1 )
    ) ,
    data=dcc )
precis(m5.6)
```

	Mean	StdDev	5.5%	94.5%
a	0.71	0.05	0.63	0.78
bm	-0.03	0.02	-0.06	0.00
sigma	0.16	0.03	0.11	0.20

对数体重和千卡之间负相关。对数体重的影响在这里看上去的确比新皮层比例要强，虽然两者产生影响的方向不同。但相应参数估计具有很高的不确定性，影响可强可弱。该回归结果如图 5-7 右上角所示。你可以通过修改生成左上角图的代码得到右上角的图，保证自己明白作图的方法。

当模型中同时有这两个预测变量的时候结果是怎样的？这是一个多元回归模型，数学表达为：

$$k_i \sim \text{Normal}(\mu_i, \sigma)$$
$$\mu_i = \alpha + \beta_n n_i + \beta_m \log(m_i)$$
$$\alpha \sim \text{Normal}(0, 100)$$
$$\beta_n \sim \text{Normal}(0, 1)$$
$$\beta_m \sim \text{Normal}(0, 1)$$
$$\sigma \sim \text{Uniform}(0, 10)$$

上面的表达中，k 代表变量 kcal.per.g，n 代表变量 neocortex.perc，m 代表变量 mass。现在你应该已经很熟悉模型拟合了：

R code
5.26

```
m5.7 <- map(
    alist(
```

```
        kcal.per.g ~ dnorm( mu , sigma ) ,
        mu <- a + bn*neocortex.perc + bm*log.mass ,
        a ~ dnorm( 0 , 100 ) ,
        bn ~ dnorm( 0 , 1 ) ,
        bm ~ dnorm( 0 , 1 ) ,
        sigma ~ dunif( 0 , 1 )
    ) ,
    data=dcc )
precis(m5.7)
```

```
        Mean StdDev  5.5%  94.5%
a      -1.09   0.47 -1.83  -0.34
bn      0.03   0.01  0.02   0.04
bm     -0.10   0.02 -0.13  -0.06
sigma   0.11   0.02  0.08   0.15
```

将两个变量同时加入回归模型后，这两个预测变量和结果变量之间的关系都提高了。新
皮层比例对应的参数后验分布均值是之前的6倍，相应89％的置信区间完全在大于0的
范围内。对数体重参数的后验均值的绝对值也比之前更大，方向依然为负。

现在让我们绘制新模型下平均热量（千卡）的预测区间。下面的代码探索的是热量和
新皮层比例之间的关系。这是虚拟图，因此在计算中使用的是平均对数体重。展示预测
热量和新皮层比例之间的关系：

```
mean.log.mass <- mean( log(dcc$mass) )
np.seq <- 0:100
pred.data <- data.frame(
    neocortex.perc=np.seq,
    log.mass=mean.log.mass
)

mu <- link( m5.7 , data=pred.data , n=1e4 )
mu.mean <- apply( mu , 2 , mean )
mu.PI <- apply( mu , 2 , PI )

plot( kcal.per.g ~ neocortex.perc , data=dcc , type="n" )
lines( np.seq , mu.mean )
lines( np.seq , mu.PI[1,] , lty=2 )
lines( np.seq , mu.PI[2,] , lty=2 )
```

R code
5.27

结果如图5-7左下角所示。类似的关于对数体重log(mass)的图在右下角。读者可以自
行修改上面的代码，得到关于对数体重的图。如果不经过亲自实践、犯错，然后改正错
误的过程，你永远无法真正掌握知识。犯错是被允许的。关键不是你理解了书本上的多
少内容，而在于你真正学会知识的速度。

为什么当模型中同时包括新皮层比率和对数体重时，这两个变量对应的参数估计都
比其单独出现在模型中的时候要强？在当前例子中，两个变量和结果变量都相关，只是
一个正相关一个负相关。此外，这两个变量之间是正相关。这样一来，它们之间相互抵
销。这是另外一个多元回归能够帮助你更好地预测参数的例子。这里多元回归模型先问
了问在考虑了体重的情况下，那些新皮层比例高的物种对应的单位母乳热量是否更高。

类似地，在考虑新皮层比例的情况下，体重高的物种对应的单位母乳热量是否更高。由于体重和新皮层比例之间相关，给揭示它们和单位母乳热量之间的关系带来障碍，如果不同时考虑这两个因素就无法得到真实的关系。

深入思考：模拟隐藏的关系。 与之前讲过的虚假相关类似，模拟这样两个对因变量有影响的自变量相互抵销彼此效应的情况有助于你理解这种现象。假设因变量为 y，自变量为 x_{pos} 和 x_{neg}。预测变量 x_{pos} 和 y 正相关，x_{neg} 和 y 负相关。此外，这两个预测变量相互之间正相关。下面模拟符合这些条件数据的代码：

R code
5.28
```
N <- 100                        # 样本量
rho <- 0.7                      # x_pos和x_neg的相关性
x_pos <- rnorm( N )             # x_pos服从高斯分布
x_neg <- rnorm( N , rho*x_pos , # x_neg和x_pos相关
    sqrt(1-rho^2) )
y <- rnorm( N , x_pos - x_neg ) # y的值与x_pos和x_neg同等程度相关
d <- data.frame(y,x_pos,x_neg)  # 将所有数据集合起来放在一个数据框内
```

你首先需要做的是键入 pairs(d) 查看变量之间的两两相关性。如果分别拟合两个回归模型：y 对 x_pos，y 对 x_neg，你得到的后验分布将低估真实的相关性（两个自变量和因变量之间的真实相关性应该为 1 或 −1）。但如果你在模型中同时包括两个自变量，得到的后验分布将和真实情况更加匹配。如果将模拟数据代码中 x_neg 和 x_pos 相关性参数 rho 的取值设置趋向于 0，上面的这种现象将会减弱。如果设置 rho 趋向于 1 或者 −1，该现象会加强。但如果 rho 非常接近 1 或者 −1，这两个变量将提供重复信息，这种情况下统计模型无法得到自变量和因变量的真实相关性。

为什么变量之间的相关模式需要是这样的？可能两个变量都受另外一个第三方未测量的变量的影响。或者其中之一，比如 x_{neg}，受 x_{pos} 的部分影响，但不是全部。它们可能相互部分影响对方，这是互为因果的情形。在哺乳动物母乳的案例中，体重和新皮层比例之间的正相关来源于寿命和学习能力之间的关系。大型动物的寿命可能更长。因此对于大型动物，在学习上的投资更值得。因为你有更长的时间去为学习需要的付出买单。更高的体重和更高的新皮层比例都会影响母乳成分，只是影响的方式和内在机制不同。幸运的是，影响体重和大脑结构的因素还有很多，这种相关性并不是完美的，这使得统计模型有可能将这两者对母乳的影响区分开。这是对情况的推测，与上面完全拟合的例子不同。但是这样有助于你将拟合的特殊例子和真实的数据分析联系起来，尽管在母乳案例中的情况是否和拟合的例子中的情形一致并不能确定。

5.3   添加变量起反作用

通常情况下，你可以将很多潜在的预测变量加入回归模型中。例如，在哺乳动物母乳的数据中有 7 个变量，选择其中任何一个当作因变量，剩下的 6 个都可以作为自变量。为什么不用所有的变量建立模型呢？从纯粹的统计学角度，有下面几个需要避免这样做的原因。接下来会对 3 个原因进行展开。第一是**共线性**（multicollinearity），这个表达听起来很专业高端，实际描述的情况非常简单。一旦确定需要检查共线性，很快就能

够找到并且合理应对。第二是**后处理偏差**(post-treatment bias),指的是对某个因子的结果进行控制产生的偏差。第三是**过度拟合**(overfitting),这是一个非常重要的问题,常常使人对模型的评价发生巨大变化,下一章将详细介绍过度拟合。

共线性指 2 个或 2 个以上的自变量存在强相关。其导致后验分布中参数估计的置信区间很大,也就是参数估计的不确定性很高。即使相应自变量和因变量之间具有强关系也无法避免这种情况。这种令人抓狂的情况之所以产生是由统计控制的原理导致的。理解了共线性,就在总体上理解多元回归模型。让我们从一个简单的拟合开始探索共线性。之后我们会回到母乳的数据,看看真实数据集中的共线性。

5.3.1 共线性

在下面的模拟例子中,需要通过个体的腿长预测个体的身高。当然,身高和腿长正相关,至少这是模拟数据的假设条件。然而,当模型中包括两条腿的长度时,就会出现一些问题。

下面的代码模拟了 100 个样本的身高和腿长观测。对于每个个体,首先从高斯分布中抽取身高观测。然后对每个个体,模拟腿长占身高的比例,从 0.4 到 0.5。最后,在每个模拟的腿长观测数据中加入些许随机误差,这样一来,左右腿的长度不完全相同。在真实情况下,人们的左右腿长度是不完全相同的。最后,我们将模拟的腿长和身高数据存储在一个数据框中。

```
N <- 100                        # 观测数目
height <- rnorm(N,10,2)         # 模拟身高数据
leg_prop <- runif(N,0.4,0.5)    # 腿长占身高的比例
leg_left <- leg_prop*height +   # 模拟左腿长,加上随机误差
    rnorm( N , 0 , 0.02 )
leg_right <- leg_prop*height +  # 模拟右腿长,加上随机误差
    rnorm( N , 0 , 0.02 )
                                # 将观测存储在一个数据框中
d <- data.frame(height,leg_left,leg_right)
```

R code 5.29

现在让我们分析上面数据,用两个变量 leg_left 和 leg_right 预测身高 height。但在拟合模型并且检查后验均值之前,先想想我们期待的结果是什么。一般来说,一个人的腿长大概占身高的 45%(这里就是按照这个假设模拟的数据)。因此,最后表示腿长和身高相关性参数后验估计大概在身高均值(10)除以身高均值的 45%,也就是 $10/4.5 \approx 2.2$。现在让我们看看结果:

```
m5.8 <- map(
    alist(
        height ~ dnorm( mu , sigma ) ,
        mu <- a + bl*leg_left + br*leg_right ,
        a ~ dnorm( 10 , 100 ) ,
        bl ~ dnorm( 2 , 10 ) ,
        br ~ dnorm( 2 , 10 ) ,
        sigma ~ dunif( 0 , 10 )
    ) ,
    data=d )
precis(m5.8)
```

R code 5.30

```
        Mean StdDev  5.5% 94.5%
a       0.70   0.31  0.20  1.20
bl     -0.43   2.18 -3.92  3.06
br      2.48   2.19 -1.01  5.98
sigma   0.62   0.04  0.55  0.69
```

这些后验均值和标准差看上去有点离谱。这种情况下，用图形展示 precis 的结果更加有效，因为通过这种方式展示后验均值和 89% 的置信区间能让存在的问题一目了然：

R code
5.31

```
plot(precis(m5.8))
```

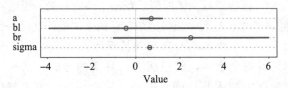

你得到的数据和图形不会完全一样，因为模拟过程有随机性。但得到的结果同样奇怪。如果两条腿的长度几乎相同，且身高和腿长强相关的话，后验分布的结果为什么这么奇怪呢？模型拟合的过程对吗？

模型拟合的过程是没有问题的。这里的后验分布就是我们想要的答案。之前讲过，多元线性回归能够回答这样的问题：在其他变量已知的情况下，观测到某个变量的价值是什么？在当前例子中，该问题变成：当知道一条腿的长度时，得到另外一条腿的长度能够带来什么额外的价值？

对于这个奇怪的问题，答案也同样奇怪，但是完全符合逻辑。后验分布就是这个问题的答案。想想可能的参数取值组合，在当前模型和观测数据的条件下，对每个取值组合指定一个相对可能性。查看 bl 和 br 的二元后验分布能够帮助理解：

R code
5.32

```
post <- extract.samples(m5.8)
plot( bl ~ br , post , col=col.alpha(rangi2,0.1) , pch=16 )
```

结果如图 5-8 左边所示。后验分布显示这两个参数高度相关，所有可能的取值点都分布在一个狭长区域内。当 bl 增大时，br 就减小。出现这种现象是因为两个变量含有的信息几乎完全等价。如果一定要在模型中同时使用这两个变量，那么对相同的预测表现，有无数种可能的 bl 和 br 的取值组合。

可以从下面的角度理解该现象。建模其实是在逼近下面的似然函数：

$$y_i \sim \text{Normal}(\mu_i \sigma)$$
$$\mu_i = \alpha + \beta_1 x_i + \beta_2 x_i$$

其中 y 是结果变量，在当前例子中就是身高。x 是预测变量，也就是腿长。这里相同的 x_i 出现了两次，完美地展现了例子中的问题，两条腿的长度几乎是一样的。从机器的角度，真正的似然函数其实是：

$$y_i \sim \text{Normal}(\mu_i \sigma)$$
$$\mu_i = \alpha + (\beta_1 + \beta_2) x_i$$

这里相当于将原本 x_i 的参数分成两部分。但是 β_1 和 β_2 是无法分开的，因为它们是共同

影响 μ 的。真正对 μ 的影响是 $\beta_1+\beta_2$。因此，这两个参数的后验分布实际上反映了对总影响的所有可能划分，但是两个参数的和总是在 x 和 y 的总相关性附近。

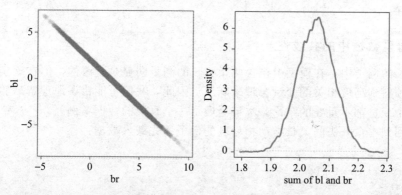

图 5-8　(左)通过两条腿长预测身高的模型 m5.8，拟合得到的两个自变量对应参数的后验分布样本相关图。由于两个变量含有几乎等价的信息，它们对应的参数的二元后验分布呈负相关的狭长条状。(右)两个参数取值之和的后验分布的均值在真实腿长和身高的相关性值附近

从这个模拟样本中得到的后验分布正是这么做的：它给出的 bl 和 br 估计值组合是合理的。你可以通过下面的代码计算两个参数估计之和的后验分布：

```
sum_blbr <- post$bl + post$br
dens( sum_blbr , col=rangi2 , lwd=2 , xlab="sum of bl and br" )
```
R code
5.33

得到的密度分布曲线如图 5-8(右)所示。后验分布的均值所在的位置是正确的，稍微大于 2。且相应的标准差比其中任何一个参数后验分布样本都要小。如果你只用一条腿长拟合模型，得到的参数后验均值大致也是 2：

```
m5.9 <- map(
    alist(
        height ~ dnorm( mu , sigma ) ,
        mu <- a + bl*leg_left,
        a ~ dnorm( 10 , 100 ) ,
        bl ~ dnorm( 2 , 10 ) ,
        sigma ~ dunif( 0 , 10 )
    ) ,
    data=d )
precis(m5.9)
```
R code
5.34

```
      Mean StdDev 5.5% 94.5%
a     0.74   0.31 0.24  1.23
bl    2.05   0.07 1.94  2.16
sigma 0.63   0.04 0.56  0.70
```

这里的 2.05 和之前两个参数样本求和 sum_blbr 的平均值几乎一样。

因为模拟过程中的随机性，你的模拟结果可能和这里不完全相同。但是传达的基本信息是一样的：当两个变量高度相关时，将两个变量都放在模型中会产生令人混淆的结果。在这种情况下得到的后验分布并没有错，只是告诉你这些数据无法回答当前的问

题，能知道模型无法回答某个问题也不失为一件好事。如果你感兴趣的仅仅是预测，那么这个模型给出的预测是合理的。只是无法通过拟合模型得出哪条腿的长度对身高的预测效果更好。

5.3.2　母乳数据中的共线性

在腿长的例子中，在模型中包含两条腿长的测量明显是荒谬的。但在现实中，我们可能没有预料到高度相关的变量会带来麻烦。因此，我们可能错误地理解后验分布，从而得出两个变量都不重要的结论。本节会展示一个真实的数据案例。

现在回到本章开头的灵长类动物母乳的例子。先载入数据：

R code
5.35

```
library(rethinking)
data(milk)
d <- milk
```

以上数据集中的变量 perc.fat（脂肪比例）和 perc.lactose（乳糖比例）会用于母乳热量 kcal.per.g 的预测模型中。我们将以这 3 个变量为例展示如何检查真实数据集中的共线性。注意这里选择变量列中没有缺失值 NA，因此不需要删除缺失观测。

从分别用 perc.fat 和 perc.lactose 对 kcal.per.g 建立二元回归模型开始：

R code
5.36

```
# perc.fat为自变量，kcal.per.g为因变量的回归
m5.10 <- map(
    alist(
        kcal.per.g ~ dnorm( mu , sigma ) ,
        mu <- a + bf*perc.fat ,
        a ~ dnorm( 0.6 , 10 ) ,
        bf ~ dnorm( 0 , 1 ) ,
        sigma ~ dunif( 0 , 10 )
    ) ,
    data=d )

# perc.lactose为自变量，kcal.per.g为因变量的回归
m5.11 <- map(
    alist(
        kcal.per.g ~ dnorm( mu , sigma ) ,
        mu <- a + bl*perc.lactose ,
        a ~ dnorm( 0.6 , 10 ) ,
        bl ~ dnorm( 0 , 1 ) ,
        sigma ~ dunif( 0 , 10 )
    ) ,
    data=d )

precis( m5.10 , digits=3 )
precis( m5.11 , digits=3 )
```

```
      Mean StdDev  5.5% 94.5%
a     0.301 0.036 0.244 0.358
bf    0.010 0.001 0.008 0.012
sigma 0.073 0.010 0.058 0.089
```

```
          Mean StdDev    5.5%   94.5%
a        1.166  0.043   1.098   1.235
bl      -0.011  0.001  -0.012  -0.009
sigma    0.062  0.008   0.049   0.075
```

bf 的后验均值（也就是脂肪比例和母乳热量之间相关性的度量）是 0.01，相应的 89% 的置信区间是 [0.008，0.012]。第二个模型中乳糖比例对应参数的后验均值是 -0.01，相应的 89% 的置信区间是 [-0.012，-0.009]。这些后验均值本质上是相反的，bf 和 bl 对应参数的大小相同，符号相反。两个后验分布都很窄，并且几乎分布在 0 点某侧（一个参数大于零，另外一个就小于零）。

在将两个自变量都纳入模型之前，注意 bf 和 bl 对应参数估计的绝对值都不大。所以你可能会怀疑这两个参数对结果（母乳热量）的影响。它们确实有影响。记得这里两个自变量都是比例值（这里用 0~100 的数值表示），因此观测是比较大的。仅看回归线的斜率是不够的，因为变量对预测结果的影响取决于变量观测和参数的乘积。除非之前已经对参数进行了标准化，否则要理解变量的影响需要计算出相应预测值，或者作图。即使标准化了变量，最好还是看看结果图。

在每个预测变量和结果变量都存在强相关性的情况下，对于不同的物种或许可以断定，这两个变量都是母乳热量的可靠预测变量。脂肪含量越高，母乳的热量越高。乳糖含量越高，母乳热量越高。但看看当回归模型中包含两个预测变量时结果怎样：

```
m5.12 <- map(
    alist(
        kcal.per.g ~ dnorm( mu , sigma ) ,
        mu <- a + bf*perc.fat + bl*perc.lactose ,
        a ~ dnorm( 0.6 , 10 ) ,
        bf ~ dnorm( 0 , 1 ) ,
        bl ~ dnorm( 0 , 1 ) ,
        sigma ~ dunif( 0 , 10 )
    ) ,
    data=d )
precis( m5.12 , digits=3 )
```

R code
5.37

```
          Mean StdDev    5.5%   94.5%
a        1.007  0.200   0.688   1.327
bf       0.002  0.002  -0.002   0.006
bl      -0.009  0.002  -0.013  -0.005
sigma    0.061  0.008   0.048   0.074
```

现在 bf 和 bl 对应的后验均值更加接近 0。而且相应的标准差也是之前单独建模的两倍（m5.10 和 m5.11）。这里，脂肪百分比对应参数的后验均值几乎就是 0。

这里发生了什么？这里的情况其实和之前腿长的例子一样。perc.fat 和 perc.lactose 含有几乎等价的信息。这两个变量是能够相互替代的。结果就是，当你在回归中同时包含两个变量时，后验分布其实就是之前展示的那种狭长条状。

在这里，可以很容易地从散点图矩阵中看出两个变量几乎等价：

```
pairs( ~ kcal.per.g + perc.fat + perc.lactose ,
    data=d , col=rangi2 )
```

R code
5.38

结果如图 5-9 所示。在矩阵图的对角线上显示了相应的变量名称。在每条对角线以外的

散点图中，每幅图的纵轴变量是相应行对角线
方框中显示的变量。横轴变量是相应列对角线
方框中显示的变量。例如，图 5-9 第一行中的
两幅散点图，从左向右数第一幅图的横轴为
perc.fat，纵轴为 kcal.per.g；第二幅图的横
轴为 perc.lactose，纵轴为 kcal.per.g。注意
脂肪百分比和母乳热量之间是正相关的。乳糖
百分比和母乳热量之间是负相关的。再看看第
二行第三列的图，这幅图的横轴是乳糖百分比，
纵轴是脂肪百分比。可见这两个变量之间是高
度负相关的，它们的相关性强到几乎重复变量。
使用某个变量能够帮助预测 kcal.per.g，但如
果你已经知道其中一个变量，再知道另外一个
变量并没有什么帮助。

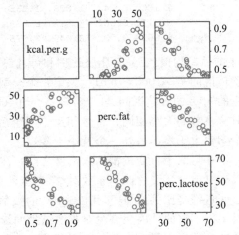

图 5-9　母乳热量，脂肪百分比和乳糖百分比
的散点矩阵图。脂肪百分比和乳糖百
分比之间存在强烈的负相关，这两个
变量几乎提供了等价的信息

你能够通过 cor 函数计算两个变量的相
关性：

R code
5.39

```
cor( d$perc.fat , d$perc.lactose )
```

```
[1] -0.9416373
```

这是非常强的相关性。相关性多强才认为存在共线性呢？这个问题并不好回答。确实只
有当相关性非常高时才会影响分析。真正重要的并不是变量的相关性，而是在考虑到其
他变量的情况下，这种相关性是否还存在。

因为这里只有两个预测变量，所以只需要稍微进行一下模拟实验，就可以直接回答
相关性的问题。假设我们只有 kcal.per.g 和 perc.fat 这两个变量的观测。现在，让我
们创建一个随机预测变量 x，使之与 perc.fat
的相关性是某一指定值。然后将创建出的 x
和原来的 perc.fat 作为自变量，建立回归模
型。记录下 perc.fat 参数估计的标准差。然
后将 x 和 perc.fat 之间的相关性设置成不同
的值，重复上面的过程。

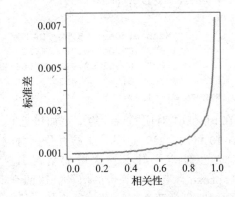

这样可以得到类似图 5-10 中展示的结果。
纵轴是变量 x 的 100 次随机模拟对应的 per-
c.fat 参数估计的平均标准差。横轴是 x 和
perc.fat 之间的相关性。当二者不相关时（也
就是图的左边），后验分布的标准差很小。这
意味着参数估计的后验样本分布在很窄的区间
内。随着 x 和 perc.fat 相关性的增加（记得这
里我们并没有添加额外的信息，只是增加了一
个与 perc.fat 相关的随机数列），参数后验估

图 5-10　自变量间的相关性对参数后验分布
范围的影响。纵轴是感兴趣的自变
量对应的参数后验分布的平均标准
差。横轴是感兴趣的自变量和额外
加入模型的自变量之间的相关性。
随着相关性的增加，标准差增大

计标准差也随之增加。当相关性高于 0.9 时，标准差急速上升。当相关性趋于 1 时，标准差实际上趋于无穷大。实现这一过程的代码包含了一些没有讲到的知识，可参见本节末尾的"深入思考"。

遇到参数之间共线的情况该怎么办？最好的办法就是知道这种现象存在。你可以通过检查变量的散点图矩阵来发现这个问题。任何一对或者一组高度相关的变量（相关性超过 0.9）一旦同时出现在模型中，都有可能导致问题。但是，高度相关的变量不总是完全冗余——其他自变量可能和这两个高度相关的变量中的一个相关，因此有助于得到这对变量各自含有的独特信息。因此，仅凭相关性表格或散点图矩阵无法判断存在共线性是否意味着你应该删除一些变量。但你仍然可以通过标准差急剧增大的现象判断共线性是否会导致问题。

不同应用领域常用的处理共线性问题的方式也不同。某些领域会使用某些降维工具，例如主成分分析和因子分析。然后将这些成分或因子当作新的预测变量。在另外一些领域，人们对这样的方法嗤之以鼻，因为主成分和因子都很难解释，而且在产生这样的因子的时候，通常有些潜在的不为人觉察的机制。将这些构造出来的变量用于预测同样会带来麻烦。即使告诉你成分 2 和结果变量有关联，也无法说明原自变量和结果变量之间有什么关系。如果经验足够丰富的话，可能可以在某种程度上克服难以解释的问题，但这终归还是个问题。一种防御性的方法是说明用高度相关的一族变量中的任何一个给出的推断或预测都一样。例如，降雨和土壤湿度在生态学分析中是高度相关的。在模型中同时使用这两个变量（预测某植物物种是否出现）可能会导致共线性的问题。但如果你能说明单独使用其中任何一个变量都能得到几乎一样的结果的话，就能肯定这两个变量含有相同生态维度的信息。

共线性的问题实际上是某模型拟合问题家族中的一员，通常称为**不可识别性**（nonidentifiability）。当一个参数无法识别时，说明数据和模型结构导致无法估计参数值。这类问题的发生有时是因为编码模型的错误，但是许多重要的模型，即使编码完全正确，也同样会出现参数无法识别或者识别度很低的情况。

总之，无法保证现有数据包含很多关于感兴趣参数的信息。当这种情况发生时，贝叶斯模型返回的后验分布范围就很宽。这并不意味着有什么错误——你得到的问题答案依旧正确。但这可能指引你问更好的问题。通常情况下，最好检查一下参数之间的相关性，尤其是当后验分布区间非常宽泛的时候，这样一来，能够防止对模型做出错误的解释。

> **再思考：保证识别性；如何理解取决于你。** 从技术的角度上说，对贝叶斯模型来说**可识别性**不是一个问题。因为只要后验分布是恰当的——意味着积分为 1，那么所有的参数都是可识别的。但这个技术上的事实并不代表你能够很好地解释后验分布。因此，在贝叶斯模型的框架下最好还是稍微谈论一下弱识别性的问题。本书后面还会有几个这样的例子。

深入思考：模拟共线性。 用来产生图 5-10 的代码涉及编写能够生成相关预测变量、拟合模型，并且返回 perc.fat 对应参数后验分布标准差的函数。这里 perc.fat 是自变量，kcal.per.g 是因变量。之后，该代码对不同的相关性取值重复调用这些函数，收集结果。

R code
5.40

```
library(rethinking)
data(milk)
d <- milk
sim.coll <- function( r=0.9 ) {
    d$x <- rnorm( nrow(d) , mean=r*d$perc.fat ,
        sd=sqrt( (1-r^2)*var(d$perc.fat) ) )
    m <- lm( kcal.per.g ~ perc.fat + x , data=d )
    sqrt( diag( vcov(m) ) )[2] # stddev of parameter
}
rep.sim.coll <- function( r=0.9 , n=100 ) {
    stddev <- replicate( n , sim.coll(r) )
    mean(stddev)
}
r.seq <- seq(from=0,to=0.99,by=0.01)
stddev <- sapply( r.seq , function(z) rep.sim.coll(r=z,n=100) )
plot( stddev ~ r.seq , type="l" , col=rangi2 , lwd=2 , xlab="correlation" )
```

对 r.seq 中的每个相关性取值，上面的代码进行了 100 次回归并且返回平均标准差。上面的代码使用的是水平先验，这并不是好的选择。从某种程度上说确实夸大了共线变量的影响。当你使用含有信息的先验时，标准差的膨胀效应会小很多。

5.3.3 后处理偏差

人们通常会担心由于忽略预测变量导致的推断错误。这样的错误通常称为忽略变量偏差，之前章节中的例子阐明了这点。但是人们不常担心模型中其他变量造成的推断错误。这类错误称为后处理偏差。⊖

这里的"后处理"是一个实验设计的术语，但对观察性研究也成立。如在温室中种植植物，你想知道植物在不同的抗真菌土壤中生长情况的不同，因为真菌通常会阻碍植物生长。播种植物，等待发芽。然后测量植株的初始高度。接着应用不同的土壤。最终的观测是土壤中的真菌情况以及植株的高度。这里有 4 个感兴趣的变量：初始高度、最终高度、处理和真菌情况。最终高度是结果变量。但剩余的变量哪些应该在模型当中呢？如果研究目标是对不同土壤进行因果推断，那么就不该在模型中加入真菌情况，因为这个变量是后处理效应。⊖

为了更加清楚地解释后处理偏差，这里模拟一个数据集，看看包括后处理变量会导致什么问题：

R code
5.41

```
# 植株数目
N <- 100

# 模拟初始植株高度
h0 <- rnorm(N,10,2)
```

⊖ Rosenbaum(1984)称其为共存变量偏差。见 Gelman 和 Hill(2007)中的第 9 章。对该问题没有标准的术语。它是广义中介分析的一个组成部分，一些领域将其放在这类方法中讨论。

⊖ 也就是说这个变量的观测可能是使用不同土壤导致的结果，如果使用的是抗真菌土壤，那么最后可能就不会检测出真菌。——译者注

```
# 分配不同的处理，模拟真菌情况和生长
treatment <- rep( 0:1 , each=N/2 )
fungus <- rbinom( N , size=1 , prob=0.5 - treatment*0.4 )
h1 <- h0 + rnorm(N, 5 - 3*fungus)

# 组成数据框
d <- data.frame( h0=h0 , h1=h1 , treatment=treatment , fungus=fungus )
```

运行上面的代码应该能够得到模拟的植物生长实验数据框 d。让我们拟合一个包含上面所有变量的模型：

R code
5.42

```
m5.13 <- map(
    alist(
        h1 ~ dnorm(mu,sigma),
        mu <- a + bh*h0 + bt*treatment + bf*fungus,
        a ~ dnorm(0,100),
        c(bh,bt,bf) ~ dnorm(0,10),
        sigma ~ dunif(0,10)
    ),
    data=d )
precis(m5.13)
```

```
      Mean StdDev  5.5% 94.5%
a     5.05   0.49  4.26  5.83
bh    1.00   0.05  0.92  1.08
bt   -0.27   0.22 -0.61  0.08
bf   -3.29   0.25 -3.69 -2.89
sigma 0.95   0.07  0.84  1.05
```

由于模拟过程的随机性，你的估计可能和这里展示的结果不同。但你应该可以重复上面的代码和分析，感受一下每个样本给出结果的波动。每次运行的结果都是不同的。

查看上面总结表格中 bt 的边缘后验分布，土壤处理对应的效应估计是负数。但实际上置信区间包括 0 点，说明效应其实不显著。另外两个变量 h0 和 fungus，都对结果有重要的影响。在已知土壤处理是很重要的因素的情况下（因为就是这样模拟数据的），这里到底出了什么问题？

问题在于，fungus 几乎就是 treatment 的结果。也就是说 fungus 是一个后处理变量。因此，当我们控制 fungus 变量时，模型实际上在回答如下问题：在已知土壤中是否有真菌的情况下，不同的土壤对植物高度还有影响吗？答案是"否"，因为土壤处理对植株生长的影响就是通过其对真菌的控制造成的。但根据当前的实验设计我们实际上想要知道的是土壤处理对生长的影响。为了更好地衡量这一点，我们应该忽略后处理变量 fungus。下面是更新后的结果：

R code
5.43

```
m5.14 <- map(
    alist(
        h1 ~ dnorm(mu,sigma),
        mu <- a + bh*h0 + bt*treatment,
```

```
        a ~ dnorm(0,100),
        c(bh,bt) ~ dnorm(0,10),
        sigma ~ dunif(0,10)
    ),
    data=d )
precis(m5.14)
```

	Mean	StdDev	5.5%	94.5%
a	4.19	0.80	2.92	5.46
bh	0.94	0.08	0.81	1.07
bt	1.07	0.31	0.57	1.57
sigma	1.56	0.11	1.38	1.73

现在可以看到，土壤处理的影响显著为正，这才是应该出现的情况。对实施处理前的情况进行控制是必要的，比如加入初始高度 h0，否则可能测量不到处理产生的影响。当然，包含 fungus 变量极大降低了 treatment 的参数估计。该现象正说明土壤处理这个变量的产生影响的机理和预期相同。但要正确地对土壤处理进行推断依旧需要移除后处理变量。

无论是实验设计还是观察研究，后处理变量产生的问题都存在。但是在实验设计中，很容易知道哪个变量是处理前的初始水平，比如 h0；哪个变量是后处理变量，比如 fungus。在观察研究中，这通常很难发现。

再思考：模型比较没有帮助。下一章会讲到通过信息标准比较模型。和其他的模型比较和选择标准类似，这些标准对建立和选择模型结构有帮助。但是这些方法对上面的问题没有帮助。因为含有 fungus 的模型不仅仅对建模的数据拟合情况更好，对模型外样本的预测情况也更好。模型 m5.13 具有误导性是因为试图回答错误的问题，而不是因为预测不好。没有任何统计方法能够代替对问题本身的科学知识。

5.4 分类变量

一个统计模型的常见问题是，当某个类别的观测出现或缺失时对结果的影响有多大。以之前的不同物种之间的母乳差异为例，其中一些物种是类人猿，另外一些是新世界猴。我们可能要问，类人猿和猴子这两类样本预测情况有何不同。生物分类是分类变量，因为没有一个物种一半是类人猿一半是猴子。另外一些常见的分类变量是：

- 性别：男性和女性
- 发展阶段：婴儿、青少年和成年
- 地理区域：非洲、欧洲和美拉尼西亚（西南太平洋群岛）

很多读者已经知道这种变量，通常称为因子变量，常出现在线性模型中。但大部分人并不清楚这些变量是如何纳入模型的，因为通常情况下计算机对因子变量自动进行了编码。但出于某些原因，了解计算机对变量做了什么是应该的。事实上，对分类变量解释参数估计比通常的连续变量困难得多。知道计算机如何编码这些变量能极大帮助理解参数估计。

5.4.1   二项分类

在最简单的例子中，感兴趣的变量只有两个类别，比如男性和女性。让我们再次使用之前第 4 章提到的纳米比亚桑人部落的数据。之前我们预测身高的时候忽略了性别变量，但显然，男性和女性的平均身高是不同的。看看数据集中的变量：

```
data(Howell1)
d <- Howell1
str(d)
```

R code
5.44

```
'data.frame': 544 obs. of  4 variables:
 $ height: num  152 140 137 157 145 ...
 $ weight: num  47.8 36.5 31.9 53 41.3 ...
 $ age   : num  63 63 65 41 51 35 32 27 19 54 ...
 $ male  : int  1 0 0 1 0 1 0 1 0 1 ...
```

变量 male 将是新的预测变量，用来作为名义变量的例子。通常将分类变量（或者因子变量）转化为名义变量，用于量化模型中。male 变量告诉你样本是否为男性。当样本为男性时取值为 1，女性时取值为 0。将哪个类别编码为 1 并不重要，对模型没有影响。但是解释模型的时候需要知道编码的方式，因此最好将编码为 1 的那个类别名称作为变量名。

名义变量产生影响的方式好比一个开关，允许其中一类样本产生影响，同时屏蔽另外的样本。写出具体的数学表达会更好理解。要拟合的模型是：

$$h_i \sim \text{Normal}(\mu_i, \sigma)$$
$$\mu_i = \alpha + \beta_m m_i$$
$$\alpha \sim \text{Normal}(178, 100)$$
$$\beta_m \sim \text{Normal}(0, 10)$$
$$\sigma \sim \text{Uniform}(0, 50)$$

其中 h 是身高，m 是男性对应的名义变量。参数 β_m 只对那些 $m_i = 1$ 的样本产生影响。当 $m_i = 0$ 时，参数对预测没有影响，因为在模型中任何参数估计乘以 0 还是 0。

可以用 map 函数通过常用的格式拟合模型：

```
m5.15 <- map(
    alist(
        height ~ dnorm( mu , sigma ) ,
        mu <- a + bm*male ,
        a ~ dnorm( 178 , 100 ) ,
        bm ~ dnorm( 0 , 10 ) ,
        sigma ~ dunif( 0 , 50 )
    ) ,
    data=d )
precis(m5.15)
```

R code
5.45

```
      Mean StdDev   5.5%  94.5%
a    134.84   1.59 132.29 137.38
bm     7.27   2.28   3.62  10.92
sigma 27.31   0.83  25.99  28.63
```

解释上面输出的估计时需要注意，参数 α(a)现在代表所有女性的平均身高。为什么？因为当 $m_i = 0$，也就是女性样本，预测的身高均值是 $\mu_i = \alpha + \beta_m(0) = \alpha$。因此，估计结果表明，预期的女性平均身高是 135cm。参数 β_m 代表男性和女性平均身高的差别，也就是 7.3cm。因此，只要将这两个值相加得到的就是平均男性身高：$135 + 7.3 = 142.3$cm。

对于男性身高后验分布均值而言，这看上去够好了，但你还需要考虑后验分布的宽度。因为参数 α 和 β_m 相关，所以不能直接将 precis 输出中两个参数估计置信区间端点相加得到其求和的置信区间。$^{\ominus}$但是通常情况下，最简单的得到男性平均身高分位数区间的方法就是直接从后验分布中抽取样本。然后，将 a 和 bm 的样本相加得到其和的后验分布。下面是相应的代码：

R code
5.46

```
post <- extract.samples(m5.15)
mu.male <- post$a + post$bm
PI(mu.male)
```

```
        5%       94%
139.3947 144.7834
```

直接使用样本自动应对 a 和 bm 相关的问题。不管参数间的相关性如何，对样本的处理方式都是一样的。

深入思考：对模型重新参数化。 在进入因子类别数目超过 2 的情况之前，先用另外一种方法重新拟合类别数目为 2 的情况。这次使用不同的**参数化**方式。将之前代表男性和女性不同的参数换成用两个参数分别代表男性和女性：

$$h_i \sim \text{Normal}(\mu_i, \sigma)$$
$$\mu_i = \alpha_f(1 - m_i) + \alpha_m m_i$$

其中 α_f 代表女性的平均身高，α_m 代表男性的平均身高。代入 $m_i = 0$ 或者 $m_i = 1$ 就相应选择了 α_f 或 α_m，但一次只有一个参数起作用，对每个样本都是如此。用下面的代码拟合模型：

R code
5.47

```
m5.15b <- map(
    alist(
        height ~ dnorm( mu , sigma ) ,
        mu <- af*(1-male) + am*male ,
        af ~ dnorm( 178 , 100 ) ,
        am ~ dnorm( 178 , 100 ) ,
        sigma ~ dunif( 0 , 50 )
    ) ,
    data=d )
```

这里留给读者自行证明上面的模型结果和之前 m5.13 其实是等价的。事实上，只需要稍微一点代数知识就能够证明上面结果是等价的。将上面 μ_i 的表达式重新写成：

$\ominus$ 在后验分布是高斯分布的条件下，你可以通过将各项方差相加得到和的方差，且将协方差翻倍。两个正态分布变量 a 和 b 之和（或差）的方差是：$\sigma_a^2 + \sigma_b^2 + 2\rho\sigma_a\sigma_b$。其中 ρ 是两个变量的相关性。

$$\mu_i = \alpha_f + (\alpha_m - \alpha_f)m_i$$

上面表达式中反映了原来的 β_m 的定义，也就是男性和女性平均身高的差别 $\alpha_m - \alpha_f$。

5.4.2 多类别

二项变量比较容易处理，因为只需要一个名义变量。你只要选择其中的一个类别，另外一个类别的影响就归到截距 α 中去了。

但当类别超过 2 时，你需要多个名义变量。下面是一条总体原则：在线性模型中，如果原变量有 k 个类别，则需要 $k-1$ 个名义变量。每个名义变量取值为 1 时都代表一个特定类别的归属情况。没有对应名义变量的类别就归于截距。

让我们再次以母乳数据为例。现在感兴趣的是 clade 项，该项包括了每个物种对应的分类学上广义的所属类别信息。

```
data(milk)
d <- milk
unique(d$clade)
```
R code
5.48

```
[1] Strepsirrhine   New World Monkey Old World Monkey Ape
Levels: Ape New World Monkey Old World Monkey Strepsirrhine
```

这种情况经常发生。类别数目超过 2 并且不是以名义变量的形式出现，而是一个多类别变量。但要将分类变量编码成名义变量很容易。我们可以以用下面的代码创建 New World Monkey 类别对应的名义变量：

```
( d$clade.NWM <- ifelse( d$clade=="New World Monkey" , 1 , 0 ) )
```
R code
5.49

```
[1] 0 0 0 0 0 1 1 1 1 1 1 1 1 0 0 0 0 0 0 0 0 0 0 0 0 0 0 0 0
```

只有那些属于 New World Monkey 的样本对应的名义变量取值是 1。用类似的方法你可以得到其他名义变量：

```
d$clade.OWM <- ifelse( d$clade=="Old World Monkey" , 1 , 0 )
d$clade.S <- ifelse( d$clade=="Strepsirrhine" , 1 , 0 )
```
R code
5.50

没有必要对 Ape 类别建立名义变量，因为其为基准类别，归入截距中。事实上，如果加入 Ape 这个类别对应的名义变量，就会出现模型无法识别的情况。你能自己弄明白为什么？

用 clade 对应的名义变量拟合 kcal.per.g 的模型如下：

$$k_i \sim \text{Normal}(\mu_i, \sigma)$$
$$\mu_i = \alpha + \beta_{\text{NWM}}\text{NWM}_i + \beta_{\text{OWM}}\text{OWM}_i + \beta_S S_i$$
$$\alpha \sim \text{Normal}(0.6, 10)$$
$$\beta_{\text{NWM}} \sim \text{Normal}(0, 1)$$
$$\beta_{\text{OWM}} \sim \text{Normal}(0, 1)$$
$$\beta_S \sim \text{Normal}(0, 1)$$
$$\sigma \sim \text{Uniform}(0, 10)$$

这样的线性模型实际上定义了如下的 4 个模型，每个模型都对应一个不同的类别。下面的表格能帮助理解每种类别对应模型中参数的情况：

类别	NWM_i	OWM_i	S_i	μ_i
Ape	0	0	0	$\mu_i = \alpha$
New World monkey	1	0	0	$\mu_i = \alpha + \beta_{NWM}$
Old World monkey	0	1	0	$\mu_i = \alpha + \beta_{OWM}$
Strepsirrhine	0	0	1	$\mu_i = \alpha + \beta_S$

每个类别对应不同的 1s 和 0s 组成的名义变量，这些名义变量反过来给出了不同的 μ_i 表达式。

拟合模型的代码很直观：

R code
5.51

```
m5.16 <- map(
    alist(
        kcal.per.g ~ dnorm( mu , sigma ) ,
        mu <- a + b.NWM*clade.NWM + b.OWM*clade.OWM + b.S*clade.S ,
        a ~ dnorm( 0.6 , 10 ) ,
        b.NWM ~ dnorm( 0 , 1 ) ,
        b.OWM ~ dnorm( 0 , 1 ) ,
        b.S ~ dnorm( 0 , 1 ) ,
        sigma ~ dunif( 0 , 10 )
    ) ,
    data=d )
precis(m5.16)
```

```
        Mean StdDev  5.5% 94.5%
a       0.55   0.04  0.49  0.61
b.NWM   0.17   0.05  0.08  0.25
b.OWM   0.24   0.06  0.15  0.34
b.S    -0.04   0.06 -0.14  0.06
sigma   0.11   0.02  0.09  0.14
```

对于 ape 类别，平均母乳热量的估计是 a。其他类别参数估计表示与 ape 平均母乳热量之间的差别。因此，想要得到每个类别分别对应的平均母乳热量，可以和之前一样使用后验样本：

R code
5.52

```
# 样本后验概率
post <- extract.samples(m5.16)

# 计算每种类别的平均值
mu.ape <- post$a
mu.NWM <- post$a + post$b.NWM
mu.OWM <- post$a + post$b.OWM
mu.S <- post$a + post$b.S

# 用precis函数给出结果总结
precis( data.frame(mu.ape,mu.NWM,mu.OWM,mu.S) )
```

```
         Mean StdDev |0.89 0.89|
mu.ape   0.55   0.04   0.49  0.61
mu.NWM   0.71   0.04   0.65  0.77
mu.OWM   0.79   0.05   0.71  0.86
mu.S     0.51   0.05   0.43  0.59
```

结果显示，在模型和数据的条件下，每个类别最可能的每克平均母乳热量分别为 0.55、0.71、0.79 和 0.51。每个类别对应的 89% 的 HPDI 区间端点如最后两列所示。

一旦你熟悉了这种处理模型参数估计的方法，就能够在拟合模型的基础上重新参数化模型。例如，之前拟合的 m5.16 中每个参数 b 对应的是某一个其他类别和 ape 类的差距。这给比较不同类别带来困难。假如你想知道 New World monkey 和 Old World monkey 这两个类别之间的不同，只要将这两个估计相减即可：

```
diff.NWM.OWM <- mu.NWM - mu.OWM
quantile( diff.NWM.OWM , probs=c(0.025,0.5,0.975) )
```

R code
5.53

```
      2.5%          50%         97.5%
-0.19041506  -0.07374566   0.04737627
```

上面的结果分别是 New World monkey 和 Old World monkey 这两个类别之间差别的 95% 的置信区间的下限、中位数和 95% 的置信区间的上限。由于使用后验分布样本，你可以得到 NWM 和 OWN 之间差距的后验分布。这样一来，这里的结果同时考虑了两个后验分布中的不确定性。

> **再思考：差异和统计显著性。** 在解释参数估计时的一个常见错误是，如果一个参数估计远不等于 0 (也就是"显著")，另外一个参数估计在 0 周围(也就是"不显著")，那么就认为这两个参数的差异一定是显著的。这是不一定的[⊖]。这不仅对非贝叶斯分析来说是个问题：在贝叶斯分析中，如果你对两个参数的差感兴趣，应该将这两个参数相减得到差异的后验分布。仅靠观察参数各自的后验分布情况是不行的，比如男性对应的斜率参数估计在 0 周围，而女性对应的参数估计显著大于 0，你不能据此判断两个性别之间差别的后验分布情况。这时必须计算男性和女性对应参数差异的后验样本，得到样本分布。例如，假设你已经得到参数 β_f 和 β_m 的后验分布。β_f 的均值和标准差是 0.15 ± 0.02，β_m 的均值和标准差是 0.02 ± 0.10。因此，虽然 β_f 显著大于 0，β_m 不显著，直接通过这两个参数的后验分布得到的差异分布为 $(0.15-0.02) \pm \sqrt{0.02^2 + 0.1^2} \approx 0.13 \pm 0.10$。而实际差异的后验分布置信区间是包括 0 的。换句话说，你可以对 β_f 大于 0 很有信心，但无法确定 β_f 和 β_m 之间的差别是否显著不为 0。
>
> 在非贝叶斯显著性检验的语境下，该现象发生的原因是统计显著性只在某个维度上有效：是否偏离零假设。当 β_m 和 0 的差别不显著时，它和其他一些离 0 较远的值之间的差别可能也不显著。这里参数估计是具有不确定性的。当你要比较 β_m 和 β_f 之间的差别时，这种比较也是不确定的，这种不确定性表现在 $\beta_f - \beta_m$ 的后验分布宽

⊖ 进一步解释见 Gelman 和 Stern(2006)。关于这类错误频繁发生的证据见 Nieuwenhuis 等人(2001)。

度上。在该例子之下潜藏着一个关于解释统计显著性更加本质的错误：错误接受零假设。任何时候只要在文章或书籍上看到类似"我们没有发现不同"或者"没有效果"这样的话，这通常意味着某个变量和 0 之间的差别不显著，因此作者接受了零假设。这是不符合逻辑但同时却是广泛存在的。

5.4.3　加入一般预测变量

现在，加入其他预测变量没有什么困难的，比如 perc.fat 或 log(mass)。只需要像你通常所做的那样，将它们加入均值的表达式。例如，将 perc.fat 这个变量加入含有名义变量的模型中：

$$\mu_i = \alpha + \beta_{\mathrm{NWM}}\mathrm{NWM}_i + \beta_{\mathrm{OWM}}\mathrm{OWM}_i + \beta_S S_i + \beta_F F_i$$

其中 F_i 是第 i 个样本对应的脂肪百分比，β_F 是相应 F 的斜率，反映该变量对预测平均母乳热量影响。

在介绍交互效应的章节会回到名义变量和连续变量之间关系的话题上来。由于名义变量可以根据所属类别，开启或者关闭第 i 行的样本，因而可以用来给出不同类别情况下的预测。这种因地制宜的效应是通过调节不同类别名义变量参数来实现的，使得不同类别的数据对应不同的自变量和因变量关系。

5.4.4　另一种方法：独一无二的截距

另一种应对分类变量的方法是对每类样本设置特定的截距。你可以创建一个指针变量，该变量指明了每个类别对应的参数。我们之后会使用该方法，因为这种参数化方式在分层模型中很常见（见第 12 章）。

下面是一个简单的例子。对灵长类动物母乳数据中的 clade 变量建立对应的指针变量：

R code
5.54

```
( d$clade_id <- coerce_index(d$clade) )
```

```
[1] 4 4 4 4 4 2 2 2 2 2 2 2 2 2 2 3 3 3 3 3 3 3 1 1 1 1 1 1 1 1 1
```

新变量就是用数字代替原来的因子层级。clade 变量中有 4 个层级，分别转化成 1 到 4。但谁是 1 谁是 4 并不重要，它们是不分次序的，所以该变量只是"指针"。之后需要告诉 map 函数使用 clade_id 作为截距变量：

R code
5.55

```
m5.16_alt <- map(
    alist(
        kcal.per.g ~ dnorm( mu , sigma ) ,
        mu <- a[clade_id] ,
        a[clade_id] ~ dnorm( 0.6 , 10 ) ,
        sigma ~ dunif( 0 , 10 )
    ) ,
    data=d )
precis( m5.16_alt , depth=2 )
```

```
      Mean StdDev 5.5% 94.5%
a[1]  0.55   0.04 0.48  0.61
```

```
a[2]  0.71   0.04 0.65 0.78
a[3]  0.79   0.05 0.71 0.86
a[4]  0.51   0.05 0.43 0.59
sigma 0.11   0.02 0.09 0.14
```

得到的每类平均值和之前计算的结果相同，但这次不是手动计算而是直接从模型得到的结果。注意，为了得到上面展示的结果，需要在 precis 函数中加入 depth=2 的设置。为什么？因为有时模型中会有成百上千个参数，所以默认设置下会限制输出。当讲到多层级模型的时候你就会明白模型中为什么会有这么多参数了。

5.5　一般最小二乘和 lm

许多读者知道高斯回归模型的另外一个名字，**一般最小二乘回归**，或者 **OLS**。OLS 是一种估计线性回归参数的方法。OLS 并没有搜索最优化后验分布的参数取值组合，而是得到最小化误差平方和的参数取值。实践表明，这和优化后验分布与优化似然函数常常是等价的。事实上，Carl Friedrich Gauss 自己提出 OLS 这种方法是为了计算贝叶斯 MAP 估计。[⊖]

本节并不会详细介绍 OLS 的数学原理，数不清的书已经对这个概念讨论得很充分了。这里的目标只是解释如何使用 R 基本线性模型函数（lm）拟合一些你已经在使用的线性模型。如果使用水平先验分布，那么 lm 的结果和 map 是一样的。

但和 map 比起来，lm 的表达方式更紧凑。现在你已经掌握了线性回归的最基本概率知识，能够在 map 函数中定义相应的模型。是时候更进一步，直接使用 lm 函数了，但这只是在使用水平先验分布的前提下。下一章会遇到一些不适合使用该先验分布的情况。但在许多情况下，数据量都大到用什么先验其实并不要紧。但即使你不会用到 lm 和 OLS 模型，知道如何从贝叶斯的角度看待 OLS 估计对你的学习也有帮助。

5.5.1　设计公式

lm 中的模型公式以及 R 中很多其他模型拟合函数都使用一种紧凑的表达方式：**设计公式**。设计公式根据 μ_i 的数学表达式分离出其中的参数，只留下一系列预测变量名，将它们用"＋"号连接。假设所有的先验都是平的，这些公式足以描述模型的设计。

例如，如果我们有线性模型：

$$y_i \sim \text{Normal}(\mu_i, \sigma)$$
$$\mu_i = \alpha + \beta x_i$$

相应的设计公式就是：

$$y \sim 1 + x$$

公式右边的 1 代表截距 α。随着你加入预测变量，设计公式会不断扩展。例如下面的设计公式：

$$y \sim 1 + x + z + w$$

⊖　更多历史见 Stigler(1981)。推导最小二乘估计的方法有很多。高斯用的是贝叶斯方法，但概率解释并不是必需的。

对应模型为：

$$y_i \sim \text{Normal}(\mu_i, \sigma)$$
$$\mu_i = \alpha + \beta_x x_i + \beta_z z_i + \beta_w w_i$$

设计公式和一般线性模型的代数矩阵表达有内在联系，详见 5.1.1 节介绍该方法的"深入思考"。

5.5.2 使用 lm

通过 OLS 拟合线性回归，只需要提供设计公式和数据框名。因此，上面两个例子分别对应的 lm 函数代码是（假设数据框名为 d）：

R code
5.56
```
m5.17 <- lm( y ~ 1 + x , data=d )
m5.18 <- lm( y ~ 1 + x + z + w, data=d )
```

因为这里并没有额外提供参数名，参数估计会使用相应的变量名。除此之外，结果和之前非常类似。你可以利用函数给出各项参数估计用与之前相似的方法模拟后验样本。但 lm 有自己的特点，下面是一些重要的特性：

截距是可选的

下面的两个模型完全一样：

R code
5.57
```
m5.17 <- lm( y ~ 1 + x , data=d )
m5.19 <- lm( y ~ x , data=d )
```

当你没有在公式中明显包括截距时，lm 函数默认你需要截距。如果你实在不想要截距——等价于 $\alpha = 0$，那么可以使用下面的任何一种形式：

R code
5.58
```
m5.20 <- lm( y ~ 0 + x , data=d )
m5.21 <- lm( y ~ x - 1 , data=d )
```

分类变量

像 lm 这样的一键拟合函数自动将分类变量展开编码成为一系列名义变量。但是 R 是机器不是人，有的时候一个变量可以看成分类的，也能看成连续的。比如，指代季节的变量（season）取值可能是 1、2、3、4。如果你不考虑时间顺序，只想知道不同季节之间的差别的话，这个变量可以是分类的。或者你想要考虑按照春夏秋冬的顺序，那么可以当作连续变量。在这样的情况下，R 很容易被混淆。

为了防止 R 不知道该如何处理这样的情况，也为了防止这进一步让建模者感到迷惑，最好养成习惯，明确告诉 lm 函数变量应该是分类的还是连续的。例如：

R code
5.59
```
m5.22 <- lm( y ~ 1 + as.factor(season) , data=d )
```

上面的代码通过 as.factor 函数明确告诉 lm 忽略次序，将 season 当作分类变量。这样一来，函数会自动创建名义变量，你会在结果中看到各个名义变量的参数估计。

你也可以自己生成名义变量，然后引入模型中。这样一来，你可以精确地设置哪个类别归入截距。

先变换变量

需要变换变量的原因有很多。我们已经用过一些简单的变换，如对数变换、平方、三次方，以及中心化和标度化。如果用模型公式指定这些变换，lm 这样的函数不一定能够理解。因此，最好的方法是先对变量进行变换得到新变量，然后将新变量用于模型。例如，可以用如下方式拟合三阶回归：

```
d$x2 <- d$x^2
d$x3 <- d$x^3
m5.23 <- lm( y ~ 1 + x + x2 + x3 , data=d )
```
R code 5.60

你也可能看到另外一种变换的表达方式。这种方法使用 R 中的 I() 函数。下面的代码拟合的模型和代码 5.60 一样：

```
m5.24 <- lm( y ~ 1 + x + I(x^2) + I(x^3) , data=d )
```
R code 5.61

记得，你不能在 map 函数中使用 I()。

没有 σ 的估计

使用 lm 无法得到标准差 σ 的后验分布——在估计结果表格中找不到这项。如果你想得到模型拟合结果总结，lm 会给出"残差标准差"，这和 σ 的估计稍有不同，但结果中没有任何不确定性的信息（之前我们能得到一个置信区间）。

由于这里并不关心完整的预测区间，是否有 σ 的估计并不会产生任何影响，因为根本不会用到 σ。但如果需要得到预测区间，你可能需要返回使用之前的 map 函数，以便得到估计的不确定性。当然，使用 map 的话，你还可以用一些含有信息量的先验分布。

5.5.3 从 lm 公式构建 map 公式

rethinking 包提供了一个将 lm 公式转换成 map 公式的函数 glimmer()。例如：

```
data(cars)
glimmer( dist ~ speed , data=cars )

alist(
    dist ~ dnorm( mu , sigma ),
    mu <- Intercept +
        b_speed*speed,
    Intercept ~ dnorm(0,10),
    b_speed ~ dnorm(0,10),
    sigma ~ dcauchy(0,2)
)
```
R code 5.62

上面的公式以 speed 为自变量、dist 为因变量建立简单的线性回归。函数 glimmer() 自动使用默认先验分布。你可以自己更改相应的分布。如果只想要得到极大似然估计的话，你可以删除先验分布的定义。了解更多的选项可键入？glimmer。

5.6 总结

本章介绍了多元回归，一种建立描述性模型的方法，该方法用于探索某度量的平均值和多个预测变量之间的关联。多元回归的核心问题是：在其他自变量已知的情况下，某自变量对解释因变量有多大的帮助？这个问题含有如下潜在信息：(1) 这里着重于某自变量对当前样本中因变量的解释，而非对未来样本的预测；(2) 这里假设每个自变量的取值和其他自变量无关。在接下来的两个章节中会遇到相关的问题。

5.7 练习

简单

5E1　下面的哪个模型是多元线性回归？

(1) $\mu_i = \alpha + \beta x_i$

(2) $\mu_i = \beta_x x_i + \beta_z z_i$

(3) $\mu_i = \alpha + \beta(x_i - z_i)$

(4) $\mu_i = \alpha + \beta_x x_i + \beta_z z_i$

5E2　给出可以评估下面声明的多元回归：只有在控制了植物多样性的条件下，动物多样性才和纬度相关。你只需要写出模型的定义即可。

5E3　给出可以评估下面声明的多元回归：经费数目和实验室大小单独使用时，都不能很好地预测取得博士学位的时间，但这两个变量同时出现时，都和取得学位的时间正相关。给出模型定义，且指明斜率参数该在 0 的哪一边。

5E4　假设有一个 4 层级的因子变量，层级分别为 A、B、C 和 D。A_i 是层级 A 的指示变量，也就是 A 类样本对应的 A_i 取值为 1。相应的 B_i、C_i 和 D_i 为其他层级对应的变量。下面哪个线性模型等价于将该分类变量用于回归？这里所谓的等价指的是可以通过其中一个模型的后验分布得到另外一个模型中相应参数的后验分布。

(1) $\mu_i = \alpha + \beta_A A_i + \beta_B B_i + \beta_D D_i$

(2) $\mu_i = \alpha + \beta_A A_i + \beta_B B_i + \beta_C C_i + \beta_D D_i$

(3) $\mu_i = \alpha + \beta_B B_i + \beta_C C_i + \beta_D D_i$

(4) $\mu_i = \alpha_A A_i + \alpha_B B_i + \alpha_C C_i + \alpha_D D_i$

(5) $\mu_i = \alpha_A(1 - B_i - C_i - D_i) + \alpha_B B_i + \alpha_C C_i + \alpha_D D_i$

中等难度

5M1　模拟一个虚假相关的样本。在样本中，结果变量需要和两个预测变量都相关。但是当两个变量同时存在于模型中时，结果变量和其中一个变量的相关性变得很弱（或者至少是大幅度降低）。

5M2　模拟一个含有隐藏关系的样本。在样本中，结果变量需要和两个预测变量都相关，但是相关的方向相反。这两个变量之间也应该相关。

5M3　在观测数据中有时会出现这样的情况，对火灾风险预测效果最好的是消防员安置情况——配备很多消防员的地方可能会有更多的火灾。这里假设导致火灾的不是消防员。但这并不是虚假相关，而是火灾导致了消防员数目的增多。考虑离婚和结婚之间的逆向因果推断。高离婚率如何导致了高结婚率？你能想出一种通过多元回归评估该关系的方法吗？

5M4　在离婚率数据中，摩门教徒(LDS)多的州相应的离婚率远低于回归模型预期。收集每个州摩门教徒数的数据，将其当作一个预测变量。用结婚率、结婚年龄中位数和摩门教徒数（需要标准化）来预测离婚率。你可能需要对摩门教徒变量进行变换。

5M5　理解多元回归的一种方法是想象一种预测变量对结果变量的影响机制。例如，有人认为汽油价格(预测变量)和低肥胖率(结果变量)正相关。但是，汽油价格至少可以通过两种方式降低肥胖率。首先，价格上涨导致人们更少开车，因此更多运动。其次，人们更少开车也可能导致外出就餐的次数减少，进而减少在餐馆胡吃海喝的机会。设计一个或多个可以揭示这两种机制的多元回归。假设你能够获得任何想要得到的预测变量。

难题

下面 3 题使用相同的数据 data(foxes)(rethinking 包中的数据)⊖。赤狐(Vulpes vulpes)是成功的人类居住地探索者。由于赤狐总是群体行动且具有领地意识，数据中包含了领地质量和群体密度的信息。数据有 5 列：

(1) group：某只狐狸从属的群体编号

(2) avgfood：群体领地中平均食物数量

(3) groupsize：群体中的狐狸数目

(4) area：群体领地的大小

(5) weight：狐狸的体重

5H1　用 map 函数拟合两个二元高斯模型：(1)将体重看作领地大小(area)的线性函数；(2)将体重看作群体中狐狸数目 groupsize 的线性函数。对这些回归作图，展示 MAP 回归线和 95% 的均值置信区间。这两个变量中有能够预测狐狸体重的吗？

5H2　现在将 weight 当作因变量，area 和 groupsize 当作自变量拟合多元线性回归。将另外一个变量的取值固定为均值，对每个预测变量绘制相应的模型预测图。该模型反映每个变量的重要性如何？为什么这里的结果和 5H1 不同？

5H3　最后，考虑 avgfood 变量。再拟合两个多元回归模型：(1)将 avgfood 和 groupsize 当作自变量对体重拟合多元回归；(2)用这 3 个自变量 avgfood、groupsize 和 area 对体重拟合多元回归。将这些模型的结果和前两题中拟合的模型进行比较。(a)avgfood 或者 area 中哪个更能预测体重？如果你只能选择其中一个建模，你会选哪一个？用表格或者图形支持你的选择。(b)当 avgfood 和 area 变量都在模型中时，这两个变量的影响都下降了(接近 0)，且它们的标准差都比单独在模型中的时候大。你能解释为什么吗？

⊖　这些数据通过从 Grafen 和 Hails(2002)的例子中修改而来。

第 6 章
过度拟合、正则化和信息法则

尼古拉·哥白尼(1473—1543)，波兰占星家、教会律师以及亵渎神灵者。他因日心说而闻名。哥白尼认为需要用日心说模型代替地心说模型，因为日心说更加"和谐"。该理论最终导致了几十年之后众所周知的教会审判。

该事件已经成为科学战胜意识形态和权威的经典案例。但除去意识形态不谈，哥白尼的论证在今天看来并不让人信服。其存在两个问题：该模型既不"和谐"，也不比日心说模型准确多少。哥白尼的模型非常复杂。事实上，该模型和托勒密的模型一样有很多本轮(图 6-1)。哥白尼将太阳移到中间的位置，但他仍然使用完美的轨道来建模，因此需要引入本轮。这样一来，模型很难说是"和谐"的。和托勒密的模型类似，哥白尼的模型实际上是一个傅里叶序列，一种逼近周期函数的方法。这导致了第二个问题：日心说模型的预测和地心说模型一样。日心说模型和地心说模型给出的预测完全相同。不管地球是静止的还是运动的，都能建立等价的逼近。因此，从预测精确性的角度，没有理由倾向于其中任何一个模型。

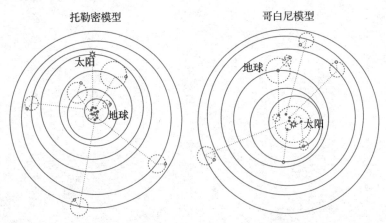

图 6-1 托勒密(左)和哥白尼(右)的太阳系模型。这两种模型使用的都是本轮(圈圈套圈圈)，且它们给出的预测都相同。但是，哥白尼的模型需要的圈圈更少(图中并没有展示托勒密模型中所有的圈圈)

哥白尼不仅仅是用一个模糊的"和谐"来支持其理论。他还指出模型的优越性在于其需要更少的原因："我们能够顺应自然法则，自然从来不会创造空洞多余的东西，且常常为一个原因赋予多个结果。"⊖确实，相比于地心说，达到同样精度的预测，日心说需要的本轮数目更少。从这个角度说，日心说比地心说更简单。

学者通常喜欢更加简单的模型。但这种偏好常常很模糊——只是一种审美偏好。有时选择更简单的模型是出于实践的考量，简单的模型更容易使用。通常情况下，科学家们会引用奥卡姆剃刀法则：偏向于选择依赖假设更少的模型。在哥白尼和托勒密的例子中，根据奥卡姆剃刀法则，选择哪个很明显。虽然无法保证哥白尼是正确的（他终究还是错了），但由于日心说和地心说得到相同的预测，至少根据奥卡姆剃刀法则应该选择更简单的。但是在更一般的情况下使用该法则并不容易，因为通常情况下我们必须在一组精确度和复杂度都不同的模型中做出选择。如何在这些模型中进行取舍呢？这时剃刀就不知该怎么选了。

本章介绍了一些最常用的进行类似权衡的工具。所有的这些工具或多或少会考虑到模型的复杂度，因此也都会考虑奥卡姆剃刀法则。但每个工具同时也考虑了预测精度。因此它们和使用剃刀法则不同，是在精确度和复杂度之间权衡。

因此，除奥卡姆剃刀之外，想想尤里西斯的指南针。尤里西斯是荷马史诗奥德赛中的英雄。他需要航行于锡拉女妖岩礁与卡力布狄斯海妖漩涡之间。锡拉女妖从悬崖壁发动袭击并吞食水手，卡力布狄斯每日吞吐海水 3 次，形成的巨大漩涡毁灭过往船只。离其中任何一个过近都是一场灾难。在科学建模中，这样的妖怪是两类统计错误：

（1）过度拟合好比岩礁，由于过度学习当前数据导致糟糕的预测；

（2）拟合不足好比漩涡，由于对当前数据学习不足导致糟糕的预测。

我们要做的就是小心翼翼地航行于这两个妖怪中间。常用的方法有两种，第一种是通过使用正则化先验（regularizing prior）告诉模型不要过度学习数据。这就是非贝叶斯模型中的"惩罚似然"。第二种方法是通过某种评分手段，比如信息法则，来对预测问题建模并且根据需要估计预测精度。两种方法都广泛使用于自然科学和社会科学中。此外，它们可以（或许可以）混合使用。因此，了解这两种方法都是有必要的，因为之后都会用到。

为了介绍信息法则，这里还需要讲讲信息理论。如果这是你第一次接触信息理论的话，或许看起来有些奇怪。但一旦你开始使用这些法则（本章将会介绍 AIC、DIC 和WAIC）就会发现使用它们比理解它们容易得多。因此，本章的大部分都是关于概念性的知识，之后会讲到如何应用。

尽管这部分内容有些困难，但也要开始。如果你在学习的过程中感到迷惑，这很正常。你感到迷惑是因为你的大脑在正常运转，试图明白这些概念。随着时间的推移，你的迷惑会转变成一种豁然开朗的感觉。你会理解过度拟合、正则化和信息法则在类似的情境下是如何产生作用的。

这里的目标依然是建立并且批判性地看待统计模型，没有模型是完全正确的。但是正则化和信息法则能帮助这些模型变得更加有效。

⊖　参考：De Revolutionibus，第 1 册第 10 章。

再思考：抬头找星星。应用科学家最常用的模型选择形式是搜索一个所有参数都统计显著的模型。有时统计学家称其为**找星星**，因为模型拟合结果输出中显著的变量后面都会用星号标注（**）。我的一个同事称其为"太空漫游"[一]模型结果估计中最好满是星星。

但是这样的模型并不一定是最好的。不管你如何看待显著性检验，用它来选择不同的模型结构是个错误——p 值并不是用来帮助你在拟合不足和拟合过度之间进行权衡的好方法。之后会看到，一旦使用 AIC 和相关的测量，能够提高预测精度的变量不一定是显著的。那些统计显著的变量可能对预测没有帮助。由于惯用的 5% 阈值只是一个约定俗成的值，并没有什么理论依据，你自然无法期待这个数字能够给你最优化的结果。

再思考：AIC 是贝叶斯吗？ AIC 通常并不被认为是贝叶斯方法。其背后有历史原因也有统计原因。从历史上讲，最早推导 AIC 的时候并未使用贝叶斯概率理论。从统计学角度说，AIC 使用了 MAP 估计而非整个后验，并且其对应使用的是水平先验分布。因此其并不是特别的贝叶斯。强化这个概念的是另外一种模型比较的度量，**贝叶斯信息法则**（BIC）。但是 BIC 同样对应水平先验分布和 MAP 估计，但其实际上不是一个"信息法则"。

不管怎样，在贝叶斯概率的框架下，AIC 有清晰且具有实际意义的解释。Akaike 等人对该过程的贝叶斯论证有着长期的争论。[二]之后你会在本书中看到，当 AIC 的假设条件成立时，更明显的贝叶斯准则，如 DIC 和 WAIC，得到的结果和 AIC 几乎一样。从这个角度上说，我们可以将 AIC 看成是 WAIC 的一种特殊情况，虽然 AIC 最早问世与此无关。所有这些都证明了一个普遍的统计学特征：人们可以从不同的角度推导并且证明同一个统计学过程，这些角度有时在哲学上是互不相容的。

6.1 参数的问题

在之前的章节中我们学到向模型中加入变量和参数能够帮助揭示隐藏的效应，改进模型估计。添加额外的变量也可能产生负面影响，尤其是当预测变量高度相关的时候。但预测变量之间没有高度相关的时候又如何呢？能够将这些变量全部加到模型中吗？

答案是"不行"。关于加入变量有两个主要的问题。第一，引入新的参数，让模型更加复杂——几乎总能提高模型对数据的拟合[三]。这里，"拟合"指模型在多大程度上能够描述用于建模的数据。有很多关于拟合情况的度量，各有特点。在高斯线性回归模型中，R^2 是最常见的。通常描述为"解释的方差"，R^2 的定义如下：

[一] 《2001 太空漫游》（英语：2001：A Space Odyssey）是一部上映于 1968 年，由斯坦利·库布里克执导的美国科幻电影。故事剧本的创作受到了亚瑟·克拉克的短篇小说《前哨》的启发，并由库布里克和克拉克合作完成。影片上映后不久，克拉克出版了同名小说。——译者注

[二] 见 Akaike(1978)，以及 Burnham 和 Anderson(2002) 的讨论。

[三] 当先验分布是水平的且模型很简单时，这总成立。但在本书的后面部分会介绍其他类型的模型，比如分层回归，在这种情况下，加入新的参数并不一定能够更好地拟合样本。

$$R^2 = \frac{\text{var(outcome)} - \text{var(residuals)}}{\text{var(outcome)}} = 1 - \frac{\text{var(residuals)}}{\text{var(outcome)}}$$

由于计算方便，R^2非常常用。但和其他样本拟合度量类似，随着模型中加入更多的预测变量，R^2也增加。即使加入的只是一列随机数，这些变量和结果没有任何关系，但一样会导致R^2的增加。因此，仅通过模型的数据的拟合情况来选择模型是不行的。

第二，虽然更复杂的模型能够更好地拟合数据，这些模型对新样本的预测情况通常更糟。相较于简单的模型，有许多参数的模型更可能过度拟合。这意味着复杂的模型对拟合使用的样本更加敏感，如果有一个和当前样本很不一样的新样本出现，你需要对这个新样本进行预测，那预测会有重大错误。但是参数很少的简单模型可能拟合不足，不管新的样本是否类似当前样本，模型都可能系统性地过度预测或者预测不足。因此我们不能总是选择简单的模型。

让我们以一个简单的数据为例，检查上面提到的这两个问题。

6.1.1　更多的参数总是提高拟合度

当模型从样本中过度学习时就出现**过度拟合**现象。这意味着，样本中有常规和非常规特征。常规特征是机器学习的目标。因为它们能够一般化，或者能够回答感兴趣的问题。知道研究目标的情况下，常规特征是很有用的。反之，数据的非常规特征不能推广到更一般的情况，因此可能误导我们。

不幸的是，过度拟合自然发生。从本书到现在为止介绍的统计模型中，加入额外的参数总能提高模型对样本的拟合。在本书的后面部分，从第 12 章开始，你会遇到这样的模型，在其中加入更多的参数不一定能提高拟合情况，但可能提高预测精度。

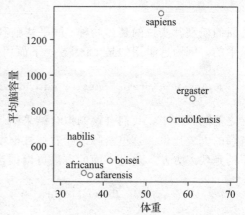

这里将介绍一个过度拟合的例子。图 6-2展示的是 6 个古人类物种的平均脑容量（cm²）对体重（kg）散点图。[一]用 R 读入这些数据，这样我们就可以对其建模。下面我将手动输入这些数据，而不是载入现成的数据框。你会看到一个从 0 开始建立数据框的例子。

图 6-2　7 个古人类物种的平均脑容量（cm²）对体重（kg）散点图。哪个模型最好的描述了脑容量和体重的关系

```
sppnames <- c( "afarensis","africanus","habilis","boisei",
    "rudolfensis","ergaster","sapiens")
brainvolcc <- c( 438 , 452 , 612, 521, 752, 871, 1350 )
masskg <- c( 37.0 , 35.5 , 34.5 , 41.5 , 55.5 , 61.0 , 53.5 )
d <- data.frame( species=sppnames , brain=brainvolcc , mass=masskg )
```

R code
6.1

现在我们得到了一个数据框 d，其中包含脑容量和体重观测。这样的数据之间高度相关并不奇怪——在不同物种中，脑容量和体重是相关的。但现在的问题是，当考虑到体重的时

　㊀　数据来自 McHenry 和 Coffine（2000）中的表 1。

候，哪些物种的脑容量比我们预期的还要大，大多少？一个常见的方法是拟合线性回归，将脑容量视为体重的线性函数。然后剩下的关于脑容量的方差能够视为其他变量的函数，比如生态、饮食习惯或物种年龄。这就是之前章节中解释的"统计控制"策略。

但为什么用直线对体重和脑容量的关系建模呢？我们不知道为什么自然将物种的体重和脑容量之间的关系设定为线性。为什么不考虑曲线模型，比如抛物线？事实上，为什么不是一个 3 阶多项式，甚至 5 阶模型呢？我同意，脑容量和体重之间是线性关系的先验假设并没有任何特殊的证据支持。实际上很多读者会倾向于对脑容量和体重的对数拟合线性模型。但是我并不打算在这个例子中这么做。不管你对数据如何进行变换，该问题依然无法回答。即使对两个变量都进行了对数变换，也无法解释为什么要用直线拟合两个变换后变量之间的关系。

下面让我们拟合一系列复杂度逐步增加的模型，并且看看哪个模型能够最好地拟合数据。我们将用 lm 函数来拟合模型，而不是 map。如果你忘记这种拟合模型的方法有什么关联的话，可以回顾 5.5 节。在这种情况下，使用 lm 能够马上指向本小节想要说明的问题。我们也会使用多项式回归，有必要的话可以回顾 4.5 节。重要的是，记得多项式回归很常见，但通常情况下并不是一种好方法。在这个例子中，我们将看到该回归是一个非常糟糕的方法。

对脑容量和体重建模的最简单方法是用线性模型。这是我们首先考虑的模型：

$$v_i \sim \text{Normal}(\mu_i, \sigma)$$
$$\mu_i = \alpha + \beta_1 \, m_i$$

上面的模型其实说的是，物种 i 的平均脑容量 v_i 是体重 m_i 的线性函数。先验分布默认是水平的，因为这里用的是 lm 函数。下面用 lm 函数对数据拟合模型：

R code
6.2

```
m6.1 <- lm( brain ~ mass , data=d )
```

在之前的章节中，我们会绘制拟合结果图。这里不这么做，而是着眼于 R^2，也就是模型解释的方差比例。这里实际意味着线性模型能够捕捉到当前结果变量中方差的比例。剩下的是残差方差。通过下面的方法可以很容易地计算 R^2：

R code
6.3

```
1 - var(resid(m6.1))/var(d$brain)
```

```
[1] 0.490158
```

在 summary(m6.1) 得到的输出结果底部你会看到相同的数字，标注为 Multiple R-squared。

现在建立一些其他模型，和 m6.1 的结果进行比较。我们将另外建立 5 个模型，每个都比之前的更加复杂。它们都是多项式模型，只是阶数越来越高。例如，下面是一个体重和脑容量的二阶多项式模型，也就是抛物线。数学表达为：

$$v_i \sim \text{Normal}(\mu_i, \sigma)$$
$$\mu_i = \alpha + \beta_1 \, m_i + \beta_2 \, m_i^2$$

这个模型族和之前的相比多了一个参数 β_2，但和 m6.1 使用的数据相同。对数据拟合模型：

R code
6.4

```
m6.2 <- lm( brain ~ mass + I(mass^2) , data=d )
```

如果不知道 I(mass^2) 可以回顾之前。

现在让我们拟合剩下的模型。下面的模型 m6.3 到 m6.6 分别是 3 阶、4 阶、5 阶和 6

阶二项模型，拟合的方法相同。代码如下：

```
m6.3 <- lm( brain ~ mass + I(mass^2) + I(mass^3) , data=d )
m6.4 <- lm( brain ~ mass + I(mass^2) + I(mass^3) + I(mass^4) ,
    data=d )
m6.5 <- lm( brain ~ mass + I(mass^2) + I(mass^3) + I(mass^4) +
    I(mass^5) , data=d )
m6.6 <- lm( brain ~ mass + I(mass^2) + I(mass^3) + I(mass^4) +
    I(mass^5) + I(mass^6) , data=d )
```

R code
6.5

图 6-3 展示了以体重为自变量，脑容量为因变量建立的所有 6 个模型。每幅图都覆

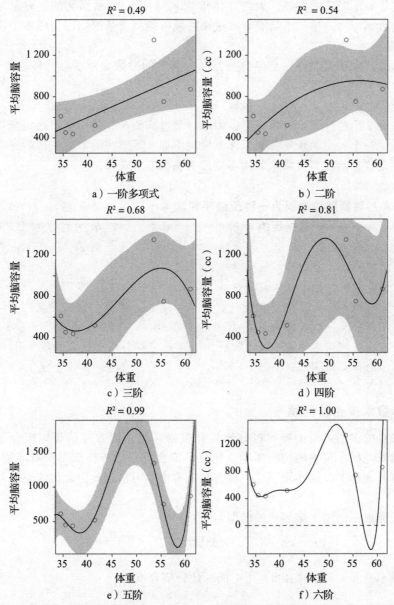

图 6-3　阶数逐渐增加的多项式模型，拟合古人类数据。每幅图中预测均值为黑色曲线，
　　　　阴影部分是 89% 的均值置信区间，顶端展示了 R^2

盖了预测均值，这些预测值通过将模型拟合参数代入u_i的公式而得到，和之前例子中展示的类似。图的顶端显示了相应的R^2。随着多项式阶数的增加，拟合情况随之提高。5阶多项式模型相应的R^2高达0.99！几乎精确拟合了每一个观测点。6阶多项式精确地拟合了所有的点，误差方差为0。这是个完美拟合，相应的$R^2=1$。

多项式的阶数越高，预测均值的曲线轨迹越离谱。这很容易在图6-3中看到，图f展示了最复杂的模型(m6.6)结果。该多项式完全拟合每个观测点，但是模型结果非常离谱。注意，在体重观测中存在一个缺口，体重在55kg和60kg之间没有相应的古人类化石。高阶多项式不需要对在这个区域内的样本进行拟合，因此模型在这个区域内的预测结果完全不受控制。在这个区域内的模型结果曲线偏的极其严重，以致我需要改变纵坐标的范围才能显示完整的曲线。大约在体重58kg附近，模型预测的脑容量是负数！就当前拟合的数据而言，模型不需要考虑这个区域内的拟合情况，因为样本中没有体重为58kg的观测。

为什么6阶多项式能够完全拟合呢？因为其中的参数足够多，和样本个数一样多。模型公式含有7个参数：

$$\mu_i = \alpha + \beta_1 m_i + \beta_2 m_i^2 + \beta_3 m_i^3 + \beta_4 m_i^4 + \beta_5 m_i^5 + \beta_6 m_i^6$$

数据集中只有7个物种的脑容量观测。因此，通过调整参数值模型能够完全拟合每一个观测点。这是一个普遍的现象：如果你在模型中加入足够多的参数，就能完全拟合每个数据点。但是这样的模型对将来的样本做出的预测非常荒谬。

> **再思考：将模型拟合视为一种压缩手段。** 另外一种解释上面离谱的模型拟合结果角度是将其视为一种**数据压缩**的形式。这些参数总结了数据中的关系。虽然丢失了部分样本信息，但是通过这些参数表达的数据关系更加简单。人们可以通过这些参数生成新的数据，有效地对压缩后的数据"解压"。
>
> 当模型中参数个数个样本量一样多时，比如m6.6，那么事实上没有进行任何压缩。模型只不过用新的参数对数据进行了重新编码。因此，这样的模型并没有从数据中学到任何东西。从数据中学习意味着需要对数据分布模式进行某种压缩表达，但也不能过度压缩。这种关于模型选择的观点通常称为**最小描述长度**（Minimum Description Length，MDL）[⊖]

6.1.2 参数太少也成问题

过度拟合的多项式模型能够极好地拟合数据，但它们太过精确地拟合了当前的样本，导致对其他样本预测的情况很糟。相反，**拟合不足**导致模型不仅对当前样本无效，也无法预测其他样本。这些模型几乎没有从样本中学习信息，因此无法重现样本的一般特征。

例如，考虑下面关于脑容量的模型：

$$v_i \sim \text{Normal}(\mu, \sigma)$$

$$\mu = \alpha$$

这里没有预测变量，只有截距α。用下面的代码拟合模型：

⊖ 关于这种观点详细的讨论见 Grunwald(2007)。

```
m6.7 <- lm( brain ~ 1 , data=d )
```

R code
6.6

拟合结果见图 6-4。该模型估计了平均脑容量，彻底忽略了体重。结果得到的回归线是
完全水平的，对脑容量很小和很大的样本拟合情况
都很糟。相应均值的置信区间（阴影区域）也很宽，
因为回归线对数据拟合的情况很糟，不确定性很大。
这样的模型不仅无法很好地描述当前样本，也无法
很好地预测新样本。

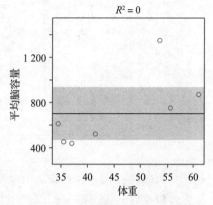

另外一种理解拟合不足的模型的方法是注意到
该模型对样本非常不敏感。我们可以从数据集中移
除任何样本，得到的回归线基本不受影响。相反，
最复杂的模型 m6.6 对样本非常敏感。如果我们移除
其中的任何一个观测点，得到的预测均值曲线会有
很大的变化。你可以从图 6-5 中看到这点。在这两
幅图中，我每次都只移除某一行的样本，然后反复
用剩下的样本拟合模型得到的结果。a)中对应的是
1 阶多项式拟合的结果，7 条线分别对应 7 个子样本
集的拟合结果，每个样本集都是原样本删去一个观
测。b)中的曲线是 5 阶多项式的 7 次拟合结果。可见，左边的直线变化比较小，但是右
边的曲线变化很大。这两幅图很明显地展示了拟合不足和过度拟合之间的差别，即它们
对用于拟合的样本的敏感度不同。

图 6-4 古人类脑容量拟合不足的情况。该模型忽略了体重和脑容量之间的关系，给出一个水平的预测。得到的模型拟合和预测情况都很糟

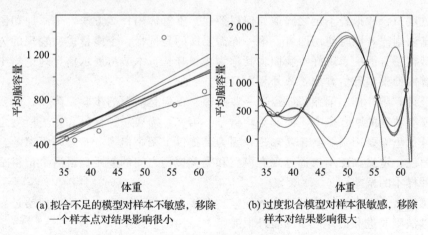

(a) 拟合不足的模型对样本不敏感，移除一个样本点对结果影响很小   (b) 过度拟合模型对样本很敏感，移除样本对结果影响很大

图 6-5 拟合不足和过度拟合分别对应对样本不敏感和对样本过度敏感

深入思考：**移除数据行**。图 6-5 需要的数据操作可以使用 R 中的指针运算。移除数
据框 d 中的第 i 行，可以使用如下代码：

```
d.new <- d[ -i , ]
```

R code
6.7

这意味着**移除第 i 行，保留所有的列**。这样一来，上面重复拟和回归模型的过程就是对所有的行做循环，如：

R code
6.8

```
plot( brain ~ mass , d , col="slateblue" )
for ( i in 1:nrow(d) ) {
    d.new <- d[ -i , ]
    m0 <- lm( brain ~ mass, d.new )
    abline( m0 , col=col.alpha("black",0.5) )
}
```

对过度拟合的模型也类似，但你需要使用不同的方法绘制拟合结果，abline 只适用于二项模型。

> **再思考：偏差和方差。**拟合过度和拟合不足这两种对立的情况通常也称为**偏差-方差权衡**(Bias-Variance Trade-Off)⊖。虽然并不完全一样，但是偏差-方差权衡说明的也是同一类问题。"偏差"和拟合不足有关，"方差"和拟合过度有关。但是这些术语让人迷惑，因为它们常常通过不同的方式用于不同的语境。而且"偏差"听起来像坏事，虽然提高偏差常常带来更好的预测。基于以上原因，本书在相关地方使用"**拟合不足/拟合过度**"，但你应该知道这和"**偏差/方差**"是一个意思。

6.2 信息理论和模型表现

在过度拟合和拟合不足之间该如何权衡呢？不管你用什么方法，是添加罚函数还是使用信息法则或者同时使用两者，第一件需要做的是选择一个衡量模型表现的方法。你希望模型在哪方面的表现好？我们将其称为建模目标。本节将展示信息理论给出的一个常用且有效的模型评估方法：袋外样本偏差。

但是计算袋外样本偏差需要经过一些步骤。下面是需要的步骤。第一，需要得到用来判断模型精度的联合概率，而非平均概率。第二，需要一种衡量和完美模型之间差距的方式，这里需要用到一些信息理论，因为其提供了两个概率分布之间距离的自然度量方式。第三，定义偏差用来逼近现有模型和完美模型之间的差距。最后，记得最后需要的是袋外样本的偏差。

一旦定义了用来衡量模型表现的偏差，在接下来的小节中会介绍如何通过压缩性先验和信息法则改进和估计模型的袋外偏差。

6.2.1 开除天气预报员

模型精度取决于对模型目标的定义，并不存在单一的最优目标。在定义目标时需要考虑两个方面：

⊖ 有很多讨论偏差和方差的文献资料，其中一些含有的数学理论比另外一些高得多。如果想要了解一般的权衡偏差和方差的方法，推荐参考 Hastie、Tibshirani 和 Friedman 与 2009 年出版的书中的第 7 章，其中解释了 BIC、AIC、交互校验以及其他度量，所有这些都涉及偏差-方差权衡。

（1）损失-收益分析。如果错了的话损失有多大？如果对了的话收益多大？大多数科学家从来没有正式提出这样的问题，但是在应用的过程中无时无刻不在回答这些问题。

（2）在具体语境中的准确性。一些预测的任务本身就比其他任务容易。因此，即使我们忽略损失和收益，依旧需要提出一种判断"精确度"的方法，用来衡量模型能在多大程度上改进预测。

用一个例子能够更好地说明上面的两点。假设在某个城市，某个天气预报员给出了今年接下来每一天的预测天气的不确定性。⊖预报是通过下雨概率的形式展示。下面是当前的天气预报员给出的连续 10 天下雨的概率的天气预报，最后一行是真实的天气情况：

天数	1	2	3	4	5	6	7	8	9	10
预测	1	1	1	0.6	0.6	0.6	0.6	0.6	0.6	0.6
观测	🌧	🌧	🌧	☀	☀	☀	☀	☀	☀	☀

现在来了一个新的天气预报员，预测 10 天都为晴天，比当前的天气预报员的结果更好。对于同样的 10 天，新的结果如下：

天数	1	2	3	4	5	6	7	8	9	10
预测	0	0	0	0	0	0	0	0	0	0
观测	🌧	🌧	🌧	☀	☀	☀	☀	☀	☀	☀

新的天气预报员说："仅看预测准确率，我是这份工作的最优人选。"

新来的天气预报员是对的。命中率是正确预测的比率。对 10 天的预报结果，当前的天气预报员的得分是 $3 \times 1 + 7 \times 0.4 = 5.8$，相应的正确预测率为 $5.8/10 = 0.58$。相反，新来的天气预报员的得分是 $3 \times 0 + 7 \times 1 = 7$，相应每天的平均命中率为 $7/10 = 0.7$。新的天气预报员完胜。

损失和收益

但找到除正确预测率之外的标准并不难，而且换个标准就可以发现新的天气预报员很荒谬。任何一种考虑了损失和收益的方法都可以。例如，假设你讨厌淋雨，但也讨厌带伞。假设被淋湿对快乐的影响是 -5，带伞的影响是 -1。你带伞的概率等于天气预报下雨的概率。你现在要做的是选择能够最优化快乐的天气预报员。下面是当前的天气预报员和新的天气预报员对应的点数：

天数	1	2	3	4	5	6	7	8	9	10
观测	🌧	🌧	🌧	☀	☀	☀	☀	☀	☀	☀
得分										
现任预报员	−1	−1	−1	−0.6	−0.6	−0.6	−0.6	−0.6	−0.6	−0.6
新预报员	−5	−5	−5	0	0	0	0	0	0	0

这样一来，现任天气预报员对你快乐的影响是 $3 \times (-1) + 7 \times (-0.6) = -7.2$，而新天气预报员的影响是 -15。因此，这样看来新来的人并没有那么聪明。你可以调整损失设置，用不同的决策规则，但新人总是让你猝不及防地淋雨，因此否定他并不难。

⊖ 我第一次是在 Jaynes(1976)中的第 246 页读到这样的例子。Jaynes 说他参考了 G. David Forney 在 1972 年关于信息理论的课程讲义。Forney 是信息理论领域的一个重要人物，他对该领域的贡献赢得了好几项大奖。

测量精确度

即使我们不考虑基于预报做出的决策带来的任何损失或收益，用什么方法衡量"精确度"也是个问题。没有什么特殊的原因非得使用"命中率"。比如，也可以计算预测连续若干天气候的概率。这意味着计算连续几天都预测准确的概率。也就是将每天的概率相乘得到观测的联合概率。这也就是联合似然函数，我们一直用联合似然函数和贝叶斯定理来拟合模型。

如果用这种精确度的测量方式，新来的天气预报员更糟。当前的天气预报员对应的概率为 $1^3 \times 0.4^7 \approx 0.005$。对于新的预报员，概率为 $0^3 \times 1^7 = 0$。因此新来的人每天都预报正确的概率为 0。因为新人始终无法预报雨天，所以即使新人预测准确的平均概率更高（命中率），他对应的联合准确率却很糟。

我们需要的是联合概率分布。为什么？因为贝叶斯公式中用到了联合概率。这是一种独特累加每个事件可能发生的相对次数的方法（下雨和天晴）。另外一种角度是思考当我们最大化平均概率或联合概率时发生了什么。最大化平均概率并不代表能够得到正确的模型。我们已经在天气预报员的例子中看到这一点了：将下雨的概率一致预测为 0 能够提高命中率，但这样的预测方法显然是不合理的。相反，通过最大化联合概率能够得到正确的模型。

但我们如何衡量当前模型和目标之间的差距呢？完美的模型能够给出每天下雨的真实概率。因此，当任何一个天气预报员提供了一个和目标结果不同的预测时，我们可以测量两者之间的差距。但我们用哪种方法来衡量距离呢？

这个问题的答案并不显而易见。因为一些结果比另外一些更容易预测。因此我们需要一个能够考虑到这一点的衡量方法。例如，假设在冬天进行天气预报，这时可能的天气有 3 种：下雨、天晴和下雪。现在出错的情况也更多了。在衡量预测和真实结果之间差距的时候也需要考虑这一点，随着可能天气数目的增加，命中结果也变得更困难。

这就好比要一个弓箭手在准确的时间射中靶心一样，箭靶是 2 维的，现在又加上了第 3 个维度（时间）的要求。加上时间维度之后，最好的弓箭手和最差的弓箭手之间的差距也随之增大，因为存在差距的维度增加了。当然，弓箭手可能在一个附加的维度上出错，但同时也可能在这个维度上表现出色。随着目标和射击结果之间的差距变大，一个优秀的弓箭手可能改进的空间也变大了。

再思考：真正的模型是什么？ 定义事件发生的"真实"概率并不容易，因为（从某种意义上说）所有模型都是错的。因此，这里的"真实"是什么意思？意思是当前在我们的无知程度下能够得到的正确概率。这里，我们的无知程度是通过模型来描述的。所谓概率，是存在于模型中的，而非真实世界。假如我们有进行预测所需的全部信息，那么应该能够确定之后是天晴还是下雨，这种情况下"真实"概率就该是 0 或 1。所有的模型都面临信息缺失，因此在这些限制条件下的世界具有不确定性，即使在真实世界中的情况是确定的。由于无知，对我们而言"真实"的概率是一个 0 到 1 之间的数。

举个例子。假设你在投一个球，如第 2 章所述。在你抓住球之前，结果是不确定的。这时，在模型假设下有一个观测到**水面**的"真实"概率。但如果我们有足够的关于投球的信息——初始状态，动量矢量角度等，就能确定接球的结果。没有任何两次投球是完全相同的，因此观测到**水面**的"真实"概率是与观测到**地面**相比的相对可能性，需要通过平均多次抛球的结果而得到。在这个模型下有一个准确的答案——70％的可能得到水面。是我们对抛球物理过程的无知让我们得以通过这样的方式来估计水域覆盖率。

6.2.2　信息和不确定性

有一种诞生于 20 世纪 40 年代的衡量模型精确度和目标精确度之间差距的方法。[⊖]该方法最早用于信息沟通，比如电报。**信息理论**对基础和应用科学而言都很重要，这和贝叶斯推断有很深的关联。与很多成功的领域类似，信息理论也产生了大量的虚假应用。[⊖]

最基本的问题是：从一个结果观测中学到的信息能够在多大程度上减少不确定性？再次考虑天气预报的问题。预报都是事先发布的，且真实的天气情况是不确定的。当那天来临时，天晴情况就是一个确定事件了。这样一来，不确定性的降低就成为一个自然的衡量信息获取量的方式，从某个结果观测我们总能得到信息。因此，如果能够精确定义"不确定性"，就能提供一个预测难度的基准测量，以及改进的空间。这里就是用不确定性的降低来定义信息的。

信息：学习一个结果观测带来的不确定性减少。

使用上面的定义，我们需要一个量化概率分布中不确定性的方法。再次假设存在两种可能的天气情况：天晴或者下雨。每种情况都以一定的概率发生，这些概率值相加为 1。我们需要一个函数，能用天晴和下雨的概率得到不确定性的度量。

有很多可能的衡量不确定性的方法。最常用的方法是定义一些不确定性度量需要具备的性质。有 3 条必备的性质：

（1）不确定性的度量应该是连续的。如果不连续的话，任何一个概率上的微小改变，例如下雨的概率，都会极大地增加不确定性。

（2）不确定性的测量会随着可能的事件数目的增加而增加。例如，假设需要预测两个城市的天气。对于第一个城市，每年一半的时间下雨，剩下的时间天晴。对于第二个城市，可能下雨、天晴或冰雹，每种情况发生的概率都是 1/3。在这种情况下，我们的不确定性度量在第二个城市的取值就应该更大，因为天晴情况的可能性更多。

（3）不确定性的测量应该是可加的。这意味着如果我们先测量天晴或下雨（这两种可能情况）的不确定性，然后测量热和冷（另外两种情况）的不确定性。这样一来，不确定性存在下面 4 种情况的组合——下雨/热、下雨/冷、天晴/热、天晴/冷，应该是这些不确定性之和。

只有一个函数满足上面的性质。该函数通常称为信息熵，其定义简单的令人吃惊。如果有 n 件不同的可能事件，每个事件 i 对应的概率为 p_i，我们将所有事件对应的概率记为 p，我们需要的不确定性度量是：

⊖　Shannon(1984)。更多的介绍，见 Cover 和 Thomas 写的《Elements of Information Theory》一书。Jaynes 的书更高阶且附有许多极有价值的知识(2003，第 11 章)。关于将信息理论应用到统计推断的基础书籍是 Kullback(1959)的书，但是阅读起来并不容易。

⊖　见两篇关于这个话题很有名的评论：Shannon(1956)和 Elias(1958)。Elias 的评论虽然写于 1958 年，但现在看依然不过时，戏谑机智。这两篇评论都只有一页，可以在线下载。

$$H(p) = -\operatorname{E}\log(p_i) = -\sum_{i=1}^{n} p_i \log(p_i) \tag{6.1}$$

简单地说：

概率分布中含有的不确定性是事件发生概率的对数平均。

这里的"事件"可能代表一种天气，比如下雨或天晴，或者某种特定的鸟类物种，又或者 DNA 序列中的某个特定核苷酸。

虽然没有必要在这里详细证明函数 H 的推导过程，但有必要指出的是，该函数不是人为主观选定的（而是根据性质严格推导而来的）。其中每一部分都由上述性质推导而来。但是人们之所以最终采用 $H(p)$ 作为不确定性的有效度量并不是因为这几条性质，而是因为通过这些性质推导出的函数容易使用。

用一个例子可以帮助揭开函数 $H(p)$ 的神秘面纱。为了计算天气对应的信息熵，假设真实的下雨和天晴的概率分别为 $p_1 = 0.3$ 和 $p_2 = 0.7$。那么：

$$H(p) = -(p_1 \log(p_1) + p_2 \log(p_2)) \approx 0.61$$

对应的 R 代码为：

R code
6.9

```
p <- c( 0.3 , 0.7 )
-sum( p*log(p) )
```

```
[1] 0.6108643
```

假设我们生活在阿布达比酋长国。那么下雨和天晴的概率更可能是：$p_1 = 0.01$，$p_2 = 0.99$。这种情况下，相应的信息熵为 0.06。为什么不确定性下降了？因为阿布达比酋长国几乎不下雨。和一个 30% 的时间下雨的地方相比，不确定性自然更低。正是通过这样的方式，信息熵能够衡量服从某个分布的事件结果的内在不确定性。类似的，如果我们在分布中加入额外的事件——预测冬天的天气，即还有雪天——熵会随之增加，因为这时预测问题的维度增加了。例如，假设天晴、下雨和下雪的概率分别是 $p_1 = 0.7$、$p_2 = 0.15$ 且 $p_3 = 0.15$，对应的熵为 0.82。

信息熵数值本身并不能说明什么。我们只是将其作为一个精确度的度量，接下来会讲到这点。

深入思考：更多关于熵的知识。我之前提到过，信息熵是对数概率的平均。但是在定义中出现了 -1。对数概率的平均乘以 -1 使得熵 H 的取值为正数，而非负数。这只是一种惯例，而非必须。上面的对数指的是自然对数，也就是以 e 为底。但改变底数除了会改变熵的标度以外并不会对推断产生影响。用 2 为底数的对数变换也很常见。只要你比较的熵都是用相同的底数计算的就可以了。

关于计算 H 唯一需要特别注意的是一个潜在的问题，当 $p_i = 0$ 时怎么办，因为 $\log(0) = -\infty$，无法定义。但是，洛必达法则告诉我们，$\lim_{p_i \to 0} p_i \log(p_i) = 0$。因此只要假定 $0\log(0) = 0$ 就好了。换句话说，从来没有发生过的事件结果被排除了。这并不是在耍诡计，这个结果来自极限理论。但是这个结果不能够被一眼看出。只要记得对于没有发生过的事件，没有理由在模型中考虑就好了。

6.2.3　从熵到准确度

　　最好能够找到一种量化不确定性的方法。H 提供了这样的一种方法。通过这种方式我们能够很精确地描述达到模型目标有多难。关键在于分布的散度（divergence）：

　　散度：用一种分布的概率来描述另外一种分布带来的不确定性。

这通常也称为 Kullback-Leibler 散度，或者简称 K-L 散度，用该概念的提出者的名字而命名。⊖

　　假设，事件的真实分布是 $p_1=0.3$，$p_2=0.7$。如果我们以为的事件发生概率分布是 $q_1=0.25$，$q_2=0.75$，用 $q=q_1$，q_2 去逼近 $p=p_1$，p_2 会额外引入多少不确定性？该问题的正式答案取决于 H，对应的公式也非常相似：

$$D_{KL}(p,q) = \sum_i p_i(\log(p_i) - \log(q_i)) = \sum_i p_i \log\left(\frac{p_i}{q_i}\right)$$

用更平实的表达方式就是，散度指的是目标（p）和模型（q）对应的对数概率之差的平均。散度就是衡量两个熵的差别：目标概率分布 p 对应的熵和使用 q 去预测 p 产生的交叉熵（更多细节见下面深入思考方框）。当 $p=q$ 时，我们得到了事件的真实分布。在这种情况下：

$$D_{KL}(p,q) = D_{KL}(p,p)$$
$$= \sum_i p_i(\log(p_i) - \log(p_i)) = 0$$

用一个概率分布逼近其本身时并没有引入额外的熵。这在某种程度上挺令人宽慰的。

　　但更重要的是，随着 q 和 p 之间差距的增加，散度 D_{KL} 也随之增加。图 6-6 展示了这样的例子。假设真实的目标概率分布是 $p=\{0.3, 0.7\}$。再假设逼近概率 q 可以在 $q=\{0.01, 0.99\}$ 到 $q=\{0.99, 0.01\}$ 间变动。横轴是概率

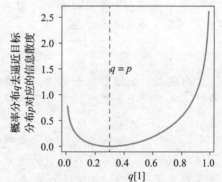

图 6-6　用概率分布 q 去逼近目标分布 p 对应的信息散度。只有在 $p=q$ 时（图中的虚线），散度为 0。其他任何时候，散度都是正数，并且散度随着 q 和 p 的差距增加而增加。当存在多个估计分布 q 时，对应散度最小的分布就是最准确的逼近，因为该分布额外引入的不确定性最小

⊖　我真心希望能告诉你们一本最大熵导论，适合一般自然科学和社会科学研究者的数学背景阅读。如果有的话，那我也并不知道。Jaynes（2003）是一本这方面的核心读物，但是如果你的微积分不够好的话，读起来可能会很困难。更好的参考资料大概是 Steven Frank 的论文（2009；2011），其中对该方法进行了解释，并且将其和自然界常见的概率分布练习起来。即便忽略其中的数学，你也能理解主要的概念。对该方法在生态学中的应用的教科书式的资料，可以参考 Harte（2011）。

⊖　Kullback 和 Leibler（1951）。注意，Kullback 和 Leibler 并没有用他们自己的名字命名这个散度。关于 Solomon Kullback 本人对该命名的意见可以参考 Kullback（1987）。关于这个度量有什么价值，Kullback 和 Leibler 在 1951 年的一篇论文中提到 Harold Jeffreys 已经将该度量用于发展贝叶斯统计。

分布的第一个元素 q_1，纵轴是散度 $D_{KL}(p, q)$。只有当 $q=p$ 时，也就是 $q_1=0.3$ 时，散度取值为 0。散度随到该点距离的增加而增加。

现在看来，散度能够帮助我们比较 p 的不同估计。随着逼近分布函数 q 越来越精确，$D_{KL}(p, q)$ 也会减少。因此，如果我们有两个候选的分布，对应散度小的那个离目标概率分布更近。由于预测模型给出了事件概率，我们可以用它来比较不同模型的精确性。

深入思考：交叉熵和散度。 散度的推导可能比你想的要简单。关键在于理解这一点，当我们用概率分布 q 去预测服从另外一个概率分布 p 的事件时，就产生了一种叫作**交叉熵**（cross entropy）的东西：$H(p,q)=-\sum_i p_i \log(q_i)$。事件发生服从概率分布 p，但我们用概率分布 q 来预测事件，因此熵增加了，增加的幅度取决于 p 和 q 之间的差别。散度指的是由于使用 q 引入的额外熵。因此就是真实事件分布对应的熵 $H(p)$ 与用 q 来逼近 p 得到的熵 $H(p, q)$ 之间的差别：

$$D_{KL}(p,q) = H(p,q) - H(p) = -\sum_i p_i \log(q_i) - (-\sum_i p_i \log(p_i))$$

$$= -\sum_i p_i(\log(q_i) - \log(p_i))$$

所以事实上散度是用来衡量分布 q 和目标分布 p 之间的差距，测量单位是熵。注意，在这里必须分清哪一个是目标分布，因为 $H(p, q)$ 一般不等于 $H(q, p)$。关于这点的更多展开，见下面的再思考框。

再思考：散度取决于方向。 一般而言，$H(p, q)$ 不等于 $H(q, p)$。这里的方向会对计算散度产生影响。了解背后的原因是有用的，下面就是一个用来阐释的虚拟案例。

假设我们乘坐一艘火箭去往火星，但我们无法控制在火星的降落地点。现在我们试着预测最后会降落在水面上还是地面上。通过地球上水面和陆地面积的分布 q 来逼近火星表面的分布 p。对地球，水面和地面的比例分别为 $q=\{0.7, 0.3\}$。火星很干，这里仅仅是为了举例，假设火星 1% 的表面由水覆盖，因此 $p=\{0.01, 0.99\}$。如果我们将冰盖也考虑进去的话，那也太牵强了。现在计算用地球分布估计火星分布对应的散度，结果是 $D_{E \to M}=D_{KL}(p, q)=1.14$。这是用地球来预测火星陆地分布产生的额外不确定性。现在考虑另外一个方向。p 和 q 的值保持不变，但交换两者的位置，现在 $D_{M \to E}=D_{KL}(q, p)=2.62$。这个方向上散度几乎是之前的两倍还多。这个结果看似令人费解。用地球分布逼近火星分布为什么比用火星逼近地球得到的差距小呢？

这只是散度的一个特征而非故障。用火星分布逼近地球分布确实比相反方向的逼近具有更高的不确定性。原因在于用火星逼近地球时，由于火星表面水域覆盖比率很低，当我们发现地球表面大部分是水域时会非常非常吃惊。相反，地球表面水域和陆地都占有一定比例，所以用地球逼近火星时，虽然我们会期待更多的水域，但从某种程度来说，遇到水面或地面都在预料之中。因此如果在火星着陆时是地面，我们也不会太吃惊，因为地球表面 30% 是陆地。

在拟合模型的语境中，这种不确定性产生的一个实际影响是，如果我们使用一个对应熵很高的分布来逼近某个事件的未知真实分布，我们会更接近真实分布，同时减小误差。该事实有助于我们建立广义线性模型，见之后的第 9 章。

6.2.4　从散度到偏差

到此为止，亲爱的读者，你可能在想这章到底要讲些什么？本章一开始的目标是处理过度拟合和拟合不足的问题。但是到目前为止，我们用大量的篇幅介绍熵及其相关的东西。好比我承诺带你去海滩，但你却发现自己在树林的小屋中，不明白这是到海滩的必经之路，还是一个邪恶的阴谋？

这是必经之路。先前的那些关于信息理论和散度的介绍是为了阐明：

(1) 如何衡量模型和目标之间的距离。信息理论给了我们需要的距离度量，K-L 散度。

(2) 如何估计散度。定义距离的度量方式之后，接下来就需要在真实的统计建模中估计散度。

第(1)项已经完成。第(2)项我们留到最后。接下来我们会看到，估计散度的过程中会用到一个模型拟合的度量——偏差。

要用 D_{KL} 来比较模型，我们需要知道 p，也就是目标概率分布。在目前所有的例子中，仅假设 p 已知。但当我们需要寻找能最好逼近真实概率 p 的概率分布 q 时，通常目标概率分布 p 是未知的。如果我们已经知道 p，就不需要统计推断了。

有一种极好地摆脱这种窘境的方法。我们可以比较不同候选分布的散度，如 q 和 r。这种情况下，关于 p 的大部分都抵消了，因为在 q 和 r 的散度公式中都存在 $E\log(p_i)$ 这一项。这项对 q 和 r 的散度差距没有影响。因此，虽然我们不知道 p 到底是什么，但可以知道 p 和 r 之间的差距，以及哪个和目标分布更接近。好比我们不知道某个特定的弓箭手射中的位置离靶心的距离，但是我们能够知道哪个弓箭手射中的位置离靶心更近，以及这两个弓箭手之间的差距是多少。

这也意味着我们需要的只是模型的平均对数概率，q 对应 $E\log(q_i)$，r 对应 $E\log(r_i)$。这些表达看上去和结果变量的对数概率很像，之前从拟合模型中抽取样本时已经用到了这个对数概率。事实上，只是对每个观测对应的对数概率求和就能得到 $E\log(q_i)$ 的估计。我们不需要知道表达式中的 p，因为观测的自身分布就已经包含了 p 的信息。

因此，我们能够通过比较每个模型的平均对数概率得到一个模型和目标之间的相对距离估计。这也意味着这些值的绝对大小无法解释——无论是 $E\log(q_i)$ 还是 $E\log(r_i)$ 本身都无法表明模型的好坏。只有两者的差别 $E\log(q_i)-E\log(r_i)$ 能够告诉我们每个模型和真实分布 p 之间的差距情况。

以上这些能给我们一个常用的模型拟合情况的相对度量，该度量也是 K-L 散度的近似。为了逼近 $E\log(q_i)$ 的相对值，我们可以使用模型的偏差，定义如下：

$$D(q) = -2\sum_i \log(q_i)$$

其中 i 是观测的角标，q_i 代表观测 i 的似然值。上面公式中的 -2 并没有起任何重要的作用，包含这项是出于历史原因[⊖]。注意平均偏差不是通过除以样本数目得到的，而是对不同的样本求和。这并不会改变其与 K-L 散度之间的关系，但却使该度量随着样本量的增大而增大。

你能够计算本书中拟合的任何模型的偏差，只需要代入 MAP 参数估计计算每行观测的对数概率。得到的概率就是对应的 q 值。然后将这些概率取对数后相加，再乘以 −2。在很多情况下，R 中的函数将这些步骤自动化了。大部分标准模型拟合函数都支持 logLik，该函数可以解决其中困难的部分：计算对数概率的和，通常称为观测数据的对数似然。例如：

R code
6.10

```
# 用lm函数拟合模型
m6.1 <- lm( brain ~ mass , d )

# 走个计算偏差（deviance）的捷径
(-2) * logLik(m6.1)
```

```
'log Lik.' 94.92499 (df=3)
```

要知道如何自行计算偏差，见下面的深入思考框。但是注意，由于参数具有不确定性，模型的偏差同样具有不确定性。对任何特定的参数值，都能够严格定义偏差。但由于参数取值有后验分布，相应的偏差也有后验分布。

深入思考：计算偏差。 下面是一个简单的例子，仍然使用之前的古人类数据。

R code
6.11

```
# 拟合模型前对体重进行标准化
d$mass.s <- (d$mass-mean(d$mass))/sd(d$mass)
m6.8 <- map(
    alist(
        brain ~ dnorm( mu , sigma ) ,
        mu <- a + b*mass.s
    ) ,
    data=d ,
    start=list(a=mean(d$brain),b=0,sigma=sd(d$brain)) ,
    method="Nelder-Mead" )

# 提取MAP估计
theta <- coef(m6.8)

# 计算偏差
dev <- (-2)*sum( dnorm(
        d$brain ,
        mean=theta[1]+theta[2]*d$mass.s ,
        sd=theta[3] ,
        log=TRUE ) )
dev
```

```
[1] 94.92704
```

⊖ 在一般的情况下，对很多常见的模型类别，两个偏差的不同服从开方分布。这里的因子 2 就是为了这个目的而进行的标度化。

输出的结果和-2*logLik(m6.8)一样。需要的只是将似然函数代入 MAP 估计。你能够计算出每个观测对应的对数似然值，然后将这些值相加。最后，将这个求和乘以−2得到偏差。R 中的 logLik 函数能够实现这一系列的计算，除了乘以−2。

6.2.5　从偏差到袋外样本

偏差是衡量模型和目标之间差距的原则性方法。但上一小节中计算的偏差和 R^2 有一样的问题：随着模型参数的增加而增大。至少对于我们当前使用的模型来说存在这样的问题。和 R^2 一样，训练样本偏差是衡量拟合准确性的方法，而非预测准确性。我们真正感兴趣的是在新样本中的偏差。因此，在介绍衡量和改进袋外样本偏差的方法（参数收缩和信息法则）之前，我们先模拟一个训练样本和袋外样本同时存在偏差的场景，仔细审视下该问题。

通常情况下，当我们有数据并且使用该数据拟合统计模型时，数据包含训练样本。我们通过训练样本估计参数，然后代入参数估计的结果，用得到的模型预测新的样本，也叫作测试样本。我们可以在 R 中实现所有的这些。但是需要经过下面的全部步骤：

（1）假设存在一个样本量为 N 的训练样本。

（2）用训练样本拟合模型，计算模型在训练样本上的偏差。称为偏差 D_{train}。

（3）假设存在另外一个样本量为 N 的测试样本。

（4）计算测试样本偏差。这意味着需要通过步骤（2）得到的 MAP 估计来计算测试样本对应的偏差。称为偏差 D_{test}。

上面的步骤只是一个思想实验。它让我们能够通过模拟预测环境来探究训练样本偏差和测试样本偏差的差别。

为了更加直观地阐释上面的思想实验，现在我们要做的是将下面 5 个不同的线性回归模型利用上面的思想实验重复 10 000 次。生成数据的模型如下：

$$y_i \sim \text{Normal}(\mu_i, 1)$$
$$\mu_i = (0.15) \, x_{1,i} - (0.4) \, x_{2,i}$$

结果观测 y 服从高斯分布，对应的截距 $\alpha = 0$，两个预测变量对应的斜率分别为 $\beta_1 = 0.15$ 和 $\beta_2 = -0.4$。用来分析数据的模型是含有 1 到 5 个参数的线性回归。第一个模型只有 1 个参数，就是均值未知且方差固定 $\sigma = 1$ 的线性回归。模型的形式是每个参数和对应的预测变量相乘，然后相加。因为真实的情况是只有前两个预测变量对应参数非 0，我们可以说真实模型只有 3 个参数。通过拟合所有的 5 个模型，模型分别包含 1 到 5 个参数。我们可以比较每个模型在同一个样本中的偏差有何不同。

图 6-7 展示了 10 000 次模拟的结果，其中我们模拟了两个样本量。可以通过 rethinking 包中的 sim.train.test 函数进行模拟。如果你想要进行更多类似的模拟，参考下面深入思考框中详细的代码。图 6-7 的左侧，训练集和测试集的样本量都是 20。蓝色的点和线段分别代表训练集样本偏差的均值和一个标准差区间。从左到右，随着参数个数的增加，平均偏差减少。偏差小意味着模型拟合更好。因此随着模型复杂度的上升，偏差减小，这和 R^2 的情况是一样的。

但检查空心点和黑色的线段结果就不一样了。其对应参数个数改变时测试集的偏差分布变化。训练集偏差总是随着参数个数的增加而减少，平均测试集偏差在参数个数为 3 的时候最小。在这个例子中，真实模型中有 3 个参数。从第 3 个参数开始，增加模型

中的参数使得测试集偏差更糟。这些额外的参数拟合了噪音。因此，虽然训练样本偏差
一直有所改进，平均测试样本偏差却在恶化。右图展示了样本量为 100 的情况。

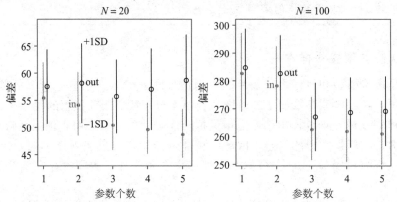

图 6-7   训练集和测试集样本偏差。图中横轴代表模型参数个数。纵轴代表 10 000 次模拟
         得到的样本偏差。蓝色对应训练集样本，黑色对应测试集样本。线段中的点代表
         平均偏差，线段代表±1 个标准差的区间

　　标准差对应的区间线段可能让你吃惊。通常情况下，袋外样本对应的偏差总是高于训
练样本。每个模型情况都该如此，因为任何训练样本都可能极具误导性，且任何测试集样
本都可能缺乏代表性。在我们介绍比较模型的工具时记住这点，因为这能够防止你对某个
样本分析的结果过度自信。和所有的统计推断一样，我们无法保证结果一定正确。

　　关于上面这点，还需要注意"真实"的模型同样无法保证对应最小的袋外样本偏
差。2 个参数的模型对应的偏差就反映了这点。左图中 2 个参数的模型的预测偏差比 1
个参数的模型大，虽然数据确实来自有 2 个参数的模型。这是因为，当样本量只有 20
时，无法准确估计第一个参数带来的预测偏差比省略这个参数还要糟。右图的情况则相
反，这时有足够的样本能够精确估计第一个预测变量和结果的关系。现在，2 个参数
的模型对应的预测偏差小于 1 个参数的模型。

　　偏差是用来评估预测精确度的，不是用来评估和真实模型的差距的。真实的模型并不
能保证最好的预测结果，这里所谓的"真实的模型"指模型参数和生成数据的模型相同。
类似的，错误的模型，即含有参数与生成数据的模型不同的模型，给出的预测不一定差。

　　希望通过这个思想实验展示理论上偏差的表现如何。虽然训练集样本的偏差总是随
着预测变量个数的增加而增加，但袋外样本则不一定，结果取决于真实的数据发生机制
以及用来估计参数的样本量。以上这些事实为理解收缩先验和信息法则奠定了基础。

深入思考：模拟训练和测试集数据。要得到图 6-7，对这 5 个模型中的每一个重复
使用 sim.train.test 10 000 次。下面的代码能够用来实施该过程：

R code
6.12

```
N <- 20
kseq <- 1:5
dev <- sapply( kseq , function(k) {
    print(k);
    r <- replicate( 1e4 , sim.train.test( N=N, k=k ) );
    c( mean(r[1,]) , mean(r[2,]) , sd(r[1,]) , sd(r[2,]) )
} )
```

如果你用 Mac 或者 Linux 系统的话，可以将如上的 replicate() 函数那一行换成下面的代码，将随机抽样过程并行化：

```
r <- mcreplicate( 1e4 , sim.train.test( N=N, k=k ) , mc.cores=4 )
```
R code 6.13

将 mc.cores 设置成你想要用来随机抽样的处理器核数。一旦完成了抽样，dev 会是一个 4×5 的矩阵，其中包含均值和方差的信息。下面的代码用于绘制图 6-7：

```
plot( 1:5 , dev[1,] , ylim=c( min(dev[1:2,])-5 , max(dev[1:2,])+10 ) ,
    xlim=c(1,5.1) , xlab="number of parameters" , ylab="deviance" ,
    pch=16 , col=rangi2 )
mtext( concat( "N = ",N ) )
points( (1:5)+0.1 , dev[2,] )
for ( i in kseq ) {
    pts_in <- dev[1,i] + c(-1,+1)*dev[3,i]
    pts_out <- dev[2,i] + c(-1,+1)*dev[4,i]
    lines( c(i,i) , pts_in , col=rangi2 )
    lines( c(i,i)+0.1 , pts_out )
}
```
R code 6.14

通过修改上面的代码，你可以模拟很多不同的训练-测试情况。键入 ?sim.train.test 查看更多选项。

6.3　正则化

过度拟合的根本原因是模型对训练集样本的学习过头了。当使用水平先验或者几乎水平时，模型认为每个参数的取值是等可能的。结果模型返回的后验分布会尽量解读训练集样本中的信息——通过似然函数的方式表达。

一种防止模型过度解读样本的方法是给出一个"怀疑"先验。这里的"怀疑"指先验减慢了模型从样本中学习的速率。最常见的怀疑先验分布是正则分布（Regularizing Prior），正则分布应用在参数 β 上，即线性模型中的斜率。只要合适地调试，这样的先验分布能够在减少过度拟合的同时允许模型学习样本的一般特征。但如果先验过度限制参数估计，模型就会忽略样本的一般特征，导致拟合不足。因此，这里的本质问题是参数调优。但是如你所见，即使是轻度限制，也能够提高模型表现。当模型应用于真实世界中时，我们唯一能期待的就是努力让模型表现得更好，这里没有最优的模型或者先验分布。

例如，考虑下面的高斯模型：

$$y_i \sim \text{Normal}(\mu,\sigma)$$
$$\mu_i = \alpha + \beta x_i$$
$$\alpha \sim \text{Normal}(0,100)$$
$$\beta \sim \text{Normal}(0,1)$$
$$\sigma \sim \text{Uniform}(0,10)$$

假设预测变量 x 已经标准化了，在实践中通常需要这么做，因此其对应均值为 0，标准差为 1。α 的先验分布几乎是平的，对推断没有实际影响，如你在之前章节所见。

但是 β 的先验分布更窄，这会控制参数估计。先验 $\beta \sim \mathrm{Normal}(0，1)$ 表明，在观测到任何数据前，模型已经会质疑绝对值大于 2 的参数估计，因为标准差为 1 的高斯分布样本绝对值大于 2 的概率只有 5%。因为预测变量 x 已经标准化了，你能够进行如下解释：x 取值变化 1 个标准差不太可能导致结果变量改变超过 2 个单位。

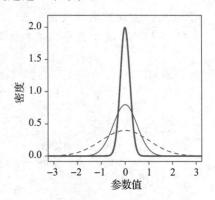

你可以用图 6-8 中虚线所示的方式对先验分布进行可视化。由于大部分概率分布在 0 周围，因此估计值会向 0 收缩——即估计更加保守。图中剩下几条先验分布曲线更窄，对远离 0 点的参数取值更加质疑。细实线代表标准差为 0.5 的更强的高斯分布。粗实线更强，对应的标准差只有 0.2。

图 6-8　正则化先验分布，有弱分布也有强分布。3 个高斯分布的标准差不同。这些先验能够在不同程度上降低多度拟合。虚线：$\mathrm{Normal}(0，1)$。细实线：$\mathrm{Noraml}(0，0.5)$。粗实线：$\mathrm{Noraml}(0，0.2)$

这些先验在实践中到底有多强取决于观测的数据和使用的模型。因此，让我们研究一个训练-测试案例，和你在前一小节看到的类似（图 6-7）。这次使用图 6-8 显示的正则先验，而非水平先验。对于这 5 个模型，我们使用每个先验进行的 10 000 次模拟。结果如图 6-9 所示。图中的点还是之前小节所示的偏差：蓝色代表训练集偏差，黑色代表测试集偏差。不同的线表示不同先验分布对应的训练集和测试集偏差。蓝线代表训练集，黑线代表测试集。线的类别和图 6-8 对应的类别相同。

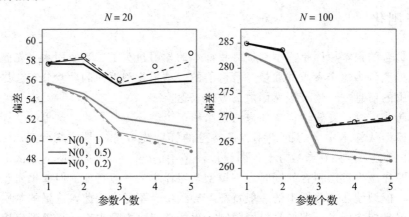

图 6-9　正则化先验和测试集偏差。这两幅图中的点和图 6-7 中的相同。其中，实线分别展示了图 6-8 中 3 个先验分布对应的训练（蓝）和测试（黑）偏差。虚线：$\beta \sim \mathrm{Normal}(0，1)$。细实线：$\beta \sim \mathrm{Normal}(0，0.5)$。粗实线：$\beta \sim \mathrm{Normal}(0，0.2)$

先看左边的图，其中对应的样本量 $N = 20$。训练集偏差随着先验强度的增加而增加。粗蓝色实线显著高于另外两条蓝线，这是因为正则先验防止模型完全适应数据。但是测试集偏差随着先验强度的增加而减少。在测试集上表现最好的还是含有 3 个参数的模型，正则先验对偏差几乎没有影响。

同时注意，随着先验强度的增加，模型过度复杂带来的损害被极大地削弱了。对于先验分布 $\mathrm{Normal}(0，0.2)$（粗实线），含有 4 到 5 个参数的模型几乎不比含有 3 个参数的模型差。如果你能正确地对正则化先验进行调优，可以极大减弱过度拟合的问题。

现在转而关注右图，其中对应的样本量 $N=100$。这里先验的影响小多了，因为证据显著增多。先验确实会有帮助。但是当样本量大时，过度拟合的问题变得更不显著。即使使用最强的先验 Normal(0，0.2)（粗实线），观测数据中也有足够的信息盖过先验分布。

正则化先验很好，因为其减少了过度拟合。但如果它们太过限制，就会使模型无法从数据中学习信息。因此，为了更加有效地使用正则化先验，必须要对其强度进行调优。调优的过程不一定简单。如果你有足够的数据，可以将数据划分为"训练集"和"测试集"，然后尝试不同的先验，选择对应测试集偏差最小的先验。这是交互校验的本质，一种降低过度拟合的常见方法。

如果你需要用所有的数据来训练模型的话，对先验分布进行调优可能不会那么简单。最好基于手头的数据，用某种方法计算模型的袋外样本偏差，估计预测精度。这是下一个小节要讨论的问题。

> **再思考：通过分层模型进行自适应正则化。** 第 12 章讲到多层模型的时候，你会看到这类模型的核心是从数据中学习调整先验的强度。因此，你能将分层模型想象成自适应正则化，其中模型本身会通过不断从数据中学习来决定先验分布的强度。

> **再思考：岭回归。** 在线性模型中，斜率参数使用的是高斯先验，中心为 0，有时称为岭回归。岭回归的表达式中通常有一个调优参数 λ，该参数本质上用于控制先验分布的强度。当 $\lambda > 0$ 时，能够减少过度拟合。但是和贝叶斯模型类似，当 λ 太大时，存在拟合不足的风险。
>
> 虽然一开始提出的时候并不是贝叶斯模型，但岭回归是另外一个可以同时从两个角度解释模型的案例：贝叶斯和非贝叶斯。岭回归并没有计算后验分布。而是一个修改版本的最小二乘回归，在优化方程中加入了调优变量 λ。R 中 MASS 包中的函数 `lm.ridge` 能够进行岭回归。

6.4　信息法则

在之前的小节中我们展示了一个模拟案例——对训练样本拟合模型，然后用模型预测相同大小的测试样本。让我们再来看一个这样的思想实验，但这次使用的是训练样本（袋内）偏差和测试样本（袋外）偏差的不同。图 6-10 展示了和之前相同的蓝点和黑点。但这次线段表示的是训练样本偏差（蓝）和测试样本偏差（黑）之间的平均距离。注意对于每个模型这些距离几乎相同，样本量为 $N=20$（左）和样本量为 $N=100$（右）的情况类似。每个距离都大约是参数个数的两倍，参数个数为水平坐标。虚线是在蓝点上加上两倍参数个数，这和真实的测试偏差很接近。

这是信息法则背后的现象。最出名的信息法则是 AIC。[注]AIC 提供了一个极其简单的估计袋外样本偏差的方法：

[注] Akaike(1973)。也可参考 Akaike(1974，1978，1981)，其中对 AIC 进行了进一步发展，并且将其和贝叶斯方法联系起来。人口生物学家更可能是通过 Burnham 和 Anderson(2002)了解 AIC 的，其中强烈鼓励使用该法则。

$$\text{AIC} = D_{\text{train}} + 2p$$

其中，p 是模型中待估参数的个数。该定义对应了图 6-10 中展示的训练偏差和测试偏差的关系。图 6-10 中的虚线代表的就是相应模型的 AIC 值。

　　AIC 提供了一个预测精度的近似，即近似袋外样本偏差。所有信息法则的目标都是相同的，但是依照的假设不同。AIC 是最早出现的法则，也是限制性最强的法则。AIC 估计只有在以下情况时可靠：

（1）先验是水平的或者先验被样本似然值淹没；

（2）后验分布逼近多元高斯；

（3）样本量 N 远高于参数个数 k [⊖]。

由于水平先验很难是个好先验，所有我们需要更加一般的信息法则。

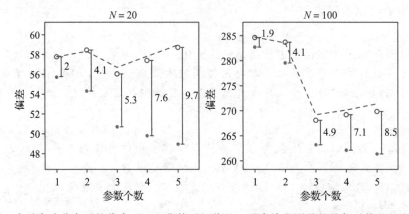

图 6-10　水平先验分布下的袋内(蓝)和袋外(黑)偏差。垂直线段测量的是每对偏差的距离。对于 $N=20$ 和 $N=100$ 这两种情况，该距离都近似为袋内偏差加上两倍参数个数。虚线表示袋内偏差加上两倍参数个数，参数个数为水平坐标。这些虚线展示了每个模型对应 AIC 的位置，可以用来估计袋外样本偏差

　　因此，我们不再花更多的时间讲解 AIC，而是专注于两个常见且更加一般的法则：**DIC 和 WAIC**。**偏差信息准则**（Deviance Information Criterion，DIC）使用含有信息的先验分布，但依然假设后验分布是多元高斯分布且 $N \geqslant k$。[⊖] **广泛应用的信息标准**（Widely Applicable Information Criterion，WAIC）更加一般，没有对后验分布做任何假设。[⊜] 在展示完整的数据分析案例之前，我们会先简单地介绍这两个准则，在之后的章节中会反复用到。

　　　　再思考：信息准则和一致性。 如前所述，使用如 AIC、DIC 和 WAIC 之类的信息法则时，"真实"的模型并不总是对应最好的 D_{test}。用统计的行话说，信息理论在模型评估上不具有**一致性**。使用这些准则的目的是找到给出最佳预测的模型。和之前用测试集偏差进行评估类似，如果它们导致的一些结果并不违反我们当初设计这

⊖　在 N 较小的情况下一个常见的逼近方法是 $\text{AIC}_c = D_{\text{train}} + \dfrac{2k}{1-(k+1)/N}$。随着 N 的增长，该表达趋近 AIC。见 Burnham 和 Anderson(2002)。

⊖　Lunn 等(2013)给出的关于 DIC 的解释很容易理解，其中包含了不同的计算方式。

⊜　Watanabe(2010)。Gelman 等(2013b)重新将 WAIC 定义为 "Watanabe-Akaike 信息法则"，明显是为了给 Watanabe 应有的认可，这和人们用 Akaike 的名字重新命名 AIC 一样。Gelman 等(2013b)还给出了关于推断问题的广泛见解，值得一读。

个准则的意图，那就没有必要感到意外。但还有另外一些用于模型比较的度量却是一致的。这么说来，难道信息法则没用？

它们不是没用，如果你关心的只是预测，它们是有效的。一致性是一种**渐进性**质。这意味着在样本量 N 趋向于无穷大时成立的性质，即数据量很大的时候某一过程的表现。对于有限的数据集，AIC/DIC/WAIC 总会选择更复杂的模型，因此，AIC/DIC/WAIC 常常遭到"过度拟合"的批评。但在样本量大的时候，复杂模型预测的效果可以和真实模型一样好。因为当数据量大的时候，每个参数都能被精确地估计。因此，使用过度复杂的模型并不会影响预测。例如，当 $N \to \infty$，图 6-10 中含有 5 个参数的模型得到的估计结果会表明，除了 2 个参数，其他参数的估计几乎是 0。此外，在自然科学和社会科学中，人们使用的模型几乎不可能是生成数据的真实模型。因此，试图找到"真实"的模型没有多大意义。

6.4.1　DIC

DIC 是一个应用广泛且易于计算的贝叶斯信息法则。很多统计软件都提供 DIC 结果。该法则渐渐的和 AIC 一样广为人知。DIC 本质上是 AIC 的变体，先验分布是有信息的。与 AIC 类似，它假设多元高斯后验分布。这意味着，如果任何参数的后验分布是显著有偏的，同时该参数对预测的影响很大，那么 DIC 和 AIC 一样，可能表现得很糟。

DIC 是通过训练样本偏差的后验分布计算的。偏差的后验分布是什么？由于参数有后验分布，偏差又是通过参数计算而来的，那么相应的也有分布。传统的"偏差"是通过 MAP 估计值计算的，这也是我们到目前为止使用的。但是原则上，后验分布提供了预测不确定性的相关信息。且这些不确定性能够帮助我们估计袋外样本偏差。

现在将 D 定义为偏差的后验分布。这意味着我们要对每个从后验分布中模拟的参数样本计算训练集偏差。如果我们从参数后验分布中抽取 10 000 个样本，那么对应可以计算 10 000 个偏差值。假设 $\bar{D}$ 代表 D 的均值。$\hat{D}$ 表示参数后验分布均值对应的偏差。也就是先将抽取的参数值取平均，然后将这些均值代入得到相应的偏差 $\hat{D}$。

一旦得到 $\bar{D}$ 和 $\hat{D}$，相应的 DIC 就是：

$$\text{DIC} = \bar{D} + (\bar{D} - \hat{D}) = \bar{D} + p_D$$

这里，差别 $\bar{D} - \hat{D} = p_D$ 可以类比计算 AIC 用到的参数个数。这里指的是"有效"参数个数，可以用来衡量拟合训练集样本的模型灵活度。越灵活的模型过度拟合的风险越高。因此 p_D 项有时称为惩罚项。该项只是袋内样本偏差和袋外样本偏差之间距离的期望。在水平先验的情况下，DIC 就简化为 AIC，因为这时距离的期望就是参数个数。当在更加一般的情况下，p_D 与参数个数成正比，因为正则化先验限制了模型的自由度。

在大部分情况下，R 会为你进行所有的这些计算。`rethinking` 包中的 DIC 会对 `map` 或 `map2stan`（该函数会在第 8 章介绍）的拟合结果计算 DIC 值。

6.4.2　WAIC

WAIC 是一种比 DIC 更好的法则。WAIC 的定义更复杂，但它的计算过程也是在后验分布上得到对数似然的平均。它也是一种估计袋外偏差的方法。但该法则并不要求后验分布是多元高斯，而且通常比 DIC 更加准确。但是对于一些模型，几乎不可能计算

WAIC。我们介绍了 WAIC 的定义之后会进一步讨论该问题。

　　WAIC 最典型的特征是它是逐点的。这意味着是一个观测一个观测地考虑预测的不确定性。这种方法很有效，因为一些样本比其他样本更难预测，因而有更高的不确定性。从我们至今考虑的高斯模型中很难看出这点。但是讲到广义线性模型时，你就知道为什么样本具有的不确定性差异很重要了。现在，你只需要将 WAIC 看作是遍历每个观测样本，只在需要考虑不确定性的地方考虑不确定性。它衡量模型拟合每个观测的灵活度，然后将这些值相加。

　　将 $Pr(y_i)$ 定义为训练集样本中观测 i 对应的平均似然值。这意味着需要对每个从相应后验分布抽取的参数样本集计算 y_i 的似然值。然后对每个观测 i 对应的似然值取平均，最后将所有的这些观测的似然平均值相加。这样即产生了 WAIC 的第一部分，对数逐点预测密度（Iog-Pointwise-Predictive-Density，Ippd）：

$$\text{lppd} = \sum_{i=1}^{N} \log Pr(y_i)$$

转化成语言描述如下：

　　对数逐点预测密度是所有观测对应的似然平均值之和。

lppd 好比是使用了每个观测点的偏差，每个观测点的偏差都基于参数后验分布的平均。如果你将其乘以 -2，得到的结果实际上和偏差很接近。

　　WAIC 定义中的第二部分是有效参数个数 p_{WAIC}。将 $V(y_i)$ 定义为训练集中观测 i 的对数似然值的方差。这意味着我们要对每个后验参数样本计算观测 y_i 的对数似然值。然后得到这些值的方差，即 $V(y_i)$。现在 p_{WAIC} 定义如下：

$$p_{\text{WAIC}} = \sum_{i=1}^{N} V(y_i)$$

WAIC 的完整定义如下：

$$\text{WAIC} = -2(\text{lppd} - p_{\text{WAIC}})$$

且该值是另外一种袋外样本偏差的估计。

　　`rethinking` 包中的 `WAIC` 函数能够对 `map` 和 `map2stan` 拟合后的模型计算 WAIC。如果你想知道 lppd 和 p_{WAIC} 的计算过程的话，参考本小节末尾的深入思考方框。

　　因为 WAIC 要求将数据划分成独立的观测 $i=1\cdots N$，有时这很难定义。例如考虑这样一个模型，其中每个预测都取决于之前的观测。这种现象是可能的，比如时间序列。在时间序列中，之前的结果成为之后的预测变量。因此，每个观测不是相互独立的，或者可交换的。在这种情况下，你当然可以假装观测相互独立，依然计算 WAIC，但计算出来的值没有什么意义。

　　上面的警告提出了关于这些预测信息法则的一个更一般的问题：它们的可靠性取决于你想要解决的预测任务。并不是所有的预测问题都能像我们在本章做的那样——合理抽取训练集和测试集。当我们考虑分层模型时，还会遇到该问题。

　　再思考：那么 BIC 呢？ 贝叶斯信息法则（Bayesian Information Criterion，BIC），也称为 Schwarz 法则[⊖]，与 AIC 联系更加紧密。选择 AIC 还是 BIC（或者都不选）和

⊖　Schwarz(1978)。

你是不是贝叶斯学派没有关系。这两种法则都有贝叶斯和非贝叶斯的解释，如果严格的话，它们都算不上是贝叶斯。

BIC和线性模型的**对数平均似然函数**有关。平均似然函数是贝叶斯定理中的分母，即似然函数在先验分布上的平均。贝叶斯推断通过比较平均似然函数来比较模型的传统。平均似然函数的比值叫作**贝叶斯因子**。在对数量表上，这些比值就成了相减得到的差别，因此比较平均似然的不同相当于信息法则之差。由于平均似然是在先验分布上求平均，更多的参数会带来对复杂度的自然惩罚。这能帮助我们防止过度拟合，即使确切的惩罚形式和使用信息法则时一般不完全相同。

但一些贝叶斯统计学家不喜欢贝叶斯因子的方法⊖，且他们全都承认使用贝叶斯因子有技术上的困难。需要注意的是，即使先验很弱且对模型的估计没有影响，先验对模型比较产生很大的影响。因此，虽然该方法极有价值，且学习除信息法则以外的方法也有助于你更好地理解信息法则本身，但对稳健的贝叶斯因子方法的介绍还是超过了本书的范围。但是，意识到是否选择贝叶斯和在信息法则与贝叶斯因子中选择是两回事。此外，实际上没有必要去做这种选择。我们总能同时使用这两者，然后比较它们之间的相似和不同。

深入思考：计算 WAIC。要知道如何计算 WAIC，考虑下面通过 map 拟合的简单回归：

```
data(cars)
m <- map(
    alist(
        dist ~ dnorm(mu,sigma),
        mu <- a + b*speed,
        a ~ dnorm(0,100),
        b ~ dnorm(0,10),
        sigma ~ dunif(0,30)
    ) , data=cars )
post <- extract.samples(m,n=1000)
```

R code 6.15

我们将需要每个后验样本集 s 对应的观测 i 的对数似然：

```
n_samples <- 1000
ll <- sapply( 1:n_samples ,
    function(s) {
        mu <- post$a[s] + post$b[s]*cars$speed
        dnorm( cars$dist , mu , post$sigma[s] , log=TRUE )
    } )
```

R code 6.16

你会得到一个 50 行 1000 列的对数似然函数矩阵，矩阵的行对应观测，列对应后验样本。现在计算相应的 lppd，贝叶斯偏差。我们需要对矩阵的每行取平均，由于矩阵Ⅱ是

⊖　Gelman 和 Rubin(1995)。还可以参考 Gelman 等(2013a)中的 7.4 小节，第 182 页。

对数后的概率密度，所以需要先用一个指数变换将其还原为原尺度，然后对原尺度下的概率密度求和，最后再对和取对数。我们要对每行做相似的操作。可以通过 log_sum_ exp 函数很容易地实现这一系列操作：指数变换、求和、取对数。然后只要将该值减去样本量的对数值即可。下面的代码可以用来计算平均对数：

R code
6.17
```
n_cases <- nrow(cars)
lppd <- sapply( 1:n_cases , function(i) log_sum_exp(ll[i,]) - log(n_samples) )
```

键入 sum(lppd) 就能够得到之前定义的 lppd 值了。下面计算有效参数个数 p_{WAIC}。这更加直白，我们只需计算每个观测对应的样本方差，然后将这些方差相加即可：

R code
6.18
```
pWAIC <- sapply( 1:n_cases , function(i) var(ll[i,]) )
```

通过 sum(pWAIC) 得到之前定义的 p_{WAIC}。代码如下：

R code
6.19
```
-2*( sum(lppd) - sum(pWAIC) )
```

```
[1] 421.0367
```

将上面的结果和 WAIC 函数的输出相比较。该过程中存在抽样方差，因为从 map 的拟合结果中抽取后验分布样本具有随机性。但是这个过程的方差比 WAIC 的标准差小多了。你能将观测个数和所有观测对应的 WAIC 方差相乘，然后对乘积取平方根得到相应的标准差：

R code
6.20
```
waic_vec <- -2*( lppd - pWAIC )
sqrt( n_cases*var(waic_vec) )
```

```
[1] 14.42941
```

随着模型变得更加复杂，上面过程中真正改变的是计算对数似然 ll 的过程。

每个单独的观测在向量 pWAIC 中都有对应的惩罚项。这让我们有机会研究不同观测对过度拟合的贡献。用 WAIC 函数也可以得到相应的向量，只要设置 pointwise=TRUE 即可。

6.4.3 用 DIC 和 WAIC 估计偏差

定义了 DIC 和 WAIC 之后，让我们看看另外一个模拟实验。该实验能够提供 DIC 和 WAIC 袋外样本估计的可视化展示，模拟环境与之前一个小节的类似。

图 6-11 展示了分别含有 1～5 个参数的模型对应的 10 000 次模拟的结果。简单起见，这些图中只展示了袋外样本偏差。黑色的点代表几乎水平的先验分布对应的平均结果。蓝色的点代表正则化分布 Normal(0，0.5)的先验分布对应的平均结果。黑色和蓝色的线代表袋外样本偏差的估计(注意不是袋外样本偏差)，上图对应的是 DIC，下图对应 WAIC。不同的颜色代表使用不同先验分布的情况。总的来说，两种估计方法都不错，估计的值都在真实偏差均值一个标准差的范围内。DIC 和 WAIC 都是偏差的有效

估计，但在当前情况下，WAIC 更准确一些。

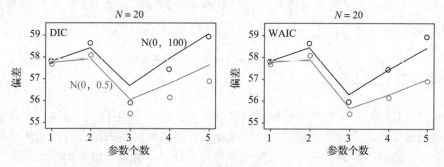

图 6-11　分别通过 DIC 和 WAIC 估计袋外样本偏差。图中的点代表 10 000 次模拟得到的平均袋
　　　　外样本偏差。图中的线分别代表使用相同的模拟样本得到的 DIC（上图）和 WAIC（下图）
　　　　的取值。黑色的点和线来自于几乎水平的先验分布 Normal(0，100)。蓝色的点和线使
　　　　用的是正则化正态先验 Normal(0，0.5)

　　此外，注意正则化先验是有效果的，DIC 和 WAIC 的结果都反映了这一点。这表
明同时使用正则化方法和信息法则比单独使用其中某一种方法要好。只要先验分布不是
太强，正则化将缓解任何模型过度拟合的问题。取而代之的，信息法则帮助我们衡量不
同模型在同样数据集上的过度拟合情况。这是两种互补的功能。由于两者都易于使用且
广泛适用，真心没有不用的理由。

　　　再思考：五花八门的预测框架。 本章从训练-测试集开始，介绍用模型预测与训
练集在大小和特征上都相同的测试集。但这不意味着信息法则只能用来预测与训练
集样本量相同的样本集。用相同的样本量只是为了保证袋外偏差和袋内偏差在同一
个尺度上。此外，在某种程度上使用 AIC 近似于使用交互校验[⊖]，且 WAIC 是直接
从贝叶斯交互校验推导而来的。因此这些法则都声称其具有一般性，因为它们是有
效模型之间的距离，而非绝对偏差。

　　　但是训练-测试预测任务无法涵盖我们想要模型做的所有事情。例如，一些统计
学家倾向于使用**序列预测**（prequential）的框架来对预测进行评估。其中，模型的好
坏通过训练集样本上的累计误差来评判。[⊖]且一旦使用分层模型，就无法单独定义
"预测"，因为测试样本和训练样本的不同方式使得一些估计无法使用。我们会在第
12 章中将该问题展开。

　　　或许更大的问题在于训练-测试的思想是实验中测试样本和训练样本的生成过程
完全相同。这在某种程度上是**一致性**假设，其中假设产生未来数据的过程和过去数
据是相同的，且取值范围大致相同。这会导致一些问题。例如，假设我们拟合一个
用体重预测身高的回归。训练的样本来自一个贫穷的小镇，大部分人都很瘦。身高
和体重的关系表现出强烈的正相关。现在假设我们的预测目标是推测另外一个更加
富裕的小镇中居民的身高。将富裕小镇居民的体重代入用贫穷小镇样本拟合出的模
型中得到的身高预测会远高于实际情况。因为当体重达到某个值后，体重和身高其
实没有什么关系。WAIC 不会自动发现或者解决该问题。其他过程也无法独自解决

⊖　Stone(1977)。

⊜　这也和最小描述长度紧密相关。见 Grunwalk(2007)。

这一问题。但是通过重复的模型拟合、预测和评估的过程，是有可能克服这种限制的。还是那句话，统计并不能代替科学。

6.5 使用信息法则

让我们重新回顾一下最早的问题以及到目前为止都讲了些什么。当同一个观测存在几种可能的模型时，我们该如何比较这些模型？按照训练样本的拟合情况来比较模型肯定不是个好主意，因为通常越复杂的模型拟合得越好。从这里开始就出现岔路了。其中一条路通向信息法则，选用信息散度来衡量模型精确度。一种预测过程的元模型能够推导出 AIC、DIC 和 WAIC，用这 3 个统计量的值估计模型在新样本上的平均偏差，同时近似模型准确度。但是 AIC 是一个针对水平先验分布下简单模型的公式。在其他情况下有更一般的信息法则。DIC 和 WAIC 都是很有效的法则，且可以通过模型的后验分布样本很容易地计算。除了信息法则（估计模型准确度）之外，另外一个有效的方法是使用正则化先验分布，该先验减慢了模型从样本中学习的速率。该方法缓解了过度拟合，与信息法则互补。

上面是对目前为止介绍内容的总结。

一旦从可能的模型中计算出了 DIC 或 WAIC，该如何使用这些统计量呢？由于信息法则提供了关于模型相对表现的意见，它们的使用方式有多种。人们常常讨论模型选择，这通常意味着选择 AIC/DIC/WAIC 值最低的模型，然后舍弃其他候选模型。但是这种选择过程舍弃了 AIC/DIC/WAIC 值的差别中包含的相对模型精确度的信息。这些信息为什么是有用的？因为相对表现有时差距大，有时差距小。类似于相对后验分布概率告诉我们可能在多大程度上相信参数估计（在当前模型的情况下），相对模型精确度告诉我们可以在多大程度上相信模型（在当前的候选模型集合中）。

因此，本小节的重点不是模型选择，而是给出了一个模型比较和模型平均的简单案例。

- 模型比较意味着对某个模型结合使用 DIC/WAIC、参数估计和模型后验预测检验多种方法。理解某一个模型为什么比另外一个模型好，与衡量两个模型之间表现的差距同等重要。仅仅使用 DIC/WAIC 无法提供模型为什么好的信息。但是结合其他方法，对 DIC/WAIC 是一种很好的互补。

- 模型平均意味着使用 DIC/WAIC 来构建后验预测分布，揭示模型相对精确度的信息。这有助于防止对模型结构过度自信。同样，使用整个后验分布有助于预防对参数估计值过度自信。这里的模型平均值不是参数估计的平均，因为不同的模型中的参数意义不同，不应该将其平均，除非问题的情况特殊且你知道自己可以这样做。这里的模型平均指将预测情况进行平均，因为这才能反映模型精确度。

本小节通过一个简单的只有几个参数的案例展示了如何比较和对模型预测进行平均。之后的章节还会用到这里介绍的工具，但具体的案例会有所不同。因此，希望读者注意不要盲目地将这里的结果推广到之后的例子中。

6.5.1 模型比较

这里再次使用之前章节中灵长类母乳数据。让我们将数据导入，删除缺失值 NA，并且改变其中一个解释变量的标度：

```
data(milk)
d <- milk[ complete.cases(milk) , ]
d$neocortex <- d$neocortex.perc / 100
dim(d)
```

R code
6.21

```
[1] 17  9
```

你得到的数据框应该有 17 行(样本量)9 列(变量个数)。

通过在一开始删除含有缺失值的样本，我们完成了模型中比较最重要的一步：在相同的观测上比较不同的模型。如果在拟合模型之前没有删除观测不完整的样本，你比较的模型拟合结果所使用的观测可能不同。这是一个需要重视的风险，因为 R 中自动化的模型拟合函数，如 lm，会自动且悄无声息地删除含有缺失值的样本。如果某个模型使用了含有缺失观测的变量，而模型没有使用这个变量，那么这两个模型拟合的观测就不全相同。观测数目少的模型对应的偏差几乎总是比 AIC/DIC/WAIC 更好，因为相应要预测的样本很少。

我们将重复之前章节的分析过程，用 2 个预测变量 neocortex 和 mass 的对数值预测每克母乳对应的热量(kcal.per.g)。但是现在我们将拟合 4 个不同的模型，分别对应这两个变量出现与否的 4 种可能的情况：(1)同时含有变量 neocortex 和 mass 的对数值；(2)只有 neocortex；(3)只有 mass 的对数值；(4)只有截距没有任何其他变量的模型。我们可以很容易地使用 map 函数拟合这 4 个模型。这些模型中不同的是 μ_i(mu)的方程。

但这里我还要介绍一种将结果标准差 σ 限定在正数范围内的方法。这里的技巧是估计 σ 的对数值，取对数后可以是任何实数值。之后我们只需要在似然函数内对其进行指数变换即可。由于对于任何实数 x，都有 $\exp(x) > 0$，这样一来就可以确保 σ 的值是正数。下面是相应的代码：

```
a.start <- mean(d$kcal.per.g)
sigma.start <- log(sd(d$kcal.per.g))
m6.11 <- map(
    alist(
        kcal.per.g ~ dnorm( a , exp(log.sigma) )
    ) ,
    data=d , start=list(a=a.start,log.sigma=sigma.start) )
m6.12 <- map(
    alist(
        kcal.per.g ~ dnorm( mu , exp(log.sigma) ) ,
        mu <- a + bn*neocortex
    ) ,
    data=d , start=list(a=a.start,bn=0,log.sigma=sigma.start) )
m6.13 <- map(
    alist(
        kcal.per.g ~ dnorm( mu , exp(log.sigma) ) ,
        mu <- a + bm*log(mass)
    ) ,
    data=d , start=list(a=a.start,bm=0,log.sigma=sigma.start) )
```

R code
6.22

```
m6.14 <- map(
    alist(
        kcal.per.g ~ dnorm( mu , exp(log.sigma) ) ,
        mu <- a + bn*neocortex + bm*log(mass)
    ) ,
    data=d , start=list(a=a.start,bn=0,bm=0,log.sigma=sigma.start) )
```

上面默认的都是水平先验，这当然不是一个好主意。但是这能反映在没有限制的情况下，观测样本自身的信息，以及 WAIC 如何衡量过度拟合。之后在本章的末尾，我们将探索正则方法。

通过拟合这 4 个模型能够回答当我们加入或者不加入这两个变量的时候预测会如何变化，以及变化多少的问题。有了这 4 组估计和 4 种偏差，我们可以很快地(1)在 WA-IC 值的基础上比较模型；(2)在参数估计的基础上比较模型。这是两种互补的方法，其目标是探索预测变量加入或者移出模型对应预测和估计的变化，进而理解最优模型。

6.5.2   比较 WAIC 值

为了用信息法则比较模型，首先需要计算相应的法则。然后根据计算出的值从低(最优)到高(最差)排列模型，并且计算权重。这能够给出模型间相对距离的测量，并且更容易解释。

对于任何特定的模型，你能够直接计算 WAIC 和 DIC。下面是计算 m6.14 的 WAIC 值：

R code
6.23

```
WAIC( m6.14 )

[1] -14.96375
attr(,"lppd")
[1] 12.34189
attr(,"pWAIC")
[1] 4.860017
attr(,"se")
[1] 7.582438
```

上面的第一个值是 WAIC。注意它是一个负数，但这并不要紧，没有说偏差不能是负数，越小总是越好。第二个值是 lppd。第三个值是 p_{WAIC}。如果你将 lppd 减去 pWAIC，然后将结果乘以 −2 就能得到第一行的 WAIC 值。最后一行 se 是 WAIC 的标准差。$^\ominus$ 标准差提供了抽样过程带来的 WAIC 值的不确定性的估计。当样本量很小的时候，该标准差只能作为非常粗略的参考。记得，WAIC 本身也是一个估计。

一旦你有了模型的 WAIC 值以后(或者任何信息法则值)，就可以通过该值对模型进行排序。rethinking 包提供了一个非常方便的函数用来按照 WAIC(或其他值)对模型排序：

R code
6.24

```
( milk.models <- compare( m6.11 , m6.12 , m6.13 , m6.14 ) )
```

$\ominus$ 关于定义和讨论，见 Vehtari 和 Gelman。

```
         WAIC pWAIC dWAIC weight   SE  dSE
m6.14 -15.0   4.8   0.0   0.93 7.54   NA
m6.11  -8.3   1.8   6.7   0.03 4.52 7.26
m6.13  -7.9   3.0   7.1   0.03 5.67 5.33
m6.12  -6.2   2.9   8.9   0.01 4.34 7.57
```

上面的 compare 函数的输入值是拟合的模型。其返回一个表格，其中模型按照 WAIC 从低到高排列，表格有 6 列：

（1）WAIC 显然是每个模型对应的 WAIC 值。WAIC 值越小说明模型在袋外样本偏差上表现越好，因此根据该法则，模型 m6.14 是最好的。

（2）pWAIC 是有效参数个数的估计。该估计提供了关于每个模型拟合样本的灵活度的信息。

（3）dWAIC 是最大 WAIC 和最小 WAIC 之间的差距。由于这里只考虑相对偏差，该列提供了相对偏差信息。

（4）weight 是每个模型的 Akaike 权重。这些值是变换后的信息法则值。稍后我会解释。

（5）SE 是 WAIC 估计的标准差。WAIC 是一个估计，在样本量 N 足够大的情况下，标准差能够很好地近似其对应的不确定性。因此 SE 不一定要非常准确，但它确实有助于我们判断将 WAIC 差别作为评判标准是否合理。

（6）dSE 是 dWAIC 对应的标准差。因此第一个模型对应的 dSE 是 NA，因为它和自身的差距总是 0。你可以通过 milk. models@dSE 得到所有模型对之间的两两 WAIC 差值。

你可以对这些值进行可视化，这样可以更加直观地展示结果：

```
plot( milk.models , SE=TRUE , dSE=TRUE )
```

R code
6.25

结果如下图所示：

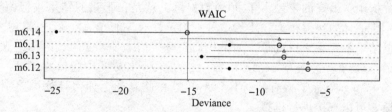

图中每行对应一个模型，模型按照 WAIC 从小到大排列。实心点是袋内样本偏差，通过 $-2 \times$ lppd 计算而来，即相应的 $2 p_{\mathrm{WAIC}}$。空心点是 WAIC。每个 WAIC 对应的标准差用穿过空心点的黑色线段所示。最后，每个模型的 WAIC 和排名最高的模型的 WAIC 之间的差别对应灰色的三角形，灰色的线段是相应的标准差。

这些三角和灰色线段是必要的，因为黑色线段之间的重叠并不能代表模型间差别的标准差情况。由于后验分布的参数（模型可能有共同的参数），各个模型之间的 WAIC 是相关的。因此，如果你想知道模型 WAIC 的差别的分布，你需要计算出这个差别，而不能仅通过 WAIC 值对应的区间重叠来判断。

Akaike 权重可以对结果重新标度化。所有模型的权重之和为 1，这样一来使比较相对预测精度更加容易。在 m 个模型组成的集合中模型 i 的权重定义如下：

$$w_i = \frac{\exp\left(-\frac{1}{2}\mathrm{dWAIC}_i\right)}{\sum_{j=1}^{m}\exp\left(-\frac{1}{2}\mathrm{dWAIC}_j\right)}$$

其中，dWAIC 就是之前的 compare 函数输出表格中的 dWAIC。这里使用的是 WAIC，但对于其他信息法则公式是相同的，因为它们都在偏差的尺度上。Akaike 权重公式看上去可能很奇怪，但是该公式所做的是将 WAIC 放在一个概率标尺下，先乘以 $-\frac{1}{2}$ 将之前的 -2 这个因子抵消掉。然后对结果进行指数变换抵消之前的对数变换。最后再除以总和将权重标准化。这样一来，每个权重的值都在 0 和 1 之间，且所有权重相加为 1。现在越大的值越好。

但这些权重的实际意义是什么呢？事实上关于这个问题没有一致的答案。但下面是 Akaike 本人的解释，这也是通常看到的解释。[⊖]

模型权重代表在当前考虑的模型集合中，某个模型能够给出最好预测的概率。

下面是启发性的解释。首先，将 WAIC 看作是模型在将来样本上的预期偏差估计。也就是说，WAIC 给我们 $E(D_{\text{test}})$ 的估计。Akaike 权重将这些偏差值从对数似然转化为原来的似然函数，然后标准化。这就好比贝叶斯定理中的分母是一个求和，用来标准化似然函数和先验的乘积。因此 Akaike 权重可以类比成在预期将来数据的情况下，模型的后验概率。记得，根据我们的假设，概率就是在所有可能发生的事件中，某个事件可能发生方式计数的标准化。

因此，你可以使用一个启发式的类比，把权重看作每个模型在将来数据上的表现最好的概率估计。至少在模拟过程中，用这种方式解释权重看上去很合理。[⊖]然而，给定所有关于通过重复抽样计算 WAIC 的强假设，你不能太严肃地看待这个类比。毕竟将来不太可能和过去一模一样。换句话说，我们需要研究的哺乳动物可能和这些灵长类动物很不相同。

在这些分析中，最好的模型占了 90% 的权重。这是很不错的结果。但由于仅有 12 个观测，WAIC 估计的误差很大，当然这种不确定性应该能在 Akaike 权重中表现出来。因此得到这个结果不要高兴得太早。如果我们完全相信 compare 函数的输出表格中差别的标准差的话，你可以将模型 m6.14 和 m6.11 的差别看成服从均值为 6.7、标准差为 7.26 的高斯分布。如果你觉得有些犹豫，不知道在此基础上如何计算该差别取值小于零的概率的话，可以直接进行模拟：

R code
6.26

```
diff <- rnorm( 1e5 , 6.7 , 7.26 )
sum(diff<0)/1e5
```

```
[1] 0.1773
```

这只是一个参考值，尤其是当样本量只有 12 的时候。另一方面，对于样本量只有 12 的

⊖ 支持这种解释的更详细讨论见 Burham 和 Anderson(2002)。作者指出，该过程的一些方面仍旧停留在启
    发阶段，因为当使用信息法则的时候没有考虑模型的先验分布，这和使用贝叶斯因子不同。有的时候这
    是好的，但有的时候不是。

⊖ 见 Burnham 和 Anderson(2002)和 Claeskens 和 Hjort(2008)。

情况，我们可能没有预料到会有这样的结果。

你该如何解释信息法则值的不同总是取决于具体的语境：样本量、之前的研究结果、度量的自身性质。一种反映了这种考虑语境的主要方法是 Akaike 权重，这些值是在考虑了集合中所有模型的情况下得到的。如果你添加一个或者移除一个模型，所有剩下模型的权重也会随之改变。但这仍然是在小世界的分析，并没有考虑到所有可能的模型，很可能有些模型我们想象不到。

那么，在这种情况下，我们能够得出什么结论呢？很明显，如果限定在这 4 个简单的线性模型集合上，同时使用这两个预测变量会给我们带来好处，至少对于描述当前样本来说是这样的。对只有 12 个样本的情况，预测变量和结果变量之间的联系足够强，而且将 90% 的权重赋予模型 m6.14，这样的精确度也足够高了。很容易想象，更多的数据可能会降低这些关联的强度。但是在控制了体重的情况下，肯定还会有证据表明新皮层和母乳能量成正比。

同时还要注意，如果模型中只有两个变量中的一个，实际上表现得比只有截距变量的模型还要糟，m6.11。预期的模型差别很小，但由于这两个变量单独使用的时候没有一个能够显著改善模型偏差，所以考虑到对变量个数的惩罚，这两个模型就排在了只有截距的模型之后。这很好地反映了掩蔽效应。通过这种方式，WAIC 比较的结果表明我们需要这两个变量：脑结构和体重。

> **再思考：WAIC 的值多大才算显著？**信息法则方面的新手常常会问 AIC/DIC/WAIC 的取值差别是否"显著"。例如，模型 m6.14 和 m6.11 之间的差别大约为 6 个单位的偏差。那是否能说 m6.14 显著优于 m6.11 呢？一般来说，要提供一个区分差别是否显著的阈值是不可能的，不管这里如何定义"显著"。与 p 值取 0.05 一样，没有理论支持，就是大家一贯使用的一个数字。我们能够设计一些关于使用 WAIC 的约定俗成的规则，但是这也只是一种惯例而已。更进一步，我们知道这些模型给出的预测不同，因为它们是不同的模型。因此在这个语境下，"显著"必须要有一个和通常情况不太一样的定义。
>
> 本书倡导的态度是保留且展示所有的模型，不管 WAIC（或者其他法则）差别的大小。你的结果总结中提供的信息越多，同行评审的时候可以根据的信息也就越多，潜在的也让学术界能够积累更多信息。记住，平均不同模型的结果通常优于某个模型，忽略"显著"的问题。

> **再思考：WAIC 类比。**下面是两个能够有助于解释用 WAIC（或者其他法则）比较模型背后原理的类比。
>
> 将模型想成赛马。在某个特定的比赛中，最好的马不一定就能赢。但是与最差的马比更可能赢。且当最好的马只用了最糟的马一半的时间完成了比赛，你能够非常确定赢得比赛的马同样也是最好的。但是如果两匹马的差距很小，小到需要仔细研究图片才能确定的话，要判断哪匹马更好就困难得多。WAIC 取值就好比时间的差别，用的时间越少越好，且赛马/模型之间的差别是很具有说明能力的。Akaike 权重将完成比赛的时间转化成在将来观测比赛中每个模型会是集合中表现最优的模型的概率。但如果赛道或骑马师发生变化的话，这些概率可能有误导性。基于一次

比赛/拟合结果预测将来的事件是不靠谱的。

将模型看成向前扔出略过池塘的小石块。没有石头能够到达池塘的另一边(完美预测),但平均说来一些石头扔的比另外一些远(在测试集上表现更好)。但是每次扔的时候都有很多特殊的情况——风力或风向会发生变化,可能会有鸭子游过截住了石块,或者扔石块的人可能手滑了。所以,你无法确定哪个石块投得最远。因此每块石头达到的相对距离提供了关于哪块石头平均表现最好的信息。但是我们对任何石块都不能过度自信,除非石块之间的距离很大。

当然,上面的两个类比都不是完美的。从来没有完美的类比。但许多人觉得这对解释信息法则很有帮助。

比较估计值

除在测试偏差的基础上比较模型以外,比较模型之间的参数估计也很有帮助。比较参数估计的好处至少主要有下面两方面。第一,有助于理解某个或某些特定模型为什么对应更小的 WAIC。不同模型后验分布的变化提供了有用的提示线索。第二,无论 WAIC 的值是什么,我们常常想知道某个参数的后验分布在不同模型间是否稳定。例如,学者常常问这样的问题,某个变量的重要性会不会随着模型添加或者移除变量而改变。为了回答这样的问题,通常需要检查不同模型参数的后验分布是否保持稳定,以及有某个参数的模型对应的 WAIC 是不是比没有那个参数的模型低。

在灵长类母乳的例子中,比较不同的参数估计证实了我们在之前章节中学到的:同时包含两个参数的模型效果要好得多,因为这两个变量彼此掩盖(这两个变量之间相关,同时这两个变量和结果变量的相关方向相反)。在之前的章节中,为了阐明这一点,我们的确拟合了当前模型中的 3 个。通过 MAP 估计结果表格可以很容易比较这些模型。coeftab 函数将一系列模型作为输入建立了这样的表格:

R code
6.27

```
coeftab(m6.11,m6.12,m6.13,m6.14)
```

```
          m6.11   m6.12   m6.13   m6.14
a          0.66    0.35    0.71   -1.09
log.sigma -1.79   -1.80   -1.85   -2.16
bn           NA    0.45      NA    2.79
bm           NA      NA   -0.03   -0.10
nobs         17      17      17      17
```

最后一行的 nobs 指观测数目,放在那里只是为了帮助你确定每个模型的样本量是相同的。通过浏览表格,你可以看到当二者都在模型中的时候 bn 和 bm 的估计都离 0 较远。但是这里没有展示标准差,了解估计不确定性的变化和了解参数估计的变化一样重要。你可以通过改变 coeftab 中的设置来显示标准差(键入 ?coeftab),但要通过表格理解后验密度宽度的变化仍然不是那么容易。最好绘制出相应的图形:

R code
6.28

```
plot( coeftab(m6.11,m6.12,m6.13,m6.14) )
```

结果如图 6-12 所示。每个点都代表一个 MAP 估计,黑色线段是相应的 89% 的分位数区间。每组估计对应某个特定参数在不同模型中的估计结果。每行代表一个模型,模型的名字在左边的坐标轴上标出了。现在你可以很快扫一眼每组的估计，看看不同模型对某个参数的估计有什么变化。你能够调整分组的方式，将结果以模型分组，仅展示某个模型用到的参数。更多细节参考帮助文档？coeftab_plot。

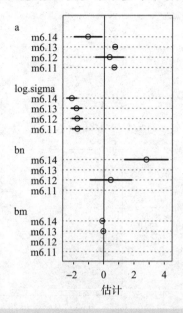

图 6-12 比较在灵长类母乳数据上拟合的 4 个模型得到的参数后验密度。每个点代表一个 MAP 估计，每条黑色线段是 89％的分位数区间。估计结果的展示按照参数分组，每行都对应一个模型

再思考：条形图太糟糕了。 图 6-12 属于**点图**，是**条形图**的替代。条形图的唯一问题是使用长条。这些长条只含有非常少的信息——通常只是某个值的大小，但展示的却非常混乱，造成视觉上的困难。最好用点图替代条形图。R 中的 dotchart 函数足以用来绘制图 6-12 了。通常你需要的也就是这样，但是存在更加灵活的选项。任何关于 R 图形方面的书籍都会讲解其中的部分选项。

6.5.3 模型平均

早在第 3 章，我们就介绍了在抽样预测的过程中如何反映参数的不确定性。现在我们有类似的问题，即反映模型的不确定性。将模型权重视为具有启发性的可能值，也就是每个模型能够在测试集上表现得最好的可能性。当生成预测的时候，保留这些相对可能性是合情合理的。在技术上实现这一点和对一个模型进行模拟非常类似。

作为复习，让我们对 WAIC 值最小的模拟 m6.14 绘制前一章讲到的虚拟预测图。下面是用来模拟后验预测分布的代码，应该感觉很熟悉。这里着眼于变量 neocortex 变化时的虚拟预测。

```
# 计算虚拟预测
# neocortex取值从0.5 to 0.8
nc.seq <- seq(from=0.5,to=0.8,length.out=30)
d.predict <- list(
    kcal.per.g = rep(0,30), # empty outcome
    neocortex = nc.seq,      # sequence of neocortex
    mass = rep(4.5,30)       # average mass
)
```

R code
6.29

```
pred.m6.14 <- link( m6.14 , data=d.predict )
mu <- apply( pred.m6.14 , 2 , mean )
mu.PI <- apply( pred.m6.14 , 2 , PI )

# 将结果绘制出来
plot( kcal.per.g ~ neocortex , d , col=rangi2 )
lines( nc.seq , mu , lty=2 )
lines( nc.seq , mu.PI[1,] , lty=2 )
lines( nc.seq , mu.PI[2,] , lty=2 )
```

结果如图 6-13 所示。目前先忽略阴影的区域，着眼于虚线代表的回归线，以及虚线表
示的 89% 的均值置信区间。这些都是上面的代码
给出的。在之前已经见过相似的代码了。

现在让我们计算并且添加模型平均后验预测。
我们需要计算的是后验预测的集成。下面是大致的
过程，随后我会展示实现这一过程的代码。与通过
link 函数自动计算每个后验样本对应 μ 的过程非
常类似。

（1）对每个模型计算 WAIC（或者其他信息法则）
（2）计算每个模型的权重
（3）计算线性模型并且对每个模型模拟结果
变量
（4）通过模型权重，将这些结果集成起来
ensemble 函数可以实现上面的步骤。ensemble 函
数的工作原理与 link 和 sim 函数非常类似。事实
上，当你讲模型拟合结果赋予 ensemble 函数时，

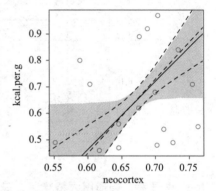

图 6-13   灵长类母乳数据分析得到的模
型平均后验预测分布。虚回归
线和 89% 的分位数区间代表
WAIC 最小的模型 m6.14。实
线和 89% 的分位数区间对应的
是模型平均预测

它会调用 link 和 sim 函数，然后将这些函数返回的结果通过 Akaike 权重集成起来。因
此你可以以如下方式按 WAIC 权重得到集成结果：

R code
6.30

```
milk.ensemble <- ensemble( m6.11 , m6.12 , m6.13 , m6.14 , data=d.predict )
mu <- apply( milk.ensemble$link , 2 , mean )
mu.PI <- apply( milk.ensemble$link , 2 , PI )
lines( nc.seq , mu )
shade( mu.PI , nc.seq )
```

图 6-13 中的实回归线和相应的阴影区域展示了上面计算的结果。回归线展示的是
在每个横轴取值上对应的平均 μ 的值，该值和模型 m6.14 的回归结果几乎相同，因为其
占了 90% 的权重，所以并不奇怪。

即使是这样，对不同模型取预测的平均明显影响了 μ 的区间。阴影区域覆盖了斜率
为 0 的情况。这是因为 WAIC 值排名低的模型——一共占了 10% 的 Akaike 权重——给
出的 neocortex 的斜率预测接近于 0。保留模型选择的不确定性，这里体现在 Akaike 权
重上，能够防止过度自信。

之后的章节中还会有很多这类计算的例子。平均模型有时对预测没有实际的影响，

有时影响很大。但对于解释模型的不确定性而言，这总是一个相对保守的方法。模型平均使得每个预测变量的影响不会高于其在每个模型中表现出的影响力。

> **再思考：蒂珀卡努河的诅咒。** 模型选择存在的一个问题是，如果我们尝试了足够多的变量变换和组合，最终可能发现一个能够很好拟合任何样本的模型。但是这是一个典型的过度拟合的情况，不太可能作用在新数据上。且 WAIC 和相似的度量可能无法发现这种情况。因此，通常不建议尝试所有可能的模型。
>
> 这就好比蒂珀卡努河的诅咒⊖。从 1840 年到 1960 年，每个当选年份以 0 结尾的总统都会在任职期间死亡（如果 4 年一个选期的话，每 20 年就发生一次）。威廉·亨利·哈里森总统（William Henry Harrison）是第一个，1840 年当选，次年死于肺炎。约翰·肯尼迪总统（John F. Kennedy）是最后一个，1960 年当选，1963 年遇刺身亡。连续有 7 任美国总统的去世符合这个模式。罗纳德·里根总统（Ronald Reagan）1980 年当选，但他躲过了这一劫，成功活过了总统任期，打破了诅咒。假设有足够的时间和数据，你可以在任何数据上发现类似的模式。但是如果没有充足的理由肯定该模式的意义的话，很难相信这样的模式是真实存在的。很多大型数据集中含有许多强烈的令人吃惊的相关性。如果我们很努力地去寻找，一定可以找到蒂珀卡努河的诅咒。在总统人选和日期的数据中可以发现很多其他模式，而且随着时间的推移，会发现更多新的模式。
>
> 通过持续不断地摆弄和创建新预测变量是发现偶然模式的绝好方式，但并不一定是评估假设的好方法。然而，如果使用某些逻辑判断减少初始变量的话，拟合许多可能的模型不总是危险的。有两种情况是可以为拟合许多模型合理辩护的。第一，有时某个人想做的只是探索一个数据集，因为不明确存在需要评估的假设。当人们这么做又不说明的时候，这通常被轻蔑地称为**数据挖掘**（Data dredging）。但当和模型平均一起使用，并且坦诚地做出说明，则可以为将来的探索提供线索。第二，有时我们需要说服观众认可我们已经尝试过所有可能的变量组合，因为没有一个变量看上去对预测有很大的帮助（所以尝试变量组合）。

6.6 总结

本章好像一场马拉松长跑。我们从过度拟合开始，揭示了一个普遍的现象，即模型中参数越多样本的拟合程度越好，即使加入的新参数完全没有意义。我们介绍了应对过度拟合的两个常用工具：正则先验和信息法则。正则先验降低了过度拟合，信息法则帮助我们估计过度拟合的程度。我们介绍了 rethinking 包中两个很实用的函数 compare 和 ensemble 用来帮助分析在同一个数据上拟合的不同模型结果。在接下来的一章中，我们会将这里讲到的工具应用于一些新老数据集。在阅读之后的所有例子时，记得这些工具只是启发性的。它们并不能保证给你正确答案。没有任何统计模型可以替代不断研究的迭代过程。

⊖ William Henry Harrison 的部队经历给他带来了"老蒂珀卡努河"的绰号。1811 年印第安土著和 Harrison 在蒂珀卡努河发生了一场大规模战役。普遍观点认为，Harrison 是一个战争英雄。但是在大众的想象中，Harrison 在战后余波中被印第安土著诅咒了。

6.7　练习

简单

6E1　给出启发设计信息熵的 3 个法则。尝试用自己的话表达。

6E2　假设有一枚投掷时 70% 的概率正面朝上的硬币。该硬币具有的熵多大？

6E3　假设有一个 4 面的骰子，投掷后各面朝上的概率为：“1” 20%、“2” 25%、“3” 25%、“4” 30%。该骰子的熵是多大？

6E4　假设有另外一个 4 面的骰子，怎么投都不会出现“4”的那面，另外三面等可能出现。该骰子的熵多大？

中等难度

6M1　写出 AIC、DIC 和 WAIC 的定义并比较它们之间的不同。哪种法则最广泛适用？从更一般的法则到适用范围更窄的法则增加了哪些假设条件？

6M2　解释模型选择和模型平均之间的不同。在模型选择的时候会丢失什么信息？在模型平均的时候又会丢失什么信息呢？

6M3　当用信息法则比较模型时，为什么所有需要比较的模型都必须是用相同的数据拟合的？如果模型拟合使用的数据不完全相同，会对信息法则取值有什么影响？如果你不清楚问题的答案，可以做个模拟实验！

6M4　随着先验分布变得更加集中，DIC 或 WAIC 反映出的有效参数的数量会有什么变化？为什么会发生这样的变化？如果不清楚问题的答案，可以做个模拟实验。

6M5　用外行能听懂的方式解释为什么有信息的先验能够减少过度拟合。

6M6　从信息的角度解释为什么有信息的先验可能导致拟合不足。

难题

下面所有的问题使用的都是同一个数据集。载入纳米比亚桑人部落人口普查的数据并将其分成两个大小相同的数据框。下面是相应的实现代码：

R code
6.31
```
library(rethinking)
data(Howell1)
d <- Howell1
d$age <- (d$age - mean(d$age))/sd(d$age)
set.seed( 1000 )
i <- sample(1:nrow(d),size=nrow(d)/2)
d1 <- d[ i , ]
d2 <- d[ -i , ]
```

现在你有两个随机数据框，每个数据框有 272 行。这里要做的是用 **d1** 中的数据拟合模型，用 **d2** 中的数据评估模型。set.seed 命令能够保证重复这段代码可以得到相同的模拟数据框。

假设 h_i 和 x_i 分别为第 i 行观测对应的身高和年龄。用 **d1** 数据拟合下面的模型：

$$\mathcal{M}_1 : h_i \sim \text{Normal}(\mu_i, \sigma)$$
$$\mu_i = \alpha + \beta_1 x_i$$
$$\mathcal{M}_2 : h_i \sim \text{Normal}(\mu_i, \sigma)$$
$$\mu_i = \alpha + \beta_1 x_i + \beta_2 x_i^2$$
$$\mathcal{M}_3 : h_i \sim \text{Normal}(\mu_i, \sigma)$$
$$\mu_i = \alpha + \beta_1 x_i + \beta_2 x_i^2 + \beta_3 x_i^3$$
$$\mathcal{M}_4 : h_i \sim \text{Normal}(\mu_i, \sigma)$$

$$\mu_i = \alpha + \beta_1 x_i + \beta_2 x_i^2 + \beta_3 x_i^3 + \beta_4 x_i^4$$

$$\mathcal{M}_5 : h_i \sim \text{Normal}(\mu_i, \sigma)$$

$$\mu_i = \alpha + \beta_1 x_i + \beta_2 x_i^2 + \beta_3 x_i^3 + \beta_4 x_i^4 + \beta_5 x_i^5$$

$$\mathcal{M}_6 : h_i \sim \text{Normal}(\mu_i, \sigma)$$

$$\mu_i = \alpha + \beta_1 x_i + \beta_2 x_i^2 + \beta_3 x_i^3 + \beta_4 x_i^4 + \beta_5 x_i^5 + \beta_6 x_i^6$$

用 map 函数拟合这些模型。对所有的参数使用弱正则化先验。

注意，拟合这些身高年龄之间关系的多项式并不是一个很好的洞悉数据的方法。洞悉数据更好的方法是用更简单的模型，比如分段线性回归。但上面的多项式模型族能够帮助大家练习和理解模型比较和平均。

6H1 用 WAIC 比较上面的模型。比较模型排序，以及 WAIC 权重。

6H2 对每个模型绘制模型平均均值和均值的 97% 的置信区间图，将图叠加到原始数据上。模型的预测有什么不同？

6H3 同时绘制所有模型的平均预测。平均预测与 WAIC 值最低的模型给出的预测相比较有什么不同？

6H4 计算每个模型的测试样本偏差。这意味着用 d2 计算偏差。你可以用下面的代码计算身高数据的对数似然值：

```
sum( dnorm( d2$height , mu , sigma , log=TRUE ) )
```

R code
6.32

其中 mu 是预测均值的向量（基于年龄和 MAP 参数），sigma 是 MAP 标准差。

6H5 将 6H4 中得到的偏差和 WAIC 值相比较。你可以将每列的值都减去那列的最小值，这样可以方便比较。比如，将所有的 WAIC 值减去最小的 WAIC 值，这样最优值就标准化成 0 了。这时哪个模型能最好地预测袋外样本？WAIC 是否能很好地估计测试集偏差？

6H6 考虑下面的模型：

$$h_i \sim \text{Normal}(\mu_i, \sigma)$$

$$\mu_i = \alpha + \beta_1 x_i + \beta_2 x_i^2 + \beta_3 x_i^3 + \beta_4 x_i^4 + \beta_5 x_i^5 + \beta_6 x_i^6$$

$$\beta_1 \sim \text{Normal}(0, 5)$$

$$\beta_2 \sim \text{Normal}(0, 5)$$

$$\beta_3 \sim \text{Normal}(0, 5)$$

$$\beta_4 \sim \text{Normal}(0, 5)$$

$$\beta_5 \sim \text{Normal}(0, 5)$$

$$\beta_6 \sim \text{Normal}(0, 5)$$

假设 α 和 σ 的先验分布是水平（或者几乎水平）的。该模型对回归系数使用了更强的正则化先验。

首先，对数据 d1 拟合模型。给出 MAP 估计并绘制预测结果。然后在 d2 上计算袋外样本偏差，用通过 d1 得到的 MAP 估计结果。现在这个对回归系数使用了正则先验的模型和之前的 WAIC 最小的模型相比如何？如何解释这样的结果？

第 7 章
交互效应

海牛是一种行动缓慢的水生哺乳动物，生活在温暖的浅水域。海牛没有自然天敌，但它们必须和机动船只分享领地。机动船只都有船桨。虽然海牛和大象有亲缘关系，也因此有非常厚的皮肤，但是船桨的叶片依然能将它们杀死，这种事情也时有发生。大部分成年的海牛身上都有因与机动船只碰撞留下的伤痕（图 7-1 顶部）[一]。

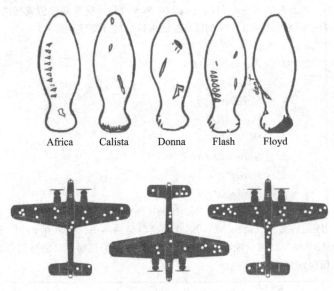

图 7-1　（顶部）5 只成年的弗罗里达海牛背部的伤痕。一排短小的伤痕说明是船桨
　　　　划伤的，比如图中 Africa 和 Flash 背部的伤痕。（底部）3 辆返航的
　　　　A. W. 38 轰炸机弹孔的位置

A. W. 38 是一种先进的皇家空军轰炸机。在第二次世界大战期间，A. W. 38 携载炸弹和宣传手册飞入德国领空。和海牛不同，A. W. 38 有很多凶猛的敌人：火炮和截击

[一]　这里关于海牛事实的描述来自 Lightsey 等人（2006）；Rommel 等人（2007）。图中所示的伤疤来自免费教育
　　资源：http://www.learner.org/jnorth/tm/manatee/RollCall.html。

炮。许多飞机根本无法安全返航。那些安全返回的飞机机身上的弹痕表明它们在任务中受到袭击的部位(图 7-1 底部)。

海牛和 A. W. 38 有什么相似之处呢？在这两种情况下——海牛被机动船桨划伤的疤痕和轰炸机的弹痕，我们想做些什么帮助海牛和飞机提高生存概率。大部分观察者的直觉反应是要想提高海牛和飞机的生存机率，就要减少在它们身上看到的损坏。对海牛而言，这或许意味着船桨防护(在船上安装，不是海牛身上)。对轰炸机而言，这意味着额外防护那些损坏最严重的部分。

但在这两种情况下证据都误导了我们。海牛的死伤大部分不是船桨造成的。解剖显示船身钝的部分(如船底)撞击造成的伤害远高于船桨。类似的，对机身上弹孔最多的部位加强防护起不了多大作用。相反，需要加强那些没有弹孔的部分⊖。

存活下来的海牛和轰炸机留下的证据是具有误导性的，因为获得这些证据的前提条件是它们必须存活。没有存活下来的海牛和轰炸机的情况不一样。一只撞到船底的海牛比一只被船桨划到的海牛的存活概率更小。也正是因为这样，在存活下来的海牛身上看到更多的是船桨导致的伤疤。类似的，成功返回的轰炸机驾驶舱和引擎部分没有损坏的痕迹。它们比较幸运。那些无法返回的轰炸机就没那么幸运了。在这两种情况下，要得到正确的答案，我们必须意识到观测到的数据是在存活的条件下的。

条件是统计推断最重要的原则之一。数据，如海牛和轰炸机的伤痕，都是以它们能够成为我们的样本为条件的。后验分布是在当前观测数据的条件下得到的。所有基于模型的推断都是以某个特定模型为条件的。每个推断都对应某种条件，不管我们是否意识到。

统计模型的效能大部分来自于提供某种工具，能够根据不同的情况给出相应的概率。之前我们建立的线性模型只是一个非常粗浅的工具，其中的每个样本 i，结果变量 y_i 都是在一组自变量的条件下得到的。例如之前托勒密和哥白尼模型中的本轮(第 4 章和第 6 章)，线性模型给我们提供了一种描述条件的方式。

但是简单的线性模型通常无法提供足够的条件。目前为止的所有模型都假设每个预测变量对结果变量独立产生影响。如果加上预测变量之前存在的相关性的条件会怎么样？例如，在之前章节哺乳动物母乳的数据中，假设母乳热量和脑容量之间的关系随着物种类别(猿(ape)，猴(monkey)，原猴亚目(prosimian))的不同而变化。这等同于说脑容量对母乳能量的影响取决于具体的物种类别。之前章节的线性模型无法回答这样的问题。

要对更深层的条件关系建模——一个预测变量的重要性取决于另一个预测变量——我们需要引入交互效应。交互效应就是一种允许参数(事实上是参数的后验分布)进一步以数据的某些方面作为条件的方法。最简单的交互效应——线性交互，是通过将线性模型的策略进一步扩展到线性模型的参数上得到的。因此，这有点像托勒密和哥白尼模型中的圈圈套圈圈。这只是描述性的，但是非常强大。

更一般地说，出了高斯结果变量和线性均值模型的舒适区，交互效应是此外大部分统计模型的核心。在广义线性模型(GLM，第 9 章以及之后会介绍)中，即使你不明确定义变量的交互效应，这些变量在某种情况下也会交互。更重要的是，每个变量本质上

⊖　Wald(1943)。更多相关的展示和历史文献见 Mangel 和 Samaniego(1984)。

都与其本身交互，因为变量产生的影响和当前的取值有关。和线性模型中的固定斜率说再见吧。迎接这个事实吧：某个参数的影响可能取决于几十个其他变量。

分层模型包含相似的效应。通常的分层模型本质上是庞大的交互效应模型，其中参数估计（截距和斜率）与数据类（比如人、基因、村庄、城市、银河系）有关。分层交互效应很复杂。它们不仅允许某个预测变量的影响随着其他一些变量的变化而变化，而且还会估计这些变化分布的一些特性。这听起来好像是个天才，或是疯子，或者二者皆有。不管怎样，没有交互效应，分层模型就会失去威力。

包含复杂交互效应的模型可以轻易地通过数据拟合。但是这些模型可能难以解释。因此我会在本章中回顾简单的交互效应：如何定义交互效应，如何解释交互效应，如何对其进行可视化。本章从一个分类变量和一个连续变量之间的交互效应开始。在这种语境下能够很容易地理解交互效应背后的假设。之后会展示对建模均值本身的操作如何帮助我们理解交互效应的行为，然后介绍更加复杂的多个连续变量的交互效应，以及超过2个变量的高阶交互效应。本章的每个小节都会对模型预测进行可视化，对参数中的不确定性取平均。

我希望本章能够为之后讲解广义线性模型和分层模型打下坚实的基础。

> **再思考：统计届的明星：亚伯拉罕·瓦尔德（Abraham Wald）**。第二次世界大战轰炸机的故事来自于 Abraham Wald（1902—1950）。Wald 出生于罗马尼亚，在纳粹侵略奥地利之后移民美国。Wald 在短暂的一生中做出了很多贡献。与本书最相关的成就是，Wald 证明了对于用于统计决策的多种法则，存在一种贝叶斯法则不会比任何非贝叶斯法则差。令人惊奇的是，Wald 是以非贝叶斯为前提入手证明这些的，这样一来，那些反对贝叶斯的人无法忽视这个结果。在 Wald 于 1950 年，也就是他临死前不久，出版的一本书中总结了该结果。[○] Wald 英年早逝，死于印度旅行途中的飞机事故。

7.1 创建交互效应

非洲很特殊，这个世界第二大洲，也是文化和基因多样性最强的洲。非洲的人口比亚洲人口少了约 30 亿，但现存语言的数目几乎和亚洲一样多。非洲的人口基因差异如此巨大，非洲以外的大部分基因是非洲内部人口基因的一部分。非洲在地理上也很特殊。在非洲以外的地区，地理位置差通常与经济落后相关。但是非洲的经济貌似对糟糕的地理有免疫力。

为了解开这个谜题，看看在非洲和以外地区（图 7-2）地势的崎岖情况——一种典型的糟糕地形——和经济表现的关系（2000 年人均 log GDP [○]）。载入图 7-2 使用的数据，将这些数据分成非洲和其余地区两个部分，代码如下：

○ Wald（1950）。Wald 的基础论文是 Wald（1939）。强烈推荐你参考历史资料 Fienberg（2006）。对于更多技术性的讨论，见 Berger（1985）和 Robert（2007）和 Jaynes（2003）的第 406 页。

○ GDP 指的是国内生产总值。这是最常用的经济表现的度量，也是最笨的一种度量方法。使用 GDP 度量一个经济体的健康就好比用热度来测量化学反应的质量。

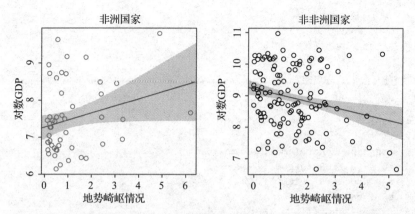

图 7-2　对非洲和非洲以外地区的数据分别进行回归，横轴是地势的崎岖情况，纵轴是对
　　　　数 GDP。非洲地区数据对应斜率是整数，但是非洲以外地区对应斜率是负数。如
　　　　果我们用所有数据建模如何能够发现这样的斜率变化

```
library(rethinking)
data(rugged)
d <- rugged
# 得到对数GDP
d$log_gdp <- log( d$rgdppc_2000 )

# 选出那些有GDP观测的国家
dd <- d[ complete.cases(d$rgdppc_2000) , ]

# 将数据分成非洲和非洲以外两部分
d.A1 <- dd[ dd$cont_africa==1 , ] # 非洲
d.A0 <- dd[ dd$cont_africa==0 , ] # 非洲以外地区
```

R code
7.1

数据中的每一行代表一个国家，列分别为经济、地理，以及历史特征[二]。变量 rug-
ged 代表地势崎岖因子[一]，该因子量化了地表拓扑学上的差异。这里的结果变量是 2000
年人均 GDP 的对数，rgdppc_2000。这里我们用对数 GDP 的原因与之前在第 5 章中对体
重进行对数变换类似。更确切地说，对数后的值代表 GDP 的量级。由于财富能够产生
财富，任何能够提高财富因素造成的影响都是指数级的。这就好比说随着国家变得更加
富裕，它们之间的财富差距会增加得越快。因此，取对数后使得距离分布更加平均。如
果还是不太理解，可以进一步参考之后的再思考方框。

用下面的代码拟合图 7-2 中展示的回归模型：

```
# 非洲国家
m7.1 <- map(
    alist(
        log_gdp ~ dnorm( mu , sigma ) ,
        mu <- a + bR*rugged ,
        a ~ dnorm( 8 , 100 ) ,
```

R code
7.2

⊖　数据来自 Nunn 和 Puga(2011)。

⊜　Riley 等人(1999)。

```
        bR ~ dnorm( 0 , 1 ) ,
        sigma ~ dunif( 0 , 10 )
    ) ,
    data=d.A1 )

# 非洲以外国家
m7.2 <- map(
    alist(
        log_gdp ~ dnorm( mu , sigma ) ,
        mu <- a + bR*rugged ,
        a ~ dnorm( 8 , 100 ) ,
        bR ~ dnorm( 0 , 1 ) ,
        sigma ~ dunif( 0 , 10 )
    ) ,
    data=d.A0 )
```

目前为止，我相信读者能够单独对后验预测进行可视化，如图 7-2 所示。如果你还不清楚怎么做，可以参考第 4 章和第 5 章的例子。

图 7-2 能告诉我们什么呢？在世界的绝大部分地区，地势越崎岖的国家越贫穷，感觉在过去这是符合常理的。理论上说，地势崎岖意味着交通不便，也就进一步意味着市场受阻，从而 GDP 减少。但非洲国家展示的模式让人迷惑。为什么地势崎岖的国家反而有更高的人均 GDP 呢？

如果这两者之间真的是因果关系的话，那可能是因为地势崎岖的非洲地区使其免受大西洋和印度洋奴隶贸易的影响。奴隶主倾向于从容易到达的聚居地掠夺奴隶，然后可以很方便地从海上运走。这些受到奴隶贸易影响的地区即使之后在奴隶贸易市场日渐消亡的很长一段时间内依然遭受经济上的损失。但是，影响像 GDP 这样的结果变量的因素太多了，因此是一个奇怪的衡量经济活动的方式。很难知道数据关系背后的真正原因。

无论怎样解释这两种相反的模式背后的原因，上面的例子给了我们宝贵的一课：在回归中该如何发现并描述这样相反的数据模式呢？图 7-2 其实作弊了，因为数据被分成了两个部分，分别建模。但在实际应用中，这样划分数据分别建模的方法并不是一个好方法。原因有很多，下面是其中 4 个：

首先，通常存在一些参数，比如 σ，与是否是非洲国家无关。如果把数据分开，将导致拟合样本减小，从而损害这些共同参数的估计。因为本质上你是给出了两个更加不精确的估计，而没有用所有的数据得到一个估计。事实上，你无意中做出了这样的假设，非洲国家和非洲以外的国家具有的方差也不同。在当前情况下，这样的假设也没有什么错。但是你需要尽量避免这样无意中做出假设。

其次，为了得到关于你用来划分数据的变量（这里是 cont_africa）带来的不确定性，你必须将这个变量纳入模型。否则你得到的统计结果将非常弱。将国家划分成非洲和其他地区，选择这样的划分方式难道不会给预测带来不确定性吗？当然会。除非将样本放在一个模型中拟合，否则你无法用简单的方法量化这样划分数据会带来多少不确定性。如果通过后验分布来衡量这种不确定性，你可以得到一个非常有效的不确定性度量。

第三，我们可能想通过信息法则或其他方法来比较模型。一个模型并不考虑各个洲的影响，另一个模型假设每个洲对应不同的斜率。要比较这两个模型，需要这两个模型是使用相同的样本拟合的(如第 6 章所示)。这意味着我们不能人为地将数据划分成不同部分分别拟合模型,而是要让模型自己在拟合过程中考虑不同的数据。

第四,一旦开始使用分层模型(第 12 章),你就会发现交叉考虑不同数据的类别(比如"非洲"和"非洲以外的地区")是有好处的。当每个类别的样本量差距很大时尤其如此,可能这时某些类别的样本过度拟合的风险比其他类别高。换句话说,我们从非洲以外的国家地势崎岖的情况中学习到的信息应该会对我们拟合非洲国家数据有影响,反之亦然。分层模型就是通过这样的方式交叉借用信息,从而改进所有类别的估计。当我们将样本划分开来分别拟合时,这样使用交叉信息是不可能的。

现在,让我们看看如何才能用一个模型还原上面展示的斜率变化。

7.1.1　添加虚拟变量无效

首先需要意识到的一点是,仅靠添加分类变量(虚拟变量)cont_africa 并不能反映模型斜率的变化。读者最好自己动手实践证明这点。我会将 cont_africa 作为虚拟变量拟合模型,作为一个简单的模型练习。这样一来,你能够应用之前章节中学到的东西。

现在的问题是,特别考虑非洲国家的数据会在多大程度上改变预测?作为开始,可以拟合两个模型。第一个模型是对 log-GDP 和地势的崎岖情况进行简单的线性回归,但这次使用所有的观测:

```
m7.3 <- map(
    alist(
        log_gdp ~ dnorm( mu , sigma ) ,
        mu <- a + bR*rugged ,
        a ~ dnorm( 8 , 100 ) ,
        bR ~ dnorm( 0 , 1 ) ,
        sigma ~ dunif( 0 , 10 )
    ) ,
    data=dd )
```
R code 7.3

第二个模型是加入关于非洲国家的虚拟变量:

```
m7.4 <- map(
    alist(
        log_gdp ~ dnorm( mu , sigma ) ,
        mu <- a + bR*rugged + bA*cont_africa ,
        a ~ dnorm( 8 , 100 ) ,
        bR ~ dnorm( 0 , 1 ) ,
        bA ~ dnorm( 0 , 1 ) ,
        sigma ~ dunif( 0 , 10 )
    ) ,
    data=dd )
```
R code 7.4

现在让我们通过 WAIC 比较这两个模型:

```
compare( m7.3 , m7.4 )
```
R code 7.5

	WAIC	pWAIC	dWAIC	weight	SE	dSE
m7.4	476.5	4.5	0.0	1	15.29	NA
m7.3	539.6	2.7	63.1	0	13.27	15.05

在这种情况下，我们可以忽略排名靠后的模型。因为 m7.4 得到了全部的权重。虽然 WAIC 差别的标准差是 15，实际两个模型的 WAIC 差距是 63，表明相应的置信区间为 63±30。因此与大陆相关的变量貌似捕捉到了样本中的某些重要信息，即使考虑了可能的过度拟合的情况也是如此。

现在让我们对 m7.4 绘制相应的后验预测图，这样你可以看到，虽然 m7.4 好像优于 m7.3，但是它们两个都没有反映不同数据上回归斜率的变化。可以使用下面的代码对非洲国家和其他国家模拟后验分布样本，计算预测均值和区间：

R code
7.6

```
rugged.seq <- seq(from=-1,to=8,by=0.25)

# 设定cont_africa = 0，计算不同地势崎岖观测值对应的mu
mu.NotAfrica <-link( m7.4 , data=data.frame(cont_africa=0,rugged=rugged.seq) )

# 设定cont_africa = 1，计算不同地势崎岖观测值对应的mu
mu.Africa <- link( m7.4 , data=data.frame(cont_africa=1,rugged=rugged.seq) )

# 得到均值和置信区间的总结
mu.NotAfrica.mean <- apply( mu.NotAfrica , 2 , mean )
mu.NotAfrica.PI <- apply( mu.NotAfrica , 2 , PI , prob=0.97 )
mu.Africa.mean <- apply( mu.Africa , 2 , mean )
mu.Africa.PI <- apply( mu.Africa , 2 , PI , prob=0.97 )
```

相应的预测如图 7-3 所示。非洲国家用蓝色表示，其余国家用灰色表示。这里，地势崎岖程度与经济发展之间的相关性非常弱。非洲国家总体经济发展水平确实更低，因此蓝色回归线的位置更低一些，但是两条回归线是平行的。添加虚拟变量只是允许模型稍微降低非洲国家的预测值，但并不影响直线的斜率。WAIC 表明加入虚拟变量后模型表现显著提高，实际上只说明非洲国家的平均 GDP 更低。

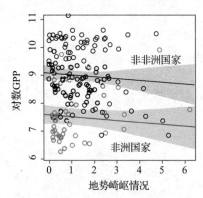

图 7-3　在模型中表明非洲国家的虚拟变量并不影响斜率。非洲国家用蓝色表示，其他国家用灰色表示。它们各自的回归均值也用相应的颜色表示，阴影部分是 97% 的区间

再思考：为什么是 97%？ 在上面的代码以及相应的图 7-3 中，我使用的是预期均值 97% 的置信区间。这并不常见。为什么是 97% 呢？本书中我使用非标准的置信区间是为了提醒读者，经常用的 95% 和 5% 的取值其实是人为设定的，并没有理论

依据。此外，边界没有太大的意义。概率值随着置信区间宽度的变化而连续变化。因此，在预期均值的一边和在其另一边几乎是等可能的。而且 97 是一个不错的选择。我不是说这个选择比其他的好，而是说这也不比用 5 的倍数差。不要迷信 5 和 10 结尾的数字。

7.1.2　加入线性交互效应是有效的

如何在一个模型中反映出本小节开头展示的斜率变化呢？你需要一个合适的交互效应。之前图形表示的模型对应的似然函数数学表达为：

$$Y_i \sim \mathrm{Normal}(\mu_i, \sigma)$$
$$\mu_i = \alpha + \beta_R R_i + \beta_A A_i$$

其中 Y 是 `log(rgdppc_2000)`，A 是 `cont_africa`，R 是 `rugged`。与从第 4 章以来一直做的事一样，这里的线性模型是将第一行，也就是似然函数中的参数 μ，表达成观测与参数 α 和 β 的线性组合。

我们可以通过扩展该策略得到交互效应。现在想要的效果是让 Y 和 R 之间的关系根据 A 取值的不同相应地变化。在模型中，相应的关系是由斜率 β_R 表示的。沿袭之前替换线性模型中 μ 的思路，让 β_R 和 A 有关最直接的方法就是将 β_R 本身看成是 A 的线性方程。这样一来，可以得到下面的结果（你还是会需要先验分布，马上我们会讲到）：

$$Y_i \sim \mathrm{Normal}(\mu_i, \sigma) \qquad \text{［似然函数］}$$
$$\mu_i = \alpha + \gamma_i R_i + \beta_A A_i \qquad \text{［μ 的线性模型］}$$
$$\gamma_i = \beta_R + \beta_{AR} A_i \qquad \text{［斜率的线性模型］}$$

这是我们第一次遇到含有两个线性模型的情况，但结构和之前拟合的高斯模型一样。因此你不需要学习任何额外的技巧来对数据拟合上面的模型。真正的新技巧在于如何解释模型结果。

上面数学表达的第一行就是从第 4 章开始一直在使用的高斯似然函数。第二行也是你一直见到的 μ_i 的线性表达定义。第三行是新的。新的标记 γ_i 只是一个新引入的变量，用来表示 GDP 和地势崎岖度量之间的关系。在这里我们用 `gamma`(γ) 表示，因为在希腊字母表中，它是 `beta`(β) 之后紧接的字母。γ_i 的方程中定义了地势崎岖程度和是否是非洲国家这两个变量之间的交互效应。这是一个线性交互效应，因为 γ_i 的函数是线性的。

通过这种方式定义 GDP 和地势崎岖程度，你在模型中明确定义了这样的假设：GDP 和地势崎岖程度之间关系的斜率与是否是非洲国家有关。参数 β_{AR} 定义了这种条件关系的强度。如果设置 $\beta_{AR}=0$，等同于回到之前的模型。如果 $\beta_{AR}>0$，那么非洲国家对应的 GDP 和崎岖程度之间关系的斜率更大。如果 $\beta_{AR}<0$，非洲国家对应的斜率更小。对于任何非洲以外的国家，$A_i=0$。因此交互效应参数 β_{AR} 对于该国家的预测没有影响。当然，你会通过数据计算 β_{AR} 的后验分布。一旦有了后验分布，你需要理解该参数在模型中扮演的角色，才能够对其进行解释。

你可以像之前一样使用 `map` 函数拟合模型。下面是相应的模型拟合的代码，其中包括崎岖程度和非洲国家的交互效应：

```
m7.5 <- map(
    alist(
```

R code
7.7

```
        log_gdp ~ dnorm( mu , sigma ) ,
        mu <- a + gamma*rugged + bA*cont_africa ,
        gamma <- bR + bAR*cont_africa ,
        a ~ dnorm( 8 , 100 ) ,
        bA ~ dnorm( 0 , 1 ) ,
        bR ~ dnorm( 0 , 1 ) ,
        bAR ~ dnorm( 0 , 1 ) ,
        sigma ~ dunif( 0 , 10 )
    ) ,
    data=dd )
```

你可能已经知道了，这里有两个线性模型。先估计模型中定义的 gamma，然后代入这些值进一步估计模型定义的 mu，最后用 mu 计算似然值。所有这些都是层层递进的。对于先验分布，注意这里我对回归斜率参数使用的是弱正则化先验，对截距使用的是近似水平先验。如之前章节讲到的，通常我们不知道截距的估计是多少。但是如果对其他回归参数稍作控制，相应的截距也会受到其他参数的控制。

在解释参数估计和绘制预测图之前，先通过 WAIC 将这个模型和之前的两个模型进行比较：

R code
7.8
```
compare( m7.3 , m7.4 , m7.5 )
```

```
        WAIC pWAIC dWAIC weight    SE   dSE
m7.5 469.6  5.3   0.0   0.97  15.13    NA
m7.4 476.4  4.4   6.8   0.03  15.35  6.22
m7.3 539.7  2.8  70.1   0.00  13.31 15.22
```

模型 m7.5 得到的 WAIC-估计权重高达 97%。这是非常强的支持交互效应的证据。基于之前我们已经看到的，这两组观测的斜率显著不同，这里模型比较的结果并不令人意外。但给模型 m7.4 赋予的少量权重表明，m7.5 中斜率的后验均值估计有一些过度拟合。且这两个模型对应的 WAIC 差别的标准差（6.7）几乎和差别本身（6.25）一样大。毕竟非洲国家的数量有限，所以在估计交互效应时观测分布是非常不平均的。

更重要的是，在这个语境中，信息法则到底表示什么并不清楚。我们也没有想象一个抽样过程能够生成非洲国家和非洲以外的国家。因此，这里使用信息理论有意义吗？我认为是有意义的，但一个神志清晰的人有权反对这一点。虽然在这里无法严格从理论上解释信息法则，但下面理由说明即使在这种情况下信息法则也能够反映过度拟合。

首先，不论你如何处理模型给出的拟合结果，这些结果一定是过度拟合了。之所以肯定它们是过度拟合的结果，是因为并非样本的每个特征都是由感兴趣的数据发生机制导致的。因此，即使我们感兴趣的是解释，而非预测，且我们也不需要预测任何一个新的非洲国家的结果，过度拟合还是有影响。不管有没有用正则先验或者信息法则或者其他什么，关心模型是否过度拟合并衡量过度拟合的程度都是有必要的。

其次，信息法则通过后验分布的形状估计过度拟合的情况。例如，WAIC 对过度拟合惩罚的估计，如你在第 6 章所见，就是对每个样本观测对应的对数似然方差求和。这是关于模型拟合样本的灵活度的一般度量方法。这样一来，即使推导 WAIC 的时候使用的是严格的训练-测试方法，对非严格的场景 WAIC 依然能够提供有效的启发。由于正则先验通过降低模型拟合的灵活度缓解过度拟合，信息法则衡量这种灵活度的能力自然也是有用的。至少在下面这点上是成立的，信息法则让我们在一个假阳性事件普遍的学术环境中做出偏保守的推断⊖。

　　深入思考：交互效应的常见形式。 除了通过多个线性方程定义模型外（如你在上面看到的），更常见的是通过相乘的形式定义交互效应。这样一来，模型中只出现一个线性方程。例如，GDP 和崎岖程度之间的似然可以这样定义：

$$Y_i \sim \text{Normal}(\mu_i, \sigma) \qquad [\text{似然函数}]$$
$$u_i = \alpha + \beta_R R_i + \beta_{AR} A_i R_i + \beta_A A_i \qquad [\mu \text{ 的线性模型}]$$

这个模型和上面的等价。只要将上面的 γ 代入第二行并展开就能得到这里的表达方式。同样，可以用这种展开的表达方式进行估计：

```
m7.5b <- map(
    alist(
        log_gdp ~ dnorm( mu , sigma ) ,
        mu <- a + bR*rugged + bAR*rugged*cont_africa + bA*cont_africa,
        a ~ dnorm( 8 , 100 ) ,
        bA ~ dnorm( 0 , 1 ) ,
        bR ~ dnorm( 0 , 1 ) ,
        bAR ~ dnorm( 0 , 1 ) ,
        sigma ~ dunif( 0 , 10 )
    ) ,
    data=dd )
```
R code 7.9

上面的表达形式实际上很常见。一些自动拟合的函数，比如 lm 就是通过这样的形式来指定交互效应的。关于这点，将在本章节的末尾介绍。

7.1.3　交互效应可视化

　　可视化模型结果不需要新的技巧。这里的目标是给出两幅图。第一幅图展示非洲国家的观测点，然后将 MAP 后验均值回归线以及相应的 97% 的置信区间附加在图上。第二幅图展示非洲以外的国家。首先，计算相应的后验均值和置信区间：

```
rugged.seq <- seq(from=-1,to=8,by=0.25)

mu.Africa <- link( m7.5 , data=data.frame(cont_africa=1,rugged=rugged.seq) )
mu.Africa.mean <- apply( mu.Africa , 2 , mean )
mu.Africa.PI <- apply( mu.Africa , 2 , PI , prob=0.97 )

mu.NotAfrica <- link( m7.5 , data=data.frame(cont_africa=0,rugged=rugged.seq) )
mu.NotAfrica.mean <- apply( mu.NotAfrica , 2 , mean )
mu.NotAfrica.PI <- apply( mu.NotAfrica , 2 , PI , prob=0.97 )
```
R code 7.10

可视化计算结果和之前的例子类似。下面是代码：

⊖ Ioannidis(2005)中提出假阳性是很普遍的。也可以参考 Simmons 等(2011)。原则上说，对任何特定情况都可能存在过度保守的问题，因此在不同的子领域，我们需要用不同的态度看待统计推断中的风险。

R code
7.11

```
# 绘制非洲国家的回归结果
d.A1 <- dd[dd$cont_africa==1,]
plot( log(rgdppc_2000) ~ rugged , data=d.A1 ,
    col=rangi2 , ylab="log GDP year 2000" ,
    xlab="Terrain Ruggedness Index" )
mtext( "African nations" , 3 )
lines( rugged.seq , mu.Africa.mean , col=rangi2 )
shade( mu.Africa.PI , rugged.seq , col=col.alpha(rangi2,0.3) )

# plot non-African nations with regression
d.A0 <- dd[dd$cont_africa==0,]
plot( log(rgdppc_2000) ~ rugged , data=d.A0 ,
    col="black" , ylab="log GDP year 2000" ,
    xlab="Terrain Ruggedness Index" )
mtext( "Non-African nations" , 3 )
lines( rugged.seq , mu.NotAfrica.mean )
shade( mu.NotAfrica.PI , rugged.seq )
```

结果如图 7-4 所示。最后，对于非洲国家及其以外国家，回归线的斜率调转了。

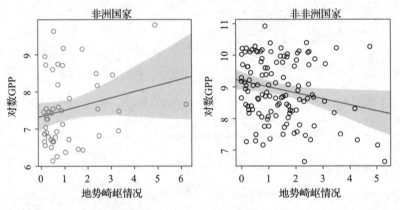

图 7-4 地势崎岖度模型的后验预测图，其中包含了非洲国家和崎岖度的交互效应。阴影区域
代表均值 97％ 的置信区间

7.1.4 解释交互效应估计

交互效应估计比较复杂。解释起来比一般参数估计难。出于此原因，我通常反对仅
通过拟合的数字来理解交互效应。将预测结果绘制出来有助于我们和观众理解。但在科
学论文中通常只有表格结果。因此这里值得花一点篇幅来说明为什么估计数字可能让人
迷惑。

必须小心通过后验均值和标准差表格来理解交互效应的主要原因有下面两个：

（1）当你在模型中添加交互效应时，同时改变了模型参数的意义。在有交互效应的
模型中，"主效应"系数的含义与在没有交互效应的模型中不同。你不能将这两个模型
中得到的某个主效应系数的后验分布进行比较。

（2）表格数据让我们很难完全理解其反映的不确定性，因为表格中通常没有展示参
数间的协方差。这在某个预测变量的影响关系到多个参数时更加明显。

接下来就让我们对上面两点进行进一步简单阐释。

参数意义变化

在没有交互效应的简单线性回归中，每个参数都代表相应预测变量改变 1 个单位对应平均结果变量 μ 的变化。由于所有参数对结果变量的影响都是独立的，分别解释参数没有什么问题。每个斜率参数都是相应预测变量影响的直接度量。

但交互效应模型毁了这天堂般的世界。再来看看交互效应模型对应的似然函数：

$$Y_i \sim \text{Normal}(\mu_i, \sigma) \qquad\qquad\text{［似然函数］}$$
$$\mu_i = \alpha + \gamma_i R_i + \beta_A A_i \qquad\qquad\text{［μ 的线性模型］}$$
$$\gamma_i = \beta_R + \beta_{AR} A_i \qquad\qquad\text{［斜率的线性模型］}$$

现在 R_i 变化一个单位导致的 μ_i 的变化是 γ_i。由于 γ_i 是三个元素的函数——β_R、β_{AR} 和 A_i——我们必须同时知道这三者才能得到 R_i 对结果的影响。只有当 $A_i = 0$ 时，β_R 的意义才和之前一样，这时 $\gamma_i = \beta_R$。否则，为了计算 R_i 对结果变量的影响，我们得同时考虑两个参数和另外一个预测变量。

添加交互效应产生的操作性影响是，你不能够从拟合结果表格中读出任何一个预测变量的影响。下面是相应的参数估计：

R code
7.12

```
precis(m7.5)
```

	Mean	StdDev	5.5%	94.5%
a	9.18	0.14	8.97	9.40
bA	-1.85	0.22	-2.20	-1.50
bR	-0.18	0.08	-0.31	-0.06
bAR	0.35	0.13	0.14	0.55
sigma	0.93	0.05	0.85	1.01

由于 γ（gamma）并没有出现在这个表格中——没有估计 gamma——我们得自己计算。通过 MAP 拟合结果可以很容易计算。例如，对于非洲国家，崎岖度的 MAP 斜率估计是：

$$\gamma = \beta_R + \beta_{AR}(1) = -0.18 + 0.35 = 0.17$$

对于非洲以外的国家：

$$\gamma = \beta_R + \beta_{AR}(0) = -0.18$$

因此，崎岖度和对数 GDP 之间的关系在非洲国家和非洲以外的国家中是相反的。

包含不确定性

以上只是对于 MAP 估计值。如果要知道 γ 取值的不确定性的话，我们需要用整个后验分布。由于 γ 取决于参数，这些参数各自都有相应的后验分布，因此 γ 也应该有后验分布。多读几遍之前这句话。这是处理贝叶斯模型拟合最关键需要理解的一点。任何用参数计算出的值都有后验分布。

要得到 γ 的后验分布，你需要做一些积分，或者可以直接使用后验样本：

R code
7.13

```
post <- extract.samples( m7.5 )
gamma.Africa <- post$bR + post$bAR*1
gamma.notAfrica <- post$bR + post$bAR*0
```

其中 `gamma.Africa` 和 `gamma.notAfrica` 分别是非洲国家和非洲以外的国家对应的 \gamma 后验分布样本。这两个分布对应的均值就像我们在之前小节末尾那样计算：

R code
7.14

```
mean( gamma.Africa)
mean( gamma.notAfrica )
```

```
[1] 0.1631653
[1] -0.1824547
```

当然，结果和 MAP 几乎相等。

但这里我们使用的是所有的后验分布样本。让我们将它们绘制在同一张图上，方便观测它们的重叠情况：

R code
7.15

```
dens( gamma.Africa , xlim=c(-0.5,0.6) , ylim=c(0,5.5) ,
    xlab="gamma" , col=rangi2 )
dens( gamma.notAfrica , add=TRUE )
```

结果如图 7-5 所示，非洲国家对应斜率的后验分布用蓝色表示，其他国家用黑色表示。

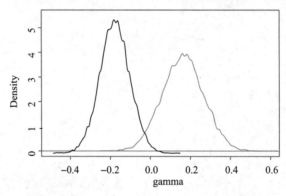

图 7-5　地势崎岖程度对应对数 GDP 的回归模型斜率的后验分布。蓝色：非洲国家。黑色：其他国家

从这里开始，你能够通过样本回答一系列问题，取决于你想知道什么。例如，在这个模型和观测的条件下，非洲国家的斜率小于其他国家的斜率的概率是多少？我们要做的就是对每个后验分布样本计算两个斜率的差值，然后计算有多大比例的差值小于 0。代码如下：

R code
7.16

```
diff <- gamma.Africa - gamma.notAfrica
sum( diff < 0 ) / length( diff )
```

```
[1] 0.0036
```

和之前一样，严格上你的答案可能和这里不一样，因为模拟过程有随机性。尽管存在随机性，你得到的应该是一个很小的数值。因此，在模型和数据的基础上，非洲国家对应的斜率值小于其他国家的这种情况发生的可能性很小。

此外，注意这里的概率值是 0.0036，这个值和你在图 7-5 中直观看到的重叠比例比较起来非常小。这并不是错误。图中的分布是边缘分布，好比是联合分布的侧影，忽略了其他的参数的后验。上面的计算基于两个斜率之差的后验分布。两个斜率之差的后验分布和各自边缘分布的重叠不是一回事。这也是为什么不能用不同参数置信区间的重叠来检验这些参数之差的显著性。如果你关心的是参数间的差别，那就要直接计算差别的分布。

再思考：对后验概率的延伸。注意之前得到的 0.0036 这个比例并不是任何观测时间的概率。例如，如果重新进行抽样，我们不能期望 0.36% 的非洲国家比非洲以外的国家受到地势崎岖度的负面影响更严重。这里的 0.0036 针对当前的样本，你所问的问题对应相对可能性答案。因此，这里模型结果表明它对非洲国家对应的 γ 值比其他国家对应的 γ 值更小表示怀疑。有多怀疑？在模型所指的世界上所有可能的状态中，只有 0.36% 的情况拟合结果中非洲国家的 γ 小于其他国家的 γ。你建立的模型对此表示怀疑，但你通常也要对模型持一定的保留态度。

7.2 线性交互的对称性

布里丹之驴(Buridan's ass)是一个简化版的哲学问题。一只站在两堆草料中间的驴子总会走向草料多的那边，直到有一天两堆草的量相等的时候，这只驴子会因为无法决定吃哪堆草而饿死在中间。这里的根本问题是对称性：这只驴子如何在两个完全等价的选项中做出选择？与很多简化版的问题类似，你不能太过严肃的对待这样的问题。当然，现实生活中驴子不会饿死。但是由此可以想到，打破对称性可能会带来建设性的结果。

交互效应就像布里丹之驴。好比有两堆大小一样的草料，线性交互效应包含两种对称的解释。由于缺失模型之外的某些信息，你无法从逻辑上论证哪种解释更好。以地势崎岖度和 GDP 的模型为例。其中交互效应有两种同样合理的解释：

(1) 地势崎岖度对 GDP 的影响多大程度上取决于该国家是否在非洲？

(2) 非洲国家对 GDP 的影响多大程度上取决于地势崎岖度？

虽然大部分人认为这两种说法是不一样的，但是在模型看来是一回事。

接下来我们会在本小节通过分析的方法审视这个事实。随后再次绘制崎岖度对 GDP 的图，但这次反过来——展示非洲国家对 GDP 的影响多大程度上取决于地势崎岖度。

7.2.1 布里丹的交互效应

再次考虑下面似然函数的数学形式：

$$Y_i \sim \text{Normal}(\mu_i, \sigma) \qquad \text{[似然函数]}$$
$$\mu_i = \alpha + \gamma_i R_i + \beta_A A_i \qquad \text{[}\mu\text{ 的线性模型]}$$
$$\gamma_i = \beta_R + \beta_{AR} A_i \qquad \text{[斜率的线性模型]}$$

将 γ_i 代入 μ_i 展开：

$$\mu_i = \alpha + (\beta_R + \beta_{AR} A_i) R_i + \beta_A A_i$$
$$= \alpha + \beta_R R_i + \beta_{AR} A_i R_i + \beta_A A_i$$

现在将 A_i 的系数合并在一起：

$$\mu_i = \alpha + \beta_R R_i + \underbrace{(\beta_A + \beta_{AR} R_i) A_i}_{G}$$

其中表明的 G 看上去很像γ_i的线性表达式。其实这是同样的模型，只不过这次重新排列一下，使得交互效应看上去应用在A_i上。

上面代数变换的目的是证明这两个交互效应是对称的，好比布里丹之驴面对的选择一样。从模型本身出发，没有任何理由偏向其中某一种解释，因为这两者本质上是一样的。但当我们对模型进行因果解释的时候，特定的思维方式会倾向于其中一种，因为其中一个变量常常比另外一个更加可控。这种情况下，很难想象去控制国家所属的大陆。但是对地势的崎岖程度进行控制貌似容易些，可以将山丘铲平，或者开凿隧道。⊖

7.2.2 国家所属大陆的影响取决于地势

绘制逆向的解释可能帮助理解：属于非洲大陆对 GDP 的影响取决于地势崎岖情况。这里的计算步骤和我们在之前一个小节中所做的类似。但是现在横轴是 cont_africa。两条线对应两种不同的崎岖度。

R code
7.17

```
# 得到最小和最大的崎岖度取值
q.rugged <- range(dd$rugged)

# 计算回归线和置信区间
mu.ruggedlo <- link( m7.5 ,
    data=data.frame(rugged=q.rugged[1],cont_africa=0:1) )
mu.ruggedlo.mean <- apply( mu.ruggedlo , 2 , mean )
mu.ruggedlo.PI <- apply( mu.ruggedlo , 2 , PI )

mu.ruggedhi <- link( m7.5 ,
    data=data.frame(rugged=q.rugged[2],cont_africa=0:1) )
mu.ruggedhi.mean <- apply( mu.ruggedhi , 2 , mean )
mu.ruggedhi.PI <- apply( mu.ruggedhi , 2 , PI )

# 绘制结果，将观测点通过中位数分开
med.r <- median(dd$rugged)
ox <- ifelse( dd$rugged > med.r , 0.05 , -0.05 )
plot( dd$cont_africa + ox , log(dd$rgdppc_2000) ,
    col=ifelse(dd$rugged>med.r,rangi2,"black") ,
    xlim=c(-0.25,1.25) , xaxt="n" , ylab="log GDP year 2000" ,
    xlab="Continent" )
axis( 1 , at=c(0,1) , labels=c("other","Africa") )
lines( 0:1 , mu.ruggedlo.mean , lty=2 )
shade( mu.ruggedlo.PI , 0:1 )
lines( 0:1 , mu.ruggedhi.mean , col=rangi2 )
shade( mu.ruggedhi.PI , 0:1 , col=col.alpha(rangi2,0.25) )
```

结果如图 7-6 所示。图中的点代表不同的国家。黑色的点代表崎岖度在中位数以下的国家。蓝色的点代表崎岖度在中位数以上的国家。横轴代表大陆。非洲以外的大陆在左边，非洲大陆在右边。首先注意，一般来说，非洲国家的 GDP 比其他地区低。记得殖民主义和新殖民主义吗？这就是了。现在看看回归线。黑色的虚线和阴影置信区间展

⊖ 一个很好的例子是法罗群岛大量的现代隧道系统。群岛天然地势非常崎岖，因此，在历史上，水路交通比陆路交通要方便。但在 20 世纪晚期，丹麦政府对隧道建设投入重金，极大降低了地势崎岖带来的影响。

示了改变一个地势崎岖度最小的国家(0.003)所处的大陆带来的对数 GDP 的预期减少。对于崎岖度低的国家，预期的对数 GDP 约减少 2个点。蓝色的回归线和阴影区间表示改变地势崎岖度最大的国家(6.2)所处的大陆带来的变化。在崎岖度大的情况下改变所处大陆几乎没有产生什么影响——线向上稍微倾斜了一点儿，但宽阔的置信区间说明我们不应该太相信这轻微的倾斜。对一个地势非常崎岖的国家，在非洲对 GDP 几乎没有影响。

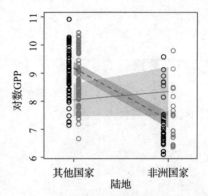

图 7-6　从另一个角度探究崎岖度和大陆之间的交互效应。蓝点代表崎岖度大于中位数的国家。黑点代表小于中位数的国家。黑色虚线：对于某个假设崎岖度最低的国家(0.003)所处的大陆和对数 GDP 的关系。蓝色实线：对于某个假设崎岖度最高的国家(6.2)的相应情况

　　这种看待关于 GDP 和地势崎岖度的角度完全和之前等价。在当前模型和数据的基础上，下面两点同时正确：(1)崎岖度的影响和所在大陆有关；(2)所在大陆的影响和崎岖度有关。事实上，通过系统性地审视数据可以学到不少东西。仅靠观察之前的交互效应结果，平均说来非洲国家的 GDP 几乎总是比这点更低，这并不显而易见。只是在崎岖度很高的时候，非洲内国家和非洲以外国家的对数GDP 比较接近。而第二种绘图方式让这点更加清晰。

7.3　连续交互效应

　　这里我想要向读者证明的关键一点是，交互效应很难解释。它们几乎不可能仅用后验均值和标准差来解释。我们已经解释了其中的两个原因。需要小心不能仅用拟合结果表格数据来解释交互效应的第三个原因是连续变量之间的交互效应很难解释清楚。计算某个类别条件下的斜率是一回事，如之前例子中崎岖度和所处大陆之间的交互效应。在这种情况下，模型变成对每类样本拟合不同的斜率。但如果两个变量都是连续变量那就是另外一回事了，这时要理解在一个连续变量取值的条件下另一个连续变量的斜率就难多了。这种情况下解释交互效应困难多了，虽然模型的数学表达和分类变量时的相同。

　　为了阐明如何创建和解释两个或多个连续预测变量的交互效应，在本节中，我会以一个简单的回归模型为例，向你展示两个连续变量双向交互效应的可视化方法。这里用来可视化交互效应的方法称为三联图(triptych plot)，由 3 幅图组成的图组，用来展示回归结果的全貌。这里图的数目为 3 并没有什么神奇之处——根据不同的情况，图形数目可多可少。这里用不同的图更好地展示随着某个选定变量的变化，交互效应如何改变斜率。

　　我还可以通过这个例子阐明中心化预测变量的两个好处。你已经在之前接触过中心化了。一个预测变量中心化后，均值变为 0。为什么要对数据进行中心化？常见的好处有两个。首先，对预测变量进行中心化有助于通过参数估计结果理解模型，当你要比较是否有交互效应时的不同模型尤其如此。其次，有时没有中心化会给模型拟合带来困难。在拟合模型之前先中心化变量(也许还有标准化变量)能够帮助你更快得到更可靠的估计。

此外，即使所有的变量都中心化并且重复检查过，仅通过数字理解连续交互效应也可能很困难或者不可能。因此，这里我想说的是为了避免错误理解模型拟合，务必绘制后验预测图，虚拟的或真实的都可以。

7.3.1 数据

这里的案例数据是在不同的土壤和光照条件下温室栽培的郁金香花朵的大小。⊖通过下面的代码载入数据：

```
library(rethinking)
data(tulips)
d <- tulips
str(d)
```

```
'data.frame': 27 obs. of  4 variables:
 $ bed   : Factor w/ 3 levels "a","b","c": 1 1 1 1 1 1 1 1 1 2 ...
 $ water : int  1 1 1 2 2 2 3 3 3 1 ...
 $ shade : int  1 2 3 1 2 3 1 2 3 1 ...
 $ blooms: num  0 0 111 183.5 59.2 ...
```

blooms 列就是模型的结果变量列——我们想要预测的量。water 和 shade 是预测变量。water 的 3 个取值分别代表从低(1)到高(3)的三种湿度情况。shade 的 3 个取值分别代表从低(1)到高(3)的三种光照情况。bed 列代表温室的编号。这些花来自 a、b 和 c 这 3 个温室。

由于光照和湿度有助于植物生长和开花。这两个效应各自能够促使郁金香开出更大的花朵。但是我们对它们的交互效应同样感兴趣。比如，在没有光照的情况下，湿度的增加很难对植物的生长有很大的帮助——光合作用同时依赖于水分和阳光。类似的，在没有水的时候，光照带来的好处也很有限。一种对这种相互依赖关系建模的方法是使用交互效应。在缺乏很好的交互效应动力模型的情况下，可以通过对植物生长的理论了解，对光照和水分之间的交互关系进行假设。这样一来，双向交互线性模型是一个很好的开始。但是最终，这个简单的线性模型并不接近我们能够建立的最好模型。

7.3.2 未中心化的模型

虽然在这里进行完全的模型比较分析是可能的，这里我会将问题简化一下，着眼于两个模型：(1)含有 water 和 shade 变量(主效应)，但是没有交互效应；(2)含有两个主效应，同时还有 water 和 shade 的交互效应。这么做只是为了简单。你可以拟合其他模型，比如只有其中一个变量的模型，然后证明结论没有改变。

主效应似然函数是(我们会在之后加先验分布)：

$$B_i \sim \text{Normal}(\mu_i, \sigma)$$
$$\mu_i = \alpha + \beta_w W_i + \beta_s S_i$$

交互效应似然函数是：

$$B_i \sim \text{Normal}(\mu_i, \sigma)$$

⊖ 这个例子由 Grafen 和 Hails(2002)改编而来，这是一本非贝叶斯应用统计书籍，你可能也会喜欢这本书。书中提供了一些标准线性模型的独特几何学表达。

$$\mu_i = \alpha + \beta_W\, W_i + \beta_S\, S_i + \beta_{WS}\, W_i\, S_i$$

其中B_i指代第i行的变量 bloom 取值。W_i是 water 的取值，S_i是对应 shade 的取值。这里不包括分类变量 bed，但是我确实认为严谨地分析需要考虑这个变量。在本章最后的练习题中，我们会将 hed 这个变量加入模型。但这里我想要阐明的一点是与该变量无关，所以暂且不考虑。

如你预期的那样，可以用 map 函数拟合模型。这里我会使用水平的先验分布，因此得到的结果和通常的最大似然估计很接近。这并不意味着使用水平先验分布是最好的选择。而是作为另外一个实践模型的例子。这时，结果变量 blooms 的分布很广。最小值是 0，最大值是 362。这意味着看上去很平的先验分布实际上并不一定是"平"的，因为先验分布是相对于似然函数而言的。

R code
7. 19

```
m7.6 <- map(
    alist(
        blooms ~ dnorm( mu , sigma ) ,
        mu <- a + bW*water + bS*shade ,
        a ~ dnorm( 0 , 100 ) ,
        bW ~ dnorm( 0 , 100 ) ,
        bS ~ dnorm( 0 , 100 ) ,
        sigma ~ dunif( 0 , 100 )
    ) ,
    data=d )
m7.7 <- map(
    alist(
        blooms ~ dnorm( mu , sigma ) ,
        mu <- a + bW*water + bS*shade + bWS*water*shade ,
        a ~ dnorm( 0 , 100 ) ,
        bW ~ dnorm( 0 , 100 ) ,
        bS ~ dnorm( 0 , 100 ) ,
        bWS ~ dnorm( 0 , 100 ) ,
        sigma ~ dunif( 0 , 100 )
    ) ,
    data=d )
```

运行上面代码拟合模型时可能会得到下面的错误提示信息。

```
Error in map(alist(blooms ~ dnorm(mu, sigma)), mu <- a + bW * water + bS * :
    non-finite finite-difference value [5]
```

这通常表明参数的初始值没有选好。同样的问题还对应下面的错误提示：

```
Caution, model may not have converged.
Code 1: Maximum iterations reached.
```

这里的问题是，R 中的模型拟合引擎 optim 花了太长时间试图搜索最优值。其搜索的时间超过了限度，也就是消息中的"最大迭代"（maximum iterations）。得到的估计不可靠，因此不能使用，除非你能肯定结果是没有问题的。在这里报错，得到的结果不可用。

但是要解决上面的问题很简单。现在先解决上面的问题，然后我会解释为什么出现这样的问题。有 3 个基本的解决方法。我们用前两个。

（1）我们可以用另外一种优化方法。优化后验分布的方法有很多。R 中的 optim 函数知道其中的一些。map 的默认估计方法是 BFGS。该方法很有效，但有时会在起始点遇到困难。如果你在用其中一种方法时遇到问题，可以试另外两种方法，它们分别为Nelder-Mead(当其他方法都不奏效的时候用)和 SANN(模拟救火)。你可以通过设置 method 参数来告诉 map 函数用哪种优化方法。下面会有一个案例。

（2）我们也可以让 optim 延长搜索时间，这样就不会到达最大迭代次数。你可以通过设置 control 参数告诉 map 函数最大迭代次数。下面会有例子。

（3）我们可以对数据进行标准化，使得搜索不那么困难。这个案例中的根本问题是结果变量 blooms 的标度。如果我们标准化了变量，计算机搜索起来会更加容易。

接下来我会用前两个方法，这样一来你能够看到它们是如何实施的。通常情况下我建议使用标准化结果变量的方法。但由于我们会在下一个小节中应用该方法，这里先不展示。

R code
7.20
```
m7.6 <- map(
    alist(
        blooms ~ dnorm( mu , sigma ) ,
        mu <- a + bW*water + bS*shade ,
        a ~ dnorm( 0 , 100 ) ,
        bW ~ dnorm( 0 , 100 ) ,
        bS ~ dnorm( 0 , 100 ) ,
        sigma ~ dunif( 0 , 100 )
    ) ,
    data=d ,
    method="Nelder-Mead" ,
    control=list(maxit=1e4) )
m7.7 <- map(
    alist(
        blooms ~ dnorm( mu , sigma ) ,
        mu <- a + bW*water + bS*shade + bWS*water*shade ,
        a ~ dnorm( 0 , 100 ) ,
        bW ~ dnorm( 0 , 100 ) ,
        bS ~ dnorm( 0 , 100 ) ,
        bWS ~ dnorm( 0 , 100 ) ,
        sigma ~ dunif( 0 , 100 )
    ) ,
    data=d ,
    method="Nelder-Mead" ,
    control=list(maxit=1e4) )
```

这次没有错误消息了。让我们看看得到的估计。我将用之前章节中介绍的 coeftab 函数：

R code
7.21
```
coeftab(m7.6,m7.7)
```

```
        m7.6    m7.7
a       53.49  -84.26
bW      76.36  150.96
bS     -38.95   35.00
sigma   57.38   46.27
bWS        NA  -39.5
nobs       27      27
```

现在让我们研究一下估计的结果，看看从模型中得到的关于水分和光照对花朵大小影响的信息。首先，考虑截距 α。截距的估计从一个模型到另外一个模型的变化很大，即从 53 到 -84。这些值说明了什么？记得，截距表示所有自变量取值为 0 时结果变量的预期值。在这种情况下，这些预测变量中没有哪个取值为 0。结果，这些截距的估计很难解释。这是一个普遍存在的问题，且目前为止本书中大部分回归的例子都遇到了这样的问题。

现在转而考虑斜率。在只有主效应的模型 m7.6 中，water 主效应对应的 MAP 估计是正数，shade 主效应的估计是负数。再来看看 precis(m7.6) 返回的标准差和置信区间，确认下这两个参数的区间都不包含 0。你可能推测说这些后验分布表明水分促进花朵，无光照阻碍花朵。土壤的湿度每增加一个单位，花朵平均增加 76。无光照度量每增加一个单位，花朵平均减小 42。这些听起来貌似合理。

但是有交互效应的模型 m7.7 相应参数后验分布情况截然不同。首先，确认有交互效应的模型确实更好：

R code
7.22

```
compare( m7.6 , m7.7 )
```

```
      WAIC pWAIC dWAIC weight    SE  dSE
m7.7 296.4   6.3   0.0   0.99 10.00   NA
m7.6 305.8   5.2   9.3   0.01  8.94 6.03
```

该比较结果几乎将所有的权重都赋予了 m7.7。因此，让我们考虑 m7.7 的后验分布。现在两个主效应都是正的，但是新的交互效应后验分布均值是负数。现在你能说无光照有助于郁金香开花吗？负交互效应本身表明随着无光照处理的增强，水分对花朵的影响减少。但减少了多少呢？

从后验分布中抽样然后绘制模型预测对解释模型有很大的帮助。这是我极力倡导的方法，且提供实现这个过程的代码。总的说来，不通过可视化解释交互效应是危险的。但现在暂且先关注中心化变量的好处，这里需要重新拟合模型。

> **再思考：和机器斗争。** 之前小节中解决拟合过程中问题所用的方法令人苦恼，但是很实际。这类问题常在模型拟合过程中发生。对于这样的线性模型，有一些能够避免这些许多困难的计算后验分布的方法。但对于非线性模型，很难避开这个问题。总的来说，拟合模型的方法也是建模的一部分。因此，你需要习惯解决模型拟合中遇到的各种问题。即使模型拟合得不错，你也可以通过一些改变使模型拟合得更加快速可靠。随着本书的讲解，会有更多这样的例子。

7.3.3　中心化且再次拟合模型

中心化一个变量意味着建立一个和原变量含有等价信息的新变量，新变量的均值为 0。例如，要中心化 shade 和 water 这两个变量，只需要将这两个变量分别减去其均值：

R code
7.23

```
d$shade.c <- d$shade - mean(d$shade)
d$water.c <- d$water - mean(d$water)
```

中心化后的新变量和原变量的方差相同，只是均值变成 0。这种情况下，中心化将水分和无光照的程度重新编码，从之前的 1 到 3 变成－1 到 1。

　　分析中的中心化能做下面两件事。第一，解决之前最大迭代次数的问题。第二，让估计更容易解释。让我们重新拟合这两个回归模型，但这次使用新的中心化后的变量 shade.c 和 water.c。我们也不再需要之前解决 optim 函数产生问题的设置了，所以这里会移除这些设置。但我会对每个模型添加明确的初始值列 start，因为在这里使用的水平先验给出的初始值很糟糕。

R code
7.24

```
m7.8 <- map(
    alist(
        blooms ~ dnorm( mu , sigma ) ,
        mu <- a + bW*water.c + bS*shade.c ,
        a ~ dnorm( 130 , 100 ) ,
        bW ~ dnorm( 0 , 100 ) ,
        bS ~ dnorm( 0 , 100 ) ,
        sigma ~ dunif( 0 , 100 )
    ) ,
    data=d ,
    start=list(a=mean(d$blooms),bW=0,bS=0,sigma=sd(d$blooms)) )
m7.9 <- map(
    alist(
        blooms ~ dnorm( mu , sigma ) ,
        mu <- a + bW*water.c + bS*shade.c + bWS*water.c*shade.c ,
        a ~ dnorm( 130 , 100 ) ,
        bW ~ dnorm( 0 , 100 ) ,
        bS ~ dnorm( 0 , 100 ) ,
        bWS ~ dnorm( 0 , 100 ) ,
        sigma ~ dunif( 0 , 100 )
    ) ,
    data=d ,
    start=list(a=mean(d$blooms),bW=0,bS=0,bWS=0,sigma=sd(d$blooms)) )
coeftab(m7.8,m7.9)
```

```
        m7.8    m7.9
a       129.00  129.01
bW       74.22   74.96
bS      -40.74  -41.14
sigma    57.35   45.22
bWS         NA  -51.87
nobs        27      27
```

现在比较这两个模型的后验均值可以发现，主效应是相同的。这和之前不同，之前 shade 对应的参数估计方向发生了变化。从上面的结果看，貌似更多的水分能够增加花朵大小，无光照处理增强减小花朵大小。此外，后验均值交互效应估计和没有中心化的模型比保持一致。

　　下面我们来解释一下为什么中心化能够产生这样的效果。

估计效果变好

　　在之前没有对数据进行中心化的情况下，运行函数时出现了错误提示，因为初始值和 map 最优估计的距离太远了。当中心化变量之后，距离缩小了。其中的主要原因是当中心化预测变量后，α 的 MAP 值就是结果变量的经验均值，也就是 mean(d$blooms)。

这也是 map 函数的初始值。没有中心化数据时，α 的 MAP 值离经验均值很远。因此，计算机搜索了很久也没有搜到。

不同模型的估计更加接近

为什么将变量中心化之后两个模型(有交互效应和没有交互效应的模型)的主效应估计相同呢？在没有中心化的模型中，交互效应应用于每个观测，因此 μ 中没有任何一个参数能够单独产生意义。这是因为模型中没有任何一个变量(water 和 shade)的取值会是 0。结果交互效应总会影响主效应。例如，考虑一个水分和无光照处理都为均值(取值都是 2)的花朵。其预期的花朵大小为：

$$\mu_i \mid_{s_i=2, w_i=2} = \alpha + \beta_W(2) + \beta_S(2) + \beta_{WS}(2 \times 2)$$

因此，要得到将水分提高一个单位产生的影响，就要用到所有的参数 β。将没有中心化变量的模型 m7.7 的 MAP 估计结果代入可得：

$$\mu_i \mid_{s_i=2, w_i=2} = -150.8 + 181.5(2) + 64.1(2) - 52.9 \times 2 \times 2$$

你可以用 R 计算相应的预测：

```
k <- coef(m7.7)
k[1] + k[2]*2 + k[3]*2 + k[4]*2*2
```
R code 7.25

```
        a
129.6895
```

这个结果和我们用中心化后的数据拟合的模型预测相同，这并不是巧合。m7.9 也使用变量的均值得到的结果为：

```
k <- coef(m7.9)
k[1] + k[2]*0 + k[3]*0 + k[4]*0*0
```
R code 7.26

```
        a
129.008
```

但在这时，你能够更直接地得到这个结果，因为这时每个变量的均值都是 0，因此在模型中剩下的就只有截距：

$$\mu_i \mid_{s_i=0, w_i=0} = \alpha + \beta_W(0) + \beta_S(0) + \beta_{WS}(0 \times 0) = \alpha$$

你中心化变量之后得到的截距事实上是有意义的。这就是结果变量观测的均值 mean(d\$blooms)。容易解释也是中心化变量的原因之一。

那么我们该如何解释这些中心化后的改进的估计呢？下面是估计的结果：

```
precis(m7.9)
```
R code 7.27

```
        Mean  StdDev    5.5%   94.5%
a     129.01    8.67  115.15  142.87
bW     74.96   10.60   58.02   91.90
bS    -41.14   10.60  -58.08  -24.20
bWS   -51.87   12.95  -72.57  -31.18
sigma  45.22    6.15   35.39   55.06
```

下面是对输出结果的合理解释：

- 结果中 a 的估计，也就是参数 α，是当 water 和 shade 取值为均值时 blooms 的期望。这两个变量的均值都是 0，因为之前已经中心化了。

- 结果中的 bW，也就是 β_W，是当 water 增加 1 个单位，shade 取平均值(0)时 blooms 变化的期望。该参数并没有提供在 shade 取其他值的情况下结果变量的预期变化。估计结果表明，在 shade 固定为均值时，提高 water 的值有利于花朵。

- 结果中的 bS，也就是 β_S，是当 shade 增加 1 个单位，water 取平均值(0)时 blooms 变化的预期。该参数并没有提供在 water 取其他值的情况下结果变量的预期变化。估计结果表明，在 water 固定为均值时，提高 shade 极其不利于花朵。

- 结果中的 bWS，也就是 β_{WS}，是交互效应。与所有的线性交互效应类似，解释参数的方法有多个。首先，估计结果表明当 shade 变量取值增加 1 个单位时，water 变量对结果的影响发生的预期变化。其次，它还告诉我们当 water 变量的取值增加 1 个单位时，shade 的影响发生的预期变化。

那么交互效应 bWS 的估计为什么是负数呢？简短的答案是水分和无光照处理对花朵的影响相反，但每个变量的存在都能够增强另外一个的重要性。如果仅从 -52 这个交互效应的参数估计中很难看出什么端倪的话，不要沮丧，你并不孤单，很多人都看不出来。这也是为什么我说最好的方法就是绘制预测图。

7.3.4 绘制预测图

机器(模型)的逻辑能力很强，但是不擅长和人打交道。模型给出一个参数组合取值的可能后验分布。但对人类而言，要理解分布背后传递的信息，我们需要对后验分布进行解码。不管是否中心化变量，绘制后验预测图总能提供一些模型结果背后的信息。这也是为什么我们如此强调可视化。但在之前的章节中，没有涉及交互效应。因此，在绘制某个变量和模型预测的散点图时，你可以将另外的变量设置成任意取值。也就是说，其余变量的取值固定为什么不影响绘图结果。

但现在情况不同了。一旦模型中出现交互效应，一个变量的影响取决于其他变量的取值。可能最简单的可视化这样的交互效应的方法是绘制一系列二维图。在每个图中，你可以选择展示一种变量取值对应的情况。然后比较一系列的图，这样就可以看到变化的情况。

接下来以郁金香数据为例，展示如何进行可视化。我将在一个表中绘制 3 幅图。这样在一个表中包含 3 幅图也就是三联图(triptych plot)。三联图是理解交互效应影响的有效手段。这里的策略是，我们希望每幅图展示相应的模型预测的无光照处理和花朵大小的二元关系。每幅图对应某个水分取值。在这个例子中，选择水分取值很容易，因为只有 3 个取值：-1、0 和 1(记得吗，该变量已经中心化了)。因此，第一幅图展示了当水分取值为 -1 时，模型预测的花朵大小和无光照处理的关系；第二幅图展示了当水分取值为 0 时，相应的关系；最后一幅图展示了水分取值为 1 时，相应的关系。此外，在每幅图中，我都只展示了相应水分取值的观测点。

现在你已经知道该如何通过前面章节的代码绘制每幅图。我现在将这个过程整合到一个循环语句中，对水分取值 water.c 进行循环。下面是相应的代码：

R code
7.28
```
# 创建一个含有3个图的窗口
par(mfrow=c(1,3)) # 1 行, 3 列
```

```
# 对water.c的取值进行循环并且绘制相应的预测图
shade.seq <- -1:1
for ( w in -1:1 ) {
    dt <- d[d$water.c==w,]
    plot( blooms ~ shade.c , data=dt , col=rangi2 ,
        main=paste("water.c =",w) , xaxp=c(-1,1,2) , ylim=c(0,362) ,
        xlab="shade (centered)" )
    mu <- link( m7.9 , data=data.frame(water.c=w,shade.c=shade.seq) )
    mu.mean <- apply( mu , 2 , mean )
    mu.PI <- apply( mu , 2 , PI , prob=0.97 )
    lines( shade.seq , mu.mean )
    lines( shade.seq , mu.PI[1,] , lty=2 )
    lines( shade.seq , mu.PI[2,] , lty=2 )
}
```

上面的第一行代码用 par 函数，该函数可以用来设置图形参数。该命令告诉 R 将图形窗口分成 1 行 3 列，也就是创建了一个三联图。然后 for 语句定义了一个循环，依次将 −1、0 和 1 这三个值赋予 w。剩下的代码仅仅是将 water.c 为特定取值的原始数据提取出来，计算并绘制相应的预测均值和 97% 的均值后验预测区间。

得到的结果如图 7-7 所示。其中第一行对应没有交互效应的模型，第二行对应有交互效应的模型。在所有的图中，横轴是无光照处理的强度，从低到高。纵轴是花朵的大小。图中蓝色的点是水分取值等于图上方所示值的观测点。实线是每种情况下的预测均

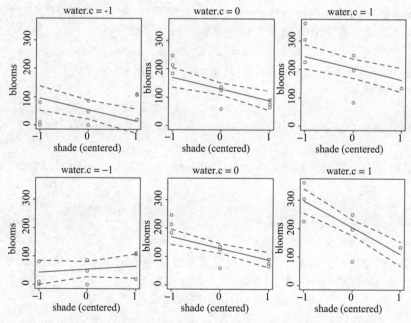

图 7-7　不同水分处理情况下预测花朵大小的三联图。第一行是没有交互效应的情况。第二行是有交互效应的情况。蓝色的点代表相应的观测。实线是后验均值，虚线是均值对应的 97% 的区间。第一行：没有交互效应，模型 m7.8。每幅图对应不同水分取值下无光照处理和花朵大小的关系。其中回归线斜率是相同的，因为没有交互效应。第二行：有交互效应，模型 m7.9。现在无光照处理和花朵大小对应的斜率随着水分处理的不同而变化

值，虚线是对应的 97％的均值置信区间。注意，第一行展示了没有交互效应的情况下三联图中各个图的斜率是相同的。不同水分取值对应回归线的高度确实差别很大。但总是以相同的斜率向下。相反，在底部有交互效应的模型结果表明，每个水分取值对应不同的预测斜率。当水分取值处于最低点时(左)，无光照处理强度对花朵几乎没有影响，回归线几乎是平的。其中有微弱的正趋势，但同时有显著不确定性。在水分取值居中的情况下，提高无光照处理的强度能明显抑制花朵的大小。当无光照处理强度从最弱(−1)到最强(1)时，花朵大小几乎减半。在水分取值最高的情况下，斜率显著为负，无光照处理的强度是花朵大小更强的预测变量。从最弱到最强，花朵大小减少了大约 2/3。

为什么会这样呢？可能的原因是郁金香开花同时需要水分和光照。当水分值低的时候，无光照处理对郁金香的影响不大，因为缺少水分，怎么光照花也长不大。当水分值高的时候，无光照处理的影响就大多了，因为这时郁金香有足够的水分。水分充足时，水分不再限制郁金香生长，这时无光照处理就会对郁金香产生很大的影响。相应的，反过来对于无光照处理的情况也类似。如果没有光，再多的水也没有帮助。你可以类似地固定不同的无光照处理，让水分从低到高变化，绘制类似图 7-7 的结果，这样就可以看到在另外一种对称的情况下模型的预测情况了。

7.4　交互效应的公式表达

通过公式定义模型的交互效应，如函数 lm 以及 R 中其他自动拟合模型函数使用的公式表达，你只需要从线性模型中分离出参数。记得，lm 强制使用水平先验分布，但这通常不是最好的先验分布。

例如，下面是含有 x 和 z 交互效应的模型：

$$y_i \sim \text{Normal}(\mu_i, \sigma)$$
$$\mu_i = \alpha + \beta_x x_i + \beta_z z_i + \beta_{xz} x_i z_i$$

相应的公式代码如下：

R code
7.29
```
m7.x <- lm( y ~ x + z + x*z , data=d )
```

你也可以忽略其中单独的 x 项和 z 项，拟合的模型是一样的。下面的代码拟合的模型和上面一样：

R code
7.30
```
m7.x <- lm( y ~ x*z , data=d )
```

如果你不希望模型中有主效应，那必须明确地在公式中表示出来。比如，下面是有交互效应的模型，但不包含其中一个主效应：

$$y_i \sim \text{Normal}(\mu_i, \sigma)$$
$$\mu_i = \alpha + \beta_x x_i + \beta_{xz} x_i z_i$$

为什么要拟合这样的模型呢？当你事先知道变量 z 不会直接影响结果时，也就是 $\beta_z = 0$ 的时候，需要拟合这样的模型。相应的设计公式是：

R code
7.31
```
m7.x <- lm( y ~ x + x*z - z , data=d )
```

之后在计数模型的章节中会有这样的例子。

　　对于高阶交互效应，只需要将更多的变量相乘即可。程序设计默认包括所有的低阶交互效应，即使你没有明确表示出来。例如，下面的模型中含有 x、z 和 w 的三阶交互效应，同时也有 3 个二阶交互效应，以及 3 个主效应：

$$y_i \sim \text{Normal}(\mu_i, \sigma)$$

$$\mu_i = \alpha + \beta_x x_i + \beta_z z_i + \beta_w w_i + \beta_{xz} x_i z_i + \beta_{xw} x_i w_i + \beta_{zw} z_i w_i + \beta_{xzw} x_i z_i w_i$$

但对应的设计公式很简单：

```
m7.x <- lm( y ~ x*z*w , data=d )
```
R code 7.32

你可以明确地指明需要移除的低阶交互效应或者主效应。

　　如果你不确定展开的公式是什么，可以直接通过 lm 函数内部使用的方法展开设计公式，看看具体都有些什么项。下面是一个展开公式的例子：

```
x <- z <- w <- 1
colnames( model.matrix(~x*z*w) )
```
R code 7.33

```
[1] "(Intercept)" "x"          "z"          "w"          "x:z"
[6] "x:w"         "z:w"        "x:z:w"
```

上面只是人为给 x、z 和 w 赋值 1。你可以任意改变这个值。这里的目的是创建几个简单的变量传递给函数 model.matrix。该函数利用设计公式，其中缺失结果变量，然后将其展开输出线性模型的完整变量矩阵。展开后的结果称为模型矩阵。在本书 113 页中深入思考的方框中有进一步解释。最后，":"符号表示变量相乘。

7.5　总结

　　本章介绍了交互效应，其使得一个预测变量和结果变量之间的关系取决于另一个预测变量。交互效应解释起来可能会有困难，因此本章还介绍了三联图，用来帮助对交互效应的影响进行可视化。本章没有介绍新的编程技巧，但这里考虑的统计模型是本书迄今为止最复杂的。要更进一步，我们需要一个更加强大的条件概率引擎的帮助来对数据拟合模型。这是下一章要讲的。

7.6　练习

简单

7E1　对每一个因果关系，列出一个假设可能带来的交互效应的第三变量。
　　（1）酵母使面团发起来。
　　（2）教育提高收入水平。
　　（3）汽油使汽车能够启动。

7E2　下面的解释中哪个用到交互效应？
　　（1）制作焦糖洋葱的时候要求低温烹制并且保证洋葱不会干。
　　（2）有多个汽缸或者有更好的喷油器的车跑得更快。
　　（3）大部分人的政治信仰来自于父母或者朋友。

(4) 智慧生物倾向于有更高的社交属性或有操作性的肢体（手、触角等）。

7E3 对 **7E2** 中的每条解释，写出能够表达相应关系的线性模型。

中等难度

7M1 回忆本章之前郁金香的例子。假设现在有另外一种含有 2 个层级的新的温度处理：冷和热。本章的数据是温度为冷的情况下收集的。你发现在温度为热时，无论水分和光照条件是什么，没有植物开花。你能通过水分、光照和温度的交互效应解释这个结果吗？

7M2 创建一个回归公式，其中当温度为"热"时，花朵的大小是 0。

7M3 在北美的部分地区，大乌鸦依靠狼获得食物。这是因为大乌鸦是肉食动物，但是通常无法杀死猎物，撕裂尸体。但是狼可以也确实会杀死动物并且撕咬开尸体，它们也允许大乌鸦分享自己的猎物。这种物种关系一般称为"物种交互"。创建一个假设的关于大乌鸦数目的数据集，其中这种物种关系能够通过交互效应的形式反映出来。你觉得这样的生物交互是线性的吗？为什么？

难题

7H1 回到本章的数据（tulips）。现在将变量 bed 加入含有交互效应的模型。变量 bed 不和其他变量产生交互，只需要是主效应。注意这里的 bed 是分类变量。因此为了合理使用该变量，你需要将其重新编码为名义变量，或者一个指针变量，如第 6 章所示。

7H2 用 WAIC 比较 7H1 的模型和没有 bed 的模型。比较之后你倾向哪个模型？你能将 WAIC 比较结果和 bed 对应参数的后验分布联系起来吗？

7H3 再次考虑本章用到的关于地势和经济发展水平的 rugged 数据。其中的一个非洲国家——塞舌尔和其他非洲国家很不一样。这个国家的地势崎岖度和 GDP 水平都很高。塞舌尔和其他非洲国家不同的另外一点在于，这是一组由离非洲大陆很远的群岛组成的国家，且其主要经济活动是旅游业。

你可能怀疑这个国家会对模型结果有很大的影响。这里，请你将塞舌尔这个国家移除，然后重新评估假设：非洲国家经济和崎岖度之间的关系和其他国家不同。

（a）从用 map 拟合的交互效应模型开始：

$$y_i \sim \text{Normal}(\mu_i, \sigma)$$
$$\mu_i = \alpha + \beta_A A_i + \beta_R R_i + \beta_{AR} A_i R_i$$

其中 y 代表 2000 年人均 GDP 的对数（变量 rgdppc_2000 取对数）；A 是 cont_africa 变量，用来表明样本是否来自非洲的名义变量；R 是变量 rugged。你可以自己选择先验分布。比较用所有数据得到的模型拟合结果和移除塞舌尔之后得到的相同模型结果之间的差别。崎岖度的影响看上去还取决于所属大陆吗？关系变化多大？

（b）对包含塞舌尔和不包含这个国家的这两种情况分别绘制交互效应模型预测图。地势崎岖度和 GDP 之间的关系看上去是否还与所处的大陆有关？关系变化多大？

（c）最后通过 WAIC 进行模型比较分析。用**不包括**塞舌尔的数据拟合下面 3 个模型：

$$模型 1：y_i \sim \text{Normal}(\mu_i, \sigma)$$
$$\mu_i = \alpha + \beta_R R_i$$
$$模型 2：y_i \sim \text{Normal}(\mu_i, \sigma)$$
$$\mu_i = \alpha + \beta_A A_i + \beta_R R_i$$
$$模型 3：y_i \sim \text{Normal}(\mu_i, \sigma)$$
$$\mu_i = \alpha + \beta_A A_i + \beta_R R_i + \beta_{AR} A_i R_i$$

你可以任意选择自己认为合理的先验分布。绘制模型平均预测。你得到的推断和在（b）中的相同吗？为什么？

7H4 用 data(nettle) 命令导入数据，其中含有 74 个国家的语言差异性的数据。[一] 每列的含义如下：

一 数据来自 Nettle(1998)。

(1) country：国家名

(2) num.lang：在使用语言数目

(3) area：面积（平方千米）

(4) k.pop：人口（千人）

(5) num.stations：气候站的数目，这些气候站会提供卜面两列数据

(6) mean.growing.season：平均作物生长季节长度（月）

(7) sd.growing.season：作物生长季节长度的标准差（月）

　　用该数据集评估这个假设：语言的多样性受食物供给安全影响。这里的逻辑是，在多产的生态环境下，人们不需要通过建立社交网络的方式来应对食物短缺的风险。这意味着可以有更小的自给自足的不同民族，同时也就会导致更多的语言（这里用平均人口语言数目来衡量）。相反，在食物生产匮乏的环境下，食物短缺的风险更高，因此人们倾向于建立更大的社交网络，相互帮助以渡过难关。相应的这就使语言更加统一。

　　具体来说，你需要建立的模型因变量为人均语言数目：

```
d$lang.per.cap <- d$num.lang / d$k.pop
```

R code
7.34

对这个新变量对数变换后得到回归模型的因变量。（其实这里使用计数模型更加合适，我们会在第 10 章介绍这类模型。）

　　这是个开放式的问题，让你决定如何阐明模型假设以及模型结果反映出的不确定性。如果你觉得需要使用到 WAIC，就尽管用。如果你想使用某种特定的先验分布，给出原因。如果你认为需要用某种特定的方法对预测进行可视化，也可以这么做。只要你能如实地评估两个主效应 mean.growing.season 和 sd.growing.season，以及它们之间的交互效应即可，如下面 (a)、(b) 和 (c) 所列出的。如果你不确定哪种方法最合适，那就尝试不同的方法。

(a) 评估如下假设：通过 log(lang.per.cap) 测量，语言多样性和平均生长季的长度 mean.growing.season 正相关。将 log(area) 作为模型的一个协变量（不是交互效应）。解释模型的结果。

(b) 现在评估如下假设：语言多样性和生长季节长度的标准差 sd.growing.season 负相关。该假设来自于这样的逻辑，收获时间的不确定性越高，人们会倾向于通过更大的社交网络规避风险，因此对应的语言也更少。和之前一样，将 log(area) 看成协变量（而非交互效应）。解释你的结果。

(c) 最后评估下面的假设：mean.growing.season 和 sd.growing.season 之间的交互效应降低语言多样性。这个假设背后的逻辑是这样的，对于那些平均生长季节更长的国家，更高的方差使食物的储存和分配变得更加重要。这样一来，人们可以通过合作保存和保护一些额外的粮食用于干旱之年。这些推动力进而促使社会整合和更少的语言。

第8章

马尔可夫链蒙特卡罗

在大部分的西方历史中，随机性扮演着坏人的角色。在古罗马文明中，随机性的拟人化就是福耳图那，无情的命运女神，手持旋转的命运之轮。与之相反的是密涅瓦，智慧女神。只有那些非常绝望的人才会向命运女神祷告，但是每个人都祈求智慧女神的帮助。当然，科学是智慧女神的地盘，这里不受命运女神的影响。

但是从20世纪初开始，幸运女神和智慧女神的关系由对立转为合作。科学家，智慧女神的仆人，开始出版关于随机性的书籍，指导人们通过随机性了解这个世界。现在，运气和智慧开始一种合作关系，我们中很少有人对理解运气能够增长智慧这点感到疑惑。从天气预报到金融到进化生物学，都是随机过程研究的领域。㊀

本章会介绍一个幸运女神和智慧女神合作的更好的例子：通过名为马尔可夫链蒙特卡罗（MCMC）估计的随机过程来估计后验概率分布。和本书之前章节不同，这里我们从联和后验分布中抽取样本的时候并没有最大化任何函数。这里并没有依靠后验分布的二项逼近或者其他逼近，而是直接从后验分布中抽取样本，不需要有高斯分布或者其他分布形状的假设。

代价是整个过程需要更长的时间，而且通常需要花更多的功夫定义模型。但好处是能够摆脱拙劣的多元正态假设。同等重要的是直接估计模型的能力，比如之后章节中将介绍的广义线性和多层模型。这样的模型通常会给出非高斯后验分布，且有时之前章节介绍的方法不能用来估计模型参数。

好消息是，用来建造和检查 MCMC 估计的工具一直都在进步。本章中你会看到一种将目前一直使用的 map 公式转变成马尔可夫链的简便方法。这一转化背后的引擎是 STAN（在线免费：mc-stan.org）。Stan 的创建者将其描述成"用来实施统计推断的概率编程语言"。一开始你不会直接使用 stan——rethinking 包提供了一些方法在后台使用 stan。但随着学习的深入，你将能够自己生成 stan 版本的模型。接着你就可以自己对模型进行调整，亲自感受 stan 的强大功能。

㊀ 更多相关的历史见 Gigerenzer 等人（1990）。也可以参考 Rao(1997) 中一本随机数的书中某一页的例子，其中还有关于这种研究风向转变的评论。

> 再思考：Stan 是一个人。Stan 编程语言的名字不是一个简写或首字母缩写。而是用 Stanislaw Ulam(1909—1984)这个人命名的。Ulam 被认为是马尔可夫链蒙特卡罗(MCMC)法的发明者之一。Ulam 和 Ed Teller 合作将 MCMC 用于设计氢弹。但是他和其他人很快就开始在其他领域应用 MCMC，而不仅仅是氢弹这么高大上的项目。Ulam 在纯数学、混沌理论以及分子和理论生物学方面都有重要贡献。

8.1 英明的马尔可夫国王和他的岛屿王国

现在暂且忘掉后验密度和 MCMC，先关注马尔可夫国王的故事。[一]马尔可夫国王是一位仁慈的统治者，他的王国由岛屿组成，是一个由 10 个岛屿组成的环形群岛。每个岛都和另外两个相邻，整个群岛组成一个环形。岛屿大小各异，因此岛上居住人群的大小也不同。2 号岛屿上人口数目大约是 1 号岛屿的 2 倍，依此类推，岛屿的人口数和编号成正比。最大的 10 号岛屿上的人口约为最小岛屿的 10 倍。英明的国王治理的岛屿王国如图 8-1 所示，岛屿的编号和人口数目成正比。

英明的国王是位独裁者，但是对其子民负有责任。其中之一就是，国王同意偶尔造访每个岛屿。出于对国王的爱戴，每个岛屿都希望国王能多多光临。因此大家达成协议，国王造访岛屿的频率和相应人口数成正比。也就是说，造访最大的 10 号岛屿的次数是 1 号岛屿的 10 倍。

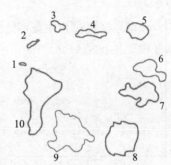

图 8-1　马尔可夫国王的岛屿王国。这 10 个岛上的人口数目和岛从 1 到 10 的编号成正比。国王的目标是访问每个岛屿。时间足够长的话，每个岛屿的访问次数会与岛屿的规模成正比。这能通过 Metropolis 算法实现

但英明的马尔可夫国王却不是个善于计划行程的人。因此他希望找到一种方法不需要事先详细计划每月造访的岛屿。且由于岛屿排列是环形的，国王坚持每次只从一个岛到另一个与之毗邻的岛，这样能够最小化路途耗费的时间——和他的许多臣民一样，国王相信群岛之间存在海怪。

国王的参谋 Metropolis 先生针对国王的需求设计出了一种巧妙的解决方案。我们将该方法称为 Metropolis 算法。下面是算法的工作原理：

(1) 无论国王在哪个岛屿，每周他都要进行下面的选择：在这个岛上多呆一周还是离开前往相邻的两个岛屿之一。他通过抛硬币的方式决定去哪个岛。

(2) 如果硬币正面朝上，那么国王将考虑出发去顺时针方向上相邻的岛屿。如果反面朝上，那么考虑去逆时针方向上相邻的岛屿。

(3) 现在，要决定是去选定的小岛还是在当前的小岛上再呆一周，马尔可夫国王将使用数目和相应岛屿人口数目成正比的贝壳。例如，假设选定的下一个岛屿是 9 号，那

[一] 独自旅行者是两个常见比喻中的一个。另外一个是登山者的比喻，登山者需要通过随机攀登绘制山脉地图。Kruscke(2011)中有一个类似的基于故事的解释，这是一个某政客在不同地方募集资金的例子。Kruscke 书中的例子很棒，风格和覆盖的点都和这个例子不同，因此阅读这个例子可能会对读者有帮助，可以从不同例子的不同角度看待该问题。

么他就找到 9 个贝壳。之后再找和当前岛屿编号相同数目的石子，比如 10 号岛，那就找 10 个石子。

(4) 当贝壳数目多余石子数目时，马尔可夫国王总是起身前往下一个岛屿。但是如果贝壳数目小于石子数目，那么他将扔掉和贝壳数目一样多的石子，如果他有 4 个贝壳和 6 个石子，那就舍弃 4 个石子，剩下 4 个贝壳和 6－4＝2 个石子。然后将剩下的这些贝壳和石子放到袋子中随机抽取一个，如果是贝壳，那就到下一个岛屿。如果是石子，就在当前的岛屿上再呆一周。这样一来，他前往下一个岛屿的概率等于贝壳数目除以最开始的石子数目。

这个过程看起来貌似非常巴洛克⊖，老实说，有点疯狂。但确实是有效的。看起来国王是在不同岛屿间随机穿行，有时在一个岛上停留几周，有时在不同的岛间切换，看不出明显的模式。但长时间看，这个过程保证了国王在每个岛屿出现的次数和人口数成正比。

你可以通过模拟来证明这点。下面的短代码模拟国王一系列的访问位置，模拟的结果存在变量 positions 中：

R code
8.1
```
num_weeks <- 1e5
positions <- rep(0,num_weeks)
current <- 10
for ( i in 1:num_weeks ) {
    # 记录当前的位置
    positions[i] <- current

    # 通过投硬币决定下一个岛屿
    proposal <- current + sample( c(-1,1) , size=1 )
    # 保证编号是在1-10之间循环
    if ( proposal < 1 ) proposal <- 10
    if ( proposal > 10 ) proposal <- 1

    # 去还是留?
    prob_move <- proposal/current
    current <- ifelse( runif(1) < prob_move , proposal , current )
}
```

为了帮助你理解代码，我在相应的位置加了注释。前 3 行分别定义了模拟的星期数，一个空向量用来存放国王的模拟位置信息，以及起始岛屿(这里设置为最大的 10 号岛屿)。然后是对星期进行 for 循环。新的一周开始会先记录下国王当前的位置。然后模拟投硬币，得到下面可能要前往的岛屿。这里要注意，如果得到的是岛屿 "11" 的话要能够自动切换到岛屿 1。如果出现岛屿 "0" 的话相应的要切换到岛屿 10。最后，抽取一个[0, 1]区间的随机变量 runif(1)，如果随机数小于下一个岛屿编号和当前岛屿编号的比值(proposal/current)，国王就出发前往下一个岛屿。

模拟结果如图 8-2 所示。左图展示了 100 周国王的位置。从左往右，你可以看到国

⊖ 巴洛克(Baroque)是欧洲 17 世纪的一种艺术风格，运用夸张的运动性和清晰可辨的细节在雕塑、绘画、建筑、文学、舞蹈和音乐等领域营造戏剧、紧张、烦琐、恢宏的效果。在这里作者想说的是用这样花哨的方法决定访问哪个岛屿有点夸张。——译者注

王每周的旅行路径。国王有时在某个岛上呆一周就去下一个岛，有时在一个岛上连续呆几周。图上展示的 Metropolis 算法模拟的旅行路径貌似没有什么特定的模式。但右边的图有更加清晰的模式。这里横轴代表岛屿（以及相应的人口），纵轴代表国王在某个岛屿上停留的周数。在 100 000 周（几乎是 2000 年）的模拟结果的基础上，你可以看到，国王在每个岛屿上的总时间收敛至几乎完全和岛屿的人口数成正比。

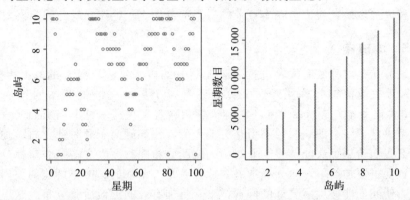

图 8-2　遵循 Metropolis 算法得到的国王访问岛屿的路径。左边的图展示了每周（横轴）国王所处的位置（纵轴）。你几乎无法事先知道在特定的某一周国王会到哪里。右边的图展示了长时间迭代的综合表现，可见国王访问每个岛屿的次数和岛屿人口数成正比

即使我们允许国王在任何岛屿之间切换，而不仅限于相邻的岛屿，只要还是将下一个岛屿的人口数和当前岛屿人口数的比值作为移动的概率的话，算法的运行原理是一样的。只要时间足够长，国王在每个岛屿上停留的时间会和岛屿的人口数成正比。该算法对任何大小的群岛都适用，即使国王不知道有多少个岛也一样可以使用该算法。在任何一个时间点他需要知道的只是当前岛屿的人口数和下一个岛屿人口数的比值。不需要事先计划或记录，国王也能够完成他的义务，按人口比例访问各个岛屿。

8.2　马尔可夫链蒙特卡罗

马尔可夫国王使用的算法实际上是广义 Metropolis 算法的一个特殊情况。[⊖]该算法是马尔可夫链的一个例子。在实际应用中，当然不是用算法帮助某个独裁者作行程规划，而是为了模拟符合某个未知且通常非常复杂的分布的样本，比如后验分布。

- 这里的"岛屿"可以类比成参数值，参数的取值不一定是离散的，可以是连续变量。
- "人口数"可以类比成每个参数值的后验概率。
- "周"可以类比成从模型参数联合后验分布中抽取的样本。

只要每一步选择候选参数值的方式是对称的——提议从 A 到 B 与提议从 B 到 A 的概率相同，那么 Metropolis 算法最终能够给我们一系列服从联合后验分布的样本。随后，我

⊖　Metropolis 等人（1953）该算法是以这篇论文的第一作者命名的，但是论文的合作者到底对这个方法的发现和应用都有多大的贡献并不清楚。其他几位作者分别是 Edward Teller，以氢弹之父而闻名；还有 Marshall Rosenbluth，是个著名的物理学家。这两个人的妻子 Augusta 和 Arianna 也参与编写了大部分程序。Nicholas Metropolis 领导该科研团队。他们的工作是基于更早和 Stanislaw Ulam 的合作研究基础之上的（Metropolis 和 Ulam（1949））。

们可以像之前一样使用这些后验样本。

Metropolis 算法之后还衍生出了多种不同的从未知后验分布中抽取样本的方法。在本小节剩下的部分，我会简要说明两种最重要的现代贝叶斯推断方法背后的思想：Gibb 抽样和 Hamiltonian 蒙特卡罗（HMC）。这两种方法在应用贝叶斯统计中都非常常见。本书将使用 HMC，但是理解这两种方法背后的因果逻辑有助于理解它们的优缺点。熟悉了这两种方法之后，我们会在本章节的后半部分用 HMC 建立线性回归模型。

8.2.1 Gibbs 抽样

当跳跃分布是对称的时候，也就是从 A 到 B 的概率和从 B 到 A 的概率相等的时候，Metropolis 算法就能够起作用。这个算法还有一个更加一般的版本叫作 Metropolis-Hastings[一]，该版本允许跳跃分布不对称。这意味着，在马尔可夫国王的寓言中，国王通过投硬币决定下一个岛屿时，硬币是有偏差的，比如倾向于顺时针方向。

为什么我们希望算法能够接受非对称的跳跃分布呢？原因之一是非对称分布使得处理不同参数变得更加简单，比如标准差，标准差是大于 0 的。但更可能的原因是，非对称跳跃分布使我们能够生成更好的候选样本，更加有效的近似后验分布。这里的"更有效"指我们能够通过更少的步骤对后验分布进行同等质量的描画。

最常见的生成高质量候选样本的技术叫作 **Gibbs 抽样**[二]。Gibbs 抽样是 Metropolis Hastings 算法的变体，其产生候选样本的方法更加聪明，因而更加高效。这里的"高效"指你能够通过比 Metropolis 方法少得多的样本得到同样好的后验分布估计。这里效率的提升来自于一种**适应性候选样本**（adaptive proposals）产生方式。其中产生候选参数取值的分布会根据当前的参数值调整自己。

Gibbs 抽样计算这些适应性候选样本的方法取决于特定的先验分布和似然函数组合，也称为**共轭组**（conjugate pairs）。共轭组对某个参数的后验分布有解析解。这些解让 Gibbs 抽样能够在联合后验分布附近跳跃。

在实际应用中，Gibbs 抽样可以非常有效，它是流行贝叶斯拟合软件的基础，比如 BUGS（Bayesian inference Using Gibbs Sampling）和 JAGS（Just Another Gibbs Sampler）。其中，你通过和本书之前展示非常类似的方法定义统计模型。软件会自动最好的完成后面的过程，给出结果。

但 Gibbs 抽样存在严重的局限性。首先，你可能并不想使用共轭先验分布。一些共轭先验分布看上去很不合理，且选择一个便于有效拟合模型的先验从科学的角度上说并不是一个好的理由。其次，随着模型复杂度的提升，会有成百上千，甚至成千上万的参数，Gibbs 抽样会变得极其低效。在这些情况下，我们可以使用其他算法。

8.2.2 Hamiltonian 蒙特卡罗

下面这条原则貌似广泛适用：只要存在一种随机的方案，就一定存在一种表现更好的非随机方案，只是后者需要一番思考才能找到。——E. T. Jaynes[三]

[一] Hastings(1970)。

[二] 最初来自 Geman 和 Geman(1984)。见 Casella 和 George(1992)。注意 Gibbs 抽样是以物理学家及数学家 J. W. Gibbs 的名字命名的。但是 Gibbs 死于 1903 年，远早于 Metropolis 算法的发明。但是这个方法以 Gibbs 的名字命名，不仅是为了给他荣誉，也是为了表明该算法和统计物理学之间的关联关系。

[三] Jaynes(2003)的第 16 章。

　　Metropolis 算法和 Gibbs 抽样都是高度随机的方法。它们尝试新的参数取值，判断这些取值和当前取值相比是否更合理。但是 Gibbs 抽样通过降低随机性，进一步了解目标分布来提高效率。这看上去和 Jaynes 的观点相符合。当存在一种计算某个参数的随机方案时，很可能存在另外一种随机性更小的方案。但要找到一个随机性更小的方案需要杀伤大片脑细胞。

　　Hamiltonian 蒙特卡罗（或称为 Hybrid Monte Carlo，HMC）进一步扩展了 Jaynes 的原则。和 Metropolis 算法或 Gibbs 抽样相比，HMC 的计算量大多了。但其提出的候选值有效得多。因此它不需要那么多的样本来描绘后验分布。随着模型复杂度的提升——成千上万的参数，HMC 远胜过其他算法。

　　在本书的剩余部分，我们会偶尔使用 HMC。你不需要完全自己实践该方法的每个细节（可以使用软件）。但理解其背后的一些原理将帮助理解为什么该方法胜过 Metropolis 算法和 Gibbs 抽样，也有助于理解为什么该方法并没有广泛应用于 MCMC 的问题中。

　　假设国王有个表兄 Monty，他统治着一块大陆。Monty 的王国不是一系列的岛屿，而是沿着一个山谷衍生的陆地。但是国王有类似的义务，即按照人口密度访问不同的地方。和 Markov 一样，Monty 也不想事先进行详细的安排和计算。因此他也不打算进行大规模的普查然后设计一个最优的旅行计划表。

　　和 Markov 一样，Monty 也有一个受过高等教育，具有数学天赋的谋臣。他的名字叫 Hamilton。Hamilton 发现了一种更加有效的访问连续陆地的方法，就是沿着陆地延伸的方向往返旅行。为了在人口稠密的地区停留更长的时间，他们需要让皇家车队在房屋密集的地区放慢速度。类似的，在房屋稀疏的地区加快速度。这种方法要求事先知道人口密度在某个地点的变化速率。但并不需要记住之前去过哪里，也不需要知道任何地方的人口分布。和 Metropolis 的方法相比，该策略的主要优势在于国王会先将所有地区访问一遍然后再重新访问其中的任何地区。

　　这个故事是关于 Hamiltonian 蒙特卡罗法工作原理的类比。在统计应用中，皇家车队好比现在的参数向量取值。让我们先着眼于单一变量的情况，只是为了简单。在这种情况下，对数后验分布呈碗状，MAP 估计就是碗底。现在要做的就是沿着碗面游走，根据现在的高度，按比例调整速率。

　　HMC 确实进行了一轮物理模拟，假装参数向量定义了一个微小例子的位置。对数后验分布定义了这个粒子运动所在的平面。当对数后验分布很平坦时，这时似然函数中没有很多信息且先验分布很平坦，那么粒子要运动很长时间，斜率（梯度）才能使其回头。当对数后验分布很陡峭时，这时似然函数或先验分布这两者中有一个非常集中，那么粒子不需要运动很久就能够回头。

　　这些听起来好复杂，事实上确实很复杂。但是复杂度换来的是复杂模型提供的有效抽样。在一般 Metropolis 算法或 Gibbs 抽样在参数空间极其缓慢的搜索最优解的时候，Hamiltonian 蒙特卡罗能够保持高效运作。在有着成百上千个参数的多层模型中尤其是这样。因此，HMC 成为一个受欢迎的条件概率引擎。

　　当然，任何方法都有局限性。HMC 要求参数分布是连续的。该算法不能应对离散的参数空间。在实践中，这意味着仅靠 HMC 无法实施一些高阶的技术，比如填补离散缺失数据。还有些模型不能用任何现存的 MCMC 技术解决。因此，HMC 也不是万能药。

在实践中，HMC 的一个很大的局限是需要针对特定的观测数据对特定的模型进行调优——运动的粒子需要拥有质量才能有动能，而质量的大小对效能有很大的影响。存在很多其他定义 HMC 算法的参数，它们的取值会影响马尔可夫链的抽样效率。对这些参数一一进行调优是个非常痛苦的过程。这就是 Stan(mc-stan.org)这样的引擎出现的原因。Stan 很大程度上将调优过程自动化了。[⊖]下个小节会介绍如何使用 Stan 拟合之前章节中的模型。随着内容的深入，我们会接触到一些没有 MCMC 方法就无法拟合的模型。所以，接下来，HMC 和 Stan 会变得越来越重要。

> **再思考：冉冉升起的 MCMC。**虽然马尔可夫链蒙特卡罗不是新方法，但是该方法的广泛传播真正始于 20 世纪的最后 10 年[⊖]。MCMC 各种改进和衍生版本持续不断的出现。我们可以预见会有新的方法出现，而现存的方法，如 Gibbs 抽样和 HMC，在 20 年后会变得很落后。至少我们希望如此。

8.3 初识 HMC：map2stan

rethinking 包提供了方便大家使用的 Stan 接口：map2stan，可以将一系列的公式（比如你之前在本书中看到的用于 map 的公式）编译成 Stan HMC 代码。要使用 map2stan 还需要注意一点，你要事先对数据进行必要的预处理，而且你的数据框中只能含有模型中需要的变量。除此之外，安装 Stan 就是最难的步骤了。一旦你熟悉了如何解释用这种方法得到的样本，就可以进一步了解之前见过的模型公式如何和代码对应，进一步实施马尔可夫过程。

让我们重温第 7 章中的地势崎岖度数据看看具体如何实施这一过程。下面的代码会导入数据，并且选出之后建模要用到的部分：

R code
8.2
```
library(rethinking)
data(rugged)
d <- rugged
d$log_gdp <- log(d$rgdppc_2000)
dd <- d[ complete.cases(d$rgdppc_2000) , ]
```

你应该还记得我们之前用的模型，接下来会重复之前的过程，拟合有交互效应的模型。建模目标是通过崎岖度、国家所属陆地和这两个变量的交互效应来预测对数 GDP。下面是使用 map 拟合模型的代码：

R code
8.3
```
m8.1 <- map(
    alist(
        log_gdp ~ dnorm( mu , sigma ) ,
        mu <- a + bR*rugged + bA*cont_africa + bAR*rugged*cont_africa ,
        a ~ dnorm(0,100),
```

⊖ 见 Hoffman 和 Gelman(2011)。

⊖ 关于 MCMC 更简短的历史见 Robert 和 Casella(2011)，其中包含了计算和数学模拟。

```
        bR ~ dnorm(0,10),
        bA ~ dnorm(0,10),
        bAR ~ dnorm(0,10),
        sigma ~ dunif(0,10)
    ) ,
    data=dd )
precis(m8.1)
```

```
      Mean StdDev  5.5% 94.5%
a     9.22   0.14  9.00  9.44
bR   -0.20   0.08 -0.32 -0.08
bA   -1.95   0.22 -2.31 -1.59
bAR   0.39   0.13  0.19  0.60
sigma 0.93   0.05  0.85  1.01
```

结果如你在之前章节所见。

8.3.1 准备

但是现在我们将用 Hamiltonian 蒙特卡罗法拟合相同的模型。这意味着不再使用二项逼近——如果后验分布是非高斯分布，那么你会得到相应的非高斯后验分布样本。你能用和上面相同的公式，但是需要额外做两件事：

（1）对数据进行预处理。如果需要对结果变量进行变换，比如这里的对数变换，那么就在拟合模型之前先完成该操作，生成变换后的变量。类似的，如果你要对某些变量进行平方或者三次方变换，建立高阶多项式模型，那么也请在拟合模型前完成这些操作，得到相应的变换后的变量。

（2）一旦所有变量都准备就绪之后，建立一个新的数据框，其中只包含模型需要用到的变量。从技术的角度看，你不需要这么做。但是这么做有助于避免一些普遍的问题。比如，如果其中任何一个模型不需要用到的变量存在缺失值，Stan 就无法运行。

下面是以地势崎岖度数据集为例的代码：

```
dd.trim <- dd[ , c("log_gdp","rugged","cont_africa") ]
str(dd.trim)
```
R code 8.4

```
'data.frame': 170 obs. of  3 variables:
 $ log_gdp    : num  7.49 8.22 9.93 9.41 7.79 ...
 $ rugged     : num  0.858 3.427 0.769 0.775 2.688 ...
 $ cont_africa: int  1 0 0 0 0 0 0 0 0 1 ...
```

数据框 dd.trim 中只包含 3 个我们需要用到的变量。

8.3.2 模型估计

现在，假设你已经安装了 rstan 包（mc-stan.org），你能够通过下面的代码获得服从相应后验概率分布的样本：

```
m8.1stan <- map2stan(
    alist(
```
R code 8.5

```
        log_gdp ~ dnorm( mu , sigma ) ,
        mu <- a + bR*rugged + bA*cont_africa + bAR*rugged*cont_africa ,
        a ~ dnorm(0,100),
        bR ~ dnorm(0,10),
        bA ~ dnorm(0,10),
        bAR ~ dnorm(0,10),
        sigma ~ dcauchy(0,2)
    ) ,
    data=dd.trim )
```

这里有一点需要注意，关于这点之后会有解释。sigma 对应的均匀先验分布在这里换成了半柯西分布。柯西分布（Cauchy）是一个有用的厚尾概率分布，和 t 分布有关系。本章之后有一个深入思考的方框会进一步解释柯西分布。你能将其看成是一个标准差的弱正则化先验分布[⊖]。本章之后还会用到这个分布。随着本书的继续，你会不断地看到它。

但注意这里不是一定要使用半柯西分布。使用均匀分布也可以，使用简单的指数先验也是合理的。在这个例子中，和在很多其他例子中一样，观测数据量足够以致先验分布基本不会产生什么影响。本章最后有一道练习题将指导你比较不同的先验分布。

讲过代码转换、编译和抽样之后（关于这几点更多的讨论见本小节深入思考的方框），map2stan 返回一个包含一系列总结信息的对象，以及所有参数的后验分布样本。你可以对参数估计进行比较：

R code
8.6

```
precis(m8.1stan)
```

	Mean	StdDev	lower 0.89	upper 0.89	n_eff	Rhat
a	9.24	0.14	9.03	9.47	291	1
bR	-0.21	0.08	-0.32	-0.07	306	1
bA	-1.97	0.23	-2.31	-1.58	351	1
bAR	0.40	0.13	0.20	0.63	350	1
sigma	0.95	0.05	0.86	1.03	566	1

这里的估计结果和二项逼近的结果很类似。但是注意几个新的点。首先，上面表格中的区间代表最高后验密度区间（HPDI），不是一般的分位数区间（PI）。第二，这里的输出结果多了两列 n_eff 和 Rhat。这两列提供了 MCMC 诊断，为了帮助你了解估计过程的运行情况。在本章之后的部分我们会展开讨论。现在，你只需知道 n_eff 对独立样本个数的粗略估计。Rhat 是马尔可夫链对目标分布逼近情况的复杂估计。当一切运行正常时，该统计量应该从大于 1 的数值逐渐接近 1。

8.3.3 再次抽样

目前为止展示的都是非常简单的 MCMC 的例子。因此，即便是默认的样本量设置成 1000 也已经足够给出准确的推断了。但是通常情况下默认设置的样本量是不够的。

⊖ Gelman(2006)建议使用半柯西分布，因为该分布的尾部接近水平且在 0 附近的信息很微弱，不像反 γ 分布这样传统的先验分布表现怪异。Polson 和 Scott(2012)更详细地检查了这个先验分布。Simpson 等人(2014)也指出半柯西分布先验有一些有效特征，但是建议使用指数先验分布。在本书的例子中，这两种分布都管用。

在 8.4 节中对此提出了具有针对性的意见。

现在，一旦通过 map2stan 编译了 Stan 模型，就可以从模型中任意抽取样本，且想要运行多少条平行的马尔可夫链都可以。你可以很容易地对不同的马尔可夫链进行并行化。要对上面的模型同时运行 4 条独立的马尔可夫链，并且将运算分配到不同的处理器上并行只需要将之前拟合的结果再次传递给 map2stan 函数：

```
m8.1stan_4chains <- map2stan( m8.1stan , chains=4 , cores=4 )
precis(m8.1stan_4chains)
```

```
        Mean StdDev lower 0.89 upper 0.89 n_eff Rhat
a       9.23   0.14       9.01       9.45  1029    1
bR     -0.20   0.08      -0.33      -0.08  1057    1
bA     -1.94   0.22      -2.29      -1.58  1154    1
bAR     0.39   0.13       0.17       0.59  1144    1
sigma   0.95   0.05       0.87       1.03  1960    1
```

resample 函数也能够用新样本重新计算 DIC 和 WAIC。你也可以在原始的 map2stan 函数中加上 cores 选项[○]。函数会自动进行并行计算。

8.3.4　可视化

通过对样本进行可视化，你可以直观地感受到当真实的后验分布是高斯分布时，用这种方法得到的对应后验样本分布是如何的。用下面的代码得到模拟的后验样本：

```
post <- extract.samples( m8.1stan )
str(post)
```

```
List of 5
 $ a    : num [1:1000(1d)] 9.3 9.34 9.21 9.43 9.28 ...
 $ br   : num [1:1000(1d)] -0.133 -0.214 -0.215 -0.229 -0.209 ...
 $ bA   : num [1:1000(1d)] -1.91 -2.25 -2.26 -1.98 -1.99 ...
 $ brA  : num [1:1000(1d)] 0.133 0.367 0.533 0.254 0.468 ...
 $ sigma: num [1:1000(1d)] 0.988 0.949 0.904 0.976 0.934 ...
```

注意，这里的 post 是一个 list 对象，不是 data.frame（是列表而非数据框）。知道这点对之后分层模型的讲解很有帮助。如果这不是你想要的类别，你可以将结果强制转换成数据框：post<‑ as.data.frame(post)。每个参数对应 1000 个后验样本，因为这是默认设置。在这个例子中这就足够了。现在先不要考虑这些关于样本数量的问题，本章的下一个小节会很详细地讲到。

因为样本数量很少，要一次性绘制出所有的样本，可以用标准的 pairs 函数：

```
pairs(post)
```

或者直接对模型拟合结果使用 pairs 函数，这样一来，函数自动知道标注相应的变量名称及相关系数：

○　这个参数表示并行计算使用的处理器的数量，比如我的电脑是 4 核的，就设置 cores＝4。——译者注

R code
8.10

```
pairs(m8.1stan)
```

结果如图 8-3 所示。这是变量的两两绘图,所以是二维的散点图矩阵。只是对角线变成了相应参数的概率密度估计曲线,伴随相应变量的名称。矩阵的下三角展示了变量的两两相关性,数字标注的大小和相关性的绝对强度成正比。

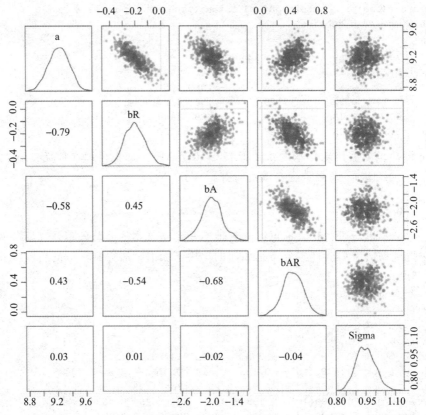

图 8-3   Stan 后验样本散点图矩阵。对角线展示了每个参数后验样本的概率密度估计。
矩阵的下三角展示了对应两个参数的相关性系数

对于当前模型和数据,结果后验分布非常接近于多元高斯分布。sigma 的密度分布自然偏向预期的方向。除此之外,用二项逼近的效果和 Hamiltonian 蒙特卡罗法几乎一样好。当然,这里的模型结构非常简单,用的是高斯先验,这种情况下用二项分布效果很好也不让人意外。之后我们会遇到后验分布更加复杂的情况。

深入思考:Stan 的运行消息。当用 map2stan 拟合模型时,R 会先将你的模型定义语句翻译成 Stan 的语言。然后将翻译后的语言传递给 Stan。你在 R 控制台中看到的消息是 Stan 返回的。Stan 首先将模型公式翻译成 C++ 代码。然后将这些代码传递给C++ 编译器,建立一个可执行的文件,这个文件就是模型的专业抽样引擎。之后 Stan会将观测数据和初始值传递给这个可执行文件,如果一切正常的话,抽样的过程就会开始。你将看到 Stan 给出的迭代次数进度。在抽样过程中,你可能时不时地得到这样的警告信息:

```
Informational Message: The current Metropolis proposal is about to be rejected
because of the following issue: Error in function stan::prob::multi_normal_log
(N4stan5agrad3varE):Covariance matrix is not positive definite. Covariance
matrix(0,0) is 0:0. If this warning occurs sporadically, such as for highly
constrained variable types like covariance matrices, then the sampler is
fine, but if this warning occurs often then your model may be either severely
ill-conditioned or misspecified.
```

模型是存在严重的问题(severely ill-conditioned)还是错误指定(misspecified)？这种情况看起来自然不妙。但是这样的消息的出现通常并不表明存在严重的问题。只要警告只是出现少数几次，尤其是只在抽样一开始的预热过程中出现的话，马尔可夫链很可能没有什么问题。当然，遇到警告消息时你需要进行检查。只是不要过于惊慌。淡定，继续。

8.3.5 使用样本

一旦得到像 post 这样的样本对象，就可以用和之前一样的方式处理样本。如果你有后验分布样本，并且了解模型的话，你可以做以下任何事情：模拟预测样本、计算参数之间的不同、计算 DIC 和 WAIC。

默认设置下 map2stan 会计算 DIC 和 WAIC。你能通过 DIC(m8.1stan) 和 WAIC (m8.1stan)将这两个统计量提取出来。DIC 和 WAIC 也是函数 show 的默认输出，该函数作用于 map2stan 模型拟合对象。

```
show(m8.1stan)
```

```
map2stan model fit
1000 samples from 1 chain

Formula:
log_gdp ~ dnorm(mu, sigma)
mu <- a + bR * rugged + bA * cont_africa + bAR * rugged * cont_africa
a ~ dnorm(0, 100)
bR ~ dnorm(0, 10)
bA ~ dnorm(0, 10)
bAR ~ dnorm(0, 10)
sigma ~ dcauchy(0, 2)

Log-likelihood at expected values: -229.43
Deviance: 458.85
DIC: 468.73
Effective number of parameters (pD): 4.94

WAIC (SE): 469.3 (14.8)
pWAIC: 5.14
```

上面的输出结果只是重述了定义马尔可夫链的模型公式，然后给出了相应的信息法则值。

对于计算预测，函数 postcheck、link 和 sim 都能作用于 map2stan 模型拟合对象，这和之前作用于 map 拟合对象一样。对于模型比较，也可以和之前一样使用 compare 和 ensemble。不管你用什么方法拟合模型得到后验分布样本，只要有了样本，剩下的过程都是一样的，即通过样本了解不同参数取值的相对可能性以及可能的预测值。

8.3.6 检查马尔可夫链

假设这里马尔可夫链的定义是正确——确实是对的，那么可以保证只要迭代的次数足够，终究会收敛到我们想要的结果，也就是后验分布。但是机器有时运转不正常。下一个小节会介绍出问题的原因及解决方法。

现在，让我们看看最常用的检查马尔可夫链的方法——轨迹图（trace plot）。轨迹图就是将产生的样本对迭代次数作图，生成马氏链的一条样本路径。用本章开头的故事类比就是马尔可夫国王访问岛屿的路径追踪图。通过观测每个参数的样本轨迹能够帮助诊断很多常见的问题。一旦你发现马尔可夫链运转良好，轨迹图可以让你对拟合过程更加自信。但分析师对 MCMC 结果的检查不止于轨迹图，但几乎总是首先需要做的。

在地势崎岖度的案例中，轨迹图表明马尔可夫链非常健康。用下面的代码检查相应的轨迹图：

R code
8.12

```
plot(m8.1stan)
```

结果如图 8-4 所示。其中每个图你都可以类似通过 plot(post$a,type= "l")得到，但是图中包含一些额外的信息，相应的坐标标注，这些能够帮助理解轨迹图。你可以将每条波动曲折的线看成是马尔可夫链在相应参数空间中的轨迹。

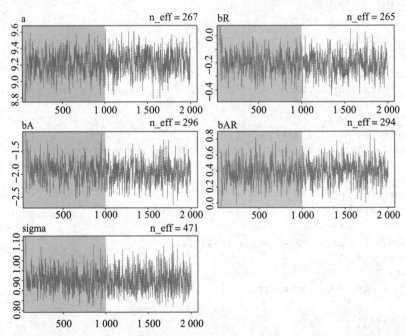

图 8-4 地势崎岖度模型（m8.1stan）对应的马尔可夫链的轨迹图。该马尔可夫链表现良好，平稳且充分混合。灰色区域代表预热样本，在这个过程中马尔可夫链还处在适应阶段，不断提高抽样效率。白色区域代表用来进行推断的样本

灰色区域表示头 1000 个样本，称为适应性样本。在适应的过程中，马尔可夫链在学习如何更加有效地从后验分布中抽取样本。因此将这些样本用于推断不一定可靠。通过设置 extract.samples 能将这些样本排除，仅返回图 8-4 中白色区域的样本。

那么我们如何判断这些随机链的好坏呢？一般来说，我们会检查轨迹图的平稳性（stationary）和混合度（mixing）。平稳性指的是轨迹波动在后验分布范围内。例如，可以看到这些轨迹图在最初适应期后都集中分布在一个稳定的取值区间内，也就是围绕参数的某个最可能的取值在附近波动。另外一种理解方式是，平稳的马氏链意味着均值从某个时候开始非常稳定。

充分混合的马氏链指的是下一个样本和之前样本的相关性很低。从图 8-4 上看，就是波动很迅速，样本轨迹横跨整个后验分布而不是困在某个取值上。

但是要真正地了解这几点，还需要看到一些不健康的轨迹图的例子。这是下一个小节的任务。

深入思考：原始的 Stan 模型代码。 map2stan 函数做的只是将一个公式列表翻译成 Stan 的模型语言。然后 Stan 完成剩下的工作。对于本书中的大部分模型都不需要学习 Stan 的语言。但存在其他模型需要直接使用 Stan，因为这样能够定义更多复杂的模型，map2stan 函数仍然存在局限性。即使对于简单的模型，直接使用 Stan 的话也能加深你的理解，且可以让你深入模型，对模型有更多的控制权。你能够通过 stancode 获取 map2stan 函数给出的翻译后的 Stan 代码。例如，stancode(m8.1stan) 能够打印出地势崎岖度模型对应的 Stan 代码。在你还不熟悉 Stan 的时候，这个代码看起来又长又怪。让我们着重解释下其中最重要的部分，"模型模块"：

```
model{
    vector[N] mu;
    sigma ~ cauchy( 0 , 2 );
    bAR ~ normal( 0 , 10 );
    bA ~ normal( 0 , 10 );
    bR ~ normal( 0 , 10 );
    a ~ normal( 0 , 100 );
    for ( i in 1:N ) {
        mu[i] <- a + bR * rugged[i] + bA * cont_africa[i] +
                bAR * rugged[i] * cont_africa[i];
    }
    log_gdp ~ normal( mu , sigma );
}
```

上面是 Stan 代码，不是 R 代码。这本质上就是你最初传递给 map2stan 的函数公式列表，只是换了方向。第一行的 vector[N]mu;定义了一个变量，用来保存线性模型，很多其他编程语言都需要明确地定义变量，但是 R 不需要。下面的代码只是重述之前的公式，从先验开始，然后对每个观测样本（这里是不同的国家）计算 mu 的值。代码的最后一行是似然函数。给定模型定义之后，Stan 会给出 HMC 链或者你指定的任何随机链的样本。

8.4　调试马尔可夫链

马尔可夫链蒙特卡罗方法的技术性很强，且常常是自动化的过程。很多使用者不知道其运作的原理到底是什么。在一开始的时候，不太明白原理没有什么关系，但到一定程度后就需要更加深入地了解了。科学领域需要劳动分工，如果我们每个人都需要从 0 开始自己写代码实施马尔可夫过程，能够进行的其他研究就少多了。

但随着许多技术和功能强大的过程的问世，很自然地会对使用 MCMC 感到有点不舒服，甚至疑神疑鬼。在计算机运算时产生一些魔法般的结果，除非我们采取了正确的步骤，否则魔法会变成诅咒。好消息是，不同于 Gibbs 抽样和一般的 Metropolis 算法，HMC 过程让检查错误变得容易。

8.4.1　需要抽取多少样本

你可以通过 iter 和 warmup 这两个参数控制从马尔可夫链中得到的样本量。默认设置迭代次数 iter 为 2000，且预热样本量 warmup 是迭代次数的一半，也就是 1000 个预热样本，1000 个用来进行下一步推断的样本。但是这些默认设置只是让你能够开始运行程序，保证马氏链能够运作。然后可以进一步确定 iter 和 warmup 的取值。

那么要保证推断的准确你需要多少后验分布样本呢？根据具体情况而定。首先，真正重要的是有效的样本数量，而不是总体样本数量。有效样本数量是从后验分布中抽取的不相关样本数量的估计。马氏链是典型的自相关序列，因此这一系列的样本不是完全独立的。Stan 生成的序列可能比别的工具生成的序列的自相关性低，但总是存在。Stan 提供了一个估计有效样本数量的估计 n_eff，在本章后面部分会有一个例子。

其次，你到底想知道什么？如果只想知道后验均值，不需要太多样本就能得到很好的估计，几百个样本就够了。但是如果你想要知道后验分布的整个形状以及尾部的极端值，比如 99% 的分位数，那需要的样本就要多得多。因此没有一个放之四海皆准的样本量。在大多数回归的案例中，200 个有效后验样本就能够给出很好的后验分布均值估计。如果后验分布接近于高斯，那么你需要额外知道的是方差的估计，这时只需要高一个量级的样本量就可以了（比如从 200 到 2000）。但如果后验分布高度有偏，那你需要锁定感兴趣的后验分布区间。

预热样本的设置需要更加小心。从一方面说，你想要预热的过程尽可能短，这样你就能很快得到真正需要的样本。但是从另一方面说，更长的预热通常意味着之后得到的样本更有效。在 Stan 中，通常将总体样本 iter 的一半当作预热样本。但对我们目前看到的这些简单模型来说，需要的预热样本少得多。根据分布形状的不同，预热样本的设置差别也很大。因此，和之前一样，这里依然没有什么放之四海皆准的法则。但如果你遇到问题时可能需要考虑提高预热的样本量，或者减少样本量。在本章的最后有一个应用练习指导你尝试不同的预热样本量。

> **再思考：这里的预热（warm-up）不等同于初始阶段样本（burn-in）** 其他 MCMC 算法和相关软件通常讲的是初始阶段样本（burn-in）。像 Metropolis 这样的一般抽样方法，通常是将开始抽取的样本删去，这样做也有好处，开始的这个过程就称为 burn-in 阶段。这样做是因为一开始马氏链不可能马上就变得平稳。所以希望通过删除初始阶段样本移除选取参数初始值造成的影响⊖。
>
> 但是 Stan 抽样算法使用的方法不同。Stan 在预热阶段和预热后阶段采取的方法很不一样。预热过程是算法的适应阶段，该阶段的目标根本不是后验分布，不管你的预热阶段有多长。这个阶段和初始阶段不一样，更像是预热引擎，让引擎为接下来的抽样做好准备。当抽样过程开始时，如果预热过程成功的话，抽取的样本一开

⊖　更多的细节和参考文献见 Boorks 等人（2011）的第 6 章。

始就来自目标分布。通常你仍然可以知道这个适应的过程是否成功，因为预热样本看上去很像真实的样本。但不总是这样。对于糟糕的马氏链，预热过程常常看上去很好，但是真实的样本却会有各种问题。本章之后会有一个这样的例子。

8.4.2　需要多少条马氏链

在估计一个模型时同时启动多条马氏链是常见的方法。用 map2stan 函数或者直接用 stan 都可以通过设置 chains 来指定独立的马氏链个数。设置 cores 让你能够将马氏链并行在不同的处理器上，这样一来它们就能够同时进行。所有马氏链上非预热的样本将汇总起来用于下一步推断。

现在一个很自然的问题是：我们需要多少条马氏链？回答这个问题分 3 步。首先，当我们检查模型是否出错时，使用一条马氏链。其次，要确定所有马氏链是否都运转，需要多少条马氏链。 最后，当你需要进行推断时，其实只需要一条马氏链。但是用多条马氏链的结果进行推断也没有任何问题。只要你能确定马氏链运转正常，用几条马氏链的样本其实无关紧要。我会对此简要说明。

一开始从马氏链中进行抽样时，你可能无法确定链条运转是否正常。因此你自然需要检查轨迹图。检查多条独立的马氏链有助于保证它们都收敛到相同的分布。有时单条马氏链看似收敛到了一个稳定的分布，但如果你重新运行一次，可能收敛到另外一个分布。运行多条马氏链看它们是否收敛到同一个分布有助于确保估计过程真的运转正常。通常的做法是用 3~4 条链，这已足够用来确认马氏链。

一旦你确定抽样过程没有问题，且知道需要多少预热样本，那么只用一条马氏链是很安全的。例如，假设我们已经知道需要 1000 个预热样本，9000 个真实样本。我们应该运行一条马氏链，设置 warmup＝1000 和 iter＝10 000，还是运行 3 条马氏链，设置 warmup＝1000 和 iter＝4000？两个都行，这对推断没有影响。

但这会影响计算效率。因为 3 条马氏链多花了 2000 个预热样本。由于预热过程通常是最慢的，这 2000 个样本会占据不成比例计算时间。从另一个方面说，如果你在不同的机器上，或在同一台机器的不同处理器上并行计算，那么你可能用 3 条马氏链，因为你可以将任务分配开，完成工作的时间实际上更短。

存在其他情况需要对上面的建议进行修改。但是对于通常的回归模型，你可以使用这条法则：用 4 条短链检查模型，1 条长链得到推断样本。当然，即使这样事情也有可能出错。下一个小节会给出例子，这样你就能知道在实践过程中还应该注意什么。一旦你对需要注意的事情有了概念，就能解决任何在运行长马氏链之前遇到的问题。

用 HMC 和 Stan 的一个好处是当抽样过程出现问题时，很容易就会发现。你会在下面的小节中看到，糟糕的马氏链的表现会很奇怪。另外的 MCMC 抽样，比如 Gibbs 抽样和一般的 Metropolis，都没有这么容易诊断。

再思考：收敛诊断。默认的 Stan 诊断的输出是 2 个度量，n_eff 和 Rhat。第一个是有效样本量的度量。第二个是 Gelman-Rubin 收敛性诊断，$\hat{R}$。当 n_eff 比马

⊖　因为有可能一条马氏链看上去正常但其他的不正常。——译者注

⊜　Gelman 和 Rubin(1992)。

氏链的实际迭代次数(这里除去了预热迭代)小很多时，意味着过程效率不高，但可能没有问题。当 Rhat 大于 1 时，通常意味着马氏链没有收敛，这时你可能不应该相信得到的样本。如果你增加迭代次数，可能会收敛，也可能不收敛。更多细节见 Stan 的说明。重要的是，你不能完全依赖这些诊断。和所有的启发性诊断一样，总有出错的情况。例如，无效的马氏链对应的 Rhat 也可能是 1。因此，或许你该将其看成一个危险信号，而不是安全信号。对于常用的模型，这些度量通常是有效的。

8.4.3 调试出错的马氏链

一些模型的共同问题是结果太泛，后验分布几乎是平的。很容易想象，这种情况的发生常常是因为使用了水平先验分布。这种情况可能导致漫无目的的马尔可夫链，时不时出现一些奇怪的极大或极小的取值，整个过程貌似完全不受控制。

我们来看一个例子。下面的代码试图估计两个服从高斯分布的观测(1 和 −1)对应的标准差。其使用的是完全水平的先验分布。

R code
8.13

```r
y <- c(-1,1)
m8.2 <- map2stan(
    alist(
        y ~ dnorm( mu , sigma ) ,
        mu <- alpha
    ) ,
    data=list(y=y) , start=list(alpha=0,sigma=1) ,
    chains=2 , iter=4000 , warmup=1000 )
```

现在让我们看看 precis 的输出：

R code
8.14

```r
precis(m8.2)
```

	Mean	StdDev	lower 0.89	upper 0.89	n_eff	Rhat
alpha	21583691	54448550	-19611287.92	129922812	7	1.36
sigma	139399593	1147514738	29.06	185868167	72	1.02

太扯了! 这样的估计不可能是对的。−1 和 1 的平均是 0，因此 alpha 的均值应该在 0 附近。相反，这里得到的估计大得离谱，置信区间也很宽。sigma 的估计也好不到哪去。你还可以看到，诊断度量也表明结果并不可靠。有效样本数目 n_eff 很小，而且对于健康的马氏链，Rhat 应该接近 1，即使取值是 1.01 也是很可疑的，更不用说这里的 Rhat 是 1.10，简直是个灾难。

再让我们看看拟合结果的轨迹图 plot(m8.2)。结果如图 8-5 的第一行所示。之所以得到这么诡异的估计是因为马尔可夫链在参数取值区域内漫无目的地游走，时不时还在极端取值附近逗留一阵。这不是平稳的链条，这样的过程不能给出有用的样本。

可以通过稍微有些信息的先验很容易地对这样的马氏链进行控制。上面的马氏链之所以找不到方向是因为在任何一个方向上，可以提供信息的观测数据都很少，只有两个观测而且还是水平先验分布。水平先验传达的信息是参数的所有取值都是等可能的。对可以在整个实数轴取值的参数而言，比如 alpha，这意味着马尔可夫链有时可能会抽取一些非常极端的值，例如负 3000 万这样离谱的值。这些极端的偏移毁了整个链条。如果似然函数强一些的话，那么马氏链可能还能正常点，因为它会在 0 的附近游走。

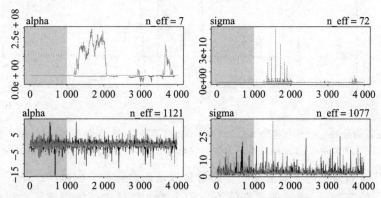

图 8-5   诊断并修正异常马尔可夫链。第一行：模型 **m8.2** 对应的两条独立轨迹图。由图可见，这两条链并不平稳，不能用来进行推断。第二行：使用有一些信息的先验分布（见 **m8.3**）很有效地解决了问题。这两条链现在可以用来进行推断了

但是只要在先验分布中添加一点点信息就可以防止这种现象出现，不需要非常强的先验。让我们看看下面的模型：

$$y_i \sim \text{Normal}(\mu, \sigma)$$
$$\mu = \alpha$$
$$\alpha \sim \text{Normal}(1, 10)$$
$$\sigma \sim \text{HalfCauchy}(0, 1)$$

上面的模型对 α 和 σ 使用含有弱信息的先验。之后我们会对这两个先验进行可视化，这样一来你就知道它们的信息有多弱。但让我们先对模型进行估计：

R code
8.15

```
m8.3 <- map2stan(
    alist(
        y ~ dnorm( mu , sigma ) ,
        mu <- alpha ,
        alpha ~ dnorm( 1 , 10 ) ,
        sigma ~ dcauchy( 0 , 1 )
    ) ,
    data=list(y=y) , start=list(alpha=0,sigma=1) ,
    chains=2 , iter=4000 , warmup=1000 )
precis(m8.3)
```

	Mean	StdDev	lower 0.89	upper 0.89	n_eff	Rhat
alpha	-0.01	1.60	-1.98	2.37	1121	1
sigma	1.98	1.91	0.47	3.45	1077	1

结果改善很多。图 8-5 的最后一行展示了相应的轨迹图，反映了相应的马氏链很健康。马氏链平稳分布在某个值周围，而且混合得也很好。没有游走到负 2000 万这样离谱的情况出现。

为了了解发生了什么，看看图 8-6 中的先验（虚线）和后验（蓝色实线）。α 的高斯先验和 σ 的柯西先验都有一些弧度。先验中的信息很弱，以致 2 个观测就能够将先验淹没。α 的先验均值是 1，但是后验均值是 0，与似然函数的意见一致。σ 的先验分布在 0 处取最大值。但是后验分布的中位数约为 1.4。而观测的标准差约为 1.4。

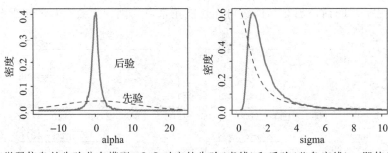

图 8-6 有微弱信息的先验分布模型 m8.3 对应的先验(虚线)和后验(蓝色实线)。即使只有两个观测，似然函数也可以轻易地覆盖先验。但是没有这些先验分布，模型无法正常运行

这些含有微弱信息的先验分布稍微将参数取值向合理的方向推了一下，从而产生了很大的帮助。像 3000 万这样的极端值不再和 1 或 2 这样的值等可能了。很多有问题的马氏链需要的就是这样的先验，通过假设事先知道很少先验信息来调整参数估计。虽然这样的先验仅能被 2 个观测淹没，但已经能对参数估计产生很大的影响了，它使得我们能够得到合理的参数估计。

深入思考：柯西分布。 本章的模型，以及之后许多章节中的模型，都会用半柯西(half-Cauchy)分布作为标准差的先验分布。柯西分布是两个高斯变量比值的分布。该分布有两个参数，位置参数 x_0 和尺度参数 γ。位置参数代表分布中心所在的位置，尺度参数定义了分布的宽度。对应的概率密度公式是：

$$p(x\,|\,x_0,\gamma) = \left(\pi\gamma\left[1+\left(\frac{x-x_0}{\gamma}\right)^2\right]\right)^{-1}$$

但是，注意柯西分布没有明确定义的均值和方差，因此位置和尺度并不是相应的均值和标准差。柯西分布没有均值和方差的原因是它是厚尾分布。在抽取柯西分布样本时，很可能得到一个极端的样本颠覆之前所有的样本。这样的结果就是样本序列永远无法收敛到一个稳定的均值和方差，只会不停变动。你可以自己抽样实践一下。下面的代码抽取了 10 000 个高斯分布样本。然后计算并绘制每个样本的均值。运行下面的代码若干次就会知道，均值轨迹是无法预测的。

R code
8.16

```
y <- rcauchy(1e4,0,5)
mu <- sapply( 1:length(y) , function(i) sum(y[1:i])/i )
plot(mu,type="l")
```

模型定义中的柯西分布是半柯西分布，取值限制为正数的柯西分布。这是因为对应的参数，比如 σ 只能是正数。Stan 知道你指的是半柯西分布，即使你没有明确说明。如果你很好奇 Stan 是如何知道该用半柯西分布的，你可以用 stancode 查看 Stan 的代码。可以查看 sigma 参数定义中的 < lower= 0> 这个限制条件。

8.4.4　不可估参数

第 5 章讲到了自变量高度相关的问题，以及其导致的参数不可估的问题。这里你会看到这样的变量对应的参数在马尔可夫链中是什么样的。你也会学习在这种情况下如何通过稍微使用一些先验信息得到参数估计。最重要的是，这个例子中表现得糟糕的马氏链展示了

一些不好的特征。因此，当你在建模过程中发现相同模式时，就能够大概猜测背后的原因。

为了建立不可估的模型，我们先模拟 100 个服从均值为 0 标准差为 1 的观测。

```
y <- rnorm( 100 , mean=0 , sd=1 )
```
R code
8.17

由于数据是模拟的，所以我们知道真实的情况是怎么样的。之后拟合下面的模型：

$$y_i \sim \text{Normal}(\mu, \sigma)$$
$$\mu = \alpha_1 + \alpha_2$$
$$\sigma \sim \text{HalfCauchy}(0, 1)$$

线性模型包含两个参数α_1和α_2，这两个参数理论上是不可估的。只有它们的和才是可估的，且对应的估计应该接近于 0。

让我们运行相应的马尔可夫链看看结果。下面的马尔可夫链比之前的运行时间更长。但是几分钟后应该会有结果。

```
m8.4 <- map2stan(
    alist(
        y ~ dnorm( mu , sigma ) ,
        mu <- a1 + a2 ,
        sigma ~ dcauchy( 0 , 1 )
    ) ,
    data=list(y=y) , start=list(a1=0,a2=0,sigma=1) ,
    chains=2 , iter=4000 , warmup=1000 )
precis(m8.4)
```
R code
8.18

	Mean	StdDev	lower 0.89	upper 0.89	n_eff	Rhat
a1	-1194.76	1344.19	-2928.62	1053.52	1	2.83
a2	1194.81	1344.19	-1054.86	2927.39	1	2.83
sigma	0.92	0.07	0.81	1.02	17	1.13

这些估计看上去不太对劲，n_eff 和 Rhat 的值都很糟糕。这说明 a1 和 a2 几乎对称地分布在 0 的两端，且相应的标准差大得离谱。这当然是因为我们不能同时估计 a1 和 a2，而只能估计它们的和。

通过轨迹图可以发现更多信息。图 8-7 的左列展示来自上面模型的两条马尔可夫链。这些马尔可夫链看上去并不平稳，也没有很好地混合。事实上，当你看到这样的模式出现时，该担心哪里出错了。不要用这些样本。

和之前一样，含有弱信息的先验可以帮助我们。现在拟合模型的代码如下：

```
m8.5 <- map2stan(
    alist(
        y ~ dnorm( mu , sigma ) ,
        mu <- a1 + a2 ,
        a1 ~ dnorm( 0 , 10 ) ,
        a2 ~ dnorm( 0 , 10 ) ,
        sigma ~ dcauchy( 0 , 1 )
    ) ,
    data=list(y=y) , start=list(a1=0,a2=0,sigma=1) ,
    chains=2 , iter=4000 , warmup=1000 )
precis(m8.5)
```
R code
8.19

	Mean	StdDev	lower 0.89	upper 0.89	n_eff	Rhat
a1	-0.23	6.97	-11.25	10.95	1223	1
a2	0.28	6.97	-10.85	11.36	1224	1
sigma	0.93	0.07	0.82	1.04	1631	1

a1 和 **a2** 的估计现在好多了。看看图 8-7 中右列的轨迹图。注意，这种情况下模型抽样的速度也快多了。在使用水平先验（**m8.4**）时，抽样过程可能是 **m8.5** 的 8 倍。通常一个模型对应的抽样过程很慢的话说明不能很好地估计参数。贝叶斯统计学家 Andrew Gelman 将这个现象称为**统计计算的通俗理论**（Folk Theory of Statistical Computing）：当你拟合模型遇到问题时，通常意味着模型很糟糕。

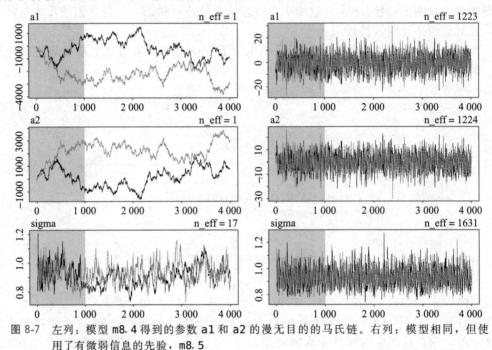

图 8-7　左列：模型 **m8.4** 得到的参数 **a1** 和 **a2** 的漫无目的的马氏链。右列：模型相同，但使用了有微弱信息的先验，**m8.5**

最后，添加稍微含有一些信息的先验分布能够拯救模型。你可能认为自己永远都不会遇到这样模型不可估的情况。但是你错了。即使模型不是明显的不可估，很多复杂的模型很容易就会变得不可估或者几乎不可估。当预测变量很多时，尤其是有交互效应时，参数之间的相关性可能会很大。只需要添加一点先验信息告诉模型"这些参数中没有哪个参数的取值可以离谱到 3000 万"就很有帮助，而且也不会影响估计。水平先验分布实际上就是平的，从负无穷大到正无穷大。除非你相信无穷大是合理的估计，不要使用水平先验。

此外，添加稍微含有一些信息的先验分布能够有效地提高抽样速度，因为马尔可夫链不会认为它需要考虑一些极端的值，你知道这些值几乎是不可能出现的。

8.5　总结

本章大致介绍了马尔可夫蒙特卡罗（MCMC）估计。其目的是介绍 MCMC 算法的目标和方法。这里主要介绍了 Metropolis、Gibbs 抽样和 Hamiltonian 蒙特卡罗算法。它们中的每个都有相应的优点和不足。这里介绍了 rethinking 包中的 map2stan 函数，该函数使用 Stan(mc-stan. org)Hamiltonian 蒙特卡罗引擎来拟合书中定义的模型。最后我们通过一些病态的案例给出了诊断 MCMC 的一般建议。

8.6　练习

简单

8E1　下面哪个是对简单 Metropolis 算法的要求？

　　(1) 参数必须是离散的。

　　(2) 似然函数必须是高斯分布。

　　(3) 跳跃分布必须对称。

8E2　Gibbs 抽样比 Metropolis 算法更有效。为什么？Gibbs 抽样有什么限制条件吗？

8E3　哪类参数是 Hamiltonian 蒙特卡罗无法处理的？你能解释原因吗？

8E4　解释 Stan 中计算的有效参数个数 n_eff 和真实参数个数的不同。

8E5　当马氏链样本正常时对应的 Rhat 取值应该是什么？

8E6　画一个表现良好的马尔可夫链的轨迹图，该马氏链有效地抽取后验分布样本。这样的马氏链应该是什么形状？再画一条表现糟糕的马尔可夫链轨迹图。图中的哪些特征表明马氏链不正常？

中等难度

8M1　重新估计本章的地势崎岖度模型，但对均值使用均匀分布作为先验，对标准差 sigma 用指数分布作为先验。均匀分布为 dunif(0,10)，相应的指数分布为 dexp(1)。你能察觉出不同的先验分布对后验分布有什么影响吗？

8M2　地势崎岖度模型中柯西和指数分布先验含有的信息都很弱。减小尺度参数能够提高先验中的信息。逐渐减小先验 dcauchy 和 dexp 中的尺度参数，比较这两者结果的不同。随着先验信息的变强，它们如何影响后验分布？

8M3　重新拟合本章中的一个 Stan 模型，但使用不同的预热迭代次数 warmup。最后使用的样本数目保持一致（除去预热迭代的样本，剩下用于推断的样本）。比较各种情况对应的 n_eff 值。多少预热样本才够？

难题

8H1　运行下面的模型，查看相应的后验分布，解释下面的代码。

R code
8.20

```
mp <- map2stan(
    alist(
        a ~ dnorm(0,1),
        b ~ dcauchy(0,1)
    ),
    data=list(y=1),
    start=list(a=0,b=0),
    iter=1e4, warmup=100 , WAIC=FALSE )
```

　　比较参数 a 和 b 对应的样本。你能通过对柯西分布的了解解释这两个轨迹图吗？

8H2　回忆第 5 章中离婚率的例子。用 map2stan 重复该分析，拟合模型 m5.1、m5.2 和 m5.3。用 compare 函数基于 WAIC 比较这些模型，解释结果。

8H3　有时改变一个参数的先验会对其他参数产生意想不到的影响。这是因为当一个参数和另外一个参数在后验分布中高度相关时，先验分布会同时影响这两个参数。下面是一个例子。

　　回到第 5 章中腿长数据的例子。下面是相应的代码，其拟合了 100 个假设样本的身高和腿长：

R code
8.21

```
N <- 100                                   # 样本个数
height <- rnorm(N,10,2)                     # 模拟身高数据
leg_prop <- runif(N,0.4,0.5)               # 腿长为身高的比例
leg_left <- leg_prop*height +              # 左腿长度为身高乘以某个比例然后加上误差
    rnorm( N , 0 , 0.02 )
leg_right <- leg_prop*height +             # 右腿长度为身高乘以某个比例然后加上误差
    rnorm( N , 0 , 0.02 )

                                           # 结合得到数据框
d <- data.frame(height,leg_left,leg_right)
```

下面是拟合模型的代码，得到的后验分布两个 beta 参数高度相关。这次，使用 map2stan 拟合模型：

R code
8.22

```
m5.8s <- map2stan(
    alist(
        height ~ dnorm( mu , sigma ) ,
        mu <- a + bl*leg_left + br*leg_right ,
        a ~ dnorm( 10 , 100 ) ,
        bl ~ dnorm( 2 , 10 ) ,
        br ~ dnorm( 2 , 10 ) ,
        sigma ~ dcauchy( 0 , 1 )
    ) ,
    data=d, chains=4,
    start=list(a=10,bl=0,br=0,sigma=1) )
```

将上面代码给出的后验分布和下面将 br 的先验分布范围设置成严格正数得到的后验分布相比较：

R code
8.23

```
m5.8s2 <- map2stan(
    alist(
        height ~ dnorm( mu , sigma ) ,
        mu <- a + bl*leg_left + br*leg_right ,
        a ~ dnorm( 10 , 100 ) ,
        bl ~ dnorm( 2 , 10 ) ,
        br ~ dnorm( 2 , 10 ) & T[0,] ,
        sigma ~ dcauchy( 0 , 1 )
    ) ,
    data=d, chains=4,
    start=list(a=10,bl=0,br=0,sigma=1) )
```

注意 br 先验右边的 T[0,]。这里的 T[0,]用来将正态分布限制在正实数轴，因此只在取整数的时候概率才大于零。换句话说，先验分布保证 br 的后验分布也在正实数轴。

比较 m5.8s 和 m5.8s2 对应的后验分布。beta 参数的后验分布有什么不同？你能解释先验变化带来的后验变化吗？

8H4 对于上一个问题中的两个模型，用 DIC 和 WAIC 比较每个模型的有效参数个数。哪个模型的有效参数个数更多？为什么？

8H5 修改本章中的 Metropol 算法代码，使之能够处理岛屿人口数目和岛屿标签并不对应的情况。这意味着岛屿的号码和人口数目不是一回事。

8H6 修改本章中的 Metropolis 算法代码，自己写代码得到第 2 章中投球例子的 MCMC 估计。

第 9 章

高熵和广义线性模型

本书的大部分读者应该都有试图揭开缠绕的电线的经历，可能是桌子背后或盒子里乱七八糟的数据线。这些数据线总是打结。为什么会这样？当然，背后有物理原因。但是要具体描述的话，原因是熵：电线缠绕成结的方式要比不打结的方式多得多。⊖因此如果我很小心地将一个盒子里的一打电线放置好，然后将盒子封好并晃动它，再次打开盒子的时候，总是有一些电线会缠绕起来。我们并不需要知道任何关于电线或者绳结的物理知识也能够预测这样的结果。我们只需要知道熵会起作用就好了。发生情形更多的事件更可能发生。

对熵的探索并不能将电线全部清楚地分开。但是能够帮助我们解决一些分布选择的问题。统计模型需要我们做出很多选择。其中一些选择用来代表不确定性的概率分布。我们必须对每个参数选择相应的先验分布。此外我们还要选择一个似然函数，该函数是一个观测的分布。有一些惯例选择，比如高斯先验分布和线性回归中使用的高斯似然函数。这些惯用的选项在很多时候都非常有效。但很多时候，这些惯用选项并不是最好的。当我们尽可能使用所有信息时得到的推断可能更加有效，这时通常需要我们超越这些惯用选项的限制。

要超越这些惯用选项的限制，我们最好有一些指导原则。当一个工程师想要建一座不一样的桥时，工程原理能够提供有用的指导。当研究人员想要建立一个不一样的模型时，熵提供了有效的选择概率分布的指导原则：尝试使用熵最大的分布。为什么？可以有下面三种解释。

首先，熵最大的分布是分布最宽同时信息量最少的分布。选择熵最大的分布意味着概率尽可能均匀分布，同时依然和我们对相应过程的了解一致。在选择先验分布时，这意味着选择一个含有信息量最少的分布，同时和我们对参数的了解保持一致。在选择似然函数时，这意味着通过对时间发生所有可能情形的计数来选择分布，和结果变量的约束相一致。在两种情况下，得到的分布在保证和我们提供信息一致的前提下信息量最少。

其次，自然总是倾向于产生高熵经验分布。回到第 4 章，在那里我介绍高斯分布时

⊖ Grosberg(1998)。

展示了任意将波动重复累加的过程会趋近于一个和高斯分布形状相同的经验分布。该形状不包含除位置和方差以外的信息。结果它拥有最大熵。除了波动累加以外的自然过程也会趋向于产生最大熵分布。但是这些分布不是高斯，因为它们含有关于内在过程的不同信息。

最后，不管背后的原因是什么，最大熵分布通常很管用。即使我们不理解，也不妨碍数学过程是有效的。当然，任何小世界的逻辑（第 2 章）不能保证在大世界也有用。我们在科学中应用逻辑，因为有证据显示其确实能有效解释真实世界的问题。这是从历史角度上的解释：这个方法之前解决过很难的问题。这并不能保证它能够解决你手头上的问题，但是没有任何方法能够做出这样的保证⊖。

本章的目的是介绍广义线性模型和最大熵的概念。广义线性模型（GLM）和之前的线性回归很类似，将模型中的似然函数的一个参数用线性模型替代。但是 GLM 不一定要使用高斯似然函数。任何似然函数都可以。你可以将线性模型附加在任何甚至所有描述似然函数形状的参数上。最大熵原则提供了一种使用已知关于结果变量的限定条件选择似然函数的方法，这样的似然函数是符合这些限定条件下最保守的分布。使用这样的原则重现了所有统计分析中最常见的似然函数，无论是否是贝叶斯分析。与此同时，也为从中选择提供了清晰的道理。

下一章将介绍如何估计不同的 GLM。第 10 章介绍了计数变量对应的模型。第 11 章探索更复杂的模型，比如排序变量和混合变量。这些章节部分着眼于特定的模型。因此你可以跳过那些当前不感兴趣的模型。从第 12 章开始介绍分层模型，这类模型利用了二项计数模型。因此了解第 10 章的内容对后面的学习有帮助。

> **再思考：贝叶斯更新和最大熵。** 另外一种概率分布，通过贝叶斯更新得到的后验概率分布也是一个最大熵的案例。在所有与假设限制条件和观测数据一致的分布中，后验分布相对于先验分布有最大的熵（最小交叉熵）。⊖这个事实并不会改变你的计算方式。但它为贝叶斯推断和信息理论之间的本质联系提供了更深的理解。值得注意的是，从某种角度上讲，贝叶斯更新和最大熵是类似的，它提供了符合我们假设情况下含有最少信息的分布。或者你可以说，在保证符合限定条件和观测数据的情况下，后验分布尽可能减少和先验之间的差别。

9.1 最大熵

在第 6 章中，我们讲过信息理论最基础的知识。简单地说，我们找到了一种满足下面 3 个条件的衡量不确定性的方法：（1）度量应该是连续的；（2）度量应该随着事件的可能性增加而增加；（3）这种不确定性是可加的。对于概率分布 p，相应的概率 p_i，对每个事件 i 得到的唯一不确定性度量是平均对数概率：

$$H(p) = -\sum_i p_i \log p_i$$

⊖ 所以最好把赌注压在有良好业绩记录的方法上。——译者注

⊖ Williams(1980)。更清晰的论证和例子还可以参考 Caticha 和 Griffin(2007)；Griffin(2008)。相关历史背景见 Jaynes(1988)。

该函数又被称为信息熵。

最大熵原则能将这种不确定度量用于选择概率分布。或许最简单的阐明最大熵原则的方式是：

> 对应发生可能情况最多的分布也是熵最大的分布。熵最大的分布是在遵守限制条件下最保守的。

这个观点真心是很绕的，所以你读起来感觉怪乖的，说明你很正常。

为了理解最大熵，先忘了信息和概率理论。想象现在有 5 个桶，以及一堆 10 颗编号的鹅卵石。你起身投掷这 10 颗鹅卵石，每颗鹅卵石掉落到任何一个桶中的概率都相同。这意味着这 10 颗鹅卵石落入桶中的各种特定排列是等可能的——所有鹅卵石都落入 3 号桶的概率和 1 号鹅卵石落入 2 号桶，2～9 号鹅卵石落入 3 号桶，以及 10 号鹅卵石落入 4 号桶的概率是相同的。

但某种类型的排列可能更容易出现。一些排列看上去是一样的，它们在相同的桶中鹅卵石的个数相同（鹅卵石编号可能不同）。这就是鹅卵石的分布。图 9-1 展示了 5 种这样的分布。例如，所有鹅卵石都在 3 号桶里的安排方式只有 1 种（图 A）。但是，如果要求 1 颗鹅卵石在 2 号桶里，8 颗在 3 号桶里，1 颗在 4 号桶里，这样的安排方式有 90 种（图 B）。图 C、D 和 E 表明特定安排的数目随着鹅卵石在桶中分布的均匀程度的增加而增加。当每个桶中都有 2 颗鹅卵石时（图 E），一共有 113 400 种方式满足这个条件。没有其他更多的对应方式。

让我们将鹅卵石分布放在一个列表中：

```
p <- list()
p$A <- c(0,0,10,0,0)
p$B <- c(0,1,8,1,0)
p$C <- c(0,2,6,2,0)
p$D <- c(1,2,4,2,1)
p$E <- c(2,2,2,2,2)
```
R code
9.1

接着将它们标准化得到概率分布。这意味着我们只需要将鹅卵石的计数除以总数：

```
p_norm <- lapply( p , function(q) q/sum(q))
```
R code
9.2

现在已经得到概率分布，我们能够计算每个的信息熵。这里唯一需要记住的窍门是 L'Hopital 法则：

```
( H <- sapply( p_norm , function(q) -sum(ifelse(q==0,0,q*log(q))) ) )
```
R code
9.3

```
        A         B         C         D         E
0.0000000 0.6390319 0.9502705 1.4708085 1.6094379
```

因此分布 E 是可能实现情况最多的分布，对应的熵也最大。这并不是巧合。要知道原因，让我们用不同的方式计算不同分布可能实现方式计数的对数，然后将该对数值除以 10，也就是鹅卵石的个数。这给了我们每种分布对应的对数计数：

R code
9.4

```
ways <- c(1,90,1260,37800,113400)
logwayspp <- log(ways)/10
```

图 9-1 的右下角展示了 logwayspp 的值和信息熵 H。这两种度量包含相同的信息，因为信息熵实际上近似于石头可能排列数目的对数（更多细节见最后的深入思考方框）。随着鹅卵石数目的增加，这个近似越来越接近。对 10 颗鹅卵石的近似情况已经非常好了。信息熵是一种对某种分布实现方式计数的方法。

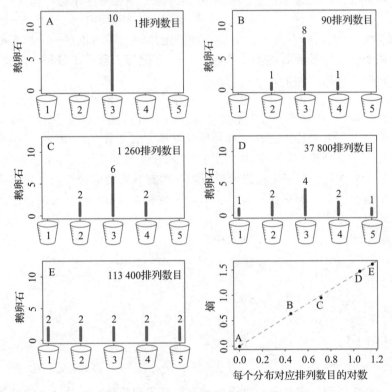

图 9-1　用熵来度量一个系统产生相同分布的不同排列数目。图 A 到 E 展示了 5 种不同分布对应的 10 颗鹅卵石的不同排列数目。右下角：每种分布对应的熵和排列数目的对数关系图

这很有帮助，因为实现方式越多的分布是越可能出现的分布。可以将此分布称为**最大熵分布**。从这个鹅卵石的案例中你可能已经猜到，最大熵分布对应的实现次数远远超过其他分布。和最大熵分布最接近的分布对应的实现次数也远远超过剩下的分布。依此类推可以知道大部分可能的石头排列方式产生的分布不是最大熵分布就是类似的分布。这就是为什么一开始将赌注押在最大熵分布上是明智的：这是概率的中心。

当然，这里的高可能性是以我们的假设为前提的。要理解这里的假设在最大熵中的作用——这里的假设指限制条件和观测数据，我们来看两个例子。第一个例子中，我们将高斯分布作为最大熵问题的答案。第二个例子中，我们会推导出二项分布来解决另外一个最大熵问题，这在第 2 章抽取大理石和投掷球的例子中用到过。这并不是严谨的数学推导，而是用可视化的方式，目的是对熵起什么作用进行概念上的解释。本小节中深

入思考的方框提供了相关的数学背景，感兴趣的读者可以参考。

但最重要的是要有耐心。建立概率理论的直观理解需要经验的累积。你可以先有效地应用最大熵原则，之后再慢慢理解。事实上，可能没有人完全理解它。随着时间的推移，以及应用经验的累积，该原则会变得越来越直观。

> **再思考：直觉有什么好处？** 和信息理论中的其他概念类似，最大熵一点也不直观。但注意直观只能用来指导我们发现模型。当一个方法有效时，是否直观并不要紧。明白这点很重要，因为一些人依然从基础哲学原理和直观性的角度去评判统计方法。哲学是需要考虑的，因为其对发现和应用模型都会产生影响。但这并不能用来评判一种统计方法是否有效。结果才是王道。例如，我们在第 6 章中使用的 3 种推导信息熵的法则并不能用来证明使用信息熵是合理的。如果信息熵在应用中很有效，而很多其他方法都失效的话，才能说明其合理。

深入思考：Wallis 的推导。 直观上说，我们仅基于信息熵的定义就可以判定其是否合理。但 Graham Wallis 提出了另外一种推导[⊖]，这种论证方法甚至没有涉及"信息"。下面是对该推导的简单说明。假设有 M 个观测事件，我们希望对所有的事件都指定一个可能性。我们知道这些事件过程受到一些限制，比如期望或方差。现在假设有 M 个桶，将很大数量的石块随机地扔向这些桶，假设有 N 个石块。每个石块落入任何一个桶的概率都是相等的。投出所有的石块后，我们可以数数每个桶 i 中的石块数目 n_i，通过定义 $p_i = \dfrac{n_i}{N}$ 得到一个候选的概率分布。如果这个概率分布符合事先的限制条件，我们就将该分布加到候选名单上。如果不符合，就重头扔一次。这样重复很多次之后，单子上出现次数最多的分布是最平均的——也就是石块均匀地落入不同的桶中，同时这些分布也符合限制条件。

如果我们能够让一个国家的人天天这么扔这些石块，持续扔一年的话，那我们就可以直接用经验分布来近似得到答案。幸运的是，这个过程可以用数学的方式进行研究。任何候选分布的概率就是其相应的多项分布概率，每个石块落入任何一个桶中的概率是一定的，观测各个桶中石块个数的分布：

$$Pr(n_1, n_2, \cdots, n_m) = \frac{N!}{n_1! \, n_2! \cdots n_m!} \prod_{i=1}^{M} \left(\frac{1}{M}\right)^{n_i} = \frac{N!}{n_1! \, n_2! \cdots n_m!} \left(\frac{1}{M}\right)^{N} = W \left(\frac{1}{M}\right)^{N}$$

最可能出现的分布是对应 W 最大的分布。我们可以将 W 称为乘数，因为它代表某种计数分布实现的方式。例如，所有石块都在第一个桶中的实现方式只有 1 种。但石块平均分布在各个桶中的实现方式却很多，因为石块落入不同桶中的顺序并不影响。我们关心的是这个乘数 W，因为我们要找的是实现方式最多的分布。因此通过找到乘数最大的分布，我们能够实现这个目标。

我们马上就要讲到熵的部分了。做变换 $\dfrac{1}{N} \log(W)$ 能让问题变得更容易，最大化这个量等价于最大化 W。此外，注意 $n_i = N p_i$。通过变换得到：

⊖ Jaynes(2003)，P351。

$$\frac{1}{N}\log W = \frac{1}{N}\Big(\log N! - \sum_i \log[(Np_i)!]\Big)$$

由于 N 很大，我们能够用 Stirling 逼近 $N\log N - N$ 来近似 $\log N!$：

$$\frac{1}{N}\log W \approx \frac{1}{N}\Big(N\log N - N - \sum_i (Np_i\log(Np_i) - Np_i)\Big) = -\sum_i p_i\log p_i$$

这和 Shannon 的信息熵公式是一样的。在满足我们限制条件的分布中，最大化上述公式的是最均匀的分布。

该结果可以很容易推广到每个石头落入不同桶中的概率不一样的情况。[一]如果我们有相关的先验信息指定石块落入第 i 个桶的概率是 q_i，那么需要最大化的公式就变成了：

$$\frac{1}{N}\log Pr(n_1, n_2, \cdots, n_m) \approx -\sum_i p_i\log(p_i/q_i)$$

你可能已经发现这就是第 6 章讲到的 KL 散度，只是前面多了一个负号。这表明在满足限制条件的情况下，最大熵的分布同时也是最小化和先验之间距离的分布。当使用水平先验时，最大熵对应的是最平的分布。当先验不是水平的时候，最大熵会在先验分布的基础上进行更新，给出和先验分布最接近但又符合限制条件的分布。这个过程称为**最小交叉熵**。更进一步，贝叶斯自我更新的过程可以看作是最大化熵的过程，在这个过程中，限制条件就是观测到的数据。[二]因此，我们可以将贝叶斯推断看作是产生和先验最接近的后验分布的过程，同时与当前知道的信息保持逻辑上的一致。

9.1.1　高斯分布

当我在第 4 章讲到高斯分布时，用的是一个生成数据的例子，其中有 1000 个人重复投掷硬币，根据投掷结果决定向左还是向右跨步。跨步的累加结果就是一个近似高斯分布的钟形曲线。这个过程反映了自然界中最基本的动态生成机制。当很多小因素的影响累加起来时，结果就类似于高斯分布。

当然，还存在很多其他可能的分布。比如，硬币投掷的动态过程可能让这 1000 个人都挪到足球场的某半边。那么在自然界中为什么没有出现这样的情况呢？因为所有人每次都挪向一边的情况发生，都对应有大量平均分布在中线两端的情况。之所以最终会呈现钟形曲线是因为大量的状态导致的情况的集合是这样。不管单次投掷的情况如何，大量投掷结果会接近高斯分布。因此如果对于一个观测集合，你知道的只是其方差的话（或者只知道其对应某个有限方差，即便不知道具体值也没有关系），最安全的猜测是所有的结果汇总起来会是一个钟形曲线。[三]

最大熵对应的是实现方式最多的分布，通过最大化熵就能很好地找到这样的分布。但由于熵在分布最平均的时候最大，最大熵同时也对应在满足限制条件下最平的分布。为了用可视化展示高斯分布时在特定方差分布中最平的分布，我们考虑一个等方差的广义分布族。广义正态分布的概率密度如下：

$$Pr(y\,|\,\mu, \alpha, \beta) = \frac{\beta}{2\alpha\Gamma(1/\beta)}\,e^{-\left(\frac{|y-\mu|}{\alpha}\right)^{\beta}}$$

[一]　Williams(1980)。

[二]　Williams(1980)。更清晰的论证和例子还可以参考 Caticha 和 Griffin(2007)；Griffin(2008)。相关历史背景见 Jaynes(1988)。

[三]　E. T. Jaynes 将这个现象称为"熵汇聚"。见 Jaynes(2003)，P365～370。

我们希望将一般的方差为σ^2的高斯分布和几个拥有相同方差的广义正态分布相比较。[⊖]

图 9-2 左边展示了高斯分布(蓝线)和其他几个相同方差的广义正态分布。这 4 个分布的方差都是$\sigma^2=1$。其中 2 个广义分布更加集中,与高斯分布相比尾巴更厚。为了保证方差相同,中间部分的概率挪到了尾部。第 3 个生成的分布中间部分更厚,尾部更薄。当然,方差还是保持不变,这次是将尾部的概率挪到了中间。蓝线代表的高斯分布在这两个极端情况之间。

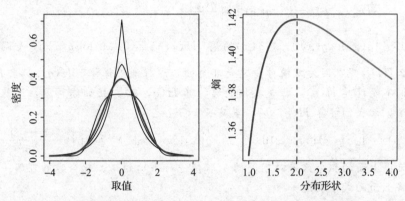

图 9-2 高斯分布和最大熵。左边:比较高斯分布(蓝)和其他等方差的连续分布。右边:广义正态分布族在熵最大的时候对应正态分布,相应形状参数取值为 2

图 9-2 右边展示了形状参数β的取值从 1 到 4 变化对应熵(纵轴)的变化。当$\beta=2$时,广义正态分布是完美的高斯分布,这也是对应熵最大的点。所有这些分布都是对称的,但这无关紧要。存在其他广义分布族可以包含有偏分布,即使这样,对应最大熵的也还是钟形曲线。更多证明见末尾深入思考方框。

为了理解为什么在固定方差的情况下高斯分布对应最大的熵,可以想想越平的分布熵越大。因此我们能够很容易造出一个比图 9-2 中蓝线代表的分布熵更大的概率分布。只要将中间概率挪到两边就好。分布越平对应的熵越大。但在保持方差$\sigma^2=1$的条件下,能够挪动的范围是有限的。完美的均匀分布对应无穷方差。因此方差限制实际上是非常强的限制条件,其将主要概率限定在均值附近一个较小的区间内。高斯分布在这样的限制条件下分布最平均。

所有这些告诉我们,如果假设一系列的测量有某个固定的方差,那么高斯分布是最保守的指定这些测量对应概率的方式。但是通常我们会有更多的假设。在这种情况下,如果我们的假设是合理的,最大熵分布会是一个非高斯分布。

深入思考:高斯最大熵的证明。 要证明在给定方差下高斯分布对应的熵最大,可能比想象的要简单。下面是我知道的最短的证明。[⊖]假设$p(x)=(2\pi\sigma^2)^{(-1/2)}\exp(-(x-\mu)^2/$

⊖　广义正态分布的方差是$\alpha^2\Gamma(3/\beta)/\Gamma(1/\beta)$。我们能够通过调整参数值将这类分布定义成等方差分布。要做到这一点,只需要选择形状参数β,然后将方差表达式和任何选取的方差σ^2对等起来得到一个方程,解出α就可以了。相应的解为$\alpha=\sigma\sqrt{\dfrac{\Gamma(1/\beta)}{\Gamma(3/\beta)}}$。rethinking 包中的 dgnorm 函数能够实现该分布,如果你想自己实践一下的话可以使用该函数。

⊖　我是从 Keith Conrad 的笔记 "Probability distributions and maximum entropy" 中得到这个证明的。这篇文章可以在网上找到。

$(2\sigma^2)$）代表高斯概率密度函数。假设 $q(x)$ 是另外一个方差为 σ^2 的概率密度函数。这里的均值 μ 无关紧要，因为熵只和形状有关，和位置无关。

高斯分布的熵是 $H(p) = -\int p(x)\log p(x)\,\mathrm{d}x = \frac{1}{2}\log(2\pi e\sigma^2)$。我们需要证明不存在熵更高的等方差且在整个实数轴上（即从 $-\infty$ 到 $+\infty$）的概率分布 $q(x)$。我们可以用第 6 章的老朋友——KL 散度来证明：

$$D_{\mathrm{KL}}(q,p) = \int_{-\infty}^{\infty} q(x)\log\Big(\frac{q(x)}{p(x)}\Big)\mathrm{d}x = -H(q,p) - H(q)$$

其中 $H(q) = \int q(x)\log q(x)\,\mathrm{d}x$ 是 $q(x)$ 的熵。$H(q,p) = \int q(x)\log p(x)\,\mathrm{d}x$ 是两者的交叉熵。为什么用 D_{KL} 呢？因为该统计量总是非负的，这样能够保证 $-H(q,p) \geqslant H(q)$。因此虽然我们不能计算 $H(q)$，但是我们能够计算 $H(q,p)$。且如你所见，这就能够解决所有问题了。让我们计算 $H(q,p)$。其定义如下：

$$H(q,p) = \int_{-\infty}^{\infty} q(x)\log p(x)\,\mathrm{d}x = \int_{-\infty}^{\infty} q(x)\log\Big[(2\pi\sigma^2)^{-1/2}\exp\Big(-\frac{(x-\mu)^2}{2\sigma^2}\Big)\Big]\mathrm{d}x$$

如果你还记得上面的积分只是对不同的 x 取值进行平均的话，就会容易理解一些。因此我们可以将上面的式子表达如下：

$$H(q,p) = \mathrm{E}\log\Big[(2\pi\sigma^2)^{-1/2}\exp\Big(-\frac{(x-\mu)^2}{2\sigma^2}\Big)\Big] = -\frac{1}{2}\log(2\pi\sigma^2) - \frac{1}{2\sigma^2}\mathrm{E}((x-\mu)^2)$$

等式最右边的部分实际上就是偏离均值距离的平方的均值，实际上就是方差的定义。因为这里方差固定为 σ^2：

$$H(q,p) = -\frac{1}{2}\log(2\pi\sigma^2) - \frac{1}{2\sigma^2}\sigma^2 = -\frac{1}{2}\Big(\log(2\pi\sigma^2) + 1\Big) = -\frac{1}{2}\log(2\pi e\sigma^2)$$

这就是 $-H(p)$。根据定义，$-H(q,p) \geqslant H(q)$，且 $H(p) = -H(q,p)$，可得 $H(p) \geqslant H(q)$。高斯分布是任何方差为 σ^2 的连续分布中熵最大的分布。

9.1.2　二项分布

第 2 章通过抽取蓝色和白色的大理石来介绍贝叶斯更新。该章节阐释了在假设条件下，似然函数——某个观测的相对可能性，取决于产生该观测的路径数目。结果分布是二项分布。如果只有两种情况（蓝色或白色），所有 n 次试验对应相同的 p，那么观测到类型 1 结果的次数是 y，类型 2 结果的次数是 $n-y$ 对应的概率是：

$$Pr(y \mid n,p) = \frac{n!}{y!(n-y)!}p^y(1-p)^{n-y}$$

注意，开始的阶乘比值仅仅是告诉我们在 n 次试验中，出现 y 次类型 1 结果的可能方式有多少种。因此，从更基础的层面看，每一个特定 y_1 到 y_n 事件的排列出现的概率是：

$$Pr(y_1, y_2, \cdots, y_n \mid n,p) = p^y(1-p)^{(n-y)}$$

当下我们会使用这个更基础的表达，这样很容易将所有出现 y 次结果的序列看成是等价的。

现在需要证明该分布在所有满足如下条件的分布中熵是最大的：（1）只有 2 个可能事件；（2）期望为常数。为了直观地理解该结果，让我们看两个例子。假设在这两个例子中期望是固定的，我们对每种可能的结果指定一个概率。在这两个例子中，最大熵的分布都是二项分布，且期望相同。

这是第一个例子。假设和第 2 章类似，一个袋子中有蓝色和白色两种大理石。我们从袋子中有放回地抽取两块大理石。可能的颜色序列有 4 种：（1）两次白色；（2）第一次蓝色，第二次白色；（3）第一次白色，第二次蓝色；（4）两次蓝色。我们的任务是对每种可能的结果指定一个概率。假设我们知道抽到蓝色大理石的期望次数是 1。我们只考虑所有满足这个限制条件的分布。

现在需要寻找的是所有满足这个条件的分布中熵最大的分布。让我们先考虑图 9-3 展示的 4 种分布。下面是定义这 4 种分布的概率：

分布	ww	bw	wb	bb
A	1/4	1/4	1/4	1/4
B	2/6	1/6	1/6	2/6
C	1/6	2/6	2/6	1/6
D	1/8	4/8	2/8	1/8

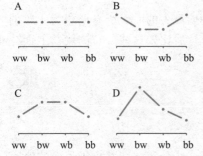

图 9-3 期望（抽取两次得到蓝色球的期望为 1）相同的 4 种分布，w 代表白色，b 代表蓝色。水平轴代表两次抽取的结果，2 个白色（ww），先蓝后白（bw），先白后蓝（wb），2 个蓝色（bb）

分布 A 对应 $p=0.5$，$n=2$ 的二项分布。bw 和 wb 通常被看作相同的结果。但原则上这是两种不同的结果，不管我们是否关心球出现的次序。因此，相应的二项分布概率是 $Pr(ww)=(1-p)^2$，$Pr(bw)=p(1-p)$，$Pr(wb)=(1-p)p$，$Pr(bb)=p^2$。由于在这个例子中 $p=0.5$，这 4 个概率都是 1/4。

剩下的分布——B、C 和 D，有相同的期望，但都不是二项分布。我们可以将这些概率向量集合在一个列表（list）中一次性计算每种情况下对应的期望：

```
# 建立候选分布组成的列表
p <- list()
p[[1]] <- c(1/4,1/4,1/4,1/4)
p[[2]] <- c(2/6,1/6,1/6,2/6)
p[[3]] <- c(1/6,2/6,2/6,1/6)
p[[4]] <- c(1/8,4/8,2/8,1/8)

# 计算每个分布对应的期望
sapply( p , function(p) sum(p*c(0,1,1,2)) )
```

R code 9.5

```
[1] 1 1 1 1
```

类似的，我们可以很快计算出每个分布的熵：

```
# 计算每个分布的熵
sapply( p , function(p) -sum( p*log(p) ) )
```

R code 9.6

```
[1] 1.386294 1.329661 1.329661 1.213008
```

分布 A 的熵最大。为了理解背后的原因，想想一直强调的，分布越平均熵越大。如图 9-3 所示，分布 A 是一条水平的线。你找不到比这更平的分布了。剩下的分布明显没有 A 平。这就是为什么它们的熵更小。由于 A 也满足分布期望为 1 的限制条件，可以得到在这些分布中，二项分布有最大的熵。

但这只是一个特例。其特殊的地方在于限制期望为 1，使二项分布在完全水平的情况下满足期望的限制条件。但如果期望不是 1 呢？假设两次抽取得到蓝色大理石次数的期望是 1.4。这时对应 $p=0.7$。因此你可以想象袋子里有 7 块蓝色大理石和 3 块白色大理石。二项分布对应每种情况出现的概率如下：

R code
9.7
```
p <- 0.7
( A <- c( (1-p)^2 , p*(1-p) , (1-p)*p , p^2 ) )
```

```
[1] 0.09 0.21 0.21 0.49
```

这个分布显然不是水平的。因此为了阐明该分布是熵最大的——所有期望为 1.4 的分布中最平的，我们将模拟一系列有相同期望的分布，然后比较这些分布的熵。上面分布的熵是：

R code
9.8
```
-sum( A*log(A) )
```

```
[1] 1.221729
```

如果随机抽取上千个期望为 1.4 的分布，我们期待这些分布的熵都小于上面的值。

我们可以用一个很短的 R 函数模拟有相同期望的随机概率分布。下面的代码就可以实现这一点。不要担心你不理解代码的细节（除非你自己很想弄明白⊖）。

R code
9.9
```
sim.p <- function(G=1.4) {
    x123 <- runif(3)
    x4 <- ( (G)*sum(x123)-x123[2]-x123[3] )/(2-G)
    z <- sum( c(x123,x4) )
    p <- c( x123 , x4 )/z
    list( H=-sum( p*log(p) ) , p=p )
}
```

该函数能够产生一个期望为 G 的随机分布，然后返回相应的分布和熵。我们需要多次调用该函数。下面的代码将运行该函数 10 万次，然后画出熵的分布图：

R code
9.10
```
H <- replicate( 1e5 , sim.p(1.4) )
dens( as.numeric(H[1,]) , adj=0.1 )
```

这里的列表 H 中有 10 万个概率分布及相应的熵。熵的分布见图 9-4 左边。其中字母 A、B、C 和 D 代表不同的熵。这些熵的取值对应的分布如图 9-4 右边所示。其中，从图形上看，分布 A 的熵最大，几乎和二项分布相同。事实上，计算出的熵也确实很接近。

⊖　该函数的第一行只抽取了 3 个均匀分布变量，这三个变量没有共同的约束条件。该函数的第二行基于定义的预期值 G 得到第 4 个相对值。函数的剩余部分只是标准化成概率分布并计算相应的熵。

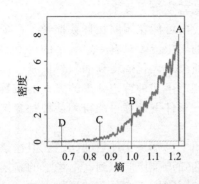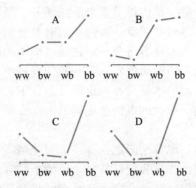

图 9-4　左：随机抽取的期望为 1.4 的分布对应熵的分布。字母 A、B、C 和 D 分别代表右边所示相应分布的熵。右：不同概率的分布。从 A 到 D，相应熵逐渐减小，分布变得更加不平均。其中分布 A 是期望为 1.4 的二项分布

你不一定非得相信我说的话。让我们把熵和分布分开，便于进一步研究：

```
entropies <- as.numeric(H[1,])
distributions <- H[2,]
```
R code 9.11

现在让我们看看观测到最大的熵是多少：

```
max(entropies)
```
R code 9.12

```
[1] 1.221728
```

这个值和我们计算的二项分布对应的熵几乎相等。模拟最大熵对应的分布概率为：

```
distributions[ which.max(entropies) ]
```
R code 9.13

```
[[1]]
[1] 0.08981599 0.21043116 0.20993686 0.48981599
```

这个分布几乎等同于二项分布 {0.09，0.21，0.21，0.49}。

图 9-4 中所示的其他分布——B、C 和 D，都没有 A 平均。其展示了随着分布变得更平，熵相应减小。这 4 个分布的期望都是 1.4。但是在所有满足这个条件的无穷多个分布中，只有最平均的分布，也就是二项分布，才有最大熵。

那又怎样呢？从这个例子中可以得到下面几点。首先，希望该例子支持二项分布的最大熵本质。当分布只有两个可能的结果时，比如蓝色和白色的大理石，且每种类型的结果出现次数的期望都是常数，那么符合这样限制条件的熵最大的分布是二项分布。该分布的概率最平均和保守。

其次，当然通常我们不知道期望值，但希望能够对其进行估计。但实际上这还是同一个问题，因为只要方差固定，熵最大的就是相应的二项分布，只是这时对应的期望是未知的 np，这个值需要通过数据来估计（你会在第 10 章学到如何估计）。如果只有两个可能的无序结果，且你认为产生这些结果的过程是稳定的——这样一来每个概率分布对应的期望都是一个常数，那么对应熵最大最保守的分布还是二项分布。这类似于之前对所有方差是有限常数的分连续分布中，高斯分布的熵最大。不同的限制条件下分布对应

的熵不同，但一旦选择了某个限制条件，问题就变得一样了。

最后，回到第 2 章，我们通过对符合假设的可能花园路径计数推导了二项分布。对于每个袋中的大理石组合——这里对应不同的期望值，只有一定数量的可能路径。用那种方式推导出的似然值实际上和我们在这里通过最大化熵得到的似然值是一样的。这并不是巧合。熵的本质是在一定假设条件下，能产生某种特定结果的方式的数目。路径花园数据的例子所做的事情是相同的——在假设条件下计算可能得到某种特定结果的路径数目。

与许多概率理论问题一样，最大化熵本质上也是一个计数的问题。但这是一个简化的计数过程，其让我们将从一个语境下学到的知识推广应用到新语境下的新问题。我们不再画出详细的路径花园，而是将结果受到的限制用概率分布的形式表达。这并不保证对你分析的真实问题来说是最好的概率分布。但可以保证这是能符合你的假设的最保守分布。

这不是完美的方案，也不是一无是处。任何其他分布也都暗藏着我们不知道的限制条件，也就是有一些幽灵般不为人知的假设。全面诚实地列出所有的模型假设是有好处的，因为这能够帮助我们理解模型为什么出错。且由于所有的模型都可能出错，最好能够事先预知模型在什么样的情况下会出错，如果无法避免，至少能够从错误中学习。

> **再思考：条件独立。** 所有关于固定期望的讨论都指向一个问题：这些分布是不是必然假定观测之间相互独立呢？并不一定。概率分布理论中的"独立"通常指的是观测之间不相关。这通常称为**条件独立**，也就是说在考虑了预测变量的影响后观测之间是独立的。这里所谓"考虑预测变量"也就是建模。这是一个模型假设。这个假设没有覆盖到前一个观测直接导致后一个观测的情况。例如，如果你买尼克·凯夫的下张专辑是因为我买了尼克·凯夫的下张专辑，那么你的行为和我的行为就不是独立的，即使已经考虑了我们两个都喜欢这种类型的音乐这一因素。

深入思考：二项最大熵。 推导最大熵分布的常用方法是先声明限制条件，然后用数学上的**拉格朗日法**得到最大熵对应的概率分布。但是这里我们不用这个方法，而是进一步扩展之前深入思考方框中的方法。这个方法的一个优点是能让我们从限制条件开始推导出对应的最大熵分布，在这里是二项分布。

假设二项分布概率为 p，p_i 是一系列实现了的观测 i 对应的概率，成功的次数为 x_i，失败的次数是 $n-x_i$。假设 q 是另外的离散分布，也应用于同样的观测。和之前一样，KL 散度告诉我们：

$$-H(p,q) \geqslant H(q) \Rightarrow -\sum_i q_i \log p_i \geqslant -\sum_i q_i \log q_i$$

现在我们做的是进一步简化 $H(q, p)$ 直到能够分离出限制条件，该限制条件定义了分布族，我们需要在这个分布族中找到对应最大熵的 p。$\lambda = \sum_i p_i x_i$ 是 p 的期望。那么从 $H(q, p)$ 的定义中可知：

$$-H(q,p) = -\sum_i q_i \log\left[\left(\frac{\lambda}{n}\right)^{x_i}\left(1-\frac{\lambda}{n}\right)^{n-x_i}\right]$$

$$= -\sum_i q_i\left(x_i \log\left[\frac{\lambda}{n}\right] + (n-x_i)\log\left[1-\frac{\lambda}{n}\right]\right)$$

经过一系列变换之后：

$$-H(q,p)=-\sum_i q_i\left(x_i\log\left[\frac{\lambda}{n-\lambda}\right]+n\log\left[\frac{n-\lambda}{n}\right]\right)$$

$$=n\log\left[\frac{n-\lambda}{n}\right]-\log\left[\frac{\lambda}{n-\lambda}\right]\underbrace{\sum_i q_i x_i}_{\bar q}$$

最右边标记为 $\bar q$ 的项是分布 q 的期望。如果我们知道这个期望的值，那么计算就结束了，因为没有任何其他项和 q_i 有关了。这说明期望值是定义分布族的限制条件，在这个条件下，二项分布 p 有最大熵。如果现在我们设置 q 的期望等于 λ，那么就有 $H(q)=H(p)$。对于所有其他 q 的期望值，$H(p)\geqslant H(q)$。

最后，注意 $\log[\lambda/(n-\lambda)]$ 这项。这项是成功次数的期望和失败次数的期望比值的对数。这个比值也就是成功的"优势"，其对数也就是"对数优势"（该比值也称为让步比）。整个比值在基于二项分布的模型中扮演着重要的角色（第 11 章）。

9.2　广义线性模型

之前章节中讲到的高斯模型首先假设结果服从高斯分布。随后将定义分布均值的参数 μ 替换成一个线性模型。这会给出如下似然函数定义：

$$y_i\sim \mathrm{Normal}(\mu_i,\sigma)$$
$$\mu_i=\alpha+\beta x_i$$

对于没有非常极端取值的连续结果变量，这类高斯模型对应的熵最大。

但是当结果变量是离散的，或是有界的时候，高斯似然函数并不是最好的选择。考虑一个计数结果变量的例子，比如从袋子中抽取出蓝色大理石的数目。这样的变量取值只能是 0 或正整数。对这样的变量使用高斯分布并不会有什么毁灭性的结果。但除了估计平均数以外做不了更多其他的。在这种情况下，高斯分布肯定是不能用来进行预测的，因为我们都知道计数不能是负数，但线性回归模型的结果可能为负。因此在平均计数接近于 0 的情况下，这样的模型会很自然地给出负预测。

幸运的是，我们很容易解决这个问题。通过使用我们关于结果变量所有的先验信息，通常这些先验信息反映在我们对结果变量可能取值的限制上，在此基础上找到熵最大的分布。我们需要做的就是将线性模型推广成除高斯分布外的其他分布——将用来描述似然函数形状的参数替换成一个线性模型。

这本质上就是一个**广义线性模型**。[○]其得到的模型如下：

$$y_i\sim \mathrm{Binomial}(n,p_i)$$
$$f(p_i)=\alpha+\beta x_i$$

和我们熟悉的高斯模型相比，这里只改变了两个地方。第一个地方是原则性的——最大熵原则。第二个地方技巧性地用了一个描述性的建模技巧，这个技巧并不涉及因果推断，但很有效。在介绍所有用于建立广义线性模型的常用分布之前，我会简单地说明上

○　关于传统广义线性模型核心的参考文献是 McCullagh 和 Nelder(1989)。"广义线性模型"这个词是由 Nelder 和 Wedderburn(1972)提出的。相关的术语可能让人迷惑，因为还有一种模型称为"一般线性模型"。Nelder 之后后悔选择了这个名字。见 Senn(2003)，P127。

述两点。之后的章节会展示相关的应用。

首先，这里的似然函数不是高斯而是二项分布。对于计数变量 y，其中每个观测来自期望为 np、抽取次数为 n 的二项分布，这种情况下二项分布的熵最大。因此，这是满足我们对 y 所知的限制条件下含有信息最少的分布。如果结果变量的限制条件改变，相应的最大熵分布也会随之变化。

其次，在模型定义的第二行出现了一个小 f。这代表了**链接函数**，该函数和分布的选择是分开的。广义线性模型需要一个链接函数，因为像 μ 这样用来描述平均结果的参数在现实中很少存在，而且很少有参数是真的没有界限的（也就是在整个实数轴取值）。例如，和高斯分布一样，二项分布的形状是由两个参数决定的。但是和高斯分布不同的是，这两个参数没有一个是均值。二项分布中的均值是这两个参数的函数，也就是 np。由于 n 通常是已知的（但不总是），最常见的情况是在未知的部分 p 上附加一个线性模型。但是 p 是概率密度，因此 p_i 的取值必须在 0 和 1 之间。但没有什么能够阻止线性函数 $\alpha + \beta x_i$ 的取值小于 0 或者超过 1。图 9-5 展示了一个例子。链接函数为这个普遍的问题提供了答案。本章我们会介绍两个最常见的链接函数。在之后的章节中会用到它们。

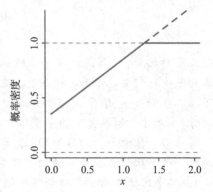

图 9-5 为什么需要链接函数呢？蓝色实线是概率密度的线性模型。其随着横坐标 x 取值的增大而线性增加。但当到达最大值 1 后，也就是虚线表示的界限，按照原来的函数，还是会继续线性增加，如图中蓝色的虚线部分所示。在现实情况下，超过 1 之后 x 再增大，相应的概率密度就不会再增加了，如图中蓝色的粗实线所示

> **再思考：条形图法惹的祸。**选择结果变量分布的一种策略是绘制结果变量的条形图。试图通过可以穿透灵魂的目光从条形图中看出些端倪，从而决定使用什么样的分布。这种策略称为**条形图法**，是一种通过经验分布条形图推导似然函数的古老技艺。当人们为了决定是否要用非参数方法检验正态性时常常会用这样的巫术。条形图法是不合适的，因为即便是来自高斯分布的观测对应的经验分布看上去也可能不像高斯分布。为什么？因为高斯分布的假设最多能保证拟合模型之后得到的残差看上去符合高斯分布，并不是原始观测数据看上去符合高斯分布。比如，男性和女性的身高条形图显然不是高斯分布。但其是（近似）混合高斯分布，因此在控制性别影响的条件下，残差可能非常接近正态分布。其他情况下，人们因为样本方差比均值大而决定不用泊松模型（见第 10 章）。但类似的，泊松似然函数的假设最多是保证在控制了其他预测变量影响的条件下方差等于均值。在任何特定的语境下高斯分布或泊松分布都可能是糟糕的假设。但这并不能通过条形图来简单决定。这也就是为什么我们需要制定一些原则，不管是最大熵还是其他的原则。

9.2.1 指数家族

统计模型中最常见的分布来自**指数分布家族**。该家族的每个成员都是某种假设条件下的最大熵分布。每两个传统统计模型方法中就有一个得到相同的分布结果，即使这些

方法使用的不是最大熵原则。

图 9-6 展示了广义线性模型中最常见的有代表性的指数族分布形状。每幅图的横轴代表变量，纵轴代表概率密度（对于连续分布）或者概率质量（对于离散分布）。对于每个分布，图中还提供了相应的注释（密度图上部）和相应的 R 内置分布函数名（密度图下部）。图 9-6 中的灰色箭头表明了这些分布相互动态相关的方式。这些分布的生成机制使它们之间能够相互转换。你不需要知道它们之间的关系也能用这些分布建模。但是了解其中的生成关系有助于揭开分布的神秘面纱，将分布和因果关系与一些变量度量相联系。

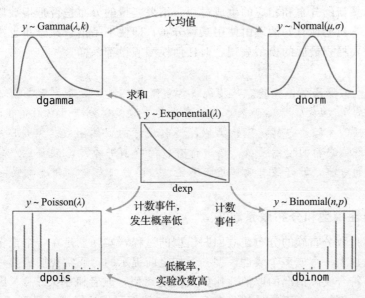

图 9-6　一些指数族分布，相应注释及其之间的关系。中间：指数分布。顺时针方向，从上到下：伽马分布、正态（高斯）分布、二项分布及泊松分布

你应该已经很熟悉其中的两个分布：高斯分布和二项分布。这两个分布包含了应用统计中大部分最常用的结果变量分布，这两个分布用于线性回归（第 4 章）和逻辑回归（第 10 章）。这里有三种新分布值得做一些说明。

（中心）**指数分布**定义在大于等于 0 的范围内。这是距离和持续时间的基本分布，该分布用于时间或空间间隔这类度量。如果某个事件在空间上或时间上发生的概率是一个常数，那么这类事件的概率分布就倾向于指数分布。在所有平均间隔相同的非负连续分布中，指数分布的熵最大。该分布的形状只需用一个参数定义，事件发生率 λ 或平均间隔 λ^{-1}。这种分布在生存分析和事件史分析中扮演着重要角色，这不在本书范围内。

伽马分布（左上角）也是在 0 和正数范围内的分布。这也是距离和持续时间的基础分布。但和指数分布不同，伽马分布的峰值可以大于 0。如果一个事件只在一个或多个指数分布事件发生之后才会发生，那么相应的等待时间的分布就是伽马分布。例如，患癌症的年龄就接近伽马分布，因为在此之前会有好多事件发生[⊖]。在所有均值和对数均值相同的分布中熵最大的是伽马分布。伽马分布的形状由两个参数表示，关于这些参数至少有 3 种不同的常见描述，因此用的时候要特别小心。伽马分布在生存分析和事件史分

⊖　Frank(2007)。

析中很常见，在一些测量值为连续正数的情况下也常用到。

泊松分布（左下角）和二项分布一样是计数分布。在数学上，泊松分布是二项分布的一种特殊情况。如果试验次数 n 很大（通常未知）且每次成功的概率 p 很小的话，二项分布就逼近泊松分布，相应每单位时间内事件发生的期望是 $\lambda = np$。在实践中，泊松分布用于计数的情况，没有理论上的最大值。作为二项分布的一种特殊情况，泊松分布在（与二项分布）相同的限制条件下是熵最大的分布。它的分布形状由一个参数描述，即事件发生率 λ。下一章会详细介绍泊松广义线性模型。

还有很多其他的指数族分布，它们中大部分都很有用。但是不要担心记不住。你可以在需要时选择新的分布和相应的生成过程。结果变量的分布是否是指数族分布其实也不是很重要——只要你有好的理由使用某种分布，即使不是指数族分布也没有关系。不管怎样你都需要检查最后的模型表现，对任何模型假设都一样。

> **再思考：似然函数是先验。** 从传统统计学来看，似然函数是"客观的"，先验分布是"主观的"。但是，似然函数本身其实也是先验概率分布。它们是在参数的条件下，关于数据的先验。与其他先验类似，没有最好的似然函数。但是取决于当前的语境，有更好或更糟的似然函数。要进行有效的推断并不要求观测（或残差）服从似然函数代表的分布，就好像有效地推断不要求后验分布与先验分布类似一样。

9.2.2 将线性模型和分布联系起来

基于任何指数分布族的分布建立回归模型的过程，实际上是在一个或多个描述分布形状的参数后加上一个或多个线性模型。但如之前提示的，通常我们需要一个**链接函数**来避免一些不符合实际情况的取值，比如负的距离值，或者概率大于 1。因此对于任何结果变量分布，例如 一个不常见的分布 Zaphod $^{\ominus}$我们可以这样定义模型：

$$y_i \sim \text{Zaphod}(\theta_i, \phi)$$
$$f(\theta_i) = \alpha + \beta x_i$$

其中 f 是链接函数。

但 f 应该是什么样的呢？链接函数的作用是将一个模型的线性空间，如 $\alpha + \beta x_i$ 映射到一个参数（如 θ）的非线性空间。因此选择 f 的时候，要时刻记得这个目标。大多数情况下，对于广义线性模型，你可以使用两个极其常见的链接函数中的任何一个，分对数（logit）链接和对数（log）链接。我们会逐一介绍，在之后的章节中这两种链接都会用到。

分对数链接（logit link）将一个表示概率的参数映射到另外一个在整个实数轴的线性函数空间上，因此该链接函数的定义域在 0 和 1 之间。该链接函数在二项分布广义线性模型中极其常见。相应的模型定义类似下面这样：

$$y_i \sim \text{Binomial}(n, p_i)$$
$$\text{logit}(p_i) = \alpha + \beta x_i$$

其中分对数函数本身的定义是对数似然比：

$$\text{logit}(p_i) = \log \frac{p_i}{1 - p_i}$$

$\ominus$　这不是真实的分布。

其中一个事件的"似然比"实际上就是事件发生的概率与事件不发生概率的比值。所以链接函数实际上是：

$$\log \frac{p_i}{1 - p_i} = \alpha + \beta x_i$$

因此，为了了解 p_i 定义背后的含义，只要进行一点代数运算，得到上面方程中 p_i 的解即可：

$$p_i = \frac{\exp(\alpha + \beta x_i)}{1 + \exp(\alpha + \beta x_i)}$$

上面的方程通常称为**逻辑方程**(logistic)。在当前语境下，人们也常将其称为**逆分对数**(invevse logit)，因为它实际上是分对数变换的逆。

所有这些都意味着，当你对某个参数使用分对数链接时，实际上你是将该参数定义为线性模型的逻辑变换。图 9-7 展示了分对数链接对应的变换。左边对应线性模型，其中水平灰线表示预测变量 x 每变化一个单位对应的线性函数结果的变化。这是在对数似然比的尺度下，该尺度覆盖了正数和负数。右边的图中，对线性空间进一步变换，结果完全限制在 0 到 1 的区间内。图中的水平灰线间的间隔在边界处被压缩了，这样一来，即将线性空间映射到了概率空间上。这个压缩过程产生了如图 9-7 右图所示的曲线形状。

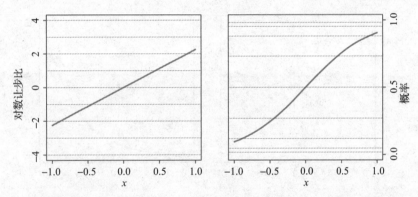

图 9-7　分对数链接将一个线性模型(左)变换成概率值(右)。该变换将距 0 很远的部分对应的取值压缩了，因此距 0 越远，线性尺度(左)上一个单位的变化对应的概率尺度(右)上的变化就越小

该压缩确实能影响参数估计的解释，因为变量变化一个单位，相应的结果变化不是等比例的一个单位。相反，x_i 变化带来的概率 p_i 的变化可能更大或者更小，取决于对数似然结果距 0 的距离。例如，在图 9-7 中，当 $x = 0$ 时，线性模型对应的对数似然值为 0。x 增加半个单位将导致概率变化大约 0.25。但是之后每增加半个单位，导致的概率变化会越来越小，直到渐渐变得非常小。如果你认真想想这个过程的话，好的针对概率参数的模型应该是这样的。当一个事件几乎一定会发生时，相应概率已经接近 1 而很难再增加了，不管这个预测变量有多重要。

之后的章节中会多次遇到这种压缩的例子。目前为止的核心知识是，广义线性模型中的参数，如 β，对应结果的变化和参数值是不成比例的。记得我们曾经将一个预测变量的影响取决于另外一个预测变量的情形定义为交互效应(第 7 章)。现在每个预测变量本质上都与自己交互，因为一个预测变量的影响取决于这个预测变化前的初始值。更一般地说，每个预测变量都与所有其他预测变量交互，不管你是否在模型中明确指明这些交互效应。这个事实使对预测值的可视化变得更加重要，这能帮助我们理解模型要表达什么。

第二个常见的链接函数是**对数链接**。这个链接函数将一个取值为正数的参数映射到一个线性模型空间。例如，假设我们想对高斯分布的标准差 σ 建模，使之成为预测变量 x 的一个函数。参数 σ 的取值必须是正数，因为标准差不能是负数也不能是 0。模型定义类似于下面这样：

$$y_i \sim \text{Normal}(\mu, \sigma_i)$$
$$\log(\sigma_i) = \alpha + \beta x_i$$

在这个模型中，均值 μ 是一个常数，但是标准差随着 x_i 的变化而变化。对数链接在这种情况下保守且有效。它保证了 σ 的取值为正数。

对数链接假设参数取值是指数线性模型。得到方程 $\log(\sigma_i) = \alpha + \beta x_i$ 对应 σ_i 的解能得到链接函数的逆：

$$\sigma_i = \exp(\alpha + \beta x_i)$$

该变换的效果如图 9-8 所示。对线性模型使用对数链接（左）意味着原参数取值对应预测变量线性函数结果的指数（右）。记得对数就是量级，这是另一种看待这种关系的角度。对数尺度上增加一个单位意味着原始尺度上增加一个量级。这一点反映在图 9-8 右图水平线之间逐渐增大的间距上。

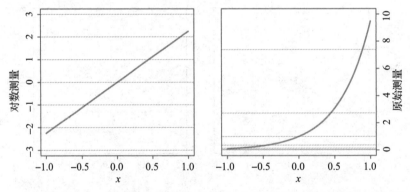

图 9-8　对数链接将一个线性模型（左）变换成单调递增的值（右）。该变换得到的是线性模型的指数尺度，线性尺度下一个单位映射到结果变量尺度上会越来越大

虽然使用对数链接确实解决了将参数限制在正数范围内的问题，但与此同时，当模型对超出样本取值范围外的数据进行预测时会出现问题。指数关系是按指数级增长的。好比线性模型不可能永远线性一样，指数模型不可能永远是指数。人的身高不会随着体重无限制地线性增长，因为很重的人不再长高而是长胖。类似的，飓风带来的财产损失和小型风暴风速之间的关系可能近似于指数。但是对于大风暴，损失在所有东西都被摧毁的时候就封顶了。

> **再思考：当你抱有怀疑时，用假设。**链接函数确实可以归结为一系列的假设。与所有假设一样，它们在很多语境下都有效。传统的分对数链接和对数链接都广泛有效。但它们有时会扭曲推断。如果你对使用这些链接函数抱有怀疑，想要确认链接函数的选择不会对结果造成过大影响的话，你可以做和其他模型假设类似的事情：**敏感性分析**。敏感性分析研究模型假设变化对推断的影响。类似的，如果用不同的

假设对推断确实有很大的影响，这也是有价值的发现。对其他模型假设也一样：似然函数，线性模型，甚至是模型拟合数据的方式。和很多机器一样，研究模型在一些极端情况下的表现有助于我们理解模型在一般情况下的表现。

　　一些人对敏感性分析很紧张，因为这感觉像是捏造结果，或者说"操纵 p 值"。[○]敏感性分析的目标实际上和操纵 p 值正好相反。在操纵 p 值时，你会尝试很多不同的分析，然后报告那些统计显著的结果。在敏感性分析中，你会尝试很多不同的分析，但最后会报告所有分析的结果。

　　深入思考：参数与其自身的交互效应。 广义线性模型计算预测变量的变化带来的结果变化，通过这种方式让每个预测变量与其自身产生交互。关于这一点，我们可以进行进一步的解释。首先，记得在经典的高斯模型中，均值对应的模型是：

$$\mu = \alpha + \beta x$$

因此，μ 相对于 x 的变化率是 $\partial\mu/\partial x = \beta$。这是一个常数。$x$ 的取值是什么并不重要。现在考虑二项分布概率 p 随预测变量 x 的变化率：

$$p = \frac{\exp(\alpha + \beta x)}{1 + \exp(\alpha + \beta x)}$$

对 x 求导得到：

$$\frac{\partial p}{\partial x} = \frac{\beta}{2(1 + \cosh(\alpha + \beta x))}$$

由于 x 出现在偏导数的右边，x 变化导致的影响取决于 x 本身。这就是与自身的交互。

9.2.3　绝对和相对差别

　　链接函数压缩和扩展线性函数不同部分的方式有重要的实际后果：参数估计本身并不会告诉你一个预测变量对结果的重要性。原因是每个参数代表线性模型尺度上的相对不同，忽略其他参数，但是我们对结果变量之间的绝对差别非常感兴趣，而这些结果变量中含有所有参数的信息。

　　在之后的章节中，我们会用一些案例数据在语境中展示这一点，在具体案例中更容易展示其重要性。现在，只要记得，对应估计值大的参数 β 不一定对结果产生更大的影响。

9.2.4　广义线性模型和信息法则

　　在第 6 章介绍的信息法则和正则化先验同样也适用于广义线性模型。但现在学习了这些新的结果变量分布，你可以使用信息法则比较使用不同似然函数的模型。高斯分布更好还是二项分布更好？我们能够直接使用 WAIC 来评判不同的模型吗？

　　不幸的是，WAIC(或者其他信息法则)不能做到这一点。问题在于偏差是正则化常数的一部分。该常数会影响偏差的绝对值，但其并不影响对数据的拟合。由于信息法则完全基于偏差，它们的大小也取决于这些常数。只要所有的模型使用的结果变量分布，

○　Nuzzo(2014)。还可以参考 Simmons 等人(2011)。

如高斯、二项、指数、伽马、泊松等是相同的，就可以使用信息法则来比较它们。如果不同模型使用相同的结果变量分布，在比较模型不同的时候，常数项会相互抵消。如果两个模型有不同的结果变量分布，常数项就不会抵消，这时信息法则（AIC/DIC/WA-IC）的差别就具有误导性。

事实上，你只需要记得使用信息法则比较模型时，这些模型使用的似然函数要一样。当然比较使用不同似然函数的模型也是可以的，只是不能使用信息法则。幸运的是，最大熵原则很自然地提供了一种选择似然函数的标准，至少对于一般回归模型是这样的。因此对这类的模型选择，没有必要一定使用信息法则。

对 WAIC 和不同的广义线性模型类型还有一些需要注意的细微之处。我们会在之后章节中分别介绍每种特定模型的时候解释这些细微之处。

9.3　最大熵先验

最大熵原则能够帮助我们选择模型。当我们需要选择一个结果变量分布时，也就是似然函数，最大熵原则至少能够在满足结果变量的限制条件下帮我们选出一个分布。通过这种方式用该原则选出的分布常被认为是约定俗成的假设，或是有效的惯例。

最大熵原则还能帮助选择先验分布。广义线性模型很容易和你在本书之前部分已经见到的弱信息先验一起使用。这些先验很好用，因为它们让观测数据主导推断，同时也对一些估计进行了控制（比如方差必须大于零）。在第 8 章中的一些例子展示了这些先验的"软实力"。

虽然并不多见，但有时广义线性模型中的一些参数代表了一些我们或许知道的关于数据的背景信息。在这种情况下，最大熵原则提供了一种生成包含背景信息的先验的方法，与此同时尽量避免包含更多不必要的先验信息。这使选择尽量保守。

本书不会使用最大熵来选择先验，但是当你遇到需要用到这种方式的情况时，你能够解释其背后的原理，就好比你能够解释似然函数一样，并且知道这个方法试图在模型中包含关于参数的先验信息，同时尽量避免额外的不必要的信息。

9.4　总结

本章是概念性的，而非操作性的，目的是介绍最大熵和广义线性模型。最大熵原则提供了一种在实践中有效选择似然函数的方法。信息熵本质上是在当前限制条件下，衡量某种分布可能出现的方式。通过选择对应信息熵最大的分布，我们能够选择符合结果变量限制条件的分布，同时不必引入额外的假设条件。这种方法很自然地引出了广义线性模型，该模型是之前章节中线性模型的扩展。选择一个将线性模型和更一般结果变量联系起来的链接函数使模型定义、估计和解释都更加复杂。在之后的章节中，你们将接触更多的例子，慢慢地就不再觉得模型复杂了。

第 10 章

计数和分类

世界各地的科学家们每天都在丢弃信息。有时是移除"离群值",有些观测数据因为与模型相悖而被删除。更常见的情况是将计数转化成比例然后再进行分析。为什么分析比例会丢失信息呢?因为 10/20 和 1/2 对应的比例是相同的,都是一半,但是这两者对应的样本量的差别很大。一旦转化成比例,并且将该比例值作为线性回归的结果变量,关于样本量的信息就完全丢失了。

要保留样本量的信息很容易,你只需要对真实观测建模,即直接使用计数而非比例。人们观测到的不是比例,而是计数。本章就是关于各种类型的回归,这些回归能保留计数观测中的样本量信息,同时还能对预测变量和结果变量之间的复杂关系进行建模。

但是在从计数观测到对比例进行推断之间转换导致的信息损耗一直存在。在解释模型的时候需要格外小心,因为参数和结果变量的尺度不再相同,这和一般线性回归不同。你很快会熟悉这样的信息损耗。但一开始的时候你对此可能感到迷惑不解。

我们将展示两个完整的最常用的计数变量回归:

(1)二项回归是对二项结果进行建模的一系列过程的总称,比如生/死、接受/拒绝、左/右。这种情况下两种结果出现的总次数是已知的。这就是第 2 章中抽取大理石块和投掷球这类的例子。但是现在要在模型中加入预测变量。

(2)泊松回归是一种对计数变量进行建模的广义线性模型,这里不需要知道计数的上限,比如肯尼亚的大象数目、申请物理学博士的人数、在一期《心理科学》杂志上显著性假设出现的次数。如第 9 章所述,泊松模型也能被看作是最大值很高但每次实验成功率很低的二项模型。本章最后会介绍一些其他的计数回归,但并不会给出完整的例子。

本章及之后章节中的所有例子都会使用之前章节中介绍的所有工具。正则化先验、信息法则,以及 MCMC 估计,这些之前讲到的方法都会穿插在例子中。这样一来,当你学习后面每一章中相应广义线性模型案例的时候,也会通过不断实践之前讲到的方法而加深理解。

10.1 二项回归

到这里，大家应该已经熟悉二项分布了。在模型定义语境下，二项分布定义如下：

$$y \sim \text{Binomial}(n, p)$$

其中 y 是计数变量（0 或正整数），p 是概率值，准确地说是每次实验的成功率，n 是实验的次数。作为广义线性模型的基础，当我们限制实验结果只有两种，且成功次数的期望是常数时，二项分布有最大熵。关于这点我们已经在第 9 章详细讨论过了。

现在我们开始定义下面二项回归的例子，这里会用到预测变量、交互效应和信息法则。二项似然函数的广义线性模型有两种形式：

（1）**逻辑回归**在观测数据是单次重复试验的时候很常用，比如每次实验的结果是 0 或 1。

（2）当全部实验结果汇总起来时，通常将模型称为**聚合二项回归**。在这种情况下，结果变量的取值可以是 0，也可以是从 0 到 n 的任何正整数，这里 n 是实验的总次数。

这两种回归使用的都是分对数链接函数（参见 9.2.2 节），因此这两种回归有时都称为"逻辑"回归，因为分对数函数的逆就是逻辑函数。这两种二项回归可以通过对结果变量进行聚合（逻辑回归到聚合回归），或者展开（聚合回归到逻辑回归）而相互转换。

和其他广义线性模型一样，二项回归从来不能保证给出接近多元高斯的后验分布。因此 MAP 估计不一定有效。在每个例子中都会用到 map 函数，但是我们也会通过 map2stan 将推断结果与 MCMC 抽样结果进行比较。这里同时使用两种方法是为了让你大概了解，什么时候即使原则上不合理，但 MAP 依旧有效，且为什么在特定语境下其会失效。

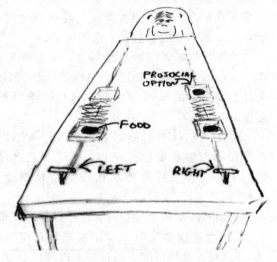

10.1.1 逻辑回归：亲社会的大猩猩

这个案例中的数据来自一个实验[⊖]，该实验的目的是评估大猩猩（黑猩猩 Pan troglodyte）的亲社会性。实验结构模仿了很多常见的经济学家和心理学家以人类学生（智人）为对象进行的实验。目标黑猩猩坐在一张长桌的一端，这一端有两个拉杆，一个在左边一个在右边（图 10-1）。桌上有 4 个盘子，其中可能有猩猩喜欢的食物。右边的 2 个盘子通过某种机制和右边的拉杆相连。类似的，左边的 2 个盘子和左边的拉杆相连。

图 10-1 黑猩猩的亲社会性实验，这里展示了从目标动物的角度看到的情况。左边的和右边的拉杆在图的最前端。拉动任何一个拉杆都能将中间的盘子推向桌子的两端。目标动物这边的 2 个盘子中都有食物，但对面的 2 个盘子中只有一个有食物。另外一端可能有另外一只猩猩（如图所示），或者是空的

当目标黑猩猩拉动任何一边的拉杆时，相应的 2 盘食物会朝相反的方向移向桌子的两端。这就将食物送到了桌子的两端。在所有的实验中，假设向目标动物这端移动的盘

⊖ 见 Sikl 等人（2005）。

子中总是有食物的。但是另一端只有一个盘子中有食物。这样一来，虽然拉动任何一个拉杆都会将一盘食物送给目标动物，但是对面那端只有在拉动其中一根杆的时候才会有食物。

现在有两种实验条件。在同伴实验条件下，有另外一只猩猩坐在桌子的另外一端，如图 10-1 所示。在控制条件下，桌子的另一端是空的。在这两种实验条件下，桌子另一端只有一边有食物（左边拉杆或者右边拉杆）。这有助于我们测试目标动物的拉杆偏好。

当人类学生参加这样的实验时，对面坐了另外一个人的情况下，参与者几乎总是选择两边都有食物的拉杆，这是亲社会的选项。现在的问题是，目标黑猩猩是否也会有类似的行为，在另一端坐着一只黑猩猩的时候更倾向于选择亲社会的选项呢？如果用线性模型的话，我们需要考虑实验条件（对面是否有另外一只动物）和选项（亲社会选项）之间的交互效应。

从 rethinking 包中导入相应的数据：

```
library(rethinking)
data(chimpanzees)
d <- chimpanzees
```

R code
10.1

关于数据集中的变量可以键入 ?chimpanzees 查看相应的内置帮助文档。这里我们将 pulled_left 当作想要预测的结果变量，将 prosoc_left 和 condition 作为预测变量。结果 pulled_left 的取值为 0 或 1，表明目标动物是否拉动了左边的拉杆。预测变量 prosoc_left 的取值是 0 或 1，如果左边拉杆是亲社会的选项（两端的盘子中都有食物），对应值是 1，否则是 0。其中预测变量 condition 也是一个 0/1 取值的变量，1 代表对面坐着一只猩猩，0 代表控制条件。

现在我们已经可以拟合模型了。这里模型的数学定义如下：

$$L_i \sim \text{Binomial}(1, p_i)$$
$$\text{logit}(p_i) = \alpha + (\beta_P + \beta_{PC} C_i) P_i$$
$$\alpha \sim \text{Normal}(0, 10)$$
$$\beta_P \sim \text{Normal}(0, 10)$$
$$\beta_{PC} \sim \text{Normal}(0, 10)$$

这里的 L 指代 pull_left，P 指代 prosoc_left，C 指代 condition。上面模型困难的部分是 $\text{logt}(p_i)$ 对应的线性模型。这是交互效应模型，其中 P_i 和对数似然比之间的关系取决于 C_i。但注意这里的 C_i 并没有相应的主效应，也就是说实验条件并没有直接对应某个参数 β。为什么？因为没有理由假设对面是否有另外一只猩猩会影响目标动物选择拉杆。这等于假设实验条件的主效应是 0。如果你希望的话，之后可以对该假设进行核实。

选择上面的先验是因为我们缺乏相关信息——这些先验含有的信息很少，只要一点点数据就可以推翻先验。因此我们从这个模型中得到的估计无疑会在某种程度上过度拟合样本。为了能够通过比较大致了解过度拟合，我们会用更少的变量拟合另外两个模型。第一个模型只有截距：

$$L_i \sim \text{Binomial}(1, p_i)$$
$$\text{logit}(p_i) = \alpha$$
$$\alpha \sim \text{Normal}(0, 10)$$

另外一个预测拉杆选择的模型只使用了 prosoc_left，忽略了 condition：

$$L_i \sim \text{Binomial}(1, p_i)$$
$$\text{logit}(p_i) = \alpha + \beta_P P_i$$
$$\alpha \sim \text{Normal}(0, 10)$$
$$\beta_P \sim \text{Normal}(0, 10)$$

在我们拟合所有模型之前，先拟合最简单的模型，也就是只有截距的模型。然后讨论模型得到的对数似然比。这里，map 代码看上去很像模型的数学定义：

R code
10.2
```
m10.1 <- map(
    alist(
        pulled_left ~ dbinom( 1 , p ) ,
        logit(p) <- a ,
        a ~ dnorm(0,10)
    ) ,
    data=d )
precis(m10.1)
```

```
  Mean StdDev 5.5% 94.5%
a 0.32   0.09 0.18  0.46
```

要解释 a(α)的估计，必须记得逻辑回归的参数在对数似然比的尺度之下。要将结果还原到概率尺度，我们需要用链接函数的逆。在这里，链接函数的逆是逻辑函数，可以用 rethinking 包中的 logistic 函数实现。因此，上面的总结表明拉动左边杆的 MAP 概率为 logistic(0.32)≈0.58，相应的 89% 置信区间为 0.54 到 0.61：

R code
10.3
```
logistic( c(0.18,0.46) )
```

```
[1] 0.5448789 0.6130142
```

因此，在模型中有任何预测变量之前，我们应该先注意到猩猩总体倾向于拉左边的杆。之后我们会看到，不同猩猩的偏好很不同，所以这样的平均值是有误导性的。

接下来拟合另外两个模型，相应的代码大家应该不觉得陌生：

R code
10.4
```
m10.2 <- map(
    alist(
        pulled_left ~ dbinom( 1 , p ) ,
        logit(p) <- a + bp*prosoc_left ,
        a ~ dnorm(0,10) ,
        bp ~ dnorm(0,10)
    ) ,
    data=d )
m10.3 <- map(
    alist(
        pulled_left ~ dbinom( 1 , p ) ,
        logit(p) <- a + (bp + bpC*condition)*prosoc_left ,
        a ~ dnorm(0,10) ,
        bp ~ dnorm(0,10) ,
        bpC ~ dnorm(0,10)
    ) ,
    data=d )
```

可以用第 6 章中的 compare 函数比较这 3 个模型：

```
compare( m10.1 , m10.2 , m10.3 )
```

R code
10.5

```
      WAIC pWAIC dWAIC weight   SE  dSE
m10.2 680.6     2   0.0   0.70 9.30   NA
m10.3 682.4     3   1.8   0.28 9.34 0.81
m10.1 688.0     1   7.4   0.02 7.13 6.14
```

含有 condition 变量的模型的表现并不是最好的，但对应的 WAIC 权重确实大于 25％。
你也可以对比较结果进行可视化，得到的图形如下：

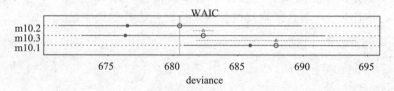

注意虽然 m10.2 远不如 m10.3，但是相应的差别对应的标准差很小。即使将标准差乘以 2
得到 95％的置信区间，这两个模型的顺序也不会变化。因此从信息法则的角度，即使
模型 m10.3 确实比 m10.2 更好地拟合了样本（因为有更多参数），但是考虑可能的过度拟
合之后优势就不存在了。

　　但这并不代表你可以忽略 m10.3，毕竟这才是能反映实验结构的模型。仅仅通过
WAIC 比较发现其他模型更好，也不足以让我们放弃这个模型。我们还要进一步弄清为
什么 m10.3 比 m10.2 表现更糟。让我们看看 m10.3 的估计：

```
precis(m10.3)
```

R code
10.6

```
    Mean StdDev  5.5% 94.5%
a   0.05   0.13 -0.15  0.25
bp  0.61   0.23  0.25  0.97
bpC -0.10   0.26 -0.53  0.32
```

交互效应 bpC 对应的估计为负，相应的后验区间很宽，并且包含 0。因此不论信息法则
对几个模型的排序如何，这里的模型估计表明目标猩猩并不在意对面是否坐着另外一个
同伴。但是它们确实更倾向于做出亲社会的选择（见 bp 的参数估计）。

　　为了更好地理解 bp 的估计造成的影响，我们必须区分 **绝对效应** 和 **相对效应**。绝对
效应是预测变量变化对应结果概率的变化。因此该效应取决于所有的参数，且告诉我们
预测变量变化产生的实际影响。反之，相对效应是预测变量变化导致的比例变化。让我
们计算这两种效应，这样可以说明相对效应是极具误导性的，因为它们忽略了所有其他
的变量。但是取决于实际语境，绝对效应和相对效应都很重要。

　　让我们看看 prosoc_left 对应的相对效应及其参数 bp。逻辑模型中相对效应的度
量是 **似然比的变化**。你可以通过对参数估计进行指数变换得到相应的似然比。请记
住，这里的似然比是事件发生概率和不发生概率的比值。在这个例子中，事件发生指
的是目标猩猩拉动左边的杆（也就是结果变量）。当 prosoc_left 的取值从 0 变成 1，
拉动左边拉杆对应的对数似然比会增加 0.61（对应的 MAP 估计），这还意味着相应似
然比将乘以：

R code
10.7
```
exp(0.61)
```

```
[1] 1.840431
```

你可以将此看成拉动左边杆对应似然比增长为原来的 1.84 倍。这意味着似然比增加了 84%。

似然比变换的主要问题在于实际概率的变化还取决于截距 α，以及其他预测变量。记得吗，像逻辑回归这样的广义线性模型实际上引入了所有变量的交互效应。在这个例子中，你可以将这些交互效应看成是顶部效应和底部效应的结果：如果截距很大，只要这一项就说明猩猩很可能拉动左边的杆，那么似然比增加 84% 也并不意味着是真。例如，假设 α 的估计为 4，那么忽略其他各项，拉动左边杆的概率是：

R code
10.8
```
logistic( 4 )
```

```
[1] 0.9820138
```

在原来的结果上加上 0.61(bp 的参数估计)，那么相应概率变为：

R code
10.9
```
logistic( 4 + 0.61 )
```

```
[1] 0.9901462
```

这就是在绝对尺度下的差别，尽管似然比增加了 84%，对应的概率尺度的变化不到 1%。类似的，如果截距是负的，并且绝对值很大的话，拉动左边杆的概率接近于 0。似然比增加 84% 产生的影响可能微乎其微。相对影响，比如似然比的比例变化或者其他度量，可能极具误导性。不管什么时候，同时考虑绝对影响(在预测尺度上)都是一个明智的选择。

让我们看看不同模型的后验预测平均，这样可以大致了解不同情况对拉动左边杆的概率的绝对效应。我们可以效仿之前章节介绍的步骤，通过 ensemble 函数得到不同模型的混合预测，然后根据 WAIC 分值对模型预测进行加权。

R code
10.10
```
# 用于预测的不同情况数据
d.pred <- data.frame(
    prosoc_left = c(0,1,0,1),    # 右/左/右/左
    condition = c(0,0,1,1)       # 控制组/控制组/对照组/对照组
)

# 得到预测集合
chimp.ensemble <- ensemble( m10.1 , m10.2 , m10.3 , data=d.pred )

# 对预测进行总结
pred.p <- apply( chimp.ensemble$link , 2 , mean )
pred.p.PI <- apply( chimp.ensemble$link , 2 , PI )
```

要对结果进行可视化，首先创建一个空图，然后加上每个猩猩的趋势线，最后加上之前计算总结的预测结果。下面的代码中有一个新的知识点，即用 by 函数计算每只猩猩的均值。关于该函数运作原理的更详细的解释见深入思考方框。

```
# 创建一个只有坐标轴的空图
plot( 0 , 0 , type="n" , xlab="prosoc_left/condition" ,
    ylab="proportion pulled left" , ylim=c(0,1) , xaxt="n" ,
    xlim=c(1,4) )
axis( 1 , at=1:4 , labels=c("0/0","1/0","0/1","1/1") )

# 加上原始7只黑猩猩对应的趋势线
# 这里会用到by()函数；更多解释见深入思考方框
p <- by( d$pulled_left ,
    list(d$prosoc_left,d$condition,d$actor) , mean )
for ( chimp in 1:7 )
    lines( 1:4 , as.vector(p[,,chimp]) , col=rangi2 , lwd=1.5 )

# 在当前的图形上添加后验预测结果
lines( 1:4 , pred.p )
shade( pred.p.PI , 1:4 )
```

R code
10.11

图 10-2 展示了绘图结果。蓝线分别代表参加实验的 7 只黑猩猩对应的观测结果。黑线展示了不同情况下拉动左边杆对应的平均预测概率。趋势上下波动，在左边拉杆是亲社会选项时，猩猩更倾向于选择左边。因此，至少从平均水平上看，猩猩更倾向于亲社会选项。但对面有另外一只猩猩（也就是图中水平轴右边的两个标度代表的情况）和对面是空的这种情况（也就是图中水平轴左边两个标度代表的情况）比起来，拉动左边杆的概率并没有更高。由此可见，对面是否坐了另外一只猩猩对目标猩猩拉杆的选择几乎没有影响。

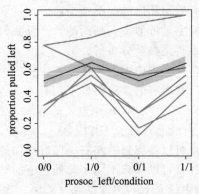

图 10-2　黑猩猩亲社会性实验例子中不同模型后验预测的平均。图中横轴标度分别代表不同的实验情况。纵轴代表预测的（黑线）和观测到的（蓝线）拉动左边杆的比例。每条蓝线代表一只参加实验的黑猩猩。阴影区域代表 89% 的均值预测置信区间

但是注意这些预测并不好。模型只做我们让它做的：估计所有猩猩的平均值。但是在图 10-2 中蓝线对应的不同黑猩猩个体间的差异很大。从原则上说，个体差异可能会掩盖有趣的变量关系。在这里并没有很大的问题——4 只黑猩猩对应的波动模式和预测一致，偶尔会偏向于选择右边的杆。总体来说另外 3 只黑猩猩在任何情况下都倾向于选择左边的杆。了解如何对个体之间的差异建模是很有必要的，即使在这个例子中对推断不会有什么影响。

让我们先检查一下确保在这种情况下能够对后验分布使用二项逼近。广义线性模型不能保证后验分布是高斯分布，即使先验是高斯分布。因此，让我们快速地将上面的估计与用 MCMC 方法（通过 stan）拟合的模型进行比较。第 8 章介绍的 map2stan 使这个过程的实现变得容易。这里的 map2stan 函数使用的是 m10.3 的公式，在此基础上实现 MCMC 代码。

```
# 清理数据中的缺失值NA
d2 <- d
```

R code
10.12

```
d2$recipient <- NULL

# 用之前定义的公式
m10.3stan <- map2stan( m10.3 , data=d2 , iter=1e4 , warmup=1000 )
precis(m10.3stan)
```

```
      Mean StdDev lower 0.89 upper 0.89 n_eff Rhat
a     0.05   0.13      -0.15       0.25  3284    1
bp    0.62   0.22       0.28       0.98  3032    1
bpC  -0.11   0.26      -0.53       0.29  3184    1
```

如果你回顾之前 map 给出的二项逼近后验分布结果就会发现，这两个结果几乎是相同的。相应的散点图矩阵能够证实后验分布是多元高斯。

R code
10.13
```
pairs(m10.3stan)
```

这里没有展示相应的绘图结果，但请读者一定自己运行一下上面的代码以确认相应的后验分布确实是近似多元高斯的。一旦我们对模型进行修改使之能够估计个体方差，后验分布就不再是高斯分布了。

现在在模型中加入个体方差。在这个数据中有很多证据表明猩猩有左右手的使用习惯偏向。在所有的实验条件下，有 4 只猩猩更偏向拉动右手的杆，3 只黑猩猩偏向拉动左手的杆。其中一只编号为 2 的猩猩总是拉动左边的杆，不管实验条件如何，也就是图 10-2 中最上方的水平蓝线。

这里可以将猩猩的左右手偏好当作隐藏变量。如果我们能够在建模过程中考虑该偏好，或许就可以得到不同实验处理下的结果。这里我们希望能够将左右手偏好看作个体（数据框中的 actor）对应的独立截距。你可以使用一个名义变量表示每个猩猩对应的偏好。但更直接的方式是使用一个截距向量，与每只猩猩对应。这两种定义方式是等价的，但是截距的方法更紧凑并能直接体现出之后（第 12 章）我们建立分层模型时会用到的结构。我们在第 5 章简单地介绍了该方法。

以下是该模型的数学形式，之后会对数学定义进行解释：

$$L_i \sim \text{Binomial}(1, p_i)$$
$$\text{logit}(p_i) = \alpha_{\text{ACTOR}[i]} + (\beta_P + \beta_{PC} C_i) P_i$$
$$\alpha_{\text{ACTOR}} \sim \text{Normal}(0, 10)$$
$$\beta_P \sim \text{Nromal}(0, 10)$$
$$\beta_{PC} \sim \text{Normal}(0, 10)$$

唯一变化是在截距上加上了角标 ACTOR[i]，在先验分布中再次出现了 ACTOR 这个角标。该角标是定义向量列的一种惯用方法，每个元素对应一个变量 actor 的取值，可能的取值是 1~7，因为一共有 7 只大猩猩。变量 actor 告诉你每行对应的目标猩猩。数学符号 $\alpha_{\text{ACTOR}[i]}$ 表示用行 i 对应的 actor 取值，在 R 代码中就是 actor[i]。你能将其解释为 "第 i 个观测的目标猩猩编号"。α_{ACTOR} 的先验分布表明向量 α 的每个元素都对应相同的先验分布。

由于后验分布是有偏的，接下来让我们直接用 MCMC 拟合模型。下面是相应的代码：

```
m10.4 <- map2stan(                                                R code
    alist(                                                        10.14
        pulled_left ~ dbinom( 1 , p ) ,
        logit(p) <- a[actor] + (bp + bpC*condition)*prosoc_left ,
        a[actor] ~ dnorm(0,10),
        bp ~ dnorm(0,10),
        bpC ~ dnorm(0,10)
    ) ,
    data=d2 , chains=2 , iter=2500 , warmup=500 )
```

注意上面的模型代码在线性模型和先验分布的定义中都使用了[actor]。程序能够识别出 actor 变量中有 7 个独立的取值。你可以通过下面的代码进行验证：

```
unique( d$actor )                                                 R code
                                                                  10.15
```

```
[1] 1 2 3 4 5 6 7
```

然后将参数存放在一个名为 a 长度为 7 的向量中。这样一来，抽样之后，你能够估计这 7 个参数：

```
precis( m10.4 , depth=2 )                                         R code
                                                                  10.16
```

```
      Mean StdDev lower 0.89 upper 0.89 n_eff Rhat
a[1] -0.74   0.27     -1.19      -0.32   2626    1
a[2] 10.91   5.42      3.45      18.37   1126    1
a[3] -1.05   0.28     -1.52      -0.61   2102    1
a[4] -1.05   0.29     -1.54      -0.62   2781    1
a[5] -0.74   0.27     -1.15      -0.30   2294    1
a[6]  0.21   0.27     -0.21       0.66   2569    1
a[7]  1.83   0.40      1.17       2.43   2470    1
bp    0.84   0.28      0.38       1.25   1546    1
bpC  -0.13   0.30     -0.60       0.36   2239    1
```

调用 precis 函数时设置 depth= 2 是为了展示向量参数。当我们讲到分层模型的时候你会对此有更深的理解。分层模型中有成百上千的向量参数，你并不想直接在总结模型中展示它们中的大多数。

注意这里的后验分布一定不是高斯分布——看看 a[2] 的区间。为了更容易理解，让我们绘制针对 a[2] 的边缘密度图。首先，提取样本：

```
post <- extract.samples( m10.4 )                                  R code
str( post )                                                       10.17
```

```
List of 3
 $ a  : num [1:2000, 1:7] -0.687 -0.236 -1.131 -0.489 -0.423 ...
 $ bp : num [1:2000(1d)] 0.63 1.119 0.839 0.627 0.628 ...
 $ bpC: num [1:2000(1d)] -0.0979 -0.5319 0.0285 0.2954 -0.0226 ...
```

从上面输出的结构中可以看到，截距样本存储在一个名为 a 的矩阵中。该矩阵有 2000 行 7 列。每列代表一个参数，a[1] 到 a[7]，每行代表后验分布中的一个样本。如果要绘制 a[2]的密度曲线，需要矩阵第 2 列的所有值：

R code
10.18

```
dens( post$a[,2] )
```

结果如图 10-3 所示。你能看到密度曲线强
烈有偏。a[2]的可能取值总是正数，这说明
分布是左偏的。但事实上可能的取值范围是
很大的。这里的情况是，很多大的正数取值
是可能出现的，因为 2 号实验对象总是拉动
左边的杆（见图 10-2）。只要 a[2]的估计足够
大，使得相应概率接近 1，任何值都会对应
相同的预测值。后验分布概率之所以会下降
是因为在模型定义中使用了微弱的正则化先
验分布。数据中没有任何信息能够区分取值
大的对数让步比对应的概率，因为只要对数
让步比大到一定程度就能够保证猩猩每次都
拉动左边的杆。

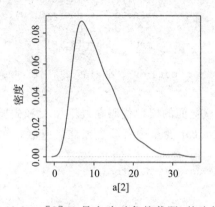

图 10-3   a[2]（2 号实验对象的截距）的边缘
后验密度。很多大的取值都是可能
的。由于 2 号实验对象总是拉动左
边的杆，观测数据并不能区分大的
截距取值之间的密度差别，因为只
要截距取值大到一定程度，就能保
证预测结果总是拉左边杆

　　通过绘制后验预测图能够更好地理解截
距是如何影响模型拟合的。下面的代码只在
之前代码的基础上略作修改，这里只展示一
个实验对象的结果，代码的第 1 行指定了实验对象。你可以将其设置成任何一个对象。
可以通过更改 chimp 参数对这 7 个实验对象中的任何一个进行绘图。

R code
10.19

```
chimp <- 1
d.pred <- list(
    pulled_left = rep( 0 , 4 ), # 空向量用来存放预测结果
    prosoc_left = c(0,1,0,1),     # 右/左/右/左
    condition = c(0,0,1,1),       # 控制组/控制组/对照组/对照组
    actor = rep(chimp,4)
)
link.m10.4 <- link( m10.4 , data=d.pred )
pred.p <- apply( link.m10.4 , 2 , mean )
pred.p.PI <- apply( link.m10.4 , 2 , PI )

plot( 0 , 0 , type="n" , xlab="prosoc_left/condition" ,
    ylab="proportion pulled left" , ylim=c(0,1) , xaxt="n" ,
    xlim=c(1,4) , yaxp=c(0,1,2) )
axis( 1 , at=1:4 , labels=c("0/0","1/0","0/1","1/1") )
mtext( paste( "actor" , chimp ) )

p <- by( d$pulled_left ,
    list(d$prosoc_left,d$condition,d$actor) , mean )
lines( 1:4 , as.vector(p[,,chimp]) , col=rangi2 , lwd=2 )

lines( 1:4 , pred.p )
shade( pred.p.PI , 1:4 )
```

图 10-4 展示了 3、5、6 和 7 号的结果。注意这些截距并不能帮助模型拟合每只黑猩猩的总体水平。但是它们的确改变了折线的模式。

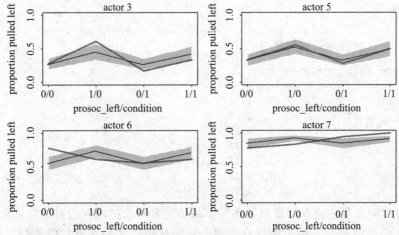

图 10-4　模型 m10.4 的后验预测图，对应目标黑猩猩有各自截距的模型。每幅图展示每只黑猩猩在不同实验条件下实际拉动左边杆的比例（蓝）。黑线和阴影区间展示了平均预测比例和 89％的置信区间。这里只展示其中的 4 只猩猩

在这个分析中还有很多未解决的问题。模型 m10.4，包括额外的 6 个参数，在通过 WAIC 法则考虑过度拟合的情况之后还是一个合理的模型吗？用 map 函数的二项逼近法得到的 m10.4 的估计是什么样的？这些问题会在本章最后的练习中。

深入思考：使用 by 函数。上面的代码通过 by 函数计算每个 prosoc_left、condition 和 actor 组合对应的 pulled_left 取值为 1 的比例。函数 by 的使用方法有点乱，但是你一旦理解了，就可以用它来计算很多不同的总结统计量，甚至在一个子数据集上重复分析。

传递给 by 函数的第一个参数是你想要总结的变量，也就是目标变量。第二个参数是一列用来分组的变量。第三个参数是作用于目标变量的函数。你可以将上面小节中调用 by 函数的代码读成"对 prosoc_left、condition 和 actor 这三个组合计算 pulled_left 的均值"。结果返回一个数组，每个用来划分数据的变量都是一个维度。在这里，我们会得到一个 3 维的数组，分别对应：prosoc_left、condition 和 actor 这三个变量。因此，我们可以通过 p[, , chimp] 得到任何一只黑猩猩对应的比例值。如果要知道不同实验处理下的比例值，可以使用 p[, 1,]。

10.1.2　累加二项：同样的数据，用累加后的结果

在 chimpanzees 数据例子中，所有的模型都会计算观测到拉动左边杆的概率。之所以这样，是因为之前数据的组织形式是每行对应一次拉杆的情况。但理论上我们还可以用不同的方法组织相同的数据。只要拉杆的先后顺序不产生影响，那么每只目标猩猩在每种情况下拉左边杆的总次数和之前单次记录的数据是等价的。

例如，下面的代码计算了在不同条件组合下，每只目标猩猩拉动左边杆的次数：

```
data(chimpanzees)
d <- chimpanzees
```

```
d.aggregated <- aggregate( d$pulled_left ,
    list(prosoc_left=d$prosoc_left,condition=d$condition,actor=d$actor) ,
    sum )
```

下面是其中 2 只黑猩猩的累加结果：

```
  prosoc_left condition actor  x
1           0         0     1  6
2           1         0     1  9
3           0         1     1  5
4           1         1     1 10
5           0         0     2 18
6           1         0     2 18
7           0         1     2 18
8           1         1     2 18
```

其中最右边的列 x 是左边各列展示的条件下每个实验对象拉动左边杆的总次数。注意这里最左边的两个变量有 4 种可能的取值组合，因此每个实验对象对应 4 行。回想一下，不管实验条件如何 2 号实验对象总是拉动左边杆，因此在所有条件下，其拉动左边杆的次数都是 18。现在我们能够通过定义下面的模型得到和之前完全相同的推断：

R code 10.21

```
m10.5 <- map(
    alist(
        x ~ dbinom( 18 , p ) ,
        logit(p) <- a + (bp + bpC*condition)*prosoc_left ,
        a ~ dnorm(0,10) ,
        bp ~ dnorm(0,10) ,
        bpC ~ dnorm(0,10)
    ) ,
    data=d.aggregated )
```

注意，在原来模型定义应该是 1 的地方这里是 18。现在每行对应 18 次试验，这里是从 18 次试验中拉动左边杆 x 次的似然值。检查 precis 的结果，你会看到后验分布和之前模型 m10.3 得到的后验分布一样。

10.1.3　累加二项：研究生院录取

通常情况下，每行对应的实验次数并不是固定的。因此，在之前 18 的位置应该是另外一个模型参数。让我们看一个例子。首先，载入数据：

R code 10.22

```
library(rethinking)
data(UCBadmit)
d <- UCBadmit
```

这个数据只有 12 行，因此我们可以看看整个数据集：

```
  dept applicant.gender admit reject applications
1    A             male   512    313          825
2    A           female    89     19          108
3    B             male   353    207          560
```

4	B	female	17	8	25
5	C	male	120	205	325
6	C	female	202	391	593
7	D	male	138	279	417
8	D	female	131	244	375
9	E	male	53	138	191
10	E	female	94	299	393
11	F	male	22	351	373
12	F	female	24	317	341

这是加州大学伯克利分校 6 个不同的学院收到的入学申请数据[⊖]。其中 admit 列表示被录取的人数。reject 列表示被拒绝的人数。applications 列是 admit 和 reject 这两列的总和，也就是总申请人数。每一个申请者对应的结果是 0 或 1，因为这些结果已经按照院系和性别进行累加，所以这里只有 12 行。这 12 行来自 4 526 个申请者，也就是 application 列的和。因此这里实际上有很多数据——无法用数据的行数代表样本量。我们可以将这些数据分开变成 4 526 行，就和之前初始的 chimpanzees 数据一样。

现在我们要做的是从这些数据中评估是否能够找到支持录取时有性别歧视的证据，在这个问题中，申请者的性别是一个预测变量。因此我们想要至少拟合两个模型：

（1）二项回归模型，将 admit 视为申请者性别的函数。通过这种方式估计性别和录取概率之间的联系。

（2）二项回归模型，将 admit 视为常数，忽视性别。这会帮助我们了解（1）中的模型是否过度拟合。

下面是模型（1）的数学定义：

$$n_{\text{admit},i} \sim \text{Binomial}(n_i, p_i)$$
$$\text{logit}(p_i) = \alpha + \beta_m\, m_i$$
$$\alpha \sim \text{Normal}(0, 10)$$
$$\beta_m \sim \text{Normal}(0, 10)$$

变量 n_i 代表 applications[i]，第 i 行对应的申请者数量。预测变量 m_i 是一个名义变量，取值为 1 时代表男性。在拟合上面的模型之前我们会先构造这个变量。

```
d$male <- ifelse( d$applicant.gender=="male" , 1 , 0 )      R code
m10.6 <- map(                                               10.23
    alist(
        admit ~ dbinom( applications , p ) ,
        logit(p) <- a + bm*male ,
        a ~ dnorm(0,10) ,
        bm ~ dnorm(0,10)
    ) ,
    data=d )
m10.7 <- map(
    alist(
        admit ~ dbinom( applications , p ) ,
        logit(p) <- a ,
        a ~ dnorm(0,10)
    ) ,
    data=d )
```

⊖　见 Bickel 等人（1975）。

可以通过 WAIC 比较确认预测变量 male 确实显著提高了带外样本偏差。

R code
10.24

```
compare( m10.6 , m10.7 )
```

```
        WAIC pWAIC dWAIC weight    SE   dSE
m10.6 5954.9     2   0.0      1 34.98    NA
m10.7 6046.3     1  91.5      0 29.93 19.13
```

比较结果表明性别这个变量确实有显著影响。为了进一步检查这个变量是如何产生影响的，我们得看看模型 m10.6 的估计。

R code
10.25

```
precis(m10.6)
```

```
    Mean StdDev  5.5% 94.5%
a  -0.83   0.05 -0.91 -0.75
bm  0.61   0.06  0.51  0.71
```

从结果上看，男性确实具有优势，可以计算出相对录取让步比的倍数变化 $\exp(0.61) \approx 1.84$。这意味着男性申请者被录取的让步比⊖是女性申请者的 184%。在绝对尺度上，这才是真正关键的，录取的概率差别是：

R code
10.26

```
post <- extract.samples( m10.6 )
p.admit.male <- logistic( post$a + post$bm )
p.admit.female <- logistic( post$a )
diff.admit <- p.admit.male - p.admit.female
quantile( diff.admit , c(0.025,0.5,0.975) )
```

```
     2.5%       50%      97.5%
0.1132778 0.1413527 0.1693274
```

这表明男性优势的中位数估计大约是 14%，95% 的置信区间从 11% 到将近 17%。你可能还想看看相应的密度曲线图：dens(diff.admit)（这里不展示）。

在检查男性申请者优势的原因之前，让我们先绘制模型的后验预测图。我们会用到默认的后验预测评估函数 postchek，然后在此基础上将来自同一个院系的观测用线段连起来。

R code
10.27

```
postcheck( m10.6 , n=1e4 )
# draw lines connecting points from same dept
for ( i in 1:6 ) {
    x <- 1 + 2*(i-1)
    y1 <- d$admit[x]/d$applications[x]
    y2 <- d$admit[x+1]/d$applications[x+1]
    lines( c(x,x+1) , c(y1,y2) , col=rangi2 , lwd=2 )
    text( x+0.5 , (y1+y2)/2 + 0.05 , d$dept[x] , cex=0.8 , col=rangi2 )
}
```

⊖ 也就是被录取的概率除以不被录取的概率。——译者注

结果如图 10-5 所示。这些预测非常糟糕。其中只有两个学院的预测结果显示女性的录取率比男性低（C 和 E），但模型的结果表明女性预期的录取概率应该比男性低大约 14％。

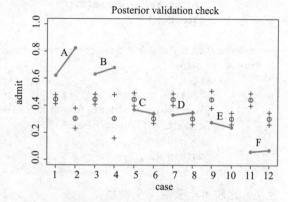

Posterior validation check

有时，这样糟糕的预测是代码导致的。但在这里不是。模型确实正确地回答了我们的问题：在所有院系中，女性和男性的平均录取率是多少？在这种情况下的问题是男性和女性申请的院系不一样，且各个院系之间的录取率也不一样。这就使得简单的平均结果很有误导性。从图上可以看到，与 A 相比，F 的录取率直线下降，这对男性和女性都一样。且在这个数据中，女性很少申请 A 和 B 这样的系，这就拉低了总体录取率。取而代之的是，她们大多申请 F 这样的系，这个系只录取不到 10％ 的人。

图 10-5　模型 m10.5 的后验评估。蓝点是观测到的每列数据的录取率，同一个院系的两个点用蓝色的线段相连。空心点、圆内垂直的短线，以及十字分别是期望比例、89％期望比例的 89％ 的置信区间以及模拟样本的 89％ 的置信区间

因此，虽然女性对应更低的录取率，但不是所有的院系都这样，且仅通过检查后验分布并不能揭示这一点，因此我们需要除了拟合模型之外的东西。在这种情况下，这只是一个简单的后验分布评估。

这里我们不再问“对不同院系，女性和男性的录取率有什么差别？”，而是转而问“对于特定院系，男性和女性录取率的平均差别是多少？”为了解答第二个问题，我们需要对每个院系估计女性的录取率——截距，然后估计男性录取率和女性录取率的平均差别。下面是相应的模型：

$$n_{\text{admit},i} \sim \text{Binomial}(n_i, p_i)$$
$$\text{logit}(p_i) = \alpha_{\text{DEPT}[i]} + \beta_m m_i$$
$$\alpha_{\text{DEPT}} \sim \text{Normal}(0, 10)$$
$$\beta_m \sim \text{Normal}(0, 10)$$

其中角标 DEPT 代表院系。现在，每个系对应自己的对数让步比 α_{DEPT}，但是还是会估计一个关于男性申请的总体参数 β_m，与不分院系的情况类似。

拟合上面的模型，以及相同模型但是忽略 male 变量都很容易。我们会再次通过指针变量得到这 6 个院系各自的斜率。但首先我们需要给每个部门指定一个数字编号。函数 coerce_index 可以实现这个过程，只要将 dept 因子作为输入。下面的代码可以创建相应的指针变量并拟合模型：

```
# 创建指针
d$dept_id <- coerce_index( d$dept )

# 对每个院系拟合单独的截距
m10.8 <- map(
    alist(
        admit ~ dbinom( applications , p ) ,
        logit(p) <- a[dept_id] ,
```

R code
10.28

```
        a[dept_id] ~ dnorm(0,10)
    ) , data=d )

# 加上male变量再次拟合模型
m10.9 <- map(
    alist(
        admit ~ dbinom( applications , p ) ,
        logit(p) <- a[dept_id] + bm*male ,
        a[dept_id] ~ dnorm(0,10) ,
        bm ~ dnorm(0,10)
    ) , data=d )
```

现在，比较本小节的 4 个模型：

R code
10.29

```
compare( m10.6 , m10.7 , m10.8 , m10.9 )
```

	WAIC	pWAIC	dWAIC	weight	SE	dSE
m10.8	5200.9	6	0.0	0.56	57.02	NA
m10.9	5201.4	7	0.5	0.44	57.06	2.48
m10.6	5954.8	2	753.9	0.00	34.98	48.53
m10.7	6046.3	1	845.4	0.00	29.95	52.37

不出所料，新模型拟合效果好多了。但是现在没有 male 变量的模型排名最靠前。m10.8
和 m10.9 的 WAIC 差距很小——这两个模型差不多都得到了一半的 Akaike 权重。这样
看这两个模型不相上下。即使稍微有点过度拟合，但性别变量貌似有点影响。因此，让
我们看看模型 m10.9 的拟合结果，以及性别和录取率之间的关系是如何变化的：

R code
10.30

```
precis( m10.9 , depth=2 )
```

	Mean	StdDev	5.5%	94.5%
a[1]	0.68	0.10	0.52	0.84
a[2]	0.64	0.12	0.45	0.82
a[3]	-0.58	0.07	-0.70	-0.46
a[4]	-0.61	0.09	-0.75	-0.48
a[5]	-1.06	0.10	-1.22	-0.90
a[6]	-2.62	0.16	-2.88	-2.37
bm	-0.10	0.08	-0.23	0.03

现在 bm 的估计方向改变了。在让步比的比例尺度下，相应的估计是：$\exp(-0.1) \approx 0.9$。
因此考虑特定院系男性录取的让步比大约是女性的 90%。

可以再次画出后验预测图，看看院系对应的截距如何捕捉总体录取率的信息。你能
够使用与之前相同的代码，只要将 postcheck 中的 m10.6 换成 m10.9 即可。结果如
图 10-6 所示。

在我们继续之前，先检查一下二项逼近。由于在 chimpanzees 数据中用独立截距
时，二项逼近会有问题。所以这里我们也应该检查一下。用 MCMC 拟合模型 m10.9：

R code
10.31

```
m10.9stan <- map2stan( m10.9 , chains=2 , iter=2500 , warmup=500 )
precis(m10.9stan,depth=2)
```

	Mean	StdDev	lower 0.89	upper 0.89	n_eff	Rhat
a[1]	0.68	0.10	0.52	0.84	1463	1
a[2]	0.64	0.12	0.45	0.82	1510	1
a[3]	-0.58	0.07	-0.70	-0.47	2267	1
a[4]	-0.61	0.09	-0.75	-0.48	2166	1
a[5]	-1.06	0.10	-1.22	-0.91	2755	1
a[6]	-2.64	0.17	-2.89	-2.36	3012	1
bm	-0.10	0.08	-0.23	0.03	1224	1

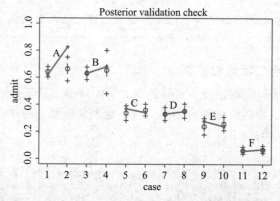

图 10-6 m10.9 的后验分布评估。每个院系，A 到 F，对应的单独截距能够捕捉到院系间的录取率差别。这使得模型能够在控制了院系差异的情况下比较男性和女性的录取率

这些估计与 m10.9 的结果非常接近，在实际应用中几乎没有区别。接下来再来看散点图矩阵。你会发现二项逼近在这里的效果很不错。这对二项回归来说很典型，只要这些截距没有离 0 太远（也就是这些截距估计不是很大的正数或者很小的负数）且不存在和结果变量高度相关的预测变量。那么，二项逼近可以非常准确。但因为对此进行检查很容易，通常值得检查一下。

再思考：辛普森悖论其实不是悖论。统计教学中常用的一个例子是**辛普森悖论**[一]。与很多悖论一样，这里并没有什么违反逻辑的地方，只是违反了直觉。由于不同人的直觉可能不同，不同人对辛普森悖论的理解也不一样。这个例子违反了整体正相关性在各个院系中也成立这样的直觉。总体说来，数据中的女性在总体研究生院录取率上确实不占优势。但这是因为女性更倾向于申请那些男女录取率都低的院系。

或许更具有悖论性的是，这种现象可以在一个样本内无限次重复发生。任何预测变量和结果变量的关系都可能因为模型中添加了一个新变量而消失甚至逆转。这里我们所有能做的，就是对模型保持怀疑的态度，并且试着想象所有模型可能欺骗我们的方式。仔细思考模型的设置有时能有帮助[二]。这里请大家回顾之前（本书第 109 页）关于因果推断的再思考方框。

深入思考：WAIC 和累加二项模型。rethinking 包中的 WAIC 函数能够检测聚合的二项模型，为了计算 WAIC，函数会将累加的结果分成单次 0/1 伯努利实验结果。之所以

[一] 见 Simpson(1951)。

[二] 例如 Pearl (2014)。有很多关于辛普森悖论的文献都将其描述的貌似逻辑上有矛盾的样子。

需要这样做是因为 WAIC 是逐点计算的(见第 6 章)。因此你定义"点"的方式会影响 WAIC 的值。在累加二项模型时,每个"点"对应某几个预测变量取值相同的原始观测集合。为了公平比较原模型和累加模型,必须保证标准统一,所以都用单次 0/1 实验。

累加二项模型的 DIC 和 WAIC 看起来将会非常不同,即使它们给出的排序相同。例如,还是对这两个模型,运行 compare(m10.8, m10.9, func= DIC),将此结果与 WAIC 的结果比较。在这种情况下,WAIC 和 DIC 的绝对值如此不同是因为累加二项分布有一个主要的系数,即乘数,也就是一系列 0/1 实验结果出现的可能方式。这个系数并不能改变推断,因为它不是模型的参数。但它却能改变对数似然值,进而改变偏差(deviance)。

10.1.4 用 glm 拟合二项回归模型

R 中的标准 glm 函数能够拟合一系列的广义线性模型,只要你对使用水平先验分布没有什么意见,而且使用的时候注意小心的话,也未尝不可。例如,下面的代码会给出与前一小节的 map 类似的结果:

R code
10.32

```
m10.7glm <- glm( cbind(admit,reject) ~ 1 , data=d , family=binomial )
m10.6glm <- glm( cbind(admit,reject) ~ male , data=d , family=binomial )
m10.8glm <- glm( cbind(admit,reject) ~ dept , data=d , family=binomial )
m10.9glm <- glm( cbind(admit,reject) ~ male + dept , data=d ,
    family=binomial )
```

当结果变量编码成 0/1 的形式时,模型公式看起来就像线性模型公式:

R code
10.33

```
data(chimpanzees)
m10.4glm <- glm(
    pulled_left ~ as.factor(actor) + prosoc_left * condition - condition ,
    data=chimpanzees , family=binomial )
```

注意,这里我们需要将 condition 的主效应从模型中移除。

你可以通过 glimmer 来将线性模型公式转化成对应的 map 模型公式。例如:

R code
10.34

```
glimmer( pulled_left ~ prosoc_left * condition - condition ,
    data=chimpanzees , family=binomial )
```

```
alist(
    pulled_left ~ dbinom( 1 , p ),
    logit(p) <- Intercept +
        b_prosoc_left*prosoc_left +
        b_prosoc_left_X_condition*prosoc_left_X_condition,
    Intercept ~ dnorm(0,10),
    b_prosoc_left ~ dnorm(0,10),
    b_prosoc_left_X_condition ~ dnorm(0,10)
)
```

这里的参数名取的不太好,但你可以自己修改。

注意 glimmer 函数默认加入弱正则化先验分布(键入?glimmer 查看更多选项)。有时,glm 暗示的水平先验会导致完全没有意义的估计。例如下面的数据和模型:

```
# 结果变量和预测变量几乎完美相关                                    R code
y <- c( rep(0,10) , rep(1,10) )                                10.35
x <- c( rep(-1,9) , rep(1,11) )
# 拟合二项GLM
m.bad <- glm( y ~ x , data=list(y=y,x=x) , family=binomial )
precis(m.bad)
```

```
              Mean   StdDev     5.5%    94.5%
(Intercept)  -9.13  2955.06 -4731.89  4713.63
x            11.43  2955.06 -4711.33  4734.19
```

结果区间应该让我们担心。这里发生了什么？结果变量和预测变量的相关性太高，以致 x 对应的斜率可以变得很大。在对数让步比很大的时候，再增加已经不会对结果产生什么影响了。因此不确定性是不对称的，且水平先验无法控制过高的估计。上面展示的估计结果，如果不假思索地解释的话，表明 y 和 x 之间没有关系，即使它们实际上是强相关的。

在这种情况下，只要在原来的基础上加上一个弱先验分布问题就可以轻松解决。在这种情况下 glm 函数甚至不会提出任何警告，这点挺让人担心。下面是对该问题的修复，用 map 函数：

```
m.good <- map(                                                 R code
    alist(                                                     10.36
        y ~ dbinom( 1 , p ),
        logit(p) <- a + b*x,
        c(a,b) ~ dnorm(0,10)
    ) , data=list(y=y,x=x) )
precis(m.good)
```

```
  Mean StdDev  5.5% 94.5%
a -1.73   2.78 -6.16  2.71
b  4.02   2.78 -0.42  8.45
```

当然，这里的不确定性是不对称的，因此二项逼近的结果有误导性。最好的方法是看看 MCMC 抽样的结果：

```
m.good.stan <- map2stan( m.good )                              R code
pairs(m.good.stan)                                             10.37
```

检查散点图矩阵（这里不显示）会发现，在使用广义线性模型的时候，即使这样简单的模型都要小心。我这么说不是为了吓唬读者。讲真，即使是简单的模型也可能有复杂的表现。如何拟合模型也是建模的一部分，原则上说，用 MAP 估计任何广义线性模型都是不安全的。

10.2　泊松回归

当二项分布对应事件发生概率 p 很小，且实验次数很大时，其分布情况很特殊。二项分布的期望是 np，方差是 $np(1-p)$。但当 n 很大，p 很小时，这两者很接近。

例如，假设你拥有一座经营经书抄写生意的修道院，在印刷术发明以前，很多修道院都做这样的生意。你雇佣了 1000 个和尚，大约每天都有一个和尚抄完一本经书。由于和尚是独立工作的，且经书的长度不同，有时一天会有 3 本以上的经书完成，很多时候一天内没有和尚抄完经书。由于这是一个二项过程，你可以计算不同天的方差 $np(1-p)=1000(0.001)(1-0.001)\approx1$。你可以模拟这样的数据，比如 10 000 天：

R code
10.38

```
y <- rbinom(1e5,1000,1/1000)
c( mean(y) , var(y) )
```

```
[1] 0.9968400 0.9928199
```

均值和方差几乎相等，这是二项分布的一个特例。这个特别的分布形状叫作泊松分布，该分布通常很有用，因为它允许我们对实验次数 n 未知，或者对非常大情况下的二项分布样本建模。例如，假设皇帝一时兴起，又给了你另外一座修道院。你不知道其中有多少名僧侣，但你被告知这个修道院平均每天生产 2 本经书。仅靠这条信息，你能推断每天完成的经书数目的分布。

用泊松似然函数建立模型，模型的形式甚至比二项或高斯模型更加简单。这是因为泊松只通过一个参数描绘分布形状，得到如下的似然函数定义：

$$y \sim \text{Poisson}(\lambda)$$

这里的参数 λ 是结果变量 y 的期望。

要建立广义线性模型，我们还需要一个链接函数。传统泊松模型的链接函数是对数链接，这在之前的章节中介绍过了。因此，为了嵌入线性模型，我们使用：

$$y_i \sim \text{Poisson}(\lambda_i)$$
$$\log(\lambda_i) = \alpha + \beta x_i$$

对数链接函数保证 λ_i 总是正的，这符合计数结果变量的要求。如本章之前提到的，这也表明了预测变量和期望之间的指数关系。指数关系增长很快，一些自然事件能够在很长时间内保持指数增长。因此在用对数链接函数时，你要时刻检查该函数是否对所有的预测变量取值都有意义。

参数 λ 是对应分布的期望，但人们也常常将其看作一个比率。这两种解释都对，理解了这点我们能在不同样本对应曝光情况不同时建立泊松模型。例如，假设隔壁修道院计算的是每周完成经书的数目，而你的修道院计算的是每天。如果你有这两组观测，那么你该如何用相同的模型对这两组数据建模？这里计数的时间范围不同。

下面就讲讲如何建模。模型暗指 μ 是每单位时间或距离事件数目的期望 μ。如果不同样本对应的曝光情况不同，那么可以这样定义 $\lambda=\mu/\tau$，这让我们能按照如下方式定义链接函数：

$$y_i \sim \text{Poisson}(\lambda_i)$$
$$\log \lambda_i = \log \frac{\mu_i}{\tau_i} = \alpha + \beta x_i$$

由于比例的对数等于单独取对数的差，我们也可以将上式写成：

$$\log \lambda_i = \log \mu_i - \log \tau_i = \alpha + \beta x_i$$

这些 τ 的值就是前面所说的"曝光"。因此，如果不同的观测 i 有不同的曝光，这意味着第 i 行的值是：

$$\log \mu_i = \log \tau_i + \alpha + \beta x_i$$

当 $\tau_i=1$，那么 $\log \tau_i=0$，这又回到了原来的模型。但是当每个样本的曝光情况不同时，

τ_i能对每个样本i的期望观测进行调整。因此你能通过如下方式定义模型来对曝光不同的情况建模：

$$y_i \sim \text{Poisson}(\mu_i)$$
$$\log \mu_i = \log \tau_i + \alpha + \beta x_i$$

其中τ是数据中的一列。因此这就像加入一个新的预测变量，曝光的对数，但并没有加入新的参数。本小节的后半部分会有一个相关的例子。

10.2.1　例子：海洋工具复杂度

下面是一个广义线性泊松分析的例子。大洋洲的岛屿社会为技术进展提供了天然的实验。历史上，人口数目不同的岛屿拥有不同型号的工具集。这些工具集包括：鱼钩、斧子、船、手扶犁以及许多其他类型的工具。很多理论预测更大的群体会发展出并持续使用更加复杂的工具集。因此，大洋洲岛屿的面积差异导致的人口数目的自然差异为这些想法提供了天然实验室。不同岛屿社会之间交流频率的增加也能显著增加群体数目，因为交流能够推动科技进步。因此大洋洲岛屿间的交流频率也是相关因素。

下面是我们将用到的数据[⊖]：

```
library(rethinking)
data(Kline)
d <- Kline
d
```

R code
10.39

	culture	population	contact	total_tools	mean_TU
1	Malekula	1100	low	13	3.2
2	Tikopia	1500	low	22	4.7
3	Santa Cruz	3600	low	24	4.0
4	Yap	4791	high	43	5.0
5	Lau Fiji	7400	high	33	5.0
6	Trobriand	8000	high	19	4.0
7	Chuuk	9200	high	40	3.8
8	Manus	13000	low	28	6.6
9	Tonga	17500	high	55	5.4
10	Hawaii	275000	low	71	6.6

整个数据集如上所示。图 10-7 展示了这些岛屿社会在太平洋的具体位置。与之前一样，数据的行数和"样本量"并不完全相同，因为这里展示的是计数。但即使是考虑单独的观测，样本量也没有很大，因为历史上本来就没有那么多关于大洋洲社会的可靠数据。因此我们想要通过正则方法来减轻过度拟合。但是如你所见，我们可以从数据中学到很多。

其中结果变量是 total_tools。对下面的想法建模：

（1）工具数目随着对数人口（population）的增加而增加。为什么取对数？因为理论显示，真正起作用的是人口数的量级而非确切的人口数。因此，我们会搜寻变量 total_tools 和 population 的对数之间的正相关性。

（2）工具数目随着社会间接触（contact）频率的增加而增加。结成交流网络的岛屿会获取或者保持使用更多类型的工具。

⊖　见 Kline 和 Boyd（2010）。

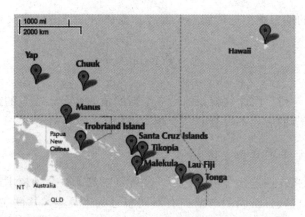

图 10-7 Kline 数据集中岛屿社会的地理位置。图中标出了赤道和国际日期变更线

（3）人口数目（population）对工具数目的影响随着交流频率（contact）的增加而增加。也就是说，total_tools 和 population 对数之间的相关性取决于 contact 变量。因此我们会检查 population 的对数和 contact 是否存在正交互效应。

让我们建立相应的模型。首先对 population 进行对数变换，并将 contact 编码成名义变量：

R code
10.40

```
d$log_pop <- log(d$population)
d$contact_high <- ifelse( d$contact=="high" , 1 , 0 )
```

能够检验上面假设的模型包含人口对数和接触频率的交互效应：

$$T_i \sim \text{Poisson}(\lambda_i)$$
$$\log \lambda_i = \alpha + \beta_P \log P_i + \beta_C\, C_i + \beta_{PC}\, C_i \log P_i$$
$$\alpha \sim \text{Normal}(0,100)$$
$$\beta_P \sim \text{Normal}(0,1)$$
$$\beta_C \sim \text{Normal}(0,1)$$
$$\beta_{PC} \sim \text{Normal}(0,1)$$

其中 P 代表 population，C 代表 contact_high。我对参数 β 使用了更强的正则先验，由于样本量很小，我们要更加注意避免过度拟合。事实上，这些 Normal$(0,1)$先验可能还不够保守。由于预测变量没有中心化——之后会进一步展开，并没有任何关于 α 位置的信息，因此这里我指定了一个基本的水平先验。

下面用数据拟合模型，我们可以用 map 函数：

R code
10.41

```
m10.10 <- map(
    alist(
        total_tools ~ dpois( lambda ),
        log(lambda) <- a + bp*log_pop +
            bc*contact_high + bpc*contact_high*log_pop,
        a ~ dnorm(0,100),
        c(bp,bc,bpc) ~ dnorm(0,1)
    ),
    data=d )
```

让我们看看估计结果，当模型中含有交互效应时，尤其在变量没有中心化的时候，我们无法从估计结果表格中知道到底发生了什么。我还会展示相应的点图。

```
precis(m10.10,corr=TRUE)
plot(precis(m10.10))
```
R code
10.42

```
     Mean StdDev  5.5% 94.5%     a    bp    bc   bpc
a    0.94   0.36  0.37  1.52  1.00 -0.98 -0.13  0.07
bp   0.26   0.03  0.21  0.32 -0.98  1.00  0.12 -0.08
bc  -0.09   0.84 -1.43  1.25 -0.13  0.12  1.00 -0.99
bpc  0.04   0.09 -0.10  0.19  0.07 -0.08 -0.99  1.00
```

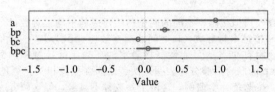

上面的代码中 corr= TRUE 选项表明结果考虑了参数的相关性。但是，首先注意人口对数 bp 的主效应是正的，而且非常精确。但 bc 和 bpc 的区间都覆盖了 0 点。因此你可能认为人口对数和工具数目之间的正相关关系是很确定的，但是接触频率在该模型中对预测没有影响。

　　你可能会得出这样的结论，但是你错了。估计的结果表格总是很容易迷惑人，尤其当存在交互效应的时候。为了证明在这个模型中接触频率对预测有重要影响，让我们计算一些模拟的预测。考虑两个对数人口都是 8 的岛屿，但是其中一个和其他岛屿有密切接触，另外一个接触程度低。对每个岛屿计算工具数的期望 λ。我们可以通过从后验分布中抽取样本，将这些样本代入线性模型中，然后对链接函数进行逆变换回到原观测尺度。在这个例子中，逆变换就是用 exp 函数进行指数变换：

```
post <- extract.samples(m10.10)
lambda_high <- exp( post$a + post$bc + (post$bp + post$bpc)*8 )
lambda_low <- exp( post$a + post$bp*8 )
```
R code
10.43

由于后验分布是一个分布，因此 lambda_high 和 lambda_low 也是分布。现在我们计算这两者之间差别的分布，看看高接触率的岛屿和低接触率的岛屿对应期望工具数差别的情况：

```
diff <- lambda_high - lambda_low
sum(diff > 0)/length(diff)
```
R code
10.44

```
[1] 0.9527
```

这表明有 95％ 的可能性高接触频率的岛屿对应的工具数比低接触频率的岛屿多。该分布如图 10-8 所示。在 bc 和 bpc 都非显著的情况下怎么可能出现这种结果呢？其中一个原因是参数之间的不确定性也是相关的。回头看看 m10.10 对应的 precis 表格。bc 和 bpc 是高度负相关的，如图 10-8 右边所示。因此，当 bc 很小的时候，bpc 很大。因此，你无法仅靠每个参数的边缘分布，也就是估计表格中的结果，来准确理解它们对预测结果的联合影响。

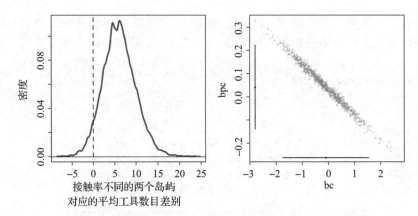

图 10-8　左图：相同对数人口但接触率不同的两个岛屿对应的平均工具数目差别的分布。虽然接触率的主效应（bc）和接触率与对数人口之间的交互效应（bpc）对应的置信区间都覆盖了 0，但这两个共同作用表明有 95% 的可能性高接触率的岛屿比低接触率的岛屿的期望工具数目高。右图：bc 和 bcp 的联合后验分布表明这两者之间强烈负相关。黑色线段展示了两个参数的边缘后验分布。按照统计学惯例，这两个参数都不显著，但这两者一起则表明接触率对预测有持续影响

一个更好的衡量预测变量（比如 contact_high）是否能影响预测的方法是模型比较。由于模型比较基于预测结果的尺度，它们自动考虑了这些相关性。让我们拟合一系列模型，逐渐减少模型中的项。这让我们能够估计过度拟合的情况，并对每个参数项对提高预期预测的程度有一个大概的了解。

首先，考虑下面没有交互效应的模型：

R code
10.45

```
# 无交互效应
m10.11 <- map(
    alist(
        total_tools ~ dpois( lambda ),
        log(lambda) <- a + bp*log_pop + bc*contact_high,
        a ~ dnorm(0,100),
        c(bp,bc) ~ dnorm( 0 , 1 )
    ), data=d )
```

现在考虑另外两个模型，每个模型都只含有其中的一个拟合项：

R code
10.46

```
# 没有接触率
m10.12 <- map(
    alist(
        total_tools ~ dpois( lambda ),
        log(lambda) <- a + bp*log_pop,
        a ~ dnorm(0,100),
        bp ~ dnorm( 0 , 1 )
    ), data=d )

# 没有对数人口
m10.13 <- map(
    alist(
        total_tools ~ dpois( lambda ),
```

```
        log(lambda) <- a + bc*contact_high,
        a ~ dnorm(0,100),
        bc ~ dnorm( 0 , 1 )
    ), data=d )
```

最后考虑只有截距的零模型。注意这不是经典意义上的零模型，因为我们会像对待其他模型一样评估这个模型。

R code
10.47

```
# 只有截距的模型
m10.14 <- map(
    alist(
        total_tools ~ dpois( lambda ),
        log(lambda) <- a,
        a ~ dnorm(0,100)
    ), data=d )

# 用WAIC比较模型
# 加上n=1e4设置得到更稳定的WAIC估计
# 对比较结果作图
( islands.compare <- compare(m10.10,m10.11,m10.12,m10.13,m10.14,n=1e4) )
plot(islands.compare)
```

	WAIC	pWAIC	dWAIC	weight	SE	dSE
m10.11	79.0	4.2	0.0	0.62	11.19	NA
m10.10	80.1	4.9	1.2	0.35	11.42	1.28
m10.12	84.6	3.8	5.6	0.04	8.91	8.47
m10.14	141.5	8.2	62.5	0.00	31.53	34.42
m10.13	149.8	16.7	70.8	0.00	43.96	46.01

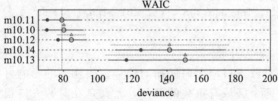

最优的两个模型同时包含两个预测变量，但是最优的模型 m10.11 没有包含这两个变量的交互效应。然而这两个模型都有很高的权重。这表明有截距的模型很可能过度拟合了。这里的结果清楚地表明接触率是重要的，虽然它的影响比对数人口要小。记得，所有形式的模型比较，信息理论或者其他都无法保证结果是对的。它们本身不过是关于袋外样本预测情况的模型，而不是什么神奇的占卜术。

为了更好地理解这些模型结果意味着什么，让我们集合最好的 3 个模型绘制一些模拟预测。这 3 个模型加在一起几乎占了所有的权重。下面的代码有点多，但有详细注释，而且没有新的东西。

R code
10.48

```
# 从绘制原始观测数据开始
# 点的形状(pch)表明接触率
pch <- ifelse( d$contact_high==1 , 16 , 1 )
```

```
plot( d$log_pop , d$total_tools , col=rangi2 , pch=pch ,
    xlab="log-population" , ylab="total tools" )

# 得到一系列对数人口值
log_pop.seq <- seq( from=6 , to=13 , length.out=30 )

# 计算高接触率岛屿趋势
d.pred <- data.frame(
    log_pop = log_pop.seq,
    contact_high = 1
)
lambda.pred.h <- ensemble( m10.10 , m10.11 , m10.12 , data=d.pred )
lambda.med <- apply( lambda.pred.h$link , 2 , median )
lambda.PI <- apply( lambda.pred.h$link , 2 , PI )

# 绘制高接触率岛屿对应的预测趋势
lines( log_pop.seq , lambda.med , col=rangi2 )
shade( lambda.PI , log_pop.seq , col=col.alpha(rangi2,0.2) )

# 计算低接触率岛屿趋势
d.pred <- data.frame(
    log_pop = log_pop.seq,
    contact_high = 0
)
lambda.pred.l <- ensemble( m10.10 , m10.11 , m10.12 , data=d.pred )
lambda.med <- apply( lambda.pred.l$link , 2 , median )
lambda.PI <- apply( lambda.pred.l$link , 2 , PI )

# 加到图上
lines( log_pop.seq , lambda.med , lty=2 )
shade( lambda.PI , log_pop.seq , col=col.alpha("black",0.1) )
```

结果如图 10-9 所示。蓝色阴影代表高接触率岛屿。灰色区域代表低接触率岛屿。注意，这两者都展示出随着对数人口增大而增加的趋势。接触率的影响可以通过比较蓝线和灰线之间的距离得到。两个区域有重叠的部分，尤其是在对数人口很大和很小的时候，在这两个区域没有高接触率的岛屿。

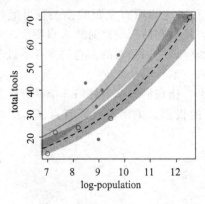

图 10-9　将三个岛屿模型结果集中到一起得到的后验预测。实心点代表高接触率的岛屿。蓝色趋势线和相应的置信区间是对高接触率岛屿在不同对数人口（水平轴）条件下的模拟预测。虚线趋势和相应的灰色区间是低接触率岛屿对应的预测

10.2.2　MCMC 岛屿

让我们核实下前一小节中的 MAP 估计真的描绘了后验分布的形状。记得，原则上广义线性模型的后验分布不一定是多元高斯，即使所有的先验都是高斯分布。你可以很容易地将 map 模型传递给 map2stan 来核实这一点：

R code
10.49

```
m10.10stan <- map2stan( m10.10 , iter=3000 , warmup=1000 , chains=4 )
precis(m10.10stan)
```

	Mean	StdDev	lower 0.89	upper 0.89	n_eff	Rhat
a	0.93	0.37	0.32	1.51	2077	1
bp	0.27	0.04	0.21	0.32	2054	1
bc	-0.08	0.86	-1.51	1.24	2169	1
bpc	0.04	0.09	-0.11	0.19	2164	1

这些参数估计和置信区间与之前一样。因此，后验分布接近高斯分布。但看看图 10-10 左边的散点图。注意有两个参数高度相关。Hamiltonian 蒙特卡洛法能够很有效地应对这样的情况，但可能的话，最好还是尽量避免这样的情况发生。因为在存在参数后验分布高度相关的情况下，即使是 HMC 的效率也会降低。

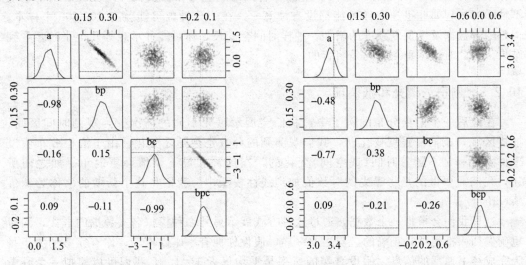

图 10-10　模型 m10.10stan（左）和模型 m10.10stan.c（右）对应的后验分布

因此，这是展示中心化预测变量如何能够帮助推断的好机会，中心化能够降低参数间的相关性。让我们中心化 log_pop，然后重新估计，看看马尔可夫链的效率有多大提升：

R code
10.50

```
# 建立中心化预测变量
d$log_pop_c <- d$log_pop - mean(d$log_pop)

# 重新估计
m10.10stan.c <- map2stan(
    alist(
        total_tools ~ dpois( lambda ) ,
```

```
        log(lambda) <- a + bp*log_pop_c + bc*contact_high +
            bcp*log_pop_c*contact_high ,
        a ~ dnorm(0,10) ,
        bp ~ dnorm(0,1) ,
        bc ~ dnorm(0,1) ,
        bcp ~ dnorm(0,1)
    ) ,
    data=d , iter=3000 , warmup=1000 , chains=4 )
precis(m10.10stan.c)
```

	Mean	StdDev	lower 0.89	upper 0.89	n_eff	Rhat
a	3.31	0.09	3.17	3.46	2574	1
bp	0.26	0.04	0.20	0.32	3154	1
bc	0.28	0.12	0.09	0.47	2837	1
bcp	0.07	0.18	-0.21	0.34	3838	1

估计看上去会非常不一样，因为这里对数据进行了中心化处理，但预测还是一样的。这里我们感兴趣的是后验分布的形状。现在看看图 10-10 右边的散点图。变量的强相关性不存在了。马尔可夫链也变得更加有效，这增加了有效样本数。当马尔可夫链能够从后验分布中有效抽样时，n eff 增大。这意味着描绘后验分布需要的样本更少了。这些模型抽样的过程如此迅速，你可能都没有注意——在一分钟内可能就有 100 000 个样本。但是随着数据及模型复杂度的增加，抽样时间会变长，你可能并不想等几个小时才看到结果。因此对数据重新编码是明智的。

10.2.3　例子：曝光和抵消项

在最后一个泊松分布的例子中，我们会展示曝光不同的情况。当观测时间区间、抽样区域，或抽样强度变化时，我们观测到的计数也会随之变化。由于泊松分布假设事件发生率是不随着时间（或空间）变化的，在这种假设下事情会更简单。如之前所述，我们需要做的是将曝光的对数值加到线性模型中。我们将这个新增的项称为抵消项（offset）。

这里我们会模拟一个数据，通过这种方式展示另外一种模拟名义数据的方式，同时也确保加入抵消项是正确的。与之前一样，假设你拥有一座修道院。你有完整的关于每天完成经书速率的信息。假设真实的速率是平均每天 $\lambda = 1.5$。我们可以模拟一个月中每日完成经书数量的数据：

R code
10.51

```
num_days <- 30
y <- rpois( num_days , 1.5 )
```

这里的 y 是一个有 30 个元素的向量，每个元素对应其中一天完成的经书数目。

进一步假设你的修道院有了净利润，因此你考虑再买一座修道院。在你买新的修道院之前，你想知道新的修道院生产经书的效率有多高。不幸的是，你要买的修道院现在的所有者没有记录每天的数据，因此你无法比较每天的计数。但是这个修道院记录了每周生产经书的总数。假设新修道院每天生产经书的速率是 $\lambda = 0.5$。要模拟这个修道院一周生产的经书数据，只需要将每天生产的经书数乘以 7：

```
num_weeks <- 4
y_new <- rpois( num_weeks , 0.5*7 )
```

新的变量 y_new 中有 4 个元素，分别代表一个月中每周完成的经书数目。

为了分析每日经书数 y 和每周经书数 y_new，我们只需将曝光的对数加入线性模型中。首先，让我们建立一个包含所有计数的数据框，这样你能够看到每个观测对应的曝光情况：

```
y_all <- c( y , y_new )
exposure <- c( rep(1,30) , rep(7,4) )
monastery <- c( rep(0,30) , rep(1,4) )
d <- data.frame( y=y_all , days=exposure , monastery=monastery )
```

可以查看 d，确认该数据框有 3 列：观测到的计数存储在 y 中，这些计数对应的天数（即曝光 exposure）在 days 中，指针变量 monastery 指明是否是新修道院。

为了拟合模型，估计每个修道院生产经书的速率，我们只需计算每个曝光的对数，然后将这个变量加入线性模型中。下面的代码可以进行这项操作：

```
# 对曝光取对数
d$log_days <- log( d$days )

# 拟合模型
m10.15 <- map(
    alist(
        y ~ dpois( lambda ),
        log(lambda) <- log_days + a + b*monastery,
        a ~ dnorm(0,100),
        b ~ dnorm(0,1)
    ),
    data=d )
```

要计算每座修道院对应 λ 的后验分布，从后验分布中抽取样本，然后使用线性模型，但这里不使用曝光项。在计算预测值的时候不需要再次使用曝光项，因为这时两座修道院参数都是针对每天的情况。

```
post <- extract.samples( m10.15 )
lambda_old <- exp( post$a )
lambda_new <- exp( post$a + post$b )
precis( data.frame( lambda_old , lambda_new ) )
```

```
            Mean StdDev |0.89 0.89|
lambda_old  1.61   0.23  1.26  1.99
lambda_new  0.59   0.14  0.37  0.81
```

运行代码后你得到的估计会稍微有些不同，因为你随机抽取的数据不同。但是结果从现实意义上看应该很相似：新的修道院每天生产的经书大约是原来的一半。因此，你不会出大价钱买这家修道院。

10.3 其他计数回归

在本章的最后一节，你会遇到另外 4 个常见的计数回归：多项分布、几何分布、负二项分布及贝塔二项分布。在它们各自的约束条件下，前 2 个同时也是最大熵分布。第 3 个和第 4 个实际上是混合模型。我们会在下一章讨论混合模型。这里简单介绍负二项分布和贝塔二项分布，只是为了让你熟悉这两个概念，为之后做好准备，并且能够更轻易地将它们和基本的二项广义线性模型联系起来。

在本节中我们不会展示完整的例子。目的是为你提供足够的信息，让你知道该在什么时候使用哪种模型，在其他人使用不恰当的模型时能够知道。我会对每种情况简单展示模型定义，只是为了让你们不觉得这些模型很神秘。在更高阶的书中会有完整的例子。

10.3.1 多项分布

只有两种可能结果的情况适合用二项分布，通常我们对各种情况发生的次数进行计数。另外一些情况下，可能的结果超过 2 种。例如，回忆之前第 2 章中抽取袋中大理石块的例子。袋中的石块只有蓝和白两种颜色。假设我们加入了红色的石块。现在每次抽出的石块是这 3 种颜色中的一种，且每种颜色对应相应的计数。因此我们会得到蓝、白和红三种颜色对应的计数。

当可能的无序结果类别超过两个，且每次实验对应的类事件发生的概率是一个常数时，最大熵分布是多项分布。其实在第 9 章已经遇到过多项分布的情况，我们用向桶投掷石块的例子来介绍最大熵。二项分布是多项分布的特殊情况，因此其分布公式与二项分布相似，只是扩展到了三个或更多类别的情况。如果事件有 K 种可能的结果，各种结果出现的概率分别为 $p_1, \cdots, p_K$，那么在 n 次试验后观测到 $y_1, \cdots, y_K$ 的概率是：

$$Pr(y_1, \cdots, y_K \mid n, p_1, \cdots, p_K) = \frac{n!}{\prod_i y_i!} \prod_{i=1}^{K} p_i^{y_i}$$

其中含有 $n!$ 的那个比值代表观测到 $y_1, \cdots, y_K$ 结果对应的事件出现次序不同的情况数目。

建立在多项分布基础上的模型也可以称为分类回归，通常情况下每个事件对应一行，如逻辑回归。在机器学习中，这类模型也称为最大熵分类器。基于多项分布似然函数建立广义线性模型是很复杂的，因为随着事件类别数目的增加，候选模型的数目也增加了。建立似然函数的方法有两种。第一种直接基于多项分布似然函数，并且使用逻辑链接函数的扩展版本。我会向你展示一个这种方法的例子，我将这种方法叫作直接方法。第二种方法将多项分布转化为一系列泊松分布似然函数，这挺奇怪的。本小节末尾会介绍这种方法。

直接多项模型

这种情况下常用的链接函数是多项逻辑（multinomial logit）函数。这种链接函数是一个分值向量，向量的不同元素分别代表 K 个事件类别，且事件 k 对应的概率是：

$$Pr(k \mid s_1, s_2, \cdots, s_K) = \frac{\exp(s_k)}{\sum_{i=1}^{K} \exp(s_i)}$$

rethinking 包提供了这个链接函数(称为 softmax 函数)。包括这个传统的链接函数在内的广义线性模型通常称为多项逻辑回归。

理论上建立多项广义线性模型并不难。但在实际应用中,这类广义线性模型比其他类型的广义线性模型对新手来说难得多。为了定义多项广义线性模型,需要回答一些新的问题。且模型解释也更加困难。这里最大的问题是如何处理多元线性模型。在二项广义线性模型中,你能对任何一个可能事件结果建模,对事件发生比的对数建立线性模型。当对其中一个事件结果建模时,也就自动考虑了另外一个可能结果。但在多项广义线性模型中,如果可能的事件结果有 K 个的话,你需要对其中 $K-1$ 个事件结果分别建模。在每种情况下,你可以使用任何预测变量和参数——每个模型的参数不一定要相同,通常都有很好的理由支持参数应该不同。对二项这种特殊情况没有这样的问题,因为只需要建立一个线性模型。这也是为什么二项广义线性模型简单得多。

存在两种基本情况:(1)对于不同的事件结果类型,预测变量的取值不同。(2)每种结果类型对应的参数不同。当每种事件结果类别对应自己独特的定量特性,且你想要估计这些特性之间的关联及每种事件结果出现在数据中的概率时,那么符合第一种情况。当你感兴趣的是导致每种事件发生的机制对应的特征,不管事件出现哪种类型的结果,那么符合第二种情况。你可以在一个模型中同时考虑这两种情况。这里用两个例子分别展示不同的情况有助于我们理解这两种情况的不同。

例如,假设你要对一系列年轻人的事业选择进行建模。其中一个具有预测性的变量是预期收入。在这种情况下,为了估计收入这个特性对事业选择概率的影响,参数 β_{INCOME} 会出现在每个模型中。但不同的模型中参数乘的收入取值不同。

下面是一个模拟案例的 R 代码。该代码模拟了对 3 种职业的选择,每种职业对应各自的收入特征。我们将用这些特征对事件发生的每种情况给予一个分值。之后用数据拟合模型时,这些分值中一个是固定常数,另外两个分值是通过已知的收入特征估计的。我知道这有点让人摸不着头脑,在一步步实践模型的过程中会更加清楚。先模拟一些职业选择的数据:

R code
10.56

```
# 模拟500个职业选择数据
N <- 500              # 样本量
income <- 1:3         # 每个职业对应的收入期望
score <- 0.5*income   # 基于收入,每个职业的分值
# 下面一行将分值转化成概率
p <- softmax(score[1],score[2],score[3])

# 现在模拟选择
# 职业选择结果,具体的职业类型不是每种职业对应的选择次数
career <- rep(NA,N)   # 建立一个空向量来存放个体选择结果
# 模拟个体选择
for ( i in 1:N ) career[i] <- sample( 1:3 , size=1 , prob=p )
```

对这个模拟数据拟合模型,我们需要用 dcategorical 似然函数,也就是多项逻辑回归对应的似然函数。当结果变量(career)中的每个取值代表一个选项类的时候,我们可以用这个似然函数。要将所有的分值转换成概率,我们将使用多项逻辑链接,也就是 softmax。我们还要选择其中的一个类别作为基准类别。这里我们将第一个选项类作为基准,赋予其一个常数值。对其他选项类分别建立线性模型,其中参数是相对于基准类

别而言的：

R code
10.57

```
# 拟合模型，使用dcategorical和softmax链接
m10.16 <- map(
    alist(
    career ~ dcategorical( softmax(0,s2,s3) ),
    s2 <- b*2,      # 选项2的线性模型
    s3 <- b*3,      # 选项3的线性模型
    b ~ dnorm(0,5)
) ,
data=list(career=career) )
```

注意线性模型中没有截距。

注意，要直接解释从这些模型中得到的估计极其困难。你必须将它们转化成一个概率向量再进行解释。主要是因为指定不同的基准类对参数估计的影响很大。在上面的例子中将选项 1 作为基准类。如果将另外一个选项作为基准类会得到不同的估计，但是预测相同。

现在考虑第二个例子。假设还是职业选择问题。但是你现在想估计每个人的家庭收入和事业选择之间的关系。因此，在每个线性模型中相同行对应的预测变量取值相同。但是现在每个线性模型对应各自的参数。这些参数估计代表家庭收入对职业选择的影响：

R code
10.58

```
N <- 100
# 对每个个体模拟家庭收入数据
family_income <- runif(N)
# 对每个职业指定相应的系数
b <- (1:-1)
career <- rep(NA,N)    # 建立一个空向量用来存放每个个体的选择
for ( i in 1:N ) {
    score <- 0.5*(1:3) + b*family_income[i]
    p <- softmax(score[1],score[2],score[3])
    career[i] <- sample( 1:3 , size=1 , prob=p )
}

m10.17 <- map(
    alist(
        career ~ dcategorical( softmax(0,s2,s3) ),
        s2 <- a2 + b2*family_income,
        s3 <- a3 + b3*family_income,
        c(a2,a3,b2,b3) ~ dnorm(0,5)
    ) ,
    data=list(career=career,family_income=family_income) )
```

与之前类似，最好通过模型预测来解释模型。这里的模型能够有效地判定分类无序的事件。但是当前的参数尺度很难解释。

泊松版本的多项回归

另外一种拟合多项似然函数的方法是将其重新编码成一系列的泊松似然函数。[注]这

[注] 关于这个变换似乎找不到原始的引用文献。常见的引用文献是 Baker(1994)，这篇文献引用了很多特别的先验分布的使用。McCullagh 和 Nelder(1989)[325]在 209 页的开头解释了该变换。

听起来有点疯狂。但实际上这是一种主要的也是常用的对多项分布结果建模的方法。这是主要的方法因为其有数学支持。这是常用的方法因为泊松似然比多项似然更容易计算。这里我会展示一个应用的例子。详细的数学变换见末尾的深入思考方框。

　　用不同的方法得到相同的推断，这就是统计计科学家抓狂的地方。我会从之前章节中的二项分布的例子着手，这里用泊松回归建模。由于二项分布是特殊的多项分布，相应的方法可以扩展到结果类别更多的情况。回到之前伯克利大学的录取数据。先载入数据：

```
library(rethinking)
data(UCBadmit)
d <- UCBadmit
```
R code
10.59

现在让我们用泊松回归对录取率和拒绝率进行建模。我们会将这里的推断结果和之前的二项模型结果进行比较。下面是二项模型和泊松模型：

```
# 总体录取率的二项模型
m_binom <- map(
    alist(
        admit ~ dbinom(applications,p),
        logit(p) <- a,
        a ~ dnorm(0,100)
    ),
    data=d )

# 总体录取率和拒绝率的泊松模型
d$rej <- d$reject # 'reject' is a reserved word
m_pois <- map2stan(
    alist(
        admit ~ dpois(lambda1),
        rej ~ dpois(lambda2),
        log(lambda1) <- a1,
        log(lambda2) <- a2,
        c(a1,a2) ~ dnorm(0,100)
    ),
    data=d , chains=3 , cores=3 )
```
R code
10.60

简单起见，这里我们只查看后验均值。但记得真正需要的是整个后验分布。首先，整个数据对应的录取率推断是：

```
logistic(coef(m_binom))
```
R code
10.61

```
        a
0.3877596
```

泊松模型结果暗示的录取率是：

$$p_{\text{ADMIT}} = \frac{\lambda_1}{\lambda_1 + \lambda_2} = \frac{\exp(a_1)}{\exp(a_1) + \exp(a_2)}$$

对应的代码是：

R code
10.62

```
k <- as.numeric(coef(m_pois))
exp(k[1])/(exp(k[1])+exp(k[2]))
```

```
[1] 0.3879816
```

这和二项模型的推断结果一致。

深入思考：多项-泊松变换。 本章之前介绍过泊松分布。假设类 1 事件对应参数λ_1，结果y_1的概率是：

$$Pr(y_1 \,|\, \lambda_1) = \frac{e^{-\lambda_1} \, \lambda_1^{y_1}}{y_1!}$$

我会向你展示一个从多项概率表达式推导出上面表达式的神奇方法。多项概率分布只是二项概率分布扩展到类别数大于 2 的情况。现在我们以二项分布为例，但是采用多项分布的形式，使推导更加容易一些。总体实验次数是n，这里 1 类事件和 2 类事件结果发生的次数是y_1和y_2，对应的概率分别为p_1和p_2：

$$Pr(y_1, y_2 \,|\, n, p_1, p_2) = \frac{n!}{y_1! \, y_2!} \, p_1^{y_1} \, p_2^{y_2}$$

现在我们需要一些新的定义。假设$\Lambda = \lambda_1 + \lambda_2$，$p_1 = \lambda_1 / \Lambda$且$p_2 = \lambda_2 / \Lambda$。将这些量代入二项概率公式：

$$Pr(y_1, y_2 \,|\, n, \lambda_1, \lambda_2) = \frac{n!}{y_1! \, y_2!} \left(\frac{\lambda_1}{\Lambda}\right)^{y_1} \left(\frac{\lambda_2}{\Lambda}\right)^{y_2} = \frac{n!}{\Lambda^{y_1} \, \Lambda^{y_2}} \frac{\lambda_1^{y_1}}{y_1!} \frac{\lambda_2^{y_2}}{y_2!} = \frac{n!}{\Lambda^n} \frac{\lambda_1^{y_1}}{y_1!} \frac{\lambda_2^{y_2}}{y_2!}$$

现在我们在分子和分母上同时乘以$e^{-\lambda_1}$和$e^{-\lambda_2}$，然后重新整合上面的式子：

$$Pr(y_1, y_2 \,|\, n, \lambda_1, \lambda_2) = \frac{n!}{\Lambda^n} \frac{e^{-\lambda_1}}{e^{-\lambda_1}} \frac{\lambda_1^{y_1}}{y_1!} \frac{e^{-\lambda_2}}{e^{-\lambda_2}} \frac{\lambda_2^{y_2}}{y_2} = \frac{n!}{\Lambda^n \, e^{-\lambda_1} \, e^{-\lambda_2}} \frac{e^{-\lambda_1} \, \lambda_1^{y_1}}{y_1!} \frac{e^{-\lambda_2} \, \lambda_2^{y_2}}{y_2!}$$

$$= \underbrace{\frac{n!}{e^{-\Lambda} \, \Lambda^n}}_{Pr(n)^{-1}} \underbrace{\frac{e^{-\lambda_1} \, \lambda_1^{y_1}}{y_1!}}_{Pr(y_1)} \underbrace{\frac{e^{-\lambda_2} \, \lambda_2^{y_2}}{y_2!}}_{Pr(y_2)}$$

最终的表达式是两个泊松分布$Pr(y_1)$和$Pr(y_2)$的乘积除以取值为n的泊松分布概率$Pr(n)$。这里将该乘积除以$Pr(n)$是符合逻辑的，因为这是y_1和y_2的条件概率。上面的推导可以推广到事件类别数目是k的情况。这时你可以用泊松参数$\lambda_1, \cdots, \lambda_k$模拟多元概率$p_1, \cdots, p_k$。你还可以通过$p_i = \lambda_i / \sum_j \lambda_j$计算相应的概率。

10.3.2　几何分布

有时计数代表特定事件发生之前的实验次数。这里的"特定事件"也被称为终止事件。通常情况下，我们想要模拟该事件发生的概率，这类分析称为**事件历史分析**或**生存分析**。当终止事件发生的概率是一个不随时间（或距离）变化的常数，且时间（或距离）的单位是离散的时候，这种情况下经常使用几何分布似然函数。该分布的密度函数为：

$$Pr(y \,|\, p) = p(1-p)^{y-1}$$

其中y指终止事件发生之前的实验次数，p指每次实验终止事件发生的概率。该分布在计数可能取值无限大同时期望为常数的条件下有最大熵。但只要想想该分布模拟的是在特定事件发生之前实验的次数，就更容易记住这个分布的应用领域了。

下面是一个简单的模拟例子：

```
# 模拟数据
N <- 100
x <- runif(N)
y <- rgeom( N , prob=logistic( -1 + 2*x ) )

# 估计模型
m10.18 <- map(
    alist(
        y ~ dgeom( p ),
        logit(p) <- a + b*x,
        a ~ dnorm(0,10),
        b ~ dnorm(0,1)
    ),
    data=list(y=y,x=x) )
precis(m10.18)
```

R code
10.63

```
   Mean StdDev  5.5% 94.5%
a -1.00   0.22 -1.34 -0.65
b  1.75   0.43  1.06  2.43
```

上面的模型能够轻易地通过 map2stan 进行拟合，如果需要的话，允许你进一步建立分层模型(第 12 章)。

10.3.3　负二项和贝塔二项分布

让我们回到第 2 章讲到的从袋子中抽取大理石的例子。袋中有两种颜色的大理石，蓝色和白色。每从袋中抽一次石头，都给我们一些关于袋中石头颜色组成的信息。假设有多个袋子，每个袋子中蓝色和白色的石头组成情况很不一样。对每个袋子进行一系列抽取并记录石头的颜色。每个观测序列都对应特定花园路径。如果我们将这些不同袋子中的抽取结果集合起来，得到蓝色石头的计数的波动会比只从一个袋子中抽取石块的情况大。

这样的过程称为"混合"，因为该过程混合了不同最大熵分布。我们会在下个章节中更详细地介绍混合分布。这里只想提醒一点，两种常见的关于计数结果的广义线性模型的扩展实际上是混合分布：贝塔二项和负二项。这两种混合分布都适用于计数分布过度离散的情况。这意味着计数观测的实际方差超过在单纯二项或泊松情况下的期望方差。

更多的细节会在下个章节介绍。

10.4　总结

本章介绍了几种常见的针对计数结果的广义线性模型。重要的一点是，不要在分析之前将计数转化成比例，因为这样会丢失样本量信息。这些模型的主要困难在于参数的尺度和原观测不同，在二项的情况下是对数似然比，在泊松的情况下是对数曝光率。因此，在这种情况下，研究模型预测就更加重要。

10.5　练习

容易

10E1　如果一个事件发生的概率是 0.35，其对应的对数似然比是多少？

10E2　如果一个事件的对数似然比是 3.2，该事件发生的概率是多少？

10E3　假设逻辑回归的某个参数估计是 1.7。相应变量变化会导致多大的似然比比例变化？

10E4 为什么泊松回归有时要求使用抵消项？举一个例子。

中等难度

10M1 如在本章中所见，二项分布数据能够通过分散或聚合的方式组织，这并不影响推断。但对应的似然函数根据数据形式的不同会有所变化。你能解释其原因吗？

10M2 如果一个泊松回归的参数估计是 1.7，这能告诉我们关于结果变化的什么信息？

10M3 解释逻辑链接为什么适用于二项广义线性模型？

10M4 解释对数链接为什么适用于泊松广义线性模型？

10M5 对泊松广义线性模型的均值使用逻辑链接表明了什么？你能给出一个适合这样做的例子吗？

10M6 在什么限制条件下二项和泊松分布是最大熵分布？二项和泊松对应的限制条件相同吗？为什么？

难题

10H1 用 map 函数对大猩猩实验中的模型后验分布使用二项逼近，其中每个实验对象有单独的截距，也就是 m10.4。将二项逼近的结果与 MCMC 的结果进行比较。你能解释这两种结果的相似和不同吗？

10H2 用 WAIC 将 10H1. 中提到的大猩猩实验模型(m10.4)和同一小节中更简单的模型进行比较。

10H3 在 MASS 包中的数据 data(eagles) 含有来自华盛顿州的秃鹰偷盗三文鱼的数据。更多细节键入 ?eagles。在某只秃鹰享用食物的时候，其他的秃鹰有时会俯冲下来抢夺食物。这里将捕捉到三文鱼的秃鹰称为"受害者"，偷盗者称为"海盗"。将提供的数据对尝试偷盗食物的次数用二项广义线性模型进行建模。

(a) 考虑下面模型：

$$y_i \sim \text{Binomial}(n_i, p_i)$$
$$\log \frac{p_i}{1 - p_i} = \alpha + \beta_P P_i + \beta_V V_i + \beta_A A_i$$
$$\alpha \sim \text{Normal}(0, 10)$$
$$\beta_P \sim \text{Normal}(0, 5)$$
$$\beta_V \sim \text{Normal}(0, 5)$$
$$\beta_A \sim \text{Normal}(0, 5)$$

其中 y 是成功的次数，n 是总次数，P 是表明掠夺者体型大小的名义变量，V 是表明受害者体型大小的名义变量，最后 A 是表明掠夺者是否成年的名义变量。用数据集 eagles 拟合上面模型，用 map 和 map2stan 两种方法。二项逼近合理吗？

(b) 现在对估计进行解释。如果二项逼近没有问题，那么可以用 map 拟合模型。否则用 map2stan 拟合。绘制后验预测图。计算并展示：(1)预测的掠夺成功率和每行(i)对应的 89% 的置信区间；(2)预测的掠夺成功次数和 89% 的置信区间。每种类型的后验预测提供的信息有什么不同？

(c) 现在尝试着提高模型。考虑掠夺者的体型和年龄(未成年或成年)之间的交互效应。通过 WAIC 将该模型与之前的模型比较并解释结果。

10H4 数据集 data(salamanders) 中含有北加利福尼亚州 47 个 49 平方米土地上火蜥蜴(salamanders)的计数。[⊖] SALAMAN 列中包含每块土地上的计数。PCTCOVER 和 FORESTAGE 列分别是土地覆盖比例以及相应土地上树的年龄。将 SALAMAN 视为泊松变量。

(a) 对密度和覆盖比例的关系建模，这里使用对数链接(和书中的例子一样)。用任何一种弱信息先验分布。通过比较 map 和 map2stan 的结果再次检查二项逼近是否合理。之后绘制计数的期望和其在不同覆盖比例下相应的 89% 的置信区间。模型在什么情况下表现良好，什么情况下表现不好？

(b) 你能通过使用其他预测变量，比如 FORESTAGE 提高模型吗？尝试任何你觉得有用的模型。解释为什么 FORESTAGE 对预测有用或没用？

⊖ 见 Welsh 和 Lind(1995)。

第11章

怪物和混合模型

在夏威夷传说中，纳纳塞(Nanaue)是鲨鱼神和凡人女子所生的儿子。他长大后成为一个杀人魔王，在他后背中部有一张鲨鱼的嘴。在希腊神话中，弥诺陶洛斯(Minotaur)是一个人身牛头怪物。他是人类女子和一头白色公牛的后代。狮鹫兽(Gryphon)是希腊神话中半狮半鹫的怪兽。塔尼瓦(Taniwha)是毛利神话中的怪物，同时兼有蛇、鸟甚至鲨鱼的特征，很类似中国和欧洲神话中的龙。

将不同生物组合起来能很容易得到传说中的怪物。很多怪物都是这样的组合。很多统计模型也是这样。本章的主要内容是将之前章节中介绍的简单模型组合起来建立似然函数和链接函数，这些组合似然函数包括不同类型模型的各个部分。由于组合模型包括了不同模型的特性，因而可以用来对一些某类单一模型无法很好地描述，但又具有常见性质的结果变量建模。好比怪物，这些模型不仅强大而且危险。但只要具备一定的知识并且小心使用，它们会是很重要的工具。

我们会考虑两类常见且有效的例子。第一类是排序分类模型，这对有序的分类结果变量非常有效。该模型结合了分类似然函数和一个特殊的链接函数，通常是一个累积链接。第二类是零膨胀和零增广模型族，其中每个模型都混合了二项结果和一般广义线性模型似然函数，比如泊松或二项。

这两类模型都能够帮助我们应对那些常见的单一模型无法很好拟合的观测数据，而非通过数据变换让观测适应模型。很多其他类型的模型也出于同样的原因将一些更简单的模型混合起来。这里我们没有办法全部介绍。但当你遇到新的模型的时候，至少熟悉这类混合模型的框架。如果你要建立自己的模型也没有问题，但要保证通过模拟一些数据来检查模型，你可以用模型拟合生成的数据，看看是否能够还原数据产生的过程。

11.1 排序分类变量

在社会科学中常常遇到结果变量是分类变量的情况，类似计数变量。但这些变量的取值仅仅表示某一个维度上的层级排序。这样的情况在自然科学中也时有发生。例如，如果我问你多喜欢吃鱼，让你给出一个从1到7的评分。在建模的时候，这样的结果变量就是一个排序分类变量，因为7比6的级别高，6又比5高，依此类推。但是和计数变量不同，结果的差别不是等价的。比如将评分从 1 提高到 2 可能比从 5 提高到 6 要难得多。

原则上，排序分类变量问题实际上是多项预测的问题。但有序类别带来的限制要求对这种情况特殊处理。我们希望的情况是，对于任何与结果相关的预测变量，当变量取值增大时，相应的预测类别也有序变化。例如，如果对冰激凌的喜爱与年龄正相关，那么当年龄增大时，相应的模型估计也应该依次序增加：3 到 4，4 到 5，5 到 6 等。这里有个挑战：如何保证线性模型能够按照正确的次序预测结果。

传统的解决方案是使用**累积链接函数**⊖。一个取值对应的累积概率指的是变量值小于或等于该值的概率。在有序分类结果变量的情况下，3 对应的累积概率是取值为 1、2 和 3 的概率之和。按惯例，排序分类变量的取值从 1 开始，因此任何小于 0 的取值对应的概率为 0。

联合线性模型和累积概率可以保证结果变量的有序性。我会分两步对其进行解释。第一步解释如何在对数累积概率的尺度上对结果分布进行参数化。第二步在这些对数累积概率值中引入一个或多个预测变量，使你能够对预测变量和结果变量的关系进行建模，在建模的时候保持预测的有序性。

为了更直观地解释这一点，我们会在下面的实际案例中展示这两步。因此，接下来我们需要熟悉数据。

11.1.1 案例：道德直觉

这个案例中的数据来源于哲学家实施的一系列道德实验⊖。是的，你没有看错，哲学家偶尔也做实验。在此案例中，实验目标是收集和道德直觉争论相关的经验证据。这里人们通过争论形成对某种行为对错的判断。这些争论和整个社会科学相关，因为它们触及了更加一般的问题，如论证推理，情感对决策的影响以及个人和群体的道德发展理论。

这些实验通过一个"电车问题"的假设场景来得到相应的道德判断。这个问题的经典版本中都有一辆电车，这些假设场景的共同之处在于在道德哲学家看来它们都充满矛盾并且让人难以抉择。下面是一个经典的例子，这里用"货车"代替"电车"：

> 站在铁轨边，丹尼斯看见一辆失控的空货车即将撞向 5 个行人。在丹尼斯身边有一个拉杆，他可以拉动这根拉杆改变货车的轨道从而挽救这 5 个人。但拉动拉杆同时会使一座跨越铁轨的人行桥的栏杆降低，导致桥上的人摔下被货车撞死。如果丹尼斯拉动拉杆，有 5 个人获救 1 个人摔下来被车撞死。如果不拉动拉杆那么货车会继续行驶将这 5 个人撞死，桥上的那个人是安全的。

问题是，丹尼斯拉动拉杆是否是道德的？

这个问题之所以是哲学难题是因为人们面对理论上完全相同的两种情况下的相同行为会有不同的道德判断。之前的研究至少揭示出 3 种重要的下意识论证原则，这 3 种原则能够解释不同的道德判断。它们分别是：

⊖ 人们将这种方法的提出和普及归功于 McCullagh (1980)。Fullerton (2009) 中比较了不同类型的模型。

⊖ Cushman 等人 (2006)。

　　行动原则：由于实施某种行为导致的伤害比由于不作为而导致同样程度的伤害更不道德。

　　意图原则：为了达到某种目的而有意造成伤害比为了达到某种目的无意造成同等程度的伤害更不道德。

　　接触原则：通过物理接触给被害者造成伤害比没有直接接触间接导致同等程度的伤害更不道德。

　　我们将在不同实验情境下探讨这些原则，这些不同情境中的基本对象和参与者相似，但是故事针对不同原则略有改变。例如，上面货车的故事针对的是行动原则。由于参与者(丹尼斯)得主动做出某种行动导致某种结果，而不是被动的，因此是行动原则场景。但是，为了挽救另外 5 个人而伤害人行桥上的那个人不是必需的，也不是故意的。因此这不是意图原则的例子。这里没有直接的物理接触，所以也不是接触原则的例子。

　　你可以用货车故事的情节主线，但是修改成行为原则和意图原则。也就是在这个版本中，参与者同样需要做出某种改变结果的行为，这个行为同样会导致 5 人获救 1 人牺牲：

　　站在铁轨边，埃文看见一辆失控的空货车即将撞向 5 个行人。在埃文身边有一个拉杆，只要拉一下就能降低横跨铁轨的人行桥上的栏杆，导致一个人从桥上摔下撞上货车。由于撞上这个人，货车的速度会变慢，从而防止撞上另外 5 个人。如果埃文拉动拉杆，5 个人会获救 1 个人会牺牲。如果埃文不拉动拉杆，那么货车会按照原速行驶撞死这 5 个人，但是桥上的那个人是安全的。

大部分人认为在这里埃文拉动拉杆比之前丹尼斯拉动拉杆更不道德，也就是从道德上更难以接受。你可以看到人们觉得这"更不道德"的程度有多大。下面载入数据：

```
library(rethinking)
data(Trolley)
d <- Trolley
```
R code
11.1

数据有 12 列 9 930 行，包括 331 个人的数据。我们感兴趣的结果变量是 response。该变量的取值是从 1 到 7 的整数，表明相应情境下的行为在道德上能够被接受的程度。由于这样的评分是分类且有序的，这正适合这里要介绍的有序分类模型。

11.1.2　通过截距描绘有序分布

　　首先，让我们看看如何描绘分类有序变量分布。看看结果变量取值的总体分布直方图。

```
simplehist( d$response , xlim=c(1,7) , xlab="response" )
```
R code
11.2

结果如图 11-1 左边所示。

　　我们的目标是在对数尺度上重新描绘该直方图。也就是先得到累积概率图，然后对相应概率似然比取对数。为什么要做这样奇怪的事情呢？因为这可以类比之前章节中用的逻辑链接函数。逻辑链接函数是对数似然比，而累积逻辑函数是对数累积似然比。这两者都是用来将概率取值限制在 0 到 1 之间。当我们决定添加预测变量时，我们能够放心地在累积逻辑链接函数的尺度下进行。链接函数将参数估计转化成合适的概率尺度。

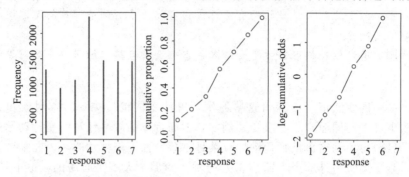

图 11-1　在对数累积概率的尺度下重新绘制直方图。左：样本离散结果的直方图。中：每种回复对应的累积概率。右：每种回复对应的对数累积似然比直方图。注意回复值 7 对应的对数累积似然比是无穷大，因此图中没有展示

要进行转化，先要计算相应的概率：

R code
11.3

```
# 每种回复取值对应的比例
pr_k <- table( d$response ) / nrow(d)

# cumsum函数将上面的比例转化成累积概率
cum_pr_k <- cumsum( pr_k )

# 绘图
plot( 1:7 , cum_pr_k , type="b" , xlab="response" ,
ylab="cumulative proportion" , ylim=c(0,1) )
```

结果如图 11-1 中间所示。

要在对数累积似然比的尺度下重新绘制直方图，我们需要一系列截距参数。每个截距都在对数累积似然比的尺度下，用来代替每种回复对应的累积概率。因此这只不过是链接函数的应用。回复 y_i 的取值小于或等于 k 的对数累积概率为：

$$\log \frac{Pr(y_i \leqslant k)}{1 - Pr(y_i \leqslant k)} = \alpha_k$$

其中 α_k 就是我们说的每个可能结果 k 对应的截距。可以用下面的代码计算这些截距：

R code
11.4

```
logit <- function(x) log(x/(1-x)) # 转化函数
( lco <- logit( cum_pr_k ) )
```

1	2	3	4	5	6	7
-1.9160912	-1.2666056	-0.7186340	0.2477857	0.8898637	1.7693809	Inf

这些值对应图 11-1 最右边。注意，最大取值 7 对应的累积逻辑链接函数值为无穷大，因为 $\log(1/(1-1)) = \infty$。由于最大取值对应累积概率是 1，我们不需要相应的参数，答案就已经是确定的了。因此，对于结果有 $K = 7$ 种可能的情况，我们只考虑 $7 - 1 = 6$ 个截距。

上面这些结果看上去很不错，但我们真正需要的是这些截距的后验分布。这让我们

能够考虑样本量和先验信息，还可以加入预测变量（见下一小节）。要通过贝叶斯定理计算这些截距的后验分布，我们需要计算每个结果取值的可能性。因此，对有序分类结果变量建模的最后一步准备工作是通过累积概率 $Pr(y_i \leqslant k)$ 计算概率 $Pr(y_i = k)$。

图 11-2 展示了这个过程。每个截距 α_k 代表结果 k 对应的概率。你只需要通过链接函数的逆将对数累积概率似然比转化成累积概率。当我们观测到结果 k 并且需要得到相应的概率时，我们能够通过将两个累积概率相减得到相应的单点概率：

$$p_k = Pr(y_i = k) = Pr(y_i \leqslant k) - Pr(y_i \leqslant k-1)$$

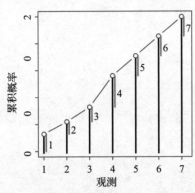

图 11-2   累积概率和有序似然值。水平坐标轴展示了可能的观测取值，从 1 到 7。垂直坐标轴展示了累积概率。黑色线段表示累积概率。累积概率随着结果取值的增大而增加。蓝色线段代表每个结果对应的单点概率。贝叶斯定理中会用到这些单点概率

图 11-2 中的蓝色线段代表通过相减得到的单点概率。有了这些概率，我们可以用常用的方法计算后验分布。

接下来让我们看看相应的实践代码是什么样的。有序分布对应的逻辑函数有各种形式的数学表达。下面展示最常用的一种：

$$R_i \sim \text{Ordered}(\boldsymbol{p}) \qquad\qquad [似然函数]$$
$$\text{logit}(p_k) = \alpha_k \qquad\qquad [累积链接和线性模型]$$
$$\alpha_k \sim \text{Normal}(0,10) \qquad\qquad [常用的截距先验分布]$$

有序分布本质上不过是分类分布，只是相应的概率向量 $\boldsymbol{p} = \{p_1, p_2, p_3, p_4, p_5, p_6\}$ 对应的是取值小于某个小于最大取值的值的概率，这里最大取值是 7。该向量中的每个结果变量取值 k 对应的概率都通过一个链接函数映射到截距参数 α_k 上。最后，对这些截距参数使用弱正则化先验。在这个例子中观测数量很大，因此任何先验都能被信息淹没。在小样本的情况下，你需要小心选择先验。例如，我们可能在收集数据之前就知道 $\alpha_1 < \alpha_2$。

在 map 和 map2stan 的代码中，链接函数已经嵌入在似然函数中了。这使计算更加有效并且防止了一些麻烦。下面的代码拟合没有预测变量的基本模型：

R code
11.5

```
m11.1 <- map(
    alist(
        response ~ dordlogit( phi , c(a1,a2,a3,a4,a5,a6) ),
        phi <- 0,
        c(a1,a2,a3,a4,a5,a6) ~ dnorm(0,10)
    ) ,
    data=d ,
    start=list(a1=-2,a2=-1,a3=0,a4=1,a5=2,a6=2.5) )
```

模型定义代码中的 phi 是线性模型的一个占位符。上面模型代码中的 phi 是含有预测变

量的线性函数对应的占位符。你很快就会用到它。这里 phi 的取值暂时是 0，因为现在只关心截距。变量 start 中各个截距的取值只是为了保证初始排序，具体的取值并没有意义，关键是取值的大小排序。这里的取值在对数累积让步比的尺度下。它们的后验分布也在这个尺度下：

R code
11.6

```
precis(m11.1)
```

```
    Mean StdDev  5.5% 94.5%
a1 -1.92  0.03  -1.96 -1.87
a2 -1.27  0.02  -1.31 -1.23
a3 -0.72  0.02  -0.75 -0.68
a4  0.25  0.02   0.22  0.28
a5  0.89  0.02   0.85  0.93
a6  1.77  0.03   1.72  1.81
```

由于这里有很多观测，每个截距的后验预测的不确定性很小，你可以看到相应的标准差很小。要得到对应的累积概率：

R code
11.7

```
logistic(coef(m11.1))
```

```
       a1        a2        a3        a4        a5        a6
0.1283005 0.2198398 0.3276948 0.5616311 0.7088609 0.8543786
```

当然，这些和我们之前计算的 cum_pr_k 一样。但不同的是，这里每个取值还对应一个后验分布。在下一小节中，我们会在此基础上加入更多的预测变量。

要用 Stan 的 Hamiltonian 蒙特卡罗法拟合相同的模型，最好明确地列出截距参数向量：

R code
11.8

```
# 注意Stan中的变量不能用case作为名字
# 因此这里只将部分数据传递给函数
m11.1stan <- map2stan(
    alist(
        response ~ dordlogit( phi , cutpoints ),
        phi <- 0,
        cutpoints ~ dnorm(0,10)
    ) ,
    data=list(response=d$response),
    start=list(cutpoints=c(-2,-1,0,1,2,2.5)) ,
    chains=2 , cores=2 )

# 要展示参数向量，需要设置depth=2
precis(m11.1stan,depth=2)
```

```
             Mean StdDev lower 0.89 upper 0.89 n_eff Rhat
cutpoints[1] -1.92  0.03    -1.97     -1.87    1012   1
cutpoints[2] -1.27  0.02    -1.31     -1.23    1461   1
cutpoints[3] -0.72  0.02    -0.75     -0.68    1845   1
cutpoints[4]  0.25  0.02     0.22      0.28    2000   1
cutpoints[5]  0.89  0.02     0.85      0.92    2000   1
cutpoints[6]  1.77  0.03     1.72      1.81    1851   1
```

这里 cutpoints 分别对应之前的各个 α_k。

11.1.3 添加预测变量

目前为止，上面草率的计算，除了给我们提供了直方图的贝叶斯估计以外，没有给我们更多的信息。但是为了能进一步向模型中加入变量，并且保证结果变量的次序，上面步骤是必需的。

为了加入预测变量，我们将每个回复 k 的对数累积似然比定义为截距 α_k 和一个线性模型的和。例如，假设我们想在模型中加入预测变量 x。我们可以定义一个包含 x 的线性模型 $\phi_i = \beta x_i$。然后每个累积逻辑函数变成：

$$\log \frac{Pr(y_i \leqslant k)}{1 - Pr(y_i \leqslant k)} = \alpha_k - \phi_i$$
$$\phi_i = \beta x_i$$

这种模型定义方式自动地保证了结果变量取值的次序，同时随着 x_i 取值的变化，每个结果变量对应的似然值也会变化。这里为什么是减去 ϕ 呢？因为如果每个结果变量取值 k（小于最大可能取值）对应的对数累积让步比减少，那么意味着最大取值对应的概率增加。

例如，假设我们将 m11.1 中得到的 MAP 估计结果各减去 0.5。我们可以通过 dordlogit 函数很容易地计算对应结果的似然值：

```
( pk <- dordlogit( 1:7 , 0 , coef(m11.1) ) )
```

```
[1] 0.12830051 0.09153931 0.10785502 0.23393627 0.14722982 0.14551766 0.14562142
```

上面的概率分布对应的期望为：

```
sum( pk*(1:7) )
```
R code 11.10

```
[1] 4.199294
```

现在将每个估计减去 0.5：

```
( pk <- dordlogit( 1:7 , 0 , coef(m11.1)-0.5 ) )
```
R code 11.11

```
[1] 0.08195550 0.06401015 0.08221206 0.20910054 0.15897033 0.18438530 0.21936612
```

将这两个概率分布进行比较就会发现概率密度向分布右侧转移了。相应的期望变成：

```
sum( pk*(1:7) )
```
R code 11.12

```
[1] 4.72974
```

这就是为什么我们要在每个截距的基础上减去 ϕ，也就是线性表达 βx_i，而不是加。这样一来，β 的取值为正数意味着预测变量 x 增加导致结果的期望增加。

现在我们可以回到"电车"数据，且考虑预测变量帮助解释结果变量方差。这里感兴趣的预测变量是 action、intention 和 contact，每个名义变量都对应之前列出的一种原则。每个结果取值 k 对应的对数累积让步比变成：

$$\log \frac{Pr(y_i \leqslant k)}{1 - Pr(y_i \leqslant k)} = \alpha_k - \phi_i$$

$$\phi_i = \beta_A A_i + \beta_I I_i + \beta_C C_i$$

其中 A_i 代表第 i 行对应的 action 取值，I_i 代表第 i 行对应的 intention 取值，C_i 代表第 i 行对应的 contact 取值。这里我们所做的是将每个可能取值对应的对数让步比定义成一个各种特征的加法模型。

拟合这个模型只需要在之前模型的基础上将 phi 定义成预测变量的线性函数。代码如下：

R code
11.13

```
m11.2 <- map(
    alist(
        response ~ dordlogit( phi , c(a1,a2,a3,a4,a5,a6) ) ,
        phi <- bA*action + bI*intention + bC*contact,
    c(bA,bI,bC) ~ dnorm(0,10),
    c(a1,a2,a3,a4,a5,a6) ~ dnorm(0,10)
) ,
data=d ,
start=list(a1=-1.9,a2=-1.2,a3=-0.7,a4=0.2,a5=0.9,a6=1.8) )
```

参数 phi 现在是斜率和预测变量的线性函数。注意这里没有作用于 phi 的链接函数，因为链接函数在 dordlogit 内部（所以名字中才有 logit）。还要注意的一点是，这里我将 m11.1 得到的 MAP 估计作为截距的近似值。这让 map 函数能更快地找到最优解。

在比较模型且绘制平均预测图之前，让我们再拟合一个模型。变量 action 和 intention 很可能有交互效应。这意味着在 action 和 intention 的场景中这两个变量的影响可能不是简单地相加。同样 contact 和 intention 也可能有交互效应。但是 action 和 contact 不可能有交互效应，因为 contact 是 action 的一种。当前我们可以考虑两种交互效应。

下面的代码拟合了交互效应模型：

R code
11.14

```
m11.3 <- map(
    alist(
        response ~ dordlogit( phi , c(a1,a2,a3,a4,a5,a6) ) ,
        phi <- bA*action + bI*intention + bC*contact +
            bAI*action*intention + bCI*contact*intention ,
        c(bA,bI,bC,bAI,bCI) ~ dnorm(0,10),
        c(a1,a2,a3,a4,a5,a6) ~ dnorm(0,10)
    ) ,
    data=d ,
    start=list(a1=-1.9,a2=-1.2,a3=-0.7,a4=0.2,a5=0.9,a6=1.8) )
```

这里没有新的知识点。上面的代码和之前比仅仅是加了两个交互项 bAI 和 bCI 而已。

现在让我们比较这 3 个模型。可以用 coeftab 函数很快地比较这 3 个模型的估计：

R code
11.15

```
coeftab(m11.1,m11.2,m11.3)
```

	m11.1	m11.2	m11.3
a1	-1.92	-2.84	-2.63
a2	-1.27	-2.16	-1.94
a3	-0.72	-1.57	-1.34

a4	0.25	-0.55	-0.31
a5	0.89	0.12	0.36
a6	1.77	1.02	1.27
bA	NA	-0.71	-0.47
bI	NA	-0.72	-0.28
bC	NA	-0.96	-0.33
bAI	NA	NA	-0.45
bCI	NA	NA	-1.27
nobs	9930	9930	9930

这些估计意味着什么？前 6 行，a1 到 a6 是截距 α，分别代表 1～6 的结果变量取值。这些值本身很难解释，除非你习惯直接阅读对数似然值。但是，当所有预测变量取值为 0 时，它们确实能够定义结果变量的相对频率。因此，它们是更简单的模型中的"截距"。

接下来的 5 行，从 bA 到 bCI，显然是截距参数：3 个主效应以及 2 个交互效应。狭义的角度，这些参数本身就可以解释。首先，一个自然的问题是它们是否距 0 很远。你可以通过 precis 检查标准差和置信区间，核实所有的截距都是显著的负数。其次，所有的斜率都是负的意味着每个因子/交互效应都降低了平均回复值。在情节中加入行动原则，意图原则或接触原则使人更倾向于将行为认定为更不道德。但是这个效应有多大？记得，这些参数是用来定义累积对数似然比函数的一部分，因此它们可以解释为响应预测变量变化导致的累积对数似然比的变化。除非你很习惯从对数似然比和累积概率的角度思考问题，否则这并不能给你多大的帮助。如果这个变化针对的是每个结果变量取值对应的累积对数似然比，也没有很大帮助（这里排除了结果变量的最大取值，最大取值对应的累积对数似然比是∞）。

那么该怎么做？首先，用 WAIC 比较模型。和本书之前的例子相比，计算模型预测相对较慢。因此，我将通过设置 refresh 开启进度展示：

```
compare( m11.1 , m11.2 , m11.3 , refresh=0.1 )
```

R code
11.16

	WAIC	pWAIC	dWAIC	weight	SE	dSE
m11.3	36929.4	11.2	0.0	1	81.29	NA
m11.2	37090.3	9.2	160.8	0	76.22	25.80
m11.1	37854.7	6.1	925.2	0	57.71	62.69

现在，从 WAIC 来看，模型 m11.3 具有绝对优势——注意 dWAIC 的取值为 161 ± 26，我们可以放心选择这个模型，忽略模型的不确定性。但如果 WAIC 不是好的决定模型的度量，你要对接下来的代码进行的改动是将一列模型赋予 ensemble 函数，如你在之前的章节所做的。

现在让我们绘制预测图来更好地理解模型 m11.3 的结果。没有绘制对数累积模型预测的完美方法。为什么？因为每个预测实际上是一个概率向量，每个元素对应一个结果变量取值。因此只要其中一个预测变量的取值改变，整个向量就会发生变化。这类过程可以通过几种方式可视化。

一个常用且有效的方法是用横轴代表预测变量，纵轴代表累积概率。然后你能对每个回复取值绘制该预测变量变化对应的累积概率变化曲线。在对每个相应变量取值绘制曲线图后，你会得到结果变量随着预测变量变化的取值分布。

现在就动手进行可视化。首先计算：

R code
11.17
```
post <- extract.samples( m11.3 )
```

之后创建一张空图:

R code
11.18
```
plot( 1 , 1 , type="n" , xlab="intention" , ylab="probability" ,
    xlim=c(0,1) , ylim=c(0,1) , xaxp=c(0,1,1) , yaxp=c(0,1,2) )
```

现在对 post 中前 100 个样本进行循环,对 intention 的不同取值对应的预测进行可视化:

R code
11.19
```
kA <- 0      # 行动值
kC <- 1      # 接触值
kI <- 0:1    # 意图值
for ( s in 1:100 ) {
    p <- post[s,]
    ak <- as.numeric(p[1:6])
    phi <- p$bA*kA + p$bI*kI + p$bC*kC +
        p$bAI*kA*kI + p$bCI*kC*kI
    pk <- pordlogit( 1:6 , a=ak , phi=phi )
    for ( i in 1:6 )
        lines( kI , pk[,i] , col=col.alpha(rangi2,0.1) )
}
mtext( concat( "action=",kA,", contact=",kC ) )
```

上面代码的前 3 行分别定义了行动(kA)、接触(kC)和意图(kI)变量的取值,之后会用这些变量计算和绘图。kI 的取值是一个向量而非单点,因为这里绘制的是在其他两个变量固定的情况下,意图变量取值改变导致预测改变的线图。这里 kI 的取值只有 0 和 1,但如果该变量还有更多的取值,这些值都应该加上。之后在 100 个后验分布样本上进行循环,对每个样本的每种结果变量计算累积概率。函数 pordlogit 能用来计算排序累积逻辑概率,好比用 dordlogit 计算似然函数一样。最后通过 lines 函数绘制每种结果的边界。

通过修改上面代码中 kA 和 kC 的值,可以绘制 3 幅类似关于 m11.3 的图。结果见图 11-3,其中对图形略有修饰,该图展示了结果变量在各自预测边界内的取值。在每幅图中,蓝线表示每个结果取值的边界,可能的取值是 1 到 7,从下到上。蓝线的粗细对应后验样本导致的预测不确定性。由于例子中的数据量大,预测边界的确定性很高。横

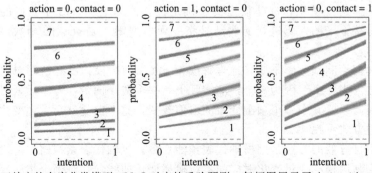

图 11-3   有交互效应的有序分类模型 m11.3 对应的后验预测。每幅图展示了 intention 变量变化导致的预测结果的变化。左边:当 action 和 contact 的取值为 0 时,变化 intention 带来的影响。另外两幅图是分别在 action 或 contact 为 1 的情况下,改变 intention 带来的影响

轴代表意图变量 intention 的取值，0 或 1。图中每条边界线从左到右的高度变化表明从无意造成伤害到有意造成伤害产生的预测结果变化。最后，每幅图都固定了其他两个预测变量 action 和 contact 的取值（0 或 1）。左边的图中两个变量都是 0。该图展示了无行为、无接触且无意图的情况，以及有意图的情况对应的预测变化。中间的图展示了 action 和 intention 这两个变量的交互效应。最后，右边的图中 contact 的取值为 1。该图展示了在有接触、无意图的情况下，将无意图变成有意图对预测结果的影响。该图展示了 contact 和 intention 之间的交互效应，及可能产生的最大影响。

> **再思考：凝视深渊。** 与之前章节中的模型相比，绘制有序逻辑回归模型的代码很复杂。但是随着模型变得更加复杂，用来计算结果并且进行可视化的代码也会随之变得复杂。能力越强大的模型也就越难拟合。了解模型内部原理比不明觉厉要好。软件的目的可能而且常常是为了隐藏模型背后复杂的运作机制。但这并不会改变模型复杂的事实，只是让模型永远神秘。对一些用户而言，不明必然觉厉。对另外一些用户，不明导致怀疑。这两种情况都不是必需的，只要我们愿意学习我们正在使用的模型的结构。
>
> 如果你不愿意学习模型背景知识，那么请不要自行脑补背后的统计原理。而应该咨询统计学家。

11.2　零膨胀结果变量

通常情况下，我们测量到的不是某个单一过程的结果，而是不同过程的混合。当观测背后的原因有多种时，适合使用**混合模型**。混合模型使用多个简单概率分布对多种原因的情况进行建模。实际上，这些模型对同一个结果变量使用多个似然函数。

计数变量尤其倾向于混合模型。因为计数为 0 的情况背后的原因可能有多种。取值为 0 意味着什么事情都没有发生，什么事情都没有发生是因为事件的发生率很低，或者事件发生的机制没有启动。如果我们计算树林中灌丛鸦的数目，我们得到的计数很可能是 0，因为树林中没有灌丛鸦，或者因为我们将灌丛鸦吓跑了。无论哪种情况，得到的计数都是 0。

因此在本小节中会介绍如何建立简单的零膨胀模型。你将用到之前模型的某些部分，只是这些部分通过不同的方式组合起来。因此，即使你从来都不需要使用或解释零膨胀模型，学习这些模型的组合方式也有助于扩展你的建模知识。

> **再思考：打破规则。** 在科学领域，存在对统计推断的焦虑。之前研究人员无法轻易建立自己的模型，因为他们需要依靠统计学家的帮助来建立模型。这使得人们很担心使用非传统的统计模型，也担心打破统计规则。但现在统计计算能力大幅度提高。你能够自己建立数据生成机制，通过这个机制模拟数据，建立模型，并核实模型结果是否覆盖了真实参数值。你不需要一个数学家确保模型的合理性。

例子：零膨胀泊松分布

回到第 10 章，我们通过一个抄写经书的例子介绍了泊松广义线性模型。大量僧侣每天会完成少部分经书。这个过程本质上是二项过程，只是实验的次数高且每次成功的机率很小，因此该过程接近柏松。

现在假设僧侣某些天休息。在休息的这些天，没有任何经书出产。相反，每天打开的酒桶变多了，僧侣享受的世俗快乐反而增加了。作为寺院拥有者，你想知道僧侣饮酒的频率。这里的推断困难在于在那些禁酒日，有时僧侣也会诚实严格遵守教义，这时喝酒的次数是 0。那么，你该如何估计僧侣喝酒的天数呢？

让我们用混合模型来解决这个问题[⊖]。考虑如下问题，数据中任何经书产出为 0 的观测的原因有两个：(1) 僧侣那天在喝酒没工作；(2) 他们有工作但是没有完成任何经书。假设 p 是僧侣花一天时间喝酒的概率，λ 是僧侣工作时平均完成经书的数目。

为了让模型生效，还需要定义一个混合这两个过程的似然函数。要理解模型背后的机理，假设僧侣是否喝酒通过投掷硬币决定(图 11-4)。硬币的一面展示了一个酒框，另一面是一根翎毛(代表羽毛笔)。酒框朝上的概率是 p，取值在 0 到 1 之间。根据硬币投掷的结果，僧侣会选择喝酒或者抄写经书。喝酒的僧侣无法完成任何经书。抄写经书的僧侣完成的经书数目是一个均值为 λ 的泊松分布。因此观测仍然可能是 0，即使僧侣在工作。

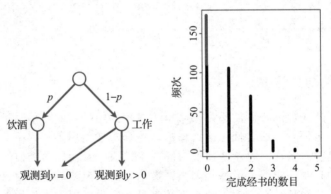

图 11-4　左图：计算零膨胀似然函数。从最上面开始，僧侣喝酒的概率是 p，或者有 $1-p$ 的概率没有喝酒而在工作，喝酒的僧侣完成的经书数目总是 0，也就是 $y=0$。工作的僧侣可能对应 $y=0$ 或者 $y>0$。右图：零膨胀观测频率分布。蓝色线段代表由于喝酒导致的 $y=0$ 的结果。在实际情况中，通常我们无法区分不同发生机制产生的观测

基于上述假设，观测到 0 的概率是：
$$Pr(0\,|\,p,\lambda) = Pr(\mathrm{drink}\,|\,p) + Pr(\mathrm{work}\,|\,p) \times Pr(0\,|\,\lambda) = p + (1-p)\exp(-\lambda)$$
由于 y 的泊松似然函数是 $Pr(y|\lambda)=\lambda^y\exp(-\lambda)/y!$，$y=0$ 的似然值是 $\exp(-\lambda)$。上面的公式表达的意思如下：

观测到 0 的情况是僧侣没有喝酒或者(＋)僧侣工作且(×)没有完成任何经书

非零 y 结果对应的似然函数是：
$$Pr(y\,|\,p,\lambda) = Pr(\mathrm{drink}\,|\,p)(0) + Pr(\mathrm{work}\,|\,p)Pr(y\,|\,\lambda) = (1-p)\frac{\lambda^y\exp(-\lambda)}{y!}$$
由于喝酒的僧侣无法完成任何经书，也就是 y 不可能大于零，上面的表达式代表僧侣工

作$(1-p)$且完成了y部经书的概率。

将 ZIPoisson 定义为如上分布，参数分别为p（结果为 0 的概率）和描述分布形状的参数λ（泊松分布的均值）。零膨胀泊松分布回归表达如下：

$$y_i \sim \text{ZIPoisson}(p_i, \lambda_i)$$
$$\text{logit}(p_i) = \alpha_p + \beta_p\, x_i$$
$$\log(\lambda_i) = \alpha_\lambda + \beta_\lambda\, x_i$$

注意这里有两个线性模型和两个链接函数，分别对应 ZIPoisson 中的两个过程。线性模型的参数不相同，因为任何预测变量，如x，可能与混合模型中的任何一个部分相关。事实上，这两个模型甚至不需要相同的预测变量——取决于模型的假设，你能用任何方式建立这两个线性模型。

现在需要的部分都齐全了，就差数据。接下来模拟僧侣数据。然后再建立模型得到相应的参数估值，你会发现得到的结果可以还原模拟数据的设置。

```
# 定义参数
prob_drink <- 0.2 # 20%的天数
rate_work <- 1     # 平均每天生产一部经书

# 模拟一年的数据
N <- 365

# 模拟僧侣饮酒的数据
drink <- rbinom( N , 1 , prob_drink )

# 模拟完成的经书数目
y <- (1-drink)*rpois( N , rate_work )
```
R code
11.20

我们观测到的结果变量是 y，是完成经书数目的向量，每个元素对应一年中的一天。我们可以看看结果变量：

```
simplehist( y , xlab="manuscripts completed" , lwd=4 )
zeros_drink <- sum(drink)
zeros_work <- sum(y==0 & drink==0)
zeros_total <- sum(y==0)
lines( c(0,0) , c(zeros_work,zeros_total) , lwd=4 , col=rangi2 )
```
R code
11.21

结果见图 11-4 右侧。由于喝酒导致的零观测由蓝色表示。黑色代表工作时产生的零观测。与标准的泊松分布相比，存在零膨胀的现象。

为了拟合模型，rethinking 包中的 dzipois 函数提供了零膨胀泊松似然函数。更多关于 dzipois 和上面数学表达之间的联系，见本小节末尾的深入思考方框。函数 dzipois 的使用很简单：

```
m11.4 <- map(
    alist(
        y ~ dzipois( p , lambda ),
        logit(p) <- ap,
```
R code
11.22

```
        log(lambda) <- al,
        ap ~ dnorm(0,1),
        al ~ dnorm(0,10)
    ) ,
    data=list(y=y) )
precis(m11.4)
```

```
    Mean StdDev  5.5% 94.5%
ap -1.23   0.29 -1.69 -0.77
al  0.06   0.08 -0.08  0.19
```

在原尺度下，MAP 估计是：

R code
11.23
```
logistic(-1.39) # 喝酒的概率
exp(0.05)       # 没有喝酒的时候完成经书的数目
```

```
[1] 0.1994078
[1] 1.051271
```

注意，我们能得到僧侣喝酒天数的比例，即使对于特定的一天，我们无法确切知道僧侣是否喝酒了。

这是最简单的例子。在实际问题中，可能存在预测变量同时与零膨胀泊松混合分布的两个过程有关的情况。在这种情况下，你只需要将这些变量乘以对应的斜率估计，然后加到模型中即可。

深入思考：零膨胀泊松分布函数。dzipois 函数内部带有预防数值错误的功能，这使得其代码不太容易懂。可以键入 dzipois 查看函数代码。但是该函数的功能实际上就是实现之前小节中定义的公式。下面是该函数的一个更加易懂的版本，从这个版本中很容易看到混合函数的定义：

R code
11.24
```
dzip <- function( x , p , lambda , log=TRUE ) {
    ll <- ifelse(
        x==0 ,
        p + (1-p)*exp(-lambda) ,
        (1-p)*dpois(x,lambda,FALSE)
    )
    if ( log==TRUE ) ll <- log(ll)
    return(ll)
}
```

你可以将模型 m12.12 代码中 map 函数中的 dzipois 换成 dzip，得到的结果还是一样。既然这样，我们为什么要用更复杂的 dzipois 函数呢？大部分情况下用 log 尺度计算总是更好的。这个例子中，即使不用 log 也没有问题。但不总是这样。

11.3 过度离散结果

所有的统计模型都忽略了某些事实(或者说都是基于某种假设的)。问题在于忽略的东西对于得到有效推断是否是必不可少的。对于计数模型，忽略某些重要事实的表现是**过度分散**。变量的方差有时称为离差。对于计数过程，如二项过程，方差是一些参数的函数，这些参数和期望的参数相同。比如，二项分布的期望是 np，方差是 $np(1-p)$。当观测的方差超过这个值时——在所有预测变量固定的条件下，这意味着一些被忽略的变量给观测到的计数带来了额外的离差。

如果我们忽略过度离散的情况会怎样呢？忽略这种情况可能导致所有忽略预测变量导致的后果。计数中的异方差性可以非常复杂，掩盖我们想要检测的效应或导致不可靠的推断。

因此，处理过度离散的情况是很有必要的。最好的解决方法是发现被忽略的离差来源，将其纳入模型。但即使没有额外的变量可以加入模型，也能缓解过度离散的情况。接下来我们会介绍两种常见的有效策略。

第一种方法是使用**连续混合模型**，其中线性模型和观测并不直接联系在一起，而是和观测的分布联系在一起。我们会在本小节之后的部分描述这类模型，我们将以常见的贝塔二项模型和伽马泊松模型为例进行介绍。在之前章节的末尾有提到过这两个模型，现在我们要正式地介绍它们。

第二种方法是使用分层模型，估计每个观测的残差及这些残差的分布。在实际应用中，用分层模型代替贝塔二项模型和伽马泊松模型通常更加容易（GLMMs，第 12 章）。因为分层模型更容易拟合，且更加灵活。它们能够应对过度分散以及其他异方差的情况。

这两种方法都很有效。因此，在本章的剩余部分会介绍一些常用的应对过度分散的混合模型。下一章会介绍分层模型。

11.3.1　贝塔二项模型

贝塔二项模型假设每个二项计数观测各自的成功概率[⊖]。模型会估计所有观测对应的成功概率的分布，而非一个统一的成功概率。预测变量观测能影响成功概率的分布，而非直接决定每个具体的成功率。

这点用具体的例子更好理解。例如，上一章的 UCBadmit 数据，如果我们忽略院系，观测明显过度分散。因为各个院系的基础录取率非常不同。你已经看到忽略这一影响会导致关于性别的错误推断。现在让我们拟合一个贝塔二项模型，忽略院系的影响，看看模型能否很好地应对由于忽略这个变量产生的过度分散的情况。

贝塔二项模型假设数据表格中每行观测计数对应各自不同的录取概率。这些概率服从一个贝塔分布。贝塔分布是一个针对概率值的概率分布。为什么用贝塔分布呢？因为数学上的便利。使用贝塔分布，我们能够得到关于参数后验分布的具体似然函数解析式。更多细节见之后深入思考的方框。

贝塔分布有两个参数，平均概率 $\bar{p}$ 和尺度参数 θ [⊖]。尺度参数 θ 刻画了分布的分散情况。当 $\theta=2$ 时，概率取值（从 0 到 1）是等可能分布的。当 $\theta>2$ 时，概率分布变得更加集中。当 $\theta<2$ 时，分布分散的情况更加严重，接近 0 和 1 的区域的概率密度高于均值。

⊖　Williams（1975，1982）。Bolker（2008）清楚地介绍了一个用于生态数据的例子。

⊖　另外一个常见的参数化的方法是 $\alpha=\bar{p}\theta$ 和 $\beta=(1-\bar{p})\theta$。$\bar{p}$ 和 θ 的版本更适合模型，因为我们想要对贝塔分布的中心化情况建立线性模型，而 $\bar{p}$ 是衡量分布中心化的一个度量。

你可以改变该分布的参数取值观察分布形状的变化：

R code
11.25

```
pbar <- 0.5
theta <- 5
curve( dbeta2(x,pbar,theta) , from=0 , to=1 ,
    xlab="probability" , ylab="Density" )
```

改变上面代码中 pbar 和 theta 的参数取值看看结果变化。记得，这是概率取值的概率分布，因此横轴的取值代表可能的概率值，纵轴代表相应概率取值对应的概率密度。这解释起来有点拗口，但是你慢慢就会习惯。

我们会将 $\overline{p}$ 和一个线性模型联系起来，这样一来，预测变量的改变将导致分布中心的变化。该模型的数学表达如下：

$$A_i \sim \text{BetaBinomial}(n_i, \overline{p}_i, \theta)$$
$$\text{logit}(\overline{p}_i) = \alpha$$
$$\alpha \sim \text{Normal}(0, 10)$$
$$\theta \sim \text{HalfCauchy}(0, 1)$$

其中结果变量 A 是录取结果 admit，n 是提交的申请数目 applications，这个模型没有用任何预测变量，但是如果你要添加预测变量，可以将它们加到第二行的线性模型中。

下面的代码会载入数据并用 map2stan 拟合贝塔二项模型：

R code
11.26

```
library(rethinking)
data(UCBadmit)
d <- UCBadmit
m11.5 <- map2stan(
    alist(
        admit ~ dbetabinom(applications,pbar,theta),
        logit(pbar) <- a,
        a ~ dnorm(0,2),
        theta ~ dexp(1)
    ),
    data=d,
    constraints=list(theta="lower=0"),
    start=list(theta=3),
    iter=4000 , warmup=1000 , chains=2 , cores=2 )
```

上面代码中唯一需要注意的是通过设定列表对象 constraints 保证 theta 是严格的正数。此外，尺度参数 theta 可能非常不稳定，因此最好使用 dexp 而非 dcauchy 函数生成一个初始值。要知道如何通过 map 函数拟合相似的模型，可以查看 ?dbetabinom 中的例子。

让我们很快地看看后验均值：

R code
11.27

```
precis(m11.5)
```

	Mean	StdDev	lower 0.89	upper 0.89	n_eff	Rhat
theta	2.77	0.96	1.26	4.15	3343	1
a	-0.38	0.30	-0.86	0.10	2999	1

参数 a 很容易解释。这里是在对数尺度下，将 $\overline{p}$ 定义为每行计数观测对应贝塔分布的平均概率参数。因此估计结果表明，不考虑院系，总体而言平均录取率为：

```
post <- extract.samples(m11.5)
quantile( logistic(post$a) , c(0.025,0.5,0.975) )
```

R code
11.28

```
     2.5%       50%      97.5%
0.2728234 0.3988572 0.5425554
```

中位数是 0.4，但相应的分位数区间非常宽。

要知道模型揭示了哪些数据信息，我们需要考虑 $\overline{p}$ 和 θ 之间的相关性。这两个参数共同决定了一个分布的分布。这点用图来解释更好：

```
post <- extract.samples(m11.5)

# 绘制贝塔分布的后验均值
curve( dbeta2(x,mean(logistic(post$a)),mean(post$theta)) , from=0 , to=1 ,
    ylab="Density" , xlab="probability admit", ylim=c(0,3) , lwd=2 )

# 从后验分布中抽取100个贝塔分布
for ( i in 1:100 ) {
    p <- logistic( post$a[i] )
    theta <- post$theta[i]
    curve( dbeta2(x,p,theta) , add=TRUE , col=col.alpha("black",0.2) )
}
```

R code
11.29

结果如图 11-5 所示。记得，后验分布同时为每个参数取值的组合指定了一个可能性分值。图中展示了 100 个从后验分布中抽取的 $\overline{p}$ 和 θ 的取值组合。粗线代表后验样本均值对应的贝塔分布。平均的情况倾向于低录取率，小于 0.5。但最可能的分布照顾到了录取率很高的院系。

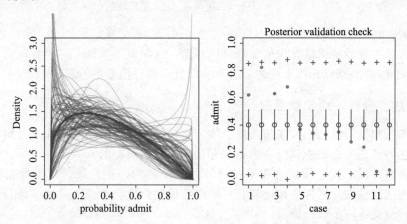

图 11-5　左图：模型 m11.5 中贝塔分布的后验分布。蓝色粗线是后验样本均值对应的贝塔分布。细线代表 100 个从后验分布中抽取的 $\overline{p}$ 和 θ 取值组合对应的贝塔分布。右图：核查模型 m11.5 的后验分布。从左图可以看到，贝塔二项分布变化很大，右图中原始观测（蓝色的点）在预测区间之内

为了更好地理解录取率的贝塔分布如何影响预测的录取人数，让我们对比预测和真

实观测来核查后验分布：

R code
11.30

```
postcheck(m11.5)
```

结果如图 11-5 右边所示。纵轴展示了对每个案例的预测录取率，横轴表示不同的案例，蓝点表示数据中观测到的录取率，空心圆是后验均值 $\overline{p}$ 以及 89％的分位数区间，＋号表示 89％的录取率预测分位数区间。这里不同院系对应的录取率不一样。模型并不知道有院系变量，因为我们并没有告诉模型这一点。但是它确实检测出了不同行之间的异方差性，并且通过贝塔分布估计预测异方差的情况。

虽然在这个例子中用了半柯西分布作为 θ 的先验分布，但通常情况下无法很好地定义 θ。因为很多 θ 的取值产生的预测非常类似。由于这个原因，半柯西先验分布并不总是有效，但是一般指数分布在尺度合适的情况下可以给出更好的样本，同时对推断不会有很大影响。[○]

11.3.2 负二项或者伽马泊松分布

负二项模型，或者伽马柏松模型，假设每个泊松计数估计有各自的分布[○]。该模型通过估计伽马分布的形状描述每种情况下的泊松事件发生率。预测变量调整的是分布形状，不是每个观测的期望值。伽马泊松模型和贝塔二项模型很相似，不同在于其用伽马分布来对发生率建模而非贝塔分布。为什么用伽马分布？因为这样简化了数学过程。

拟合伽马泊松模型用到 dgampois 函数。通常是通过均值参数 μ 和尺度参数 θ 定义伽马分布，以此构建模型。与贝塔分布类似，随着 θ 增大，伽马分布变得越来越散。你可以改变下面代码中的 mu 和 theta 变量从而改变分布形状。

R code
11.31

```
mu <- 3
theta <- 1
curve( dgamma2(x,mu,theta) , from=0 , to=10 )
```

随着 theta 取值接近于 0，伽马分布接近均值相同的高斯分布。

可以通过对数链接函数将均值 μ 和均值相连。这里就不举例了。要看相关模型拟合代码的例子键入?dgampois。本章的最后有应用伽马泊松模型的习题。

11.3.3 过度分散、熵和信息理论

贝塔二项和伽马泊松模型在与一般二项和泊松分布相同的限制条件下分别都是最大熵模型。它们只是更进一步试图考虑概率和比率中无法观测的异方差性。因此，虽然它们拟合起来困难多了，但是理论框架和一般的二项和泊松广义线性模型非常类似。因此，对于通过信息理论进行模型比较，贝塔二项模型就等同于二项模型，伽马泊松模型（负二项模型）就等同于泊松模型。

但除非你非常确定自己在干什么，否则不要用 WAIC。因为，虽然一般二项和泊松模型能够在不改变任何因果假设的情况下通过对行观测的聚合和分解相互转换，但是对

○ 这里作者并没有讲所谓的"尺度合适"是什么。——译者注
○ Hilbe（2011）整本书都在介绍伽马泊松回归。

于贝塔二项和伽马泊松模型却不是这样。原因是贝塔二项或伽马泊松似然函数对数据的每一行定义了一个无法观测到的参数。当我们计算对数似然时，数据的构成方式将会决定贝塔分布或伽马分布带来的不确定性如何融入模型。

例如，本章之前介绍的贝塔二项模型对应数据的每一行都有计数。每行代表一个院系，假设每个院系对应各自的录取率，同一个院系的所有申请者对应的录取率相同。这里需要将每个申请当作一个观测，对所有的申请者计算 WAIC。但如果我们这么做的话，我们将忽略贝塔二项模型背后假设数据中每一行对应的所有申请者对应相同的潜在概率这一事实。这是很烦人的问题。

那该怎么做？在大部分情况下会使用 DIC，DIC 不会强制分解对数似然函数。在下一章介绍如何在分层模型中考虑过度分散之后，这个难题会有所解决。为什么？因为分层模型能够通过指定概率考虑异方差性。

深入思考：连续混合分布。 像贝塔二项这样的分布称为连续混合函数，因为分布假设每个二项计数相互独立，且对应各自的贝塔分布成功率，而贝塔分布是连续分布而非离散的。因此贝塔二项的参数是每个案例对应的总样本数(也就是二项分布中的样本量 n)以及两个刻画贝塔二项分布的参数。所有这些表明观测到一系列贝塔二项分布样本 y 的概率为：

$$f(y|n,\alpha,\beta) = \int_0^1 g(y|n,p)h(p|\bar{p},\theta)\mathrm{d}p$$

其中 f 是贝塔二项密度，g 是二项分布，h 是贝塔密度。上面的积分和许多其他应用概率中的积分一样，这其实就是计算平均数：对所有可能的 p 取值情况下的 y 进行平均。p 值来自贝塔分布，均值为 $\bar{p}$，尺度参数是 θ。成功概率 p 不再是自由参数，而是贝塔分布生成的取值。伽马泊松密度有相似的形式，不同的是基于伽马分布对泊松概率取平均。

在贝塔二项及伽马泊松分布的例子中，可以得到上面积分的具体解析形式。如果想知道解析形式的话可以到网上搜索。R 函数 dbetabinom 和 dgampois 能够提供基于该解析式得到的值。

11.4   总结

本章介绍了几种新的回归模型，所有这些模型都是广义线性模型的延伸。有序逻辑回归模型对于结果变量是有序分类变量的情况非常有效。建立这些模型的共同点是将分类结果变量和一个累积链接函数联系起来。零膨胀模型混合了两个不同的结果变量分布，使得我们能够对结果变量有大量 0 观测的情况进行建模。过度分散模型，如贝塔二项和伽马泊松模型，通过从分布(对该分布的形状建立线性模型)中随机抽样来得到观测的期望值。下一章介绍的多层模型将进一步扩展这些模型类别。

11.5   练习

容易

11E1   有序分类变量和无序分类变量之间有什么不同？给出这两者的定义并给出相应的例子。

11E2   有序逻辑回归使用什么样的链接函数？这个一般逻辑链接函数有什么不同？

11E3 当计数观测有零膨胀现象时，使用不考虑零膨胀现象的模型会导致什么样的推断误差？

11E4 过度分散在计数观测中非常常见。给出一个可能导致过度分散计数的自然过程的例子。你能同时给出一个分散不足的过程的例子吗？

中等难度

11M1 某个大学对雇员的工作效率进行 1~4 的打分，1 代表效率最低，4 代表效率最高。在该大学的某个院系的某年中，得到各个分值（1 到 4）的雇员数如下：12、36、7、41。计算每个分值对应的对数累积似然比。

11M2 基于上面的雇员评估数据绘制图 11-2 那样的图。

11M3 你能通过修改前一章节的零膨胀泊松分布（ZIPoisson）的推导过程类似得到零膨胀二项分布吗？

难题

11H1 2014 年发表了一篇名为《用女性命名的飓风比用男性命名的飓风更猛烈》的论文[⊖]。如文章题目所示，该论文指出，以女性名字命名的飓风导致的伤亡更大，相应的解释是人们在潜意识里会低估以女性名字命名的飓风的危害程度，从而进行疏散的概率更小。

  该文章发表后受到了统计学家的严厉批评。这里是论文中的全部数据，请你用这些数据研究以女性名字命名的飓风破坏力更强的假设。通过下面代码载入数据：

R code
11.32

```
library(rethinking)
data(Hurricanes)
```

键入 ?Hurricanes 查看相应的数据列。

  在这个问题中，你将着眼于用关于飓风名字女性化程度的变量 femininity 预测 deaths。拟合最简单的模型，预测变量为 femininity 且结果变量为 deaths 的泊松模型，并且解释模型。你可以使用 map 或 map2stan 函数。将该模型与只有截距的泊松模型比较。名字的女性化程度和飓风造成的伤亡情况之间有什么联系？模型对哪些飓风的伤亡预测准确，哪些不准确？

11H2 与泊松分布相比，计数变量几乎总是过度分散的。要应对该问题，拟合伽马泊松（也称为负二项）模型，通过变量 femininity 预测 deaths。证明过度分散模型拟合结果不再显示名字的女性化程度和飓风造成的伤亡情况之间有正相关性。你能解释为什么这里相关性强度减弱了吗？

11H3 为了能够检测出飓风造成的伤亡情况和其名字女性化程度之间的强相关性，必须在模型中加入交互效应。在这个案例数据中，有两种衡量飓风潜在危害的度量：damage_norm 和 min_pressure。要知道这两个变量的意义，键入 ?Hurricanes。在飓风确实很严重的情况下，用女性化的名字对伤亡情况会有影响还是有些道理的。这意味着 femininity 与衡量飓风潜在危害程度的两个变量 damage_norm 和 min_pressure 中的至少一个存在交互效应。

  拟合一系列模型衡量这些交互效应。解释并比较模型。假设飓风名字男性化和女性化两种情况，随机生成预测值，通过比较这两种情况下的模拟预测值解释模型估计。得到的效应大小合理吗？

11H4 在原始的飓风论文中，直接使用了飓风造成的损失这个变量（damage_norm）。模型假设暗示飓风造成的损失随着飓风强度的增长曾指数上升，因为泊松回归用的是对数链接。因此，我们最好检查一下这个假设：飓风强度和伤亡的对数有关。为了检查这个假设是否成立，建立两个模型，一个用飓风造成的损失的对数 log(damage_norm) 作为预测变量，另外一个直接用飓风造成的损失作为变量。比较这两个模型的 DIC/WAIC 值，以及它们对应的预测。你能得出什么结论？

⊖ Jung 等人（2014）。

11H5　一个发展心理学的假设（通常认为是 Carol Gilligan）是男性和女性有着不同的平均道德判断倾向。与大部分社会心理学假设类似，这只是描述性的。具体假设是说女性更重视意图（避免伤害），相反男性更在意正义和权利。这是社会的刻板印象吗？是的。是确切的事实吗？不一定。

　　　用 Trolley 数据评估这个假设，用 contact 变量衡量身体伤害倾向。相比于男性，女性是否对直接接触导致伤害更加反感？建立合适的模型米回答这个问题。

11H6　数据集 data(Fish) 记录了某个国家公园的访问记录。更多细节见 ?Fish。这里感兴趣的问题是来访者如果钓鱼的话，每人每小时能够钓到几条鱼。这里的问题并不是每位访问者都来钓鱼，因此钓到的鱼的数目 fish_caught 是零膨胀的。与僧侣的例子类似，这里有两个过程，一个决定谁来钓鱼（谁有抄写经书），另一个决定在钓鱼的情况下，每小时钓到的鱼的数目（在有抄写经书的情况下，每天生产的经书数目）。我们要对这两个过程建模。否则我们将低估每位钓鱼者每小时钓到鱼的数目。

　　　请用零膨胀泊松广义线性模型模拟这些数据。将 fish_caught 当作结果变量，用其他你认为相关的变量作为预测变量。这里你得用恰当的方式处理泊松过程中零观测比例过高的情况。在产生零观测过程的建模中用 hours 变量。这样一来，模型将会根据来访者在公园中呆的时间相应地调整结果。

第12章

分 层 模 型

1985 年，Clive Wearing 丧失了记忆，但没有丢掉他的音乐。[⊖]Wearing 是音乐理论家和著名的音乐家，但单纯性疱疹病毒侵入了他的大脑，蚕食了他的海马体，这个病毒就是导致唇泡疹的病毒。其结果是顺行性遗忘——他无法形成长期记忆。他记得怎么弹钢琴，虽然他不记得 5 分钟之前曾弹过钢琴。Wearing 只能活在当下，即使是前几分钟发生的事情也记不得。每杯咖啡都是人生中的第一杯咖啡。

很多统计模型也有顺行性遗忘。当模型从一组数据(个体、类别、位置)到另一组数据，对每组数据拟合参数，他们会忘记所有之前数据的情况。这些模型之所以这样是因为模型本身的假设。所有之前介绍的将分类变量转化成名义变量的模型都有这样的假设。这些模型默认从各个类别中学习到的东西互相无法借鉴——各个类别对应的参数估计相互完全独立，因为它们是通过不同部分的数据得到的。虽然这些数据对应不同的类别，但它们有共同的特性。好比虽然咖啡馆不同，但它们也有共性，比如都卖咖啡。

顺行性遗忘对理解世界来说是很糟的。当然我们希望使用那些能够明智利用数据信息的模型。这意味着从每类观测中学习的同时也考虑总体的共性，而不是将各类数据当成是独立的。同时从不同类别及总体中学习使得模型能够迁移从不同类别中学习到的信息，这样的知识迁移能够提高模型的准确率。这就是"模型记忆"的好处。

回到咖啡馆的比喻。假设我们设计了一个机器人去两个咖啡馆买咖啡，并估计这个机器人在每个咖啡馆的等待时间。这个机器人一开始对等待时间只有模糊的先验信息，比如等待时间服从均值为 5 标准差为 1 的正态分布。在第一家咖啡店买了咖啡之后，机器人发现等了 4 分钟。于是它通过贝叶斯定理基于这个观测更新了先验信息。更新后的信息就是在光顾了第一家咖啡馆之后得到的后验分布。

现在机器人接着去第二家咖啡馆。当机器人到第二家咖啡馆时的先验是什么？即光顾了之前那家咖啡馆后得到的后验分布。但这无形中假设这两家咖啡馆的平均等待时间相同。咖啡馆都很相似，但并不相同。如前所述，从第一家咖啡馆学到的经验不应该忘掉。如果总是忘记之前买咖啡的经验，那就是顺行性遗忘了。

⊖ Wearing 的妻子 Deborah 写了一本关于他患病之后生活的书(Wearing，2005)。他的故事也出现在很多纪录片当中。在网上随便搜搜也能找到很多相关的文章。

这个咖啡机器人怎样才能更好地估计等待时间呢？它需要多去几家咖啡馆，了解咖啡馆总体的平均等待时间。所有去过的咖啡馆等待时间的分布就成了每家咖啡馆的先验分布。但这和之前章节的先验分布不一样，这里的先验分布是从数据中学习而得到的。这意味着机器人会追踪每家咖啡馆的参数以及能用于描述咖啡馆群体的两个参数：均值和标准差。随着机器人买咖啡次数的增加，它会相应地更新所有参数的估计：每家咖啡馆对应的参数和群体对应的参数。如果不同的咖啡馆之间相差很大，那么群体先验就会很平，含有的信息就很少，从而机器人从每家咖啡馆得到的经验对估计另一家咖啡馆的影响会很小。相反，如果群体分布很集中，那么先验分布就会有大量信息。一家咖啡馆的经验将对另一家咖啡馆的估计有很大的影响。

本章会介绍上面咖啡机器人例子的正式模型版本，从中引出**分层模型**。这类模型能够同时考虑各个类别数据中的信息以及整个群体中的信息。取决于各个类别之间的波动性(这个波动性也是从数据中学习到的)，模型将从所有类别数据中学习到的信息汇总起来。这样的信息汇总能提高每个类别预测的准确度。这使得分层模型有自己的优点。我在第一章提到过这些优点，这里值得再强调一遍：

(1)提高重复抽样情况下的估计。当从一个个体、时间或地点上得到多个样本的时候，传统的单层模型不是拟合过度就是拟合不足。

(2)提高类失衡情况下的估计。当一些个体、时间或地点对应的样本远多余其他的时候，分层模型能自动应对各类数据对应不同不确定性的情况。这防止了某类过度表达的样本主导估计结果。

(3)**方差估计**。如果研究的问题包括个体之间或不同子群体之间的方差，那么就很适合使用分层模型，因为这些模型能够直接对方差进行建模。

(4)**避免平均，保留方差**。研究人员常常会事先对一些数据取平均来建立新变量。这样做可能很危险，因为取平均的过程移除了一些方差，且对数据取平均的方法也有很多种。因此，对原始观测取平均不仅会导致错误的置信区间[⊖]，而且会引入人为的数据变换。分层模型使我们能够保留不确定性，同时避免不必要的数据变换。
以上所有的好处都来自同一种模型结构。我们将介绍这类模型的一种基本设计。

当我们说到回归时，分层回归模型应该是默认使用的模型。当然，总是存在用原有的单层模型更好的情况。但是大部分时候分层模型都更好。最好还是先建立分层模型，然后再看看是否需要，如果不需要再回归更原始的单层模型。一旦你掌握了分层模型的基本结构，就能很容易地在此基础上附加考虑更多的因素，比如考虑观测误差，甚至对缺失观测建模(第14章)。

建立分层模型的方法有很多。首先需要一些新的模型假设。我们必须定义类别的观测服从的分布。幸运的是，保守的最大熵分布在这种情况下很有效。其次，用分层模型会给模型拟合带来新的挑战。首当其冲的就是 MCMC 估计。最后，分层模型理解起来可能很困难，因为这些模型对不同层级的数据进行预测。在很多情况下，我们对一个或几个层级感兴趣，结果导致通过 DIC 和 WAIC 这类法则进行模型比较变得很敏感。这里的基本逻辑没有变，但是我们需要决定着重关注模型中的哪些变量。

本章安排如下，首先我们将详细介绍一个对聚类观测建立并拟合分层模型的例子。之后我们会模拟一个聚类数据，以此为例展示这类模型能够在多大程度上提高精度。精

　⊖　因为均值的方差更小。——译者注

确度提高的原因就是在第 6 章讲到的过度拟合和拟合不足之间的权衡。最后，我们会介绍一些观测聚类方式不同的情况。所有这些将为后面两个章节介绍高阶分层模型奠定基础。

> **再思考：分层模型的其他名字。** 分层模型有许多其他名字，一些统计学家对不同类型的分层模型用不同的名字，但也有一些人对相同的模型使用不同的名字。常用的名字有**多层模型**和**混合效应模型**。分层模型中一种常见的参数类型是**随机效应**，这个名字本身对不同的分析师在不同语境下的意义也不同[⊖]。即使是"层级"这个词对不同人的意思也不同。让人傻傻分不清楚的命名方式就是当前的情况，谁也没有办法。我们只能从数学上定义模型。

12.1 案例：蝌蚪数据分层模型

这里的例子是关于树蛙(学名 Hyperolius viridiflavus)蝌蚪死亡率的[⊖]。这个数据的科学背景很有意思。如果你对两栖动物演化史感兴趣的话，可以看看原论文。如果不感兴趣也没关系，可以通过下面的代码载入数据：

R code
12.1

```
library(rethinking)
data(reedfrogs)
d <- reedfrogs
str(d)
```

```
'data.frame':	48 obs. of  5 variables:
 $ density : int  10 10 10 10 10 10 10 10 10 10 ...
 $ pred    : Factor w/ 2 levels "no","pred": 1 1 1 1 1 1 1 1 2 2 ...
 $ size    : Factor w/ 2 levels "big","small": 1 1 1 1 2 2 2 2 1 1 ...
 $ surv    : int  9 10 7 10 9 9 10 9 4 9 ...
 $ propsurv: num  0.9 1 0.7 1 0.9 0.9 1 0.9 0.4 0.9 ...
```

这里我们只对存活数目(surv)占原始数目(density)的比例感兴趣。在本章末尾的习题中，你会用到其他变量，它们都来自不同的实验设计。

数据中有很多方差。一些方差来自实验处理。但是大多是由其他原因产生的。将每行数据想象成一个"水槽"，一个含有蝌蚪的实验环境。每个水槽都有一些难以衡量的特性，这些无法衡量的因素导致了水槽之间的差别，即使所有的预测变量取值都相同，每个水槽对应的结果也不同。这些水槽就好比是不同的"聚类"。每个聚类中有多个观测，观测对象就是这里的蝌蚪。

因此，这里对不同实验条件有重复观测，通过不同类的观测可以研究类间的差异性。如果我们忽略不同聚类的差异，对每个类指定相同的截距，即存在忽略重要类别间生存率基准的风险。类间方差可能会掩盖其他变量关系。如果我们对每个聚类拟合各自的截距，用不同的名义变量表明观测来自哪个水槽。这其实就是顺行性遗忘。水槽终归

⊖ 见 Gelman(2005)的第 6 小节，第 20 页给出了一系列关于"随机效应"的各种各样的定义。

⊖ Vonesh 和 Bolker(2005)。

是各不相同的，但是从每个水槽得到的信息能够帮助我们估计其他水槽的存活率。因此，将从一个水槽中学习到的信息迁移到下一个水槽是不合理的。

使用分层模型时，我们同时估计每个水槽的截距以及水槽间的方差，这才是我们的目标。这是一个**变截距模型**。**变截距**是变化效应模型的最简单形式⊖。对每个观测类，我们使用特定的截距参数。这和之前章节的分类变量的例子类似，只是这里我们同时也对所有截距服从的分布进行适应性学习。这种适应性学习就是克服本章开头提到的顺行性遗忘的方法。当我们用从每个类别中学习到的信息改变类别截距分布时，也同时影响了所有其他的截距。

下面是一个用来预测每个水槽中蝌蚪死亡率的模型，这里使用与之前章节一样的正则化先验：

$$s_i \sim \text{Binomial}(n_i, p_i) \qquad \text{[似然函数]}$$
$$\text{logit}(p_i) = \alpha_{\text{TANK}[i]} \qquad \text{[每个水槽对应的对数似然]}$$
$$\alpha_{\text{TANK}} \sim \text{Normal}(0, 5) \qquad \text{[弱正则先验]}$$

你能用传统的方法拟和上面的模型，map 或 map2stan。从这里开始我们将使用 map2stan，因为之后的模型不能用 map 拟合：

```
library(rethinking)
data(reedfrogs)
d <- reedfrogs

# 创建水槽变量
d$tank <- 1:nrow(d)

# 拟合模型
m12.1 <- map2stan(
    alist(
        surv ~ dbinom( density , p ) ,
        logit(p) <- a_tank[tank] ,
        a_tank[tank] ~ dnorm( 0 , 5 )
    ),
    data=d )
```

R code
12.2

如果你用 precis(m12.1, depth= 2)查看估计结果就会发现，有 48 个不同的截距估计分别对应不同的水槽。要得到每个水槽的生存率期望，只要对 a_tank 中的任何一个取值进行逆逻辑变换就可以了⊖。这里没有什么新知识。

现在我们拟合分层模型，这种模型会将不同水槽的信息汇总起来。要汇总这些信息，需要将 a_tank 参数的先验分布看作是另外一些参数的函数。下面是上述分层模型的数学形式，其中和之前模型不同的地方用蓝色标明：

$$s_i \sim \text{Binomial}(n_i, p_i) \qquad \text{[似然函数]}$$

⊖ 这里使用了 Gelman(2005)中的术语，其中指出，常用的"随即效应"这个词对很多人来说无法帮助他们理解任何概念。事实上，这还常常加深人们的错误理解，大部分是因为固定和随机对不同的统计学家意味着不同的东西。见 Gelman(2005)论文的第 20～21 页。但我也完全明白，在这里宣传使用 German 的术语(不要使用随即效应)只不过是螳臂挡车。

⊖ 因为这里是对概率 *p* 进行逻辑变换得到 a_tank。——译者注

$$\text{logit}(p_i) = \alpha_{\text{TANK}[i]} \qquad [\text{第 } i \text{ 行水槽对应的对数似然}]$$
$$\alpha_{\text{TANK}} \sim \text{Normal}(\alpha, \sigma) \qquad [\text{变化截距先验}]$$
$$\alpha \sim \text{Normal}(0,1) \qquad [\text{水槽均值的先验}]$$
$$\sigma \sim \text{HalfCauchy}(0,1) \qquad [\text{水槽方差的先验}]$$

注意这里截距α_{TANK}的先验是两个参数α和σ的函数。这就是分层模型中"层"的由来⊖。每个水槽的截距服从均值为α，标准差为σ的正态分布。但先验分布中的参数α和参数σ都各自有自己的先验分布。这也就是模型中两个层级的由来。每个层级都代表一个更加简单的模型。在最高层，结果变量是 s，参数是α_{TANK}，相应的先验分布是$\alpha_{\text{TANK}} \sim \text{Nor-mal}(\alpha, \sigma)$。在第二个层级中，"结果"变量是一个截距参数向量$\alpha_{\text{TANK}}$，相应的参数是$\alpha$和$\sigma$，且它们各自的先验是$\alpha \sim \text{Normal}(0, 1)$和$\sigma \sim \text{HalfCauchy}(0, 1)$。更多关于$\sigma$先验分布的信息见之后的深入思考方框。

这两个参数，α和σ通常称为**超参数**(hyperparameter)，它们是参数的参数。这些参数的先验通常称为**超先验分布**(hyperprior)。原则上说，模型中的超层级数目没有上限。例如，不同的水槽群体可能来自不同的栖息区域，这样一来，栖息区域又是一个层级。但在实际应用中还是有上限的，不仅因为计算能力的限制，还因为我们对模型的理解能力有限。

> **再思考：为什么水槽使用高斯分布作为先验？** 在上面蝌蚪的分层模型中，假设水槽这个层级服从高斯分布。为什么？最糟糕的回答就是"这是习惯做法"。因为高斯假设非常常见。更好一点的回答是"更利于实际操作"。高斯假设很容易应用，而且可以很容易扩展到高维的情况。下个章节将需要扩展到高维度的情况。但是我喜欢的答案是"熵"。如果我们知道的所有先验信息是分布的均值和标准差的话，最保守的假设就是高斯分布(见第 9 章)。但是没有什么严格的规定说这类模型只能用高斯假设。因此，如果你有很好的理由使用其他假设，那么用就好了。本章结尾的习题提供了例子。

用数据同时对两个层级拟合模型，就和本章开始例子中的机器人一样，可以从每家咖啡馆的经历中学习并且同时学习咖啡馆之间的方差。但是这个模型不能用 map 函数拟合。为什么？因为这里的似然函数必须建立在对第二层级参数α和σ取平均的基础上。但 map 函数只是在某一层级的基础上寻找极大似然估计，并不能考虑不同的层级。关于此更多的解释见之后的深入思考方框。但你能通过 map2stan 拟合模型：

R code
12.3

```
m12.2 <- map2stan(
    alist(
        surv ~ dbinom( density , p ) ,
        logit(p) <- a_tank[tank] ,
        a_tank[tank] ~ dnorm( a , sigma ) ,
        a ~ dnorm(0,1) ,
        sigma ~ dcauchy(0,1)
    ), data=d , iter=4000 , chains=4 )
```

⊖ 这里"分层"也常指分层线性模型。无论如何，这里我们指的是同一个东西。

该模型拟合了 50 个参数：一个总体截距参数 α、水槽间标准差 σ，以及其他 48 个水槽截距参数。通过 WAIC 可以看看有效的参数个数。我们可以将之前的模型 m12.1 和新分层模型比较：

R code
12.4

```
compare( m12.1 , m12.2 )
```

```
       WAIC pWAIC dWAIC weight    SE  dSE
m12.2 1010.2  38.0   0.0      1 37.94   NA
m12.1 1023.3  49.4  13.1      0 43.01 6.54
```

这里需要注意两点。首先，分层模型只有 38 个有效参数。这比总体参数个数少了 12 个，因为每个截距的先验分布将截距朝着均值 α 收缩。在这种情况下，先验的强度很合适。如果你用 precis 或 coef 函数检查 sigma 的均值的话就会看到，均值大约为 1.6。这是一个正则化先验分布，如同你在之前的章节看到的，只是现在正则的强度也是从数据中学习到的，而非建模者人为指定。[⊖] 其次，分层模型 m12.2 比一般固定效应模型 m12.1 的有效参数个数更少。虽然一般固定效应模型含有的实际参数个数更少，48 个而非 50 个。分层模型中多出的两个参数使得模型能够从数据中得到正则化更强的先验分布，结果后验分布的灵活性更弱，因此有效参数的个数更少。

深入思考：MAP 失效，MCMC 完胜。为什么 MAP 估计无法用于分层模型呢？当先验分布本身就是另外一些参数的函数时，有两层不确定性。这意味着要得到在所有其他参数的条件下，产生这些观测的概率必须对每个层级取平均。一般的 MAP 估计无法应对这种对似然函数取平均的过程，因为这个过程一般不可能有准确的数学解析表达。这意味着不存在计算对数后验分布的统一函数。因此，你的计算机无法直接找到最小值（后验分布的最大值）。

这里需要其他的计算方法。可以将优化策略扩展到这些模型，但我们并不想因为优化的问题受阻。原因之一是这些模型的后验分布通常是非高斯分布。更一般的情况是，随着模型变得更加复杂，**测量的集中效应**保证了后验分布的众数和中位数相差很远。因此我们需要放弃之前的最优化策略。一个稳健的解决方案是 MCMC。

为了理解这种适应性学习的影响，让我们比较模型 m12.1 和 m12.2 的后验中位数。下面的代码很长，只是因为这段代码对图形进行了一些标注。基础的代码是第一部分，这段代码抽取样本并计算中位数：

R code
12.5

```
# 抽取样本
post <- extract.samples(m12.2)

# 计算每个水槽的截距中位数
# 并且将这个中位数变换到概率尺度上
d$propsurv.est <- logistic( apply( post$a_tank , 2 , median ) )
```

⊖　注意正则化具有不确定性。因此模型和仅假设一个固定标准差为 1.6 的正则化先验不一样。取而代之的，每个水槽的截距平均了 σ（和 α）中的不确定性。

```
# 展示每个水槽的原始存活率
plot( d$propsurv , ylim=c(0,1) , pch=16 , xaxt="n" ,
    xlab="tank" , ylab="proportion survival" , col=rangi2 )
axis( 1 , at=c(1,16,32,48) , labels=c(1,16,32,48) )

# 在原图上加上后验中位数
points( d$propsurv.est )

# 标出每个水槽的后验中位数对应概率尺度下的值
abline( h=logistic(median(post$a)) , lty=2 )

# 绘制水槽密度的垂直划分
# 这里small tanks是小水槽
# medium tanks是中型水槽
# large tanks是大水槽
abline( v=16.5 , lwd=0.5 )
abline( v=32.5 , lwd=0.5 )
text( 8 , 0 , "small tanks" )
text( 16+8 , 0 , "medium tanks" )
text( 32+8 , 0 , "large tanks" )
```

结果如图 12-1 所示，横轴代表水槽的编号，从 1 到 48；纵轴代表每个水槽的存活率；实心点代表观测到的每个水槽的存活率。这些值也就是数据框的列 propsurv。空心圆代表截距后验估计的中位数。大约处于 0.8 位置的水平虚线是所有水槽的存活率后验估计中位数 α。这和经验生存率均值不一样。垂直线将初始密度不同的水槽分开：小水槽（10 只蝌蚪）、中型水槽（25 只蝌蚪）、大水槽（35 只蝌蚪）。

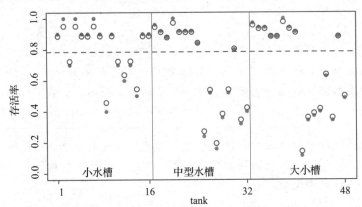

图 12-1   每个水槽中蝌蚪生存率的经验值，如实心点所示，同时还标明了 48 个分层模型给出的估计，由空心圆表示。虚线标明了所有水槽的平均存活率。垂直线将初始密度不同的水槽分开：小水槽（10 只蝌蚪）、中型水槽（25 只蝌蚪）、大水槽（35 只蝌蚪）。每个水槽对应的分层模型的后验分布中位数更接近虚线而非经验比例（也就是实际观测到的存活率）。这表明将所有水槽的信息汇总起来能够帮助每个水槽的推断

首先，注意在每种情况下，分层模型估计结果更接近虚线而非观测到的经验值。这好比整个空心圆的分布都被拉向虚线的方向，使得实心点貌似向虚线两端跑。人们有时称此为**收缩现象**，这是由正则化导致的（见第 6 章）。第二，注意小水槽的收缩效应更强。从图的左边到右边，水槽中蝌蚪的密度逐渐增加，从 10 到 25 再到 35，垂直线划分了这些不同的密度。在最小的水槽里，很容易看出模型估计和来自观测的经验比例的不

同。但在大水槽里，实心点和空心圆之间的不同很小。小水槽中的样本量更小，所以收到收缩效应的影响更大。第三，实心点离虚线越远，意味着其和相应分层模型的估计差距越大。水槽的经验比例和总体均值 α 距离越远，收缩效应越强。

　　所有这三种现象背后的原因都是一样的：将不同类（这里的水槽）的信息汇总改进了模型估计。汇总的意思是每个水槽都提供了一些能够用于改进其他水槽估计的信息。之所以这样是因为这里我们对每个水槽的对数似然和其他水槽的联系进行了相应的假设。我们假设了一个分布，这里是正态分布。一旦有了分布假设，我们会用贝叶斯定理（在模型的小世界里）最优化不同类别之间的信息共享。

　　模型推断的水槽存活率分布是什么样的？我们可以和之前一样通过从后验分布中抽取样本来对其进行可视化。首先对 α 和 σ 的 100 个后验分布样本对应的 100 个高斯分布进行可视化。之后，抽取 8 000 个水槽存活率对数似然样本（这里用 α 和 σ 的后验样本）。最后的结果是不同水槽存活率的后验分布。在进行抽样之前，记得从后验分布中抽样和从经验分布（观测样本对应的分布）中抽样是不同的。从后验分布中抽取样本是一种方便应对分布中不确定性的方法。下面是相应的代码：

```
# 前100个后验分布
plot( NULL , xlim=c(-3,4) , ylim=c(0,0.35) ,
    xlab="log-odds survive" , ylab="Density" )
for ( i in 1:100 )
    curve( dnorm(x,post$a[i],post$sigma[i]) , add=TRUE ,
    col=col.alpha("black",0.2) )

# 从后验分布中抽取8000个水槽存活率样本
sim_tanks <- rnorm( 8000 , post$a , post$sigma )

# 将上面的样本转化到概率的尺度并进行可视化
dens( logistic(sim_tanks) , xlab="probability survive" )
```

R code
12.6

结果如图 12-2 所示。注意这里群体生存率对数似然的位置参数 α 和尺度参数 σ 都存在不确定性。所有这些不确定性都包括在模拟生存率的过程中。

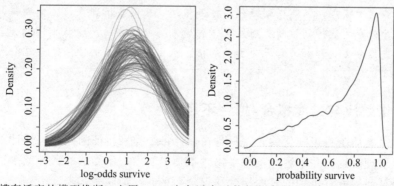

图 12-2　水槽存活率的模型推断。左图：100 个存活率对数似然高斯分布。这些分布来自模型 m12.2 的后验样本。右图：8000 个水槽存活率后验样本的分布。这里的样本来自对左边分布的平均

　　再思考：变化截距可以应对过度分散。 前一章讲到可以通过贝塔二项和伽马泊松模型应对计数观测**过度分散**的情况。变化截距可以达到相同的结果。背后的机理

是这样的，每个观测计数对应单独的截距，但是这些截距来自同一个分布，这种情况下的模型和贝塔二项或伽马泊松模型一样，能够在预测时反映出过度分散的情况。与贝塔二项或伽马泊松模型相比，变化截距的二项或泊松模型拟合和扩展都更加容易。本章之后会有一个这样的例子。

深入思考：方差的先验分布。本书对方差使用弱正则化的半柯西分布作为先验，也就是模型中代表标准差的参数 σ。在分层模型中使用柯西分布通常是有效的。但是在两种情况下使用柯西分布可能会有问题。第一，数据中没有提供太多关于方差的信息。比如，如果你只有 5 个聚类，那就意味着需要从 5 个样本中获取关于类间方差的信息。第二，对于使用逻辑或对数链接函数的非线性模型，地板和天花板效应有时会导致一些极端方差值出现的概率和其他更符合实际的方差值概率类似。在这种情况下，方差参数的随机模拟轨迹图可能会在很大的取值附近盘旋。这种情况可能发生，因为柯西分布有长长的肥尾，延伸到取值很大的地方。**事先**知道这样很大的取值是不可能的。通常情况下，虽然马尔科夫链会继续很积极地提供样本，但是这些样本可能是无效的，导致有效样本的值很小，且可能会有很多迭代无法收敛。

要进一步提高模型表现，可以用指数分布代替半柯西分布作为方差的先验。例如：

$$s_i \sim \text{Binomial}(n_i, p_i)$$
$$\text{logit}(p_i) = \alpha_{\text{TANK}[i]}$$
$$\alpha_{\text{TANK}} \sim \text{Normal}(\alpha, \sigma)$$
$$\alpha \sim \text{Normal}(0, 1)$$
$$\sigma \sim \text{Exponential}(1)$$

相比柯西分布，指数分布（R 代码 dexp(1)）有更薄的尾巴。这让估计更加保守，并且有助于马尔科夫链收敛。指数分布同时也是标准差的最大熵先验分布，这里我们所说的**先验**针对的就是期望。也就是说指数先验分布中含有的所有信息是分布均值且取值必须是正数。

再次说明，不一定要用指数分布代替柯西分布。但有些时候，尤其对于存在天花板或地板效应的非线性模型，只能得到微弱的方差信息。在这些情况下，你需要使用正则化效果更强的先验分布才能得到推断。当然，一种通常有效的方法是尝试不同的先验分布，保证推断不受先验分布的影响，如果受影响的话，至少能用适当的方法衡量这个影响。

12.2 变化效应与过度拟合/拟合不足

变化截距实质上是正则化估计，只是在估计每个类别特征的同时也估计不同类别之间的差异。要理解这点并不容易，如果仍然不是很明白，本小节的目标就是进一步将分层估计的特征与第 6 章讲到的过度拟合和拟合不足的权衡联系起来。

使用变化截距而非观测到的经验估计的主要好处在于它们更加精确地估计了每个水槽（聚类）的截距⊖。平均说来，变化截距模型通常能对每个水槽（聚类）给出更好的均值

⊖ 在分层模型被应用于实际问题的很久之前人们就已经意识到这点了。见 Stein(1955)，这是一篇很有影响力的非贝叶斯论文。

估计。变化截距能给出更好估计的原因在于它们能更好地权衡拟合不足和过度拟合。

为了通过树蛙的例子理解上面提到的这一点，假设我们拥有的不是实验水槽而是自然水潭，我们关心的是对新的水潭进行预测。从下面 3 个方面来考虑这个问题：

(1) 将样本汇聚在一起。这意味着我们假设水潭之间的样本没有差别，等同于假设所有水潭有共同的截距。

(2) 将样本分开。这意味着我们假设每个水潭提供的信息仅限于该水潭，无法应用到其他水潭。这是具有顺行性遗忘的模型。

(3) 将样本部分汇集到一起。这意味着使用适应性正则化先验，如前小节所示。

首先，假设你忽略变化截距的事实，对所有水潭使用统一的截距 α，对每个水潭的存活率进行预测。这时有很多数据能用于拟合截距 α，这意味着你对总体平均截距的拟合会很准确，但也意味着估计的截距 α 对其中任何一个水潭都不匹配。因此，所有样本的均值无法充分拟合数据。这就是上面 (1) 中将所有样本汇聚到一起的策略。这类模型等同于假设水潭间方差是 0——所有水潭都是等价的。

第二，假设你用每个水潭的存活率进行预测。这意味着对每个水潭使用单独的截距。图 12-1 中的黑点就是这类估计。对于每个水潭，用来估计的样本少得可怜，因此相应的估计也不是很准确。结果，这类估计的误差就很高，且过度拟合比较严重。每个截距对应的标准差可能很大，且在极端的情况下，标准差甚至可能无限大。这种情况有时叫作"**非聚合(no pooling)估计**"。水潭之间没有信息共享。这就好比假设水潭间的方差无限大，因此从一个水潭中得到的信息能够帮助你预测其他水潭的情况。

第三，估计变化截距模型的时候，实际上是聚合部分信息估计每个聚类的参数，这样既不会像对每个水潭使用统一截距那样拟合不足，也不会像对每个水潭使用单独截距那样过度拟合。因此，通常这种方法给出的估计更好。当水潭中蝌蚪数目很少时这种模型效果尤其好，因为在这种情况下如果对每个水潭使用单独的截距将会严重的过度拟合。当每个水潭中的蝌蚪数目很多时，单独截距和变化截距模型之间的差别会变小。

为了展示这点，我们将模拟一些蝌蚪的数据。这样，我们将会知道每个水潭真实的生存率。也就可以通过比较不同模型给出的估计和真实值的差距来比较模型优劣。本小节剩余部分展示了如何进行模拟。

学习模拟数据，通过这种方式核实模型和模型拟合情况是很有帮助的。一旦开始使用更加复杂的模型，自然会想保证代码能够正常工作，同时保证准确理解模型。一种有效的方法是通过已知模型模拟数据。先设定好模型参数，然后从这个参数已知的模型中模拟数据，然后对模拟的数据建立模型，看看你的模型代码能否在足够的精度内还原模型参数。即使是从已知模型中模拟数据也能极大地帮助你理解模型。

12.2.1　建模

第一步定义我们要使用的模型。我将使用和之前一样的分层模型，但这次用"水潭"代替"水槽"：

$$s_i \sim \text{Binomial}(n_i, p_i)$$
$$\text{logit}(p_i) = \alpha_{\text{POND}[i]}$$
$$\alpha_{\text{POND}} \sim \text{Normal}(\alpha, \sigma)$$
$$\alpha \sim \text{Normal}(0, 1)$$
$$\sigma \sim \text{HalfCauchy}(0, 1)$$

要模拟上面模型的数据,我们需要指定下面的参数值:

- α,所有水潭存活率对数似然比的均值。
- σ,水潭存活率对数似然比的标准差。
- α_{POND},每个水潭截距组成的向量,每个元素对应其中一个水潭。

我们还需要对每个水潭指定一个样本量 n_i。一旦指定了所有这些变量的值,就能够很容易模拟水潭中存活蝌蚪数目的数据。只需要按照二项过程(R 中的函数 rbinom)从上往下依次进行即可。我们将按照顺序一步一步来。

注意,当我们进行模型估计时,先验分布也是模型的一部分,但模拟数据的时候不是这样,为什么? 因为先验分布代表最初的信息情况,而不代表自然界选择参数的方式。

12.2.2 对参数赋值

接下来我会指定相应的参数值,这些参数值代表实际的情况,之后通过绘图展示不同的模型得出估计的准确度。你能够随时回过头来修改用于模拟数据的模型参数值。

下面的代码对模型参数赋值,包括 α、σ、水潭的数目,以及每个水潭的样本量 n_i:

R code
12.7
```
a <- 1.4
sigma <- 1.5
nponds <- 60
ni <- as.integer( rep( c(5,10,25,35) , each=15 ) )
```

这里我们选择了 60 个水潭,其中蝌蚪密度为 5、10、25 和 35 的水潭各有 15 个。这样做是为了研究模型的预测误差是如何随样本量的变化而变化的。上面代码中的最后一行用到了函数 as.integer,这与 Stan 和 map2stan 的工作方式有关。更多解释见之后的深入思考方框。

其中 $\alpha=1.4$ 和 $\sigma=1.5$ 定义了水潭生存率对数似然比的高斯分布。那么现在我们需要从这个均值为 α,标准差为 σ 的高斯分布中模拟 60 个这样的截距:

R code
12.8
```
a_pond <- rnorm( nponds , mean=a , sd=sigma )
```

现在看看模拟的变量 a_pond 中的值。该变量应该包含 60 个对数似然比的取值,每个取值对应一个水潭。

最后,把所有的信息汇总到一个数据框内:

R code
12.9
```
dsim <- data.frame( pond=1:nponds , ni=ni , true_a=a_pond )
```

你可以自己查看模拟的 dsim。其中第一列是水潭索引,1 到 60。第二列是每个水潭的初始蝌蚪数目。第三列是每个水潭真实的生存率对数似然比。

深入思考:数据类型和 Stan 模型。 R 中有两种基本的数值类型,整数和实数。比如 3 既可以是整数,也可以是实数。在计算机中,整数和实数(numeric)的表达方式是不同的。例如,下面两个向量生成的方式是相同的,但是数值类型不同:

```
class(1:3)
class(c(1,2,3))
```

R code
12. 10

```
[1] "integer"
[1] "numeric"
```

通常情况下，你不需要在意这两种类型的不同，因为 R 会自己处理这两种情况。但当你将值赋予 Stan 或其他外部软件时，数据的具体类型就会产生影响。尤其是对 Stan 和 map2stan，它们有时要求严格地指明整数类型。例如，在二项模型中，用来表示试验次数的参数 size 必须是整数。如果 size 的类型是实数而非整数的话，Stan 可能会返回错误并提醒找不到函数。在将数据传给 Stan 和 map2stan 之前使用 as.integer 能够避免这样的情况。

12. 2. 3　模拟存活的蝌蚪

现在我们可以着手开始模拟二项生存过程了。每个水潭 i 有 n_i 只蝌蚪。每只蝌蚪的存活率为 p_i。存活率 p_i 的模型定义为：

$$p_i = \frac{\exp(\alpha_i)}{1 + \exp(\alpha_i)}$$

模型使用逻辑链接函数，因此相应的概率就能通过链接函数的反函数（也称作逻辑函数）得到。

通过变换得到相应的生存率，然后将这个概率赋予二项函数，模拟生成每个水潭的存活蝌蚪个数：

```
dsim$si <- rbinom( nponds , prob=logistic(dsim$true_a) , size=dsim$ni )
```

R code
12. 11

与 R 中很多其他函数一样，如果赋予函数一个向量，函数将返回一个同等长度的向量。这里每个 α_i(dsim$true_a) 和 n_i(dsim$ni) 的值定义了相应的生存率和最大蝌蚪数，上面的代码通过这两个参数随机生成相应的存活蝌蚪数。这些随机生成的数存储在 dsim 对象的某一列中。

12. 2. 4　非聚合样本估计

现在我们可以开始分析模拟出的数据了。最简单的任务是计算非聚合估计。我们可以直接从观测中计算每个水潭观测到的实际生存率。这里不对计算出的生存率进行变换，之后我们会将其与概率尺度下的模型估计结果进行对比。

```
dsim$p_nopool <- dsim$si / dsim$ni
```

R code
12. 12

现在 dsim 中增加了新的一列，也就是每个水潭的存活率。如果你对每个水潭建立相应的名义变量，使用水平无正则先验拟合模型，得到的估计和这里计算的无聚合样本估计结果是一样的。

12.2.5 部分聚合估计

现在用 **map2stan** 函数对模拟的数据拟合模型。这里就用单独的一条长随机链，但记得，在你自己应用的过程中需要使用多条链，检查这些随机链是否会收敛到正确的后验分布。在这个例子中，用一条链没有问题，但不要总这么以为：

R code
12.13

```
m12.3 <- map2stan(
    alist(
        si ~ dbinom( ni , p ),
        logit(p) <- a_pond[pond],
        a_pond[pond] ~ dnorm( a , sigma ),
        a ~ dnorm(0,1),
        sigma ~ dcauchy(0,1)
    ),
data=dsim , iter=1e4 , warmup=1000 )
```

上面的代码拟合的是基本变化截距模型。你可以和之前一样，通过 precis 查看相应 α 和 σ 的估计：

R code
12.14

```
precis(m12.3,depth=2)
```

	Mean	StdDev	lower 0.89	upper 0.89	n_eff	Rhat
a_pond[1]	1.45	0.95	-0.11	2.89	9000	1
a_pond[2]	1.47	0.95	-0.02	2.96	9000	1
...						
a_pond[59]	1.81	0.47	1.02	2.52	7314	1
a_pond[60]	2.03	0.50	1.24	2.82	9000	1
a	1.13	0.23	0.78	1.50	5848	1
sigma	1.59	0.22	1.25	1.93	2705	1

这里我对输出结果进行了删减。原输出有 60 个截距估计，每个估计对应一个水潭。

现在我们已经找到了相应的估计，让我们计算预测的生存比例，并将这些预测比例加入模拟的数据框内。为了标明结果来自部分聚合估计，我将该列命名为 p.partpool：

R code
12.15

```
estimated.a_pond <- as.numeric( coef(m12.3)[1:60] )
dsim$p_partpool <- logistic( estimated.a_pond )
```

如果想将这个估计与模拟数据使用的真实参数设置进行对比，需要通过 true_a 列计算：

R code
12.16

```
dsim$p_true <- logistic( dsim$true_a )
```

在我们对结果进行可视化前需要做的最后一件事是计算估计和真实效应之间的误差。这很容易通过当前列得到：

R code
12.17

```
nopool_error <- abs( dsim$p_nopool - dsim$p_true )
partpool_error <- abs( dsim$p_partpool - dsim$p_true )
```

现在可以对结果进行可视化了。下面的代码能给出基本的可视化：

R code
12.18

```
plot( 1:60 , nopool_error , xlab="pond" , ylab="absolute error" ,
    col=rangi2 , pch=16 )
points( 1:60 , partpool_error )
```

我在图上加了一些额外的信息，结果如图 12-3 所示。重复上面的代码会得到不同的图，因为模拟过程存在方差。由图可见，两种估计的结果逐渐趋同。关于如何在新的模拟数据上重新拟合模型，见本小节末尾的深入思考方框。

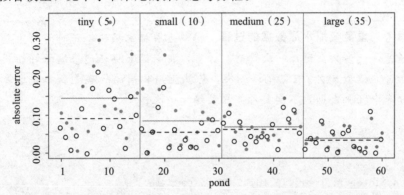

图 12-3　模拟数据对应的非聚合和部分聚合样本估计误差图。其中横轴代表水潭编号。纵轴代表预测
　　　　的生存率和实际模拟数据使用的生存率预测之间的误差绝对值。图中位置越靠上的点对应的
　　　　误差越大。无聚合样本估计对应蓝色。部分聚合样本估计为黑色。蓝色和黑色的线段分别对
　　　　应蝌蚪密度不同的水潭中这两种估计的平均误差水平。小水潭对应的误差更大。总体来说，
　　　　部分聚合估计对应的误差更小，尤其对小水潭而言

　　图 12-3 蓝色的实心点代表非聚合样本估计。黑色空心点代表变换效应估计。水平轴是每个水潭的编号，从 1 到 60。垂直轴代表生存率估计的均值和实际生存率之间的距离。因此靠近底部的点对应误差更小，靠近顶部的点对应误差更大。有的点对应偏离真实观测 20% 的情况。垂直线划分了蝌蚪密度不同的水潭。最后，水平蓝线和黑虚线代表蝌蚪密度不同的水潭对应的非聚合和部分聚合样本估计的平均误差。

　　图中首先需要注意的是，两种估计在大水潭（右边）中都比在小水潭中更加准确。因为通常情况下更多的样本意味着更好的估计。当水潭小的时候，初始蝌蚪数目也更小，这种情况下，两种估计方法都不管用。因此，图中左边的估计都不准确。其次，图中蓝色的线总是高于黑线。这表明无聚合估计（图中灰点所示）对应的平均误差更大。虽然两种估计在样本量减小时，估计都更不准确。但在样本量一定的情况下，还是部分聚合样本估计表现更好。第三，蓝线和黑虚线之间的距离随着样本量的增加而减小。虽然两者都会受样本量的影响，但部分聚合估计受到的影响更小。

　　我们做所有这些到底要干什么？记得在之前的图 12-1 中，小的水槽展示出更强的向均值收缩的趋势。这里，部分聚合数据对估计的提高在样本量最小的水潭中体现得最明显。这并不是巧合。向均值收缩的现象是在拟合不足和过度拟合之间权衡的结果。当对所有聚类拟合一个统一的截距时模型拟合不足，每个聚类对应各自彼此独立的截距时又过度拟合了。水潭/水槽越小，包含的信息量越少，这样一来每个水潭的截距估计受样本聚合的影响越大。换句话说，小水潭更容易过度拟合，在样本聚合的情况下受总体均值的影响越大。类似地，大水潭的收缩更小，因为它们包含更多的信息就更不容易过度拟合，也更不需要纠正。当水潭很大时，聚合样本几乎不会提高估计，因为提高样本量对估计的影响已经不大了。但在这种情况下，聚合样本也不会有什么负面影响，聚合样本能极大改进小水潭的估计。

一般情况下，部分聚合估计的效果更好。它权衡了拟合不足和过度拟合。这是正则化的一种形式，如第 6 章所示，只是现在正则化来自对观测本身的学习。

但也存在非聚合估计更好的情况。这种特殊情况通常来自某些有着极端生存概率的水潭。部分聚合将这类生存率值极端的水潭的估计拉向总体均值的方向，因为这样极端的水潭不多。但有时产生极端值的原因是真实的情况就是这么极端。

深入思考：**重复模拟水潭数据的过程**。模型生成样本很快，花时间的主要是编译模型。幸运的是，模型只需编译一次就好。你可以将新的数据传递给编译好的模型，然后得到新的估计。模型 m12.3 只需编译一次，你就能用相同的代码重新拟合水潭数据并从新的后验分布中抽取数据，不需要再等模型编译一次：

R code
12.19
```
a <- 1.4
sigma <- 1.5
nponds <- 60
ni <- as.integer( rep( c(5,10,25,35) , each=15 ) )
a_pond <- rnorm( nponds , mean=a , sd=sigma )
dsim <- data.frame( pond=1:nponds , ni=ni , true_a=a_pond )
dsim$si <- rbinom( nponds,prob=logistic( dsim$true_a ),size=dsim$ni )
dsim$p_nopool <- dsim$si / dsim$ni
newdat <- list(si=dsim$si,ni=dsim$ni,pond=1:nponds)
m12.3new <- map2stan( m12.3 , data=newdat , iter=1e4 , warmup=1000 )
```

map2stan 函数再次使用编译好的模型 m12.3，将新数据赋予模型，得到新的样本并存储在数据框 m12.3new 中。如果你想对某个特定的模型结构进行模拟研究的话，那这个诀窍就很有用了。如果你想查看 Stan 编译的模型，模型在 m12.3@ stanfit 中，你总能通过 stancode(m12.3) 查看相应的代码，用 m12.3@ data 查看模型使用的数据。

12.3 多重聚类

我们能够也应该在同一个模型中考虑多重聚类。例如，在之前的大猩猩实验数据 data(chimpanzees) 中（见第 10 章），相应的观测是拉杆的情况。拉杆行为的发起者是某只猩猩，同一只猩猩的行为就能看成是一种聚类。但与此同时，实验的时间区间也能用作聚类标准，同一天的实验观测是一种聚类。因此每次拉杆观测都对应两重聚类，即行为的发起者 actor（取值 1 到 7）和实验的时间区间 block（取值 1 到 6）。不同的行为发起者可能对应不同的截距，不同的实验时间也可能对应各自的截距。

因此，在本小节中我们会将大猩猩的数据作为例子，同时用上面提到的这两种聚类标准。这让我们同时对这两种标准部分聚合样本，同时对两个分类变量 actor 和 block，部分聚合样本得到相应估计。同时也会估计 actors 和 blocks 间各自的方差。

再思考：交叉分类和分层。像大猩猩实验这样的数据通常也称为**交叉分类**分层模型。之所以是交叉分类是因为行为发起者并非完全嵌套在实验时间区间内。如果每只大猩猩只出现在某一天的实验中，那么 actor 这个层级就嵌套在 block 中，这种情况称为分层。但是，不管是哪种情况，定义模型的方式通常是一样的。因此，在下面会看到模型结构和代码对交叉分类与分层这两种情况都适用。有些其他软件有时会强制你对这两种情况区别对待，因为它们使用的方法不如 MCMC 有效。有一些特别的分层模型对适应性先验使用适应性先验。好比我们之前说的，一只乌龟骑在另外一只乌龟背上。下一章会有一个相关的例子。但大部分时候，人们在这两种情况下使用的模型设定相同。

12.3.1　针对不同黑猩猩分层

让我们在之前第 10 章建立的黑猩猩模型（m10.4）的基础上对不同的黑猩猩指定不同的截距。要在模型中添加变化截距，我们只要将之前的指定的正则化先验换成适应性先验。但这次我会将均值 α 放在线性模型中，而不是先验分布中。为什呢？因为这将为之后添加更多的变化效应作准备。再过一会你就会理解这么做的理由了。

下面是大猩猩分层模型的数学表达形式，变化截距部分用蓝色表示

$$L_i \sim \text{Binomial}(1, p_i)$$
$$\text{logit}(p_i) = \alpha + \alpha_{\text{ACTOR}[i]} + (\beta_P + \beta_{PC} C_i) P_i$$
$$\alpha_{\text{ACTOR}} \sim \text{Normal}(0, \sigma_{\text{ACTOR}})$$
$$\alpha \sim \text{Normal}(0, 10)$$
$$\beta_P \sim \text{Normal}(0, 10)$$
$$\beta_{PC} \sim \text{Normal}(0, 10)$$
$$\sigma_{\text{ACTOR}} \sim \text{HalfCauchy}(0, 1)$$

注意，这里线性模型中的 α 不是高斯先验分布中的 α_{ACTOR}。这和本章节之前蝌蚪数据中的例子在数学上是等价的。你可以将高斯分布中的均值独立出来，将其视为一个常数加上均值为 0 的高斯分布。

一开始这样看起来可能有点奇怪，用 R 代码实践一下有助于你理解并习惯这种表达方式。下面两行代码是等价的，从相同的分布模拟样本：

R code
12.20

```
y1 <- rnorm( 1e4 , 10 , 1 )
y2 <- 10 + rnorm( 1e4 , 0 , 1 )
```

查看 y1 和 y2 的样本分布你会发现这两个分布是相同的。这是因为高斯分布的均值和方差是独立的。很多分布不具有此性质。我们会进一步讨论这个问题。有时特定的模型和观测数据用一些方法拟合比另外一些要好。下一章会对此进一步讨论。

下面是针对 actor 变量的变化截距模型对应的 map2stan 代码，这里还没有考虑对 block 变量变化截距。注意这里线性模型包含 α，变化截距均值。截距的适应性先验分布均值为 0：

R code
12.21

```
library(rethinking)
data(chimpanzees)
```

```
d <- chimpanzees
d$recipient <- NULL        # 避免缺失值NA

m12.4 <- map2stan(
    alist(
        pulled_left ~ dbinom( 1 , p ) ,
        logit(p) <- a + a_actor[actor] + (bp + bpC*condition)*prosoc_left ,
        a_actor[actor] ~ dnorm( 0 , sigma_actor ),
        a ~ dnorm(0,10),
        bp ~ dnorm(0,10),
        bpC ~ dnorm(0,10),
        sigma_actor ~ dcauchy(0,1)
    ) ,
    data=d , warmup=1000 , iter=5000 , chains=4 , cores=3 )
```

检查模拟轨迹图 plot(m12.4) 和 sigma_actor 的后验分布。确保有效样本数目和 Rhat 看上去没有什么问题。如果你想回顾关于马尔可夫随机链的诊断相关知识，见之前第 8 章。

现在所有黑猩猩的总体均值 α(a) 在线性模型中。注意 a_actor 参数是特定黑猩猩对应截距和 a 之间的差别。因此，给定黑猩猩 i 对应的截距是 $\alpha + \alpha_{\text{ACTOR}[i]}$。导致不同黑猩猩之间截距不同的是这个和总体均值之间的差别项。要得到每只黑猩猩对应的截距，你需要将样本 a 和样本 a_actor 相加：

R code
12.22

```
post <- extract.samples(m12.4)
total_a_actor <- sapply( 1:7 , function(actor) post$a + post$a_actor[,actor] )
round( apply(total_a_actor,2,mean) , 2 )
```

```
[1] -0.71  4.59 -1.02 -1.02 -0.71  0.23  1.76
```

12.3.2　两重聚类

要在此基础上添加另外一重聚类 block，我们只需要重复之前 actor 的结构。这意味着线性模型将会有另外一个变化截距 \ alpha_{BLOCK[i]}，同时模型也有另外一个适应性先验分布和标准差参数。下面是更新后模型的数学表达，新的部分用蓝色表示：

$$L_i \sim \text{Binomial}(1, p_i)$$
$$\text{logit}(p_i) = \alpha + \alpha_{\text{ACTOR}[i]} + \alpha_{\text{BLOCK}[i]} + (\beta_P + \beta_{PC}\, C_i)\, P_i$$
$$\alpha_{\text{ACTOR}} \sim \text{Normal}(0, \sigma_{\text{ACTOR}})$$
$$\alpha_{\text{BLOCK}} \sim \text{Normal}(0, \sigma_{\text{BLOCK}})$$
$$\alpha \sim \text{Normal}(0, 10)$$
$$\beta_P \sim \text{Normal}(0, 10)$$
$$\beta_{PC} \sim \text{Normal}(0, 10)$$
$$\sigma_{\text{ACTOR}} \sim \text{HalfCauchy}(0, 1)$$
$$\sigma_{\text{BLOCK}} \sim \text{HalfCauchy}(0, 1)$$

每个聚类变量都对应自己的标准差参数，这两个参数的作用就是调整每种聚类标准，actor 或 block 下不同类别之间的差别。这两个参数分别是 σ_{ACTOR} 和 σ_{BLOCK}。最后，只有

一个总体均值参数 α，另外两个截距参数分布都以 0 为中心。我们无法区分这两个变化截距，因为在最后预测时它们会加到一起。因此，常用的做法是将变化截距参数先验分布均值定为 0，这样就能避免模型出现一些难以估计的参数。之后会有练习题会让你探索如果忘记将参数中心化，而用了两个均值不为 0 的 α 参数会有什么结果。

现在拟合两重聚类模型：

```
# 准备数据
d$block_id <- d$block  # block是Stan的默认名字，这里重新命名该变量

m12.5 <- map2stan(
    alist(
        pulled_left ~ dbinom( 1 , p ),
        logit(p) <- a + a_actor[actor] + a_block[block_id] +
                    (bp + bpc*condition)*prosoc_left,
        a_actor[actor] ~ dnorm( 0 , sigma_actor ),
        a_block[block_id] ~ dnorm( 0 , sigma_block ),
        c(a,bp,bpc) ~ dnorm(0,10),
        sigma_actor ~ dcauchy(0,1),
        sigma_block ~ dcauchy(0,1)
    ) ,
    data=d, warmup=1000 , iter=6000 , chains=4 , cores=3 )
```

R code
12.23

如果一切顺利的话，你将从 4 条相互独立的随机链中得到 20 000 个样本。和之前一样，记得检查轨迹图和随机链诊断结果。机器不总是可信的。在这个例子中，你会第一次遇到关于迭代不收敛的警告：

```
Warning message:
In map2stan(alist(pulled_left ~ dbinom(1, p), logit(p) <- a + a_actor[actor]+:
    There were 3 divergent iterations during sampling.
Check the chains (trace plots, n_eff, Rhat) carefully to ensure they are valid.
```

在下一章我们会对此进一步展开。这里暂时忽略这个警告。直接查看 n_eff 和 Rhat。

这是目前位置拟合最复杂的模型。因此，让我们看看模型估计，看这些结果反映出哪些重要特征：

```
precis(m12.5,depth=2) # depth=2 展示变化效应
plot(precis(m12.5,depth=2)) # 绘制结果图
```

R code
12.24

	Mean	StdDev	lower 0.89	upper 0.89	n_eff	Rhat
a_actor[1]	-1.17	0.93	-2.57	0.29	2333	1
a_actor[2]	4.14	1.59	1.92	6.33	4543	1
a_actor[3]	-1.48	0.94	-2.91	-0.02	2310	1
a_actor[4]	-1.48	0.94	-2.92	-0.01	2360	1
a_actor[5]	-1.17	0.94	-2.63	0.27	2354	1
a_actor[6]	-0.22	0.93	-1.65	1.25	2359	1
a_actor[7]	1.32	0.96	-0.15	2.84	2496	1
a_block[1]	-0.18	0.22	-0.53	0.11	3848	1
a_block[2]	0.04	0.18	-0.23	0.34	8595	1
a_block[3]	0.05	0.19	-0.23	0.35	7237	1

a_block[4]	0.00	0.18	-0.30	0.28	9532	1
a_block[5]	-0.04	0.18	-0.34	0.25	8327	1
a_block[6]	0.11	0.20	-0.17	0.43	5420	1
a	0.46	0.92	-0.98	1.88	2263	1
bp	0.82	0.26	0.41	1.25	6890	1
bpc	-0.13	0.30	-0.62	0.33	8360	1
sigma_actor	2.25	0.90	1.02	3.33	4892	1
sigma_block	0.22	0.18	0.01	0.43	2079	1

对 precis 对象的绘图结果如图 12-4 左边所示。

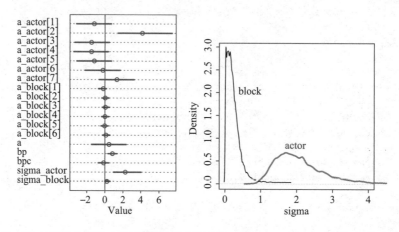

图 12-4　左图 m12.5 后验均值和 89% 的高密度置信区间。从 a_actor 和 a_block 的分布中可以看出黑猩猩间的方差比时间区间的方差大。右图：黑猩猩（蓝色）和实验时间区间（黑色）对应的变化截距标准差后验分布图

首先，注意有效样本的数目 n_eff，在不同参数之间的变化很大。这在复杂模型中很常见。为什么？这里的原因有多种。但在这类模型中，最常见的原因是有些参数在一个边界附近徘徊很久。这里，参数 sigma_block 就是这样。这个参数在它的最小极限 0 附近徘徊了很久。结果就是那个关于“迭代不收敛”的错误提示。下一章会解释这是什么意思，以及我们该怎么办。现在，你可以相信上面的 Rhat 值，但之后你会学习如何使这样的模型抽样更加有效。

其次，比较 sigma_actor 和 sigma_block，注意观测到的黑猩猩间的方差估计比时间区间的方差估计大得多。从这两个分布的边缘分布图中很容易理解：

R code
12.25

```
post <- extract.samples(m12.5)
dens( post$sigma_block , xlab="sigma" , xlim=c(0,4) )
dens( post$sigma_actor , col=rangi2 , lwd=2 , add=TRUE )
text( 2 , 0.85 , "actor" , col=rangi2 )
text( 0.75 , 2 , "block" )
```

结果如图 12-4 右边所示。虽然黑猩猩间的方差估计具有不确定性，但模型还是很肯定黑猩猩的方差比时间区间的方差更大。你能从变化截距估计的差异情况看出这一点：a_actor 的分布比 a_block 的分布更分散。

这样一来，在模型中添加 block 变量并不会增加太多过度拟合的风险。让我们比较只有 actor 的一重聚类和有两重聚类的模型：

```
compare(m12.4,m12.5)
```

```
        WAIC pWAIC dWAIC weight    SE   dSE
m12.4  531.5   8.1   0.0   0.65 19.50    NA
m12.5  532.7  10.5   1.2   0.35 19.74  1.94
```

让我们看看列 pWAIC，也就是有效参数个数。虽然模型 m12.5 的实际参数个数比 m12.4 多 7 个，其有效参数只多 2.5 个。为什么会这样呢？因为 sigma_block 的后验分布接近于 0。这意味着 6 个 a_block 参数都向 0 强烈收缩——这些参数相对灵活。相反，a_actor 参数没有那么强烈地向 0 收缩，因为相应估计的方差大得多，因此收缩效应小得多。但结果是，每个 a_actor 参数对 pWAIC 的贡献更高。

可能你也注意到这些模型之间的 WAIC 相差很小，只有 1.2。考虑到这个差别的标准差是 1.94，这个差别就完全不显著了。这两个模型给出的预测几乎相同，因此它们对应的袋外样本精确度的期望也几乎一样。时间区间参数强烈向 0 收缩以致这些参数对模型几乎没有影响。

如果你强烈认为模型 m12.4 最好的话，等等再下结论。这里选哪个模型其实没有差别。模型比较的结果能揭示出更深的信息——是否包括实验时间这个层级其实没有什么关系，a_block 和 sigma_block 的估计可以证明这点。此外，模型对应 WAIC 差别的标准差是这个差别的两倍。通过再次训练模型，并比较不同模型的结果，读者可以从中得到更多关于这个实验的信息。

12.3.3　更多的聚类

添加更多重的聚类方法也是类似的。当模型复杂到某种程度，便很难可靠地拟合数据。但是汉密尔顿蒙特卡罗法很适合这种变化效应模型。该方法可以轻易应对成千上万的变化截距参数。在这种情况下抽取样本的过程会很慢，但还是能用的。

因此，如果你觉得在理论上包含一个聚类变量是合理的，不要犹豫，这样做能给你一个很好的理论上的理由部分聚合样本。如你所见，当类别间的差异很小时，添加新的变化截距变量带来的过度拟合风险可能很小。分层模型能够渐渐正则化，帮助我们发现数据中不同类型的聚类之间的相关性。这样一来，你能将每个聚类对应的参数 sigma 视为该类别对结果变量中差异的解释程度的一个粗略度量。

12.4　分层模型后验预测

在第 3 章中，我讲了**模型检查**的重要性。计算机软件并不总是按照你想要的方式工作，一种稳健的检查模型错误的方式是将原始的观测和模型后验预测样本进行比较。同样的过程（比较观测样本和模型预测抽样）也有助于我们理解模型。每个模型都有可以解释和无法解释的部分。当我们试图理解一个模型时，能够找到相应可解释的部分，控制不可解释的部分。但是随着模型复杂度的增加，仅仅通过查看参数的后验均值和置信区间表格来理解模型变得越来越困难，甚至不可能。研究后验预测样本就有帮助得多。

研究模型预测样本的另一个好处是可以计算**信息法则**，比如 DIC 和 WAIC。这些法则提供了简单的模型袋外样本精确度估计，KL 散度。用实际应用的术语，信息法则提供了一个模型灵活度的粗略估计，这也可以作为过度拟合风险指标。这是第 6 章中本应该解释但没有提到的概念。

所有上面这些建议也同样适用于分层模型。我们还经常需要检查模型，通过模型预测样本理解模型并计算信息法则。但引入变化截距之后确实会有一点不同。

首先，我们不应该期待模型完全重现样本，因为适应性正则化的目标就是在更好的拟合样本和更好地进行推断之间权衡。这就是参数收缩的作用。当然，我们永远不应该期待能够完全重现样本。但你要明白，即使是完美拟合的模型由于收缩也与原始观测有系统性的偏离。

其次，在分层模型中的"预测"要求一些额外的选择。如果我们要针对某一特定的聚类核实模型是一回事。但如果我们想要模型对新的聚类进行预测那又是另外一回事。我们会将这两种情况展开，还是用之前节中黑猩猩的例子。

12.4.1　原类别后验预测

当我们对拟合模型中用到的类别进行预测时，变化截距就是模型参数。这里唯一需要注意的是要保证对相应的数据使用正确的截距。如果你用 link 和 sim 函数的话，函数会替你保证做到这点。不然你就得自己计算。

例如，在数据框 data(chimpanzees)中有 7 只黑猩猩，它们是不同的类别。变化截距模型 m12.4 对每只黑猩猩估计对应的截距，此外还估计黑猩猩的总体均值和标准差。我们会用两种方法得到后验预测，一种是通过 link 函数自动得到相应的后验预测，另一种是自己手动得到后验预测。

在计算预测样本之前，注意这里我们不能再期待预测分布符合原始观测，即使模型正常也不行。为什么？部分聚合样本就是将估计向总体均值收缩。因此，一旦你聚合了样本，估计就不一定符合原始观测。

用来计算后验预测的代码就像第 10 章的代码一样。下面是相应的代码，计算并绘制 2 号黑猩猩的后验预测分布：

R code
12.27
```
chimp <- 2
d.pred <- list(
    prosoc_left = c(0,1,0,1),    # 右/左/右/左
    condition = c(0,0,1,1),      # 控制/控制/同伴/同伴
    actor = rep(chimp,4)
)
link.m12.4 <- link( m12.4 , data=d.pred )
pred.p <- apply( link.m12.4 , 2 , mean )
pred.p.PI <- apply( link.m12.4 , 2 , PI )
```

绘图的代码和之前一样。

如果不用 link 函数手动得到预测样本的话，我们需要记住模型的结构。这里唯一的难点在于，变化截距的后验样本是一个矩阵。我们可以看一看这个矩阵：

R code
12.28
```
post <- extract.samples(m12.4)
str(post)
```

```
List of 5
 $ a_actor    : num [1:8000, 1:7] -1.842 -0.225 -1.811 -0.759 -1.882 ...
```

```
$ a          : num [1:8000(1d)] 1.291 -0.632 0.285 -0.109 1.229 ...
$ bp         : num [1:8000(1d)] 1 1.064 1.087 0.254 0.908 ...
$ bpC        : num [1:8000(1d)] -0.272 -0.539 -0.295 0.375 -0.218 ...
$ sigma_actor: num [1:8000(1d)] 2.13 2.49 2.32 1.51 4.12 ...
```

a_actor 矩阵中每个样本是一行，每只黑猩猩对应一列。因此要绘制第 5 只黑猩猩的后验密度：

```
dens( post$a_actor[,5] )
```
R code
12.29

这里[, 5]表示第 5 只黑猩猩的所有样本。

为了得到后验预测，我们需要使用链接函数。这里我用 with 函数，这样就不需要不停地键入 post$：

```
p.link <- function( prosoc_left , condition , actor ) {
    logodds <- with( post ,
        a + a_actor[,actor] + (bp + bpC * condition) * prosoc_left
    )
    return( logistic(logodds) )
}
```
R code
12.30

上面的线性模型和我们用来定义模型的部分基本是一样的，只是这里在 a_actor 后面的方括号中有一个逗号分隔。现在计算预测：

```
prosoc_left <- c(0,1,0,1)
condition <- c(0,0,1,1)
pred.raw <- sapply( 1:4 , function(i) p.link(prosoc_left[i],condition[i],2) )
pred.p <- apply( pred.raw , 2 , mean )
pred.p.PI <- apply( pred.raw , 2 , PI )
```
R code
12.31

有时你总会遇到一些模型无法直接通过 link 函数得到相应的预测。这时，你可以回到本节复习一下该如何手动得到预测样本。任何模型都可以得到相应的预测结果，如果是贝叶斯模型，我们就称这个过程是"生成性"的。也就是说，我们得到预测分布的方式是沿着模型定义自下而上逐步代入相应的参数值。然后通过总结生成的样本来描述预测情况。

12.4.2　新类别后验预测

通常，我们关心的并非观测样本中的特定聚类。例如，在黑猩猩的实验数据中，这 7 只黑猩猩并没有什么特殊的意义。我们想要得到的是关于黑猩猩这个物种的推断结果，而不仅仅是这几只黑猩猩的实验结果。因此，实验中某只黑猩猩对应的截距是多少并不是我们感兴趣的，我们感兴趣的是这个截距的分布。

得到新聚类截距预测后验分布的一种方式是在拟合模型时假设某一只黑猩猩的观测不存在。例如，假设在拟合模型时，我们没有用 7 号黑猩猩的样本。现在我们如何才能评估模型对 7 号黑猩猩的预测情况？这里我们无法使用任何一个 a_actor 参数估计，因为它们针对的都是其他特定的黑猩猩。但我们可以用 a 和 sigma_actor 参数，因为这些参数描述的是整个黑猩猩群体。

首先让我们看看如何得到参数 a 的后验预测，也就是之前无法观测到的一般黑猩猩的效应。这里的"一般"指某只黑猩猩对应的截距是 a(α)，也就是黑猩猩群体的平均值。这同时也暗示变化截距是 0。由于群体均值也有不确定性，所以这只一般的黑猩猩对应的截距同样存在不确定性。但如你所见，这个不确定性比真实群体均值的不确定性小得多，如果我们想要反映真实情况的话，应该意识到这点。

第一步是建立一个实验条件数据用来计算相应的预测值。我们在之前的章节中也这样做过。下面是一个包含不同实验设计的数据框，其中包含 4 种不同的实验设计：

R code
12.32

```
d.pred <- list(
    prosoc_left = c(0,1,0,1),    # 右/左/右/左
    condition = c(0,0,1,1),      # 控制/控制/对照/对照
    actor = rep(2,4) )           # 占位符
```

接下来我们需要建立一个零矩阵，用来代替变化截距样本。矩阵的大小最好和原矩阵相同。在这种情况下，这意味着每只黑猩猩对应 1 000 个样本。但是所有的样本值都是 0：

R code
12.33

```
# 将变化截距样本换成0
# 7只黑猩猩的1000个样本
a_actor_zeros <- matrix(0,1000,7)
```

这是唯一的新东西。现在，通过 replace 选项赋予这个新的矩阵 link 函数。保证新矩阵的名字和之前的变化截距矩阵相同，也就是 a_actor。否则它不会代替模型中的任何部分：

R code
12.34

```
# 得到链接函数
# 记得设置replace
link.m12.4 <- link( m12.4 , n=1000 , data=d.pred ,
    replace=list(a_actor=a_actor_zeros) )

# 总结结果并且绘图
pred.p.mean <- apply( link.m12.4 , 2 , mean )
pred.p.PI <- apply( link.m12.4 , 2 , PI , prob=0.8 )
plot( 0 , 0 , type="n" , xlab="prosoc_left/condition" ,
    ylab="proportion pulled left" , ylim=c(0,1) , xaxt="n" ,
    xlim=c(1,4) )
axis( 1 , at=1:4 , labels=c("0/0","1/0","0/1","1/1") )
lines( 1:4 , pred.p.mean )
shade( pred.p.PI , 1:4 )
```

结果如图 12-5 左边所示。灰色区域表示拥有群体平均截距的一般黑猩猩对应的 80% 的置信区间。这类计算能够很容易地揭示出 prosoc_left 的影响，以及群体平均的不确定性，但它没有显示出黑猩猩之间的差异。

为了反映出黑猩猩之间的差异，需要在计算中用到 sigma_actor。我们能够通过设置 replace 选项将这个参数添加到 link 函数中。但是这一次我们会从模型对变化截距的先验高斯分布中模拟变化截距矩阵：

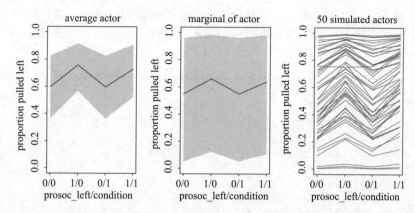

图 12-5　黑猩猩变化截距模型 m12.4 的后验预测分布。实线是后验均值，阴影部分是 80% 的置信区间。左图：将变化截距参数 a_actor 设置为 0 能够得到一般黑猩猩的预测值。这些预测忽略了黑猩猩之间的差异导致的不确定性。中间的图：用不同黑猩猩间的后验标准差 sigma_actor 模拟变化截距，得到的预测考虑了不同黑猩猩之间的差异。右图：50 只从后验分布中模拟的黑猩猩，每只黑猩猩都有自己的截距。每只模拟的黑猩猩在 4 种实验处理下使用的参数相同

$$\alpha_{\mathrm{ACTOR}} \sim \mathrm{Normal}(0, \sigma_{\mathrm{ACTOR}})$$

这表明一旦我们有了 σ_{ACTOR} 的样本，就能够模拟每只黑猩猩的截距。下面是实现的代码，其中用到了 rnorm 函数：

```
# 模拟变化截距样本
post <- extract.samples(m12.4)
a_actor_sims <- rnorm(7000,0,post$sigma_actor)
a_actor_sims <- matrix(a_actor_sims,1000,7)
```

R code
12.35

现在将变化截距值赋予 link 函数。注意这里 replace 的列表设置，就是通过该设置将模拟的值带入后验分布的。

```
link.m12.4 <- link( m12.4 , n=1000 , data=d.pred ,
    replace=list(a_actor=a_actor_sims) )
```

R code
12.36

总结模型结果和绘图的方法与之前一样，结果如图 12-5 所示。这些后验预测代表边缘化黑猩猩的情况，这里所谓的 "边缘化" 与统计中的边缘化分布类似，也就是平均不同黑猩猩的不确定性。相反，左边的预测直接将黑猩猩的截距设置成群体均值，不考虑不同个体的差异。

这个时候学生通常会问："那我到底该用哪种，一般个体还是边缘个体？" 答案是："看情况。" 两种方式都有用，取决于具体的问题。对一般个体的预测能帮助我们对各种实验处理的影响进行可视化。对边缘个体的预测能反映出不同黑猩猩之间的差异程度。要理解模型或许要计算这两者。但你汇报哪个结果取决于具体情况。

在这种情况下，同时展示一般个体预测情况和边缘个体预测情况更好。我们可以暂时不考虑置信区间，模拟一系列新个体并计算各自在每种实验设计下的结果。通过每个个体的曲线，我们能够同时看出 prosoc_left 和个体差异的影响。

接下来我们会编写一个新的函数，从估计的群体分布中模拟新的个体，然后计算在

各种实验处理下拉左边杠的概率。这些模拟能够反映后验分布的不确定性。我们可以通过绘制多个模拟个体的曲线来探索后验分布的不确定性，每个模拟个体都是一个来自后验分布的样本：

R code
12.37

```
post <- extract.samples(m12.4)
sim.actor <- function(i) {
    sim_a_actor <- rnorm( 1 , 0 , post$sigma_actor[i] )
    P <- c(0,1,0,1)
    C <- c(0,0,1,1)
    p <- logistic(
        post$a[i] +
        sim_a_actor +
        (post$bp[i] + post$bpC[i]*C)*P
    )
    return(p)
}
```

上面的函数只有一个输入变量 i，也就是后验分布的样本指针。然后通过 rnorm 和 sigma_actor 的值随机模拟一个样本。之后通过线性模型对这 4 个实验处理分别计算概率 p。只是在向量 P 和 C 中的预测变量取值不同。由于这些向量的长度都是 4，上面的代码返回的概率 p 中也有 4 个值。

现在通过下面的代码绘制其中的 50 个样本：

R code
12.38

```
# 创建一张新图
plot( 0 , 0 , type="n" , xlab="prosoc_left/condition" ,
    ylab="proportion pulled left" , ylim=c(0,1) , xaxt="n" , xlim=c(1,4) )
axis( 1 , at=1:4 , labels=c("0/0","1/0","0/1","1/1") )

# 绘制50个模拟的个体
for ( i in 1:50 ) lines( 1:4 , sim.actor(i) , col=col.alpha("black",0.5) )
```

结果如图 12-5 右边所示。每条线代表一个模拟个体对应的四种实验处理的概率值。从这些曲线中很容易看出实验设计的影响和来自后验分布个体的不确定性，也就是参数 sigma_actor。

此外，注意各种实验处理和个体之间的交互效应。由于这是一个二项模型，基于天花板和地板效应，原则上说所有的参数都在某种程度上有交互。对于截距很大的个体，也就是图形顶部对应的个体，实验处理的影响很小。这些个体有很强的拉杆偏好。但离群体均值近的个体受实验设计的影响就更大。

12.4.3　聚焦和分层模型

上面这些一开始可能不太好理解。没有一个放之四海皆准的得到预测值的方法，这里手动模拟预测结果的过程可能也不那么好理解。随着时间的推移，你会慢慢理解这个过程。实际上，分层模型中不同参数聚焦的点不同。这里参数的聚焦指每个参数预测的层级。可以从下面 3 个方面理解这个问题。

第一，当我们通过模型反推预测样本时，描述聚类群体分布的参数并不会直接影响模型预测，比如 m12.4 中的参数 α 和 σ_{ACTOR}。记得之前讲过，这类参数通常称为超参数（hyperparameter），因为它们是参数的参数。这些超参数会影响参数估计，它们会将变化截距参数向群体均值收缩。这里的预测着眼于最高层级参数，而非超参数。

第二，当我们对样本中的某类观测预测新的可能观测时也是一样的。假设我们想要预测 2 号黑猩猩在接下来的实验中会如何选择拉杆，很可能预测该黑猩猩会拉左边，因为它对应的截距很大。再次强调这里着眼于最高层级。

第三点和之前不太一样。当我们想要对新的类别进行预测时，假设我们想要对新的个体、学校、年份、或地点进行预测，这时就需要超参数。超参数中有关于新类别的信息，我们可以通过超参数模拟新类别的截距。这就是我们在之前一个小节中所做的，模拟新的黑猩猩个体行为。

这种模型也可以用于过度分散的情况。这种情况下，我们需要通过模拟截距来考虑过度分散的情况。下面是一个简单的例子，这里以第 10 章的海洋岛屿社会的数据为例，不同的是现在对每个社会添加变化截距。下面是模型的数学形式，变化截距用蓝色表示：

$$T_i \sim \text{Poisson}(\mu_i)$$
$$\log(\mu_i) = \alpha + \alpha_{\text{SOCIETY}[i]} + \beta_P \log P_i$$
$$\alpha \sim \text{Normal}(0,10)$$
$$\beta_P \sim \text{Normal}(0,1)$$
$$\alpha_{\text{SOCIETY}} \sim \text{Normal}(0,\sigma_{\text{SOCIETY}})$$
$$\sigma_{\text{SOCIETY}} \sim \text{HalfCauchy}(0,1)$$

T 是 total_tools，P 是 population，i 代表每个社会的编号。上面的数学公式定义的就是一个变化截距模型，但每个观测对应一个变化截距。最后 σ_{SOCIETY} 就是对不同社会过度分散情况的度量。另外一种看待这个问题的角度是将变化截距 α_{SOCIETY} 视为每个社会对应的残差。通过估计这些残差的分布我们可以估计和泊松分布相比过度分散的情况。

下面是拟合过度分散泊松模型的代码：

R code
12.39

```
# 准备数据
library(rethinking)
data(Kline)
d <- Kline
d$logpop <- log(d$population)
d$society <- 1:10

# 拟合模型
m12.6 <- map2stan(
alist(
    total_tools ~ dpois(mu),
    log(mu) <- a + a_society[society] + bp*logpop,
    a ~ dnorm(0,10),
    bp ~ dnorm(0,1),
    a_society[society] ~ dnorm(0,sigma_society),
    sigma_society ~ dcauchy(0,1)
),
data=d ,
iter=4000 , chains=3 )
```

虽然模型用 13 个参数描述 10 个观测，但这个模型抽样的方式非常不同。记得，变化效应参数能被适应性正则化。因此，这些变化截距是受到一定约束而非完全灵活的，过度拟合的风险也就更小。在这种情况下，WAIC 表明有效参数个数是 5 而非 13。如果你有成千上万个观测，这个模型依然有效。只是最后你可能有几百甚至几千个变化截距估计。但是我们对这些截距并不感兴趣。我们想要知道的是定义群体分布的超参数。

接下来模拟后验预测样本，通过可视化这些样本展示过度分散。你可以通过 post-check(m12.6)展示后验预测。但是这里直接使用变化截距 a_society 生成这些预测，而没有使用超参数。要知道模型预期的总趋势，我们需要通过超参数 α 和σ_{SOCIETY}模拟一些新的社会数据。这和我们在黑猩猩数据例子中做的类似。

R code
12.40

```
post <- extract.samples(m12.6)
d.pred <- list(
    logpop = seq(from=6,to=14,length.out=30),
    society = rep(1,30)
)
a_society_sims <- rnorm(20000,0,post$sigma_society)
a_society_sims <- matrix(a_society_sims,2000,10)
link.m12.6 <- link( m12.6 , n=2000 , data=d.pred ,
    replace=list(a_society=a_society_sims) )
```

下面的代码能够展示原始数据和新的预测：

R code
12.41

```
# 绘制原始数据
plot( d$logpop , d$total_tools , col=rangi2 , pch=16 ,
    xlab="log population" , ylab="total tools" )

# 绘制后验中位数
mu.median <- apply( link.m12.6 , 2 , median )
lines( d.pred$logpop , mu.median )

# 绘制97%、89%和67%置信区间
mu.PI <- apply( link.m12.6 , 2 , PI , prob=0.97 )
shade( mu.PI , d.pred$logpop )
mu.PI <- apply( link.m12.6 , 2 , PI , prob=0.89 )
shade( mu.PI , d.pred$logpop )
mu.PI <- apply( link.m12.6 , 2 , PI , prob=0.67 )
shade( mu.PI , d.pred$logpop )
```

结果如图 12-6 所示。这里的区间比第 10 章中的区间宽得多。这是添加变化截距的结果，同时数据中的不确定性比单纯泊松模型预期得要高也确实是事实。

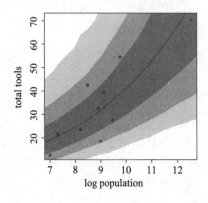

图 12-6　过度分散泊松岛屿模型 m12.6 的后验预测。阴影区域从里到外，67%、89%和97%的均值期望的置信区间。边缘化变化截距得到的预测区间比单纯没有变化截距的泊松模型得到的区间更宽

12.5　总结

本章介绍了基本分层模型背后的动机、实践及解释。本章主要着眼于变化截距，这些变化截距更好地估计了数据中不同聚类的基准水平。变化截距模型的估计更好是因为它们能够同时对类别群体建模，并且通过群体分布推断汇聚不同参数的信息。从另外一个角度看，变化截距是适应性正则化了的参数，这些参数的先验本身也是从数据中学习到的。所有这些都为下一章节打下了基础。下一章会将这些概念进一步延伸到更多类别的参数和模型上。

12.6　练习

容易

12E1　下面哪个先验分布会给参数估计带来更强的收缩效应？（a）$\alpha_{\text{TANK}} \sim \text{Normal}(0, 1)$；（b）$\alpha_{\text{TANK}} \sim \text{Normal}(0, 2)$。

12E2　将下面的模型改成分层模型。

$$y_i \sim \text{Binomial}(1, p_i)$$
$$\text{logit}(p_i) = \alpha_{\text{GROUP}[i]} + \beta x_i$$
$$\alpha_{\text{GROUP}} \sim \text{Normal}(0, 10)$$
$$\beta \sim \text{Normal}(0, 1)$$

12E3　将下面的模型改成分层模型。

$$y_i \sim \text{Normal}(\mu_i, \sigma)$$
$$\mu_i = \alpha_{\text{GROUP}[i]} + \beta x_i$$
$$\alpha_{\text{GROUP}} \sim \text{Normal}(0, 10)$$
$$\beta \sim \text{Normal}(0, 1)$$
$$\sigma \sim \text{HalfCauchy}(0, 2)$$

12E4　给出一个变化截距泊松回归模型的数学定义。

12E5　给出一个含有两个不同的变化截距的泊松回归模型的数学定义。

中等难度

12M1　这里使用之前树蛙蝌蚪的生存数据 data(reedfrogs)，在变化截距模型中添加 predation 和 size 处理变量。考虑只有其中一个主效应的模型，同时含有两个主效应的模型，以及含有两个主效应和交互效应的模型。这里不再着眼于这两个预测变量的推断，而是着眼于水槽间方差的推断。解释为什么不同模型给出的水槽方差的推断不同。

12M2　用 WAIC 比较上面拟合的模型。你能通过不同模型的后验分布解释 WAIC 的不同吗？

12M3　重新对树蛙蝌蚪数据拟合变化截距模型，这次将高斯分布换成柯西分布。拟合下面模型：

$$s_i \sim \text{Binomial}(n_i, p_i)$$
$$\text{logit}(p_i) = \alpha_{\text{TANK}[i]}$$
$$\alpha_{\text{TANK}} \sim \text{Cauchy}(\alpha, \sigma)$$
$$\alpha \sim \text{Normal}(0, 1)$$
$$\sigma \sim \text{HalfCauchy}(0, 1)$$

比较这里和本章通过自定义高斯先验分布拟合的截距的后验均值α_{TANK}。你能解释这里模式的不同吗？

12M4　对 chimpanzees 数据拟合下面分层模型：

$$L_i \sim \text{Binomial}(1, p_i)$$
$$\text{logit}(p_i) = \alpha_{\text{ACTOR}[i]} + \alpha_{\text{BLOCK}[i]} + (\beta_P + \beta_{PC} C_i) P_i$$

$$\alpha_{\text{ACTOR}} \sim \text{Normal}(\alpha, \sigma_{\text{ACTOR}})$$
$$\alpha_{\text{BLOCK}} \sim \text{Normal}(\gamma, \sigma_{\text{BLOCK}})$$
$$\alpha, \gamma, \beta_P, \beta_{PC} \sim \text{Normal}(0, 10)$$
$$\sigma_{\text{ACTOR}}, \sigma_{\text{BLOCK}} \sim \text{HalfCauchy}(0, 1)$$

上面逗号分开的那些参数独立服从同样的先验分布。将上面的模型和本章拟合的类似分层模型比较。同时比较有效样本的数目。你能解释其中的不同吗?

难题

12H1　1980 年,通常孟加拉妇女一生有 5 个或 5 个以上的孩子。到 2000 年,孟加拉妇女只有 2 个或 3 个孩子。这里会研究一个历史数据,在那个时期虽然有避孕措施,但是人们不实施这些方法。这些数据保存在 data(bangladesh) 中,来自于 1988 年孟加拉生育抽样调查。数据的每一行表示 1934 个妇女中的一个。数据有 6 个变量,在这个问题中你会使用其中的 3 个:

(1) district:每个妇女生活的区域编码

(2) use.contraception:妇女是否使用避孕措施的 0/1 变量

(3) urban:居住在城市还是乡村的 0/1 变量

　　这里首先需要做的是保证聚类变量 district 是一系列相连的整数。记得这些值将会是模型中的指针值。如果有不相连的整数,就会有一些参数没有对应的观测。更糟糕的是,这可能导致模型无法运行。通过下面的代码检查指针变量是否相连:

R code
12.42

```
sort(unique(d$district))
```

```
 [1]  1  2  3  4  5  6  7  8  9 10 11 12 13 14 15 16 17 18 19 20 21 22 23 24 25
[26] 26 27 28 29 30 31 32 33 34 35 36 37 38 39 40 41 42 43 44 45 46 47 48 49 50
[51] 51 52 53 55 56 57 58 59 60 61
```

　　从上面可以看出,编号 54 缺失了。因此 district 还不能直接用作指针变量,因为不是所有的值都相连。但这很容易修复。只要重新生成一个取值相连的变量就好。

R code
12.43

```
d$district_id <- as.integer(as.factor(d$district))
sort(unique(d$district_id))
```

```
 [1]  1  2  3  4  5  6  7  8  9 10 11 12 13 14 15 16 17 18 19 20 21 22 23 24 25
[26] 26 27 28 29 30 31 32 33 34 35 36 37 38 39 40 41 42 43 44 45 46 47 48 49 50
[51] 51 52 53 54 55 56 57 58 59 60
```

　　现在有 60 个取值,连续的从 1 到 60 的整数。

　　现在,让我们着眼于预测 use.contraception 的结果,聚类变量为 district_id。现在先不要包括 urban 变量。拟合(1)传统的固定效应模型,将区域变量转化为名义变量;(2)将区域变量视为变化截距变量的分层模型。绘制预测每个区域采取避孕措施的妇女比例,即区域 ID 为横轴,预期的使用避孕措施的比例为纵轴。对每个模型单独绘制一张图,或者将所有模型绘制在同一张图上。不同的模型结果有什么不同?你能解释为什么不同吗?更进一步,你能解释两个模型差别最大的情况吗?为什么在这个情况下差别这么大,为什么模型的推断不同?

12H2　回到第 11 章使用的电车数据 data(Trolley)。对这些数据定义并拟合变化截距模型。将每个参与者视为一个聚类,相应的指针变量就是 id。将 action、intention 和 contact 视为一般项。通过 WAIC 和后验预测比较变化截距模型和忽略类别效应的模型。数据中个体间差异的影响有多大?

12H3　电车数据同时也按 story 变量聚类,这表明不同故事梗概有各自的效应。定义并拟合一个多重变化截距分层模型,模型中同时含有 id 和 story 两项作为聚类变量。模型中的其他变量和之前相同。将这个模型和之前的模型进行比较。不同的故事梗概对结果的影响有多大?

第13章

解密协方差

记得前一章提到的咖啡机器人吗？这个机器人会在不同的咖啡馆间往返，买咖啡并记录等待时间。前一章关注的是机器人汇总了不同咖啡馆的信息之后会更加高效。这里通过改变截距来汇总信息。

现在假设机器人同时还记录了当天的时间。早晨的平均等待时间比下午更长，因为咖啡馆在早晨更忙。但是与每家咖啡馆的平均等待时间不同一样，早晨和下午的平均等待时间也不一样。在传统的回归模型中，早晨和下午等待时间的不同反映在斜率的不同上，因为这种不同反映了当一个指针变量（或名义变量）改变时相应期望的变化。线性模型可能如下：

$$\mu_i = \alpha_{\text{CAFÉ}[i]} + \beta_{\text{CAFÉ}[i]} A_i$$

其中 A_i 是下午的 0/1 指针（取值为 1 代表在下午），$\beta_{\text{CAFÉ}[i]}$ 代表每家咖啡馆早晨等待时间和下午等待时间的差别。

由于机器人在汇总了所有截距之后能够更有效地估计截距 $\alpha_{\text{CAFÉ}[i]}$ 参数，类似地，当机器人汇总了斜率的信息之后也能够更有效地估计斜率参数。汇总的方式也是一样的，即同时估计斜率的群体分布和每个类别对应的斜率。截距和斜率的群体分布使得机器人能够汇总不同类别的信息，这里的先验分布也是通过模型估计的（而非指定好的）。

下面是变化效应方法的关键：任何一组具有可置换指针的参数都能够也应该能通过汇总信息进行估计。这里的"可置换"指这些指针的取值次序并不要紧，因为这些值是自行定义的。截距并没有什么特别的意义。斜率也可能随着数据单元的变化而改变，汇总数据信息进行预测能够更有效地使用数据信息。因此，我们的咖啡机器人应该同时对群体截距和斜率进行建模。这样一来，它能够通过汇总从数据中得到更多的信息。

另外一个能够帮助我们从数据中取得更多信息的事实是：咖啡馆对应的斜率和截距会同时变化。为什么？在受欢迎的咖啡馆，平均来说早晨的等待时间更长，因为工作人员都很忙（图 13-1）。但是同一家咖啡馆在下午的时候会冷清得多，这样一来早晨等待时间和下午等待时间的差别将很大。在这样一家受欢迎的咖啡馆，截距很大，斜率的绝对值远大于 0，因为早晨和下午的等待时间差别很大。但在不那么受欢迎的咖啡馆，这样的差别不会那么大。这样一家不受欢迎的咖啡馆早晨的等待时间更短——因为没那么忙，但是下午的情况也没有那么不同。在整个咖啡馆群体中，受欢迎和不受欢迎的咖啡馆的截距和斜率是一起变化的。

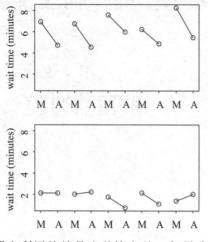

图 13-1 两家咖啡馆的早晚等待时间的不同。上部：繁忙的咖啡馆下午的等待时间总是比上午短好多。底部：不繁忙的咖啡馆的等待时间不论早晚都更短。在这样的咖啡馆群体中，早晨等待时间长（截距）同时也意味着早晨和下午等待时间的差别更长（斜率）

机器人利用的就是这种协方差。如果我们能够找到一种考虑不同参数（截距和斜率）之间相关性的方法，机器人从早晨等待时间中获取的信息能用于提高下午等待时间的预测，反之亦然。例如，机器人早晨到达一家新的咖啡馆，它观察到等待咖啡的时间很长。即使在下午再次光临这家咖啡馆之前，它也可以根据上午的经验更新对下午等待时间的预期。在咖啡馆群体中，早晨等待时间长意味着下午等待时间更短。

在本章中，你将看到我们如何将这个过程付诸实践，同时定义变化截距和之前章节的变化斜率。这使得模型能够汇总样本，更好地估计预测变量对不同样本的影响。通过学习参数之间的相关性，模型也能更好地估计截距。本质上说，变化斜率模型就是一架庞大的交互作用机器。它能够从每个数据中得到任何一种关于实验处理的信息，也能够通过汇总样本提高估计。当斜率的方差很大时，群体平均斜率就没有太多意义了。有时，斜率变化模式暗示了一些被忽略的变量，这些变量的缺失解释了为什么有些观测影响大有些观测影响小。本章会有一个相关的例子。

本章之后会进一步将变化效应模型扩展成为更加复杂精细的模型，通过高斯过程（Gaussian Process）在模型中考虑连续类别。一般的变化效应模型只能处理离散的、无序的分类，比如个体、国家、或水潭。在离散的情况下，每个类别本身并没有特别的度量意义，只是用来区分样本。但是用来汇总样本的聚类变量也可以是年龄或者地理坐标这样的变量。在这些情况下，某些年龄层的人，或者某些地理位置的人之间相似度更高。你将会看到如何对这些连续的聚类变量的协方差建模，以及如何将这个方法扩展到一些看似无关的模型上，比如动植物种类史和网络回归。

本章的内容很难。因此，如果你觉得本章介绍的概念及计算都突然变得困难许多的话，这说明你有用心学习。这种困难的内容需要重复学习、讨论并试错。学习的过程会有些抓狂，但这是值得的。

13.1 变化斜率

模型要如何考虑截距和斜率之间的交互关系呢？通过估计截距和斜率的联合分布，这意味着对协方差建模。在传统的分层模型中是通过联合多元高斯分布对所有变化效应建模来实现这一点的，包括截距和斜率。因此，这里不是对截距和斜率使用两个独立的高斯分布，而是对这两个参数使用一个二元高斯分布，截距是第一个维度，斜率是第二个维度。

我们从第 4 章讲到对后验分布进行二项逼近时，就已经开始接触多元高斯分布了。模型的方差－协方差矩阵 vcov，描述参数后验分布的相关性。现在我们将使用相同的分布来描述不同变化效应之间的协方差。变化截距有方差，变化斜率也有方差。截距和斜率时间有协方差。

为了说明其中的原理，以及如何定义并解释变化斜率，让我们模拟一个开始介绍的咖啡机器人的数据集，除了学习如何通过贝叶斯统计模型进行抽样，这也有助于你学习如何进行预期功效分析（prospective power analyse）。

> **再思考：为什么是高斯分布？** 截距和斜率的多元正态分布不一定非得是高斯分布。但是它们都很好实践并且从认识论的角度上能够核实。从实际操作的角度，容易实践的多元分布并不是很多。最常见的有多元高斯分布和多元学生（或 t）分布。从认识论的角度，关于这些截距和斜率，如果我们想要知道的只是它们的均值、方差和协方差的话，那么相应的最大熵分布就是多元高斯分布。

13.1.1　模拟数据

让我们从定义机器人光顾的咖啡馆群体开始。这意味着我们需要定义早晨和下午的平均等待时间，以及这两者之间的相关性。这些初始定义就足以用来决定咖啡馆的平均群体性质。接下来定义这些性质，然后从中抽取样本。

```
a <- 3.5          # 平均早晨等待时间
b <- (-1)         # 平均早晨和下午等待时间的不同
sigma_a <- 1      # 截距标准差
sigma_b <- 0.5    # 斜率标准差
rho <- (-0.7)     # 斜率和截距的相关性
```

R code 13.1

上面这些变量能够定义整个咖啡馆群体。要用这些值模拟咖啡馆样本，我们需要将它们嵌入到一个二元高斯分布中。这意味着我们需要一个 2×2 的方差－协方差矩阵。均值是最容易的。我们只需要定义下面的向量：

```
Mu <- c( a , b )
```

R code 13.2

就是这么简单。其中 a 是截距均值，早晨的等待时间。b 是斜率均值，早晨和下午等待时间的不同。

方差和协方差矩阵如下：

$$\begin{pmatrix} \sigma_\alpha^2 & \sigma_\alpha \sigma_\beta \rho \\ \sigma_\alpha \sigma_\beta \rho & \sigma_\beta^2 \end{pmatrix}$$

截距的方差是 σ_α^2，斜率的方差是 σ_β^2。在矩阵的对角线上分别是这两个变量。矩阵的另外一个元素是 $\sigma_\alpha \sigma_\beta \rho$，这是截距和斜率的协方差，也就是两个变量标准差和它们相关系数的乘积。一个变量的方差其实就是它和自己的协方差。

用 R 代码定义上面的矩阵的方式有好几种。这里我会介绍其中的两种，它们都很常用。第一种是通过 matrix 函数直接生成协方差矩阵：

R code
13.3
```
cov_ab <- sigma_a*sigma_b*rho
Sigma <- matrix( c(sigma_a^2,cov_ab,cov_ab,sigma_b^2) , ncol=2 )
```

用这种方式定义的矩阵是按列设置元素的，先填完一列然后再填下一列。因此代码内的元素次序看起来有点奇怪，但结果是对的。运行下面的代码就能理解这里的"按列设置元素"是什么意思了：

R code
13.4
```
matrix( c(1,2,3,4) , nrow=2 , ncol=2 )
```

```
     [,1] [,2]
[1,]    1    3
[2,]    2    4
```

可以看到，指定的元素先按顺序填满第一列，然后再填第二列。

另外一种常用的设置协方差矩阵的方法有助于我们理解什么是协方差矩阵，因为这种方式将标准差和相关性区分开。通过矩阵相乘得到协方差矩阵。在后面的部分，我们会用这种方式定义先验，所以最好现在先介绍一下。下面是相应代码：

R code
13.5
```
sigmas <- c(sigma_a,sigma_b) # 标准差
Rho <- matrix( c(1,rho,rho,1) , nrow=2 ) # 相关矩阵

# 通过矩阵相乘得到协方差矩阵
Sigma <- diag(sigmas) %*% Rho %*% diag(sigmas)
```

如果你不确定 diag(sigmas) 的作用是什么，可以运行 diag(sigmas) 看看结果。

现在我们已经准备好可以模拟一些咖啡馆了，每家咖啡馆都对应自己的截距和斜率。让我们先定义咖啡馆的数目：

R code
13.6
```
N_cafes <- 20
```

为了模拟相应的性质，我们只需从通过 Mu 和 Sigma 定义的多元高斯分布中随机抽取样本：

R code
13.7
```
library(MASS)
set.seed(5) # 设置随机种子保证代码可以重复
vary_effects <- mvrnorm( N_cafes , Mu , Sigma )
```

注意上面代码中的 set.seed(5)。这是为了保证你能完全重复这里得到的图形。随机种子的值 5 能够定义一个特定的随机数列。每个随机种子都对应相应的一个数列。在代码中加入 set.seed 的设置能让别人完全重复这里的结果。之后你将能够完全重复书中的结果。你也可以改变这个设置，看看结果的变化。

现在看看 vary_effects 的结果。这应该是一个有 20 行，2 列的矩阵。每行代表一家咖啡馆。第一列是截距，第二列是斜率。为了更加清楚地展示，下面我们先把两列拆

分开来，分别存成不同的向量：

```
a_cafe <- vary_effects[,1]
b_cafe <- vary_effects[,2]
```

我们可以对斜率和截距绘图：

```
plot( a_cafe , b_cafe , col=rangi2 ,
    xlab="intercepts (a_cafe)" , ylab="slopes (b_cafe)" )

# 加上群体分布
library(ellipse)
for ( l in c(0.1,0.3,0.5,0.8,0.99) )
    lines(ellipse(Sigma,centre=Mu,level=l),col=col.alpha("black",0.2))
```

图 13-2 展示了绘图结果。有时随机模拟的结果可能显示不出明显的相关性。但是一般情况下，截距 a_cafe 和斜率 b_cafe 的相关性应该是 -0.7，你可以从图中看出来。其中椭圆形的等高线是通过 ellipse 包绘制的（使用前先安装该包），其展示了这 20 家咖啡馆样本对应的截距和斜率的多元高斯分布。

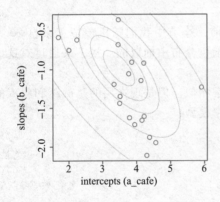

图 13-2　抽取的 20 家咖啡馆。水平轴代表每家咖啡馆对应的截距（平均早晨等待时间）。垂直轴是每家咖啡馆的斜率（平均早晨和下午等待时间的不同）。灰色椭圆线表示截距和斜率的二元高斯分布

13.1.2　模拟观测

模拟就快完成了。之前模拟的是不同咖啡馆和它们的平均性质。现在要做的是模拟机器人光顾不同咖啡馆观测到的数据。下面的代码对每家咖啡馆的光顾数据模拟了 10 次，5 次早晨，5 次下午。机器人会记录每次的等待时间。然后将所有的数据集合成数据框。

```
N_visits <- 10
afternoon <- rep(0:1,N_visits*N_cafes/2)
cafe_id <- rep( 1:N_cafes , each=N_visits )
mu <- a_cafe[cafe_id] + b_cafe[cafe_id]*afternoon
sigma <- 0.5  # 咖啡馆内等待时间标准差
wait <- rnorm( N_visits*N_cafes , mu , sigma )
d <- data.frame( cafe=cafe_id , afternoon=afternoon , wait=wait )
```

现在查看一下数据框 d。这就是典型的符合变化斜率模型的数据。数据有不同的聚类，这里的聚类就是咖啡馆。每个类别都有不同条件下的观测。因此我们能同时估计每个类对应的截距及斜率。

在这个例子中的样本是平衡的：每家咖啡馆都被光顾了 10 次，上午和下午的观测也是平衡的(各 5 次)。但是数据不需要完全平衡。就好比之前章节中蝌蚪的例子，数据不平衡时变化效应模型会有优势，因为部分汇聚样本能将群体分布的信息用在需要的地方。

> **再思考：模拟和错误设定。** 在上面的模拟中，我们通过一个生成过程模拟数据，然后用完全反映生成过程的模型分析数据。但在现实世界中，我们不会这么幸运。取而代之的，通常我们总会用**错误设定**的模型来拟合数据：也就是模型结构和数据生成的过程并不完全一致。我们可以通过模拟样本来研究这些模型设定错误的情况。类似通过一个生成过程模拟数据，然后用不同的模型来分析数据，这些模型的结构和数据生成过程并不一致，看看模型的表现。记得，贝叶斯推断并不取决于数据生成过程的假设(比如似然函数)是否正确。非贝叶斯推断或许取决于样本分布，但贝叶斯模型不是。在贝叶斯模型中，似然函数只是数据的先验，而参数推断可能对先验的选择极其不敏感。

13.1.3 变化斜率模型

现在我们可以将这个过程反过来了。在前一小节中我们随机模拟了来自 20 家咖啡馆的观测数据，这些咖啡馆本身也是从一个随机分布中抽取的。接下来通过对这些模拟的数据进行建模来研究数据生成过程。

这里的模型和前一章的变化截距模型非常相似。但是现在用的是截距和斜率的联合分布，而不仅是截距的分布。下面是变化斜率模型：

$$W_i \sim \text{Normal}(\mu_i, \sigma) \qquad \text{[似然函数]}$$
$$\mu_i = \alpha_{\text{CAFÉ}[i]} + \beta_{\text{CAFÉ}[i]} A_i \qquad \text{[线性模型]}$$
$$\begin{bmatrix} \alpha_{\text{CAFÉ}} \\ \beta_{\text{CAFÉ}} \end{bmatrix} \sim \text{MVNormal}\left(\begin{bmatrix} \alpha \\ \beta \end{bmatrix}, \boldsymbol{S} \right) \qquad \text{[变化效应群体分布]}$$
$$\boldsymbol{S} = \begin{pmatrix} \sigma_\alpha & 0 \\ 0 & \sigma_\beta \end{pmatrix} \boldsymbol{R} \begin{pmatrix} \sigma_\alpha & 0 \\ 0 & \sigma_\beta \end{pmatrix} \qquad \text{[协方差矩阵]}$$
$$\alpha \sim \text{Normal}(0, 10) \qquad \text{[截距均值先验分布]}$$
$$\beta \sim \text{Normal}(0, 10) \qquad \text{[斜率均值先验分布]}$$
$$\sigma \sim \text{HalfCauchy}(0, 1) \qquad \text{[咖啡馆内等待时间标准差先验分布]}$$
$$\sigma_\alpha \sim \text{HalfCauchy}(0, 1) \qquad \text{[截距标准差先验分布]}$$
$$\sigma_\beta \sim \text{HalfCauchy}(0, 1) \qquad \text{[斜率标准差先验分布]}$$
$$\boldsymbol{R} \sim \text{LKJcorr}(2) \qquad \text{[相关性矩阵先验]}$$

到这里已经不需要解释似然函数和线性模型了。但是上面的第 3 行，定义截距和斜率群体分布的部分需要注意。

$$\begin{bmatrix} \alpha_{\text{CAFÉ}} \\ \beta_{\text{CAFÉ}} \end{bmatrix} \sim \text{MVNormal}\left(\begin{bmatrix} \alpha \\ \beta \end{bmatrix}, \boldsymbol{S} \right) \qquad \text{[变化效应联合分布]}$$

这行指明了每家咖啡馆的截距是 α_{CAFE}，斜率是 β_{CAFE}，它们的先验分布是一个二元高斯分布，均值是 α 和 β，协方差矩阵是 S。这个先验分布能够适应性地对个体截距、斜率和它们的相关性进行约束。

下一行：

$$S = \begin{pmatrix} \sigma_\alpha & 0 \\ 0 & \sigma_\beta \end{pmatrix} \; R \begin{pmatrix} \sigma_\alpha & 0 \\ 0 & \sigma_\beta \end{pmatrix} \qquad \text{［协方差矩阵］}$$

具体定义了协方差矩阵 S。该定义将矩阵分解成各自的标准差 σ_α 和 σ_β，以及相关性矩阵 R。定义协方差矩阵的方式有多种，但是将协方差拆分成各个标准差和相关性，能有助于理解之后关于变化效应的推断。

模型剩下的部分就是定义固定的先验分布。最后一行有些陌生：

$$R \sim \text{LKJcorr}(2) \qquad \text{［相关性矩阵先验］}$$

相关矩阵 R 也需要相应的先验分布。很难直观地想象矩阵的分布是什么。但在这个简单的例子中不是那么难。相应的相关矩阵是 2×2 的。也就是这样的：

$$R = \begin{pmatrix} 1 & \rho \\ \rho & 1 \end{pmatrix}$$

其中 ρ 是截距和斜率的相关系数。因此，这里只需要对一个参数定义先验分布。对更大的矩阵，有更多变化斜率的情况，就更复杂了。但即使是对这种更加复杂的情况，LKJcorr 先验分布也一样有效。

LKJcorr 分布是什么呢？LKJcorr(2) 定义了一个 ρ 的弱信息先验分布，该分布不太相信相关性会接近 -1 或 1 [⊖]。你能将其视为相关性的正则化先验。这个分布有一个参数 η，该参数控制了极端相关性出现的可能性。当使用 LKJcorr(1) 时，分布对所有相关系数取值而言是平的。当取值大于 1 时，比如我们在上面使用的 2，那么极端相关性的可能性就降低了。我们可以通过随机抽取不同分布的样本然后作图来直观地看看分布的变化：

```
R <- rlkjcorr( 1e4 , K=2 , eta=2 )
dens( R[,1,2] , xlab="correlation" )
```

R code
13.11

结果如图 13-3 所示，图中标明了相应的 η 取值。当矩阵变大时，其中会有更多的相关性，但是相关系数的分布还是类似的。rlkjcorr 函数的帮助文档中有一个 3×3 的相关性矩阵的例子 ?rlkjcorr。

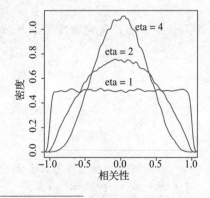

图 13-3　LKJcorr(η)密度曲线。图中展示了 2×2 的相关矩阵中随机相关系数的分布，其中有 3 个分布分别对应不同的 η 取值。当 $\eta=1$ 时，所有的相关性取值都等可能。随着 η 的增加，极端的相关性对应的概率降低

⊖　见 Lewandowski 等人（2009）名字中的 "LKJ" 来自 3 篇文章作者姓的首字母，文章作者之后称其为 "洋葱法"。关于该分布在贝叶斯模型中的应用，见最新的 Stan 使用手册。

为了拟合模型，我们通过一系列的公式用代码实现上面的定义。注意这里用 c() 将参数集合在一个向量中：

R code
13.12

```
m13.1 <- map2stan(
    alist(
        wait ~ dnorm( mu , sigma ),
        mu <- a_cafe[cafe] + b_cafe[cafe]*afternoon,
        c(a_cafe,b_cafe)[cafe] ~ dmvnorm2(c(a,b),sigma_cafe,Rho),
        a ~ dnorm(0,10),
        b ~ dnorm(0,10),
        sigma_cafe ~ dcauchy(0,2),
        sigma ~ dcauchy(0,2),
        Rho ~ dlkjcorr(2)
    ),
    data=d ,
    iter=5000 , warmup=2000 , chains=2 )
```

其中 dmvnorm2 是多元正态分布密度函数，该函数的输入值是一个均值向量 c(a, b)、一个方差向量 sigma_cafe 及相关系数 Rho。该函数会在内部使用方差向量和相关系数构造协方差矩阵。如果你想知道更多的细节，可以通过 stancode(m13.1) 看看原始的 Stan 代码。

当从模型中抽取样本时，你首先需要注意的是警告信息 "severely ill-conditioned or misspecified(严重不符合条件或者错误设定)"（在这里关系不大）。一旦开始随机抽样，这些警告就会渐渐减弱。你还可能看到一些类似这样的警告 "Warning (non-fatal): Left-hand side of sampling statement (~) contains a non-linear transform of a parameter or local variable" 这个警告并不严重，第一次用 map2stan 函数编译变化斜率模型都会出现这个警告。但还是有必要对此进行解释。更多解释见本小节末尾深入思考的方框。

接下来我们先不查看 precis 给出的边缘估计结果，我们先检查变化效应的后验分布。首先，让我们检查截距和斜率的后验相关性：

R code
13.13

```
post <- extract.samples(m13.1)
dens( post$Rho[,1,2] )
```

结果如图 13-4 所示，展示的图在此基础上还做了一些修饰。蓝色密度曲线是截距和斜

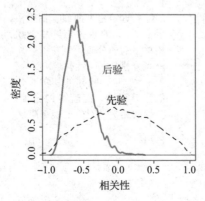

图 13-4　截距和斜率相关性的后验分布。蓝线：相关性后验分布，在小于 0 的部分。虚线：先验分布 LKJcorr(2)

率相关性的后验分布。后验分布集中在小于 0 的部分，通过模型已经知道这两个参数的相关性是负数，见图 13-2。记得，模型并不知道真实的相关系数，它有的只是早晨和下午等待时间的观测。

如果你好奇先验分布的影响的话，你应该尝试不同的先验并重复上面的分析。我建议你尝试水平先验 LKJcorr(1)，以及一些更强的先验，比如 LKJcorr(4) 或 LKJcorr(5)。

接下来，看看模型的收缩效应。这里用分层模型估计每家咖啡馆截距和斜率的后验分布。模型推断的变化效应之间的相关性能够用来汇聚这两个参数的信息。这和通过推断变化截距群体的方差汇聚样本中关于截距的信息，通过推断变化斜率群体的方差汇聚样本中关于斜率的信息是一个道理。这些方差和相关性一起构成了变化效应多元高斯分布的推断。该先验分布，在从数据中学习信息的过程中适应性的对截距和斜率进行正规化。

我们可以通过对后验变化效应的均值绘图来看看适应性正则化和收缩的效果。接下来，我们可以将它们和原始的，没有聚合样本的估计进行比较。这里还会展示推断二元分布的等高图——截距和斜率的二元分布，这可以帮助我们直观地理解收缩效应。下面的代码对没有聚合样本的估计和后验均值进行可视化：

```
# 直接从数据中计算无聚合估计
a1 <- sapply( 1:N_cafes ,
        function(i) mean(wait[cafe_id==i & afternoon==0]) )
b1 <- sapply( 1:N_cafes ,
        function(i) mean(wait[cafe_id==i & afternoon==1]) ) - a1

# 提取部分聚合得到的后验均值
post <- extract.samples(m13.1)
a2 <- apply( post$a_cafe , 2 , mean )
b2 <- apply( post$b_cafe , 2 , mean )

# 对这两者进行可视化，将两种估计对应的点用线段连起来
plot( a1 , b1 , xlab="intercept" , ylab="slope" ,
    pch=16 , col=rangi2 , ylim=c( min(b1)-0.1 , max(b1)+0.1 ) ,
    xlim=c( min(a1)-0.1 , max(a1)+0.1 ) )
points( a2 , b2 , pch=1 )
for ( i in 1:N_cafes ) lines( c(a1[i],a2[i]) , c(b1[i],b2[i]) )
```

R code
13.14

添加二元分布等高线：

```
# 计算二元高斯分布的后验均值
Mu_est <- c( mean(post$a) , mean(post$b) )
rho_est <- mean( post$Rho[,1,2] )
sa_est <- mean( post$sigma_cafe[,1] )
sb_est <- mean( post$sigma_cafe[,2] )
cov_ab <- sa_est*sb_est*rho_est
Sigma_est <- matrix( c(sa_est^2,cov_ab,cov_ab,sb_est^2) , ncol=2 )

# 绘制等高线
library(ellipse)
for ( l in c(0.1,0.3,0.5,0.8,0.99) )
    lines(ellipse(Sigma_est,centre=Mu_est,level=l),
        col=col.alpha("black",0.2))
```

R code
13.15

结果如图 13-5 所示。蓝色的点表示每家咖啡馆的非聚合估计。空心黑点表示变化效应模型的后验均值。黑色的线连接了来自同一家咖啡馆的两个点。每个空心点和相应蓝色点相比都更加接近椭圆线的中心。偏离中心远的蓝色点受到向中心的收缩效应更大，因为在考虑观测的情况下，参数对应这些取值的概率更小。

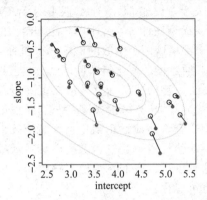 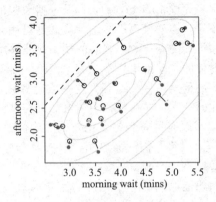

图 13-5　二维收缩图。左边：原始无聚合截距和斜率估计（蓝点）和部分聚合后验均值（空心圆）。灰色的等高线展示了变化效应群体推断。右边：和左边类似的图，在结果变量的二维平面上

同样需要注意这里并不是完全沿着直线向等高线的中心收缩。图中上部的咖啡馆很清楚地反映了这点。这家咖啡馆的截距大约是群体平均值，所以它在图的中间，但是斜率却偏离群体平均值，所以在图的上部。通过观察来自其他咖啡馆的信息，模型怀疑这家咖啡馆的斜率太大了，所以将其向平均斜率的方向收缩。但由于斜率和截距之间存在负相关性，斜率变化相应截距的估计也随之变化。图上的线段方向就反映了这种相关性。

图 13-5 右边的部分展示了相同的信息，只是这次是对结果变量绘图。我们可以直接通过线性模型的部分来计算结果均值：

R code
13. 16
```
# 将变化效应转化成等待时间
wait_morning_1 <- (a1)
wait_afternoon_1 <- (a1 + b1)
wait_morning_2 <- (a2)
wait_afternoon_2 <- (a2 + b2)
```

图的横轴展示了每家咖啡馆早晨等待时间的期望（以分钟为单位）。纵轴展示了下午等待时间的期望。和之前一样，蓝色的点是直接从观测中计算的非聚合经验估计。空心点是聚合估计的后验预测。斜对角虚线上的点对应早晨和下午的等待时间相同。我希望你可以从图中看出模型对参数的收缩确实是我们想要的结果：模型将参数朝符合结果变量的尺度收缩。同时图中的灰色等高线也展示了群体分布。

深入思考：雅可比矩阵和变换。当你用 map2stan 编译含有变化截距且用多元先验分布的模型时，会出现下面的警告信息：

```
Warning (non-fatal): Left-hand side of sampling statement (~) contains a
non-linear transform of a parameter or local variable.
  You must call increment_log_prob() with the log absolute determinant of the
```

```
Jacobian of the transform.
 Sampling Statement left-hand-side expression:
   v_a_blockbp_blockbpc_block ~ multi_normal_log(...)
```

上面的警告消息非常迷惑人。这里的 Stan 很谨慎，警告用户一些模型定义的潜在问题。
变化效应的多元先验分布改变了参数的表达形式，这里的参数组成了一个向量。
map2stan 中单独命名的变化效应参数现在变成了向量中的元素。一般来说，改变参数
表达形式的时候需要考虑相应后验分布的几何变化。在一元函数中，要计算每单位自变
量变化带来的因变量变化，就是将函数对自变量求导。在多元函数中，在自变量是个向
量的情况下，对向量求导就是对向量中的每个元素求导。得到的是一个矩阵，叫作**雅可
比矩阵**。

　　因为 Stan 检测到存在多元分布，上面的消息就是提醒你注意这个可能的几何变化。
但在这种情况下其实没有什么几何变化：这里虽然出现了多元分布，但是参数还是各自
嵌入表达式的。因此相应的雅可比矩阵是 1×1 的，也就没有什么需要调整的。这里，
Stan 给出这样的警告并不是坏事，因为它无法确定用户是否考虑到了这些变化带来的
可能影响。

13.2　案例分析：录取率和性别

　　现在回到之前的案例，加入变化斜率。这能够帮助你理解在实际语境中变化效应扮
演的角色，以及截距和斜率之间的相关性如何揭示数据生成的过程。

　　回忆之前第 10 章中的 UCBadmit 数据。在该例子中，如果没有考虑院系均值的不同
将会导致与事实截然相反的推断。但在之前我们并没有通过变化效应汇聚各个院系之间
的信息，而是等到这里再解决该问题。因此，之前的模型拟合很可能过度拟合了样本量
小的院系。之前我们也忽略了院系对申请者性别态度的差异。变化斜率能够直接对这种
院系间的方差直接建模。

　　下面是之前用过的数据，还是将性别变量转化成名义变量，男性对应取值 1，并添
加院系指针变量：

```
library(rethinking)
data(UCBadmit)
d <- UCBadmit
d$male <- ifelse( d$applicant.gender=="male" , 1 , 0 )
d$dept_id <- coerce_index( d$dept )
```

R code
13.17

现在我们可以开始拟合模型了。

13.2.1　变化截距

　　我们会循序渐进地介绍如何对该数据建立模型。先从只有变化截距的模型开始。下
面是模型的数学定义，变化截距部分用蓝色表示：

$$A_i \sim \text{Binomial}(n_i, p_i) \qquad \text{[似然函数]}$$

$$\text{logit}(p_i) = \alpha_{\text{DEPT}[i]} + \beta_{m_i} \qquad \text{[线性模型]}$$

$$\alpha_{\text{DEPT}} \sim \text{Normal}(\alpha, \sigma) \qquad \text{[变化截距的先验]}$$

$$\alpha \sim \text{Normal}(0,10) \qquad [\alpha \text{ 的先验}]$$
$$\beta \sim \text{Normal}(0,1) \qquad [\beta \text{ 的先验}]$$
$$\sigma \sim \text{HalfCauchy}(0,2) \qquad [\sigma \text{ 的先验}]$$

结果变量A_i是被录取的人数 admit，总申请者的数量是n_i，applications。注意我将平均截距放在线性模型中，而不是变化截距先验中。这种表达方式和之前将 α 放在模型线性函数中是等价的。如果将它放在线性函数中的话，能够理解成α_{DEPT}是每个院系偏离群体平均的幅度。

下面是拟合变化截距模型的代码：

R code
13.18

```
m13.2 <- map2stan(
    alist(
        admit ~ dbinom( applications , p ),
        logit(p) <- a_dept[dept_id] + bm*male,
        a_dept[dept_id] ~ dnorm( a , sigma_dept ),
        a ~ dnorm(0,10),
        bm ~ dnorm(0,1),
        sigma_dept ~ dcauchy(0,2)
    ) ,
    data=d , warmup=500 , iter=4500 , chains=3 )
precis( m13.2 , depth=2 ) # depth=2 表示函数展示参数向量
```

	Mean	StdDev	lower 0.89	upper 0.89	n_eff	Rhat
a_dept[1]	0.67	0.10	0.51	0.83	4456	1
a_dept[2]	0.63	0.12	0.44	0.81	4758	1
a_dept[3]	-0.59	0.08	-0.70	-0.46	6831	1
a_dept[4]	-0.62	0.09	-0.76	-0.48	5258	1
a_dept[5]	-1.06	0.10	-1.22	-0.90	9368	1
a_dept[6]	-2.61	0.16	-2.87	-2.36	6969	1
a	-0.59	0.64	-1.61	0.36	5115	1
bm	-0.09	0.08	-0.22	0.04	3480	1
sigma_dept	1.48	0.60	0.71	2.16	4633	1

male 的估计效应和我们在第 10 章中得到的估计效应很像。但是除了这个估计以外，我们还能得到每个院系的平均录取率。从上面的结果可知，各个部门对应的截距按照估计从大到小排列。上面这一系列的估计是α_{DEPT}，这些代表截距偏离群体均值 α 的程度，群体均值 α 的估计是-0.58。因此，院系 A，也就是表格中的[1]，对应的平均录取率最高。院系 F，也就是表格中的[6]，对应的平均录取率最低。

13.2.2 性别对应的变化效应

现在让我们看看不同院系之间的性别差异。当然，总体来说之前的模型并没有找到性别偏见的证据。但如果我们将性别变量也和变化效应联系起来会怎样呢？这就会用到变化斜率。

由于每个部门对应的样本量严重失衡，不同院系的男性和女性申请者的数量也非常不一样，汇聚效应对那些样本量小的院系影响更大，这也表明需要有变化效应。例如，院系 B 有 25 名女性申请者。因此，任何关于该院系对不同性别申请者录取率差别的估计都将向群体均值收缩。相反，院系 F 的两种性别的申请者人数都有好几百。因此汇聚对该院系的影响很小。

下面是变化斜率模型的定义，其中变化效应用蓝色标明：

$$A_i \sim \text{Binomial}(n_i, p_i) \qquad [\text{似然函数}]$$

$$\text{logit}(p_i) = \alpha_{\text{DEPT}[i]} + \beta_{\text{DEPT}[i]}\, m_i \qquad [\text{线性模型}]$$

$$\begin{bmatrix} \alpha_{\text{DEPT}} \\ \beta_{\text{DEPT}} \end{bmatrix} \sim \text{MVNormal}\left(\begin{bmatrix} \alpha \\ \beta \end{bmatrix}, S \right) \qquad [\text{变化效应联合分布}]$$

$$S = \begin{pmatrix} \sigma_\alpha & 0 \\ 0 & \sigma_\beta \end{pmatrix} \; R \begin{pmatrix} \sigma_\alpha & 0 \\ 0 & \sigma_\beta \end{pmatrix}$$

$$\alpha \sim \text{Normal}(0,10) \qquad [\alpha \text{ 的先验分布}]$$

$$\beta \sim \text{Normal}(0,1) \qquad [\beta \text{ 的先验分布}]$$

$$(\sigma_\alpha, \sigma_\beta) \sim \text{HalfCauchy}(0,2) \qquad [\sigma \text{ 先验分布}]$$

$$R \sim \text{LKJcorr}(2) \qquad [\text{相关矩阵的先验分布}]$$

其中m_i是性别对应的名义变量，取值为 1 意味着第 i 个样本是男性申请者。该变量和一个变化斜率 $\beta + \beta_{\text{DEPT}[i]}$ 相乘，这里的变化斜率可以看成是群体平均水平 β 加上每个院系偏离群体均值$\beta_{\text{DEPT}[i]}$的程度。

用下面代码拟合模型：

R code 13. 19

```
m13.3 <- map2stan(
    alist(
        admit ~ dbinom( applications , p ),
        logit(p) <- a_dept[dept_id] +
                    bm_dept[dept_id]*male,
        c(a_dept,bm_dept)[dept_id] ~ dmvnorm2( c(a,bm) , sigma_dept , Rho ),
        a ~ dnorm(0,10),
        bm ~ dnorm(0,1),
        sigma_dept ~ dcauchy(0,2),
        Rho ~ dlkjcorr(2)
    ) ,
    data=d , warmup=1000 , iter=5000 , chains=4 , cores=3 )
```

希望读者自己检查一下各个随机链条是否很好收敛。你可能会遇到类似"迭代无法聚合"的错误。我们将在下一小节进一步展开这个问题。

现在我们感兴趣的是加入变化斜率能揭示什么。让我们看看变化效应的边际后验分布：

R code 13. 20

```
plot( precis(m13.3,pars=c("a_dept","bm_dept"),depth=2) )
```

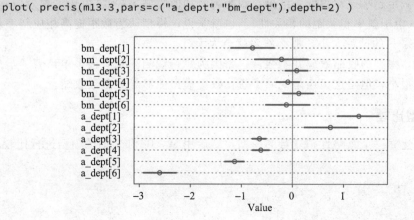

注意这里的截距参数估计分布取值很广，而斜率估计相对集中分布在 0 周围。这表明不同院系的平均录取率差别很大，但是大部分院系并没有性别歧视，而且申请者性别在不同院系的影响差别也不大。

但也有一些院系对不同性别申请者录取率的差别比较显著，比如 1 号和 2 号。院系 1 的斜率估计几乎比均值低了 1 个对数似然标度，而且整个区间都在小于 0 的部分。院系 2 对应的斜率有高度不确定性，这也意味着整个效应可能很大，后验区间包含 0 并不代表我们可以将效应视为 0。

此外，这两个院系对应的截距是最大的。接下来看看截距和斜率之间的相关性，以及这个相关性导致的二维收缩效应。

13.2.3　收缩效应

图 13-6 左边展示了截距和斜率的后验相关性。相关系数估计分布大部分小于 0，说明这两者负相关。这和我们观察到的现象一致：录取率高的院系对应的斜率低。

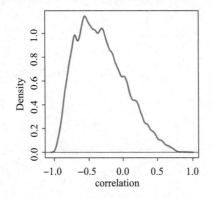 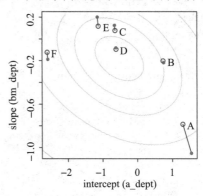

图 13-6　左图：UCB 录取率模型 m13.3 中斜率和截距相关系数的后验分布。
右图：非聚合（蓝点）和适应性聚合（空心点）估计的二维收缩效应

图的右边展示了截距和斜率的收缩。该图可以和之前小节的图 13-5 做类比。蓝点是经验估计（无聚合）。空心点是变化效应估计（适应性聚合）。其中我们将来自相同院系的两个点用线段连起来，并用文字标出相应的院系。灰色的等高线展示了截距和斜率的分布。

收缩效应再次反映了负相关性，但是这次效应比之前弱。对应收缩效应最强的是院系 A，该院系对应的截距和斜率也最极端。更值得研究的是院系 F。该院系的斜率大约为均值，但是截距超乎寻常得低。结果，截距朝着均值收缩了一些（由于汇聚效应），斜率向下收缩了（由于斜率和截距的相关性）。也就是说，模型认为截距提高相应斜率就要下降，因此如果 F 的截距太小，那么斜率就会太大。

总体来说，模型的收缩效应并不强。这是因为每行观测都对应很多申请者。虽然收缩的绝对尺度很小，但是这里还是说明了变化效应模型能够导致参数收缩。

13.2.4　模型比较

我们可以建立一个忽略性别变量的模型，然后用 WAIC 和之前的模型进行比较。

R code
13.21

```
m13.4 <- map2stan(
    alist(
```

```
        admit ~ dbinom( applications , p ),
        logit(p) <- a_dept[dept_id],
        a_dept[dept_id] ~ dnorm( a , sigma_dept ),
        a ~ dnorm(0,10),
        sigma_dept ~ dcauchy(0,2)
    ) ,
    data=d , warmup=500 , iter=4500 , chains=3 )

compare( m13.2 , m13.3 , m13.4 )
```

	WAIC	pWAIC	dWAIC	weight	SE	dSE
m13.3	5191.4	11.3	0.0	0.99	57.30	NA
m13.4	5201.2	6.0	9.8	0.01	56.84	6.84
m13.2	5201.9	7.2	10.5	0.01	56.94	6.50

忽略性别变量的模型 m13.4 在袋外样本上的表现和将性别视为固定效应的模型 m13.2 没有差别。变化斜率模型 m13.3 比这两个模型都好。尽管 m13.3 中的平均斜率估计几乎是0。群体的平均斜率并不重要，重要的是每个院系对应的斜率。如果我们想将结果扩展到新的院系，斜率的变化告诉我们尽管平均斜率估计接近 0，但我们还是要考虑每个院系中性别的影响。

13.2.5 更多斜率

上面介绍的变化斜率的方法可以扩展到更多斜率的情况，这里需要注意一些限制条件。你每加入一个变化斜率变量，就在协方差矩阵中加了一个维度，先验分布的维度也随之增加了一维。因此这意味着多了一个标准差参数，相关性矩阵也加了一维。

如果在 UCB 录取数据中还包含每个申请者的测试分数。那么我们能够将测试分数当作一个预测变量。但是在这个数据中我们并没有更多预测变量，所以我们会在之后以另一个数据为例对此展开。

13.3 案例分析：对黑猩猩数据拟合变化斜率模型

要知道如何建立含有两个变化效应——变化截距和变化斜率，同时含有多个聚类变量的模型，我们需要使用第 10 章中黑猩猩的实验数据。在这个数据集中，有两种聚类：行为的发起者 actor(取值 1 到 7)和实验的时间区间 block(取值 1 到 6)。我们在第 12 章中用黑猩猩数据探索了基于这两种聚类变量的交叉分类。我们使用过两种不同的斜率：一种关于亲社会选项(对应有食物那一侧的拉杆)，另一种是亲社会选项和对面是否坐着另外一只黑猩猩之间的交互。现在模型中同时考虑两种聚类，并将这两种截距和斜率都视为变化效应。

我也会用这个例子来在一些分层模型中强调非中心参数化的重要性。任何一个分层模型都有多种定义方式，也称为参数化。从数学的角度上说，不同的参数化方式是等价的，但在抽取马尔科夫随机链的时候它们是不同的。不要忘了，拟合模型也是建模的一部分。选择对于模型拟合来说更有效的参数化方式对优化模型很重要。非中心的参数化方式对这种复杂的含有多个变化效应的模型来说很重要。在下面的讲解中我会省略技术性的说明。但和之前一样，更多的技术细节会在深入思考方框中供感兴趣的读者参考。

接下来开始建模。要确保在某种程度上理解这样复杂的模型结构，我们用多个线性公式。这样一来能够将截距和斜率对应的子模型拆分开来分别显示，这有助于读者理解。下面是模型的似然函数部分：

$$L_i \sim \mathrm{Binomial}(1, p_i)$$
$$\mathrm{logit}(p_i) = \mathcal{A}_i + (\mathcal{B}_{P,i} + \mathcal{B}_{PC,i}\, C_i)\, P_i \qquad \text{[线性模型的骨架]}$$
$$\mathcal{A}_i = \alpha + \alpha_{\mathrm{ACTOR}[i]} + \alpha_{\mathrm{BLOCK}[i]} \qquad \text{[截距对应的模型]}$$
$$\mathcal{B}_{P,i} = \beta_P + \beta_{P,\mathrm{ACTOR}[i]} + \beta_{P,\mathrm{BLOCK}[i]} \qquad \text{[斜率 } P \text{ 对应的模型]}$$
$$\mathcal{B}_{PC,i} = \beta_{PC} + \beta_{PC,\mathrm{ACTOR}[i]} + \beta_{PC,\mathrm{BLOCK}[i]} \qquad \text{[斜率 } P \times C \text{ 对应的模型]}$$

$\mathrm{logit}(p_i)$ 对应的线性模型包含 3 个子模型，每个子模型对应模型的一种效应。$\mathcal{A}_i$ 的线性表达式是样本 i 对应的截距的模型。类似地，$\mathcal{B}_{P,i}$ 和 $\mathcal{B}_{P,i}$ 的表达式是斜率模型。这些子模型从不同的角度理解模型。如果你将这些子模型带入到第一个线性模型中，就会得到我们通常使用的标准模型定义。

将不同的子模型分开展示有助于理解模型结构。子模型清楚地表明每个变化效应都分解成群体均值和个体偏差的和。对于每个样本 i，截距是群体共同截距 α 加上行为发起者对应的效应 $\alpha_{\mathrm{ACTOR}[i]}$ 和时间区间对应的效应 $\alpha_{\mathrm{BLOCK}[i]}$。两个斜率的模型构造也类似。

模型的下一个部分是多元先验分布。由于这里有两种聚类，行为发起者和时间区间，这样对应 2 个多元高斯分布先验。每个多元高斯分布都是 3 维的。但是一般来说，对每种聚类可以使用不同的变化效应。下面是当前模型对应的先验分布：

$$\begin{bmatrix} \alpha_{\mathrm{ACTOR}} \\ \beta_{P,\mathrm{ACTOR}} \\ \beta_{PC,\mathrm{ACTOR}} \end{bmatrix} \sim \mathrm{MVNormal}\left(\begin{bmatrix} 0 \\ 0 \\ 0 \end{bmatrix}, \boldsymbol{S}_{\mathrm{ACTOR}} \right)$$

$$\begin{bmatrix} \alpha_{\mathrm{BLOCK}} \\ \beta_{P,\mathrm{BLOCK}} \\ \beta_{PC,\mathrm{BLOCK}} \end{bmatrix} \sim \mathrm{MVNormal}\left(\begin{bmatrix} 0 \\ 0 \\ 0 \end{bmatrix}, \boldsymbol{S}_{\mathrm{BLOCK}} \right)$$

这两个先验分布表明，行为发起者和时间区间来自不同的统计群体划分。在每种群体划分下，每个行为发起者或时间区间对应 3 种特征，它们之间的相关情况由基于该群体的协方差矩阵定义。在这个先验中没有均值参数，因为我们已经将 α、β_P 和 β_{PC} 放在线性模型中了。

学习了之前的案例，你应该不会对该模型对应的 map2stan 代码感到陌生。要定义多个线性模型，只需要按顺序定义每行公式就好。我会在代码间加一些空行和注释，这样代码更具有可读性。

R code
13.22

```
library(rethinking)
data(chimpanzees)
d <- chimpanzees
d$recipient <- NULL
d$block_id <- d$block

m13.6 <- map2stan(
    alist(
        # likeliood
        pulled_left ~ dbinom(1,p),

        # 线性模型
        logit(p) <- A + (BP + BPC*condition)*prosoc_left,
```

```
            A <- a + a_actor[actor] + a_block[block_id],
            BP <- bp + bp_actor[actor] + bp_block[block_id],
            BPC <- bpc + bpc_actor[actor] + bpc_block[block_id],

            # 适应性先验
            c(a_actor,bp_actor,bpc_actor)[actor] ~
                                    dmvnorm2(0,sigma_actor,Rho_actor),
            c(a_block,bp_block,bpc_block)[block_id] ~
                                    dmvnorm2(0,sigma_block,Rho_block),

            # 固定先验分布
            c(a,bp,bpc) ~ dnorm(0,1),
            sigma_actor ~ dcauchy(0,2),
            sigma_block ~ dcauchy(0,2),
            Rho_actor ~ dlkjcorr(4),
            Rho_block ~ dlkjcorr(4)
    ) , data=d , iter=5000 , warmup=1000 , chains=3 , cores=3 )
```

运行随机链的时候，你应该会得到关于 "severely ill-conditioned or misspecified(严重不符合条件或者错误设定)" 的警告信息。这些信息是在模型预热过程中出现的，一旦过了这个过程就会停止。更重要的是，你会得到关于随机链不收敛的警告：

```
Warning message:
In map2stan(alist(pulled_left ~ dbinom(1, p), logit(p) <- A + (BP +  :
    There were 559 divergent iterations during sampling.
Check the chains (trace plots, n_eff, Rhat) carefully to ensure they are valid.
```

这是用 Hamiltonian 蒙特卡罗法拟合变化效应模型出现的一个重要问题。在当前例子中（以及很多其他情况），你只要忽略警告强制运行下去就好了：不停地抽样直到收敛。但是有时这种方式也不灵。这些随机链可能永远不会收敛。即使它们真的有一天收敛了，效率也太低，之前那么多不收敛的迭代就证明了随机链的效率很低。

在这种情况下，非中心参数化将会起作用。本小节末尾的深入思考方框更详细地解释了这是什么意思。在这里我们不过多解释，只是将模型重新参数化，用另外一种理论上等价的方式表达。map2stan 中的 dmvnormNC 密度函数能够帮助你实现这一点，免去你自己转化参数设置的麻烦，让你在两种参数化之间轻松转变。下面的代码拟合的是同样的模型，但用了 dmvnormNC 函数而非 dmvnorm2：

R code
13.23

```
m13.6NC <- map2stan(
    alist(
        pulled_left ~ dbinom(1,p),
        logit(p) <- A + (BP + BPC*condition)*prosoc_left,
        A <- a + a_actor[actor] + a_block[block_id],
        BP <- bp + bp_actor[actor] + bp_block[block_id],
        BPC <- bpc + bpc_actor[actor] + bpc_block[block_id],
        # 适应性非中心化先验
        c(a_actor,bp_actor,bpc_actor)[actor] ~
                                dmvnormNC(sigma_actor,Rho_actor),
        c(a_block,bp_block,bpc_block)[block_id] ~
                                dmvnormNC(sigma_block,Rho_block),
```

```
        c(a,bp,bpc) ~ dnorm(0,1),
        sigma_actor ~ dcauchy(0,2),
        sigma_block ~ dcauchy(0,2),
        Rho_actor ~ dlkjcorr(4),
        Rho_block ~ dlkjcorr(4)
    ) , data=d , iter=5000 , warmup=1000 , chains=3 , cores=3 )
```

注意这里适应性先验分布中的均值不再是 0。非中心参数化将均值（这里的 a、bp 和 bpc）放在线性模型中，而非先验分布的部分。在之后的深入思考方框中解释了所有先验分布的参数，包括相关矩阵 Rho，将这些参数从模型定义先验分布的部分放回线性模型中。

非中心参数化在这里如何帮助我们提高效率？首先，注意 m13.6NC 的迭代没有聚合。同时它抽样的速度比 m13.6 快很多。如果你比较两个模型的 precis 输出结果就会发现，它们给出的推断是一致的。但是 m13.6NC 对应的 n_eff 大很多。让我们通过箱线图看看两者的不同：

R code
13.24

```
# 得到每个模型对应的n_eff值
neff_c <- precis(m13.6,2)@output$n_eff
neff_nc <- precis(m13.6NC,2)@output$n_eff
# 绘制箱线图
boxplot( list( 'm13.6'=neff_c , 'm13.6NC'=neff_nc ) ,
    ylab="effective samples" , xlab="model" )
```

结果如图 13-7 所示。非中心的版本能够更有效地抽取样本，每个参数对应更多有效样本。在实际操作中，这意味着你可以减少迭代的次数，iter，得到相同质量的后验分布。对大的数据集，这可能节省了好几个小时。

该模型有 54 个参数：3 个平均效应、3×7 个行为发起者对应的变化效应、3×6 个时间区间对应的变化效应、6 个标准差，以及 6 个相关性参数。你可以通过代码 precis(m13.6NC, depth=2)查看这些参数。但是模型只有 18 个有效参数——检查 WAIC(m13.6NC)。这里的两种群体变化效应，一类对应行为发起者，一类对应时间区间，对变化效应本身进行正则化。因此和往常一样，每个变化截距或斜率参数都只是部分有效。

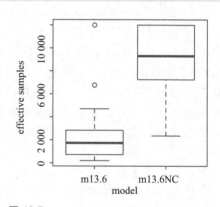

图 13-7 有效样本 n_eff 的分布，分别对应一般模型（m13.6）和非中心参数化模型（m13.6NC）。这两个模型得到的推断都相同，但非中心参数化能够更有效地抽取样本

我们可以通过检查标准差参数结果看看变化效应正则化的程度：

R code
13.25

```
precis( m13.6NC , depth=2 , pars=c("sigma_actor","sigma_block") )
```

	Mean	StdDev	lower 0.89	upper 0.89	n_eff	Rhat
sigma_actor[1]	2.33	0.90	1.12	3.46	3296	1
sigma_actor[2]	0.46	0.36	0.00	0.88	5677	1

```
sigma_actor[3] 0.52    0.49         0.00         1.08   5868      1
sigma_block[1] 0.22    0.20         0.00         0.46   5809      1
sigma_block[2] 0.57    0.40         0.00         1.03   3931      1
sigma_block[3] 0.51    0.42         0.00         1.01   5834      1
```

其中每个向量中指针[1]对应的是变化截距标准差，[2]和[3]对应的是斜率标准差。虽然这些只是后验均值，收缩效应是针对整个后验分布的，但还是可见一斑。这些估计这么小就反映了收缩效应的强大。这就是为什么原模型中有 56 个参数，有效的只有 18 个。

　　这是变化效应能够适应观测数据的很好的例子。这里过度拟合的风险比一般固定效应模型小很多。当然，定义和拟合这种更加复杂的模型会更难。但如果你不检查斜率变化的情况，就不知道是否存在这种效应。即使变化效应接近 0，不同聚类对应的斜率也可能有很大变化。

　　当拟合这样的模型时，总体模型中有多个线性模型，link 函数的作用方式会不同。该函数会返回一系列矩阵，每个线性模型对应一个矩阵。因此在这种情况下：

```
p <- link(m13.6NC)
str(p)
```

R code
13.26

```
List of 4
 $ p  : num [1:1000, 1:504] 0.304 0.251 0.34 0.285 0.316 ...
 $ A  : num [1:1000, 1:504] -0.829 -1.095 -0.662 -0.92 -0.774 ...
 $ BP : num [1:1000, 1:504] 0.534 1.141 0.319 0.371 0.892 ...
 $ BPC: num [1:1000, 1:504] 0.4237 -1.1239 0.1357 0.0185 0.1143 ...
```

这里唯一重要的是 p，主要部分的概率。其他的参数 A、BP 和 BPC 只是帮助得到这个参数的估计而已。但如果你要用 link 函数得到预测，需要注意使用对的矩阵。

　　最后，将这里更复杂的变化效应模型和之前章节中更简单的变化截距模型（m12.5）进行比较。你可能需要重新拟合之前的模型。之后可以用下面的代码比较模型：

```
compare( m13.6NC , m12.5 )
```

R code
13.27

```
          WAIC pWAIC dWAIC weight    SE   dSE
m12.5    532.7  10.4     0   0.73 19.66    NA
m13.6NC  534.7  18.3     2   0.27 19.89   4.1
```

如果比较的模型在预测上基本没有差别，你就会看到类似上面的结果。这里的模型给出的预测结果和之前的模型非常类似，因为这里在行为发起者和时间区间之间的斜率变化不大。你可以从 precis 输出结果中看出这点。WAIC 的值也反映了这一点。

　　最后，你可以将模型简化，只对重要的变化应用变化斜率。这种情况下，对时间区间使用变化效应不会影响有效推断。这里没有所谓"正确的"模型。更加有效的方法是拟合多个模型比较结果的一致性，而不是试图寻找那个对的模型。

　　在这个例子中，不管你用哪种变化效应结构，你都将看到行为发起者对应的拉杆偏好的差别很大。所有其他的都更不那么重要。但是使用最复杂的模型 m13.6NC 能够给出更完整的信息。因为模型适应性正则化了变化截距参数，与更简单的只考虑截距变化的模型相比，这里的模型并没有过度拟合。

深入思考：分层模型的非中心参数化。Stan 在对这样的分层模型进行抽样时有时会遇到问题。这不仅仅是 Stan 的问题。所有的 MCMC 算法都有类似的问题。这些问题的表现有 n_eff 的取值小，Rhat 的值大，以及不收敛的警告信息。通常情况下，只要迭代的次数足够多，问题就会解决，但是这样效率很低。这就是之前 m13.6 的问题。

更好的方法是重新对模型的多元高斯先验分布使用新的非中心参数化。这里的"非中心"并没有提供有意义的信息，但这是标准的术语⊖。更好的说法是使用变化效应的标准适应性先验。这意味着均值为 0（之前我们用过这种方式）且标准差为 1。与你可以将均值整合到线性模型中一样，你也可以类似地将标准差整合到线性模型中。如何实施？对任何高斯分布，我们总能够减去均值，除以标准差得到标准正态分布。例如：

$$y \sim \text{Normal}(\mu, \sigma)$$

等价于：

$$y = \mu + z\sigma$$
$$z \sim \text{Normal}(0, 1)$$

上面的事实让允许我们将均值和标准差从高斯先验分布中移出去，整合到线性函数中。这样剩下的就是一个标准多元高斯分布，均值为 0 标准差为 1。理论上说，模型是一样的。但是对于一些模型和观测数据，这种参数化的形式能够更有效地抽样。

例如模型 m13.6 对应的非中心线性模型如下，其中标准差参数用蓝色表示：

$$L_i \sim \text{Binomial}(1, p_i)$$
$$\text{logit}(p_i) = \mathcal{A}_i + \left(\mathcal{B}_{P,i} + \mathcal{B}_{PC,i} C_i\right) P_i$$
$$\mathcal{A}_i = \alpha + \alpha_{\text{ACTOR}[i]} \, \sigma_{\text{ACTOR},1} + \alpha_{\text{BLOCK}[i]} \, \sigma_{\text{BLOCK},1}$$
$$\mathcal{B}_{P,i} = \beta_P + \beta_{P,\text{ACTOR}[i]} \, \sigma_{\text{ACTOR},2} + \beta_{P,\text{BLOCK}[i]} \, \sigma_{\text{BLOCK},2}$$
$$\mathcal{B}_{PC,i} = \beta_P + \beta_{PC,\text{ACTOR}[i]} \, \sigma_{\text{ACTOR},3} + \beta_{PC,\text{BLOCK}[i]} \, \sigma_{\text{BLOCK},3}$$

注意每个变化截距和斜率都与相应的尺度参数相乘，也就是这些效应对应的标准差。这样一来就将对先验标准化过程中移除的方差整合到了线性模型中。现在在先验分布中没有协方差矩阵了，只有相关矩阵。因为标准化后，这些适应性先验分布就是相关的标准高斯分布（之后相关矩阵也不会在先验中出现。但现在先不考虑）。下面是修改后的 map2stan 代码：

R code
13.28

```
m13.6nc1 <- map2stan(
    alist(
        pulled_left ~ dbinom(1,p),

        # 线性模型
        logit(p) <- A + (BP + BPC*condition)*prosoc_left,
        A <- a + za_actor[actor]*sigma_actor[1] +
                za_block[block_id]*sigma_block[1],
        BP <- bp + zbp_actor[actor]*sigma_actor[2] +
                zbp_block[block_id]*sigma_block[2],
        BPC <- bpc + zbpc_actor[actor]*sigma_actor[3] +
```

⊖ 见 Gelfand 等人（1995）以及 Roberts 和 Sahu（1997）。更多最近的观点可以参考 Papaspiliopoulos 等人（2007）。关于 Hamiltonian 蒙特卡罗法的讨论见 Betancourt 和 Girolami（2013）。

```
                    zbpc_block[block_id]*sigma_block[3],

        # 适应性先验
        c(za_actor,zbp_actor,zbpc_actor)[actor] ~ dmvnorm(0,Rho_actor),
        c(za_block,zbp_block,zbpc_block)[block_id] ~ dmvnorm(0,Rho_block),

        # 固定先验
        c(a,bp,bpc) ~ dnorm(0,1),
        sigma_actor ~ dcauchy(0,2),
        sigma_block ~ dcauchy(0,2),
        Rho_actor ~ dlkjcorr(4),
        Rho_block ~ dlkjcorr(4)
    ) ,
    data=d ,
    start=list( sigma_actor=c(1,1,1), sigma_block=c(1,1,1) ),
    constraints=list( sigma_actor="lower=0", sigma_block="lower=0" ),
    types=list( Rho_actor="corr_matrix", Rho_block="corr_matrix" ),
    iter=5000 , warmup=1000 , chains=3 , cores=3 )
```

上面代码底部的 start、constraints 和 types 列表告诉 Stan 参数的维度和相应的限制条件。该模型给出的推断和之前 m13.6 的一样。但是它抽样的过程更加有效，并且没有不收敛的警告信息。可以通过查看 n_eff 检查模型的效率，将其与之前的模型 m13.6 对比。

我们可以进一步扩展这个非中心的策略。上面的先验函数中剩下的是相关矩阵，其中的参数是 Rho_actor 和 Rho_block。这些可以通过相关矩阵的**楚列斯基分解**（Cholesky Decomposition）得到。楚列斯基分解 L 是将一个正定对称的矩阵（相关矩阵就是这样的）分解成一个下三角矩阵于其共轭转秩的乘积 $R = LL^T$。你可以用 L 乘以一个不相关的样本向量得到一个相关的样本向量。我们可以通过这种方式进一步将相关矩阵从先验中移除。只需要随机抽取一系列不相关的 z 变量（标准正态分布变量），然后将这些变量乘以楚列斯基因子和标准差，得到相应的变化效应。

实施这个模型的细节技术性有点强。map2stan 包中有一个特定的密度函数 dmvnormNC 可以自动化这个过程。我们在定义模型 m13.6NC 时用的就是这个函数。这个函数将 z 变量隐藏了起来，但是在后端使用了这个函数。如果你检查 precis(m13.6NC) 的输出结果就会看到，输出结果还有抽样中用到的楚列斯基因子 L_Rho_actor 和 L_Rho_block。在这个特定例子中，这种形式的模型抽样最有效。如果你好奇这个模型背后的具体 stan 代码细节，可以看看 stancode(m13.6NC)。这里的代码可能很乱，在参数转化的那部分代码中，你可以看到通过 z 变量，楚列斯基因子和标准差参数建立一般变化效应的公式。

使用非中心的参数形式也是有代价的。第一，这种表达方式更难理解。线性模型中有标准差，看上去特别奇怪。通过楚列斯基分解将相关性矩阵也从先验中移除会让模型看上去更加难以理解。模型和代码的理解困难限制了我们和别人分享模型与拟合过程。第二，变化效应参数由 z 变量计算而来，这样需要对结果进行变换才能解释。

最后，非中心参数化不是对所有的模型结构和数据都有效。有时中心化的版本（将均值标准差放在先验中）更好。因此，你或许该选择适合自己的。如果一种参数化拟合起来有困难，就换一种试一试。随着经验的增长，你会熟悉相同模型的不同参数化形式，也就能游刃有余地在不同参数化间转换。本章末尾有相关的习题，对你或许有帮助。

13.4 连续变量和高斯过程

目前所有的变化效应，不管是斜率还是截距都是离散无序的。例如，咖啡馆分散的地点。咖啡馆 1 和 2 并不代表一家在另一家之前。这里的 1 和 2 只是用来区分咖啡馆的标签而已。类似地还有蝌蚪生存率数据中的池塘，录取率数据中的院系，或者亲社会实验数据中的黑猩猩个体。通过对每个类似的聚类估计单独参数，我们能够量化一些类别特征，估计类别间的方差和每个类别内样本的协方差。聚合不同类别的样本有助于提高模型的准确度，同时描述不同的方差。

如果变量是连续的(比如收入、年龄、身高)会如何呢？相同年龄的个体会有相似的特征。比如他们听相同的音乐，关心相同的政治家，经历相同的大事件。年龄相似但不完全相同的人也会分享一些相同的经历，但可能不像年龄相同的人有那么多的共性。随着年龄(或收入等其他变量)差距的变大，个体相关性会逐渐降低。如果我们对每个年龄的人估计一个单独的截距而不考虑年龄相似的人之间的相关性，这样不合理。当然，你的样本中所有人的年龄都不一样也是可能的。这样一来，你需要对相似度的连续变化建模。

好在有能够考虑这种连续变量的方法。这种方法让我们对任何年龄给出各自的截距(或斜率)，同时考虑相似年龄的人对应相似的截距(或斜率)。人们一般称其为**高斯过程回归**(Gaussian Process Regression)[⊖]。不幸的是，这样的模型名字并没有关于模型运作机理的任何有意义的信息。

我们将用一个简单的例子展示高斯过程回归是什么，用在哪，怎么用。这里需要找到能够衡量样本差别的变量，比如年龄差距，或地点之间的距离。这样我们可以衡量该变量在任意两个样本之间的差别。在这个基础上模型能够估计这两个样本之间的协方差函数。这个协方差函数就是变化效应在变量连续情况下的扩展。

13.4.1 案例：岛屿社会工具使用和空间自相关

当我们在第 10 章研究历史上大洋洲岛屿社会工具复杂度的时候，用了一个非常原始的二项变量来表示某个社会是否和其他社会有交流。但是这种方式并不好。第一，它没有说明某个社会和哪些社会有交流。如果某个岛屿的周围都是一些很小的岛屿，那么即使发生交流也可能不会对发明复杂工具有什么帮助。第二，如果工具真的是在岛屿间交换的(我们知道这是事实)，那么每个岛屿的工具类型数就真的不是独立的，即使在我们考虑了其他变量的前提下。取而代之的，因为工具交换，地理位置相近的岛屿拥有的工具数目应该也更加接近。第三，更近的岛屿可能分享一些地理特征，比如石头或贝壳的来源，这可能进一步导致相似的工具技术。因此，空间位置可能从多方面影响工具使用情况。

这是高斯过程回归的经典场景。我们将定义一个社会间的距离矩阵。然后估计工具数和岛屿之间的空间距离有多大关系。这里会展示如何同时在模型中包括一般预测变量，这样一来，岛屿之间的协方差能够同时控制其他会对岛屿工具技术造成影响的变量，同时也能被这些变量控制。

⊖ Neal(1998)是一篇具有高影响力的论述，其中还有一些关于实践的注释。

　　载入数据并查看地理距离矩阵。我已经事先为大家计算了岛屿社会之间的太平洋航行系统距离矩阵，读者可以从 rethinking 包中载入相应矩阵，这里的距离单位为一千公里：

R code
13.29

```
# 载入距离矩阵
library(rethinking)
data(islandsDistMatrix)

# 用更短的列名，便于矩阵输出
Dmat <- islandsDistMatrix
colnames(Dmat) <- c("Ml","Ti","SC","Ya","Fi","Tr","Ch","Mn","To","Ha")
round(Dmat,1)
```

```
             Ml  Ti  SC  Ya  Fi  Tr  Ch  Mn  To  Ha
Malekula    0.0 0.5 0.6 4.4 1.2 2.0 3.2 2.8 1.9 5.7
Tikopia     0.5 0.0 0.3 4.2 1.2 2.0 2.9 2.7 2.0 5.3
Santa Cruz  0.6 0.3 0.0 3.9 1.6 1.7 2.6 2.4 2.3 5.4
Yap         4.4 4.2 3.9 0.0 5.4 2.5 1.6 1.6 6.1 7.2
Lau Fiji    1.2 1.2 1.6 5.4 0.0 3.2 4.0 3.9 0.8 4.9
Trobriand   2.0 2.0 1.7 2.5 3.2 0.0 1.8 0.8 3.9 6.7
Chuuk       3.2 2.9 2.6 1.6 4.0 1.8 0.0 1.2 4.8 5.8
Manus       2.8 2.7 2.4 1.6 3.9 0.8 1.2 0.0 4.6 6.7
Tonga       1.9 2.0 2.3 6.1 0.8 3.9 4.8 4.6 0.0 5.0
Hawaii      5.7 5.3 5.4 7.2 4.9 6.7 5.8 6.7 5.0 0.0
```

注意这个矩阵的对角线都是 0，因为每个社会和自己的距离都是 0。此外注意该矩阵是沿对角线对称的，因为某两个岛屿之间的距离是相同的，不管从哪个岛屿出发。

　　我们将把这些距离作为交流情况的度量。这让我们能在对每个社会估计变化截距时考虑岛屿之间的地理距离对工具使用的影响。这种方法和遗传距离、年龄距离或者任何其他我们能够想到的与个体相似度有关的连续距离类似。

　　该模型的第一部分和泊松似然函数类似，同样有相应变化截距的线性模型，以及对数链接函数：

$$T_i \sim \text{Poisson}(\lambda_i)$$
$$\log \lambda_i = \alpha + \gamma_{\text{SOCIETY}[i]} + \beta_P \log P_i$$

其中参数 γ_{SOCIETY} 在这里是变化截距。但是和典型的变化截距不同，估计它们的时候用到了距离矩阵，而非离散的类别指针。模型中还包括对数人口的系数。我们担心的是在模型中加入考虑空间相似性是否会洗去对数人口和工具数之间的相关性。

　　高斯过程的核心是这些截距对应的多元先验分布：

$$\gamma \sim \text{MVNormal}([0,\cdots,0], \boldsymbol{K}) \qquad [\text{截距的先验分布}]$$
$$\boldsymbol{K}_{ij} = \eta^2 \exp(-\rho^2 D_{ij}^2) + \delta_{ij}\,\sigma^2 \qquad [\text{定义相关矩阵}]$$

第 1 行定义了截距的 10 维高斯先验分布。因为有 10 个岛屿社会，所以该距离矩阵是 10 维的。均值向量是 0，因为我们已经将总体均值 α 放在了线性模型中，这里额外的波动使得截距偏离群体平均。

　　这些截距对应的协方差矩阵是 $\boldsymbol{K}$，任何岛屿 i 和 j 之间的协方差是 $\boldsymbol{K}_{ij}$。第二行定义了该矩阵。公式中用到了 3 个参数——eta、ρ 和 σ 来对岛屿社会之间协方差随着它们地理距离的变化而变化进行建模。这个定义看上去有些陌生。接下来我会将这个公式拆解开详细介绍。

K 的定义公式中给出的协方差矩阵骨架的部分是 $\exp(-\rho^2 D_{ij}^2)$，其中 D_{ij} 是岛屿 i 和 j 间的距离。因此这个函数表达的意思是岛屿 i 和 j 之间的协方差随着它们地理距离平方的增大呈指数级别下降。参数 ρ 决定了降低的速率。ρ 越大，协方差虽距离的平方的增大而降低得越快。

为什么要用平方距离？你不一定要用平方距离，这只是一种模型。但是平方距离是最常用的假设，原因有两个，首先这种假设容易拟合数据，其次这使得相关性降低的速度比距离增大的速度快，这通常符合实际情况。如果我们将这种假设和线性下降的情况用图形进行比较就很容易理解了。在这里，我们设定 $\rho^2 = 1$。

R code
13.30

```
# 线性
curve( exp(-1*x) , from=0 , to=4 , lty=2 ,
    xlab="distance" , ylab="correlation" )

# 平方
curve( exp(-1*x^2) , add=TRUE )
```

结果如图 13-8 所示。这里的纵轴只是总体协方差函数的一部分。你可以将其看作是占 i 和 j 之间相关性最大值的比例。虚线对应线性函数，它反映了严格的指数分布。实线对应平方距离，开始的时候速率低于指数变化，之后快速增大然后比指数变化更快。

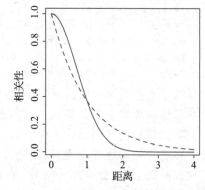

K_{ij} 的另外两个部分更简单。η^2 是任何两个岛屿 i 和 j 之间的最大协方差。结尾的项，$\delta_{ij}\sigma^2$ 提供了当 $i=j$ 时 η^2 无法给出的额外协方差。因为当 $i=j$ 时，δ_{ij} 取值为 1，否则为 0。在大洋洲岛屿社会的数据中，这一项不起作用，因为每个岛屿只有一个观测。但如果每个岛屿对应多个观测，这里 σ 描述这些观测之间如何同步变化。

图 13-8　距离和协方差 K_{ij} 之间的关系定义式中不同函数的形状。横轴表示岛屿间的距离。纵轴是 i 和 j 之间的相关性（相对于最大相关性而言）。虚线对应线性函数。实线对应平方函数

该模型会计算 ρ、η 和 σ 的后验分布。但同时还需要它们对应的先验分布。我们对这些变量的平方定义先验分布，并且同样估计平方的后验分布，因为这样计算起来容易些。在这个模型中我们不需要 σ，因此，我们会将其固定为一个不相关的常数。

下面是完整的模型，每个参数的先验最后定义：

$$T_i \sim \text{Poisson}(\lambda_i)$$
$$\log \lambda_i = \alpha + \gamma_{\text{SOCIETY}[i]} + \beta_P \log P_i$$
$$\gamma \sim \text{MVNormal}((0,\cdots,0), K)$$
$$K_{ij} = \eta^2 \exp(-\rho^2 D_{ij}^2) + \delta_{ij}(0.01)$$
$$\alpha \sim \text{Normal}(0, 10)$$
$$\beta_P \sim \text{Normal}(0, 1)$$
$$\eta^2 \sim \text{HalfCauchy}(0, 1)$$

$$\rho^2 \sim \mathrm{HalfCauchy}(0,1)$$

注意这里的ρ^2和η^2必须是正数，因此我们对它们使用半高斯先验分布。这里用高斯分布没有什么特别的理由。只不过是选择了一个有效的弱信息先验。如果你担心先验会对结果产生影响，那就该用不同的先验比较结果。对太平洋航行有所了解可以帮助我们选择一个好的ρ^2的先验分布。

　　终于准备好拟合模型了。这里要用到的分布是 GPL2，告诉 map2stan 你要使用平方距离高斯过程先验分布。剩下的代码应该不陌生：

R code
13.31

```
data(Kline2) # 载入数据，这次需要地理位置
d <- Kline2
d$society <- 1:10 # 给观测设定指针
m13.7 <- map2stan(
    alist(
        total_tools ~ dpois(lambda),
        log(lambda) <- a + g[society] + bp*logpop,
        g[society] ~ GPL2( Dmat , etasq , rhosq , 0.01 ),
        a ~ dnorm(0,10),
        bp ~ dnorm(0,1),
        etasq ~ dcauchy(0,1),
        rhosq ~ dcauchy(0,1)
    ),
    data=list(
        total_tools=d$total_tools,
        logpop=d$logpop,
        society=d$society,
        Dmat=islandsDistMatrix),
    warmup=2000 , iter=1e4 , chains=4 )
```

确保检查随机链条。它们应该运行得很顺利。让我们检查相应的估计，看看收敛性诊断结果，确认参数是否和之前一样不好直接解释：

R code
13.32

```
precis(m13.7,depth=2)
```

	Mean	StdDev	lower 0.89	upper 0.89	n_eff	Rhat
g[1]	-0.27	0.45	-0.94	0.42	3094	1
g[2]	-0.12	0.44	-0.76	0.55	2934	1
g[3]	-0.16	0.42	-0.79	0.47	2887	1
g[4]	0.30	0.38	-0.25	0.85	2973	1
g[5]	0.03	0.38	-0.50	0.59	2958	1
g[6]	-0.45	0.38	-1.01	0.10	3162	1
g[7]	0.10	0.37	-0.43	0.63	3018	1
g[8]	-0.26	0.37	-0.79	0.28	3160	1
g[9]	0.24	0.35	-0.25	0.76	3076	1
g[10]	-0.11	0.46	-0.84	0.58	4695	1
a	1.31	1.18	-0.57	3.14	3995	1
bp	0.24	0.12	0.05	0.42	4962	1
etasq	0.35	0.55	0.00	0.73	4238	1
rhosq	2.67	51.60	0.01	2.21	9319	1

首先注意对数人口对应的系数 bp 和之前我们没有使用高斯过程时的模型结果。这表明

工具数目和人口之间的关系无法用地理接触来解释。其次，这些 g 参数对应每个社会的变化截距效应，如同 a 和 bp，它们在对数计数的尺度下，因此很难直接解释。

为了理解地理距离对应的协方差参数 rhosq 和 etasq，我们需要对结果进行可视化。实际上，这两个参数的联合后验分布定义了协方差函数的后验分布。我们可以通过对后验样本作图来理解函数分布。这里随机抽取了 100 个后验样本，展示这些样本对应的协方差和它们的中位数。为什么是中位数？因为 rhosq 和 etasq 的密度分布是有偏的。你可以从上面 precis 的输出中看出这一点：rhosq 的均值甚至不在 89% 的 HPDI 区间内。因此，中位数是描述分布中心的更好的统计量。但和之前一样，真正有意义的是整个分布。没有哪个特定的点是特殊的。

R code
13.33
```
post <- extract.samples(m13.7)

# 绘制后验协方差函数中位数
curve( median(post$etasq)*exp(-median(post$rhosq)*x^2) , from=0 , to=10 ,
    xlab="distance (thousand km)" , ylab="covariance" , ylim=c(0,1) ,
    yaxp=c(0,1,4) , lwd=2 )

# 绘制100个来自后验分布的协方差函数
for ( i in 1:100 )
    curve( post$etasq[i]*exp(-post$rhosq[i]*x^2) , add=TRUE ,
        col=col.alpha("black",0.2) )
```

结果如图 13-9 所示。每个 ρ^1 和 η^2 取值的组合对应距离和协方差的一个函数。后验中位数函数，图中粗黑线，表明了居于中间的可能性。但是其他曲线的分布说明空间协方差有很高的不确定性。很多曲线在距离对应 0.2 的地方达到峰值。也有很多曲线在中位数曲线中间的位置达到峰值。关于空间效应到底有多强，模型有很高的不确定性，但大部分后验曲线在距离达到 4 000 公里之前就降到 0 了。

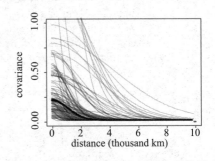

图 13-9　两个社会之间空间协方差的后验分布。粗黑色的曲线展示了后验中位数。细灰线展示了100 个从 ρ^1 和 η^2 后验分布中得到的相应协方差

要直接解释这些协方差很困难，因为它们是在对数计数尺度下的，好比在泊松广义线性模型中一样。让我们看看后验中位数给出的岛屿间的相关性。首先，我们将参数代入相关矩阵 **K**：

R code
13.34
```
# 计算不同岛屿协方差的后验中位数
K <- matrix(0,nrow=10,ncol=10)
for ( i in 1:10 )
    for ( j in 1:10 )
        K[i,j] <- median(post$etasq) *
                    exp( -median(post$rhosq) * islandsDistMatrix[i,j]^2 )
diag(K) <- median(post$etasq) + 0.01
```

其次，我们将 **K** 转化为相关矩阵：

```
# 转化成相关矩阵
Rho <- round( cov2cor(K) , 2 )
# 为相关矩阵添加行列名
colnames(Rho) <- c("Ml","Ti","SC","Ya","Fi","Tr","Ch","Mn","To","Ha")
rownames(Rho) <- colnames(Rho)
Rho
```
R code
13.35

```
     Ml   Ti   SC   Ya   Fi   Tr   Ch   Mn   To Ha
Ml 1.00 0.87 0.82 0.00 0.52 0.19 0.02 0.04 0.24  0
Ti 0.87 1.00 0.92 0.00 0.52 0.19 0.04 0.06 0.21  0
SC 0.82 0.92 1.00 0.00 0.37 0.30 0.07 0.11 0.12  0
Ya 0.00 0.00 0.00 1.00 0.00 0.09 0.37 0.34 0.00  0
Fi 0.52 0.52 0.37 0.00 1.00 0.02 0.00 0.00 0.76  0
Tr 0.19 0.19 0.30 0.09 0.02 1.00 0.26 0.72 0.00  0
Ch 0.02 0.04 0.07 0.37 0.00 0.26 1.00 0.53 0.00  0
Mn 0.04 0.06 0.11 0.34 0.00 0.72 0.53 1.00 0.00  0
To 0.24 0.21 0.12 0.00 0.76 0.00 0.00 0.00 1.00  0
Ha 0.00 0.00 0.00 0.00 0.00 0.00 0.00 0.00 0.00  1
```

聚集在矩阵左上角的小型社会——马勒库拉、蒂科皮亚和圣克鲁斯高度相关，它们的相关系数都高于 0.8。如你所见，这些社会之间很近，它们也有相似的工具数目。记得这些相关性的估计用到了对数人口，所以这表明即使在考虑了人口数和工具之间的平均相关性的情况下，人口数还对岛屿间的相似度有影响。另外一端是夏威夷，该岛屿的情况和其他岛屿特别不一样，它和其他岛屿的相关性为 0。其他岛屿之间或多或少有一些相关。

要理解这些相关性的变化，让我们粗略地绘制太平洋的地图。数据框 Kline2 提供了每个社会对应的经度和纬度，这样绘图就会变得容易。我们还将地图上的每个社会按照对数人口成比例地放大缩小。

```
# 将点的大小按照对数人口成比例放大缩小
psize <- d$logpop / max(d$logpop)
psize <- exp(psize*1.5)-2

# 绘制原始观测和相应的标签
plot( d$lon2 , d$lat , xlab="longitude" , ylab="latitude" ,
    col=rangi2 , cex=psize , pch=16 , xlim=c(-50,30) )
labels <- as.character(d$culture)
text( d$lon2 , d$lat , labels=labels , cex=0.7 , pos=c(2,4,3,3,4,1,3,2,4,2))

# 添加相应线段，由Rho的取值决定颜色的深浅
for( i in 1:10 )
    for ( j in 1:10 )
if ( i < j )
    lines( c( d$lon2[i],d$lon2[j] ) , c( d$lat[i],d$lat[j] ) ,
        lwd=2 , col=col.alpha("black",Rho[i,j]^2) )
```
R code
13.36

结果如图 13-10 所示。更深的线表明更强的相关性，纯白意味着相关性为 0，纯黑意味着完全相关。三个岛屿脱颖而出——马勒库拉、蒂科皮亚和圣克鲁斯。这些岛屿之间强相关。但由于我们在这个地图中看不到工具总数，所以很难判断这种相关性意味着什么。

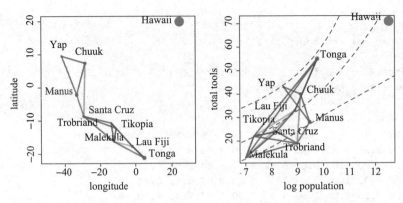

图 13-10　左图：地理空间上社会间相关性的后验中位数图。右图：相同的
后验相关中位数，但现在是在工具总数和对数人口的尺度上

如果我们将这里的结果与在工具书和对数人口尺度下绘图的结果进行比较能够得出
更多信息。下面的代码能够绘制相同的后验预测相关性图，只是在对数人口和工具数目
的尺度下：

R code
13. 37

```
# 计算后验相关性的中位数，忽略距离
logpop.seq <- seq( from=6 , to=14 , length.out=30 )
lambda <- sapply( logpop.seq , function(lp) exp( post$a + post$bp*lp ) )
lambda.median <- apply( lambda , 2 , median )
lambda.PI80 <- apply( lambda , 2 , PI , prob=0.8 )

# 绘制原始数据并加上标签
plot( d$logpop , d$total_tools , col=rangi2 , cex=psize , pch=16 ,
    xlab="log population" , ylab="total tools" )
text( d$logpop , d$total_tools , labels=labels , cex=0.7 ,
    pos=c(4,3,4,2,2,1,4,4,4,2) )

# 展示后验预测
lines( logpop.seq , lambda.median , lty=2 )
lines( logpop.seq , lambda.PI80[1,] , lty=2 )
lines( logpop.seq , lambda.PI80[2,] , lty=2 )

# 加上相关性
for( i in 1:10 )
    for ( j in 1:10 )
        if ( i < j )
            lines( c( d$logpop[i],d$logpop[j] ) ,
                c( d$total_tools[i],d$total_tools[j] ) ,
                lwd=2 , col=col.alpha("black",Rho[i,j]^2) )
```

结果如图 13-10 右侧所示。现在就更容易理解马勒库拉、蒂科皮亚和圣克鲁斯这三个岛
屿间的相关性，相对于它们的人口数，这些岛屿的工具数目都低于预期。它们都在预期
曲线下，并且分布得很近，这和地理距离的情况也一致。后验相关性只反映了数据的这
一特征。类似地，马努斯岛和特罗布里恩群岛在地理上很近，它们之间的后验相关性很
高，且相对于它们的人口数，它们的工具数低于预期。汤加的工具数高于预期，它临近
斐济岛抵消了斐济岛周围一些小岛屿对其的影响——马勒库拉、蒂科皮亚和圣克鲁斯。

因此如果不是有汤加这个邻居的话，模型貌似会降低对斐济岛的工具数目的预期。

当然，这里通过地理距离得出的相关性可能是其他一些影响因子的结果，一些地理位置接近的岛屿具有其他没有衡量的性质。例如，马努斯岛和特罗布里恩群岛在地理上和生态上都与斐济岛和汤加岛不同。因此，对相关性产生影响的可能是石头工具的易得性。高斯过程回归是很强大的模型。因此，该模型的结果可能和很多因果解释吻合。

13.4.2　其他"距离"

高斯过程回归中用到的距离有很多不同的定义，可以是具体的物理距离，也可以是抽象距离。例如，遗传回归就是一个高斯过程回归的特例，其中用到了一种遗传距离，共祖距离（patristic distance）。对不同基因谱系间的差别随着共祖距离的增加而叠加进行建模，模型中的协方差矩阵用来处理不同物种间的潜在相关性。社会网络是另外一个抽象距离的例子。高斯过程回归的另一个常用的应用是针对周期性相关的情况。在这种情况下，协方差矩阵 K 通过周期函数来建模——最简单的是正弦和余弦函数。这有助于对季节性的影响建模，而不需要强加任何的季节分界点。

因此 K 在不同的模型中有不同的定义。但是所有模型都是将协方差矩阵看成一个距离矩阵的函数。另外一个可能的情况是用多维距离。在模型中有变化斜率时，不同类别间和类别内的方差和多个特征有关。但是高斯过程将所有这些影响汇聚在一个共同的协方差矩阵和共同的截距内。比如，在岛屿数据的例子中，可以通过将人口的影响从线性模型中移出，整合到高斯过程中。在这种情况下，常用的方法是将协方差定义为：

$$K_{ij} = \eta^2 \exp(-(\rho_D^2 D_{ij}^2) + \rho_P^2 (\log P_i - \log P_j)^2) + \delta_{ij}\sigma^2$$

这里参数 ρ_D 和 ρ_P 分别对应距离和人口这两个维度。这种方法有时也称为**自动相关检测**[⊖]。但其实这种方法也不比书中的其他方法更加"自动"。

建立这样高大上的高斯过程模型最好直接用 Stan 代码，或者其他更好的工具如 `GPstuff` 而非 `map2stan`。你可以通过研究之前模型 `m13.7` 的代码来学习 Stan，键入 `stan-code(m13.7)` 可以得到模型的 Stan 代码。在此基础上阅读 Stan 使用手册关于高斯过程的部分，那里有详细的解释。

13.5　总结

本章将基本的分层模型扩展到同时考虑斜率和截距。这就需要对这两个参数之间的协方差进行建模。这里用 LKJcorr 分布族作为相关矩阵的先验分布。最后我们介绍了高斯过程，该过程将基于离散变量的变化效应扩展到表示相似度的连续取值，如空间、网络、遗传距离，或者其他抽象的群体性质的变化。下一章会进一步探讨分层模型，讨论统计推断中的常见问题：测量误差和缺失数据。

13.6　练习

容易

13E1 对下面模型中的预测变量 x 加入变化斜率。

⊖　见 MacKay 和 Neal(1994)；Neal(1996)。

$$y_i \sim \text{Normal}(\mu_i, \sigma)$$
$$\mu_i = \alpha_{\text{GROUP}[i]} + \beta x_i$$
$$\alpha_{\text{GROUP}} \sim \text{Normal}(\alpha, \sigma_\alpha)$$
$$\alpha \sim \text{Normal}(0, 10)$$
$$\beta \sim \text{Normal}(0, 1)$$
$$\sigma \sim \text{HalfCauchy}(0, 2)$$
$$\sigma_\alpha \sim \text{HalfCauchy}(0, 2)$$

13E2 想一个现实中斜率和截距正相关的例子。提供一个能够解释这种相关性的模型结构。

13E3 在什么情况下变化斜率模型的有效参数个数(通过 WAIC 或者 DIC 估计)可能比相同数据对应的固定斜率模型(无样本聚合)少?解释原因。

中等难度

13M1 重复本章节开始的咖啡馆机器人的数据模拟。这次,将 rho 的取值设置为 0,这样一来斜率和截距之间就不相关。相关性的后验分布如何反映模拟样本的变化?

13M2 对模拟的咖啡馆样本拟合下面的分层模型:

$$W_i \sim \text{Normal}(\mu_i, \sigma)$$
$$\mu_i = \alpha_{\text{CAFÉ}[i]} + \beta_{\text{CAFÉ}[i]} A_i$$
$$\alpha_{\text{CAFÉ}} \sim \text{Normal}(\alpha, \sigma_\alpha)$$
$$\beta_{\text{CAFÉ}} \sim \text{Normal}(\beta, \sigma_\beta)$$
$$\alpha \sim \text{Normal}(0, 10)$$
$$\beta \sim \text{Normal}(0, 10)$$
$$\sigma \sim \text{HalfCauchy}(0, 1)$$
$$\sigma_\alpha \sim \text{HalfCauchy}(0, 1)$$
$$\sigma_\beta \sim \text{HalfCauchy}(0, 1)$$

通过 WAIC 将这个模型和之前章节的模型(用多元高斯先验的模型)进行比较,解释结果的不同。

13M3 对 UCBadmit 数据重新拟合变化斜率,这次使用非中心化参数。比较两种模型的效率(即比较 n_eff)。哪个模型更好?哪个模型随机模拟更快?

13M4 用岛屿社会工具使用的数据,通过 WAIC 比较高斯过程模型和之前第 10 章模型的不同。这里尤其要注意有效参数的个数。

难题

13H1 回到之前第 12 章习题中孟加拉妇女生育率的数据 data(bangladesh)。拟合一个同时含有变化截距 district_id 和在 district_id 的基础上有变化斜率 urban 的模型。这里要预测的还是 use.contraception。检查截距和斜率之间的相关性。你能够解释这两者的相关性吗?样本中使用避孕措施的情况如何?这里绘制每个区域对应的截距和斜率变化效应均值(或中位数)图能够帮助解释模型的结果。你可以从图中直观地看到参数之间的相关情况,也更容易理解这两个参数相关在实际问题中意味着什么。绘制使用避孕措施的妇女比例图可能也有帮助,其中一条轴是城市妇女使用比例,另外一条轴是农村妇女使用比例。

13H2 变化效应模型对于时间序列和空间聚合的问题也很有效。在时间序列模型中,观测按照一些特定的单元聚类(如不同的实验个体),但同时也按照时间连续变化。来自同一个体的观测有更高的相关性,分层结构能够很好地应对这种情况。这里用到 data(Oxboys) 数据,数据框中含有来自 26 名牛津男孩俱乐部成员的 234 个身高观测数据,每个男孩有 9 个不同年龄的观测(数据已经中心化了)。这里需要你通过年龄 age 预测每个男孩的身高 height,通过 Subject 变量聚类(也就是男孩个体)。

拟合变化截距和斜率（年龄）模型，聚类变量是 Subject。展示并解释参数估计。哪个变化效应给身高带来更多的波动？斜率还是截距？

13H3　现在考虑变化截距和斜率之间的相关性。你能解释这个相关性吗？参数的相关性对身高预测有什么影响？

13H4　用 mvrnorm（包 library(MASS)）或者 rmvnorm（包 library(mvtnorm)）函数基于参数的后验均值模拟新的男孩样本。也就是用参数估计模拟变化截距和斜率，然后绘制身高和年龄的预测曲线，每个模拟男孩样本对应一条曲线。模拟 10 个样本就足够了。你可以忽略后验分布的不确定性，这样可以将问题简化一点。但如果你想包括参数的不确定性也可以。

记得，你可以构建一个方差协方差矩阵作为函数 mvrnorm 或 rmvnorm 的输入：

```
S <- matrix( c( sa^2 , sa*sb*rho , sa*sb*rho , sb^2 ) , nrow=2 )
```

R code
13.38

其中 sa 是第一个变量的标准差，sb 是第二个变量的标准差，rho 是两个变量的相关系数。

第14章

缺失数据及其他

贝叶斯推断的最大优势是它不需要过多依赖建模者的聪明才智。例如，有一个经典的概率谜题叫作伯特兰盒子悖论。[一]这个悖论有不同的版本，我喜欢煎饼的版本。假设我做了3个煎饼。第一个两面都焦了(BB)，第二个只有一面是焦的(BU)，第三个没有焦(UU)。现在我随机给你其中一个煎饼，你看到盘中朝向你的那面是焦的。另外一面也是焦的概率是多少？

如果仅靠直觉判断的话这是一个很难的问题。大部分人的答案是 1/2，但这是错的。不是谦虚，我的直觉也好不到哪里去。但是我学会了使用冷冰冰的、严格的、一板一眼的条件概率的方法来解决这个问题。如果你可以用很暴力的方式解决问题，其实不需要聪明才智。

让我们试着用很暴力的方法解决这个问题。用条件概率意味着用我们知道的信息去改善我们想要知道的。换句话说：

$$Pr(想要知道 \mid 已经知道)$$

在这个例子中，我们知道朝上的一面是焦的。我们想知道另外一面是不是焦的。相应的条件概率的定义是：

$$Pr(底面是焦的 \mid 顶面是焦的) = \frac{Pr(顶面是焦的，底面是焦的)}{Pr(顶面是焦的)}$$

上面就是用在煎饼例子中的条件概率的定义。我们想知道底面是否是焦的，且我们知道顶面是焦的。在已知信息的条件下，我们可以更新当前的信息状态。上面条件概率的定义告诉我们，想要知道的条件概率其实就是两面都是焦的联合概率除以顶面是焦的概率。两面都是焦的对应的概率为 1/3，因为这个煎饼是从3个煎饼中随机选出的。焦面朝上的概率等于选到每个煎饼时得到顶面是焦的对应概率的平均。也就是：

$$Pr(顶面是焦的) = Pr(BB)(1) + Pr(BU)(0.5) + Pr(UU)(0)$$
$$= (1/3) + (1/3) + (1/3)(1/2) = 0.5$$

将所有这些联合起来得到：

$$Pr(底面是焦的 \mid 顶面是焦的) = \frac{1/3}{1/2} = 2/3$$

㊀ Joseph Bertrand，1889，Calcul des probabilites。

如果你不太相信这个结果的话，可以做一次模拟确认一下：

R code
14.1

```
# 模拟抽取煎饼且返回随机指定的两面情况
sim_pancake <- function() {
    pancake <- sample(1:3,1)
    sides <- matrix(c(1,1,1,0,0,0),2,3)[,pancake]
    sample(sides)
}

# 模拟10 000次抽取
pancakes <- replicate( 1e4 , sim_pancake() )
up <- pancakes[1,]
down <- pancakes[2,]

# 计算所有1/1和1/0的结果中1/1 (BB)出现的概率
num_11_10 <- sum( up==1 )
num_11 <- sum( up==1 & down==1 )
num_11/num_11_10
```

```
[1] 0.6777889
```

得到的结果是 $2/3$。

　　如果你想直观地理解为什么概率是 $2/3$，关键在于数煎饼的面，而不是煎饼本身。有两个煎饼至少有一面是焦的，而它们中间只有一个两面都是焦的。但是真正关键的是面，而不是煎饼本身。在看到其中一面朝上的时候，朝下的可能有 3 个面，其中 2 个是焦的。因此概率是 $2/3$。

　　概率理论本身并不复杂，无非是计数而已。但是解释和应用起来很难。要能做到这点看上去常常需要点小聪明。但实际上只要简单粗暴地使用条件概率，我们并不需要这种小聪明。这是贝叶斯方法的关键所在：对于观测数据和参数，将条件概率应用于所有的情况。这样做的好处是，一旦我们定义了信息状态——我们的假设，剩下的工作就可以交给概率法则了。概率法则所做的就是揭示这些假设之下的启示。模型拟合，如我们到目前为止一直在实践的，也是同样笨拙的过程。我们先定义模型并引入观测数据，之后的工作就交给条件概率了，在当前观测的基础上揭示假设的启示。

　　本章会展示两个这样"假设-推导"策略的常见应用例子。第一个应用在模型中引入**测量误差**。第二个用贝叶斯填补来估计**缺失数据**。针对这两种应用场景，你会分别看到两个完整的介绍性的案例。

　　在这两个应用场景中，你不用靠直觉判断测量误差的影响和缺失值暗含的信息也能够设计模型。你要做的是声明关于误差或含有缺失值的变量的相关信息。模型逻辑会完成剩下的工作。好吧，严格来说是你的电脑会完成剩下的工作。但是电脑只不过是用一些高大上的算法来实现贝叶斯更新。这个过程一点也不巧妙，但其揭示的结果违反直觉却很有价值。

14.1　测量误差

　　在第 5 章中用到了美国不同州的离婚和结婚数据。这些数据展示了预测变量之间的一些可疑关系，以及如何通过多元回归对这些关系进行梳理。这里我们忽略了一点，离婚率和结婚率的测量都含有很大的误差，且这些误差反映在标准差中。重要的是，误差在不同州间的差别很大。这里会展示一种简单有效地将信息纳入模型的方法。之后模型会按逻辑完成接下来的工作，揭示数据关系。

先载入数据，对结果变量绘制误差图：

R code
14.2

```
library(rethinking)
data(WaffleDivorce)
d <- WaffleDivorce

# 观测点
plot( d$Divorce ~ d$MedianAgeMarriage , ylim=c(4,15) ,
    xlab="Median age marriage" , ylab="Divorce rate" )

# 标准差
for ( i in 1:nrow(d) ) {
    ci <- d$Divorce[i] + c(-1,1)*d$Divorce.SE[i]
    x <- d$MedianAgeMarriage[i]
    lines( c(x,x) , ci )
}
```

结果如图 14-1 所示。注意图中垂直误差线段的长度变化说明观测离婚率的不确定性变化很大。为什么误差变化会这么大？大州的样本质量更高，因此相应测量误差更小。图 14-1 右边展示了每个州的样本量和测量误差之间的关系。

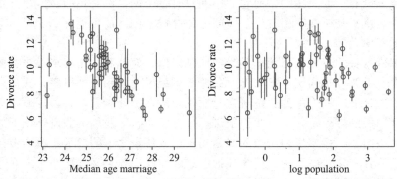

图 14-1   左边：纵坐标是离婚率，横坐标是美国各个州的结婚中位数。垂直的线段表示观测的离婚率加减 1 个高斯分布标准差。右图：纵坐标是离婚率，同样是观测和相应 1 个标准差范围，横坐标是每个州人口的对数。更小的州对应的观测不确定性更高

由于有些州对应的值比另外一些确定性更高，因此确定性更高的离婚率对回归的影响更大也在情理之中。有很多通过样本权重进行事后调整的方法，这些方法可能是有帮助的。但这些方法也留下了很多问题，它们无法像完全的贝叶斯方法那样自动得到最符合逻辑的结果：信息在测量之间流动，根据观测样本更新估计。接下来，让我们看看贝叶斯模型在这种情况下是如何工作的，从现有的信息开始建模。

> **再思考：生成性思维，贝叶斯推断。**贝叶斯模型是**生成性**的，这意味着它们能够用来模拟新的观测。这带来的好处之一是能够通过认真思考数据的内在生成机制来建立相应的模型。这包括了抽样和测量，以及我们已经探索过的一些数据自然生成的过程。接下来让贝叶斯更新发现隐藏的关系。

14.1.1　结果变量误差

要在模型中加入测量误差，需要知道我们能够将观测到的离婚率数据用一个分布来代替。[⊖]换句话说，通常所谓的"数据"实际是概率分布的特殊情况，其中大部分概率集中在单个取值上。当观测存在不确定性时，这种不确定性可以用一个分布来表示，其中反映了我们知道的信息。

如果你觉得这个很难从直观上理解——因为我们都是普通人，用生成性的方式考虑该问题可能会有帮助：如果想要模拟测量误差的话，你可能先对每个观测指定一个分布，然后从中抽取样本。例如，假设某个测量的真实值是 10 米。如果测量中含有高斯误差，相应标准差为 2 米，这意味着任何观测 y 对应的概率分布为：

$$y \sim \text{Normal}(10,2)$$

随着测量误差的减小，概率逐步向 10 这个取值点聚拢。但是只要存在误差，就存在不同观测有的更可能，有的更不可能。这就是我所说的，通常的数据其实是分布的特例。这里一个关键的洞察是：如果我们不知道真实观测（这里的 10），那么可以将其设置成参数，然后将这个工作留给贝叶斯模型。

现在用数据展示如何将上面所讲的付诸实践。在这个例子中，我们将会用到高斯分布，均值等于观测值，标准差等于观测标准差。这是符合逻辑的选择，因为如果只知道标准差，那么相应的最大熵分布就是高斯分布。如果选择其他分布，说明我们有相应的额外信息。但是这里我们并没有其他额外的信息，因此适合使用高斯分布。如之前讲到的，选择高斯分布并不等价于假设测量误差符合高斯分布。这只是在知道均值和方差情况下的最保守选择。

下面是对每个离婚率对应分布的定义。对于每个观测值 $D_{\text{OBS},i}$，存在一个参数 $D_{\text{EST},i}$：

$$D_{\text{OBS},i} \sim \text{Normal}(D_{\text{EST},i}, D_{\text{SE},i})$$

实际上这就是将测量 $D_{\text{OBS},i}$ 定义为服从以 $D_{\text{EST},i}$ 为中心的高斯分布。因此上面的公式对任何一个测量误差，对每个州 i 观测到的离婚率都定义了相应的概率。

上面关于测量误差的定义加上模型的其他部分，让我们能够估计观测对应的可能真实值。为了实现这点，我们将这些 D_{EST} 值当作回归方程的结果变量。我们可以将一个预测变量用概率分布代替，因为观测实际是分布的一种特例（单点分布）。这不仅让我们能够在估计预测模型参数的时候考虑到结果变量观测的不确定性，还能更新每个州的离婚率观测。

这里的信息量有点大，但我们会一步一步来。记得这里的目的是对离婚率 D 建模，预测变量为结婚年龄 A 和结婚率 R。下面是模型定义，其中测量误差用蓝色标明：

$$D_{\text{EST},i} \sim \text{Normal}(\mu_i, \sigma) \qquad \text{[估计的似然函数]}$$
$$\mu_i = \alpha + \beta_{\text{A}}\, A_i + \beta_{\text{R}}\, R_i \qquad \text{[线性模型]}$$
$$D_{\text{OBS},i} \sim \text{Normal}(D_{\text{EST},i}, D_{\text{SE},i}) \qquad \text{[估计的先验分布]}$$
$$\alpha \sim \text{Normal}(0,10)$$
$$\beta_{\text{A}} \sim \text{Normal}(0,10)$$

⊖　关于测量误差的贝叶斯和非贝叶斯方法见 Caroll 等人（2012）。测量误差的问题常常随着具体应用情景而变化，因为误差的形式和场景有关。

$$\beta_R \sim \text{Normal}(0,10)$$
$$\sigma \sim \text{Cauchy}(0,2.5)$$

事实上，该模型和典型的线性回归之间的唯一区别是其将结果变量换成了一个参数向量。每个结果参数还扮演了另一个角色，即另一个分布的均值。这个分布用来"预测"观测值。这里很酷的一点是，信息其实是双向流动的——测量的不确定性会影响线性模型中的回归参数，线性模型中的回归参数反之也会影响测量的不确定性。

下面是用 map2stan 实施该模型：

R code
14.3

```
dlist <- list(
    div_obs=d$Divorce,
    div_sd=d$Divorce.SE,
    R=d$Marriage,
    A=d$MedianAgeMarriage
)

m14.1 <- map2stan(
    alist(
        div_est ~ dnorm(mu,sigma),
        mu <- a + bA*A + bR*R,
        div_obs ~ dnorm(div_est,div_sd),
        a ~ dnorm(0,10),
        bA ~ dnorm(0,10),
        bR ~ dnorm(0,10),
        sigma ~ dcauchy(0,2.5)
    ) ,
data=dlist ,
start=list(div_est=dlist$div_obs) ,
WAIC=FALSE , iter=5000 , warmup=1000 , chains=2 , cores=2 ,
control=list(adapt_delta=0.95) )
```

关于上面的代码需要注意 3 点。首先，代码将计算 WAIC 的功能关闭了，因为默认方式在这种情况下无法通过对每个 div_est 的分布不确定性积分来计算似然函数。其次，在上面的代码中，对 div_est 提供了相应的 start 列表。该设置告诉 map2stan 它需要多少个参数。模型对具体初始值的设置并不敏感，但将初始值设置为每个州的观测是合乎逻辑的。最后，代码末尾加了一个 control 列表。它让我们能够对 HMC 算法进行调优。在这个例子中，我提高了目标接受率 adapt_delta，从默认设置 0.8 提高到 0.95。这意味着 Stan 在抽样预热过程会更加卖力，得到的样本会更有效。如果没有设置 control 选项，你会发现有的迭代会有些偏（但在这里也没有什么坏处）。

考虑下面的后验分布均值（这里没有展示全部的 precis 输出）：

R code
14.4

```
precis( m14.1 , depth=2 )
```

	Mean	StdDev	lower 0.89	upper 0.89	n_eff	Rhat
div_est[1]	11.77	0.68	10.68	12.88	8000	1
div_est[2]	11.19	1.06	9.54	12.92	6397	1
div_est[3]	10.47	0.62	9.47	11.44	8000	1
...						
div_est[48]	10.61	0.87	9.23	11.96	7333	1

div_est[49]	8.47	0.51	7.66	9.27	7288	1
div_est[50]	11.52	1.11	9.78	13.27	5389	1
a	21.30	6.60	11.45	32.29	2465	1
bA	-0.55	0.21	-0.88	-0.20	2568	1
bR	0.13	0.08	0.01	0.25	2746	1
sigma	1.12	0.21	0.78	1.43	2215	1

回顾第 5 章可以发现之前 bA 的估计值大约是 -1。这里的估计值大约是之前的 1/2，依然是显著的负数。与之前忽略测量误差的回归模型相比，离婚率和结婚年龄之间的相关性减弱了。这种情况不是个例。忽略测量误差会放大结果变量和预测变量之间的关系，但也可能隐藏一些相关性。这取决于每个观测分别有多大的误差。

如果你回头再看图 14-1 就会发现这种情况发生的原因。那些结婚年龄极高和极低的州对应的离婚率不确定性也更高。这使得这些州的离婚率向回归线定义的预期均值方向收缩。图 14-2 展示了这样的收缩现象。左边图中，纵轴表示观测和估计的离婚率差别，横轴表示观测对应的标准差。在位置 0 的虚线表明观测值和估计值之间没有差别。注意那些离婚率观测不确定性高的州——图的最右边，对应观测值和估计值的差距越大。这是你在前两章学到的收缩效应。确定性更小的估计能够通过从确定性更高的估计中借用信息来改进。

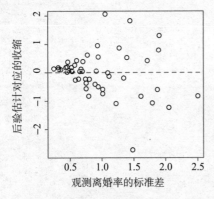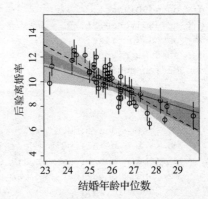

图 14-2　左边：模型测量误差导致的收缩。原始观测对应的误差越小，后验估计对应的收缩越小。右边：比较忽略测量误差（虚线和灰色区域）和包含测量误差（蓝线和相应区域）回归的结果。图中的点代表相应的均值，线段代表后验离婚率的标准差 $D_{EST,i}$

收缩将离婚率向回归线方向拖，如图 14-2 右边所示。该图展示了每个州对应离婚率的后验均值（纵轴）和观测到的结婚年龄中位数（横轴）的关系。其中的线段代表相应离婚率的标准差——估计值有变化，同时还具有不确定性。

但由于估计值发生了变化，回归的趋势也随之变化。原来的无测量误差模型由灰色区域所示。新的包含测量误差的回归结果由蓝色所示。估计和趋势同时都发生了变化。对于离婚率不确定性高的州，趋势严重影响了离婚率的新估计。对于离婚率确定的州——标准差小的，受到影响的反而是趋势。达到新的平衡时离婚率估计和回归关系都发生了变化。

14.1.2　结果变量和预测变量同时存在误差

如果预测变量中也有误差会怎样呢？方法是一样的。再次强调用一种生成思维考虑这个问题：每个观测到的预测变量值来自一个均值（真实观测）未知的分布，但是标准差已知。因此我们可以定义一个参数向量，每个参数对应一个未知的观测，让这些参数成为高斯分布的均值，标准差已知。

在离婚数据中，结婚率这个预测变量的测量的误差同样反映在标准差中。让我们在模型中考虑这些信息，包括结婚率 R 的测量误差。模型定义更新如下，蓝色的部分是新加的：

$$D_{EST,i} \sim \text{Normal}(\mu_i, \sigma) \qquad [\text{结果预测的似然函数}]$$
$$\mu_i = \alpha + \beta_A A_i + \beta_R R_{EST,i} \quad [\text{线性模型使用预测变量估计}]$$
$$D_{OBS,i} \sim \text{Normal}(D_{EST,i}, D_{SE,i}) \quad [\text{结果变量估计的先验分布}]$$
$$R_{OBS,i} \sim \text{Normal}(R_{EST,i}, R_{SE,i}) \quad [\text{预测变量估计的先验分布}]$$
$$\alpha \sim \text{Normal}(0, 10)$$
$$\beta_A \sim \text{Normal}(0, 10)$$
$$\beta_R \sim \text{Normal}(0, 10)$$
$$\sigma \sim \text{Cauchy}(0, 2.5)$$

其中参数 R_{EST} 代表真实结婚率的后验分布。模型的拟合与之前类似：

R code
14.5

```
dlist <- list(
    div_obs=d$Divorce,
    div_sd=d$Divorce.SE,
    mar_obs=d$Marriage,
    mar_sd=d$Marriage.SE,
    A=d$MedianAgeMarriage )

m14.2 <- map2stan(
    alist(
        div_est ~ dnorm(mu,sigma),
        mu <- a + bA*A + bR*mar_est[i],
        div_obs ~ dnorm(div_est,div_sd),
        mar_obs ~ dnorm(mar_est,mar_sd),
        a ~ dnorm(0,10),
        bA ~ dnorm(0,10),
        bR ~ dnorm(0,10),
        sigma ~ dcauchy(0,2.5)
    ) ,
    data=dlist ,
    start=list(div_est=dlist$div_obs,mar_est=dlist$mar_obs) ,
    WAIC=FALSE , iter=5000 , warmup=1000 , chains=3 , cores=3 ,
    control=list(adapt_delta=0.95) )
```

观察 precis 输出的结果你会发现，结婚年龄和结婚率对应的系数与之前的模型相比基本没有变化。因此在预测变量上加入误差并不会改变主要的推断。但这却会给出新的结婚率预测（图 14-3）。由于那些结婚率不确定性高的州人口更少，结婚率更高，这些州对应更新后的结婚率估计比之前的观测要小。

此外，注意由于离婚和结婚率之间没有很多关联，结婚率估计的变化也更小。也就是说关于离婚率的信息并不能帮助改进结婚率的估计。相反，由于离婚率和结婚年龄中位数之间的关系很强，结婚年龄的信息能帮助改进离婚率的估计。这也是为什么离婚率估计收缩得比结婚率估计多。

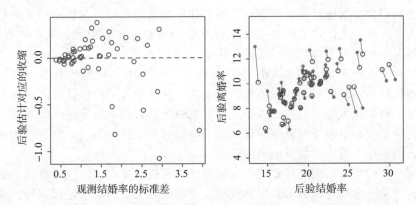

图 14-3　左图：预测变量结婚率的收缩。注意收缩方向并不随机，相反，模型认为观测值偏大了。右图：离婚率和结婚率的收缩情况。实心点是观测值。空心点是后验均值。每个州对应的这两个点之间用线相连

当然，所谓结婚年龄中的信息可能并不存在，因为我们没有考虑结婚年龄观测中的不确定性。如果有相关的数据，比如标准差或者最好直接知道每个州结婚年龄中位数观测的分布，那就能够用相同的方式将这些信息加入模型中。

本小节最关键的一点是，当你有一个取值分布时，不要在回归中用一个值代替这个分布。相反，使用整个分布的信息。在任何时候，只要我们使用均值而忽略均值对应的不确定性，就面临着过度自信和推断不成立的风险。这不仅仅对应存在测量误差的情况，在分析前对数据取平均也有这样的风险。

不要用平均数，对相应的变量建模！

14.2　缺失数据

讲了这么多关于测量误差的东西，主要目的是希望大家能够意识到任何观测实际上都可以被一个分布代替，分布中反映了不确定性。这个方法改进了观测估计，同时也矫正了参数估计。通过回归模型，信息在不同部分之间流动，这使得误差小的测量可以帮助矫正误差大的测量。

但有时数据是缺失的，也就是根本没有观测到任何数据。这乍一看是完全的信息损失。如果连含有误差的观测都没有，什么都没有观测到，那我们能做什么呢？我们能做的事情还有很多。如同之前测量误差的例子中信息能够在不同部分间流动，信息同样能够从现有数据流动到缺失数据，只要我们愿意用所有变量建模。⊖

14.2.1　填补新皮层数据

让我们回到第 5 章中灵长类动物母乳的例子。我们通过 data(milk) 来展示隐藏关系，用新皮层比例和体重来预测母乳热量。数据的 neocortex.perc 列含有 12 个缺失值。我们之前只用观测完整的样本，删除了这 12 个含有缺失值的观测。这也意味着丢失了 12 个体重和母乳热量的观测。最后的分析中使用了 17 个观测。我们可以做得更好。

⊖　当代的一些方法综述（贝叶斯和其他）见 Molenberghs 等人（2014）。

接下来我们会介绍通过贝叶斯**填补**保留并使用其他没有缺失的变量的全部信息，同时估计缺失的观测。我们得到的缺失值估计对应的后验分布会很宽。虽然不确定性高，但这是在给定模型假设下得到的诚实的结果。

这里的例子是**完全随机缺失**（MCAR）的情况[⊖]。在 MCAR 的情况下，我们假设缺失是完全随机的，和任何变量的取值都没有关系。这是最简单的填补形式，因此是一个很好的开始。删除缺失样本的假设也是完全随机缺失。否则，删除这些样本可能会扭曲结果。因此这里没有做出任何额外假设。这里我们只是接着按照这个默认的假设，将这个假设纳入模型中，而不是简单地删除样本。

填补缺失值的秘诀在于同时对结果变量和缺失值进行建模。已有的观测能够给出缺失值的先验分布。这些先验分布会根据预测变量和结果变量的关系进行更新。因此，每个缺失值会对应一个后验分布。

实践中的困难在于我们现在必须将预测变量看作数据和参数的混合。在这个例子中，有缺失值的变量是大脑新皮层比例，暂且称作 N：

$$N = [0.55, N_2, N_3, N_4, 0.65, 0.65, \cdots, 0.76, 0.75]$$

每个有角标 i 的位置都代表一个缺失值，相应的有一个参数 N_i，需要估计对应的后验分布。

想要建立的模型如下，其中关于新皮层的部分用蓝色表示：

$$k_i \sim \text{Normal}(\mu_i, \sigma) \qquad [\text{结果变量 } k \text{ 的似然函数}]$$
$$\mu_i = \alpha + \beta_N N_i + \beta_M \log M_i \qquad [\text{线性模型}]$$
$$N_i \sim \text{Normal}(\nu, \sigma_N) \quad [\text{观测 / 缺失 } N \text{ 的似然函数 / 先验分布}]$$
$$\alpha \sim \text{Normal}(0, 10)$$
$$\beta_N \sim \text{Normal}(0, 10)$$
$$\beta_M \sim \text{Normal}(0, 10)$$
$$\sigma \sim \text{Cauchy}(0, 1)$$
$$\nu \sim \text{Normal}(0.5, 1)$$
$$\sigma_N \sim \text{Cauchu}(0, 1)$$

注意当 N_i 可观测到时，上面的第 3 行是似然函数，和之前讲的线性回归似然函数没有什么两样。模型会给出和观测一致的 ν 和 σ_N 的后验分布。但是当 N_i 缺失时，就成为一个需要估计的参数，这时第 3 行就成了先验分布而非似然函数。由于参数 ν 和 σ 也需要估计，这里需要从数据中学习得到先验分布。

该模型的一个问题是其假设每个 N 对应的不确定性都服从高斯分布。但是我们知道这些取值都限制在 0 和 1 之间，因为它们是比例值。因此我们可以做得更好。在本章末尾的实际问题中你会学到如何改进这一点。

实施模型的方法有 3 种。所有这些方法其实都有点蹩脚，因为这些缺失值都有其各自的位置。这里要介绍的方法紧接着之前的讨论：我们将参数和观测同时放在相应预测变量的向量里，当作"数据"纳入模型。map2stan 会自动实现这个步骤。如果你要自己动作操作的话，可以看看原始的 Stan 代码是如何实现的，并且参考本小节末尾的深入思考方框，其中介绍了如何用原始的 Stan 代码实现这个过程。

[⊖]   关于更多的背景和术语见 Rubin (1976)，Rubin 和 Little(2002)。Rubin 在 1976 年文章的第 4 节很好地定义了数据缺失的原因。

要用map2stan拟合模型，首先载入数据，然后对预测变量进行转换：

```
library(rethinking)
data(milk)
d <- milk
d$neocortex.prop <- d$neocortex.perc / 100
d$logmass <- log(d$mass)
```
R code
14.6

公式定义看上去应该很熟悉：

```
# 准备数据
data_list <- list(
    kcal = d$kcal.per.g,
    neocortex = d$neocortex.prop,
    logmass = d$logmass )

# 拟合模型
m14.3 <- map2stan(
    alist(
        kcal ~ dnorm(mu,sigma),
        mu <- a + bN*neocortex + bM*logmass,
        neocortex ~ dnorm(nu,sigma_N),
        a ~ dnorm(0,100),
        c(bN,bM) ~ dnorm(0,10),
        nu ~ dnorm(0.5,1),
        sigma_N ~ dcauchy(0,1),
        sigma ~ dcauchy(0,1)
    ) ,
    data=data_list , iter=1e4 , chains=2 )
```
R code
14.7

看一看模型估计：

```
precis(m14.3,depth=2)
```
R code
14.8

	Mean	StdDev	lower 0.89	upper 0.89	n_eff	Rhat
neocortex_impute[1]	0.63	0.05	0.55	0.71	7520	1
neocortex_impute[2]	0.63	0.05	0.54	0.70	7965	1
neocortex_impute[3]	0.62	0.05	0.54	0.70	6319	1
neocortex_impute[4]	0.65	0.05	0.57	0.72	10000	1
neocortex_impute[5]	0.70	0.05	0.62	0.78	10000	1
neocortex_impute[6]	0.66	0.05	0.58	0.73	8443	1
neocortex_impute[7]	0.69	0.05	0.61	0.77	10000	1
neocortex_impute[8]	0.70	0.05	0.62	0.77	10000	1
neocortex_impute[9]	0.71	0.05	0.64	0.79	10000	1
neocortex_impute[10]	0.65	0.05	0.57	0.72	10000	1
neocortex_impute[11]	0.66	0.05	0.58	0.74	10000	1
neocortex_impute[12]	0.70	0.05	0.62	0.78	10000	1
a	-0.55	0.47	-1.24	0.24	2375	1
bN	1.93	0.73	0.77	3.09	2336	1
bM	-0.07	0.02	-0.11	-0.04	3264	1
nu	0.67	0.01	0.65	0.69	7336	1

sigma_N	0.06	0.01	0.04	0.08	4892	1
sigma	0.13	0.02	0.09	0.17	4036	1

这里展示了 12 个缺失观测的填补，后半部分是线性回归的参数估计。要知道在模型中包括含有缺失观测的样本会对推断有什么影响，可以把这里的结果与之前删除缺失样本的结果进行比较：

R code
14.9

```
# 准备数据
dcc <- d[ complete.cases(d$neocortex.prop) , ]
data_list_cc <- list(
    kcal = dcc$kcal.per.g,
    neocortex = dcc$neocortex.prop,
    logmass = dcc$logmass )

# 拟合模型
m14.3cc <- map2stan(
    alist(
        kcal ~ dnorm(mu,sigma),
        mu <- a + bN*neocortex + bM*logmass,
        a ~ dnorm(0,100),
        c(bN,bM) ~ dnorm(0,10),
        sigma ~ dcauchy(0,1)
    ) ,
    data=data_list_cc , iter=1e4 , chains=2 )
precis(m14.3cc)
```

	Mean	StdDev	lower 0.89	upper 0.89	n_eff	Rhat
a	-1.07	0.56	-1.96	-0.20	2112	1
bN	2.77	0.87	1.40	4.13	2070	1
bM	-0.10	0.03	-0.14	-0.05	2251	1
sigma	0.14	0.03	0.10	0.18	2430	1

通过加入观测不完全的样本，新皮层比例的后验均值从 2.8 变成 1.9，体重的均值从 -0.1 变成 -0.07。因此通过使用所有的样本，推断的关系变强了。这可能让你觉得有点失落，但是你可以问问自己的同事，如果用所有的观测会得到更多的效应，他们会不会这么做？他们会怎么做，你也可以用同样的标准。但在我们讲下一个模型之前别太沮丧。

让我们通过可视化看看都发生了什么。图 14-4 展示了母乳热量和新皮层比例之间的关系(左)，以及两个预测变量之间的关系(右)。其中填补的缺失值由空心点表示，点周围的线段是相应的 89% 的后验分布区间。虽然填补的缺失值有很高的不确定性——贝叶斯推断不是魔法而是逻辑，它们总体来说偏向回归线。这种现象出现的原因是缺失值的填补利用了观测值的信息。

右图展示了两个预测变量的推断关系。我们已经知道这两个变量是正相关的——这导致了隐藏关系。但注意这里填补的值并没有展现出正相关的趋势。这是因为填补模型——第一个用新皮层比例(观测值和缺失值并存)作为结果变量的回归，假设变量之间没有关系。所以，我们可以通过改变填补模型来改进这两个预测变量关系的估计。

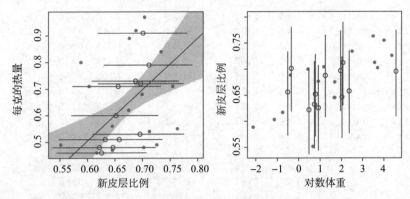

图 14-4　左：母乳热量（纵轴）和新皮层比例（横轴）之间的推断关系，填补的值由空心点表示。线段是 89% 的后验区间。右：两个预测变量（新皮层比例和对数体重）之间的推断关系。同样填补的值由空心点表示

14.2.2　改进填补模型

现在就让我们对模型进行改进，优化缺失值填补。新的方法会考虑预测变量之间的关系。这让我们能够更好地获取数据信息。

这里需要做的是将模型从简单的：
$$N_i \sim \text{Normal}(\nu, \sigma_N)$$
变成稍微复杂一些的：
$$N_i \sim \text{Normal}(\nu_i, \sigma_N)$$
$$\nu_i = \alpha_N + \gamma_M \log M_i$$
其中 α_N 和 γ_M 描述了新皮层比例和对数体重之间的线性关系。这里的目的是从现有观测中获取信息，然后利用这些信息优化 N 中的缺失值填补。

下面是相应的 map2stan 的代码：

R code
14.10

```
m14.4 <- map2stan(
    alist(
        kcal ~ dnorm(mu,sigma),
        mu <- a + bN*neocortex + bM*logmass,
        neocortex ~ dnorm(nu,sigma_N),
        nu <- a_N + gM*logmass,
        a ~ dnorm(0,100),
        c(bN,bM,gM) ~ dnorm(0,10),
        a_N ~ dnorm(0.5,1),
        sigma_N ~ dcauchy(0,1),
        sigma ~ dcauchy(0,1)
    ) ,
    data=data_list , iter=1e4 , chains=2 )
precis(m14.4,depth=2)
```

	Mean	StdDev	lower 0.89	upper 0.89	n_eff	Rhat
neocortex_impute[1]	0.63	0.03	0.58	0.69	10000	1
neocortex_impute[2]	0.63	0.04	0.57	0.69	7574	1
neocortex_impute[3]	0.62	0.04	0.56	0.67	10000	1

neocortex_impute[4]	0.65	0.03	0.59	0.70 10000	1
neocortex_impute[5]	0.66	0.04	0.61	0.72 8867	1
neocortex_impute[6]	0.63	0.04	0.57	0.69 10000	1
neocortex_impute[7]	0.68	0.03	0.63	0.74 10000	1
neocortex_impute[8]	0.70	0.03	0.65	0.75 10000	1
neocortex_impute[9]	0.71	0.04	0.66	0.77 10000	1
neocortex_impute[10]	0.66	0.03	0.61	0.72 8116	1
neocortex_impute[11]	0.68	0.03	0.62	0.73 10000	1
neocortex_impute[12]	0.74	0.04	0.69	0.80 10000	1
a	-0.87	0.48	-1.61	-0.11 3053	1
bN	2.44	0.75	1.22	3.57 2967	1
bM	-0.09	0.02	-0.12	-0.05 3288	1
gM	0.02	0.01	0.01	0.03 6887	1
a_N	0.64	0.01	0.62	0.66 5646	1
sigma_N	0.04	0.01	0.03	0.05 4737	1
sigma	0.13	0.02	0.09	0.16 4964	1

gM 的边缘后验分布证实了这两个预测变量是正相关的，和我们知道的一致。在这里模型用变量之间的正相关性来改进缺失值填补。

图 14-5 展示了和之前一样类型的图，但是现在针对的是新的填补模型。左图的斜率稍微有一点点提升(从 1.2 到 1.5)，每个填补的值对应的后验区间变得更窄了。右图中可以看到，模型填补缺失值的时候保留了新皮层比例和对数体重之间的正相关性。

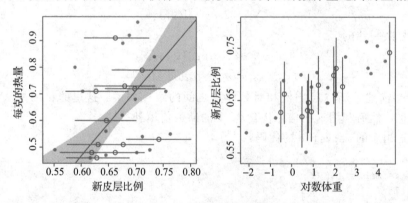

图 14-5   这里展示的关系和图 14-4 相同，不同的是填补模型变了，模型中考虑了预测变量之间的关系。由于使用了变量之间的关系，填补的值(右)显示母乳热量和填补的新皮层比例之间正相关

总的说来，模型目标是对所有变量的联合分布建模，预测变量和结果变量。联合信息使直觉上感觉不可能的事情——对缺失数据进行推断，变成了一个逻辑推导。当然，模型的假设条件还是不可避免：我们必须有特定的假设条件才能进行推理。但是假设条件不是誓言。你能够尝试不同的假设，看看推断结果对这些假设是否敏感。通常情况下，比如在这里的例子中，最保守的假设限制性太强，导致无法利用数据中的信息。难的地方在于要同时对整个数据建模(结果变量和缺失值)。

14.2.3   非随机

在很多情况下，更可能的是缺失值在不同样本上并非随机分布。相反，特定结果变量或预测变量值更可能产生缺失的情况。例如，假设脑小的物种新皮层比例更难测量，也就更可能缺失。那么缺失可能与新皮层比例取值相关。如果你能建模探索缺失的机理，你也能用贝叶斯推断得出数据通过模型透露的信息。这个原则同样适用于更加复杂的情况，比如存在抽样偏差的情况，或者特定物种，或者个体，或者事件更可能存在于数据中。

深入思考：填补算法。要直接用 Stan 实施填补理解背后运作原理，难点在于建立一个向量，即告诉我们 neocortex.prop 中哪些取值缺失了，还指明了缺失位置对应的特定参数。下面的代码会生成解决这个问题的指针列：

```
nc_missing <- ifelse( is.na(d$neocortex.prop) , 1 , 0 )
nc_missing <- sapply( 1:length(nc_missing) ,
    function(n) nc_missing[n]*sum(nc_missing[1:n]) )
nc_missing
```
R code
14.11

```
[1]  0  1  2  3  4  0  0  0  5  0  0  0  0  6  7  0  8  0  9  0 10  0 11  0  0
[26] 12  0  0  0
```

其中取值为 0 的位置表示没有缺失值。否则，非零的整数表示该缺失值对应参数的位置指针。现在我们只要移除 neocortex 变量中的缺失值 NA，这样 Stan 就不会因为这些缺失值而报错。

```
nc <- ifelse( is.na(d$neocortex.prop) , -1 , d$neocortex.prop )
```
R code
14.12

一切准备就绪，我们可以开始写 Stan 代码了。在这里我们直接将代码嵌入一个 R 变量的定义内，而没有用外部文件存放 Stan 代码。更多详情见 Stan 的参考手册：

```
model_code <- '
data{
    int N;
    int nc_num_missing;
    vector[N] kcal;
    real neocortex[N];
    vector[N] logmass;
    int nc_missing[N];
}
parameters{
    real alpha;
    real<lower=0> sigma;
    real bN;
    real bM;
    vector[nc_num_missing] nc_impute;
    real mu_nc;
    real<lower=0> sigma_nc;
}
model{
    vector[N] mu;
    vector[N] nc_merged;
    alpha ~ normal(0,10);
    bN ~ normal(0,10);
```
R code
14.13

```
        bM ~ normal(0,10);
        mu_nc ~ normal(0.5,1);
        sigma ~ cauchy(0,1);
        sigma_nc ~ cauchy(0,1);
        // 将缺失和观测并到一起
        for ( i in 1:N ) {
            nc_merged[i] <- neocortex[i];
            if ( nc_missing[i] > 0 ) nc_merged[i] <- nc_impute[nc_missing[i]];
        }
        // 填补
        nc_merged ~ normal( mu_nc , sigma_nc );
        // 回归
        mu <- alpha + bN*nc_merged + bM*logmass;
        kcal ~ normal( mu , sigma );
    }'
```

除了其中将观测和参数结合在一起的代码部分，其他部分和之前的数学模型很类似。事实上，这就是两个回归。但是由于拟合这两个模型是同时拟合的并且有共同的参数，它们共享一些信息。

最后，读取数据，然后拟合模型：

R code
14.14
```
data_list <- list(
    N = nrow(d),
    kcal = d$kcal.per.g,
    neocortex = nc,
    logmass = d$logmass,
    nc_missing = nc_missing,
    nc_num_missing = max(nc_missing)
)
start <- list(
    alpha=mean(d$kcal.per.g), sigma=sd(d$kcal.per.g),
    bN=0, bM=0, mu_nc=0.68, sigma_nc=0.06,
    nc_impute=rep( 0.5 , max(nc_missing) )
)
library(rstan)
m14.3stan <- stan( model_code=model_code , data=data_list , init=list(start) ,
    iter=1e4 , chains=1 )
```

模型的结果和之前一样，但现在内在机理更加清晰。

14.3 总结

本章简单介绍了设计和实施测量误差和缺失数据模型。在这两种情况下，我们必须对变量分布做出假设。这些假设会自上而下影响模型，改变的不仅仅是模型从数据中的推断，还会影响对数据本身的推断。这是一个表明逻辑强大能力的例子，贝叶斯推断能够自动发现违反直觉的信息。但是模型的设计还是取决于建模的人。

14.4 练习

简单

14E1 重新建立如下海洋工具例子中的模型（第 10 章），新版本的模型假设每个社会的对数人口有测量误差。

$$T_i \sim \text{Poisson}(\mu_i)$$
$$\log \mu_i = \alpha + \beta \log P_i$$
$$\alpha \sim \text{Normal}(0,10)$$
$$\beta \sim \text{Normal}(0,1)$$

14E2 重新建立相同的模型，新模型会对对数人口缺失值进行填补。变量中没有缺失值，但你还是能够建立一个在有缺失值情况下能够进行填补的模型。

中等难度

14M1 使用本章中填补模型的数学形式，解释生成缺失值背后的假设。

14M2 在之前的章节中，我们从母乳数据中删除了一些观测，因此我们能够使用新皮层变量。现在重复第 6 章 WAIC 模型比较的例子，但是对新皮层比例变量进行填补，这样一来，你能使用原始数据中的所有样本。这里采用最简单的填补形式就可以。使用所有样本对模型比较的结果有什么影响？

14M3 重复离婚率数据测量误差模型，但是这次将标准差翻倍。你能解释提高标准差对推断的影响吗？

难题

14H1 data(elephants)中含有不同年龄的公象交配次数的数据。其中年龄和交配之间有强正相关。但是年龄并不总能准确测量。第一，拟合泊松模型，将 AGE 当成预测变量预测 MATINGS。第二，假设观测到的 AGE 值是不确定的，标准差为 ±5 年。重新估计 MATINGS 和 AGE 之间的关系，这次纳入测量误差。比较两个模型的推断结果。

14H2 重复上面的模型拟合，现在提高 AGE 的假设标准差。标准差多大时 AGE 对应的系数后验均值会接近 0？

14H3 信息在所有参数之间向各个方向流动有时会导致反直觉的结论。这里是一个缺失值填补的例子，其中对一个观测的填补导致推断关系的方向截然相反。使用如下数据：

```
set.seed(100)
x <- c( rnorm(10) , NA )
y <- c( rnorm(10,x) , 100 )
d <- list(x=x,y=y)
```

R code
14.15

数据中含有 11 个样本，其中一个的预测变量缺失。你会很容易发现用观测完整的样本对 y 和 x 进行回归得到的结果是这两者有强正相关。但是现在对 x 进行填补，拟合模型：

$$y_i \sim \text{Normal}(\mu_i, \sigma)$$
$$\mu_i = \alpha + \beta x_i$$
$$x_i \sim \text{Normal}(0,1)$$
$$\alpha \sim \text{Normal}(0,100)$$
$$\beta \sim \text{Normal}(0,100)$$
$$\sigma \sim \text{HalfCauchy}(0,1)$$

β 的后验分布会受到什么影响？记得检查整个密度分布。你能对推断的变化进行解释吗？

第15章
占星术与统计学

统计课程和教科书(包括本书)就好像占星术。用这个比喻有两个原因:

首先,为了保持貌似正确需要保持极度的模糊。因为建议的目标对象不管是占星术还是统计建议,都是非常多元的。只有很一般的建议才能适用于所有的情况。占星术用一些最基础的出生信息来预测生活中将发生的事。教科书中的统计只用最基本的变量度量来建模。只要有更多的细节信息,就能很容易改善建议。在统计分析的例子中,通常只有相关领域的科学家才能提供那样的细节信息,而不是统计学家。[一]

其次,占星学家和统计学家都有夸大他们建议作用的强烈动机。没有人喜欢告知厄运的占星学家,如果一个统计学家说收集到的数据并不能反映你想要的结论,你也不会想要这样的统计学家。科学家想要结果,他们会倾向于那些能给出想要结果的统计学家。这样一来,我们得到的通常是类似于占星学的结果:模糊且乐观,尽管这样还声称结果非常重要。[二]

统计推断确实非常重要。但是研究的其他部分也同样重要。科学发现不是一个不同部分简单累加的过程,你在这里犯错误,在另外一个地方做得很好,这样就可以相互抵消了。各部分是有交互效应的[三]。因此,不管科学研究成功与否,其中的每个环节都值得关注。不能将成功的功劳全部归于统计分析,也不能因为失败错误就只怪统计分析。

在科学研究过程中失败常有发生。你可能已经听说过这句话,科学是不完美的。柳叶刀(The Lancet)杂志是世界上最早的也是最权威的医学期刊。该杂志的主编 Richard Horton 在 2015 年的论文中写到[四]:

反科学的例子很明显:大部分科学文献,可能是一半的科学文献,或许是错的。存在的问题有样本量太小,效应太微弱,探索分析不可靠,以及明显存在的利益冲突,加上对追逐科学"热点"的迷恋,文章声明的自身研究的重要性是值得怀疑的。科学已经开始堕落了。

[一] 更多类似关于统计学家的评论见 Speed(1986)。你可以在网上很容易搜索到电子版。
[二] 在流行文化和科学中一个相关的现象是福勒效应或者巴纳姆效应。见 Forer(1949)和 Meehl(1956)。
[三] 关于对交互效应建模有各种尝试。见 McElreath 和 Smaldino(2015)。
[四] Horton(2015)[441]。

我们怎么知道当前发表的很多科学文献是不正确的呢？判断的方式主要有两种。

首先，很多发现难以重复，即使最好期刊上的结果也是这样。[一]这种结果的不可重复性一部分因为方法自身的微妙性，而不是结果错误。但很多著名发现无论如何都无法重复。在统计检验本身内在不确定性的前提下，这种现象貌似不奇怪。见本书第45页的再思考方框。但是发现结果的错误率高已经是个很大的问题，部分因为很多人过于迷信显著性检验，部分因为基于不可重复的医学发现而去研发新药或疗法的代价太大。[二]撇去这些物质上的损失不谈，最基本的科学名誉也处于威胁之中。如果一半的结果都是错的，那为什么不停地发表新的发现呢？

其次，科学的历史一半是奇迹一半是错误。现在看元素周期表会觉得能够创造出这张表真得好伟大，但整个过程却不那么光彩。发现错误元素的情况远高于现在周期表上的元素。[三]不要以为这些发现错误元素的都是骗子或疯子。Enrico Fermi(1901—1954)是20世纪最伟大的物理学家。他发现了两个重元素Ao(原子序为93的元素)和Es(原子序为94的元素)，现在元素周期表上这两个位置的元素分别为镎和钚。Fermi也犯错了。他将一些更轻的现存元素的混合错以为是新元素。这类错误，以及很多其他类似的错误在发现元素周期表的过程中常常发生。整个历史就是错误、自负、欺骗和纠正的过程。其他科学也类似。科学哲学家甚至为这个现象发明了一个词，悲观推演(pessimist induction)。因为大部分科学之前曾是错的，现在的大部分科学是错的。[四]

我们该如何面对这样充满错误但又无疑存在广义相对论这样伟大成功的历史呢？科学是群体层面的变异和自然选择的过程。科学针对的不是个体层面的假设，而是群体层面的假设。它由一系列动态过程组成，在很长的时间后能够揭示出自然的节律。[五]但同样是这个动态的过程导致了各种错误。因此，在任何一个时间的大部分发现都是错的，但在长时间内科学一直有效。对此的一个类比是，自然选择能够让群体适应环境，即使大部分个体在某一特定年代都无法很好地适应环境。

这些动态变化中都包含了什么呢？下面列举了一些重要的动态科学发现，排序不分先后。你可以重新制定自己的列表，这里时间并不产生影响。

(1) 理论和预测的质量：如果大部分理论是错误的，大部分发现也将是错的。Karl Popper提出，一个理论可以称为科学的充要条件就是可证伪。但科学能够起作用，需要更多的理论。关于该观点，在本书之前有简短的定量描述。好的理论能够给出精确的预测，进而能够给出准确的假设检验。且我们通常需要的不止一个模型。

[一] 或许更好的说法是"尤其是那些最好期刊上的文章"。一个广泛引用的讨论是Ioannidis(2005)。也可以参考Ioannidis(2012)和相应文章背后的参考文献。这个领域现在有很多研究，包括Many Labs Replication Projects对社会心理学研究可重复性的考察，这个项目肯定也拒绝过一些知名教科书上的发现。

[二] 一个著名的无法重复的对政策产生巨大影响的经济学发现是Reinhart和Rogoff(2010)。虽然这明显对国内和国际预算产生了影响，但这个发现基于一个奇怪的准入法则并且有电子表格计算的错误。见Herndon等人(2014)。许多其他虚假发现的结果并没有计算错误，只是样本的问题。记得，数据并不总能给出正确的结果。不是有句话说，只要你拷问数据的时间足够长，总是会坦白的。

[三] Fontani等人(2014)这本书很精彩。书中对成百种基础化学和物理学中的错误发现进行了归类和解释。

[四] Laudan(1981)为了公平起见，有几种解释悲观推演的方法。例如，牛顿动力学严格上说是错的。但是尽管这样也不妨碍其是一个成功的理论。在第4章中关于太阳系的地心说，我有过类似的评论。但是存在许多不那么成功的理论也被证明是错误的，尽管这些理论在过去的几十年甚至几代人的时间内一直被认为是正确的。

[五] 这是历史和科学哲学角度的标准观点。关于此的入门材料参考Campbell(1985)；Hull(1988)；Kitcher(2000)；Popper(1963, 1966)。

（2）动态科研经费：该对哪个科研项目投资，为什么选择特定的研究形式？如果没有长期的经费支持，那么就无法进行长期的研究。如果让那些有科研经费的人决定谁能得到经费，那么科研可能变得非常保守，甚至腐败。

（3）测量的质量：所有人都同意研究设计很重要，但在解释统计分析结果的时候常常忘了这一点。一个一直存在的问题是设计的信噪比太低。⊖低信噪比并不意味着没有任何发现，只是发现不可靠。

（4）数据分析的质量：这是本书讨论的话题，但是其实际涵盖的范围比看上去要广得多。很多常见的科学实践加剧了错误发现。⊜如果你在收集数据前没有设计分析方法，那么你的分析很可能过度拟合数据，而正则化并不能有效解决问题。

（5）同行审查的质量：在发表前经过同行的审查是非常重要的。但是许多这样的审查质量并不高。很多错误都没有发现，很多优秀的论文没有通过。同行审查会选出那些夸大结果的论文，因为如实承认研究的局限性只能伤害论文被接收的概率。但这难道不是我们能够设计出的最好的审查系统了吗？我希望还有更好的方法。

（6）发表：我们为测量和统计分析中的偏差痛心疾首，但在发表的时候又没有严格把关。⊜对发现和博人眼球的研究结果的鼓励扭曲了正常的研究设计和结果呈现。⊕

（7）发表后的同行评审：一篇论文发表后的审查和发表前一样重要。在一流杂志上出现不合格的分析常有发生，这种事情往往在个人博客上被揭穿。⑤但并没有任何对于发表的论文进行后期评审的机制，对这种后期审查的行为也没有正规的激励手段。甚至有人继续引用被驳回的论文。

（8）可重复和元分析：科学最重要的一方面是重复和综合总结。⑥没有任何一个单一的研究是具有决定性的，但是人们对新发现的动力比重复和总结之前研究的动力要强得多。权威杂志也倾向于发表博人眼球的新发现。

我们倾向于统计分析，或许因为这是唯一对应公式和定理的部分。但是研究中的每一部分都值得关注和改进。很遗憾的是，很多部分都不受人为控制，因此我们需要社会性的解决方法。

但科学的确有一个方面能够人为控制：开放性。在研究之前事先进行规划，包括统计分析。这样做能够提高研究设计和统计分析。用模拟分析的形式存档，保证你可以毫

⊖ 见 Sedlemeier 和 Gigerenzer(1989)，以及更多关于该话题的近期论文。

⊜ 更多关于发现过程的相关例子见：Gelman 和 Loken(2013，2014)；Simmons 等人(2011，2013)。

⊜ 见 Fanelli(2012)；Franco 等人(2014)；Rosenthal(1979)。这篇文章的题目最贴切：Ferguson 和 Heene (2012)。

⊕ 生态学家 Art Shapiro 在 20 世纪 80 年代早期，在 Bulletin of the Entomological Society of Canada 杂志上发表了一篇讽刺文章，名为"野外生态学研究法则(Laws of Field Ecology Research)"。我找不到原始引用的出处，但是 Art 提供的一个副本中写道："法则 4：永远不要提到你的研究结果在扩展到更广范围的局限性。评审员会因为你自己说的话而拒绝你的论文。"很遗憾的是，这和我的经历相符。

⑤ 关于这个现象的两个很棒的例子发生在 2014 年和 2015 年。首先，Lin 等人(2014)发表了一篇关于基因表达的分析论文，该分析严重，混杂了批次的影响。简单地说，他们的实验很糟糕。Yoav Gilad 发现了这点并在推特上公开，之后发表了文章 Gilad 和 Mizrahi-Man(2015)。文章的原作者依然否认实验存在的问题，这场风波就这么持续下去。第二个例子是关于 Lior Pachtor 博客上的一次比赛：https://liorpachter. wordpress. com/2015/05/26/pachters-p-value-prize/。我推荐大家去看看整个事件，包括博文后面的评论，彩蛋都在评论里。

⑥ 可重复和元分析显然和其他力量强烈相关。关于可重复和元分析有一篇很特别的文章，见 O'Rourke 和 Detsky(1989)。

不为难地和同事分享文档。以 Github 版本库的形式，或者其他形式公开注册。你也可以用个人网页的形式公开。然后收集数据，按计划分析数据。如果你必须要改变计划也可以。但是记录改变。提供相应的代码和数据使得他人能够重复你的分析。不要"经要求"才提供数据和代码，而是直接将它们放在网上，这样审稿人能够不经过你而自行下载。当然也有数据无法公开的情况，出于各种隐私的考量。但大部分科学研究不是这样的。

数据和分析都属于科学产品。而论文只不过是产品广告而已。如果你诚实且尽最大的努力设计，实施并记录你的研究，那么他人就可以在你研究的基础上继续深入，这样你的工作就产生了影响。

> **再思考：统计和数学的关系就好像烹饪和化学的关系。**在一篇很有价值的文章中，[一] Terry Speed 指出"统计和数学的差别并不比烹饪和化学之间的差别小"。这意味着虽然每个领域都基于另外一个领域，但每个领域在此基础上又经过充分的发展，以致在应用的时候已经不太受之前领域的影响，而受其他新的因素的影响。在烹饪中，抽象的启发摸索，远比背后解释它们的化学法则重要得多，人类心理和文化在这里是主导。对于统计分析，语境是关键。总的数学框架总是重要的，但是纯数学理论能解决我们在研究中遇到的实际问题很少。

[一]　Speed(1986)的文章 "Questions, answers and statistics"。你可以在网上很快搜索到该文章的电子版。

参 考 文 献

Akaike, H. (1973). Information theory and an extension of the maximum likelihood principle. In Petrov, B. N. and Csaki, F., editors, *Second International Symposium on Information Theory*, pages 267–281.

Akaike, H. (1974). A new look at the statistical model identification. *IEEE Transactions on Automatic Control*, 19(6):716–723.

Akaike, H. (1978). A Bayesian analysis of the minimum AIC procedure. *Ann. Inst. Statist. Math.*, 30:9–14.

Akaike, H. (1981). Likelihood of a model and information criteria. *Journal of Econometrics*, 16:3–14.

Baker, S. G. (1994). The multinomial-Poisson transformation. *Journal of the Royal Statistical Society, Series D*, 43(4):495–504.

Berger, J. O. (1985). *Statistical decision theory and Bayesian Analysis*. Springer-Verlag, New York, 2nd edition.

Berger, J. O. and Berry, D. A. (1988). Statistical analysis and the illusion of objectivity. *American Scientist*, pages 159–165.

Betancourt, M. J. and Girolami, M. (2013). Hamiltonian Monte Carlo for hierarchical models. arXiv:1312.0906.

Bickel, P. J., Hammel, E. A., and O'Connell, J. W. (1975). Sex bias in graduate admission: Data from Berkeley. *Science*, 187(4175):398–404.

Binmore, K. (2009). *Rational Decisions*. Princeton University Press.

Bolker, B. (2008). *Ecological Models and Data in R*. Princeton University Press.

Box, G. E. P. (1979). Robustness in the strategy of scientific model building. In Launer, R. and Wilkinson, G., editors, *Robustness in Statistics*. Academic Press, New York.

Box, G. E. P. (1980). Sampling and Bayes' inference in scientific modelling and robustness. *Journal of the Royal Statistical Society A*, 143:383–430.

Box, G. E. P. and Tiao, G. C. (1973). *Bayesian Inference in Statistical Analysis*. Addison-Wesley Pub. Co., Reading, Mass.

Breiman, L. (1968). *Probability*. Addison-Wesley Pub. Co.

Brooks, S., Gelman, A., Jones, G. L., and Meng, X., editors (2011). *Handbook of Markov Chain Monte Carlo*. Handbooks of Modern Statistical Methods. Chapman & Hall/CRC.

Burnham, K. and Anderson, D. (2002). *Model Selection and Multimodel Inference: A Practical Information-Theoretic Approach*. Springer-Verlag, 2nd edition.

Campbell, D. T. (1985). Toward an epistemologically-relevant sociology of science. *Science, Technology, & Human Values*, 10(1):38–48.

Carroll, R. J., Ruppert, D., Stefanski, L. A., and Crainiceanu, C. M. (2012). *Measurement Error in Nonlinear Models: A Modern Perspective*. CRC Press, 2nd edition.

Casella, G. and George, E. I. (1992). Explaining the Gibbs sampler. *The American Statistician*, 46(3):167–174.

Caticha, A. and Griffin, A. (2007). Updating probabilities. In Mohammad-Djafari, A., editor, *Bayesian Inference and Maximum Entropy Methods in Science and Engineering*, volume 872 of *AIP Conf. Proc.*

Cho, A. (2011). Superluminal neutrinos: Where does the time go? *Science*, 334(6060):1200–1201.

Claeskens, G. and Hjort, N. (2008). *Model Selection and Model Averaging*. Cambridge University Press.

Clark, J. S. (2012). The coherence problem with the unified neutral theory of biodiversity. *Trends in Ecology and Evolution*, 27:198–2002.

Collins, H. M. and Pinch, T. (1998). *The Golem: What You Should Know about Science*. Cambridge University Press, 2nd edition.

Cox, R. T. (1946). Probability, frequency and reasonable expectation. *American Journal of Physics*, 14:1–10.

Cushman, F., Young, L., and Hauser, M. (2006). The role of conscious reasoning and intuition in moral judgment: Testing three principles of harm. *Psychological Science*, 17(12):1082–1089.

Daston, L. J. and Galison, P. (2007). *Objectivity*. MIT Press, Cambridge, MA.

Elias, P. (1958). Two famous papers. *IRE Transactions: on Information Theory*, 4:99.

Fanelli, D. (2012). Negative results are disappearing from most disciplines and countries. *Scientometrics*, 90(3):891–904.

Ferguson, C. J. and Heene, M. (2012). A vast graveyard of undead theories: Publication bias and psychological science's aversion to the null. *Perspectives on Psychological Science*, 7(6):555–561.

Feynman, R. (1967). *The character of physical law*. MIT Press.

Fienberg, S. E. (2006). When did Bayesian inference become "Bayesian"? *Bayesian Analysis*, 1(1):1–40.

Fisher, R. A. (1925). *Statistical Methods for Research Workers*. Oliver and Boyd, Edinburgh.

Fisher, R. A. (1955). Statistical methods and scientific induction. *Journal of the Royal Statistical Society B*, 17(1):69–78.

Fisher, R. A. (1956). *Statistical methods and scientific inference*. Hafner, New York, NY.

Fontani, M., Costa, M., and Orna, M. V. (2014). *The Lost Elements: The Periodic Table's Shadow Side*. Oxford University Press, Oxford.

Forer, B. (1949). The fallacy of personal validation: A classroom demonstration of gullibility. *Journal of Abnormal and Social Psychology*, 44:118–123.

Franco, A., Malhotra, N., and Simonovits, G. (2014). Publication bias in the social sciences: Unlocking the file drawer. *Science*, 345:1502–1505.

Frank, S. (2007). *Dynamics of Cancer: Incidence, Inheritance, and Evolution*. Princeton University Press, Princeton, NJ.

Frank, S. A. (2009). The common patterns of nature. *Journal of Evolutionary Biology*, 22:1563–1585.

Frank, S. A. (2011). Measurement scale in maximum entropy models of species abundance. *Journal of Evolutionary Biology*, 24:485–496.

Fullerton, A. S. (2009). A conceptual framework for ordered logistic regression models. *Sociological Methods & Research*, 38(2):306–347.

Galton, F. (1989). Kinship and correlation. *Statistical Science*, 4(2):81–86.

Gelfand, A. E., Sahu, S. K., and Carlin, B. P. (1995). Efficient parameterisations for normal linear mixed models. *Biometrika*, (82):479–488.

Gelman, A. (2005). Analysis of variance: Why it is more important than ever. *The Annals of Statistics*, 33(1):1–53.

Gelman, A. (2006). Prior distributions for variance parameters in hierarchical models. *Bayesian Analysis*, 1:515–534.

Gelman, A., Carlin, J. C., Stern, H. S., Dunson, D. B., Vehtari, A., and Rubin, D. B. (2013a). *Bayesian Data Analysis*. Chapman & Hall/CRC, 3rd edition.

Gelman, A. and Hill, J. (2007). *Data Analysis Using Regression and Multilevel/Hierarchical Models*. Cambridge University Press.

Gelman, A., Hwang, J., and Vehtari, A. (2013b). Understanding predictive information criteria for Bayesian models.

Gelman, A. and Loken, E. (2013). The garden of forking paths: Why multiple comparisons can be a problem, even when there is no 'fishing expedition' or 'p-hacking' and the research hypothesis was posited ahead of time. Technical report, Department of Statistics, Columbia University.

Gelman, A. and Loken, E. (2014). Ethics and statistics: The AAA tranche of subprime science. *CHANCE*, 27(1):51–56.

Gelman, A. and Nolan, D. (2002). *Teaching Statistics: A Bag of Tricks*. Oxford University Press.

Gelman, A. and Robert, C. P. (2013). "Not only defended but also applied": The perceived absurdity of Bayesian inference. *The American Statistician*, 67(1):1–5.

Gelman, A. and Rubin, D. (1992). Inference from iterative simulation using multiple sequences. *Statistical Science*, 7:457–511.

Gelman, A. and Rubin, D. B. (1995). Avoiding model selection in Bayesian social research. *Sociological Methodology*, 25:165–173.

Gelman, A. and Stern, H. (2006). The difference between "significant" and "not significant" is not itself statistically significant. *The American Statistician*, 60(4):328–331.

Geman, S. and Geman, D. (1984). Stochastic relaxation, Gibbs distributions, and the Bayesian restoration of images. *IEEE Transactions on Pattern Analysis and Machine Intelligence*, 6(6):721–741.

Gigerenzer, G. and Hoffrage, U. (1995). How to improve Bayesian reasoning without instruction: Frequency formats. *Psychological Review*, 102:684–704.

Gigerenzer, G., Krauss, S., and Vitouch, O. (2004). The null ritual: What you always wanted to know about significance testing but were afraid to ask. In Kaplan, D., editor, *The Sage handbook of quantitative methodology for the social sciences*, pages 391–408. Sage Publications, Inc., Thousand Oaks.

Gigerenzer, G., Swijtink, Z., Porter, T., Daston, L., Beatty, J., and Kruger, L. (1990). *The Empire of Chance: How Probability Changed Science and Everyday Life*. Cambridge University Press.

Gigerenzer, G., Todd, P., and The ABC Research Group (2000). *Simple Heuristics That Make Us Smart*. Oxford University Press, Oxford.

Gilad, Y. and Mizrahi-Man, O. (2015). A reanalysis of mouse encode comparative gene expression data. *F1000Research*, 4(121).

Gillespie, J. H. (1977). Sampling theory for alleles in a random environment. *Nature*, 266:443–445.

Grafen, A. and Hails, R. (2002). *Modern Statistics for the Life Sciences*. Oxford University Press, Oxford.

Griffin, A. (2008). *Maximum Entropy: The Universal Method for Inference*. PhD thesis, University of Albany, State University of New York, Department of Physics.

Grosberg, A. (1998). Entropy of a knot: Simple arguments about difficult problem. In Stasiak, A., Katrich, V., and Kauffman, L. H., editors, *Ideal Knots*, pages 129–142. World Scientific.

Grünwald, P. D. (2007). *The Minimum Description Length Principle*. MIT Press, Cambridge MA.

Hacking, I. (1983). *Representing and Intervening: Introductory Topics in the Philosophy of Natural Science*. Cambridge University Press, Cambridge.

Hahn, M. W. and Bentley, R. A. (2003). Drift as a mechanism for cultural change: an example from baby names. *Proceedings of the Royal Society B*, 270:S120–S123.

Harte, J. (2011). *Maximum Entropy and Ecology: A Theory of Abundance, Distribution, and Energetics*. Oxford Series in Ecology and Evolution. Oxford University Press, Oxford.

Hastie, T., Tibshirani, R., and Friedman, J. (2009). *The Elements of Statistical Learning: Data Mining, Inference, and Prediction*. Springer, 2nd edition.

Hastings, W. (1970). Monte Carlo sampling methods using Markov chains and their applications. *Biometrika*, 57(1):97–109.

Hauer, E. (2004). The harm done by tests of significance. *Accident Analysis & Prevention*, 36:495–500.

Henrion, M. and Fischoff, B. (1986). Assessing uncertainty in physcial constants. *American Journal of Physics*, 54:791–798.

Herndon, T., Ash, M., and Pollin, R. (2014). Does high public debt consistently stifle economic growth? A critique of Reinhart and Rogoff. *Cambridge Journal of Economics*, 38(2):257–279.

Hilbe, J. M. (2011). *Negative Binomial Regression*. Cambridge University Press, Cambridge, 2nd edition.

Hinde, K. and Milligan, L. M. (2011). Primate milk synthesis: Proximate mechanisms and ultimate perspectives. *Evolutionary Anthropology*, 20:9–23.

Hoffman and Gelman (2011). The No-U-Turn Sampler: Adaptively setting path lengths in Hamiltonian Monte Carlo.

Horton, R. (2015). What is medicine's 5 sigma? *The Lancet*, 385(April 11):1380.

Howell, N. (2000). *Demography of the Dobe !Kung*. Aldine de Gruyter, New York.

Howell, N. (2010). *Life Histories of the Dobe !Kung: Food, Fatness, and Well-being over the Life-span*. Origins of Human Behavior and Culture. University of California Press.

Hubbell, S. P. (2001). *The Unified Neutral Theory of Biodiversity and Biogeography*. Princeton University Press, Princeton.

Hull, D. L. (1988). *Science as a Process: An Evolutionary Account of the Social and Conceptual Development of Science*. University of Chicago Press, Chicago, IL.

Ioannidis, J. P. A. (2005). Why most published research findings are false. *PLoS Medicine*, 2(8):0696–0701.

Ioannidis, J. P. A. (2012). Why science is not necessarily self-correction. *Perspectives on Psychological Science*, 7(6):645–654.

Jaynes, E. T. (1976). Confidence intervals vs Bayesian intervals. In Harper, W. L. and Hooker, C. A., editors, *Foundations of Probability Theory, Statistical Inference, and Statistical Theories of Science*, page 175.

Jaynes, E. T. (1984). The intuitive inadequancy of classical statistics. *Epistemologia*, 7:43–74.

Jaynes, E. T. (1985). Highly informative priors. *Bayesian Statistics*, 2:329–360.

Jaynes, E. T. (1986). Monkeys, kangaroos and N. In Justice, J. H., editor, *Maximum-Entropy and Bayesian Methods in Applied Statistics*, page 26. Cambridge University Press, Cambridge.

Jaynes, E. T. (1988). The relation of Bayesian and maximum entropy methods. In Erickson, G. J. and Smith, C. R., editors, *Maximum Entropy and Bayesian Methods in Science and Engineering*, volume 1, pages 25–29. Kluwer Academic Publishers.

Jaynes, E. T. (2003). *Probability Theory: The Logic of Science.* Cambridge University Press.

Jung, K., Shavitt, S., Viswanathan, M., and Hilbe, J. M. (2014). Female hurricanes are deadlier than male hurricanes. *Proceedings of the National Academy of Sciences USA*, 111(24):8782–8787.

Kadane, J. B. (2011). *Principles of Uncertainty.* Chapman & Hall/CRC.

Kitcher, P. (2000). Reviving the sociology of science. *Philosophy of Science*, 67:S33–S44.

Kitcher, P. (2011). *Science in a Democratic Society.* Prometheus Books, Amherst, New York.

Kline, M. A. and Boyd, R. (2010). Population size predicts technological complexity in Oceania. *Proc. R. Soc. B*, 277:2559–2564.

Kruscke, J. K. (2011). *Doing Bayesian Data Analysis.* Academic Press, Burlington, MA.

Kullback, S. (1959). *Information theory and statistics.* John Wiley and Sons, NY.

Kullback, S. (1987). The Kullback-Leibler distance. *The American Statistician*, 41(4):340.

Kullback, S. and Leibler, R. A. (1951). On information and sufficiency. *Annals of Mathematical Statistics*, 22(1):79–86.

Lambert, D. (1992). Zero-inflated Poisson regression, with an application to defects in manufacturing. *Technometrics*, 34:1–14.

Lansing, J. S. and Cox, M. P. (2011). The domain of the replicators: Selection, neutrality, and cultural evolution (with commentary). *Current Anthropology*, 52:105–125.

Laudan, L. (1981). A confutation of convergent realism. *Philosophy of Science*, 48(1):19–49.

Lee, R. B. and DeVore, I., editors (1976). *Kalahari Hunter-Gatherers: Studies of the !Kung San and Their Neighbors.* Harvard University Press, Cambridge.

Levins, R. (1966). The strategy of model building in population biology. *American Scientist*, 54.

Lewandowski, D., Kurowicka, D., and Joe, H. (2009). Generating random correlation matrices based on vines and extended onion method. *Journal of Multivariate Analysis*, 100:1989–2001.

Lightsey, J. D., Rommel, S. A., Costidis, A. M., and Pitchford, T. D. (2006). Methods used during gross necropsy to determine watercraft-related mortality in the Florida manatee (*Trichechus manatus latirostris*). *Journal of Zoo and Wildlife Medicine*, 37(3):262–275.

Lin, S., Lin, Y., Nery, J. R., Urich, M. A., Breschi, A., Davis, C. A., Dobin, A., Zaleski, C., Beer, M. A., Chapman, W. C., Gingeras, T. R., Ecker, J. R., and Snyder, M. P. (2014). Comparison of the transcriptional landscapes between human and mouse tissues. *Proc. Natl. Acad. Sci. U.S.A.*, 111(48):17224–17229.

Lindley, D. V. (1971). Estimation of many parameters. In Godambe, V. P. and Sprott, D. A., editors, *Foundations of Statistical Inference*. Holt, Rinehart and Winston, Toronto.

Lunn, D., Jackson, C., Best, N., Thomas, A., and Spiegelhalter, D. (2013). *The BUGS Book.* CRC Press.

MacKay, D. J. C. and Neal, R. M. (1994). Automatic relevance determination for neural networks. Technical report, Cambridge University.

Mangel, M. and Samaniego, F. (1984). Abraham Wald's work on aircraft survivability. *Journal of the American Statistical Association*, 79:259–267.

Marin, J.-M. and Robert, C. (2007). *Bayesian Core: A Practical Approach to Computational Bayesian Statistics.* Springer.

McCullagh, P. (1980). Regression models for ordinal data. *Journal of the Royal Statistical Society, Series B*, 42:109–142.

McCullagh, P. and Nelder, J. A. (1989). *Generalized Linear Models.* Chapman & Hall/CRC, Boca Raton, Florida, 2nd edition.

McElreath, R. and Smaldino, P. (2015). Replication, communication, and the population dynamics of scientific discovery. *PLoS One*, 10(8):e0136088. doi:10.1371/journal.pone.0136088.

McGrayne, S. B. (2011). *The Theory That Would Not Die: How Bayes' Rule Cracked the Enigma Code, Hunted Down Russian Submarines, and Emerged Triumphant from Two Centuries of Controversy.* Yale University Press.

McHenry, H. M. and Coffing, K. (2000). *Australopithecus* to *Homo*: Transformations in body and mind. *Annual Review of Anthropology*, 29:125–146.

Meehl, P. E. (1956). Wanted—a good cookbook. *The American Psychologist*, 11:263–272.

Meehl, P. E. (1967). Theory-testing in psychology and physics: A methodological paradox. *Philosophy of Science*, 34:103–115.

Meehl, P. E. (1990). Why summaries of research on psychological theories are often uninterpretable. *Psychological Reports*, 66:195–244.

Metropolis, N., Rosenbluth, A., Rosenbluth, M., Teller, A., and Teller, E. (1953). Equations of state calculations by fast computing machines. *Journal of Chemical Physics*, 21(6):1087–1092.

Metropolis, N. and Ulam, S. (1949). The Monte Carlo method. *Journal of the American Statistical Association*, 44(247):335–341.

Molenberghs, G., Fitzmaurice, G., Kenward, M. G., Tsiatis, A., and Verbeke, G. (2014). *Handbook of Missing Data Methodology*. CRC Press.

Morison, S. E. (1942). *Admiral of the Ocean Sea: A Life of Christopher Columbus*. Little, Brown and Company, Boston.

Mulkay, M. and Gilbert, G. N. (1981). Putting philosophy to work: Karl Popper's influence on scientific practice. *Philosophy of the Social Sciences*, 11:389–407.

Neal, R. (1996). *Bayesian Learning for Neural Networks*. Springer-Verlag, New York.

Neal, R. M. (1998). Regression and classification using Gaussian process priors. In Bernardo, J. M., editor, *Bayesian Statistics*, volume 6, pages 475–501. Oxford University Press.

Nelder, J. and Wedderburn, R. (1972). Generalized linear models. *Journal of the Royal Statistical Society, Series A*, 135:370–384.

Nettle, D. (1998). Explaining global patterns of language diversity. *Journal of Anthropological Archaeology*, 17:354–74.

Nieuwenhuis, S., Forstmann, B. U., and Wagenmakers, E.-J. (2011). Erroneous analyses of interactions in neuroscience: a problem of significance. *Nature Neuroscience*, 14(9):1105–1107.

Nunn, N. and Puga, D. (2011). Ruggedness: The blessing of bad geography in Africa. *Review of Economics and Statistics*.

Nuzzo, R. (2014). Statistical errors. *Nature*, 506:150–152.

Ohta, T. and Gillespie, J. H. (1996). Development of neutral and nearly neutral theories. *Theoretical Population Biology*, 49:128–142.

O'Rourke, K. and Detsky, A. S. (1989). Meta-analysis in medical research: Strong encouragement for higher quality in individual research efforts. *Journal of Clinical Epidemiology*, 42(10):1021–1024.

Papaspiliopoulos, O., Roberts, G. O., and Skold, M. (2007). A general framework for the parametrization of hierarchical models. *Statistical Science*, (22):59–73.

Pearl, J. (2014). Understanding Simpson's paradox. *The American Statistician*, 68:8–13.

Polson, N. G. and Scott, J. G. (2012). On the half-Cauchy prior for a global scale parameter. *Bayesian Analysis*, 7:887–902.

Popper, K. (1963). *Conjectures and Refutations: The Growth of Scientific Knowledge*. Routledge, New York.

Popper, K. (1996). *The Myth of the Framework: In Defence of Science and Rationality*. Routledge.

Proulx, S. R. and Adler, F. R. (2010). The standard of neutrality: still flapping in the breeze? *Journal of Evolutionary Biology*, 23:1339–1350.

Rao, C. R. (1997). *Statistics and Truth: Putting Chance To Work*. World Scientific Publishing.

Reilly, C. and Zeringue, A. (2004). Improved predictions of lynx trappings using a biologial model. In Gelman, A. and Meng, X., editors, *Applied Bayesian Modeling and Causal Inference from Incomplete-Data Perspectives*, pages 297–308. John Wiley and Sons.

Reinhart, C. and Rogoff, K. (2010). Growth in a time of debt. *American Economic Review*, 100(2):573–578.

Rice, K. (2010). A decision-theoretic formulation of Fisher's approach to testing. *The American Statistician*, 64(4):345–349.

Riley, S. J., DeGloria, S. D., and Elliot, R. (1999). A terrain ruggedness index that quantifies topographic heterogeneity. *Intermountain Journal of Sciences*, 5:23–27.

Robert, C. and Casella, G. (2011). A short history of Markov chain Monte Carlo: Subjective recollections from incomplete data. In Brooks, S., Gelman, A., Jones, G., and Meng, X.-L., editors, *Handbook of Markov Chain Monte Carlo*, chapter 2. CRC Press.

Robert, C. P. (2007). *The Bayesian Choice: from decision-theoretic foundations to computational implementation*. Springer Texts in Statistics. Springer, 2nd edition.

Roberts, G. O. and Sahu, S. K. (1997). Updating schemes, correlation structure, blocking and parameterisation for the Gibbs sampler. *Journal of the Royal Statistical Society, Series B*, (59):291–317.

Rommel, S. A., Costidis, A. M., Pitchford, T. D., Lightsey, J. D., Snyder, R. H., and Haubold, E. M.

(2007). Forensic methods for characterizing watercraft from watercraft-induced wounds on the Florida manatee (*Trichechus manatus latirostris*). *Marine Mammal Science*, 23(1):110–132.

Rosenbaum, P. R. (1984). The consequences of adjustment for a concomitant variable that has been affected by the treatment. *Journal of the Royal Statistical Society A*, 147(5):656–666.

Rosenthal, R. (1979). The file drawer problem and tolerance for null results. *Psychological Bulletin*, 86(3):638–641.

Rubin, D. B. (1976). Inference and missing data. *Biometrika*, 63:581–592.

Rubin, D. B. (2005). Causal inference using potential outcomes: Design, modeling, decisions. *Journal of the American Statistical Association*, 100(469):322–331.

Rubin, D. B. and Little, R. J. A. (2002). *Statistical analysis with missing data*. Wiley, New York, 2nd edition.

Sankararaman, S., Patterson, N., Li, H., Pääbo, S., and Reich, D. (2012). The date of interbreeding between Neandertals and modern humans. *PLoS Genetics*, 8(10):e1002947.

Savage, L. J. (1962). *The Foundations of Statistical Inference*. Methuen.

Schwarz, G. E. (1978). Estimating the dimension of a model. *Annals of Statistics*, 6:461–464.

Sedlemeier, P. and Gigerenzer, G. (1989). Do studies of statistical power have an effect on the power of studies? *Psychological Bulletin*, 105(2):309–316.

Senn, S. (2003). A conversation with John Nelder. *Statistical Science*, 18:118–131.

Shannon, C. E. (1948). A mathematical theory of communication. *The Bell System Technical Journal*, 27:379–423.

Shannon, C. E. (1956). The bandwagon. *IRE Transactions: on Information Theory*, 2:3.

Silk, J. B., Brosnan, S. F., Vonk, J., Henrich, J., Povinelli, D. J., Richardson, A. S., Lambeth, S. P., Mascaro, J., and Schapiro, S. J. (2005). Chimpanzees are indifferent to the welfare of unrelated group members. *Nature*, 437:1357–1359.

Silver, N. (2012). *The Signal and the Noise: Why So Many Predictions Fail—but Some Don't*. Penguin Press, New York.

Simmons, J. P., Nelson, L. D., and Simonsohn, U. (2011). False-positive psychology: Undisclosed flexibility in data collection and analysis allows presenting anything as significant. *Psychological Science*, 22:1359–1366.

Simmons, J. P., Nelson, L. D., and Simonsohn, U. (2013). Life after p-hacking. SSRN Scholarly Paper ID 2205186, Social Science Research Network, Rochester, NY.

Simon, H. (1969). *The Sciences of the Artificial*. MIT Press, Cambridge, Mass.

Simpson, D. P., Martins, T. G., Riebler, A., Fuglstad, G.-A., Rue, H., and Sørbye, S. H. (2014). Penalising model component complexity: A principled, practical approach to constructing priors. *arXiv:1403.4630v3*.

Simpson, E. H. (1951). The interpretation of interaction in contingency tables. *Journal of the Royal Statistical Society, Series B*, 13:238–241.

Sober, E. (2008). *Evidence and Evolution: The logic behind the science*. Cambridge University Press, Cambridge.

Speed, T. (1986). Questions, answers and statistics. In *International Conference on Teaching Statistics 2*. International Association for Statistical Education.

Stein, C. (1955). Inadmissibility of the usual estimator for the mean of a multivatiate normal distribution. In *Proceedings of the Third Berkeley Symposium of Mathematical Statistics and Probability*, volume 1, pages 197–206, Berkeley. University of California Press.

Stigler, S. M. (1981). Gauss and the invention of least squares. *The Annals of Statistics*, 9(3):465–474.

Stone, M. (1977). An asymptotic equivalence of choice of model by cross-validation and Akaike's criterion. *Journal of the Royal Statistical Society B*, 39(1):44–47.

Theobald, D. L. (2010). A formal test of the theory of universal common ancestry. *Nature*, 465:219–222.

Van Horn, K. S. (2003). Constructing a logic of plausible inference: A guide to Cox's theorem guide to Cox's theorem. *International Journal of Approximate Reasoning*, 34:3–24.

Vehtari, A. and Gelman, A. (2014). WAIC and cross-validation in Stan. Technical report, Aalto University.

Venn, J. (1876). *The Logic of Chance*. Macmillan and co, New York, 2nd edition.

Vonesh, J. R. and Bolker, B. M. (2005). Compensatory larval responses shift trade-offs associated with predator-induced hatching plasticity. *Ecology*, 86:1580–1591.

Wald, A. (1939). Contributions to the theory of statistical estimation and testing hypotheses. *Annals of Mathematical Statistics*, 10(4):299–326.

Wald, A. (1943). A method of estimating plane vulnerability based on damage of survivors. Technical report, Statistical Research Group, Columbia University.

Wald, A. (1950). *Statistical Decision Functions*. J. Wiley, New York.

Wang, W., Rothschild, D., Goel, S., and Gelman, A. (2015). Forecasting elections with non-representative polls. *International Journal of Forecasting*, 31(3):980–991.

Watanabe, S. (2010). Asymptotic equivalence of Bayes cross validation and Widely Applicable Information Criterion in singular learning theory. *Journal of Machine Learning Research*, 11:3571–3594.

Wearing, D. (2005). *Forever Today: A True Story of Lost Memory and Never-Ending Love*. Doubleday.

Welsh, Jr., H. H. and Lind, A. (1995). Habitat correlates of the Del Norte salamander, Plethodon elongatus (Caudata: Plethodontidae) in northwestern California. *Journal of Herpetology*, 29:198–210.

Williams, D. A. (1975). The analysis of binary responses from toxicological experiments involving reproduction and teratogenicity. *Biometrics*, 31:949–952.

Williams, D. A. (1982). Extra-binomial variation in logistic linear models. *Journal of the Royal Statistical Society, Series C*, 31(2):144–148.

Williams, P. M. (1980). Bayesian conditionalisation and the principle of minimum information. *British Journal for the Philosophy of Science*, 31:131–144.

Wittgenstein, L. (1953). *Philosophical Investigations*.

Wolpert, D. and Macready, W. (1997). No free lunch theorems for optimization. *IEEE Transactions on Evolutionary Computation*, page 67.

推荐阅读

数理统计与数据分析（原书第3版）

作者：John A. Rice ISBN：978-7-111-33646-4 定价：85.00元

数理统计学导论（原书第7版）

作者：Robert V. Hogg，Joseph W. McKean，Allen Craig
ISBN：978-7-111-47951-2 定价：99.00元

统计模型：理论和实践（原书第2版）

作者：David A. Freedman ISBN：978-7-111-30989-5 定价：45.00元

例解回归分析（原书第5版）

作者：Samprit Chatterjee；Ali S.Hadi ISBN：978-7-111-43156-5 定价：69.00元

线性回归分析导论（原书第5版）

作者：Douglas C.Montgomery ISBN：978-7-111-53282-8 定价：99.00元

推荐阅读

统计学习导论——基于R应用

作者：Gareth James 等 ISBN：978-7-111-49771-4 定价：79.00元

应用预测建模

作者：Max Kuhn 等 ISBN：978-7-111-53342-9 定价：99.00元

高级R语言编程指南

作者：Hadley Wickham ISBN：978-7-111-54067-0 定价：79.00元

Python机器学习(原书第2版)

作者：Sebastian Raschka 等 ISBN：978-7-111-61150-9 定价：89.00元